K. M. S. Humak

Statistische Methoden der Modellbildung II

Mathematische Lehrbücher und Monographien
Herausgegeben von der Akademie der Wissenschaften der DDR
Institut für Mathematik

II. Abteilung
Mathematische Monographien
Band 44

Statistische Methoden der Modellbildung II

von K. M. S. Humak

Statistische Methoden der Modellbildung II

Nichtlineare Regression, robuste Verfahren in linearen Modellen, Modelle mit Fehlern in den Variablen

von K. M. S. Humak

Mit 10 Abbildungen

Akademie-Verlag Berlin
1983

Erschienen im Akademie-Verlag, DDR-1086 Berlin, Leipziger Straße 3—4

Lizenznummer: 202 · 100/537/83
Printed in the German Democratic Republic
Einband und Schutzumschlag: Dietmar Kunz
Gesamtherstellung: VEB Druckerei „Thomas Müntzer", 5820 Bad Langensalza
Lektor: Dr. Reinhard Höppner
LSV 1075
Bestellnummer: 761 872 1 (6130/2)
DDR 58,— M
ISSN 0076-5430

Der Autorenname ist ein Pseudonym für

Kollektiv Mathematische Statistik:
Humboldt-Universität zu Berlin
und
Akademie der Wissenschaften der DDR

Neben den Wissenschaftlern der genannten Einrichtungen gehört J. Jurečková von der Karls-Universität Prag, die ein halbes Jahr Gast an der Humboldt-Universität war, zum Autorenkollektiv. Das Kollektiv stand unter der Leitung von Helga und Olaf Bunke, die auch für die Herausgabe verantwortlich zeichnen.

Autoren:

Kap. 1	1.1	H. Bunke, W. H. Schmidt
	1.2	U. Schulze
Kap. 2		J. Jurečková
Kap. 3	3.1–3.6	H.-P. Höschel
	3.7	M. Nussbaum
	3.8–3.9	H.-P. Höschel
Anhänge	A1	M. Nussbaum
	A2–A3	W. H. Schmidt

An der redaktionellen Bearbeitung wirkten B. Grabowski, K. Henschke, B. Seifert und R. Strüby mit. Die Leitung der redaktionellen Bearbeitung lag in den Händen von K. Henschke.

Große Teile des Manuskripts wurden von R. Teufel angefertigt. Besonderer Dank gebührt R. Höppner vom Akademie-Verlag für seinen Anteil an der redaktionellen Arbeit.

Vorwort

Die Theorie linearer Modelle spielt eine zentrale Rolle bei der statistischen Analyse experimenteller Daten sowie bei der statistischen Modellierung von Ursache-Wirkungs-Beziehungen. Sie ist in einer außerordentlich großen Zahl von Arbeiten und Monographien entwickelt und dargestellt worden, und unser Band I über „Statistische Inferenz für lineare Parameter“ gibt eine umfassende Darstellung dieser Theorie.

Bei vielen Problemen der statistischen Analyse und Modellierung sind aber lineare Ansätze nicht ausreichend. Es werden erweiterte Modelle sowie allgemeinere oder andersartige Methoden benötigt. Dies ist beispielsweise der Fall, wenn erst nichtlineare Regressionsfunktionen eine ausreichende Beschreibung von Ursache-Wirkungs-Beziehungen geben oder wenn die Ursache oder die Regressoren nur mit Fehlern beobachtet werden können. Manchmal erfordern auch Unregelmäßigkeiten der Beobachtungsfehler, wie z. B. das Vorhandensein von „Ausreißern“, die Verwendung von sogenannten „robusten“ Verfahren. Die Behandlung solcher Probleme erfordert im allgemeinen einen erheblichen Mehraufwand an Numerik und Rechentechnik. Gerade die gewachsenen Möglichkeiten dieser Gebiete erlaubten es dem Statistiker, sich solchen komplizierten Fragestellungen zuzuwenden. Daraus ergab sich in den letzten Jahren ein entscheidender Impuls für die Weiterentwicklung der statistischen Theorie. Viele theoretische und angewandte Arbeiten zur nichtlinearen Regressionsanalyse, zu funktionellen oder strukturellen Beziehungen und zu nichtparametrischen und robusten Schätzungen sind in diesem Zusammenhang entstanden.

Das Autorenkollektiv hat sich das Ziel einer umfassenden und nach Möglichkeit einheitlichen Darstellung des modernen Standes dieser Gebiete gesetzt. Während Einzelthemen in einer Reihe von Büchern wie die von M. G. Kendall und A. Stuart, E. Malinvaud und J. Bard behandelt werden und während es für einige Gebiete wichtige Übersichtsartikel gibt, ist bisher eine solche Darstellung für keines der genannten Gebiete vorhanden.

Das Buch wendet sich an den Statistiker in Forschung, Lehre und Praxis und an den Mathematiker, der sich über die Theorie der obengenannten Gebiete, also der statistischen Inferenz über Parameter nichtlinearer Regressionsfunktionen, der Modelle mit Fehlern in den Variablen oder der robusten Verfahren für Regressionsparameter informieren will. Dabei werden solide Kenntnisse der Wahrscheinlichkeitstheorie und Mathematischen Statistik, insbesondere auch der Regressionsanalyse, vorausgesetzt. Das Buch ist derart aufgebaut, daß es unabhängig von Band I lesbar ist und die verschiedenen Probleme und Ergebnisse streng mathematisch und in einer systematischen Form abhandelt. Dabei sind die Kapitel einerseits aufeinander abgestimmt, aber andererseits auch selbständig lesbar. Um den ohnehin großen Umfang des Buches nicht zu überschreiten, werden eine Reihe von Ergebnissen ohne Beweis diskutiert.

Ähnlich wie in Band I erscheinen die bei Beweisen benötigten Sätze und Hilfsmittel der linearen Algebra, Wahrscheinlichkeitsrechnung und Statistik in einem Anhang, um den Umfang der Beweise zu verkleinern und um die für die betrachteten Gebiete spezifischen Überlegungen und Beweisschritte besser hervorzuheben. Dabei sind einige der Ergebnisse aus dem Anhang neuartig und eigens zur Lösung der untersuchten Probleme abgeleitet worden. Bei Verweisen auf Ergebnisse über Inferenz für lineare Parameter werden die entsprechenden Stellen aus Band I genannt.[1])

In der folgenden Beschreibung des Inhaltes kann angesichts des Buchumfanges keineswegs ein Überblick angestrebt werden. Es wird auf die wesentliche Ausrichtung der Kapitel, auf neue Ergebnisse und auf einige im Buch aufgenommene besonders aktuelle Ergebnisse der Spezialliteratur hingewiesen. Viele der beschriebenen Ergebnisse sind von den Autoren erzielt worden. Dies wird hier nicht im einzelnen hervorgehoben.

Kapitel 1 ist der Schätzung von Parametern nichtlinearer Regressionsfunktionen und der Prüfung von Hypothesen über solche Parameter gewidmet. Es wird zunächst diskutiert, wieso Approximationen durch lineare Modelle oder Transformationen nichtlinearer Modelle auf lineare nur manchmal zu befriedigenden Resultaten führen. Dabei werden die Ergebnisse von I. Petersen und C. Wisotzki über die Approximation durch Interpolationspolynome gesondert betrachtet. Hauptgegenstand der Untersuchungen ist die gewichtete Kleinste-Quadrat-Schätzung bzw. die Maximum-Likelihood-Schätzung der Regressionsparameter. Dabei wird eine Erweiterung der bisher üblichen Voraussetzungen erreicht, indem teilweise auf die Annahme der Adäquatheit der Regressionsfunktion und auf die Annahme identischer Fehlervarianzen verzichtet wird. So werden die von R. I. Jennrich und E. Malinvaud bewiesenen asymptotischen Eigenschaften der gewichteten Kleinste-Quadrat-Schätzung, wie Konsistenz und asymptotische Normalität im Modell ohne Normalverteilung verallgemeinert. Außerdem wird ein asymptotisches Analogon zum Gauß-Markow-Theorem gezeigt. Unter der Annahme der Normalverteilung ergeben sich stärkere Optimalitätseigenschaften (BAN-Eigenschaft), die im Falle identischer Fehlerverteilungen auch die Normalverteilung charakterisieren. Entsprechende Ergebnisse werden auch für die Maximum-Likelihood-Schätzung unter allgemeineren Annahmen über die Fehlerverteilung abgeleitet. Eine ähnliche asymptotische Theorie wird für die Residualschätzung der Varianz entwickelt. Für die Prüfung von Hypothesen über Regressionsparameter werden asymptotische Tests auf Grundlage der Kleinste-Quadrat-Schätzung und der Likelihood-Quotienten-Statistik untersucht, und es wird ihre asymptotische Güte unter lokalen Alternativen angegeben. Konfidenzbereiche werden überblicksweise beschrieben.

Ein gesonderter umfangreicher Abschnitt behandelt Modelle mit Zustandsänderungen, bei denen verschiedene Regressionsbeziehungen für bestimmte Teilmengen von Beobachtungen gelten. Dabei werden Modelle mit abrupten und mit stetigen Zustandsänderungen betrachtet. Für die Schätzung der Umschlagpunkte und der Regressionsparameter werden geeigeten Verfahren, insbesondere Kleinste-Quadrat-Schätzungen sowie ihre Eigenschaften, wie z. B. die Konsistenz, untersucht. Es wird die Anwendung von Tests und Cluster-Verfahren für Entscheidungen über das Vorliegen von Umschlägen diskutiert. Der Abschnitt gibt einen Überblick über die Literatur zu Modellen mit Zustandsänderungen.

---

[1]) Verweise auf Band 1 werden durch „Humak I (1977)“ gekennzeichnet.

Im Kapitel 2 wird die Theorie robuster Verfahren zur Inferenz über lineare Parameter in linearen Modellen mit unabhängigen, identisch und stetig verteilten Fehlern entwickelt. Nach einführender Diskussion der Robustheit werden vorwiegend asymptotische Eigenschaften von L-Schätzungen, die auf Linearkombinationen von Ordnungsstatistiken beruhen, von R-Schätzungen, die aus Rang-Tests oder aus rangabhängigen Kriterien abgeleitet werden, und von M-Schätzungen, die aus Verallgemeinerungen des Kleinste-Quadrat-Kriteriums berechnet werden, untersucht. Für den Spezialfall des Lokationsmodells wird eine von P. Huber bewiesene, für endliche Stichprobenumfänge gültige Minimax-Eigenschaft derjenigen M-Schätzung gezeigt, die durch die Hubersche ψ-Funktion gegeben ist. Für M-Schätzungen linearer Parameter wird unter gewissen Regularitätsvoraussetzungen die asymptotische Normalität gezeigt. Es erweist sich nach einem Satz von P. Huber, daß die Hubersche M-Schätzung eine asymptotische Minimax-Eigenschaft hat. Diese Eigenschaft gilt dann auch für die zur Huberschen M-Schätzung asymptotisch äquivalenten L- und R-Schätzungen. Für die asymptotische Äquivalenz von M-, L- und R-Schätzungen werden Gleichungen zwischen den zugehörigen Gewichts- bzw. Score-erzeugenden Funktionen angegeben. Numerische Algorithmen zur Berechnung von M-Schätzung werden, P. Huber und R. Dutter folgend, ausführlich dargestellt. Als Grundlage für rangabhängige Verfahren werden zunächst die bekannten lokal besten Rangtests für die Hypothese eines verschwindenden Regressionsanteils und für die Hypothese der Symmetrie abgeleitet. Für die entsprechenden linearen Rangstatistiken bzw. Zeichenrangstatistiken wird nach J. Hajek die asymptotische Normalität unter der Nullhypothese gezeigt. Anschließend wird die gleichmäßige asymptotische Linearität der linearen Rangstatistik in den Regressionsparametern gezeigt sowie der analoge, von C. van Eeden bewiesene Satz für die Zeichenrangstatistik angegeben. Mit Hilfe dieser Eigenschaft ergibt sich die asymptotische Normalität von R-Schätzungen, die auch die Angabe der asymptotischen Effizienz unter verschiedenen Verteilungsannahmen gestattet. Nach C. van Eeden wird auch die asymptotische Normalität einer linearisierten Version von Rangschätzungen studiert. Da die asymptotische effizienten R-Schätzungen von der unbekannten Dichte abhängen, werden drei von J. Hajek, R. Beran und C. van Eeden untersuchte adaptive Verfahren vorgestellt, die asymptotisch effizient sind.

Asymptotische Konfidenzintervalle für eindimensionale Regressionskoeffizienten werden aus Rang-Tests konstruiert. Es wird gezeigt, daß der Quotient der Längen des Standard- bzw. des Rangkonfidenzintervalls gegen die Pitmansche asymptotische relative Effizient des Standard- und des Rang-Tests konvergiert. Ein von F. J. Anscombe, J. Geertsma sowie M. Gosh und P. K. Sen untersuchtes, auf dem Wilcoxon-Test beruhendes sequentielles Konfidenzintervall mit vorgegebener Länge wird ebenfalls diskutiert.

Kapitel 3 gibt eine Einführung in die Problematik der Modelle- mit Fehlern-in-den-Variablen wie auch eine relativ abgeschlossene zusammenfassende Darstellung der vorhandenen Ergebnisse. Nach Diskussion einfacher Beispiele aus Anwendungen wird erläutert, wieso die Kleinste-Quadrat-Schätzungen aus Regressionsmodellen bei Vorhandensein von Fehlern in den Variablen schlecht sein können. Allgemeine Modellformulierungen werden ausführlich diskutiert. Innerhalb eines Überblicks über Identifizierbarkeitsaussagen werden unter anderem die Sätze von O. Reiersøl angegeben. Es wird erläutert, daß in einem Modell mit nichtzufälligem Versuchsplan der Strukturparameter nicht konsistent schätzbar ist, wenn er in einem zugehörigen Modell mit zufälligem Versuchsplan nicht identifizierbar ist. Maximum-Likelihood-Schätzungen werden zunächst für bivariate lineare funktionelle Beziehungen behandelt. Dabei sind nach N. R. Cox und G. R. Dolby sowohl Modelle mit nichtzufälligem wie auch solche mit normalverteiltem Versuchsplan gemeinsam behandelbar. Weiterhin werden multivariate Modelle mit nichtzufälligem Versuchsplan betrachtet. Der Zusammenhang zwischen Maximum-Likelihood- und Kleinste-Quadrat-Schätzungen wird beschrieben. Unter der Annahme unabhängiger Meßfehler ist die Maximum-Likelihood-Schätzung aus einer Eigenwertaufgabe erhältlich. Neben diesem bekannten Ergebnis werden Äquivarianz und Eindeutigkeitsaussagen gezeigt. Für Modelle mit bis auf einen Faktor bekannter Kovarianzmatrix ermöglicht die koordinatenfreie Darstellung die Zusammenfassung einiger bekannter Ergebnisse. Es wird der lange Zeit übersehene Satz von T. W. Anderson über die Maximum-Likelihood-Schätzung bei unbekannter Kovarianz für normalverteilte unabhängige Fehler als Lösung eines Eigenwertproblems dargestellt. Für nichtlineare Modelle werden Möglichkeiten zur Vereinfachung auf der Grundlage spezieller Annahmen über die Kovarianz der Fehler und Identifizierbarkeitseigenschaften angegeben. Für nichtlineare Modelle mit Wiederholungen eines festen Versuchsplanes werden, ähnlich wie im Kapitel 1, die Konsistenz, die asymptotische Normalität und die Optimalität der gewichteten Kleinste-Quadrat-Schätzungen bzw. der Maximum-Likelihood-Schätzung gezeigt. Auch eine von W. A. Fuller und K. M. Wolter vorgeschlagene modifizierte Gauß-Newton-Iteration erweist sich als asymptotisch normal. Explizite Formeln und Schätzungen für die asymptotischen Varianzen und Kovarianzen der verallgemeinerten Kleinste-Quadrat-Schätzungen werden für den bivariaten Fall angegeben. Als Alternativen zur Maximum-Likelihood-Schätzung werden neben anderen Instrument-Variablen-Schätzungen behandelt. Die Beziehungen zwischen bekannten Schätzungen bei funktionellen Beziehungen und bei Simultangleichungen der Ökonometrie werden nach T. W. Anderson deutlich gemacht und mit einem approximativen Gütevergleich der Schätzungen verbunden. Ebenso werden die von W. A. Fuller untersuchten modifizierten Maximum-Likelihood-Schätzungen und Zwei-Stufen-Kleinste-Quadrat-Schätzungen verglichen.

Für lineare Modelle, in denen Meßfehler und Versuchspunkte durch Zeitreihen erzeugt werden, findet man Aussagen über Konsistenz, asymptotische Normalität und Identifizierbarkeit bei einer von P. M. Robinson konstruierten Schätzung.

Ein selbständiger umfangreicher Abschnitt ist einer einheitlichen asymptotischen Theorie linearer Modelle mit nichtzufälligem Versuchsplan gewidmet. Nach Erläuterung der Parametrisierung und einer Zusammenstellung von Ergebnissen über Maximum-Likelihood-Schätzung wird eine allgemeine Formulierung von „kanonischen" Instrument-Variablen-Schätzungen erarbeitet, als deren formaler Spezialfall die Maximum-Likelihood-Schätzung erscheint. Die Konsistenz solcher Schätzungen wird unter gewissen Voraussetzungen bewiesen, die zusätzlich gedeutet werden. Einige aus der Literatur bekannte Spezialfälle werden diskutiert. Die asymptotische Effizienz der Maximum-Likelihood-Schätzung kann nun wegen des unendlich-dimensionalen Parameterraumes nicht mit Hilfe der klassischen Schätztheorie bewiesen werden. Deshalb wird unter der speziellen Annahme der Normalverteilung eine normale Grenzverteilung und damit zusammenhängend die Effizienz in einer gewissen heuristisch motivierten Klasse von Schätzungen bewiesen. Diese Klasse enthält neben der Maximum-Likelihood-Schätzung die wichtigsten in der Literatur untersuchten alternativen Schätzungen. Darüber hinaus ergibt sich aus einem Verbesserungsverfahren eine einfach berechenbare effiziente Schätzung.

Viele bekannte Resultate über Grenzverteilung und Vergleiche folgen aus den allgemeinen Sätzen.

Basierend auf Ergebnissen von T. W. Anderson wird ein Überblick über Tests und Bereichschätzungen für lineare Modelle gegeben. Schließlich werden Möglichkeiten zur numerischen Berechnung von gewichteten Kleinste-Quadrat-Schätzungen beschrieben. Für zweidimensionale lineare Modelle mit verschiedenen aber bekannten Kovarianzen über den einzelnen Versuchspunkten wird ein Verfahren von J. H. Williamson wiedergegeben. Für zweidimensionale Polynomial-Modelle wird nach M. O'Neill und L. G. Sinclair ein Newton-Raphson-ähnliches Verfahren beschrieben. Schließlich wird für allgemeine Modelle mit Fehlern in den Variablen die spezielle Struktur der Gauß-Newton-Verfahren diskutiert.

Helga Bunke Olaf Bunke

Inhaltsverzeichnis

1. Parameterschätzung und Hypothesenprüfung in nichtlinearen Modellen

Während sich für lineare Regressionsmodelle eine befriedigende, abgerundete Theorie ‚kleiner' Stichproben entwickeln läßt (vgl. HUMAK I (1977)), scheitern im nichtlinearen Fall wirksame Konzepte der Statistik an der komplizierten Struktur des Parameterraumes. Geometrische Zugänge, wie in der linearen Schätztheorie, oder die Anwendung der Theorie der Exponentialfamilien im Normalmodell, sind jetzt nicht mehr erfolgreich. Heuristisch motivierte Schätzungen, wie die Kleinste-Quadrat-Schätzung, sind nur noch iterativ bestimmbar. Sie sind nicht erwartungstreu und ihre Verzerrung und Varianz sind nur approximativ bestimmbar (vgl. (1.1.3)).

Um diesen Schwierigkeiten auszuweichen, wird der Statistiker zunächst versuchen, das nichtlineare Modell durch ein lineares zu approximieren oder durch eine geeignete Datentransformation den Übergang zu einem linearen Modell zu erzwingen (vgl. 1.1.4). Allerdings gehen bei der Approximation oft Parameterinterpretation und typisch nichtlineare Effekte, die für den Naturwissenschaftler vielleicht gerade von Interesse sind, verloren. Bei der Datentransformation, die nur in Ausnahmefällen möglich ist, muß die Auswirkung auf die Fehlerstruktur beachtet werden. Spielt die Parameterinterpretation eine untergeordnete Rolle, handelt es sich vielmehr darum, die unbekannte Regressionsfunktion möglichst gut zu approximieren, dann kann die statistische Vorgehensweise mit den numerischen Verfahren der Interpolationspolynome kombiniert werden (vgl. 1.1.5). Ein entsprechender Zugang liegt jedoch bisher nur für eindimensionale Regressanden vor.

Eine Möglichkeit der theoretischen Behandlung des nichtlinearen Regressionsmodells besteht im Aufbau einer asymptotischen Theorie (‚großer' Stichprobenumfang). Hat man erst einmal die Konsistenz der üblichen Schätzverfahren gezeigt (vgl. Satz 1.1.4), liegt die Vermutung nahe, daß man für großen Stichprobenumfang das Modell näherungsweise als linear betrachten kann, daß sich also die Eigenschaften dieses linearen Modells beispielsweise in Grenzverteilungen der Parameterschätzungen widerspiegeln (vgl. Satz 1.1.5).

Läßt man bei diesen Untersuchungen die Annahme der Adäquatheit des Regressionsmodells weg, ergeben sich aus den asymptotischen Resultaten wichtige Aufschlüsse über die Robustheit der Verfahren gegenüber Modellfehlern. Gleichzeitig eröffnen sich neue Ansatzpunkte für eine noch zu entwickelnde Theorie der Modellwahl.

Die Analogie zum linearen Modell, die sich in der Struktur der Grenzverteilungen der Schätzungen ergibt, legt der damit aufgebauten statistischen Schlußweise folgende heuristische Deutung zugrunde: Die Verfahren (Kleinste-Quadrat-Schätzungen, Teststatistiken, usw.) werden aufgrund der nichtlinearen Struktur des Modells konstruiert, ihrer Beurteilung aufgrund von (asymptotischen) Verteilungseigenschaften (Optimalität, Sicherheitspunkte, usw.) liegen jedoch lineare Näherungen zugrunde. Erst eine ‚feinere' Asymptotik (vgl. Bemerkung 1.1.6) wird den nichtlinearen Charakter des Modells auch in den Verteilungseigenschaften zur Geltung bringen.

Aus diesem Grund ist es nicht sehr überraschend, daß sich viele Analogien zum linearen Modell ergeben, wenn man die Güte der nichtlinearen Kleinsten-Quadrat-Schätzung aufgrund der Kovarianzstruktur ihrer Grenzverteilung beurteilt (vgl. 1.1.7). Ohne Normalverteilungsannahmen über die Fehler kann eine asymptotische Analogie zum Gauß-Markow-Theorem bewiesen werden (Satz 1.1.6). Unter Normalverteilung können stärkere Optimalitätseigenschaften (BAN) nachgewiesen werden, die im Falle identischer Fehlerverteilung die Normalverteilung auch charakterisieren (Satz 1.1.8). Entsprechende Untersuchungen können für die Maximum-Likelihood-Schätzung auch unter allgemeinen Annahmen über die Fehlerverteilung durchgeführt werden (vgl. Satz 1.1.10).

Eine ähnliche asymptotische Theorie wie für Parameter der Regressionsfunktion läßt sich auch für die Residualschätzung der Varianz herleiten (vgl. 1.1.8).

Für das Prüfen von Hypothesen bieten sich zwei Vorgehensweisen an: Einmal kann man in Analogie zum linearen Modell Tests auf der Grundlage der Grenzverteilung der Kleinsten-Quadrat-Schätzung konstruieren (vgl. (1.1.9)). Andererseits kann man auch die für den Fall identisch verteilter Beobachtungen bekannten asymptotischen Verteilungsaussagen (χ^2) über Likelihood-Quotienten-Teststatistiken für das nichtlineare Regressionsmodell verifizieren (vgl. Satz 1.1.16). Die Beurteilung der Güte der Tests auf lokalen Alternativen gelingt mit dem Konzept der benachbarten Verteilungen.

Einen wichtigen Modelltyp, der sich formal in die nichtlinearen Regressionsmodelle einordnet, der aber aufgrund seiner Spezifik doch eine gesonderte Rolle spielt, bilden die Modelle mit Zustandsänderungen (vgl. 1.2). Hier gilt ein bestimmter Regressionsansatz nur für eine Teilmenge der Beobachtungen, sonst gilt ein anderer. Der Punkt (evtl. Zeitpunkt), an dem dieses Umschlagen zwischen den verschiedenen Zuständen des Systems erfolgt, ist ein zusätzlicher nichtlinearer Parameter im Modell, und häufig gerade ein Parameter von besonderem Interesse. Viele Fragestellungen aus Anwenderbereichen führen auf solche Modelle (vgl. 1.2.1).

Je nach den Anschlußbedingungen für die Regressionsfunktionen in den Umschlagspunkten unterscheidet man Modelle mit abrupten (1.2.2) und mit stetigen (1.2.3) Zustandsänderungen. Die Schwierigkeiten, die sich für die numerische Berechnung der Kleinsten-Quadrat-Schätzung in solchen Modellen ergeben, legen für die Analyse von Umschlagspunkten eine geschickte Kombination von Test- und Schätzverfahren nahe. Deshalb nimmt auch die Diskussion verschiedener Tests zum Prüfen der Zustandsstabilität einen verhältnismäßig breiten Raum ein.

Die Konsistenz der Kleinsten-Quadrat-Schätzung erfordert eine modifizierte Betrachtung, da nun im allgemeinen der Parameterraum nicht kompakt und vom Stichprobenumfang abhängig ist. Außerdem hängt die Regressionsfunktion nicht stetig vom Parameter ab (vgl. 1.2.4).

Zusammenfassend kann eingeschätzt werden, daß für Modelle mit Zustandsänderungen Verfahren in speziellen Klassen entwickelt werden müssen, bei denen die numerische Realisierbarkeit von Anfang an im Auge behalten wird.

1.1. Parameterschätzung in allgemeinen nichtlinearen Modellen

1.1.1. Einleitung

Eine Beziehung zwischen einer unabhängigen Variablen $\boldsymbol{x}$ (*Regressor*) und einer abhängigen Variablen $\boldsymbol{y}$ (*Regressand*) werde durch eine Funktion $f\colon \mathcal{X} \to \mathbb{R}^1$ beschrieben, die *Regressionsfunktion* oder auch *Wirkungsfunktion* genannt wird (vgl. HUMAK I, Kap. 1 (1977)). Dabei wird angenommen, daß bei festem Wert x des Regressors der Wert $\boldsymbol{y}$ des Regressanden zufällig ist und den Erwartungswert $f(x)$ hat. Die vorhandene Kenntnis über f drückt man durch Angabe einer Menge $\mathcal{F} = \{g_\vartheta \mid \vartheta \in \Theta\}$, $(\Theta \subseteqq \mathbb{R}^s)$ von Funktionen $g_\vartheta\colon \mathcal{X} \to \mathbb{R}^1$ aus, über die bekannt ist, daß sie die „wahre Regressionsfunktion“ f enthält, d. h., es gibt ein $\vartheta_0 \in \Theta$ („wahrer Regressionsparameter“) mit $f = g_{\vartheta_0}$. Ist g_ϑ nichtlinear in ϑ, dann spricht man von einer nichtlinearen Regressionsfunktion. Liegen Beobachtungen y_t des Regressanden zu Werten x_t des Regressors $(t = 1, \dots, n)$ vor, ergeben sich die Problemstellungen:

1. Schätzung von f oder der Werte von f auf einer Teilmenge $\mathcal{X}_* \subset \mathcal{X}$.
2. Schätzung von ϑ_0 und abgeleiteter Parameter $\gamma(\vartheta_0)$.
3. Approximation von f durch eine Funktion aus einer vorgegebenen Menge $\mathcal{F}$ von Funktionen, die möglicherweise von einfacher Struktur sind oder andere Vorteile besitzen.
4. Konfidenzbereiche für ϑ_0.
5. Prüfung von Hypothesen über f oder ϑ_0.

Für die mathematische Behandlung dieser Problemstellungen sind geeignete Annahmen über die Werte x_t, y_t erforderlich.

Die Werte x_t des Regressors, die *Versuchspunkte* genannt werden, sind durch einen Vektor $\xi = (x_1, \dots, x_n)$, den *Versuchsplan*, vorgegeben. Weiterhin gelten die Gleichungen

$$\boldsymbol{y}_t = f(x_t) + \boldsymbol{\varepsilon}_t\,, \qquad t = 1, 2, \dots, n\,, \tag{1}$$

wobei $\boldsymbol{\varepsilon}_1, \dots, \boldsymbol{\varepsilon}_n$ unabhängige Zufallsvariablen sind mit

$$\mathsf{E}\boldsymbol{\varepsilon}_t = 0 \quad \text{und} \quad \mathsf{D}\boldsymbol{\varepsilon}_t = \sigma_t^2\,. \tag{2}$$

Die Varianzen σ_t^2 sind unbekannt, und es können irgendwelche Annahmen der Form $\sigma^{(n)} := (\sigma_1, \dots, \sigma_n) \in \mathcal{S}$ getroffen werden. Solche Annahmen werden wir später im Abschnitt 1.1.6 für die gesamte Folge der σ_t, $t = 1, 2, \dots$, benötigen.

Zur Approximation der Regresssionsfunktion setzen wir eine parametrische Funktionenklasse $\{g_\vartheta \mid \vartheta \in \Theta\}$ an, wobei $g_\vartheta\colon \mathcal{X} \to \mathbb{R}^1$ für jedes feste $\vartheta \in \Theta$ eine gegebene Funktion ist. Nehmen wir wie üblich

$$f \in \mathcal{F} := \{g_\vartheta \mid \vartheta \in \Theta\} \tag{3}$$

an, dann sagen wir, das Modell ist adäquat $(f = g_{\vartheta_0})$. Später lassen wir diese Annahme aber auch teilweise fallen. Bei den asymptotischen Betrachtungen lassen wir auch zu, daß die Funktionen g_ϑ von n abhängen: $g_\vartheta^{(n)}$.

Nach den obigen Annahmen sind $\boldsymbol{y}_t$ unabhängige Zufallsgrößen, deren Verteilung durch den Parameter $\zeta := (f, \varkappa)$ festgelegt wird, wobei $\varkappa$ die Verteilung von $\boldsymbol{\varepsilon} := (\boldsymbol{\varepsilon}_1, \dots, \boldsymbol{\varepsilon}_n)'$ bezeichnet. Durch Vorgabe einer Menge $\mathcal{K}$ von Verteilungen mit $\varkappa \in \mathcal{K}$ kann die Vorkenntnis über $\varkappa$ charakterisiert werden.

In der Bezeichnungsweise von HUMAK I (1977) werden wir für eine beliebige Funktion g: $\mathcal{X} \to \mathbb{R}^1$ den Vektor $(g(x_1), \ldots, g(x_n))'$ mit g^ξ bezeichnen. Mit

$$\mathcal{F}^\xi = \{g_\vartheta^\xi = (g_\vartheta(x_1), \ldots, g_\vartheta(x_n))' \mid \vartheta \in \Theta\},$$

$$\mathcal{V} := \{\mathrm{Diag}\,[\sigma_1^2, \ldots, \sigma_n^2] \mid \sigma^{(n)} \in \mathrm{S}\}$$

ist die durch (1), (2) und (3) eingeschränkte Menge

$$[\mathcal{F}^\xi \times \mathcal{V}]_{\mathcal{K}} := \{W_\zeta \mid \zeta = (f, \varkappa) \in \mathcal{F} \times \mathcal{K}\} \tag{4}$$

von möglichen Verteilungen W_ζ des Zufallsvektors $\boldsymbol{y}$ ein adäquates Verteilungsmodell, das wir nichtlineares Modell oder, im Spezialfall, wenn $\mathcal{F}^\xi$ ein linearer Unterraum des $\mathbb{R}^n$ ist, lineares Modell nennen.

$\boldsymbol{y} \circledS [\mathcal{F}^\xi \times \mathcal{V}]_{\mathcal{K}}$ ist eine Schreibweise dafür, daß ein $W_\zeta \in [\mathcal{F}^\xi \times \mathcal{V}]_{\mathcal{K}}$ existiert mit $\boldsymbol{y} \sim W_\zeta$. In der Literatur findet man auch die Kurzschreibweise $\mathsf{E}\boldsymbol{y} \in \mathcal{F}^\xi$, $\mathsf{D}\boldsymbol{y} \in \mathcal{V}$ oder auch

$$\boldsymbol{y} = \mu + \boldsymbol{\varepsilon}, \quad \mu \in \mathcal{F}^\xi, \quad \mathsf{E}\boldsymbol{\varepsilon} = 0, \quad \mathsf{D}\boldsymbol{\varepsilon} \in \mathcal{V},$$

falls $\mathcal{K}$ die Menge aller Verteilungen mit (2) ist.

Übersichten über statistische Methoden in nichtlinearen Regressionsproblemen und damit zusammenhängende Probleme wurden beispielsweise in BARD (1974), COX (1977) und in BUNKE, HENSCHKE, STRÜBY, WISOTZKI (1977) gegeben.

1.1.2. Beispiele

Zur Veranschaulichung geben wir zunächst einige typische Beispiele für Regressionsmodelle an.

a) *Lineares Regressionsmodell.* Ist die Regressionsfunktion $g_\vartheta(x) = \vartheta' g(x)$ linear in ϑ, dann nennt man (1) und (2) *lineares Regressionsmodell* (vgl. HUMAK I (1977)).

b) *Empirische Wachstumskurven* treten in biologischen oder chemischen Problemstellungen auf, bei denen eine mit der Zeit t wachsende Größe u_t beobachtet wird. Nimmt man an, daß die Wachstumsgeschwindigkeit $\mathrm{d}u_t/\mathrm{d}t$ proportional zur gerade erreichten Größe und zur Differenz zwischen einer maximal erreichbaren Größe b und u_t ist, dann gilt die Differentialgleichung

$$\frac{\mathrm{d}u_t}{\mathrm{d}t} = a u_t (b - u_t).$$

Integration, Logarithmierung, Reparametrisation und Ansatz einer additiven Fehlerstruktur führen dann zu dem Modell

$$\begin{aligned} \boldsymbol{y}_t &= \alpha - \ln(1 + \mathrm{e}^{-\lambda + \beta t}) + \boldsymbol{\varepsilon}_t \\ &= g_\vartheta(t) + \boldsymbol{\varepsilon}_t, \qquad \vartheta = (\alpha, \lambda, \beta). \end{aligned} \tag{5}$$

Dieses Modell wurde von verschiedenen Autoren, z.B. von NELDER (1961, 1962), untersucht.

c) *Exponentielle Modelle.* Für viele Anwendungen sind Mischungen von Exponentialfunktionen geeignet, um die Ursache-Wirkungsbeziehungen zu behandeln:

$$\left.\begin{aligned} g_\vartheta(x) &= \alpha_0 + \sum_{i=1}^{p} \alpha_i x_{(i)}^{\beta_i}, \\ \vartheta &= (\alpha_0, \alpha_1, \ldots, \alpha_p, \beta_1, \ldots, \beta_p), \\ x &= (x_{(1)}, \ldots, x_{(p)}), \qquad x_{(i)} \in \mathbb{R}^1. \end{aligned}\right\} \tag{6}$$

Für Spezialfälle sind spezifische Schätzmethoden entwickelt worden (vgl. z.B. McGilchrist (1968), Rasch (1967), Agha (1971), Saleh und Choudry (1975)). Modelle der Gestalt (6) werden auch unter dem Namen „Multicompartment Systems" untersucht.

d) *Cobb-Douglas-Modelle.* In verschiedenartigen ökonomischen Problemstellungen, z.B. bei der Untersuchung von Produktions- oder Nachfragefunktionen, treten Regressionsfunktionen der folgenden Form auf:

$$g_\vartheta(x) = \alpha x_{(1)}^{\beta_1} \dots x_{(q)}^{\beta_q}\,, \qquad \vartheta = (\alpha, \beta_1, \dots, \beta_q)\,, \qquad x = (x_{(1)}, \dots, x_{(q)})\,. \tag{7}$$

Solche Regressionsfunktionen werden Cobb-Douglas-Funktionen genannt. Manchmal wird auch ein multiplikatives Modell angesetzt, um nach Logarithmierung wieder eine additive Fehlerstruktur zur gewährleisten:

$$y_t = g_\vartheta(x_t)\,\varepsilon_t\,, \qquad \mathsf{E}\varepsilon_t = 1\,, \qquad \mathsf{E}\varepsilon \in \mathcal{V}\,.$$

Eine detaillierte Diskussion wird z.B. von Goldberger (1968) und Goldfeld und Quandt (1972) gegeben.

1.1.3. Kleinste-Quadrat-Schätzung

Während in linearen Regressionsmodellen bei der Schätzung von linearen Parametern $\gamma = C\vartheta$ eine Beschränkung auf lineare Schätzungen $\hat{\gamma} = Ly$ sinnvoll erscheint, ist dies für nichtlineare Modelle nicht der Fall, da der Wertebereich von γ im allgemeinen kein linearer Raum ist. Will man beispielsweise $\gamma = g_\vartheta^\xi := (g_\vartheta(x_1), \dots, g_\vartheta(x_n))'$ schätzen, so erscheint es vernünftig, Schätzfunktionen $\tilde{\gamma}$ mit Werten in $\mathcal{F}^\xi := \{g_\vartheta^\xi \mid \vartheta \in \Theta\}$ zu verwenden. Solche Schätzfunktionen sind z.B. Projektionen $g_{\hat{\vartheta}(y)}^\xi$ von y auf $\mathcal{F}^\xi$, wobei man als zugrundegelegte Norm beispielsweise eine quadratische Norm der Gestalt

$$^{w}|y|_n = \left[n^{-1} \sum_{t=1}^{n} w_t y_t^2\right]^{1/2}, \qquad (w_t > 0;\ t = 1, \dots, n)$$

ansetzen kann, d. h., es gilt

$$^{w}|y - g_{\hat{\vartheta}(y)}^\xi|_n = \min_{\vartheta \in \Theta} {}^{w}|y - g_\vartheta^\xi|_n\,. \tag{8}$$

Indem man die Gewichte $w = \{w_t \mid t = 1, 2, \dots\}$ verschiedenartig wählt, erhält man verschiedenartige Schätzungen. Da wir den heteroscedastischen Fall, d. h. Beobachtungen mit unterschiedlichen Varianzen, zugelassen haben, ist es naheliegend, als Bewichtungen die inversen Varianzen zu wählen. Sind diese unbekannt, so kann man dafür Schätzungen einsetzen und somit Zweistufenschätzungen konstruieren. Aus diesem Grund lassen wir auch zu, daß die Gewichte w_t positive Zufallsgrößen sind, die bei den asymptotischen Untersuchungen auch vom Stichprobenumfang n abhängen dürfen $(w_t^{(n)})$.

Definition 1.1.1. Es existiere ein $\vartheta_0 \in \Theta$ mit $f = g_{\vartheta_0}$. Eine Schätzung $\hat{\gamma}$ von $\gamma(\vartheta_0)$ heißt *gewichtete Kleinste-Quadrat-Schätzung* (kurz WLSE[1]), falls $\hat{\gamma}(y) = \gamma(\hat{\vartheta}(y))$ ist und die Schätzung $\hat{\vartheta}$ eine Lösung von (8) ist. Bei $w_t = 1$ $(t = 1, \dots, n)$ $(w = w_0)$ heißt

[1]) WLSE: "weighted least sqares estimator".

γ *gewöhnliche Kleinste-Quadrat-Schätzung* (OLSE[1])). Bei $w_t = \sigma_t^{-2}$ $(t = 1, \ldots, n)$ $(w = w_\sigma)$ heißt $\hat{\gamma}$ *verallgemeinerte Kleinste-Quadrat-Schätzung* (GLSE[2])).

Wenn wir im weiteren von Kleinste-Quadrat-Schätzungen (LSE) oder deren Verallgemeinerungen sprechen, setzen wir stets voraus, daß eine Lösung $\hat{\vartheta}(y)$ von (8) existiert und als meßbare Funktion in y dargestellt werden kann.

Hat g_ϑ beispielsweise eine Darstellung

$$g_\vartheta(x) = \alpha' h_\beta(x) \; \big(\vartheta = (\alpha, \beta) \in \Theta = \mathbb{R}^p \times \mathcal{B}, x \in \mathcal{X}\big)$$

mit $h_\beta \colon \mathcal{X} \to \mathbb{R}^p$, ist $\mathcal{B}$ eine kompakte Teilmenge eines euklidischen Raumes, und ist $h_\beta(x)$ stetig in β für jedes feste $x \in \mathcal{X}$, so kann die Existenz eines meßbaren $\hat{\vartheta}(y)$ leicht nachgewiesen werden.

Gilt $\varepsilon_t \sim \mathrm{N}(0, \sigma_t^2)$, $t = 1, \ldots, n$, dann fällt offensichtlich die GLSE mit der Maximum-Likelihood-Schätzfunktion (MLE) zusammen. I. allg. kann eine WLSE nicht explizit berechnet werden, sondern es sind iterative numerische Verfahren anzuwenden. Die WLSE ist i. allg. nicht erwartungstreu, und eine exakte Berechnung der Verfälschung ist nicht möglich.

Box (1971) hat eine grobe Näherungsformel für die Verfälschung der OLSE bei

$$\varepsilon_t \sim \mathrm{N}(0, \sigma^2) \qquad (t = 1, \ldots, n) \tag{9}$$

abgeleitet, indem $\boldsymbol{y} - g_{\hat{\vartheta}}$ durch eine Taylor-Entwicklung zweiter Ordnung um ϑ_0 approximiert und

$$\hat{\boldsymbol{\vartheta}} - \vartheta_0 \approx A\varepsilon + (\varepsilon' B_1 \varepsilon, \ldots, \varepsilon' B_s \varepsilon)'$$

gesetzt wurde. Es ergab sich

$$\mathsf{E}(\hat{\boldsymbol{\vartheta}} - \vartheta_0) \approx -\frac{\sigma^2}{2} \left[\sum_{j=1}^{n} F_j' F_j\right]^{-1} \sum_{i=1}^{n} F_i' \operatorname{sp} \left\{\left[\sum_{l=1}^{n} F_l' F_l\right]^{-1} H_i\right\} \tag{10}$$

mit

$$F_i = F_i(\vartheta_0) := \left(\frac{\partial g_\vartheta(x_i)}{\partial \vartheta_1}\bigg|_{\vartheta=\vartheta_0}, \ldots, \frac{\partial g_\vartheta(x_i)}{\partial \vartheta_s}\bigg|_{\vartheta=\vartheta_0}\right)$$

und

$$H_i = \left(\left(\frac{\partial^2 g_\vartheta(x_i)}{\partial \vartheta_l \, \partial \vartheta_m}\bigg|_{\vartheta=\vartheta_0}\right)\right)_{m=1,\ldots,s}^{l=1,\ldots,s}.$$

Es gibt verschiedene Gründe, die Annahme (3): $f \in \mathcal{F}$ fallenzulassen. Einmal kann einfach nicht bekannt sein, ob das Modell mit $\mathcal{F}$ adäquat ist, also ob (3) gilt. Regressionsmodelle werden häufig bei einem sehr geringen fachwissenschaftlichen Kenntnisstand über die wahre zugrundeliegende Struktur der Abhängigkeiten angewandt. Das Modellwahlproblem ist im nichtlinearen Fall kompliziert, und es ist nicht zweckmäßig, die Adäquatheit von Anfang an vorauszusetzen. Weiterhin kann die Aufgabe an sich darin bestehen, die Regressionsfunktion in einer vorgegebenen Funktionenklasse $\mathcal{F}$ zu approximieren. Wenn man die Adäquatheit des Modells nicht mehr anstrebt, kann man durch geeignete Wahl von $\mathcal{F}$ eventuell das Optimierungsproblem (8) vereinfachen.

Um den Anschluß zu den späteren asymptotischen Betrachtungen zu gewinnen, wollen wir (8) noch etwas verallgemeinern. Es seien $\mathcal{F}_n = \{g_\vartheta^{(n)} \mid \vartheta \in \Theta\}$ vorgegebene

[1]) OLSE: "ordinary least squares estimator".
[2]) GLSE: "generalized least squares estimator".

Funktionenklassen ($\mathscr{X} \to \mathbb{R}^1$) und $\boldsymbol{w} = \{w_t^{(n)} \mid t = 1, \dots, n\}$ Folgen positiver zufälliger Variablen. Es sei

$$Q_n(\hat{\vartheta}_n(y)) = \min_{\vartheta \in \Theta} Q_n(\vartheta) , \tag{11}$$

$$Q_n(\vartheta) := {}^{w}|y - [g_\vartheta^{(n)}]^\zeta|_n^2 .$$

Definition 1.1.2. $\hat{f}_n := g_{\hat{\vartheta}(y)}^{(n)}$ heißt *gewichtete inadäquate Kleinste-Quadrate-Approximation* (WILSA) von f, falls $\hat{\vartheta}$ (11) erfüllt. Die zugehörige Parameterschätzung $\hat{\vartheta}$ nennen wir WILSE.

Abgesehen vom heuristischen Sinn der Optimierungsprobleme (8) und (11) verbindet man mit ihnen die Vorstellung, daß bei wachsender Zahl von Beobachtungen WILSE $\hat{\gamma}$ gegen γ konvergiert und WILSA die Projektion von f auf $\mathscr{F}_n$ im Sinne der Seminorm $|f| := {}^{w}|f^\zeta|_n$ immer besser annähert. Die Fragestellungen werden in **1.1.6** untersucht.

Der Nachweis guter Approximationseigenschaften der WILSA ist für nichtlineare Regressionsmodelle von fundamentaler Bedeutung. Der Ansatz einer bestimmten Funktionenklasse $\mathscr{F}$ stellt in Anwendungen fast immer eine Approximation dar, d. h., die Voraussetzung der Adäquatheit des Modells („Es existiert ein ϑ_0 mit $g_{\vartheta_0} = f$".) ist verletzt und höchstens näherungsweise gesichert („Es existiert ein ϑ_0 mit $g_{\vartheta_0} \approx f$."). Gute Eigenschaften der WILSA entsprechen Stabilitätseigenschaften der Kleinste-Quadrat-Methode bei solchen Modellungenauigkeiten.

Gehen einige der Komponenten von ϑ linear in g_ϑ ein, d. h., ist

$$g_\vartheta(x) = \alpha' h_\beta(x) \qquad \left(\vartheta = (\alpha, \beta) \in \Theta = \mathbb{R}^p \times \mathscr{B},\ x \in \mathscr{X}\right) \tag{12}$$

mit $h_\beta\colon \mathscr{X} \to \mathbb{R}^p$, dann kann die Dimension des nichtlinearen Optimierungsproblems (8) verkleinert werden (vgl. hierzu LAWTON, SYLVESTRE (1971) und BARHAM, DRANE (1972)). Mit

$$P_\beta = H_\beta H_\beta^\square , \qquad H_\beta^\square = (H_\beta' D_w H_\beta)^{-1} H_\beta D_w , \qquad H_\beta = \left((h_{\beta(i)}(x_t))\right)_{i=1,\dots,p}^{t=1,\dots,n}$$

($h_{\beta(i)}$ bezeichnet die i-te Komponente von h_β), $D_w = \operatorname{Diag}[w_1, \dots, w_n]$, geht (8) über in

$$^{w}|y - g_{\hat{\vartheta}(y)}|_n = \min_{\beta \in \mathscr{B}} {}^{w}|y - P_\beta y|_n = {}^{w}|y - P_{\hat{\beta}(y)} y|_n , \tag{13}$$

$$\hat{\vartheta} = (\hat{\alpha}, \hat{\beta}) , \qquad \hat{\alpha} = H_{\hat{\beta}}^\square y . \tag{14}$$

Dies wird durch das folgende einfache Beispiel illustriert:

Beispiel 1.1.1. Es sei

$$f_\vartheta(x) = \alpha_1 + \alpha_2 e^{\beta x} \qquad (\vartheta = (\alpha_1, \alpha_2, \beta)) .$$

Mit $w_t = 1$ ist (13) gegeben durch

$$\min_\beta \sum_{t=1}^n [y_t - \hat{\alpha}_1(\beta) - \hat{\alpha}_2(\beta) e^{\beta x_t}]^2 ,$$

$$\hat{\alpha}_1(\beta) = n^{-1}\Big[\sum_t y_t - \hat{\alpha}_2(\beta) \sum_t e^{\beta x_t}\Big] ,$$

$$\hat{\alpha}_2(\beta) = \Big[\sum_t e^{2\beta x_t} - n^{-1}\Big(\sum_t e^{\beta x_t}\Big)^2\Big]^{-1} \Big[\sum_t y_t e^{\beta x_t} - n^{-1} \sum e^{\beta x_t} \sum_t y_t\Big] .$$

1.1.4. Linearisierung

In diesem Abschnitt setzen wir die Adäquatheit des Modells, also die Gültigkeit von (3) voraus.

Da die Nichtlinearitäten tiefliegende Schwierigkeiten für die Behandlung des Modells mit sich bringen, liegt es nahe, eine Linearisierung zu versuchen. Es gibt verschiedene Möglichkeiten zur Linearisierung des Modells (1):

a) Einbettung in ein größeres lineares Modell $[\mathcal{L} \times \mathcal{V}]_{\mathcal{K}}$ mit $\mathcal{F}^{\xi} \subset \mathcal{L}$.
b) Approximation durch ein kleineres lineares Modell $[\mathcal{L} \times \mathcal{V}]_{\mathcal{K}}$ mit $\mathcal{L} \subset \mathcal{F}^{\xi}$.
c) Approximation durch ein lineares Modell ohne Voraussetzung a) oder b).
d) Linearisierung durch Transformation.

zu a): Die Einbettung in ein größeres lineares Modell hat meist den Nachteil, daß die verwendeten besten erwartungstreuen linearen Schätzungen von $\mu = \mathsf{E}\boldsymbol{y}$ im linearen Modell $[\mathcal{L} \times \mathcal{V}]_{\mathcal{K}}$ im ursprünglichen Modell nicht effizient sind. Häufig ist $\mathcal{F}^{\xi} \subset \mathcal{L}$ nur für $\mathcal{L} = \mathbb{R}^n$ erfüllt und das Problem wird uninteressant. Außerdem können die Schätzungen Werte in $\mathcal{L} - \mathcal{F}^{\xi}$ annehmen, so daß die Interpretation solcher Schätzwerte schwer ist. Manchmal ist aber dieses Vorgehen ein nützlicher erster Schritt in der statistischen Analyse. Das ist beispielsweise dann der Fall, wenn bei festen x-Werten wiederholte Beobachtungen vorgenommen worden sind. Falls wir ein Normalmodell (Normalverteilung) vorliegen haben und P^{w_σ} der Projektor auf $\mathcal{L}$ im Sinne der Norm ${}^{w_\sigma}|\cdot|_n$ ist, ist in einem gewissen Sinn in $z(y) := [P^{w_\sigma}y, y(I_n - P^{w_\sigma})\, y]$ die gesamte „Information“ aus y über μ und σ enthalten. $z(\cdot)$ ist eine suffiziente Statistik (vgl. Humak I (1977), Satz 2.1.4). In diesem Fall ist $P^{w_\sigma}\boldsymbol{y}$ suffizient für μ.

Beispiel 1.1.2. Wir betrachten ein Regressionsmodell mit wiederholten Beobachtungen, d. h., die ersten n_1 Versuchspunkte x_t sind gleich $x^{(1)}$, die nächsten n_2 gleich $x^{(2)}$ usw., so daß zu den vorhandenen $x^{(\lambda)}$ $(\lambda = 1, \dots, m)$ jeweils n_λ Beobachtungen vorliegen. Mit $U = \mathrm{Diag}\,[1_{n_1}, \dots, 1_{n_m}]$,

$$g_\vartheta^\eta = \left(g_\vartheta(x^{(1)}), \dots, g_\vartheta(x^{(m)})\right), \qquad \mathcal{F}^{\xi} = \{Ug_\vartheta^\eta \mid \vartheta \in \Theta\} \quad \text{und} \quad \mathcal{F}^{\xi} \subset \mathcal{L} = \mathcal{R}(U)$$

ist dann für $\sigma_t = \sigma$:

$$P^{w_\sigma}y = (\bar{y}^{(1)}, \dots, \bar{y}^{(n)})' \tag{15}$$

(also der Vektor der Mittelwerte $\bar{y}^{(\lambda)} = n_\lambda^{-1} \sum_{\varrho=1}^{n_\lambda} y_{t\varrho}^{(\lambda)}$ der zum Versuchspunkt $x^{(\lambda)}$ gehörigen Beobachtungen) und

$$y'(I_n - P^{w_\sigma})\, y = \sum_{\lambda=1}^{m} \sum_{\varrho=1}^{n} (y_{t\varrho}^{(\lambda)} - \bar{y}^{(\lambda)})^2 .$$

zu b) und c): Die Approximation durch ein kleineres ($\mathcal{L} \subset \mathcal{F}^{\xi}$) lineares Modell $[\mathcal{L} \times \mathcal{V}]_{\mathcal{K}}$ bedeutet, daß man sich bei der Schätzung von μ auf Schätzfunktionen $\tilde{\mu}$: $\mathbb{R}^n \to \mathcal{L}$ mit Werten in $\mathcal{L}$ beschränkt. Dies erscheint vernünftig, falls f „in der Nähe“ von $\mathcal{L}$ liegt. Die Verfälschung solcher Schätzfunktionen

$$B(\tilde{\mu}) = ||\mathsf{E}\tilde{\mu}(\boldsymbol{y}) - f^{\xi}||_A , \qquad A \in \mathfrak{M}_n^{\geqq} ,$$

wird genau dann am kleinsten, wenn

$$||\mathsf{E}\tilde{\mu}(\boldsymbol{y}) - P_{\mathcal{L}}^A f^{\xi}||_A = 0 \tag{16}$$

gilt, wobei $P_{\mathcal{L}}^A \mu$ für jedes $\mu \in \mathbb{R}^n$ ein bestimmtes Element von $\mathcal{L}$ mit $\min_{z \in \mathcal{L}} ||\mu - z||_A = ||\mu - P_{\mathcal{L}}^A \mu||$ bezeichnet (Projektion im Sinne der Seminorm $||\cdot||_A$). In der Klasse der Schätzfunktionen, welche die „verallgemeinerte Erwartungstreue" (16) oder Bedingungen der minimalen Verfälschung für alle zugelassenen Parameter erfüllen, kann im Normalmodell die Schätzfunktion $\tilde{\mu}$ mit minimalem Risiko $\mathsf{E}\,||\tilde{\mu}(y) - f^{\xi}||_A^2$ bestimmt werden. Sie ist nach HUMAK I (1977), Satz 2.7.2 (vgl. auch HUMAK I (1977), Beispiel 2.7.1) durch $\tilde{\mu}(y) = P_{\mathcal{L}}^A P^{w_\sigma} y$ gegeben.

Auf ähnliche Probleme wird man geführt, wenn man die Funktion f durch eine Funktion $f = \alpha' h$ aus einem linearen Funktionsraum

$$\mathcal{F}_0 = \{\alpha' h \mid \alpha \in \mathbb{R}^k\} \subset \mathcal{F}\,, \qquad h: \mathcal{X} \to \mathbb{R}^k$$

approximieren möchte, wobei die Güte der Näherung durch eine Seminorm $||\cdot||$ in $\mathcal{F}$ (also durch $||f - g||$) charakterisiert wird. In diesem Fall ist

$$\mathcal{L} = \mathcal{R}(H)\,, \qquad H = \big((h_i(x_t))\big)_{t=1,\dots,n}^{i=1,\dots,k}.$$

Diese Probleme sind in HUMAK I (1977), Kap. 2 bzw. HOFFMANN (1977) ausführlich behandelt worden. Dabei ist sowohl die Forderung nach minimalem Risiko $\mathsf{E}\,||f - \hat{\alpha}(y)'\,h||^2$ unter allen $\hat{f} = \hat{\alpha}' h$ mit

$$||\mathsf{E}\hat{f} - P_{\mathcal{F}_0} f|| = 0 \tag{17}$$

($P_{\mathcal{F}_0} f$: Projektion von f auf $\mathcal{F}_0$), wie auch die Minimierung des ungünstigsten Risikos (bezüglich $\zeta \in \mathcal{F} \times \mathcal{K}$) (Minimaxapproximation) diskutiert worden.

Nichtlineare (in ϑ) Regressionsfunktionen g_ϑ: $\mathcal{X} = \mathbb{R}^m \to \mathbb{R}^1$ werden häufig durch Taylor-Reihen ν-ter Ordnung an einem Punkt x_0 approximiert:

$$\begin{aligned} g_\vartheta(x) &= g_\vartheta(x_0) + \sum_{j=1}^{\nu-1} \frac{1}{j!}\left[(x - x_0)' \frac{\mathrm{d}}{\mathrm{d}x}\bigg|_{x=x_0}\right]^j g_\vartheta(x) + \frac{1}{\nu!}\left[(x - x_0)' \frac{\mathrm{d}}{\mathrm{d}x}\bigg|_{x=\tilde{x}}\right]^\nu g_\vartheta(x) \\ &\approx \sum_{j=0}^{\nu} \sum_{i_1+\dots+i_m=j} c_\vartheta(i_1, \dots, i_m)\,(x_1 - x_{01})^{i_1} \dots (x_m - x_{0m})^{i_m}. \end{aligned}$$

Man approximiert g_ϑ also durch ein Polynom in x. Erweitert man die Wertebereiche $\{c_\vartheta(i_1, \dots, i_m) \mid \vartheta \in \Theta\}$ der Koeffizienten des Taylor-Polynoms jeweils auf $\mathbb{R}^1$, dann sucht man eine Approximation in dem linearen Raum solcher Polynome. Rückschlüsse vom neuen Parametervektor c_ϑ auf den alten Parameter ϑ sind nach solchen Modellerweiterungen nicht mehr ohne weiteres möglich. Die Problematik der Polynomialapproximation behandeln wir in 1.1.5.

zu d): Viele nichtlineare Regressionsfunktionen, die in Anwendung häufig auftreten, können durch Transformation in eine funktionelle Gestalt gebracht werden die nach Reparametrisation linear in den Parametern ist (vgl. z.B. DRAPER und SMITH (1966)). Betrachten wir beispielsweise das Exponentialmodell mit $g_\vartheta(x) = \alpha\,\mathrm{e}^{\beta x}$, dann erhalten wir die lineare Funktion $\ln f = a + \beta x$ mit $a = \ln \alpha$. Für die Cobb-Douglas-Funktion $g_\vartheta(x) = \alpha x_{(1)}^{\beta_1} \dots x_{(q)}^{\beta_q}$ erhalten wir

$$\ln g_\vartheta(x) = \ln \alpha + \sum_{i=1}^{q} \beta_i \ln x_{(i)}\,.$$

In gewissen physikalischen Problemen tritt die Funktion $\alpha/(1 + \beta x)$ auf, welche durch $1/g_\vartheta$ in lineare Gestalt gebracht werden kann.

In Verallgemeinerung dieser Beispiele nehmen wir also an, daß ein Modell

$$y_t = f(x_t) + \varepsilon_t\,, \qquad t = 1, \dots, n\,, \tag{18}$$

mit $\mathsf{E}\varepsilon = 0$ und $\mathsf{D}\varepsilon = \sigma^2 I$, $f \in \{g_\vartheta \mid \vartheta \in \Theta\}$ vorliegt und eine reelle Funktion T mit

$$Tg_\vartheta(x) = [\alpha(\vartheta)]' \, h(x)$$

existiert, wobei h eine bekannte k-dimensionale Vektorfunktion ist.

Es ist ein weitverbreitetes Vorgehen, in der Praxis das Modell (18) formal in

$$Ty_t = Tf(x_t) + \eta_t\,, \qquad t = 1, \dots, n\,, \tag{19}$$

zu überführen und für η ähnliche Struktur wie für ε anzunehmen, was natürlich nicht gerechtfertigt ist. Im allgemeinen führt die Verletzung der Verteilungsannahmen für den „Fehler" η' dazu, daß die LSE, die in dem „falschen" linearen Modell (19) formal berechnet werden, weder konsistent sind, noch andere gute statistische Eigenschaften haben (vgl. z.B. GOLDBERGER (1968)). Trotzdem kann diese Methode als Näherung gerechtfertigt werden, wenn nur σ hinreichend klein ist. Dies kann beispielsweise durch eine geeignete Versuchsplanung (Wahl der x_t) und eine vor der Transformation durchgeführte „Modellkonzentration" erreicht werden. Wir wollen dieses Vorgehen, das in H. BUNKE (1976) und H. BUNKE (1977) beschrieben wird, kurz erläutern.

Wir nehmen an, daß wir einen Versuchsplan mit Spektrum $\xi = (x^{(1)}, \dots, x^{(m)})$ haben und bezeichnen die Zahl der Beobachtungen an der Stelle $x^{(j)}$ mit n_j. Dann können wir (18) folgendermaßen schreiben:

$$y = Ug^\xi_{\vartheta_0} + \varepsilon\,. \tag{20}$$

Es ist nun zweckmäßig, nicht mit der Transformation T vom Modell (18) zum Modell (19) überzugehen, sondern zuerst Mittelwerte über die Beobachtungen zu festen Versuchspunkten zu bilden, um möglichst kleine Varianzen zu erzielen.

Sei $\bar{a} = \begin{pmatrix} \bar{a}_1 \\ \vdots \\ \bar{a}_m \end{pmatrix}$, $\bar{a}_j = 1'_{n_j} a_j / n_j$ für $a = \begin{pmatrix} a_1 \\ \vdots \\ a_m \end{pmatrix} \in \mathbb{R}^n$, $a_j \in \mathbb{R}^{n_j}$. Durch Mittelung oder „Modellkonzentration" erhalten wir aus (20)

$$\bar{y} = g^\xi_{\vartheta_0} + \bar{\varepsilon}\,. \tag{21}$$

Wenden wir auf (20) die Transformation T an, so erhalten wir

$$t = T\bar{y} = H\alpha(\vartheta_0) + T[g_{\vartheta_0} + \bar{\varepsilon}] - Tg^\xi_{\vartheta_0} \tag{22}$$

mit $H = \begin{pmatrix} h'(x_1) \\ \vdots \\ h'(x_m) \end{pmatrix}$. Es sei T zweimal stetig differenzierbar. Dann gilt

$$t = H\alpha(\vartheta_0) + Q_{\vartheta_0}\bar{\varepsilon} + W^\varepsilon_{\vartheta_0}\bar{\varepsilon}^2\,,$$

wobei Q_ϑ bzw. W^ε_ϑ Diagonalmatrizen mit Diagonalelementen

$$\left.\frac{\mathrm{d}T(z)}{\mathrm{d}z}\right|_{z=g_\vartheta(x_j)} \qquad \text{bzw.} \qquad \left.\frac{\mathrm{d}^2T(z)}{\mathrm{d}z^2}\right|_{z=g_\vartheta(x_j)+\vartheta^\varepsilon_{\nu,j}}$$

sind, die $\vartheta^\varepsilon_{\nu,j}$ sind bestimmte Werte zwischen 0 und $\bar{\varepsilon}_j$, $\bar{\varepsilon}^2 = (\bar{\varepsilon}_1^2, \dots, \bar{\varepsilon}_m^2)$. Hat H den Rang $k \leqq m$, so ist die Schätzung

$$\hat{\alpha} = H^+ t = (H'H)^{-1} H' t \tag{23}$$

offensichtlich wegen $\bar{\varepsilon} \xrightarrow{\text{fs}} 0$ konsistent, falls $n_i \to \infty$ $(i = 1, \dots, m)$. Die Kovarianzstruktur des approximativen Modells

$$t = H\alpha(\vartheta_0) + Q_{\vartheta_0}\bar{\varepsilon} \tag{24}$$

mit

$$\mathsf{D}Q_{\vartheta_0}\bar{\varepsilon} = \sigma^2\Sigma_{\vartheta_0} = \sigma^2 Q_{\vartheta_0} \operatorname{Diag}[n_1^{-1}, \dots, n_m^{-1}]\, Q'_{\vartheta_0}$$

legt natürlich nahe, unter Verwendung einer „Anfangsschätzung" $\hat{\vartheta}_0$ die formale BLUE $\hat{\alpha}_0$ in (24) zu verwenden:

$$\hat{\boldsymbol{\alpha}}_0 = (H'\Sigma_{\hat{\vartheta}_0}^{-1}H)^{-1} H'\Sigma_{\hat{\vartheta}_0}^{-1}\boldsymbol{t}\,.$$

1.1.5. Approximation von Regressionsfunktionen durch Polynome

Sei f eine reelle, auf dem beschränkten Intervall $\mathscr{X} \subset \mathbb{R}^1$ definierte Regressionsfunktion, die durch Interpolationspolynome approximiert werden soll. Diese Problemstellung wurde z.B. von Petersen (1969) und Wisotzki (1977) behandelt. Wir stützen uns bei der weiteren Darstellung wesentlich auf Wisotzki (1977). Es handelt sich hierbei um eine Verbindung von Resultaten aus der Approximationstheorie mit statistischen Methoden. Die Werte der Regressionsfunktion an den Stützstellen der Interpolationspolynome werden erwartungstreu und konsistent geschätzt. Dazu ist eine spezielle Struktur des Versuchsplans ξ erforderlich.

Zur Beschreibung der Approximationsgüte eines vom Beobachtungsvektor $\boldsymbol{y}_{(n)}$ abhängigen Polynoms $\tilde{\boldsymbol{f}}$ führen wir das Risiko

$$R(\tilde{\boldsymbol{f}}) := \mathsf{E}\,\|f - \tilde{\boldsymbol{f}}\|^2$$

ein, wobei $\|h\|^2 := (h, h)$, $(h, k) := \int_{\mathscr{X}} h(x)\, k(x)\, \varrho(x)\, \mathrm{d}x$ gilt mit

$$\varrho : \mathscr{X} \to \mathbb{R}^{\geqq}\,, \qquad \int_{\mathscr{X}} \varrho(x)\, \mathrm{d}x = 1\,.$$

Wir benötigen die folgende Annahme:

A: Es sei $\mathscr{X}$ ein beschränktes Intervall des $\mathbb{R}^1$, und es gebe ein $q > 0$ und eine nichtnegative ganze Zahl p, so daß

$$\mathscr{F} = \mathscr{F}^{(p)} = \{f \in C^p(\mathscr{X}) \mid |f^{(p)}(x) - f^{(p)}(y)| \leqq q\,|x - y|\,;\ x, y \in \mathscr{X}\}$$

gilt ($C^p(\mathscr{X})$ — Menge der auf $\mathscr{X}$ p-mal stetig differenzierbaren Funktionen, $f^{(p)}$ — p-te Ableitung von f). Wir nehmen an, daß je $n_j = n\tau_j$ Beobachtungen mit gleichen Erwartungswerten $f(x^j)$ und Varianzen $\sigma^2\tau_j$ gemacht werden $\left(j = 0, \dots, s = s_n,\ 1 = \sum_{j=1}^{s} \tau_j\right)$. Es gibt also eine Zerlegung $\{0, \dots, n\} = \bigcup_{j=0}^{s_n} \mathscr{T}_{nj}$, $\mathscr{T}_{nj} = \{t_{j1}, \dots, t_{jn_j}\}$ und eine Menge $\{x^{(j)} \mid j = 0, \dots, s_n\}$ verschiedener Versuchspunkte aus $\mathscr{X}$ („Spektrum von ξ_n") mit

$$x_t = x^{(j)}, \qquad \sigma_t^2 = \sigma^2\tau_j \quad \text{für} \quad t \in \mathscr{T}_{nj}\,.$$

Während die positiven Faktoren τ_j vorgegeben sind, ist $\sigma > 0$ ein unbekannter Parameter.

In der numerischen Mathematik bzw. in der Approximationstheorie spielen Interpolationspolynome, d. h. Polynome s-ter Ordnung f_s mit

$$f_s(x^{(j)}) = f(x^{(j)})\,, \qquad j = 0, \dots, s\,, \tag{25}$$

eine besondere Rolle. Die Forderung (25) hat auch ihre Rechtfertigung in unserem Regressionsmodell, in dem f und damit f_s unbekannt ist. Man sucht hier ein Approximationspolynom s-ter Ordnung $\tilde{\boldsymbol{f}}_s$ mit

$$\mathsf{E}\tilde{\boldsymbol{f}}_s(x^{(j)}) = f(x^{(j)})\,, \qquad j = 0, \dots, s\,. \tag{26}$$

Wir beschränken uns auf die Klasse $\mathcal{D}_s$ bzw. $\mathcal{D}_s^l$ solcher Polynome, deren Koeffizienten vom Vektor

$$z = (z_{(0)}, \dots, z_{(s)})', \qquad z_{(j)} = n_j^{-1} \sum_{t \in \mathcal{T}_{n_j}} y_t$$

der jeweiligen Mittelwerte der Beobachtungen beim Versuchspunkt $x^{(j)}$ abhängen oder, bei $\mathcal{D}_s^l$, sogar linear abhängen. Die Beschränkung auf die Statistik z vereinfacht die mathematische Behandlung. Bei normalverteiltem y_t und bekanntem σ^2 ist z eine suffiziente Statistik für f_s.

Die beste Approximation $\hat{f} = \hat{f}_s$ ist durch den nachfolgenden Satz gegeben. Wir betrachten im Raum der Polynome s-ter Ordnung eine bezüglich des Skalarproduktes $(.,.)$ orthonormale Basis $\varphi_0, \dots, \varphi_s$ und führen die folgenden Bezeichnungen ein:

$$\varphi := (\varphi_0, \dots, \varphi_s)', \qquad \Phi := \left((\varphi_j(x^{(i)}))\right)_{i=0,\dots,s}^{j=0,\dots,s},$$

$$A := \operatorname{Diag}[a_0, \dots, a_s], \qquad a_j = \tau_j/n_j, \qquad \hat{\beta} = (\Phi' A^{-1} \Phi)^{-1} \Phi' A^{-1} z .$$

Satz 1.1.1. *Die beste Approximation von f in $\mathcal{D}_s^l$ ist durch $\hat{f} = \hat{\beta}'\varphi$ gegeben, d. h., es gilt*

$$R(\hat{f}) = \min_{\tilde{f} \in \mathcal{D}_n^l} R(\tilde{f}) .$$

Unter der Annahme $y_t \sim \mathrm{N}(f(x_t), \sigma^2)$ ist $\hat{f}$ die beste Approximation in $\mathcal{D}_s$.

Beweis. Beim Beweis nützen wir aus, daß sich das Risiko $R(\cdot)$ für beliebige Approximationen $\tilde{f} = \beta'\varphi$ aus der zugelassenen Klasse $\mathcal{D}_s^l$ nur durch ein additives Glied unterscheidet, welches die Güte der Schätzung $\tilde{\beta}$ charakterisiert. Die Optimalität von $\hat{f}$ ergibt sich dann aus der Optimalität von $\hat{\beta}$. Da es zu jedem $f \in \mathcal{F}$ ein Interpolationspolynom $f_s = \varphi'\beta^f$ mit (25), also $f^\xi = \Phi\beta^f$, gibt, ist der lineare Raum $\mathcal{F}^{\xi n} := \{f^{\xi n} \mid f \in \mathcal{F}\}$ $(f^{\xi n} = (f(x^{(0)}), \dots, f(x^{(s)}))')$ von der Form $\mathcal{F}^{\xi n} = \mathcal{R}(\Phi)$. Somit genügt z einem linearen Modell

$$\mathsf{E} z = f^{\xi n} = \Phi\beta^f, \qquad \mathsf{D} z = \sigma^2 A ,$$

und $\hat{\beta}$ ist die BILUE für β^f. Für ein beliebiges $\tilde{f} = \tilde{\beta}'\varphi \in \mathcal{D}_n^l$ gilt $\mathsf{E}\tilde{f}^{\xi n} = \Phi \mathsf{E}\tilde{\beta} = \Phi\beta^f$ und folglich

$$\mathsf{E}\tilde{f}(x) = [\varphi(x)]' \,\mathsf{E}\tilde{\beta} = [\varphi(x)]' \,\beta^f = f_s(x) , \qquad (x \in \mathcal{X}) .$$

Hieraus folgt

$$\begin{aligned} R(\tilde{f}) &= \|f - f_s\|^2 + \mathsf{E}\,\|f_s - \tilde{f}\|^2 + 2\mathsf{E}(f - f_s, f_s - \tilde{f}) \\ &= \|f - f_s\|^2 + \mathsf{E}\{(\beta^f - \tilde{\beta})' \textstyle\int \varphi(x)\,[\varphi(x)]'\,\varrho(x)\,\mathrm{d}x(\beta^f - \tilde{\beta})\} \\ &= \|f - f_s\|^2 + \mathsf{E}\,\|\tilde{\beta} - \beta^f\|^2 \geqq R(\hat{f}) . \end{aligned}$$

Unter der Annahme einer Normalverteilung ist $\hat{\beta}$ eine BUE für β^f, und der obige Schluß gilt für $\mathcal{D}_s$ anstelle von $\mathcal{D}_s^l$. ∎

Ein wichtiges Problem bei der Approximation von f durch $\hat{f}$ ist die Wahl der Polynomordnung $s = s_n$ oder, in unserer Problemformulierung äquivalent dazu, die Wahl der Anzahl der verschiedenen Versuchspunkte x^j in Abhängigkeit von n. Dabei wird man versuchen, das Risiko $R(\hat{f}_n)$ möglichst klein zu machen. (Da jetzt die Abhängigkeit vom Stichprobenumfang n bzw. der Ordnung der Interpolationspolynome s wesentlich wird, schreiben wir für $\hat{f}$ und s auch $\hat{f}_n$ und s_n.) Da das Risiko $R(\hat{f}_n)$ schwer handhabbar ist, beschränken wir uns darauf, eine obere Schranke $\bar{R}_n$ so klein wie möglich zu halten. Die Konstruktion solch einer oberen Schranke werden wir diskutieren für den Fall, daß ξ_n ein spezieller Versuchsplan ist, der mit den Konstanten $x^{(j)}$, α_j $(j = 0, \ldots, s_n)$ der Gaußschen Quadraturformel

$$\int_{\mathfrak{X}} f(x)\, \varphi(x)\, \mathrm{d}x = \sum_{j=0}^{s_n} \alpha_j f(x^{(j)})$$

(vgl. z.B. STOER (1972)) und den Zahlen

$$n_j = n\alpha_j \tau_j / \tau\,, \qquad \tau = \sum_{j=0}^{s_n} \alpha_j \tau_j \tag{27}$$

festgelegt ist.

Satz 1.1.2. *Unter den obigen Voraussetzungen gilt*

$$R(\hat{f}_n) \leqq \bar{R}_n = w(c_p q)^2\, s_n^{-2p-1} + (s_n + 1)\, \sigma^2 \tau n^{-1}\,,$$

wobei $w = 3 + 2\sqrt{2}$, $c_p = (p!)^{-1}\, 6^{p+1} p^p (p + 1)$, $p = 1, 2, \ldots$, *(Jacksonsche Konstante) ist.*

Beweis. Es sei $K(x, y) = \varphi(x)'\, \varphi(y)$. Dann gilt wegen der Gaußschen Quadraturformel und wegen der speziellen Gestalt (27) von ξ_n

$$A_n^{-1} = n\tau^{-1}\, \mathrm{Diag}\, [\alpha_0, \ldots, \alpha_{s_n}]\,,$$

$$\Phi_n' A_n^{-1} \Phi_n = n\tau^{-1} \sum_j \alpha_j \varphi(x^{(j)})\, [\varphi(x^{(j)})]' = n\tau^{-1} \int \varphi(x)\, [\varphi(x)]'\, \varrho(x)\, \mathrm{d}x = n\tau^{-1} I_{s_n}\,,$$

$$\hat{f}_n(x) = \Big[\sum_j \alpha_j z_{(j)} \varphi(x^{(j)})\Big]'\, \varphi(x) = \sum_j \alpha_j K(x^{(j)}, x)\, z_{(j)}\,,$$

$$\pi_{s_n}(x) = \sum_j (\pi_{s_n}, \varphi_j)\, \varphi_j(x) = \sum_j \sum_i \alpha_i \pi_{s_n}(x^{(i)})\, \varphi_j(x^{(i)})\, \varphi_j(x)$$
$$= \sum_j \alpha_j K(x^{(j)}, x)\, \pi_{s_n}(x^{(j)})\,.$$

Mit $\delta_j = z_{(j)} - f(x^{(j)})$ erhalten wir dann

$$R(\hat{f}_n) = \mathsf{E}\, \|(f - \pi_{s_n}) + (\pi_{s_n} - \hat{f}_n)\|^2$$
$$= \int_{\mathfrak{X}} \mathsf{E}\{[f(x) - \pi_{s_n}(x)] + \sum_j \alpha_j K(x^{(j)}, x)\, [\pi_{s_n}(x^{(j)}) - f(x^{(j)})]$$
$$+ \sum_j \alpha_j K(x^{(j)}, x)\, \boldsymbol{\delta}_j\}^2\, \varrho(x)\, \mathrm{d}x\,, \tag{28}$$

und hieraus (wegen $\mathsf{E}\boldsymbol{\delta}_j = 0$, $\mathsf{E}\boldsymbol{\delta}_j\boldsymbol{\delta}_i = \delta_{ji}\tau_j\sigma^2/(\alpha_j n)$)

$$R(\hat{f}_n) = \sum_{i=1}^{4} R_i \tag{29}$$

mit

$$
\begin{aligned}
R_1 &= \int \sum_j \alpha_j^2 K^2(x^{(i)}, x)\, \mathsf{E}\delta_j^2 \varrho(x)\, \mathrm{d}x \\
&= \tau\sigma^2 n^{-1} \sum_j \alpha_j [\varphi(x^{(j)})]' \int \varphi(x)\, [\varphi(x)]'\, \varrho(x)\, \mathrm{d}x\, \varphi(x^{(j)}) \\
&= \tau\sigma^2 n^{-1} \sum_{i=0}^{s} \|\varphi(0)\|^2 = (s+1)\, \tau\sigma^2 n^{-1}\,,
\end{aligned} \tag{30}
$$

$$R_2 = \int [f(x) - \pi_{s_n}(x)]^2\, \varrho(x)\, \mathrm{d}x\,,$$

$$R_3 = 2 \int [f(x) - \pi_{s_n}(x)] \sum_j \alpha_j K(x, x^{(j)})\, [\pi_{s_n}(x^{(j)}) - f(x^{(j)})]\, \varrho(x)\, \mathrm{d}x\,,$$

$$R_4 = \int \Big\{\sum_j \alpha_j K(x, x^{(j)})\, [\pi_{s_n}(x^{(j)}) - f(x^{(j)})]\Big\}^2 \varrho(x)\, \mathrm{d}x\,.$$

Der Satz von Jackson (vgl. z.B. Natanson (1955)) ergibt die Abschätzungen

$$R_2 \leqq \big(c_p q(\delta_n^{p+1})\big)^2,$$

$$R_4 \leqq \int \Big\{\sum_j \alpha_j\Big\} \Big\{\sum_i \alpha_i K^2(x, x^{(j)})\, (c_p q/s_n^{p+1})^2\Big\}\, \varrho(x)\, \mathrm{d}x = (m+1)\, (c_p q/s_n^{p+2})^2\,.$$

Mit $R_3 \leqq 2\sqrt{R_2 R_4}$ folgt dann

$$\sum_{i=2}^{4} R_i \leqq \big(s_n + 2 + 2\sqrt{s_n + 1}\big)\, (c_p q/s_n^{p+1}) \leqq w(c_p q)^2\, s_n^{-2p-1}\,,$$

was zusammen mit (29) und (30) die Behauptung ergibt. ■

Bemerkung 1.1.1. Für das Skalarprodukt im Funktionenraum, welches durch

$$\mathscr{X} = (-1, 1)\,, \qquad \varrho(x) = [\pi \sqrt{1 - x^2}]^{-1} \tag{31}$$

gegeben ist, und unter der Annahme gleicher Varianzen $\sigma_t^2 = \sigma^2$ $(t = 1, 2, \ldots)$, d. h. $\tau_j = 1$, hat Petersen (1969) eine ähnliche Abschätzung wie im Satz 1.1.2 erhalten:

$$R(\hat{f}_n) \leqq h(c_p q/s_n^p)^2 + (2s_n + 1)\, \sigma^2/n\,.$$

Die Versuchspunkte sind in diesem Fall die Wurzeln

$$x^{(j)} = \cos\, [(2j + 1)\, \pi/2s_n + 2] \tag{32}$$

des Tschebyschewschen Polynoms T_{s_n+1} $\big(T_s(x) := \sqrt{2}\cos\,(s \arccos x)\big)$, und es ist $\alpha_j = 1/s_n + 1$ $(j = 0, \ldots, s_n)$. Die Basis in π_{s_n} ist $\{\varphi_j = T_j \mid j = 0, 1, \ldots, s_n\}$.

Bemerkung 1.1.2. Minimiert man die Schranke $\bar{R}_n$ nach s_n, so erhält man

$$s_n^* = (2p + 1)\, \{[3 + 2\sqrt{2}]\, c_p q\}^{1/(2p+1)}\, [n/\tau\sigma^2]^{1/(2p+2)} = O(n^{1/(2p+2)})\,,$$

und der Wert der Schranke ist

$$R_n^* = d_p(w c_p q)^{1/(1+p)}\, [\tau\sigma^2/n]^{2p+1/2p+1} + \tau\sigma^2/n = O(n^{-(2p+1)/2p+2})\,,$$

wobei d_p eine nur von p abhängige Konstante ist. Somit hat man eine Möglichkeit, sich über die zu wählende Ordnung s_n^* eines Interpolationspolynoms bei Verwendung von n Beobachtungen an Versuchspunkten $x^{(j)}$, die durch die Gaußschen Quadraturformeln gegeben sind, eine heuristische Vorstellung zu verschaffen.

Wählt man die oben abgeleitete „optimale" Polynomordnung, dann erhält man eine im Mittel konsistente Approximation $\hat{f}_n(x)$, d. h., $\hat{f}_n(x)$ konvergiert im quadratischen Mittel gegen die unbekannte Regressionsfunktion $f(x)$, falls die Regularitätsbedingungen

$$\lim_{s\to\infty} |f_s(x) - f(x)| = 0\,, \qquad x \in \mathscr{X}\,, \tag{33}$$

und

$$\lim_{n\to\infty} K(x, x)/n := \lim_{n\to\infty} \sum_{j=0}^{s_n^*} \varphi_j^2(x)/n = 0\,, \qquad x \in \mathscr{X}\,, \tag{34}$$

erfüllt sind. Bedingungen für die Konvergenz (33) der Interpolationspolynome findet man z.B. in Natanson (1955). Da die Wahl des speziellen Versuchsplans eine Einschränkung darstellt, ist es interessant zu wissen, ob er Optimalitätseigenschaften besitzt. Solche können nicht allgemein nachgewiesen werden, aber wir haben wenigstens im Spezialfall (31) die Optimalität der Versuchsanzahlen n_j.

Satz 1.1.3. *Sind zusätzlich zu den Voraussetzungen von Satz* 1.1.2 (33) *und* (34) *erfüllt, dann gilt für* $s_n = s_n^*$

$$\lim_{n\to\infty} \mathsf{E}\, |\hat{f}_n(x) - f(x)|^2 = 0\,, \qquad (x \in \mathscr{X})\,.$$

Unter (31) *und* (32) *minimieren die Versuchsanzahlen* (27) *das Risiko* $R(\hat{f}_n)$ *unter allen Anzahlen* $n_j > 0$ $(j = 0, \dots, s)$.

Beweis. Es gilt

$$\mathsf{E}\, |\hat{f}_n(x) - f(x)|^2 = \mathsf{D}\hat{f}_n(x) + |\hat{f}_n(x) - f(x)|^2$$

und, analog zum Beweis von (28),

$$\mathsf{D}\hat{f}_n(x) = \mathsf{E}\Big[\sum_j \alpha_j K(x^{(j)}, x)\, \boldsymbol{\delta}_j\Big]^2 =$$
$$= \sum_j \alpha_j K^2(x^{(j)}, x)\, \tau\sigma^2/n = K(x, x)\, \tau\sigma^2/n\,.$$

Für beliebige $n_j = \gamma_j n > 0$ mit $\sum_{j=0}^{s} \gamma_j = 1$ gilt

$$\sum_j \int_{-1}^{1} \alpha_j^2 K^2(x^{(j)}, x)\, \mathsf{D}\{\boldsymbol{\delta}_j\}\, \varrho(x)\, \mathrm{d}x = \sigma^2 n^{-1} b(\gamma)$$

mit $\varphi_j = T_j$, $b(\gamma) := \sum_j b_j\gamma_j^{-1}$, $b_j := \tau_j^2\alpha_j^2 e_j^2$,

$$e_j := \int_{-1}^{1} K^2(x^{(j)}, x)\, \varrho(x)\, \mathrm{d}x = \sum_i \varphi_j^2(x^{(i)})\,.$$

Die partiellen Ableitungen der Funktion b sind

$$\frac{\partial b(\gamma)}{\partial \gamma_j} = b_0\gamma_0^{-2} - b_j\gamma_j^{-2}\,, \qquad \frac{\partial^2 b(\gamma)}{\partial\gamma_i\, \partial\gamma_j} = 2[b_0\gamma_0^{-3} + \delta_{ij} b_j \gamma_j^{-0}]\,.$$

Die Matrix der Ableitungen 2. Ordnung ist positiv definit, und deshalb ist

$$b_0\gamma_0^{-2} = b_j\gamma_j^{-2}\,, \qquad (j = 1, \dots, s) \tag{35}$$

eine hinreichende und notwendige Bedingung für die Minimierung von $b(\gamma)$ auf $\Big\{\gamma \mid \gamma_j > 0,\ \sum_{j=0}^{s} \gamma_j = 1\Big\}$; $\gamma^* = (\alpha_0\tau_0/\tau, \dots, \alpha_s\tau_s/\tau)$ minimiert also genau dann $b(\gamma)$, wenn $e_0 = e_j$ ($j = 0, \ldots, s$) ist. Nun gilt aber für $j = 1, \ldots, s$

$$e_j = 1 + \sum_{i=1}^{s} \cos^2 [i(2j + 1) \pi/(s + 1) 2]$$

$$= 1 + \frac{1}{2}\left[s + \sum_{i=1}^{s} \cos [i(2j + s) \pi/(s + 1)]\right] = 1 + \frac{s}{2} = e_0 . \blacksquare$$

1.1.6. Konsistenz und asymptotische Verteilung der Kleinste-Quadrat-Schätzung

1.1.6.1. Einleitung

In diesem Abschnitt werden wir Bedingungen für die Konsistenz und asymptotische Normalität der LSE angeben. Die ersten Arbeiten zu dieser Problemstellung stammen von Jennrich (1969) und Malinvaud (1970a). Der Unterschied zwischen beiden Zugängen besteht darin, daß in der ersten Arbeit unter der Voraussetzung der Kompaktheit des Parameterraumes die starke Konsistenz der LSE gezeigt wird, während in der zweiten Arbeit ohne Kompaktheitsannahme die schwache Konsistenz erhalten wird. In diesem Abschnitt folgen wir einer Darstellung von Bunke und Schmidt (1980), in der die Ergebnisse von Jennrich verallgemeinert werden. Die Kompaktheitsannahme wird dahingehend abgeschwächt, daß Parameter, die linear in die Regressionsfunktion eingehen, im ganzen euklidischen Raum variieren dürfen. Außerdem werden nichtidentisch verteilte Fehler, insbesondere Heteroscedastizität, und Inadäquadheit des Modells zugelassen. Dadurch, daß die Voraussetzung über die Adäquatheit des Modells fallengelassen wird, ist auch die in Humak I (1977) unter dem Namen „Approgression" eingeführte Kombination von Regressions- und Approximationsproblematik mit erfaßt. Die Klasse der zugelassenen Schätzfunktionen wird durch Einführung von gewichteten Quadratsummen erweitert. Außerdem stellen wir in diesem Abschnitt die Resultate von Zwanzig (1980) dar, die Konsistenz und asymptotische Normalität der Parameterschätzung im inadäquaten Modell beinhalten.

Multivariate Verallgemeinerungen, die wir hier nicht behandeln werden, wurden beispielsweise von Malinvaud (1970b), Barnett (1976) und Fedorow (1977) angegeben. In Barnett (1976) wurden Bedingungen formuliert, unter denen die mit geschätzter Kovarianzmatrix bewichtete multivariate LSE asymptotisch äquivalent ist zu einem konsistenten lokalen Maximum der Likelihood-Funktion.

Den Fall, daß die Folge der Fehler durch eine stationäre Zeitreihe erzeugt wird, der ein prinzipiell anderes methodisches Vorgehen (Frequenzbereich) nahelegt, behandeln wir hier nicht. Es sei beispielsweise auf Hannan (1971) verwiesen.

1.1.6.2. Modell und Voraussetzungen

Wir betrachten wieder das Modell

$$y_t = f(x_t) + \varepsilon_t , \qquad t = 1, 2, \ldots , n, \ldots , \tag{36}$$

mit einer unbekannten Regressionsfunktion

$$f: \mathcal{X} \to \mathbb{R}^1 , \qquad \mathcal{X} = \mathbb{R}^q .$$

Wir diskutieren das asymptotische Verhalten der Approgressionsschätzung, d. h. in unserer Formulierung aus 1.1.3 der bewichteten inadäquaten Kleinste-Quadrat-Approximation (WILSA) $g^{(n)}_{\vartheta_n}$ und der bewichteten inadäquaten Kleinste-Quadrat-Schätzung $\hat{\vartheta}_n$ (WILSE), sowie der entsprechenden Schätzungen unter der Adäquatheitsannahme „$f = g_{\vartheta_0}$".

Zunächst führen wir einige Bezeichnungen ein. Für $l, k\colon \mathcal{X} \to \mathbb{R}^1$ definieren wir

$$(l, k)_n := {}^{w}(l, k)_n := n^{-1} \sum_{t=1}^{n} w_t^{(n)} l(x_t)\, k(x_t)$$

und ${}^{w}|l|_n^2 = {}^{w}(l, l)_n$, wobei $w := \{w_t^{(n)} \mid t = 1, 2, \ldots, n;\ n = 1, 2, \ldots\}$ eine Doppelfolge von zufälligen Variablen ist, über die wir voraussetzen, daß

$$s_n := \max_{1 \leq t \leq n} |w_t^{(n)} - u_t| \xrightarrow{\text{fs}} 0\,,$$

wobei $u =: u(w) = \{u_t \mid t = 1, 2, \ldots\}$ eine Folge positiver Zahlen mit $0 < \varkappa \leqq u_t \leqq \varrho < \infty$, $t = 1, 2, \ldots$, ist. Entsprechend verwenden wir die Bezeichnungen

$${}^{w}|y - l|_n^2 := n^{-1} \sum_{t=1}^{n} w_t^{(n)} (y_t - l(x_t))^2\,, \qquad y \in \mathbb{R}^n\,,$$

und für $l\colon \mathcal{X} \to \mathbb{R}^p$, $k\colon \mathcal{X} \to \mathbb{R}^q$

$${}^{w}(l, k)_n := \left(\left({}^{w}(l_i, k_j)_n\right)\right)_{j=1,\ldots,q}^{i=1,\ldots,p}\,,$$

für $l\colon \mathcal{X} \to \mathbb{R}^1$, $k\colon \mathcal{X} \to \mathfrak{M}_{p \times q}$

$${}^{w}(l, k) = \left(\left({}^{w}(l, k_{ij})\right)\right)_{j=1,\ldots,q}^{i=1,\ldots,p}\,.$$

Die in Definition 1.1.2 eingeführte WILSA $g^{(n)}_{\vartheta_n}$ ist Lösung des Minimierungsproblems $\min_{\vartheta \in \Theta} Q_n(\vartheta)$ mit

$$Q_n(\vartheta) := Q_n^w(\vartheta) := {}^{w}|y - g_\vartheta^{(n)}|_n^2\,.$$

(Wo keine Verwechslung möglich ist, bzw. die Abhängigkeit nicht besonders hervorgehoben werden soll, lassen wir die Kennzeichnung mit der Bewichtungsfolge w weg. Andererseits heben wir in diesem wie auch in den nächsten Abschnitten die Abhängigkeit der Schätzungen $\hat{\vartheta}$ vom Stichprobenumfang hervor, indem wir $\hat{\vartheta}_n$ schreiben.)

Zunächst formulieren wir einige Voraussetzungen:

A_1: ε_t, $t = 1, 2, \ldots$, sind unabhängige zufällige Variable mit $\mathsf{E}\varepsilon_t = 0$, $\mathsf{E}\varepsilon_t^2 := \sigma_t^2$, und es gilt

a) ε_t, $t = 1, 2, \ldots$, sind identisch verteilt mit $\sigma_t = \sigma$ oder

b) Die ε_t' genügen einer modifizierten Lindeberg-Bedingung:

$$\sigma_t \geqq \gamma > 0 \text{ für alle } t \text{ und } \sup_t \int_{|x| > c} x^2\, \mathrm{d}F_t(x) \xrightarrow[c \to \infty]{} 0\,,$$

wobei F_t die Verteilungsfunktion von ε_t bezeichnet.

Weiterhin gelte $\sigma_t \leqq \sigma < \infty$, $t = 1, 2, \ldots$,

$$\sum_{t=1}^{\infty} t^{-2} \mathsf{E}\varepsilon_t^4 < \infty \quad \text{und} \quad n^{-1} \sum_{t=1}^{n} u_t \sigma_t^2 \to \tau_w > 0\,.$$

A_2: Für die vorgegebene Folge von Funktionen $g^n\colon \mathcal{X} \times \Theta \to \mathbb{R}^1$ verwenden wir die Bezeichnung $g_\vartheta^{(n)} := g^{(n)}(\cdot, \vartheta)$. Wir nehmen an, daß diese Funktionen folgende

Darstellung besitzen:

$$g^{(n)}(x, \vartheta) = \alpha' h^{(n)}(x, \beta) \; (h^{(n)}: \mathcal{X} \times \mathcal{B} \to \mathbb{R}^k) ,$$

mit $\vartheta' = (\alpha', \beta') \in \Theta = \mathbb{R}^p \times \mathcal{B}$ ($\mathcal{B}$ ist eine kompakte Teilmenge des $\mathbb{R}^m$).[1])
Es existiert eine Funktion $h_\beta: \mathcal{X} \times \mathcal{B} \to \mathbb{R}^p$, für festes $x \in \mathcal{X}$ stetig in β, so daß mit $h_\beta^{(n)} := h^{(n)}(x, \beta)$ gilt

$$\sup_{\beta \in \mathcal{B}} {}^u|h_\beta^{(n)} - h_\beta|_n \to 0 .$$

A_3: a) Bezeichnet $\mathcal{H}$ die Menge der Funktionen $\{f, h_{\beta(i)} \mid i = 1, \ldots, p; \beta \in \mathcal{B}\}$ ($h_{\beta(i)}$ — i-te Komponente von h_β), dann existiere für alle $l, k \in \mathcal{H}$ eine reelle Zahl ${}^u(l, k)$, so daß gilt

$$\sup_{l, k \in \mathcal{H}} {}^u|(l, k)_n - {}^u(l, k)| \to 0$$

b) Für alle $\beta \in \mathcal{B}$ sei ${}^u(h_\beta, h_\beta)$ eine nichtsinguläre Matrix.

A_4: Es existiert eine eindeutige Lösung ϑ^f von

$$\min_{\vartheta \in \Theta} {}^u|f - g_\vartheta|^2 = {}^u|f - g_{\vartheta^f}|^2 .$$

A_5: Es gibt ein $\vartheta_0 \in \Theta$, für welches $f = g_{\vartheta_0}$ gilt. Hierbei ist $g_\vartheta = \alpha' h_\beta$, $\vartheta = (\alpha, \beta)$.

A_6: Für alle $\vartheta, \bar{\vartheta} \in \Theta$ gilt ${}^u|g_\vartheta - g_{\bar{\vartheta}}| = 0$ genau dann, wenn $\vartheta = \bar{\vartheta}$ ist.

Die Voraussetzung A_4 beinhaltet die asymptotische Identifizierbarkeit des Parameters ϑ^f, dem die im Sinne der Norm ${}^u|\cdot|$ beste Approximation g_{ϑ^f} der Funktion f entspricht. Unter A_5 ist dann wieder die Adäquatheit des Regressionsmodells gesichert, und A_6 liefert dann die asymptotische Identifizierbarkeit des „wahren" Parameters ϑ_0.

1.1.6.3. Konsistenz

Der folgende Satz liefert die Konsistenz der WILSA, WILSE und WLSE.

Satz 1.1.4. 1. *Unter* A_1 a) *oder* b), A_2 *und* A_3 *gilt fast sicher*

$$\lim_{n \to \infty} {}^w|f - g^{(n)}_{\hat{\vartheta}_n}|_n = \lim_{n \to \infty} {}^u|f - g_{\hat{\vartheta}_n}| = \Delta_f , \tag{37}$$

wobei $\Delta_f := \min_{\vartheta \in \Theta} {}^u|f - g_\vartheta|$ (*Konsistenz der* WILSA).

2. *Unter* A_1 a) *oder* b), A_2, A_3 *und* A_4 *gilt*

$$\hat{\vartheta}_n \xrightarrow{\text{fs}} \vartheta^f \quad (\textit{Konsistenz der } \text{WILSE}).$$

3. *Unter* A_1 a) *und* b), A_2, A_3 *und* A_5 *gilt*

$$\Delta_f = 0 \quad \textit{und} \quad Q_n(\hat{\vartheta}_n) \xrightarrow{\text{fs}} \tau_w \quad (\textit{Konsistenz der Varianzschätzung}).$$

4. *Unter* A_1 a) *oder* b), A_2, A_3, A_5 *und* A_6 *gilt*

$$\hat{\vartheta}_n \xrightarrow{\text{fs}} \vartheta_0 \quad (\textit{Konsistenz der } \text{WLSE}).$$

Den Beweis des Satzes bereiten wir durch mehrere Lemmata vor.

[1]) Alle weiteren Betrachtungen bleiben natürlich auch gültig, wenn Glieder ohne linearen Parameter auftreten, wenn z. B. $g^{(n)} = h_{1\beta_1}^{(n)} + \alpha' h_{\beta_2}^{(n)}$ gilt.

Lemma 1.1.1. *Aus* A_3 *folgt*

$$\sup_{l,k\in\mathcal{H}} |{}^w(l,k)_n - {}^u(l,k)| \xrightarrow{\text{fs}} 0 .$$

Beweis. Es gilt

$$\sup_{l,k\in\mathcal{H}} |{}^w(l,k)_n - {}^u(l,k)_n|$$

$$\leqq \sup_{l,k\in\mathcal{H}} |{}^w(l,k)_n - {}^u(l,k)_n| + \sup_{l,k\in\mathcal{H}} |{}^u(l,k)_n - {}^u(l,k)| \xrightarrow{\text{fs}} 0$$

wegen

$$|{}^w(l,k)_n - {}^u(l,k)_n| \leqq {}^u|l|_n\, {}^u|k|_n \frac{\mathbf{s}_n}{\varkappa} \tag{38}$$

und

$$\sup_{l,k\in\mathcal{H}} |{}^w(l,k)_n - {}^u(l,k)_n| \leqq \sup_{l,k\in\mathcal{H}} {}^u|l|_n\, {}^u|k|_n \frac{\mathbf{s}_n}{\varkappa} \xrightarrow{\text{fs}} 0 ,$$

da aus A_3 $\sup_{l\in\mathcal{H}} {}^u|l|_n \to \sup_{l\in\mathcal{H}} {}^u|l| < \infty$ folgt. ■

Lemma 1.1.2. *Es seien* A_1, A_2, A_3 *erfüllt. Dann gilt*

$$\sup_{l\in\mathcal{H}} {}^w(l,\varepsilon)_n \xrightarrow{\text{fs}} 0 .$$

Beweis. Wir zeigen zuerst

$$\sup_{l\in\mathcal{H}} {}^u(l,\varepsilon)_n \xrightarrow{\text{fs}} 0 . \tag{39}$$

Wegen A_1 sind die Voraussetzungen des starken Gesetzes der großen Zahlen für ${}^u(l,\varepsilon)_n$ erfüllt. Danach gilt ${}^u(l,\varepsilon)_n \xrightarrow{\text{fs}} 0$. Für den Beweis der gleichmäßigen Konvergenz (39) genügt es offensichtlich nach Definition von $\mathcal{H}$ für festes i zu zeigen, daß

$$\sup_{\beta} {}^u(h_{\beta(i)},\varepsilon)_n \xrightarrow{\text{fs}} 0 .$$

Zu jedem $\eta > 0$ und $\beta \in \mathcal{B}$ gibt es wegen A_3 und der Stetigkeit von $h_{\beta(i)}$ eine Umgebung U_β von β und ein $n(\eta,\beta)$ mit ${}^u|h_{\beta(i)} - h_{\tilde\beta(i)}|_n < \eta/2$ für alle $\tilde\beta \in U_\beta$ und $n > n(\eta,\beta)$. Aufgrund der Kompaktheit von $\mathcal{B}$ gibt es eine endliche Überdeckung $\mathcal{U} = \{U_{\beta_m}\}$ von $\mathcal{B}$ und ein $n(\eta)$, so daß

$$\sup_{\tilde\beta,\bar\beta\in U_{\beta_m}} {}^u|h_{\tilde\beta(i)} - h_{\bar\beta(i)}|_n < \eta \quad \text{für} \quad n > n(\eta) \quad \text{und} \quad U_{\beta_m} \in \mathcal{U}$$

gilt. Wegen A_1 gilt ${}^u|\varepsilon|_n^2 \xrightarrow{\text{fs}} \tau_w$. Wir betrachten nun eine Realisierung der Folge $\{\varepsilon_t \mid t = 1, 2, \ldots\}$ mit ${}^u|\varepsilon|_n^2 \to \tau_w$ und ${}^u(h_{\beta(i)},\varepsilon)_n \to 0$. Wegen

$${}^u(h_{\beta(i)},\varepsilon)_n \leqq {}^u|h_{\beta(i)} - h_{\beta_m(i)}|_n\, {}^u|\varepsilon|_n + |{}^u(h_{\beta_m(i)},\varepsilon)_n| , \qquad \beta \in U_{\beta_m} ,$$

gibt es also ein $n(\eta)$ mit $|{}^u(h_{\beta(i)},\varepsilon)|_n < \eta$ für alle $n > n(\eta)$ und $\beta \in \mathcal{B}$. Damit ist (39) gezeigt.

Wir benutzen nun die Darstellung

$${}^w(l,\varepsilon)_n = {}^u(l,\varepsilon)_n - \xi_n . \tag{40}$$

Damit ist

$$\xi_n^2 := \left(n^{-1} \sum_{t=1}^{n} u_t l(x_t)\, \varepsilon_t \left[1 - \frac{w_t^{(n)}}{u_t}\right]\right)^2 \leqq {}^u|l|_n^2 \frac{\mathbf{s}_n^2}{\varkappa^2}\left(\frac{1}{n}\sum_{t=1}^{n} \varepsilon_t^2\right). \tag{41}$$

Im Fall A_1 a) gilt $1/n \sum_{t=1}^{n} \varepsilon_t^2 \xrightarrow{\text{fs}} \sigma^2$. Im Fall A_1 b) gilt $1/n \sum_{t=1}^{n} (\varepsilon_t^2 - \sigma_t^2) \xrightarrow{\text{fs}} 0$ aufgrund des Kolmogorowschen starken Gesetzes der großen Zahlen, da

$$\sum_{t=1}^{\infty} \frac{1}{t^2} \mathsf{E}(\varepsilon_t^2 - \sigma_t^2)^2 \leqq \sum_{t=1}^{\infty} \frac{1}{t^2} \mathsf{E}(\varepsilon_t^4 + \sigma_t^4) < \infty .$$

Wegen $s_n^2 \xrightarrow{\text{fs}} 0$ und $\sup_{l \in \mathcal{H}} {}^u|l|_n < \infty$ erhalten wir also aus (41) $\sup_{l \in \mathcal{H}} \xi_n^2 \xrightarrow{\text{fs}} 0$. Dies ergibt zusammen mit (39) und (40) die Behauptung. ■

Wegen A_3 ist ${}^u|f - \alpha' h_\beta|$ für alle $\alpha \in \mathbb{R}^p$ und $\beta \in \mathcal{B}$ definiert. Daher gilt

$$\min_{\alpha \in \mathbb{R}^p} {}^u|f - \alpha' h_\beta|^2 = {}^u|f - \alpha_\beta' h_\beta|^2 =: d(\beta)$$

mit

$$\alpha_\beta = {}^u(h_\beta, h_\beta)^{-1} \, {}^u(h_\beta, f) . \tag{42}$$

α_β und $d(\beta)$ sind wegen A_2 und A_3 stetig in β. In $\hat{\vartheta}_n =: (\hat{\alpha}_n, \hat{\beta}_n)$ ist die Struktur von $\hat{\alpha}_n$ durch

$$\hat{\alpha}_n = {}^w(h_{\hat{\beta}_n}^{(n)}, h_{\hat{\beta}_n}^{(n)})_n^+ \, {}^w(h_{\hat{\beta}_n}^{(n)}, y)_n$$

gegeben. Weiterhin sei

$$\hat{\alpha}_\beta = {}^w(h_\beta^{(n)}, h_\beta^{(n)})_n^+ \, {}^w(h_\beta^{(n)}, y)_n .$$

Lemma 1.1.3. *Es seien* A_1, A_2 *und* A_3 *erfüllt. Dann gelten*

$$\hat{\alpha}_n - \alpha_{\hat{\beta}_n} \xrightarrow{\text{fs}} 0 \tag{43}$$

und

$$\sup_{\beta \in \mathcal{B}} ||\hat{\alpha}_\beta - \alpha_\beta|| \xrightarrow{\text{fs}} 0 . \tag{44}$$

Beweis. Aus A_2 folgt $\sup_{\beta \in \mathcal{B}} {}^u|h_{\beta(i)}^{(n)}| \to \sup_{\beta \in \mathcal{B}} {}^u|h_{\beta(i)}|$, und man zeigt wie beim Beweis von Lemma 1.1.1

$${}^w(h_{\hat{\beta}_n}^{(n)}, h_{\hat{\beta}_n}^{(n)})_n \xrightarrow{\text{fs}} {}^u(h_\beta, h_\beta)$$

und

$${}^w(h_{\hat{\beta}_n}^{(n)}, \varepsilon)_n = {}^w(h_{\hat{\beta}_n}^{(n)} - h_{\hat{\beta}_n}, \varepsilon)_n^+ \, {}^w(h_{\hat{\beta}_n}, \varepsilon) \xrightarrow{\text{fs}} 0$$

unter Ausnutzung von Lemma 1.1.2. Mit

$${}^w(h_{\hat{\beta}_n}^{(n)}, h_{\hat{\beta}_n}^{(n)})_n^+ \, {}^w(h_{\hat{\beta}_n}, f)_n - \alpha_{\hat{\beta}_n} \xrightarrow{\text{fs}} 0$$

folgt (43). Wie beim Beweis von Lemma 1.1.1 folgt

$$\sup_{\beta \in \mathcal{B}} |{}^w(h_\beta^{(n)}, h_\beta^{(n)})_n - {}^u(h_\beta, h_\beta)| \xrightarrow{\text{fs}} 0$$

und

$$\sup_{\beta \in \mathcal{B}} |{}^w(h_\beta^{(n)}, f)_n - {}^u(h_\beta, f)| \xrightarrow{\text{fs}} 0 .$$

Aus A_2 und Lemma 1.1.2 ergibt sich

$$\sup_{\beta \in \mathcal{B}} {}^w(h_\beta^{(n)}, \varepsilon)_n \xrightarrow{\text{fs}} 0 .$$

Daraus ergibt sich (44):

$$\sup_{\beta\in\mathcal{B}} |{}^{w}(h_\beta^{(n)}, h_\beta^{(n)})_n^{+}\, {}^{w}(h_\beta^{(n)}, y)_n - {}^{u}(h_\beta, h_\beta)^{-1}\, {}^{u}(h_\beta, f)| = \sup |\hat{\alpha}_\beta - \alpha_\beta| \xrightarrow{\text{fs}} 0 \,. \blacksquare$$

Beweis von Satz 1.1.4. Wegen der Stetigkeit von $d(\beta)$ existiert ein $\beta^f \in \mathcal{B}$ mit $d(\beta^f) = \min_{\beta\in\mathcal{B}} d(\beta)$. Danach gilt

$$\Delta_f = {}^{u}|f - g_{\vartheta f}| \quad \text{mit} \quad \vartheta^f := (\alpha_{\beta f}, \beta^f)\,.$$

Wegen $\sup_{\beta\in\mathcal{B}} ||\alpha_\beta|| < \infty$ und Lemma 1.1.2 erhalten wir

$$^{w}(\alpha_{\hat{\beta}_n} h_{\hat{\beta}_n}, \varepsilon)_n = \alpha_{\hat{\beta}_n}\, {}^{w}(h_{\hat{\beta}_n}, \varepsilon)_n \xrightarrow{\text{fs}} 0\,.$$

Mit Lemma 1.1.3 ergibt sich daraus

$$^{w}(f - g_{\hat{\vartheta}_n}, \varepsilon)_n = {}^{w}(f, \varepsilon)_n - [\alpha_n - \alpha_{\hat{\beta}_n}]'\, {}^{w}(h_{\hat{\beta}_n}, \varepsilon_n)_n - \alpha'_{\hat{\beta}_n}\, {}^{w}(h_{\hat{\beta}_n}, \varepsilon)_n \xrightarrow{\text{fs}} 0\,. \quad (45)$$

Aus A_1 folgt

$$^{w}|\varepsilon|_n^2 \xrightarrow{\text{fs}} \tau_w\,. \quad (46)$$

Aus Lemma 1.1.1 folgt

$$^{w}|f - g_{\hat{\vartheta}_n}|_n^2 - {}^{u}|f - g_{\hat{\vartheta}_n}|^2 \xrightarrow{\text{fs}} 0\,. \quad (47)$$

(45), (46) und (47) ergeben

$$^{w}|y - g_{\hat{\vartheta}_n}|_n^2 - {}^{u}|f - g_{\hat{\vartheta}_n}|^2 - \tau_w \xrightarrow{\text{fs}} 0\,. \quad (48)$$

Wegen $||\sup \alpha_\beta|| < \infty$ und Lemma 1.1.3 gilt fast sicher $\lim \sup ||\hat{\alpha}_n|| < \infty$, und mit A_2 folgt

$$^{w}|g_{\hat{\vartheta}_n} - g^{(n)}_{\hat{\vartheta}_n}|_n^2 = \hat{\alpha}'_n\, {}^{w}(h_{\hat{\beta}_n} - h^{(n)}_{\hat{\beta}_n}, h_{\hat{\beta}_n} - h^{(n)}_{\hat{\beta}_n})_n\, \hat{\alpha}_n \xrightarrow{\text{fs}} 0\,. \quad (49)$$

Aus (48) und (49) erhalten wir

$$Q_n(\hat{\vartheta}_n) - {}^{u}|f - g_{\hat{\vartheta}_n}|^2 - \tau_w = {}^{w}|y - g_{\hat{\vartheta}_n}|_n^2 - {}^{u}|f - g_{\hat{\vartheta}_n}|^2 - \tau_w$$
$$+ {}^{w}|g^{(n)}_{\hat{\vartheta}_n} - g_{\hat{\vartheta}_n}|_n^2 + {}^{w}(y - g_{\hat{\vartheta}_n}, g_{\hat{\vartheta}_n} - g^{(n)}_{\hat{\vartheta}_n}) \xrightarrow{\text{fs}} 0\,. \quad (50)$$

Analog kann man zeigen

$$Q_n(\vartheta^f) - {}^{u}|f - g_{\vartheta f}|^2 - \tau_w \xrightarrow{\text{fs}} 0\,. \quad (51)$$

(47), (50) und (51) ergeben, weil fast sicher $Q_n(\hat{\vartheta}_n) = Q_n(\vartheta^f)$ gilt, die Behauptung 1.

Ist zusätzlich A_5 erfüllt, gilt offensichtlich $\Delta_f = 0$, und Behauptung 3 ist eine direkte Folgerung aus (50) und (37).

Wir beweisen nun die Behauptung 2. Wegen Lemma 1.1.3 genügt es, $\hat{\beta}_n \xrightarrow{\text{fs}} \beta^f$ zu zeigen. Wir setzen

$$d(\beta) := {}^{u}|f - \alpha'_\beta h_\beta|^2$$

und

$$d_n(\beta) := {}^{w}|y - \alpha'_\beta h_\beta|_n^2 - \tau_w\,.$$

Analog zum Beweis von (48) kann man unter Ausnutzung von A_3

$$\sup_{\beta\in\mathcal{B}} |d_n(\beta) - d(\beta)| \xrightarrow{\text{fs}} 0 \quad (52)$$

zeigen. Sei $\bar{\beta}$ ein Häufungspunkt der Folge $\hat{\beta}_n$. Dann existiert wegen der Kompaktheit von $\mathcal{B}$ eine Teilfolge $\hat{\beta}_{n_t}$ mit zufälligem Index n_t, die fast sicher gegen $\bar{\beta}$ konvergiert. Wegen der Stetigkeit von $d(\beta)$ und (52) der gleichmäßigen Konvergenz von $d_n(\beta)$ gegen $d(\beta)$ gilt $d_{n_t}(\hat{\beta}_{n_t}) \xrightarrow{\text{fs}} d(\bar{\beta})$. Da $\hat{\beta}_{n_t}$ WILSE ist, gilt $d_{n_t}(\hat{\beta}_{n_t}) \leqq d_{n_t}(\beta^f)$, also $d(\bar{\beta}) \leqq d(\beta^f)$. Wegen A_4 hat $d(\beta)$ ein eindeutiges Minimum bei $\beta = \beta^f$. Also gilt $\bar{\beta} = \beta^f$.

Der Beweis der Behauptung 4 folgt unter A_5 und A_6 unmittelbar aus Behauptung 2. ■

1.1.6.4. Weitere Voraussetzungen

Wir kommen nun zur Untersuchung der Grenzverteilung der Kleinste-Quadrat-Schätzung. Dazu benötigen wir einige zusätzliche Voraussetzungen.

A_7: h_β und $h_\beta^{(n)}$ haben im Inneren von $\mathcal{B}$ stetige Ableitungen erster und zweiter Ordnung nach β. A_2 gelte auch für diese Ableitungen, und A_3 gelte für die Klasse

$$\mathcal{H}_1 := \left\{ f, h_{\beta(i)}, \frac{\partial h_{\beta(i)}}{\partial \beta_k}, \frac{\partial^2 h_{\beta(i)}}{\partial \beta_j \, \partial \beta_k} \,\middle|\, i = 1, \dots, p;\ j, k = 1, \dots, m;\ \beta \in \mathcal{B} \right\}.$$

Es gelte weiterhin für $i = 1, \dots, p$; $l = 1, \dots, m$

$$\sqrt{n} \sup_{\beta \in \mathcal{B}} {}^u|h_{\beta(i)} - h_{\beta(i)}^{(n)}|_n \to 0 \,,$$

$$\sqrt{n} \sup_{\beta \in \mathcal{B}} {}^u\left| \frac{\partial h_{\beta(i)}}{\partial \beta_l} - \frac{\partial h_{\beta(i)}^{(n)}}{\partial \beta_l} \right|_n \to 0 \,.$$

A_8: a) Für alle $i, j = 1, \dots, p + m$ und $k_{\vartheta^f} := k := \left.\frac{\partial g_\vartheta}{\partial \vartheta}\right|_{\vartheta = \vartheta^f}$, $k =: (k_1, \dots, k_{p+m})$ existiert

$$c_{ij} = \lim_{n \to \infty} n^{-1} \sum_{t=1}^{n} \sigma_t^2 u_t^2 k_i(x_t)\, k_j(x_t) \,,$$

und die Matrix $C = C(u) = \big((c_{ij})\big)$ ist regulär.

b) ϑ^f ist innerer Punkt von Θ.

c) Es gilt

$$\frac{1}{\sqrt{n}} \sum_{t=1}^{n} k(x_t)\, \varepsilon_t (u_t - w_t^{(n)}) \xrightarrow{\text{P}} 0 \,.$$

Bemerkung 1.1.3. Unter A_5 $(f = g_{\vartheta_0})$ und A_6 gilt $\vartheta^f = \vartheta_0$, so daß im adäquaten Fall A_8 äquivalent zu der entsprechend mit ϑ_0 formulierten Bedingung ist.

A_9 a) Die Matrix

$$G(u) := \left(\left(\frac{\partial^2}{\partial \vartheta_i \, \partial \vartheta_j} [{}^u|f - g_\vartheta|^2] \bigg|_{\vartheta = \vartheta^f} \right) \right)_{j=1, \dots, m+p}^{i=1, \dots, m+p}$$

ist regulär.

b) Es gilt fast sicher

$$\sup_n \sqrt{n}\, {}^w(k_{\vartheta^f}, f - g_{\vartheta^f})_n < \infty \,.$$

1.1.6.5. Asymptotische Verteilungen

Im folgenden Satz leiten wir die asymptotischen Verteilungen von WLSE und WILSE ab.

Satz 1.1.5. *Es seien* A_1 a) *oder* b), A_2 *und* A_3 *erfüllt.*

1. *Es sei* A_5, A_6, A_7 *und* A_8 *erfüllt, und* $B^{-1}(u) := {}^u(k, k)$ *sei regulär. Dann gilt mit der Bezeichnung* $M(u) = B(u)\,C(u)\,B(u)$

$$\mathcal{L}\{\sqrt{n}\,(\hat{\vartheta}_n - \vartheta_0)\} \to \mathrm{N}(0, M(u))$$

(*Grenzverteilung der* WLSE).

2. *Sind* A_4, A_7, A_8 *und* A_9 *erfüllt, so gilt*

$$\mathcal{L}\{\sqrt{n}\,(\hat{\vartheta}_n - \vartheta^f - 2[G(u)]^{-1}\,{}^u(k, f - g_{\vartheta f})_n)\} \to \mathrm{N}(0, 4[G(u)]^{-1}\,C(u)\,[G(u)]^{-1})$$

(*Grenzverteilung der* WILSE).

Zum Beweis von Satz 1.1.5 benötigen wir folgendes Lemma:

Lemma 1.1.4. *Es sei k eine auf* $\mathcal{X} \to \mathbb{R}^{p+m}$ *definierte Vektorfunktion. Dann gilt unter den Voraussetzungen* A_1 *und* A_8 c), *falls die Grenzwerte* $c_{ij} := \lim\limits_{n\to\infty} n^{-1} \sum\limits_{t=1}^{n} \sigma_t^2 u_t^2 k_i(x_t)\, k_j(x_t)$ *existieren und* $C := ((c_{ij})) > 0$ *ist,*

$$\mathcal{L}\{\sqrt{n}\,{}^w(k, \varepsilon)_n\} \to \mathrm{N}(0, C)\,.$$

Beweis. Unter A_1 gilt für $\eta_n := \sqrt{n}\,{}^u(k, \varepsilon)_n$ wegen des zentralen Grenzwertsatzes in der Formulierung von Eicker (1966) (vgl. auch Humak I, (1977) [A 4.20]):

$$\mathcal{L}\{\eta_n\} \to \mathrm{N}(0, C)\,.$$

Weiterhin gilt wegen A_8 c)

$$\varphi_n = \sum_{t=1}^{n} \frac{k(x_t)\,\varepsilon_t}{\sqrt{n}}\,(w_t^{(n)} - u_t) \xrightarrow{\mathrm{P}} 0\,.$$

Wegen der Darstellung $z_n := \sqrt{n}\,{}^w(k, \varepsilon)_n = \eta_n + \zeta_n$ erhalten wir damit $\mathcal{L}\{z_n\} \to \mathrm{N}(0, C)$. ■

Beweis von Satz 1.1.5. a) Beweis von Behauptung 1:

Wir gehen von der Ableitung

$$\frac{\mathrm{d}Q_n(\vartheta)}{\mathrm{d}\vartheta} = 2\,{}^w(k_\vartheta^{(n)}, g_\vartheta^{(n)} - y)_n = 2\,{}^w(k_\vartheta^{(n)}, g_\vartheta^{(n)} - g_{\vartheta_0}^{(n)})_n - 2\,{}^w(k_\vartheta^{(n)}, \varepsilon)_n + 2\,{}^w(k_\vartheta^{(n)}, g_{\vartheta_0}^{(n)} - g_{\vartheta_0})_n$$

aus und setzen eine Taylor-Entwicklung 2. Ordnung von $g_\vartheta^{(n)}$ um $\vartheta = \vartheta_0$ ein. Mit

$$\varphi_n = \begin{cases} 1, & \hat{\vartheta}_n \in \Theta^{\text{int}}\,, \\ 0, & \hat{\vartheta}_n \notin \Theta^{\text{int}}\,, \end{cases}$$

$$\delta_n = \sqrt{n}\,(\hat{\vartheta}_n - \vartheta_0)$$

gilt dann

$$\varphi_n \frac{\sqrt{n}}{2} \frac{\mathrm{d}Q_n(\vartheta)}{\mathrm{d}\vartheta}\bigg|_{\vartheta = \hat{\vartheta}_n} = \varphi_n[L_n\delta_n + r_n - \xi_n + t_n] = 0 \tag{53}$$

mit

$$L_n = {}^{w}\!\left(k_{\hat{\vartheta}_n}^{(n)}, k_{\vartheta_0}^{(n)} + \left.\frac{\mathrm{d}^2 g_{\vartheta}^{(n)}}{\mathrm{d}\vartheta^2}\right|_{\vartheta=\bar{\vartheta}_n}\right)(\hat{\vartheta}_n - \vartheta_0)_n\,, \qquad \bar{\vartheta}_n \in (\vartheta_0, \hat{\vartheta}_n)\,,$$

$$\|\hat{\vartheta}_n - \vartheta_0\| \leqq \|\bar{\vartheta}_n - \vartheta_0\|\,, \qquad r_n = \sqrt{n}\,{}^{w}(k_{\hat{\vartheta}_n}^{(n)}, g_{\vartheta_0}^{(n)} - g_{\vartheta_0})_n\,,$$

$$\xi_n = \sqrt{n}\,{}^{w}(k_{\vartheta_0}, \varepsilon)_n\,, \qquad t_n = \sqrt{n}\,{}^{w}(k_{\vartheta_0} - k_{\hat{\vartheta}_n}^{(n)}, \varepsilon)_n\,.$$

Aus A_2 und A_7 folgt, ähnlich wie beim Beweis von Lemma 1.1.1

$$L_n \xrightarrow{\text{fs}} {}^{u}(k_{\vartheta_0}, k_{\vartheta_0})\,. \tag{54}$$

Weiterhin erhält man aus A_7 und aus $\hat{\vartheta}_n \xrightarrow{\text{fs}} \vartheta_0$

$$|r_n| \leqq \|{}^{w}(k_{\hat{\vartheta}_n}, k_{\hat{\vartheta}_n})_n\|\,\sqrt{n}\,{}^{w}|g_{\vartheta_0}^{(n)} - g_{\vartheta_0}|_n \xrightarrow{\text{fs}} 0\,, \tag{55}$$

$$k_{\hat{\vartheta}_n}^{(n)} - k_{\vartheta_0} = \begin{pmatrix} h_{\hat{\beta}_n} - h_{\beta_0} \\ \hat{\alpha}_n' \left.\dfrac{\partial h_\beta^{(n)}}{\partial\beta}\right|_{\beta=\hat{\beta}_n} - \alpha_0' \left.\dfrac{\partial h_\beta}{\partial\beta}\right|_{\beta=\beta_0} \end{pmatrix} \xrightarrow{\text{fs}} 0\,,$$

und hieraus wegen A_7

$$|t_n| \leqq {}^{w}|\varepsilon|_n\, \|\sqrt{n}\,{}^{w}(k_{\hat{\vartheta}_n}^{(n)} - k_{\vartheta_0}, k_{\hat{\vartheta}_n}^{(n)} - k_{\vartheta_0})_n\| \xrightarrow{\text{fs}} 0\,. \tag{56}$$

Schließlich folgt aus A_8 a) und Lemma 1.1.4

$$\mathcal{L}\{\xi_n\} \to \mathrm{N}(0, C(w))\,. \tag{57}$$

Wegen A_8 b) und Satz 1.1.4 gilt

$$\varphi_n \xrightarrow{\text{fs}} 1\,. \tag{58}$$

Die Behauptung 1 des Satzes ergibt sich dann aus (53)—(58).

Bevor wir zum Beweis der Behauptung 2 kommen, formulieren wir noch ein Lemma. Wir bezeichnen mit $Q_n'(\vartheta)$ bzw. $\tilde{Q}_n'(\vartheta)$ die Vektoren der ersten partiellen Ableitungen nach ϑ von ${}^{w}|y - g_{\vartheta}^{(n)}|_n^2$ bzw. ${}^{w}|y - g_{\vartheta}|_n^2$ und entsprechend durch $Q_n''(\vartheta)$ und $Q''(\vartheta)$ die Matrizen der zweiten Ableitungen von ${}^{w}|y - g_{\vartheta}^{(n)}|_n^2$ und ${}^{u}|f - g_{\vartheta}|^2$.

Lemma 1.1.5. *Unter den Voraussetzungen in* 2. *von Satz* 1.1.5 *gilt*

a) $\sqrt{n}\,\|Q_n'(\vartheta) - \tilde{Q}_n'(\vartheta)\| \xrightarrow{\text{fs}} 0$ *für alle* $\vartheta \in \Theta^{\text{int}}$,

b) $\|Q_n''(\bar{\vartheta}_n) - Q''(\vartheta^f)\| \xrightarrow{\text{fs}} 0$ *für alle Folgen* $\{\bar{\vartheta}_n\}$, *für die* $\|\bar{\vartheta}_n - \vartheta^f\| \leqq \|\hat{\vartheta}_n - \vartheta^f\|$ *fast sicher gilt.*

Beweis. Wegen $Q_n'(\vartheta) = -2\,{}^{w}(k_{\vartheta}^{(n)}, y - g_{\vartheta}^{(n)})_n$ und

$$\tilde{Q}_n'(\vartheta) = -2\,{}^{w}(k_{\vartheta}, y - g_{\vartheta})_n$$

und A_7 folgt ähnlich wie beim Beweis von Lemma 1.1.1 die Behauptung a):

$$\tfrac{1}{2}\sqrt{n}\,\|Q_n'(\vartheta) - \tilde{Q}_n'(\vartheta)\| \leqq {}^{w}|y - g_{\vartheta}^{(n)}|_n\,\sqrt{n}\,\|{}^{w}(k_{\vartheta}^{(n)} - k_{\vartheta}, k_{\vartheta}^{(n)} - k_{\vartheta})_n\| + \|{}^{w}(k_{\vartheta}, k_{\vartheta})_n\|\,\sqrt{n}\,{}^{w}|g_{\vartheta}^{(n)} - g_{\vartheta}|_n \xrightarrow{\text{fs}} 0\,,$$

da man analog zum Beweis von (50)

$$Q_n(\vartheta) = {}^{w}|y - g_{\vartheta}^{(n)}|_n^2 \xrightarrow{\text{fs}} {}^{u}|f - g_{\vartheta}|^2 + \tau_w < \infty$$

zeigen kann. Weiterhin gilt mit $K_\vartheta^{(n)} = \frac{\partial^2 g_\vartheta^{(n)}}{\partial \vartheta^2}$, $K_\vartheta = \frac{\partial^2 g_\vartheta}{\partial \vartheta^2}$,

$$Q_n''(\vartheta) = 2^w(k_\vartheta^{(n)}, k_\vartheta^{(n)})_n - 2^w(K_\vartheta^{(n)}, y - g_\vartheta^{(n)})_n \tag{59}$$

und

$$Q''(\vartheta) = 2^u(k_\vartheta, k_\vartheta) - 2^u(K_\vartheta, f - g_\vartheta)\,. \tag{60}$$

Wir betrachten die Abschätzung

$$\begin{aligned} &||Q_n''(\bar{\vartheta}_n) - Q''(\vartheta^f)|| \leqq 2\,||^w(k_{\bar{\vartheta}_n}^{(n)}, k_{\bar{\vartheta}_n}^{(n)})_n - {}^w(k_{\vartheta f}, k_{\vartheta f})_n|| \\ &+ 2\,||^w(k_{\vartheta f}, k_{\vartheta f})_n - {}^u(k_{\vartheta f}, k_{\vartheta f})|| + 2\,||^w(K_{\bar{\vartheta}_n}^{(n)} - K_{\vartheta f}, f - g_{\vartheta f})_n|| \\ &+ 2\,||^w(K_{\bar{\vartheta}_n}^{(n)}, g_{\vartheta f} - g_{\bar{\vartheta}_n}^{(n)})_n|| + 2\,||^w(K_{\vartheta f}, f - g_{\vartheta f})_n - {}^u(K_{\vartheta f}, f - g_{\vartheta f})|| \\ &+ 2\,||^w(K_{\bar{\vartheta}_n}^{(n)}, \varepsilon)_n||\,. \end{aligned}$$

Wegen A_3 und A_7 konvergieren der zweite und der fünfte Summand auf der rechten Seite fast sicher gegen Null. Nach Satz 1.1.4 gilt $\bar{\vartheta}_n \xrightarrow{\text{fs}} \vartheta^f$, und es folgt mit A_7

$$||^w(k_{\bar{\vartheta}_n}^{(n)} - k_{\vartheta f}, k_{\bar{\vartheta}_n}^{(n)} - k_{\vartheta f})|| \xrightarrow{\text{fs}} 0$$

und

$$Z_n = \sup_{i,j} {}^w\left| \left.\frac{\partial^2 g_\vartheta^{(n)}}{\partial \vartheta_i\, \partial \vartheta_j}\right|_{\vartheta = \bar{\vartheta}_n} - \left.\frac{\partial^2 g_\vartheta}{\partial \vartheta_i\, \partial \vartheta_j}\right|_{\vartheta = \vartheta f} \right|_n \xrightarrow{\text{fs}} 0\,, \quad \blacksquare \tag{61}$$

so daß erster, zweiter und dritter Summand fast sicher gegen Null konvergieren. Wegen (61), ${}^w|\varepsilon|_n \xrightarrow{\text{fs}} \tau_w$ und Lemma 1.1.2 (für $\mathcal{H} = \mathcal{H}_1$) gilt für den letzten Summanden

$$||^w(K_{\bar{\vartheta}_n}^{(n)}, \varepsilon)_n|| \leqq \text{const} \times Z_n\, {}^w|\varepsilon|_n + ||^w(K_{\vartheta f}, \varepsilon)_n|| \xrightarrow{\text{fs}} 0\,.$$

Zum Beweis von Satz 1.1.5: b) Beweis der Behauptung 2. Wir gehen nun von einer Taylor-Entwicklung erster Ordnung von Q_n' um $\vartheta = \vartheta^f$ aus:

$$0 = \varphi_n Q_n'(\hat{\vartheta}_n) = \varphi_n Q_n'(\vartheta^f) + Q_n''(\bar{\vartheta}_n)\,(\hat{\vartheta}_n - \vartheta^f)\,. \tag{62}$$

Nach Lemma 1.1.5 gilt

$$\tau_n = \sqrt{n}\,[Q_n'(\vartheta^f) - \tilde{Q}'(\vartheta^f)] \xrightarrow{\text{fs}} 0 \tag{63}$$

und

$$Q_n''(\bar{\vartheta}_n) \xrightarrow{\text{fs}} Q''(\vartheta^f) = G(u)\,. \tag{64}$$

Mit $V_n = {}^w(k_{\vartheta f}, f - g_{\vartheta f})_n$ erhält man aus Lemma 1.1.4 und (63)

$$\mathcal{L}\{\sqrt{n}\,[Q_n'(\vartheta^f) + 2V_n]\} = \mathcal{L}\{-\sqrt{n}\,2^w(k_{\vartheta f}, \varepsilon)_n + \tau_n\} \to \mathrm{N}(0, 4C)\,. \tag{65}$$

Wegen (58), (62), (64) und (65) ergibt sich

$$\mathcal{L}\{\sqrt{n}\,[(\hat{\vartheta}_n - \vartheta^f) - 2[G(u)]^{-1} V_n]\} \to \mathrm{N}(0, 4[G(u)]^{-1} C(u)\,[G(u)]^{-1})\,. \quad \blacksquare$$

Bemerkung 1.1.4. Durch den Modellfehler tritt also das Korrekturglied $2[G(u)]^{-1} V_n$ auf, d. h., $\hat{\vartheta}_n$ ist zwar konsis tent,aber für $\sqrt{n}\,(\hat{\vartheta} - \vartheta^f)$ kann man nicht ohne weiteres das Vorliegen einer Grenzverteilung mit dem Erwartungswert Null zeigen. Das Korrekturglied tritt nicht auf, wenn man ϑ^f durch $\vartheta_f^n := \arg\min {}^w|f - g_\vartheta|_n^2$ ersetzt (vgl. Bunke (1981)).

1.1.6.6. Spezialfälle und verwandte Resultate

Bemerkung 1.1.5. Wir betrachten nun den Spezialfall des homoscedastischen ($\sigma_t^2 = \sigma^2$) adäquaten Modells ($f = g_{\vartheta_0}$) und der unbewichteten LSE. In diesem Fall ist die Gewichtsfunktion $w_t \equiv 1$, und wir lassen die Kennzeichnung w bzw. u am Skalarprodukt weg $\left({}^{w}(\cdot,\cdot) = (\cdot,\cdot)\right)$:

$$\hat{\vartheta}_n := \arg\min_{\vartheta \in \Theta} Q_n(\vartheta)\,, \qquad Q_n(\vartheta) = |y - g_\vartheta|_n^2\,.$$

Die Voraussetzungen von Satz 1.1.4 und Satz 1.1.5 seien erfüllt. Dann gilt $Q_n(\hat{\vartheta}_n) \xrightarrow{\text{fs}} \sigma^2$ und

$$\mathcal{L}\{\sqrt{n}\,(\hat{\vartheta}_n - \vartheta_0)\} \to \mathrm{N}\left(0, \sigma^2(k,k)^{-1}\right)\,, \qquad k := \left.\frac{\partial g_\vartheta}{\partial \vartheta}\right|_{\vartheta=\vartheta_0}.$$

Dieses Resultat entspricht dem Theorem 7 in Jennrich (1969).

Bemerkung 1.1.6. Für den Spezialfall aus Bemerkung 1.1.5 unter der weiteren Einschränkung, daß Θ ein offenes Intervall der reellen Achse darstellt, hat Iwanow (1976), den Ideen von Pfanzagl (1973) folgend, asymptotische Entwicklungen für die Verteilung von $\hat{\vartheta}_n$ abgeleitet. Unter Regularitätsbedingungen erhält er folgendes Resultat:

$$\mathrm{P}\{\sqrt{n}\,(k,k)_n^{1/2}\,\sigma^{-1}(\hat{\vartheta}_n - \vartheta_0) < x\} = \Phi(x) + \varphi(x) \sum_{\nu=1}^{k-2} \frac{R_{\nu n}(x)}{(k,k)^{\nu/2}} + O(n^{-(k-2)/2})\,,$$

wobei Φ bzw. φ die Verteilungsfunktion bzw. Dichte von $\mathrm{N}(0,1)$ sind. Die $R_{\nu n}(x)$ sind Polynome in x, deren Koeffizienten von den Ableitungen von g_ϑ bei $\vartheta = \vartheta_0$ und den Momenten von ε_t abhängen und die bez. n gleichmäßig beschränkt sind.

Bemerkung 1.1.7. Gilt $\varepsilon_t \sim \mathrm{N}(0, \sigma_t^2)$, so stimmen die Maximum-Likelihood-Schätzung und die GLSE überein, und es gilt

$$\mathcal{L}\{\sqrt{n}\,(\hat{\vartheta}_n - \vartheta_0)\} \to \mathrm{N}\left(0, {}^{w_\sigma}(k,k)^{-1}\right) \quad \text{mit} \quad w_\sigma = \{\sigma_t^{-2}\}\,.$$

Die Kovarianzmatrix der asymptotischen Verteilung hat also die Gestalt

$$ {}^{w_\sigma}(k,k)^{-1} = \left(\lim_{n\to\infty} n^{-1} \sum_{t=1}^{n} \sigma_t^{-2} \left[\left.\frac{\partial g_\vartheta(x_t)}{\partial \vartheta}\right|_{\vartheta=\vartheta_0}\right] \left[\left.\frac{\partial g_\beta(x_t)}{\partial \vartheta}\right|_{\vartheta=\vartheta_0}\right]'\right)^{-1}. \tag{66}$$

Die Konstruktion der GLSE ist an die Kenntnis der Varianzen σ_t^2 gebunden. Bei Anwendungen ist diese Annahme unrealistisch. Unter bestimmten Bedingungen kann man aber σ_t^2 konsistent schätzen. Gibt es z.B. endlich viele (s) Gruppen, in denen σ_t konstant ist, und geht der Stichprobenumfang in diesen Gruppen gegen Unendlich, so gilt für $n \to \infty$

$$\sup_t |(\hat{\sigma}_t^{(n)})^{-2} - \sigma_t^{-2}| \xrightarrow{\text{fs}} 0\,.$$

Außerdem gilt

$$\xi_n := \frac{1}{\sqrt{n}} \sum_{t=1}^{n} k(x_t)\,\varepsilon_t[\sigma_t^{-2} - (\hat{\sigma}_t^{(n)})^{-2}] \xrightarrow{\text{P}} 0\,,$$

weil ξ_n folgende Darstellung besitzt:

$$\xi_n = \sum_{j=1}^{s} \left[\sigma_j^{-2} - (\hat{\sigma}_j^{(n)})^{-2} \sum_{i=1}^{n_j} n^{-1/2} k(x_{t_{ij}}) \varepsilon_{t_{ij}} \right],$$

wobei $u_n^j = \sum_{i=1}^{n_j} n^{-1/2} k(x_{t_{ij}}) \varepsilon_{t_{ij}}, j = 1, \ldots, s$, asymptotisch beschränkte Momente zweiter Ordnung hat. Nach Satz 1.1.5 hat dann die Zweistufenschätzung $\hat{\hat{\vartheta}}_n$, die durch Minimierung von ${}_{\hat{w}_\sigma}|y - g_\vartheta^{(n)}|_n$ mit $\hat{w}_\sigma := \{(\hat{\sigma}_t^{(n)})^{-2}\}$ gewonnen wird, die gleiche asymptotische Verteilung mit der Kovarianzmatrix (66) wie die GLSE $\hat{\vartheta}_n$.

Bekanntlich sind LSE sehr empfindlich gegenüber „Outliers". Robustere Schätzungen konstruierte Huber (1964) im Rahmen des Konzepts der M-Schätzungen. Für das nichtlineare Regressionsmodell führte Grossmann (1976) im Anschluß an diese Ideen Schätzungen ein, welche Lösung des folgenden Minimierungsproblems sind:

$$\bar{\vartheta}_n^k : \min_{\vartheta \in \Theta} \sum_{t=1}^{n} \varrho_k(y_t - g_\vartheta(y_t)),$$

wobei $\varrho_k(z) = z^2/2$ für $z < k$ und $\varrho_k(z) = k\,|z| - k^2/2$ für $z \geqq k$ ist.

Für diese Schätzungen wird unter gewissen Voraussetzungen die asymptotische Normalität und die Existenz eines k^*, für das $\bar{\vartheta}_n^{k^*}$ in $\{\bar{\vartheta}_n^k \mid k_1\sigma \leqq k \leqq k_2\sigma\}$ die kleinste asymptotische Kovarianzmatrix besitzt, nachgewiesen. Es wird vorgeschlagen, diese Kovarianzmatrix, die von der Verteilung der ε_t abhängt, zu schätzen und zweistufig vorzugehen.

1.1.7. Asymptotische Optimalität

In diesem Abschnitt beweisen wir zwei verschiedene asymptotische Optimalitätseigenschaften der LSE. Es wird gezeigt, daß die GLSE (und damit auch die zweistufige Schätzung $\hat{\hat{\vartheta}}_n$) im adäquaten nichtlinearen Modell bez. des Vergleichs der zugehörigen Grenzkovarianzmatrizen asymptotisch beste WLSE ist. Darüber hinaus gilt unter Normalverteilungsannahme für die Beobachtungen die asymptotische Optimalität der GLSE in der größeren Klasse aller asymptotisch normalverteilten Schätzungen. Die Normalverteilung erweist sich dabei als notwendig für die asymptotische Optimalität. Wir untersuchen dann die Fragestellung, unter welchen Bedingungen die Maximum-Likelihood-Schätzung bei beliebiger Verteilungsannahme asymptotisch optimal ist.

Im Satz 1.1.5 wurde unter den Voraussetzungen A_1, A_2, A_3, A_5, A_6, A_7, A_8, $B^{-1}(u) = {}^u(k_{\vartheta_0}, k_{\vartheta_0}) \in \mathfrak{M}_{m+p}^{>}$ und

$$C(u) = \left(\left(\lim_{n\to\infty} \frac{1}{n} \sum_{t=1}^{n} \sigma_t^2 u_t^2 k_{\vartheta_0 i}(x_t)\, k_{\vartheta_0 j}(x_t) \right) \right)_{i,j} \in \mathfrak{M}_{m+p}^{>},$$

$$\mathcal{L}\{\sqrt{n}\,(\hat{\vartheta}_n - \vartheta_0)\} \to \mathrm{N}(0, M(u))$$

mit $M(u) = B(u)\, C(u)\, B(u)$ bewiesen. Wenn wir in Analogie zur Schreibweise im linearen Modell die Matrizen

$$X_n = \begin{pmatrix} k_{\vartheta_0}(x_1)' \\ \vdots \\ k_{\vartheta_0}(x_n)' \end{pmatrix}, \qquad \Sigma_n = \mathrm{Diag}\,[\sigma_1^2, \ldots, \sigma_n^2]$$

und $U_n = \text{Diag}\,[u_1, \dots, u_n]$ einführen, so gilt offenbar

$$M(u) = \lim_{n\to\infty} \left(\frac{1}{n} X_n' U_n X_n\right)^{-1} \frac{1}{n} X_n' U_n \Sigma_n U_n X_n \left(\frac{1}{n} X_n' U_n X_n\right)^{-1} = \lim_{n\to\infty} n L_n \Sigma_n L_n' \tag{67}$$

mit $L_n = (X_n' U_n X_n)^{-1} X_n' U_n$. Aus dem Gauß-Markow-Theorem (vgl. HUMAK I (1977), Satz 2.1.1) folgt für jede Matrix L_n mit $L_n X_n = I_n$ zunächst $L_n \Sigma_n L_n' \geqq (X_n' \Sigma_n^{-1} X_n)^{-1}$ und damit

$$M(u) \geqq \lim_{n\to\infty} n(X_n' \Sigma_n^{-1} X_n)^{-1} = {}^{w_\sigma}(k_{\vartheta_0}, k_{\vartheta_0})^{-1} = M(w_\sigma)\,.$$

Es gilt also der folgende Satz:

Satz 1.1.6. *Es sei $\mathscr{W}$ die Menge aller Wichtungsfolgen w, für die die Voraussetzungen von Satz 1.1.5, Teil 1 erfüllt sind. Dann gilt $M(w_\sigma) \leqq M(u(w))$ für alle $w \in \mathscr{W}$, falls $w_\sigma \in \mathscr{W}$. (Hierbei ist $A \leqq B$ für zwei positiv semidefinite Matrizen A und B, falls $B - A$ positiv semidefinit ist.)*

Im allgemeinen sind die optimalen Gewichte $1/\sigma_t^2$ unbekannt, und daher ist die GLSE nicht berechenbar. Andererseits besitzt aber die zweistufige Schätzung $\hat{\hat{\vartheta}}_n$ die gleiche Grenzverteilung wie die GLSE und ist deshalb ebenfalls asymptotisch beste WLSE. Wie im linearen Modell kann man auch hier die Frage stellen, unter welchen Bedingungen die im allgemeinen leichter zu berechnende OLSE $\hat{\vartheta}_n = {}^{w_0}\hat{\vartheta}_n$ mit $w_0 = \{1\}$ ebenfalls asymptotisch optimal ist.

Wegen (67) und den Resultaten von KRUSKAL (1968) (siehe HUMAK I (1977), Satz 2.3.1) ist dies z.B. dann erfüllt, wenn für alle hinreichend großen n

$$\Sigma_n \mathscr{R}(X_n) = \mathscr{R}(X_n) \tag{68}$$

gilt ($\mathscr{R}(X_n)$ ist der von den Spalten von X_n erzeugte lineare Unterraum im $\mathbb{R}^n$).

Beispiel 1.1.3. Wir betrachten ein exponentielles Regressionsmodell mit wiederholten Beobachtungen in zwei verschiedenen Punkten $x_{(1)}, x_{(2)} \in \mathbb{R}^1$:

$$y_t = \alpha\, e^{\beta x_{(j)}} + \varepsilon_t\,, \qquad \mathsf{E}\varepsilon_t^2 = \sigma_{(j)}^2\,, \qquad t \in \mathscr{T}_j\,, \qquad j = 1, 2\,,$$

mit $\mathscr{T}_1 = \{1, \dots, n_1\}$, $\mathscr{T}_2 = \{n_1 + 1, \dots, n_1 + n_2\}$ und $n_j/n \xrightarrow[n\to\infty]{} v_j > 0$, $j = 1, 2$.

Dann sind alle Voraussetzungen von Satz 1.1.6 sowie (68) erfüllt, und damit ist die OLSE asymptotisch optimal, falls $\alpha \in \mathbb{R}^1 \setminus \{0\}$ und β in einem kompakten Intervall im $\mathbb{R}^1$ variiert. Allgemeiner ist die OLSE in Wiederholungsmodellen

$$y_t = g_\vartheta(x_{(j)}) + \varepsilon_t\,, \qquad \mathsf{E}\varepsilon_t^2 = \sigma_{(j)}^2\,, \qquad t \in \mathscr{T}_j$$

mit $\mathscr{T}_j \subset \{1, \dots, n\}$, $|\mathscr{T}_j| = n_j$, $\sum_{j=1}^{m+p} \mathscr{T}_j = \{1, \dots, n\}$ und $n_j/n \xrightarrow[n\to\infty]{} v_j > 0$, $j = 1, \dots, m + p$ asymptotisch optimal, falls A_6 gilt.

Im folgenden definieren wir, was wir unter einer besten asymptotisch normalverteilten (BAN) Schätzung verstehen wollen. Dazu benötigen wir eine parametrische Beschreibung der Verteilungsfamilie für den Beobachtungsvektor $Y_n = (y_1, \dots, y_n)'$. Es sei $\varkappa_t$ die Verteilung von ε_t und $\varkappa = (\varkappa_1, \varkappa_2, \dots)$. $\mathscr{K}$ bezeichne die Menge aller solchen Folgen $\varkappa$; dann charakterisiert der Parameter $\zeta = (\vartheta, \varkappa)$ eindeutig die Verteilung der Folge $(y_1, y_2, \dots)$. $\mathsf{P}_{n\zeta}$ sei die durch diese Verteilung induzierte Verteilung für den Vektor Y_n.

Definition 1.1.3. Eine Schätzfolge $\{\hat{\vartheta}_n\}$ von Schätzungen $\hat{\vartheta}_n = \hat{\vartheta}_n(Y_n)$ mit $\mathcal{L}\{\sqrt{n}\,(\hat{\vartheta}_n - \vartheta) \mid \zeta\} \to N(0, V(\zeta))$ heißt *beste asymptotisch normalverteilte* (BAN) *Schätzfolge für* ϑ, falls für jede andere Schätzfolge $\{\tilde{\vartheta}_n\}$ mit $\mathcal{L}\{\sqrt{n}\,(\tilde{\vartheta}_n - \vartheta) \mid \zeta\}$ $\to N(0, S(\zeta))$

$$V(\zeta) \leqq S(\zeta)$$

für alle $\vartheta \in \Theta \setminus \mathcal{N}$ und für alle $\varkappa \in \mathcal{K}$ mit $\zeta = (\vartheta, \varkappa)$ gilt. Hierbei ist $\mathcal{N} \subset \Theta$ eine Lebesgue-Nullmenge.

Als nächstes leiten wir unter Verwendung allgemeiner Resultate von Bahadur (1964), (1967) eine untere Schranke für die Grenzkovarianzmatrix einer beliebigen asymptotisch normalverteilten Schätzung ab. Dazu benötigen wir einige Regularitätsvoraussetzungen.

A_{10}. Die Verteilungen $\varkappa_t$ von ε_t sind absolut stetig bezüglich eines σ-endlichen Maßes μ. Der Logarithmus $l_t(\varepsilon_t)$ einer positiven Festlegung der μ-Dichte von $\varkappa_t$ ist zweimal stetig differenzierbar

$$\left(l_t^{(1)}(\varepsilon) := \frac{\partial}{\partial \varepsilon} l_t(\varepsilon),\ l_t^{(2)}(\varepsilon) := \frac{\partial}{\partial \vartheta} l_t^{(1)}(\varepsilon)\right) \quad \text{mit}$$

a) $\mathsf{E}\{l_t^{(1)}(\varepsilon_t)\} = 0$, $\mathsf{E}\{l_t^{(2)}(\varepsilon_t)\} = -\mathsf{D}\{l_t^{(1)}(\varepsilon_t)\} > -\infty$, $\{\mathsf{D}l_t^{(2)}(\varepsilon_t)\} < \infty$, $t = 1, 2, \ldots$

b) $l_t^{(2)}$ ist gleichmäßig bez. $t = 1, 2, \ldots$ stetig,

c) für jedes t existieren eine Funktion R_t und ein $\delta_t > 0$ mit $\mathsf{E}R_t(\varepsilon_t) < \infty$ und $|l_t^{(2)}(\varepsilon_t + h)| \leqq R_t(\varepsilon_t)$ für $|h| \leqq \delta_t$,

d) $\frac{1}{n} \sum_{t=1}^{n} s_t$ und $\frac{1}{n} \sum_{t=1}^{n} \mathsf{D}\{l_t^{(2)}(\varepsilon_t)\}$ mit $s_t = \mathsf{D}\{l_t^{(1)}(\varepsilon_t)\}$ sind beschränkt.

Außerdem fordern wir:

A_{11}. a) $g_\vartheta(x_t)$ ist gleichmäßig bezüglich $t = 1, 2, \ldots$ stetig in ϑ,

$$\frac{1}{n} \max_{1 \leq t \leq n} \|k_\vartheta(x_t)\|^2 \xrightarrow[n \to \infty]{} 0 .$$

b) $\lambda_{\max}[K_\vartheta(x_t)] \leqq c < \infty$ mit einer von t unabhängigen Konstanten c.

Lemma 1.1.6. *Unter den Voraussetzungen* A_1, A_5, A_{10}, A_{11} *und* w_σ, w_0, $s \in W$ *mit* $s = \{s_t\}$ *gilt für jedes* $h \in \mathbb{R}^{p+m}$ *und für jeden inneren Punkt* ϑ *von* Θ

$$\mathcal{L}\{L_n(Y_n, \zeta_n) - L_n(Y_n, \zeta) \mid \zeta\} \to N\left(-\tfrac{1}{2} h' I(\zeta)\, h,\ h' I(\zeta)\, h\right)$$

mit $\zeta_n = (\vartheta + n^{-1/2} h, \varkappa)$ *und* $I(\zeta) = {}^{s}(k_\vartheta, k_\vartheta)$, *und daher ist nach* [A 2.2] *die Folge* $\{P_{n\zeta_n}\}$ *benachbart zur Folge* $\{P_{n\zeta}\}$. *Hierbei bezeichnet* $L_n(Y_n, \zeta)$ *den Logarithmus der Dichte von* Y_n.

Beweis. Mit $\vartheta_n = \vartheta + n^{-1/2} h$ gilt

$$\Lambda_n := L_n(Y_n, \zeta_n) - L_n(Y_n, \zeta) = \sum_{t=1}^{n} [l_t(y_t - g_{\vartheta_n}(x_t)) - l_t(y_t - g_\vartheta(x_t))]$$

$$= \sum_{t=1}^{n} [l_t(\varepsilon_t + g_\vartheta(x_t) - g_{\vartheta_n}(x_t)) - l_t(\varepsilon_t)] .$$

Für $l_t(\varepsilon_t + a_{tn})$ mit $a_{tn} := g_\vartheta(x_t) - g_{\vartheta_n}(x_t)$ verwenden wir eine Taylor-Approximation bis zum 2. Glied um ε_t und erhalten

$$\Lambda_n = \sum_{t=1}^{n} a_{tn} l_t^{(1)}(\varepsilon_t) + \frac{1}{2} \sum_{t=1}^{n} a_{tn}^2 l_t^{(2)}(\varepsilon_t + \lambda_t a_{tn}) =: \boldsymbol{A}_n + \boldsymbol{B}_n$$

mit $\lambda_t = \lambda_t(\varepsilon_t)$ und $|\lambda_t| \leqq 1$.

Eine weitere Taylor-Approximation von $g_{\vartheta_n}(x_t)$ um $g_\vartheta(x_t)$ ergibt die Existenz reeller Zahlen δ_t mit $|\delta_t| \leqq 1$ und

$$\boldsymbol{A}_n = -\frac{1}{\sqrt{n}} \sum_{t=1}^{n} h' k_\vartheta(x_t)\, l_t^{(1)}(\varepsilon_t) - \frac{1}{n} \sum_{t=1}^{n} h' K_{\vartheta+\delta_t n^{-1/2} h}(x_t)\, h l_t^{(1)}(\varepsilon_t) =: \boldsymbol{C}_n + \boldsymbol{D}_n .$$

Nach Satz 2.4.3 und Lemma 2.4.2 aus Humak I (1977) gilt

$$\mathscr{L}\{\boldsymbol{C}_n \mid \zeta\} \xrightarrow[n\to\infty]{} \mathrm{N}(0, h'\boldsymbol{I}(\zeta)\, h) , \tag{69}$$

da die Bedingungen $\mathsf{E}_\zeta\{l_t^{(1)}(\varepsilon_t)\} = 0$, $\mathsf{D}_\zeta \boldsymbol{C}_n \xrightarrow[n\to\infty]{} h'\boldsymbol{I}(\zeta)\, h$ und

$$\max_{1 \leqq t \leqq n} \frac{1}{n} h' k_\vartheta(x_t)\, k_\vartheta(x_t)' h \xrightarrow[n\to\infty]{} 0$$

erfüllt sind. Weiter folgt $\boldsymbol{D}_n \xrightarrow{\mathrm{P}_{n\zeta}} 0$ aus $\mathsf{E}_\zeta \boldsymbol{D}_n = 0$ und

$$\mathsf{D}_\zeta \boldsymbol{D}_n = \frac{1}{n^2} \sum_{t=1}^{n} (h' K_{\vartheta+\delta_t n^{-1/2} h}(x_t)\, h)^2\, s_t \leqq \frac{1}{n} ||h||^4\, c^2 \frac{1}{n} \sum_{t=1}^{n} s_t \to 0 .$$

(Zur Definition von $\xrightarrow{\mathrm{P}_{n\zeta}}$ vgl. [A. 4.7] in Humak I (1977).) Als nächstes zeigen wir $\boldsymbol{B}_n \xrightarrow{\mathrm{P}_{n\zeta}} -\frac{1}{2} h'\boldsymbol{I}(\zeta)\, h$, womit das Lemma bewiesen wäre. Mit

$$b_{tn} := \frac{1}{2n} h' k_\vartheta(x_t)\, k_\vartheta(x_t)'\, h + \frac{1}{n^{3/2}} h' k_\vartheta(x_t)\, h' K_{\vartheta+\delta_t n^{-1/2} h}\,(x_t)\, h$$
$$+ \frac{1}{2n^2} \left(h' K_{\vartheta+\delta_t n^{-1/2} h}(x_t)\, h\right)^2$$

gilt

$$\boldsymbol{B}_n = \sum_{t=1}^{n} b_{tn} l_t^{(2)}(\varepsilon_t + \lambda_t a_{tn})$$
$$= \sum_{t=1}^{n} b_{tn}\left(l_t^{(2)}(\varepsilon_t + \lambda_t a_{tn}) - l_t^{(2)}(\varepsilon_t)\right) + \sum_{t=1}^{n} b_{tn} l_t^{(2)}(\varepsilon_t) =: \boldsymbol{F}_n + \boldsymbol{G}_n .$$

Wir zeigen $\boldsymbol{G}_n \xrightarrow{\mathrm{P}_{n\zeta}} -\frac{1}{2} h'\boldsymbol{I}(\zeta)\, h$ und $\boldsymbol{F}_n \xrightarrow{\mathrm{P}_{n\zeta}} 0$. Nach Definition von b_{tn} gilt mit

$$\boldsymbol{G}_{1n} = \frac{1}{2n} \sum_{t=1}^{n} h' k_\vartheta(x_t)\, k_\vartheta(x_t)'\, h l_t^{(2)}(\varepsilon_t) ,$$

$$\boldsymbol{G}_{2n} = \frac{1}{2n^2} \sum_{t=1}^{n} \left(h' K_{\vartheta+\delta_t n^{-1/2} h}(x_t)\, h\right)^2 l_t^{(2)}(\varepsilon_t)$$

und

$$\boldsymbol{G}_{3n} = \frac{1}{n^{3/2}} \sum_{t=1}^{n} h' K_{\vartheta+\delta_t n^{-1/2} h}(x_t)\, h h' k_\vartheta(x_t)\, l_t^{(2)}(\varepsilon_t) ,$$

$$\boldsymbol{G}_n = \boldsymbol{G}_{1n} + \boldsymbol{G}_{2n} + \boldsymbol{G}_{3n} .$$

G_{1n} konvergiert in $P_{n\zeta}$-Wahrscheinlichkeit gegen $-\frac{1}{2} h' I(\zeta) h$, da

$$E_\zeta G_{1n} = -\frac{1}{2} h'^s(k_\vartheta, k_\vartheta)_n h \xrightarrow[n\to\infty]{} -\frac{1}{2} h' I(\zeta) h$$

und

$$D_\zeta G_{1n} \leqq \frac{1}{4n^2} \sum_{t=1}^{n} ||k_\vartheta(x_t)||^2 \, ||h||^2 \, D\left(l_t^{(2)}(\varepsilon_t)\right)$$

$$\leqq \frac{1}{4n} \max_{1\leqq t\leqq n} ||k_\vartheta(x_t)||^2 \, ||h||^2 \frac{1}{n} \sum_{t=1}^{n} D\{l_t^{(2)}(\varepsilon_t)\} \xrightarrow[n\to\infty]{} 0$$

gelten. Aus

$$E_\zeta G_{2n} = \frac{1}{2n^2} \sum_{t=1}^{n} \left(h' K_{\vartheta+\delta_{tn} n^{-1/2} h}(x_t)\, h\right)^2 s_t \leqq \frac{1}{2n} ||h||^4 c^2 \frac{1}{n} \sum_{t=1}^{n} s_t \xrightarrow[n\to\infty]{} 0$$

und

$$D_\zeta G_{2n} = \frac{1}{4n^4} \sum_{t=1}^{n} \left(h' K_{\vartheta+\delta_{tn} n^{-1/2} h}(x_t)\, h\right)^4 D\{l_t^{(2)}(\varepsilon_t)\}$$

$$\leqq \frac{1}{4n^3} ||h||^8 c^4 \frac{1}{n} \sum_{t=1}^{n} D\{l_t^{(2)}(\varepsilon_t)\} \xrightarrow[n\to\infty]{} 0$$

folgt $G_{2n} \xrightarrow{P_{n\zeta}} 0$, und ganz analog zeigt man $G_{3n} \xrightarrow{P_{n\zeta}} 0$. Es bleibt zu zeigen, daß

$$F_n = \sum_{t=1}^{n} f_{tn}\left(l_t^{(2)}(\varepsilon_t + \lambda_t a_{tn}) - l_t^{(2)}(\varepsilon_t)\right)$$

mit

$$f_{tn} = \frac{1}{2n} h' k_\vartheta(x_t)\, k_\vartheta(x_t)' h + \frac{1}{2n^2} \left(h' K_{\vartheta+\delta_{tn} n^{-1/2} h}(x_t)\, h\right)^2$$

$$+ \frac{1}{n^{3/2}} h' k_\vartheta(x_t)\, h' K_{\vartheta+\delta_{tn} n^{-1/2} h}(x_t)\, h$$

in $P_{n\zeta}$-Wahrscheinlichkeit gegen Null konvergiert.

Wegen A_{11} und $|\lambda_t| \leqq 1$ ist $|\lambda_t a_{tn}|$ gleichmäßig in t kleiner als jede noch so kleine positive Zahl η, wenn nur n hinreichend groß ist. Und unter Beachtung von A_{10} b) gibt es für jedes $\eta > 0$ ein n_0, so daß für alle $n \geqq n_0$

$$\sup_{1\leqq t\leqq n} E_\zeta \left|l_t^{(2)}(\varepsilon_t + \lambda_t a_{tn}) - l_t^{(2)}(\varepsilon_t)\right| \leqq \eta$$

erfüllt ist. Aus der Ungleichung

$$E_\zeta F_n \leqq \sup_{1\leqq t\leqq n} E_y \left|l_t^{(2)}(\varepsilon_t + \lambda_t a_{tn}) - l_t^{(2)}(\varepsilon_t)\right| \sum_{t=1}^{n} |f_{tn}|$$

und $\sum_{t=1}^{n} |f_{tn}| \xrightarrow[n\to\infty]{} \frac{1}{2} h' I(\zeta) h$ folgt dann $E_\zeta |F_n| \to 0$ und damit $F_n \xrightarrow{P_{n\zeta}} 0$. ■

Ist $\varkappa_0$ ein beliebiger fester Parameter, dann besitzt Y_n eine Verteilung in der Familie $\{P_{n\zeta} \mid \zeta = (\vartheta, \varkappa_0) \in \Theta \times \{\varkappa_0\}\}$ mit dem endlichdimensionalen Parameter $\vartheta \in \Theta$. Nach Lemma 1.1.6 und [A 2.8] gilt dann für jede Schätzfolge $\{\bar{\vartheta}_n\}$ mit $\mathcal{L}\{\sqrt{n}(\bar{\vartheta}_n - \vartheta) \mid (\vartheta, \varkappa_0)\} \to N\left(0, S(\vartheta, \varkappa_0)\right)$ für alle $\vartheta \in \Theta$

$$S(\vartheta, \varkappa_0) \geqq I^{-1}(\vartheta, \varkappa_0) \quad \text{für fast alle } \vartheta\,.$$

Ist weiter $\{\bar{\vartheta}_n\}$ eine Schätzfolge mit

$$\mathcal{L}\{\sqrt{n}(\bar{\vartheta}_n - \vartheta) \mid (\vartheta, \varkappa)\} \to N\left(0, S(\vartheta, \varkappa)\right)$$

für alle $\zeta = (\vartheta, \varkappa) \in \Xi$, so folgt hieraus

$$S(\vartheta, \varkappa) \geqq I^{-1}(\vartheta, \varkappa) \quad \text{für fast alle } \vartheta \text{ und für alle } \varkappa .$$

Damit gilt der folgende Satz:

Satz 1.1.7. *Unter den Voraussetzungen von Lemma* 1.1.6 *ist*

$$I^{-1}(\zeta) = \left({}^{s}(k_\vartheta, k_\vartheta)\right)^{-1} \quad \textit{für fast alle } \vartheta$$

eine untere Schranke für die Grenzkovarianzmatrix einer beliebigen asymptotisch normalverteilten Schätzfolge.

Bemerkung 1.1.7. Ist $\{\bar{\vartheta}_n\}$ eine Schätzfolge mit $\mathcal{L}\{\sqrt{n}\,(\bar{\vartheta}_n - \vartheta) \mid \zeta\} \to \mathrm{N}\left(0, S(\vartheta, \varkappa)\right)$ und sind $S(\vartheta, \varkappa)$ und $I(\vartheta, \varkappa)$ für jedes feste $\varkappa$ stetig in ϑ, dann gilt $S(\zeta) \geqq I^{-1}(\zeta)$ für alle $\zeta \in \Xi$. Ist nämlich $\mathcal{N} \subset \Theta$ eine Lebesguesche Nullmenge, dann gibt es zu jedem $\vartheta \in \mathcal{N}$ eine Folge $\{\vartheta_m\}$ von Parametern $\vartheta_m \in \mathcal{N}^c$ mit $\vartheta_m \xrightarrow[m\to\infty]{} \vartheta$, und wir erhalten

$$S(\zeta) = S(\vartheta, \varkappa) = \lim_{m\to\infty} S(\vartheta_m, \varkappa) \geqq \lim_{m\to\infty} I^{-1}(\vartheta_m, \varkappa) = I^{-1}(\vartheta, \varkappa) = I^{-1}(\zeta) .$$

Aus Satz 1.1.7 ergibt sich nun sehr einfach die BAN-Eigenschaft der GLSE (und damit die der zweistufigen Schätzung $\hat{\hat{\vartheta}}_n$ und die der OLSE unter der Voraussetzung (68) unter Normalverteilungsannahme.

Satz 1.1.8. *Unter den Voraussetzungen von Satz* 1.1.5, *Teil* 1, *und von Lemma* 1.1.6 *und* $\varepsilon_t \sim \mathrm{N}(0, \sigma_t^2)$ *ist die* GLSE BAN. *Sind die* ε_t *identisch verteilt, dann gilt mit* $\zeta_0 = (\vartheta_0, \varkappa)$ *genau dann* $M(w_\sigma) = I^{-1}(\zeta_0)$, *wenn* $\varepsilon_t \sim \mathrm{N}(0, \sigma^2)$.

Beweis. Nach Satz 1.1.5 gilt $M(w_\sigma) = {}^{w_\sigma}(k_{\vartheta_0}, k_{\vartheta_0})^{-1}$, und unter $\varepsilon_t \sim \mathrm{N}(0, \sigma_t^2)$ ist $w_\sigma = \{1/\sigma_t^2\} = \{s_t\} = s$. Im identisch verteilten Fall impliziert

$$M(w_\sigma) = \sigma^2(k_{\vartheta_0}, k_{\vartheta_0})^{-1} = \frac{1}{\mathsf{D}\left(l^{(1)}(\varepsilon_1)\right)} (k_{\vartheta_0}, k_{\vartheta_0})^{-1} = I^{-1}(\zeta_0) ,$$

$$\mathsf{D}\left(l^{(1)}(\varepsilon_1)\right) = \sigma^{-2} ,$$

woraus mit [A 3.13] $\varepsilon_t \sim \mathrm{N}(0, \sigma^2)$ folgt. ■

Wir haben also gezeigt, daß die GLSE unter Normalverteilung beste asymptotisch normalverteilte Schätzung ist. In diesem Fall ist sie aber auch Maximum-Likelihood-Schätzung, und es ist zu erwarten, daß die MLE, berechnet unter beliebiger Verteilungsannahme, stets BAN ist. Dies soll im weiteren bewiesen werden. Dazu zeigen wir zunächst im Satz 1.1.9 die starke Konsistenz der MLE und leiten dann im Satz Satz 1.1.10 ihre Grenzverteilung her. Wir beschränken uns dabei auf den Fall des adäquaten nichtlinearen Modells

$$y_t = g_{\vartheta_0}(x_t) + \varepsilon_t , \qquad t = 1, 2, \ldots ,$$

mit $\vartheta_0 \in \Theta \subseteqq \mathbb{R}^k$ und kompaktem Θ.

Definition 1.1.4. Jede meßbare Lösung $\tilde{\vartheta}_n$ von

$$L_n(Y_n, \tilde{\vartheta}_n) = \sup_{\vartheta \in \Theta} L_n(Y_n, \vartheta)$$

mit $L_n(Y_n, \vartheta) = \sum_{t=1}^{n} l_t\left(y_t - g_\vartheta(x_t)\right)$ heißt *Maximum-Likelihood-Schätzung* (MLE) für ϑ.

Da nach Voraussetzung g_ϑ stetig in ϑ und Θ eine kompakte Teilmenge des $\mathbb{R}^k$ ist, existiert nach [A 3.1] mindestens eine MLE.

Satz 1.1.9. *Es mögen die folgenden Voraussetzungen gelten:* A_1, A_2, A_5, A_6, A_{10} a), A_{10} d);

$s, w_0 \in \mathcal{W}$;

$g_\vartheta(w_t)$ *ist gleichmäßig in* ϑ *und* t *beschränkt;*

$\sum_{t=1}^{\infty} \frac{1}{t^2} \mathsf{E}[l_t^{(1)}(\varepsilon_t)]^4 < \infty$;

für jede Folge $\{d_t\}$ *reeller Zahlen* d_t *existieren eine Folge meßbarer Funktionen* R_t *und eine positive Zahl* c *mit*

$l_t^{(2)}(z + d_t) \leqq R_t(z)$ *für alle* $z \in \mathbb{R}^1$,

$\mathsf{E}R_t(\varepsilon_t) \leqq -c$, $\quad t = 1, 2, \ldots$;

$\sum_{t=1}^{\infty} \frac{1}{t^2} \mathsf{E}[R_t(\varepsilon_t)]^4 < \infty$.

Für jede MLE $\tilde{\boldsymbol{\vartheta}}_n$ *gilt dann* $\tilde{\boldsymbol{\vartheta}}_n \xrightarrow{\text{fs}} \vartheta_0$.

Beweis. Der Beweis verläuft analog zum Beweis der Konsistenz der WLSE. Wegen

$$L_n(\boldsymbol{Y}_n, \vartheta) = \sum_{t=1}^{n} l_t(y_t - g_\vartheta(x_t))$$
$$= \sum_{t=1}^{n} l_t(\varepsilon_t) + \sum_{t=1}^{n} a_t l_t^{(1)}(\varepsilon_t) + \tfrac{1}{2} \sum_{t=1}^{n} a_t^2 l_t^{(2)}(\varepsilon_t + \boldsymbol{\delta}_t a_t)$$

mit $a_t = g_{\vartheta_0}(x_t) - g_\vartheta(x_t)$ und $\boldsymbol{\delta}_t = \delta_t(\varepsilon_t)$, $|\boldsymbol{\delta}_t| \leqq 1$ gilt mit

$$\boldsymbol{A}_n(\vartheta) := \frac{1}{n} \sum_{t=1}^{n} a_t l_t^{(1)}(\varepsilon_t)\,, \qquad \boldsymbol{B}_n(\vartheta) := \frac{1}{2n} \sum_{t=1}^{n} a_t^2 l_t^{(2)}(\varepsilon_t + \boldsymbol{\delta}_t a_t)$$

$$\frac{1}{n}\left(L_n(\boldsymbol{Y}_n, \vartheta) - L_n(\boldsymbol{Y}_n, \vartheta_0)\right) = \boldsymbol{A}_n(\vartheta) + \boldsymbol{B}_n(\vartheta)\,.$$

Nach dem starken Gesetz der großen Zahlen ergibt sich $\boldsymbol{A}_n(\vartheta) \xrightarrow{\text{fs}} 0$ für jedes ϑ, falls die Reihe $\sum_{t=1}^{\infty} \frac{a_t^2 s_t}{t^2}$ konvergiert. Dies folgt aber aus dem Abelschen Konvergenzkriterium und

$$\frac{1}{n} \sum_{t=1}^{n} s_t a_t^2 = {}^s|g_\vartheta - g_{\vartheta_0}|_n^2 \xrightarrow[n\to\infty]{} {}^s|g_\vartheta - g_{\vartheta_0}|^2\,.$$

Mit der sinngemäßen Übertragung des Beweises von Lemma 1.1.2 zeigt man darüber hinaus

$$\sup_{\vartheta \in \Theta} \boldsymbol{A}_n(\vartheta) \xrightarrow{\text{fs}} 0\,.$$

Im nächsten Schritt leiten wir eine obere Schranke für $\boldsymbol{B}_n(\vartheta)$ ab:

$$\boldsymbol{B}_n(\vartheta) = \frac{1}{2n} \sum_{t=1}^{n} a_t^2 l_t^{(2)}(\varepsilon_t + \boldsymbol{\delta}_t a_t) \leqq \frac{1}{2n} \sum_{t=1}^{n} a_t^2 R_t(\varepsilon_t)$$
$$= \frac{1}{2n} \sum_{t=1}^{n} a_t^2 \left(R_t(\varepsilon_t) - \mathsf{E}R_t(\varepsilon_t)\right) + \frac{1}{2n} \sum_{t=1}^{n} a_t^2\, \mathsf{E}R_t(\varepsilon_t)\,. \tag{70}$$

Der erste Summand der rechten Seite von (70) konvergiert gleichmäßig in ϑ fast sicher gegen Null (wieder als Konsequenz von Lemma 1.1.2), und der zweite Summand kann für hinreichend große n gleichmäßig in ϑ durch

$$\frac{1}{2n}\sum_{t=1}^{n} a_t^2 \, \mathsf{E}R_t(\varepsilon_t) \leqq -\frac{c}{2}|g_\vartheta - g_{\vartheta_0}|_n^2 \leqq -\frac{c}{4}|g_\vartheta - g_{\vartheta_0}|^2$$

abgeschätzt werden. Bisher haben wir gezeigt, daß für fast alle Fehlerfolgen $\{\varepsilon_t\}$ eine natürliche Zahl $n_0 = n_0(\{\varepsilon_t\})$ derart existiert, daß gleichmäßig in ϑ für alle $n \geqq n_0$ gilt

$$\frac{1}{n}\left(L_n(Y_n, \vartheta) - L_n(Y_n, \vartheta_0)\right) \leqq -\frac{1}{4}c\,|g_\vartheta - g_{\vartheta_0}|^2 . \tag{71}$$

Sei nun $\tilde{\vartheta}_n$ eine MLE und $\{\varepsilon_t\}$ eine Folge mit (71). Wegen $\tilde{\vartheta}_n(\varepsilon_1, \ldots, \varepsilon_n) \in \Theta$ und der Kompaktheit von Θ liegt jeder Häufungspunkt von $\{\tilde{\vartheta}_n\}$ in Θ. Sei ϑ' ein beliebiger Häufungspunkt und $\{\tilde{\vartheta}_{n_l}\}$ eine gegen ϑ' konvergente Teilfolge, dann gilt für $n \geqq n_0$

$$0 \leqq \frac{1}{n}\left(L_n(Y_n \tilde{\vartheta}_{nl}) - L_n(Y_n, \vartheta_0)\right) \leqq \frac{1}{4}c\,|g_{\tilde{\vartheta}_{n_l}} - g_{\vartheta_0}|^2 \xrightarrow[l\to\infty]{} -\frac{1}{4}c\,|g_{\vartheta'} - g_{\vartheta_0}|^2 .$$

Hieraus ergibt sich $|g_{\vartheta'} - g_{\vartheta_0}| = 0$, und mit A_6 erhalten wir $\vartheta' = \vartheta_0$. ■

Satz 1.1.10. *Sind zusätzlich zu den Voraussetzungen von Satz 1.1.9 die Voraussetzungen* A_7 *für die um die Funktionen* $k_{\vartheta_i}, k_{\vartheta_j}, i, j = 1, \ldots, p$, *erweiterte Klasse* $\mathcal{H}_1$, A_{10}b), A_{10}b) *für* $l_t^{(1)}$ *und* A_1b) *für* $l_t^{(1)}(\varepsilon_t)$ *anstelle von* ε_t *erfüllt, so gilt für jede* MLE $\tilde{\vartheta}_n$

$$\mathcal{L}\{\sqrt{n}\,(\tilde{\vartheta}_n - \vartheta) \mid \zeta\} \to \mathrm{N}\left(0, I^{-1}(\zeta)\right)$$

mit $I(\zeta) = {}^{s}(k_\vartheta, k_\vartheta)$, *und damit ist* $\tilde{\vartheta}_n$ *nach Satz* 1.1.7 BAN.

Beweis. Wegen $\tilde{\vartheta}_n \xrightarrow{\text{fs}} \vartheta \in \Theta^{\text{int}}$ können wir o.B.d.A. annehmen, daß $\tilde{\vartheta}_n$ eine Lösung des Gleichungssystems

$$\frac{1}{n}\sum_{t=1}^{n} l_t^{(1)}\left(y_t - g_{\tilde{\vartheta}_n}(x_t)\right) k_{\tilde{\vartheta}_n}(x_t) = 0$$

ist. Mit $\Phi(\vartheta') := 1/n \sum_{t=1}^{n} l_t^{(1)}\left(y_t - g_{\vartheta'}(x_t)\right) k_{\vartheta'}(x_t)$ und einer geeigneten Zwischenstelle ϑ_n^* gilt also

$$0 = \Phi(\tilde{\vartheta}_n) = \Phi(\vartheta) + \left.\frac{\partial \Phi(\vartheta')}{\partial \vartheta'}\right|_{\vartheta' = \vartheta_n^*} (\tilde{\vartheta}_n - \vartheta) .$$

Wir zeigen zunächst

$$\left.\frac{\partial \Phi(\vartheta')}{\partial \vartheta'}\right|_{\vartheta' = \vartheta_n^*} - \left.\frac{\partial \Phi(\vartheta')}{\partial \vartheta'}\right|_{\vartheta' = \vartheta} \xrightarrow{\text{fs}} 0 . \tag{72}$$

Dazu genügt es zu zeigen, daß für jedes $i, j = 1, \ldots, p$

$$\frac{1}{n}\sum_{t=1}^{n}\left[l_t^{(2)}\left(y_t - g_{\vartheta_n^*}(x_t)\right) k_{\vartheta_{ni}^*}(x_t)\, k_{\vartheta_{nj}^*}(x_t) - l_t^{(2)}(\varepsilon_t)\, k_{\vartheta_i}(x_t)\, k_{\vartheta_j}(x_t)\right]$$

$$= \frac{1}{n}\sum_{t=1}^{n}\left(l_t^{(2)}(y_t - g_{\vartheta_n^*}(x_t)) - l_t^{(2)}(\varepsilon_t)\right) k_{\vartheta_{ni}^*}(x_t)\, k_{\vartheta_{nj}^*}(x_t)$$

$$+ \frac{1}{n}\sum_{t=1}^{n} l_t^{(2)}(\varepsilon_t)\left(k_{\vartheta_{ni}^*}(x_t)\, k_{\vartheta_{nj}^*}(x_t) - k_{\vartheta_i}(x_t)\, k_{\vartheta_j}(x_t)\right) \tag{73}$$

und

$$\frac{1}{n}\sum_{t=1}^{n}\left[l_t^{(1)}(y_t - g_{\vartheta_n^*}(x_t))\, K_{\vartheta_{nij}^*}(x_t) - l_t^{(1)}(\varepsilon_t)\, K_{\vartheta_{ij}}(x_t)\right] \tag{74}$$

fast sicher gegen Null konvergieren. Wegen der gleichmäßigen Stetigkeit von $l_t^{(2)}$ und $\vartheta_n^* \xrightarrow{\text{fs}} \vartheta$ existiert für fast alle Realisierungen $\{\varepsilon_t\}$ und für jedes $\eta > 0$ ein n_0 mit

$$\left|\frac{1}{n}\sum_{t=1}^{n}\left(l_t^{(2)}(y_t - g_{\vartheta_n^*}(x_t)) - l_t^{(2)}(\varepsilon_t)\right) k_{\vartheta_{ni}^*}(x_t)\, k_{\vartheta_{nj}^*}(x_t)\right|$$
$$\leqq \eta\, |k_{\vartheta_{ni}^*}|_n\, |k_{\vartheta_{nj}^*}|_n \xrightarrow[n\to\infty]{} \eta\, |k_{\vartheta_i}|\, |k_{\vartheta_j}|$$

für alle $n \geqq n_0$. Daher konvergiert der erste Summand der rechten Seite von (73) fast sicher gegen Null. Eine erneute Anwendung von Lemma 1.1.2 ergibt

$$\frac{1}{n}\sum_{t=1}^{n} l_t^{(2)}(\varepsilon_t)\, k_{\vartheta_i}(x_t)\, k_{\vartheta_j}(x_t) = \frac{1}{n}\sum_{t=1}^{n}\left(l_t^{(2)}(\varepsilon_t) - \mathsf{E} l_t^{(2)}(\varepsilon_t)\right) k_{\vartheta_i}(x_t)\, k_{\vartheta_j}(x_t)$$
$$- \frac{1}{n}\sum_{t=1}^{n} s_t k_{\vartheta_i}(x_t)\, k_{\vartheta_j}(x_t) \xrightarrow{\text{fs}} -{}^{s}(k_{\vartheta_i}, k_{\vartheta_j})$$

gleichmäßig in ϑ, woraus

$$\frac{1}{n}\sum_{t=1}^{n} l_t^{(2)}(\varepsilon_t)\, k_{\vartheta_{ni}^*}(x_t)\, k_{\vartheta_{nj}^*}(x_t) \xrightarrow{\text{fs}} -{}^{s}(k_{\vartheta_i}, k_{\vartheta_j})$$

folgt und damit

$$\frac{1}{n}\sum_{t=1}^{n} l_t^{(2)}(\varepsilon_t)\left(k_{\vartheta_{ni}^*}(x_t)\, k_{\vartheta_{nj}^*}(x_t) - k_{\vartheta_i}(x_t)\, k_{\vartheta_j}(x_t)\right) \xrightarrow{\text{fs}} 0\,.$$

Wir betrachten jetzt den Ausdruck (74). Wegen

$$\frac{1}{n}\sum_{t=1}^{n}\left[l_t^{(1)}(y_t - g_{\vartheta_n^*}(x_t))\, K_{\vartheta_{nij}^*}(x_t) - l_t^{(1)}(\varepsilon_t)\, K_{\vartheta_{ij}}(x_t)\right] = \boldsymbol{A}_n + \boldsymbol{B}_n$$

mit

$$\boldsymbol{A}_n = \frac{1}{n}\sum_{t=1}^{n}\left(l_t^{(1)}(y_t - g_{\vartheta_n^*}(x_t)) - l_t^{(1)}(\varepsilon_t)\right) K_{\vartheta_{nij}^*}(x_t)\,,$$

$$\boldsymbol{B}_n = \frac{1}{n}\sum_{t=1}^{n} l_t^{(1)}(\varepsilon_t)\left(K_{\vartheta_{nij}^*}(x_t) - K_{\vartheta_{ij}}(x_t)\right)$$

sowie

$$|\boldsymbol{A}_n|^2 \leqq \frac{1}{n}\sum_{t=1}^{n}\left(l_t^{(1)}(y_t - g_{\vartheta_n^*}(x_t)) - l_t^{(1)}(\varepsilon_t)\right)^2 |K_{\vartheta_{nij}^*}|_n^2$$

und

$$\frac{1}{n}\sum_{t=1}^{n}\left(l_t^{(1)}(y_t - g_{\vartheta_n^*}(x_t)) - l_t^{(1)}(\varepsilon_t)\right)^2 \xrightarrow{\text{fs}} 0$$

folgt $\boldsymbol{A}_n \xrightarrow{\text{fs}} 0$. Ebenfalls gilt $\boldsymbol{B}_n \xrightarrow{\text{fs}} 0$, da wegen Lemma 1.1.2

$$\frac{1}{n}\sum_{t=1}^{n} l_t^{(1)}(\varepsilon_t)\left(K_{\vartheta'}(x_t) - K_{\vartheta}(x_t)\right)$$

gleichmäßig in ϑ' fast sicher konvergiert, womit nun (72) bewiesen ist.

Aus

$$\frac{1}{n} \sum_{t=1}^{n} l_t^{(1)}(\varepsilon_t)\, K_{\vartheta_{ij}}(x_t) \xrightarrow{\text{fs}} 0$$

und

$$\frac{1}{n} \sum_{t=1}^{n} l_t^{(2)}(\varepsilon_t)\, k_{\vartheta_i}(x_t)\, k_{\vartheta_j}(x_t)$$

$$= \frac{1}{n} \sum_{t=1}^{n} \left(l_t^{(2)}(\varepsilon_t) - \mathsf{E} l_t^{(2)}(\varepsilon_t)\right) k_{\vartheta_i}(x_t)\, k_{\vartheta_j}(x_t) - {}^s(k_{\vartheta_i}, k_{\vartheta_j})_n \xrightarrow{\text{fs}} - {}^s(k_{\vartheta_i}, k_{\vartheta_j}) = - I_{ij}(\zeta)$$

folgt

$$\left.\frac{\partial \Phi(\vartheta')}{\partial \vartheta'}\right|_{\vartheta' = \vartheta} \xrightarrow{\text{fs}} - I(\zeta)$$

und damit nach (72) auch

$$\left.\frac{\partial \Phi(\vartheta')}{\partial \vartheta'}\right|_{\vartheta' = \vartheta_n^*} \xrightarrow{\text{fs}} - I(\zeta)\,. \tag{75}$$

Weiter ergibt die Anwendung von Satz 2.4.3 und Lemma 2.4.2 aus Humak I (1977)

$$\mathcal{L}\{\sqrt{n}\, \Phi(\vartheta) \mid \zeta\} \to \mathrm{N}(0, I(\zeta))\,,$$

woraus wir mit (75)

$$\mathcal{L}\{\sqrt{n}\, (\tilde{\vartheta}_n - \vartheta) \mid \zeta\} \to \mathrm{N}(0, I^{-1}(\zeta))$$

schließen. ■

Bemerkung 1.1.9. Von Chanda (1977) wurden ebenfalls sowohl die untere Schranke für die Grenzkovarianzmatrix, als auch die schwache Konsistenz und die Grenzverteilung der MLE und der GLSE (ohne Beweis) angegeben. Die von Chanda verwendeten Regularitätsbedingungen sind nicht direkt mit den von uns getroffenen Annahmen zu vergleichen. Z.B. benötigt er nicht die Kompaktheit des Parameterbereichs, setzt aber andererseits die Existenz der 3. Ableitung der Regressionsfunktion und die gleichmäßige Beschränktheit von g_ϑ und allen ihren Ableitungen voraus.

1.1.8. Asymptotische Ergebnisse für die Schätzung und Tests der Varianz

In diesem Abschnitt betrachten wir das spezielle adäquate nichtlineare Modell

$$y_t = g_{\vartheta_0}(x_t) + \varepsilon_t\,, \qquad t = 1, 2, \dots\,,$$

mit

$$g_\vartheta(x) = \alpha' h_\beta(x)\,, \qquad \vartheta = (\alpha, \beta) \in \mathbb{R}^p \times \mathcal{B}$$

und unabhängig, identisch verteilten Fehlern ε_t, $t = 1, 2, \dots$. Im folgenden seien stets A_1a), A_5, A_6, A_7 und A_8 vorausgesetzt.

Wir interessieren uns für das asymptotische Verhalten der Residualschätzung

$$\hat{\sigma}_n^2 = Q_n(\hat{\vartheta}_n) = \frac{1}{n} \sum_{t=1}^{n} \left(y_t - g_{\hat{\vartheta}_n}(x_t)\right)^2 = |y - g_{\hat{\vartheta}}|_n^2\,.$$

Im Satz 1.1.4 wurde bereits die starke Konsistenz von $\hat{\sigma}_n^2$ unter den Annahmen der Kompaktheit von $\mathcal{B}$, A_3 und A_5 bewiesen. Der folgende Satz liefert die asymptotische Normalität von $\hat{\sigma}_n^2$.

Satz 1.1.11. *Es gilt* $\mathcal{L}\{\sqrt{n}\,(\hat{\sigma}_n^2 - \sigma^2)\} \to \mathrm{N}(0, \gamma)$ *mit* $\gamma = \mathsf{D}\varepsilon_1^2$.

Beweis. Wegen

$$\hat{\sigma}_n^2 = Q_n(\hat{\vartheta}_n) = |\varepsilon|_n^2 + |g_{\vartheta_0} - g_{\hat{\vartheta}_n}|_n^2 + 2(g_{\vartheta_0} - g_{\hat{\vartheta}_n}, \varepsilon)_n$$

folgt

$$\sqrt{n}(\hat{\sigma}_n^2 - \sigma^2) = \frac{1}{\sqrt{n}} \sum_{t=1}^{n} (\varepsilon_t^2 - \sigma^2) + \sqrt{n}\,|g_{\vartheta_0} - g_{\hat{\vartheta}_n}|_n^2 + 2\sqrt{n}(g_{\vartheta_0} - g_{\hat{\vartheta}_n}, \varepsilon)_n$$

und daher die Behauptung, falls

$$\eta_n := \sqrt{n}\,|g_{\vartheta_0} - g_{\hat{\vartheta}_n}|_n^2 + 2\sqrt{n}\,(g_{\vartheta_0} - g_{\hat{\vartheta}_n}, \varepsilon)_n \tag{76}$$

in Wahrscheinlichkeit gegen Null konvergiert.

Die Anwendung des Taylorschen Satzes auf den ersten Summanden von (76) liefert die Existenz eines $\hat{\vartheta}_n^*$ mit $||\hat{\vartheta}_n^* - \vartheta_0|| \leqq ||\hat{\vartheta}_n - \vartheta_0||$ derart, daß

$$\sqrt{n}\,|g_{\vartheta_0} - g_{\hat{\vartheta}_n}|_n^2 = 2\sqrt{n}\,(\hat{\vartheta}_n - \vartheta_0)'\,(k_{\hat{\vartheta}_n^*}, g_{\hat{\vartheta}_n^*} - g_{\vartheta_0})_n \tag{77}$$

gilt. Aus (77) folgt wegen $\hat{\vartheta}_n \xrightarrow{\text{fs}} \vartheta_0$, $\hat{\vartheta}_n^* \xrightarrow{\text{fs}} \vartheta_0$ und

$$\mathcal{L}\{\sqrt{n}\,(\hat{\vartheta}_n - \vartheta_0)\} \to \mathrm{N}\big(0, \sigma^2(k_{\vartheta_0}, k_{\vartheta_0})^{-1}\big)\,,$$

$$\sqrt{n}\,|g_{\vartheta_0} - g_{\hat{\vartheta}_n}|_n^2 \xrightarrow{\mathrm{P}} 0\,. \tag{78}$$

Für den zweiten Summand von (76) gilt wieder, mit einer geeigneten Zwischenstelle $\hat{\vartheta}_n^*$,

$$2\sqrt{n}\,(g_{\vartheta_0} - g_{\hat{\vartheta}_n}, \varepsilon)_n = 2\sqrt{n}\,(\hat{\vartheta}_n - \vartheta_0)'\,(k_{\hat{\vartheta}_n^*}, \varepsilon)_n\,,$$

und für dessen Konvergenz in Wahrscheinlichkeit gegen Null ist

$$(k_{\hat{\vartheta}_n^*}, \varepsilon)_n \xrightarrow{\mathrm{P}} 0 \tag{79}$$

hinreichend. (79) folgt aus Lemma 1.1.2 und $\hat{\vartheta}_n^* \xrightarrow{\text{fs}} \vartheta_0$. ■

Als nächstes beweisen wir die asymptotische Effizienz von $\hat{\sigma}_n^2$. Zu diesem Zweck bezeichnen wir mit $\mathrm{P}_{n\zeta}$ die Verteilung von $Y_n = (y_1, \dots, y_n)'$ unter $\zeta = (\vartheta, \sigma^2, \varkappa) \in \mathbb{R}^p \times \mathcal{B} \times \mathbb{R}^> \times \mathcal{K} = \Xi$ und zeigen, daß die Folge $\{\mathrm{P}_{n\zeta_n}\}$ mit $\zeta_n = (\vartheta, \sigma^2 + n^{-1/2}h, \varkappa)$ benachbart ist (vgl. [A 2.2]) zur Folge $\{\mathrm{P}_{n\zeta}\}$ für jedes positive h, wenn $\mathcal{K}$ Regularitätsbedingungen erfüllt. Wir nehmen dazu an, daß $\varkappa$ absolutstetig bezüglich eines σ-endlichen Maßes μ ist und bezeichnen mit $L(u) = \ln \partial\varkappa/\partial\mu\,(u)$ den Logarithmus einer positiven Festlegung der μ-Dichte von $U_t := \varepsilon_t/\sigma$.

Lemma 1.1.7. *Unter den Voraussetzungen*

1. *L ist zweimal stetig nach u differenzierbar,*

$$L^{(1)}(u) := \frac{\partial}{\partial u} L(u)\,, \qquad L^{(2)}(u) = \frac{\partial}{\partial u} L^{(1)}(u); \tag{80}$$

2. $$\mathsf{E}UL^{(1)}(U) = -1\,, \qquad \mathsf{D}\big(UL^{(1)}(U)\big) = 1 - \mathsf{E}\{U^2L^{(2)}(U)\} > 0; \tag{81}$$

   mit $U := U_1$;

3. *Es existieren Funktionen M und J:* $\mathbb{R}^1 \to \mathbb{R}^1$ *und eine positive Zahl* $\delta^* > 0$ *derart, daß für jedes* δ *mit* $|\delta| \leqq \delta^*$

$$|L^{(2)}\big(u(1 + \delta)\big) - L^{(2)}(u)| \leqq J(\delta)\,M(u) \tag{82}$$

   mit $\mathsf{E}\{M(U)\,U^2\} < \infty$ *und* $J(\delta) \xrightarrow[\delta \to 0]{} 0$ *erfüllt ist;*

folgt

$$\mathcal{L}\{L_n(\boldsymbol{Y}_n, \zeta_n) - L(\boldsymbol{Y}_n, \zeta) \mid \zeta\} \to \mathrm{N}(-\tfrac{1}{2} h^2 I(\zeta), h^2 I(\zeta)) \tag{83}$$

mit $I(\zeta) = (4\sigma^4)^{-1} \mathsf{D}(UL^{(1)}(U))$, *wobei* $L_n(\boldsymbol{Y}_n, \zeta)$ *den Logarithmus der Dichte von* $\boldsymbol{Y}_n$ *bezüglich* μ *bezeichnet.*

Bemerkung 1.1.10. Aus (83) ergibt sich mit [A 2.3] die Benachbartheit der Folge $\{\mathrm{P}_{n\zeta_n}\}$ zur Folge $\{\mathrm{P}_{n\zeta}\}$.

Bemerkung 1.1.11. Die Voraussetzungen 2 und 3 sind erfüllt, falls μ das Lebesguesche Maß, $p(u) = \dfrac{\partial \varkappa}{\partial \mu}(u)$ überall positiv ist und $up(u) \xrightarrow[u \to \pm\infty]{} 0$ sowie $u^2\, \partial p(u)/\partial u \xrightarrow[u \to \pm\infty]{} 0$ gelten. Dies beweist man sehr einfach mittels partieller Integration.

Beweis von Lemma 1.1.7. Wir setzen $\tau = \sigma^2$ und $\tau_n = \sigma_n^2$. Wegen

$$L_n(\boldsymbol{Y}_n, \zeta) = -\frac{1}{2} n \ln \tau + \sum_{t=1}^{n} L\left(\frac{y_t - g_\vartheta(x_t)}{\tau^{1/2}}\right) = -\frac{1}{2} n \ln \tau + \sum_{t=1}^{n} L(\boldsymbol{U}_t)$$

gilt

$$L_n(\boldsymbol{Y}_n, \zeta_n) - L_n(\boldsymbol{Y}_n, \zeta) = \sum_{t=1}^{n} [L(\boldsymbol{U}_t + \boldsymbol{V}_t) - L(\boldsymbol{U}_t)] + \frac{1}{2} n \ln \frac{\tau}{\tau_n} \tag{84}$$

mit $\boldsymbol{V}_z = \dfrac{\tau^{1/2} - \tau_n^{1/2}}{\tau_n^{1/2}} \boldsymbol{U}_t$. Eine Taylor-Entwicklung bis zum zweiten Glied um $\boldsymbol{U}_t$ liefert

$$\sum_{t=1}^{n} [L(\boldsymbol{U}_t + \boldsymbol{V}_t) - L(\boldsymbol{U}_t)] = \sum_{t=1}^{n} \boldsymbol{V}_t L^{(1)}(\boldsymbol{U}_t) + \tfrac{1}{2} \sum_{t=1}^{n} \boldsymbol{V}_t^2 L^{(2)}(\boldsymbol{U}_t + \boldsymbol{\lambda}_t \boldsymbol{V}_t)$$
$$=: \boldsymbol{A}_n + \boldsymbol{B}_n\,, \tag{85}$$

wobei $\boldsymbol{\lambda}_t$ eine Zufallsgröße mit $0 \leqq \boldsymbol{\lambda}_t \leqq 1$ ist. Mit $a_n = \dfrac{\tau^{1/2} - \tau_n^{1/2}}{\tau_n^{1/2}}$ gilt

$$\boldsymbol{A}_n + \frac{1}{2} n \ln \frac{\tau}{\tau_n} = \sqrt{n}\, a_n \frac{1}{\sqrt{n}} \sum_{t=1}^{n} (\boldsymbol{U}_t L^{(1)}(\boldsymbol{U}_t) + 1) - n a_n + \frac{1}{2} \ln \frac{\tau}{\tau_n},$$

und wegen $\sqrt{n}\, a_n \xrightarrow[n\to\infty]{} -\dfrac{1}{2}\dfrac{h}{\tau}$ und $\dfrac{1}{2} n \ln \dfrac{\tau}{\tau_n} - n a_n \xrightarrow[n\to\infty]{} -\dfrac{1}{8}\dfrac{h^2}{\tau^2}$ erhalten wir

$$\mathcal{L}\left\{\boldsymbol{A}_n + \frac{1}{2} n \ln \frac{\tau}{\tau_n} \mid \zeta\right\} \to \mathrm{N}\left(-\frac{1}{8}\frac{h^2}{\tau^2}, \frac{1}{4}\frac{h^2}{\tau^2} \mathsf{D}\{\boldsymbol{U}L^{(1)}(\boldsymbol{U})\}\right). \tag{86}$$

Wir zeigen jetzt

$$\boldsymbol{B}_n \xrightarrow{\mathrm{P}_{n\zeta}} \frac{1}{8}\frac{h^2}{\tau^2} \mathsf{E}\{\boldsymbol{U}^2 L^{(2)}(\boldsymbol{U})\}\,. \tag{87}$$

Wegen $\boldsymbol{B}_n = \dfrac{1}{2} n a_n^2 \dfrac{1}{n} \sum\limits_{t=1}^{n} \boldsymbol{U}_t^2 L^{(2)}(\boldsymbol{U}_t + \boldsymbol{\lambda}_t \boldsymbol{V}_t)$ und $\dfrac{1}{2} n a_n^2 \xrightarrow[n\to\infty]{} \dfrac{1}{8}\dfrac{h^2}{\tau^2}$ reicht es,

$$\frac{1}{n} \sum_{t=1}^{n} \boldsymbol{U}_t^2 L^{(2)}(\boldsymbol{U}_t + \boldsymbol{\lambda}_t \boldsymbol{V}_t) \xrightarrow{\mathrm{P}_{n\zeta}} \mathsf{E}\{\boldsymbol{U}^2 L^{(2)}(\boldsymbol{U})\} \tag{88}$$

zu zeigen. (88) ist mit

$$\frac{1}{n} \sum_{t=1}^{n} \boldsymbol{U}_t^2 (L^{(2)}(\boldsymbol{U}_t + \boldsymbol{\lambda}_t \boldsymbol{V}_t) - L^{(2)}(\boldsymbol{U}_t)) \xrightarrow{\mathrm{P}_{n\zeta}} 0 \tag{89}$$

äquivalent. Wegen (82), $\lambda_t \leqq 1$ und $a_n \xrightarrow[n\to\infty]{} 0$ gilt für hinreichend große n

$$\left|\frac{1}{n}\sum_{t=1}^{n} U_t^2(L^{(2)}(U_t + \lambda_t V_t) - L^{(2)}(U_t))\right|$$
$$\leqq \max_{1\leqq t\leqq n} J(\lambda_t a_n)\,\frac{1}{n}\sum_{t=1}^{n} U_t^2 M(U_t) \xrightarrow{P_{n\zeta}} 0\,. \quad ■$$

Wir betrachten nun beliebige, aber feste Parameter $(\vartheta, \varkappa) \in \mathbb{R}^p \times \mathcal{B} \times \mathcal{K}_0$, wobei $\mathcal{K}_0$ diejenige Teilmenge von $\mathcal{K}$ mit (80), (81) und (82) bezeichnet. Unter dieser Annahme besitzt Y_n eine Verteilung aus der einparametrigen Verteilungsfamilie $\{P_{n\sigma^2} \mid \sigma^2 \in \mathbb{R}^>\}$ mit $P_{n\sigma^2} := P_{n(\vartheta, \sigma^2, \varkappa)}$. Unter Beachtung von [A 2.8] und (83) folgt somit für jede Schätzfolge $\{\bar{\sigma}_n^2\}$ mit $\bar{\sigma}_n^2 = \bar{\sigma}_n^2(Y_n)$ und $\mathcal{L}\{\sqrt{n}\,(\bar{\sigma}_n^2 - \sigma^2) \mid \sigma^2\} \to N(0, \bar{S}(\sigma^2))$ für alle $\sigma^2 \in \mathbb{R}^>$ und feste ϑ und $\varkappa$

$$\bar{S}(\sigma^2) \geqq I(\zeta)^{-1} \quad \text{für fast alle } \sigma^2\,.$$

Da die Klasse aller asymptotisch normalverteilten Schätzungen $\bar{\sigma}_n^2$ bezüglich der Familie $\{P_{n\zeta} \mid \zeta \in \Xi\}$ enthalten ist in der Klasse aller asymptotisch normalverteilten Schätzungen bezüglich $\{P_{n\sigma^2} \mid \sigma^2 \in \mathbb{R}^>\}$ für jedes feste ϑ und $\varkappa$, gilt für jede Schätzfolge $\{\bar{\sigma}_n^2\}$ mit

$$\mathcal{L}\{\sqrt{n}\,(\bar{\sigma}_n^2 - \sigma^2) \mid \zeta\} \to N(0, \bar{S}(\zeta))\,, \qquad \zeta \in \Xi\,,$$
$$\bar{S}(\zeta) \geqq I(\zeta)^{-1} \quad \text{für fast alle } \sigma^2 \text{ und für alle } \quad (\vartheta, \varkappa) \in \Theta \times \mathcal{K}_0\,. \tag{90}$$

Wir sind nun in der Lage, die asymptotische Effizienz von $\hat{\sigma}_n^2$ beweisen zu. Sei $\mathcal{K}_0^*$ die Familie der Verteilungen mit den Dichten

$$p_m(u) = c(m)\, u^{2m} \exp\left[-\left(m + \tfrac{1}{2}\right) u^2\right] \tag{91}$$

für beliebige natürliche Zahlen m mit

$$c(m) = \begin{cases} \dfrac{1}{\sqrt{2\pi}} & \text{für } m = 0\,, \\[2ex] \dfrac{(2m+1)^{m+1/2}}{1.3.\,\ldots\,(2m-1)\sqrt{2\pi}} & \text{für } m \geqq 1\,. \end{cases}$$

Einfache Rechnungen liefern mit $U := \dfrac{1}{\sigma}\varepsilon_1$

$$\mathsf{E}U = 0\,, \qquad \mathsf{E}U^2 = 1\,, \qquad \mathsf{E}UL^{(1)}(U) = -1$$

und

$$\mathsf{D}\{UL^{(1)}(U)\} = 4m + 2 = 1 - \mathsf{E}\{U^2L^{(2)}(U)\}\,.$$

Weiter gilt

$$|L^{(2)}(u(1+\delta)) - L^{(2)}(u)| = \left|\frac{2m}{u^2} - \frac{2m}{u^2(1+\delta)^2}\right| \leqq \frac{4m\delta + 2m\delta^2}{u^2} =: J(\delta)\, M(u)$$

und damit $J(\delta) \xrightarrow[\delta\to 0]{}$ und $\mathsf{E}\{U^2M(U)\} = 1 < \infty$. $\mathcal{K}_0^*$ ist also eine Teilmenge von $\mathcal{K}_0$. Außerdem gilt für $\varkappa \in \mathcal{K}_0^*$

$$I^{-1}(\zeta) = \frac{4\sigma^4}{\mathsf{D}\{UL^{(1)}(U)\}} = \frac{2}{2m+1}\sigma^4 = \sigma^4(\mathsf{E}U^4 - 1) = \gamma\,,$$

und daher wird für $\hat{\sigma}_n^2$ die untere Schranke (90) angenommen. Wir haben deshalb den folgenden Satz bewiesen:

Satz 1.1.12. *Die Schätzung* $\hat{\sigma}_n^2$ *ist* BAN *für alle* $\varkappa \in \mathcal{K}_0^*$.

Bemerkung 1.1.11. Unter Normalverteilung $(\varkappa = \mathrm{N}(0, 1), m = 0)$ ist $\hat{\sigma}_n^2$ MLE für σ^2. Für alle anderen $\varkappa \in \mathcal{K}_0^*$ ist aber die exakte Berechnung der MLE wegen der Nichtlinearität der Likelihood-Gleichungen

$$-\frac{(2m+1)\,n\sigma^2}{2} + \frac{2m+1}{2}\sum_{t=1}^{n}\left(y_t - g_\vartheta(x_t)\right)^2 = 0\,,$$

$$-m\sum_{t=1}^{n}\frac{k_\vartheta(x_t)}{\left(y_t - g_\vartheta(x_t)\right)} + \frac{m+\frac{1}{2}}{\sigma^2}\sum_{t=1}^{n}\left(y_t - g_\vartheta(x_t)\right)k_\vartheta(x_t) = 0$$

selbst im einfachsten Fall $y_t = \vartheta + \varepsilon_t$, $t = 1, 2, \ldots, n$, kompliziert.

Bemerkung 1.1.12. Die Gleichung $\gamma = I(\zeta)^{-1}$ ist nur dann möglich, wenn ε_1 eine Dichte der Form

$$p_{\sigma^2}(\varepsilon) = (\sigma^2)^{-c}\,h(\varepsilon, c)\exp\left[-\frac{c\varepsilon^2}{\sigma^2}\right]$$

mit einer positiven Konstanten c und einer nicht von σ^2 abhängenden Funktion h besitzt.

Satz 1.1.11 erlaubt nun die Konstruktion von asymptotischen α-Tests (vgl. [A 2.16]) für das Testproblem

$$\mathrm{H}_0\colon \sigma^2 \leqq \sigma_0^2 \quad \text{gegen} \quad \mathrm{H}_1\colon \sigma^2 > \sigma_0^2\,.$$

Ist $\varkappa$ quasinormal $(\gamma = 2\sigma^4)$, dann ist der Test

$$\Psi_n(Y_n) = \begin{cases} 1\,, & \text{falls} \quad Z_n \geqq u_\alpha\,,\\ 0\,, & \text{sonst}\,,\end{cases} \tag{92}$$

mit $Z_n = \dfrac{\sqrt{n}\,(\hat{\sigma}_n - \sigma_0^2)}{\sqrt{2}\,\sigma_0^2}$ und u_α als α-Fraktil von $\mathrm{N}(0,1)$ ein asymptotischer α-Test, da unter der Hypothese H_0 aus Satz 1.1.11

$$\limsup_{n\to\infty} \mathsf{E}_\zeta\Psi_n(Y_n) = \limsup_{n\to\infty} \mathrm{P}_{n\zeta}\left\{\frac{\sqrt{n}}{\sqrt{2}\,\sigma_0^2}(\hat{\sigma}_n^2 - \sigma^2) + \frac{\sqrt{n}}{\sqrt{2}\,\sigma_0^2}(\sigma^2 - \sigma_0^2) \geqq u_\alpha\right\}$$

$$\leqq \lim_{n\to\infty} \mathrm{P}_{n\zeta}\left\{\frac{\sqrt{n}}{\sqrt{2}\,\sigma_0^2}(\hat{\sigma}_n^2 - \sigma^2) \geqq u_\alpha\right\} = \alpha$$

folgt. Darüber hinaus gilt

$$V_n = \frac{1}{\sqrt{2}}\,\frac{\hat{\sigma}_n^2 - \sigma_0^2}{\sigma_0^2} \xrightarrow{\mathrm{P}_{n\zeta}} \frac{1}{\sqrt{2}}\,\frac{\sigma^2 - \sigma_0^2}{\sigma_0^2} =: \lambda(\sigma)$$

und wegen $\lambda(\sigma) > 0$ für $\sigma^2 > \sigma_0^2$ existieren ein $\delta = \delta(\sigma) > 0$ und ein $n_0 = n_0(\delta)$ derart daß $u_\alpha/\sqrt{n} \leqq \lambda(\sigma) - \delta$ für alle $n \geqq n_0$ erfüllt ist. Hieraus folgt für $n \geqq n_0$

$$\mathsf{E}_\zeta\Psi_n(Y_n) = \mathrm{P}_{n\zeta}\left\{V_n \geqq \frac{u_\alpha}{\sqrt{n}}\right\} \geqq \mathrm{P}_{n\zeta}\left\{V_n \geqq \lambda(\sigma) - \delta\right\}$$

$$\geqq \mathrm{P}_{n\zeta}\{|V_n - \lambda(\sigma)| \leqq \delta\} \xrightarrow[n\to\infty]{} 1\,,$$

und damit ist der Test (92) auch konsistent für feste Alternativparameter.

Im nächsten Satz leiten wir die Grenzverteilung der Teststatistik $\boldsymbol{Z}_n$ unter lokalen Alternativen

$$\mathrm{K}_n\colon \sigma_n^2 = \sigma_0^2 + n^{-1/2} h \tag{93}$$

mit $h > 0$ ab.

Satz 1.1.13. *Für alle* $\zeta_n = (\vartheta, \sigma_n^2, \varkappa)$ *mit* $\sigma_n^2 = \sigma_0^2 + n^{-1/2} h$ *und* $\varkappa \in \mathcal{K}_0$ *gilt*

$$\mathcal{L}\{\boldsymbol{Z}_n \mid \zeta_n\} \to \mathrm{N}\left(\frac{h}{\sqrt{2}\,\sigma_0^2}, 1\right).$$

Beweis. Nach Lemma 1.1.7 ist die Folge $\{\mathrm{P}_{n\zeta_n}\}$ benachbart zur Folge $\{\mathrm{P}_{n\zeta_0}\}$ mit $\zeta_0 = (\vartheta, \sigma_0^2, \varkappa)$. Daher folgt

$$\eta_n \xrightarrow{\mathrm{P}_{n\zeta_n}} 0 \quad \text{aus} \quad \eta_n \xrightarrow{\mathrm{P}_{n\zeta_0}} 0\,,$$

und somit gilt

$$\mathcal{L}\{\sqrt{n}\,(\hat{\sigma}_n^2 - \sigma_n^2) \mid \zeta_n\} = \mathcal{L}\left\{\frac{1}{\sqrt{n}} \sum_{t=1}^{n} (\varepsilon_t^2 - \sigma_n^2) + \eta_n \mid \zeta_n\right\} \to \mathrm{N}(0, 2\sigma_0^4)\,. \tag{94}$$

Die Behauptung ergibt sich aus (94) und

$$\boldsymbol{Z}_n = \frac{\sqrt{n}(\hat{\sigma}_n^2 - \sigma_n^2)}{\sqrt{2}\,\sigma_0^2} + \frac{h}{\sqrt{2}\,\sigma_0^2}. \ \blacksquare$$

Ist $\varkappa$ nicht quasinormal, dann ist der Test (92) nicht anwendbar. In diesem Fall benötigt man eine konsistente Schätzung $\hat{\gamma}_n$ für γ.

Lemma 1.1.8. *Die Schätzung* $\hat{\gamma}_n = \frac{1}{n} \sum_{t=1}^{n} ((y_t - g_{\hat{\vartheta}_n}(x_t))^2 - \hat{\sigma}_n^2)^2$ *ist schwach konsistent für* γ, *falls* $\varkappa$ *ein endliches Moment* 6. *Ordnung besitzt.*

Beweis. Wegen

$$\hat{\gamma}_n = \frac{1}{n} \sum_{t=1}^{n} (y_t - g_{\hat{\vartheta}_n}(x_t))^4 - \hat{\sigma}_n^4$$

und $\hat{\sigma}_n^4 \xrightarrow{\mathrm{fs}} \sigma^4$ genügt es zu zeigen, daß

$$\begin{aligned}
\frac{1}{n} \sum_{t=1}^{n} (y_t - g_{\hat{\vartheta}_n}(x_t))^4 &= \frac{1}{n} \sum_{t=1}^{n} \varepsilon_t^4 - 4\frac{1}{n} \sum_{t=1}^{n} \big(g_\vartheta(x_t) - g_{\hat{\vartheta}_n}(x_t)\big)^3 \varepsilon_t \\
&\quad + 6\frac{1}{n} \sum_{t=1}^{n} \big(g_\vartheta(x_t) - g_{\hat{\vartheta}_n}(x_t)\big)^2 \varepsilon_t^2 \\
&\quad - 4\frac{1}{n} \sum_{t=1}^{n} \big(g_\vartheta(x_t) - g_{\hat{\vartheta}_n}(x_t)\big) \varepsilon_t^3 \\
&\quad + \frac{1}{n} \sum_{t=1}^{n} \big(g_\vartheta(x_t) - g_{\hat{\vartheta}_n}(x_t)\big)^4
\end{aligned} \tag{95}$$

in $\mathrm{P}_{n\zeta}$-Wahrscheinlichkeit gegen $\mathsf{E}_\zeta \varepsilon_1^4$ konvergiert. Da dies schon der erste Summand der rechten Seite von (95) leistet, zeigen wir, daß alle übrigen Summanden in $\mathrm{P}_{n\zeta}$-Wahrscheinlichkeit gegen Null konvergieren.

Wegen

$$\frac{1}{n}\sum_{t=1}^{n}(g_\vartheta(x_t)-g_{\hat\vartheta_n}(x_t))^4 \leqq (\sqrt{n}\,|g_\vartheta - g_{\hat\vartheta_n}|_n^2)^2$$

und (78) gilt

$$\frac{1}{n}\sum_{t=1}^{n}(g_\vartheta(x_t)-g_{\hat\vartheta_n}(x_t))^4 \xrightarrow{P_{n\zeta}} 0\,. \tag{96}$$

$$\frac{1}{n}\sum_{t=1}^{n}(g_\vartheta(x_t)-g_{\hat\vartheta_n}(x_t))\,\varepsilon_t^3 \xrightarrow{P_{n\zeta}} 0$$

folgt aus

$$\left|\frac{1}{n}\sum_{t=1}^{n}(g_\vartheta(x_t)-g_{\hat\vartheta_n}(x_t))\,\varepsilon_t^3\right| \leqq |g_\vartheta - g_{\hat\vartheta_n}|_n\left(\frac{1}{n}\sum_{t=1}^{n}\varepsilon_t^6\right)^{1/2}.$$

(96) und

$$\frac{1}{n}\sum_{t=1}^{n}(g_\vartheta(x_t)-g_{\hat\vartheta_n}(x_t))^2\,\varepsilon_t^2 \leqq \left(\frac{1}{n}\sum_{t=1}^{n}(g_\vartheta(x_t)-g_{\hat\vartheta_n}(x_t))^4\right)^{1/2}\left(\frac{1}{n}\sum_{t=1}^{n}\varepsilon_t^4\right)^{1/2}$$

ergeben

$$\frac{1}{n}\sum_{t=1}^{n}(g_\vartheta(x_t)-g_{\hat\vartheta_n}(x_t))^2\,\varepsilon_t^2 \xrightarrow{P_{n\zeta}} 0\,, \tag{97}$$

und schließlich folgt

$$\frac{1}{n}\sum_{t=1}^{n}(g_\vartheta(x_t)-g_{\hat\vartheta_n}(x_t))^3\,\varepsilon_t \xrightarrow{P_{n\zeta}} 0$$

aus (96), (97) und

$$\left|\frac{1}{n}\sum_{t=1}^{n}(g_\vartheta(x_t)-g_{\hat\vartheta_n}(x_t))^3\,\varepsilon_t\right|$$

$$\leqq \left(\frac{1}{n}\sum_{t=1}^{n}(g_\vartheta(x_t)-g_{\hat\vartheta_n}(x_t))^4\right)^{1/2}\left(\frac{1}{n}\sum_{t=1}^{n}(g_\vartheta(x_t)-g_{\hat\vartheta_n}(x_t))^2\,\varepsilon_t^2\right)^{1/2}. \quad\blacksquare$$

Aus Lemma 1.1.8 und Satz 1.1.11 ergibt sich, daß die Statistik $\boldsymbol{T}_n = \frac{\sqrt{n}\,(\hat\sigma_n^2 - \sigma_0^2)}{\sqrt{\hat\gamma_n}}$ unter $\sigma^2 = \sigma_0^2$ asymptotisch standardnormalverteilt ist. Der Test

$$\Psi_n(Y_n) = \begin{cases} 1\,, & \text{falls} \quad T_n \geqq u_\alpha\,, \\ 0 & \text{sonst}\,, \end{cases} \tag{98}$$

ist daher ein asymptotischer α-Test, und er ist konsistent, falls $\varkappa$ ein endliches Moment 6. Ordnung besitzt. Bezüglich der Grenzverteilung der Teststatistik unter lokalen Alternativen (93) gilt der folgende Satz:

Satz 1.1.14. $\mathscr{L}\{\boldsymbol{T}_n \mid \zeta_n\} \to \mathrm{N}\left(\frac{h}{\sqrt{\gamma}}, 1\right)$ *für* $\varkappa \in \mathscr{K}_0$.

Beweis. Wegen $T_n = \sqrt{\frac{\gamma}{\hat\gamma_n}}\, Z_n$ und Satz 1.1.13 reicht es aus,

$$\hat\gamma_n \xrightarrow{P_{n\zeta_n}} \gamma \tag{99}$$

zu zeigen. (99) folgt aus $\hat\gamma_n \xrightarrow{P_{n\zeta}} \gamma$ und der Benachbartheit der Verteilungsfolgen. $\blacksquare$

In SCHMIDT (1979) wurde darüber hinaus die asymptotische lokale Effizienz der Tests (92) und (98) bewiesen.

Für den Spezialfall des linearen Modells, $g_\vartheta(x) = \alpha' x$, gelten alle Ergebnisse dieses Abschnittes auch ohne die Voraussetzungen A_5, A_6, A_7 und A_8 (vgl. SCHMIDT 1979)). Außerdem wurden für diesen Fall Geschwindigkeitsabschätzungen der Konvergenz der Verteilungen von $\hat{\sigma}_n^2$ und der Teststatistiken gegen die entsprechenden Grenzverteilungen abgeleitet.

1.1.9. Tests und Konfidenzbereiche für die Regressionskoeffizienten

Wir beschränken uns in diesem Abschnitt auf das adäquate Modell

$$y_t = g_\vartheta(x_t) + \varepsilon_t\,, \qquad t = 1, 2, \ldots,$$

mit identisch verteilten Fehlern ε_t,

$$\mathsf{E}\varepsilon_t = 0\,, \qquad \mathsf{E}\varepsilon_t^2 = \sigma^2\,, \qquad \vartheta \in \Theta \subseteqq R^k\,,$$

und betrachten mit $\vartheta = (\vartheta^{(1)'}, \vartheta^{(2)'})'$, $\vartheta^{(2)} \in R^s$, das Testproblem

$$\mathrm{H}: \vartheta^{(1)} = \vartheta_0^{(1)} \quad \text{gegen} \quad \mathrm{K}: \vartheta^{(1)} = \vartheta_0^{(1)}\,, \tag{100}$$

also die Frage, ob beim Modellansatz zu viele Parameter in das Modell mit aufgenommen wurden.

Mit Hilfe der Grenzverteilung der LSE kann hierfür wie folgt ein asymptotischer α-Test konstruiert werden:

Ist $\hat{\vartheta}_n = (\hat{\vartheta}_n^{(1)'}, \hat{\vartheta}_n^{(2)'})'$ die LSE für ϑ, so würde man H ablehnen, wenn eine geeignete Normierung des Abstandes von $\hat{\vartheta}_n^{(1)}$ zu $\vartheta_0^{(1)}$ zu groß wird. Mit

$$B_n(\vartheta) := (k_\vartheta, k_\vartheta)_n^{-1} = \begin{pmatrix} B_{n11}(\vartheta) & B_{n12}(\vartheta) \\ B_{n21}(\vartheta) & B_{n22})\vartheta) \end{pmatrix}$$

und

$$B(\vartheta) := (k_\vartheta, k_\vartheta)^{-1} = \begin{pmatrix} B_{11}(\vartheta) & B_{12}(\vartheta) \\ B_{21}(\vartheta) & B_{22}(\vartheta) \end{pmatrix}$$

ist nach Satz 1.1.5, wegen $S_n^2 := \dfrac{n}{n-k}\hat{\sigma}_n^2 \xrightarrow{\text{fs}} \sigma^2$ und der Stetigkeit von $B^{-1}(\vartheta)$,

$$Z_n := n\, S_n^{-2}(\hat{\vartheta}_n^{(1)} - \vartheta_0^{(1)})'\, B_{n11}^{-1}(\hat{\vartheta}_n)\, (\hat{\vartheta}_n^{(1)} - \vartheta_0^{(1)})$$

unter der Hypothese H asymptotisch zentral χ^2-verteilt mit $k - s$ Freiheitsgraden. Der Test

$$\Psi_n(Y_n) = \begin{cases} 1\,, & \text{falls } Z_n > \chi^2_{k-s;\,\alpha}\,, \\ 0 & \text{sonst}\,, \end{cases} \tag{101}$$

ist also ein asymptotischer α-Test für das Problem (100). Der folgende Satz liefert darüber hinaus die asymptotische Güte dieses Tests für lokale Alternativen

$$\mathrm{K}_n: \vartheta_n = \vartheta_0 + \frac{1}{\sqrt{n}}\, h$$

mit $\vartheta_0 := (\vartheta_0^{(1)'}, \vartheta_0^{(2)'})'$.

Satz 1.1.15. *Es sei $h = (h^{(1)'}, h^{(2)'})' \in R^k$ mit $h^{(2)} \in R^s$ und $\delta^2 := \sigma^{-2}\, h^{(1)'} B_{11}^{-1}(\vartheta_0)\, h^{(1)}$. Die Teststatistik Z_n besitzt unter K_n asymptotisch eine nichtzentrale χ^2-Verteilung mit*

$k - s$ Freiheitsgraden und dem Nichtzentralitätsparameter δ^2, falls die Voraussetzungen von Satz 1.1.5, Teil 1 und Lemma 1.1.6 erfüllt sind.

Beweis. Es sei $\zeta_n = (\vartheta_n, \sigma^2, \varkappa)$ und $\zeta_0 = (\vartheta_0, \sigma^2, \varkappa)$. Aus $\hat{\boldsymbol{\vartheta}}_n \xrightarrow{P_{n\zeta_0}} \vartheta_0$ und $\mathbf{S}_n^2 \xrightarrow{P_{n\zeta_0}} \sigma^2$ folgt wegen der Benachbartheit auch

$$\hat{\boldsymbol{\vartheta}}_n \xrightarrow{P_{n\zeta_n}} \vartheta_0 \quad \text{und} \quad \mathbf{S}_n^2 \xrightarrow{P_{n\zeta_n}} \sigma^2 .$$

Insbesondere ergibt sich hieraus wegen der Stetigkeit von $B(\vartheta)$

$$B_n^{-1}(\hat{\boldsymbol{\vartheta}}_n) \xrightarrow{P_{n\zeta_n}} B^{-1}(\vartheta_0) .$$

Analog wie beim Beweis von Satz 1.1.5 zeigt man durch Taylor-Reihenentwicklung und Ausnutzung der Benachbartheit

$$\sqrt{n}\,(\hat{\boldsymbol{\vartheta}}_n - \vartheta_n) = B(\vartheta_0)\,\sqrt{n}\,(k_{\vartheta_n}, \boldsymbol{\varepsilon})_n + o_{P_{n\zeta_n}}(1) . \tag{102}$$

(Zur Definition von $O_{P_{n\zeta_n}}$ und $o_{P_{n\zeta_n}}$ vgl. [A 4.7] Humak I (1977)). Daraus folgt

$$\mathcal{L}\{\sqrt{n}(\hat{\boldsymbol{\vartheta}}_n - \vartheta_0) \mid \zeta_n\} \to \mathrm{N}\big(h, \sigma^2 B(\vartheta_0)\big)$$

und damit

$$\mathcal{L}\{B_{n11}^{-1/2}(\vartheta_0)\,\sqrt{n}\,(\hat{\boldsymbol{\vartheta}}_n^{(1)} - \vartheta_0^{(1)}) \mid \zeta_n\} \to \mathrm{N}\big(B_{11}^{-1/2}(\vartheta_0)\,h^{(1)}, \sigma^2 I_{k-s}\big) .$$

Hieraus ergibt sich wegen $\mathbf{S}_n^2 \xrightarrow{P_{n\zeta_n}} \sigma^2$ die Behauptung. ■

Unter festen Alternativen K: $\vartheta^{(1)} \neq \vartheta_0^{(1)}$ folgt aus

$$\begin{aligned}\mathbf{Z}_n &= n\mathbf{S}_n^{-2}\,\|\hat{\boldsymbol{\vartheta}}_n^{(1)} - \vartheta_0^{(1)}\|^2_{B_{n11}^{-1}(\hat{\boldsymbol{\vartheta}}_n)} \\ &= \sigma^{-2}\,\|\sqrt{n}\,(\hat{\boldsymbol{\vartheta}}_n^{(1)} - \vartheta^{(1)}) + \sqrt{n}\,(\vartheta^{(1)} - \vartheta_0^{(1)})\|^2_{B_{n11}^{-1}(\vartheta)} + o_{P_{n\zeta}}(1) \xrightarrow{P_{n\zeta}} \infty\end{aligned}$$

die Konsistenz des Tests (101).

Unter Normalverteilung und unter der Hypothese kann man beweisen (siehe dazu Gallant (1975)), daß

$$\frac{1}{k - s}\mathbf{Z}_n = \mathbf{V}_n + \boldsymbol{v}_n \quad \text{mit} \quad \boldsymbol{v}_n \xrightarrow{P_{n\zeta_0}} 0$$

gilt, und $\mathbf{V}_n$ besitzt für jeden endlichen Stichprobenumfang eine zentrale F-Verteilung mit $k - s$ und $n - k$ Freiheitsgraden. Dies könnte auch eine Approximation des α-Sicherheitspunktes $\chi^2_{k-s;\alpha}$ durch $(k - s)\,\mathrm{F}_{k-s,\,n-k;\,\alpha}$ nahelegen. Der so entstehende Test ist im Falle einer linearen Regressionsfunktion der übliche F-Test.

Ein weiteres häufig in der Statistik verwendetes Prinzip ist das von Wald eingeführte Konzept des Likelihood-Quotienten-Tests (LRT). Im folgenden betrachten wir unter Normalverteilungsannahme den LRT für das Testproblem (100) und diskutieren einige asymptotische Eigenschaften.

Im adäquaten Modell

$$\boldsymbol{y}_t = g_{\vartheta}(x_t) + \boldsymbol{\varepsilon}_t\,, \qquad t = 1, 2, \dots,$$

mit $\boldsymbol{\varepsilon}_t \sim \mathrm{N}(0, \sigma^2)$ sei für $\zeta = (\vartheta, \sigma^2)$

$$\mathrm{P}_{n\zeta} = \mathrm{N}(g_{\vartheta}^{(n)}, \sigma^2 I_n)$$

die Verteilung von $\mathbf{Y}_n = (\boldsymbol{y}_1, \dots, \boldsymbol{y}_n)'$.

Mit $\Xi_{\mathrm{H}} := \{\zeta \mid \zeta = (\vartheta_0, \sigma^2) \in \Xi\}$ besteht das Likelihood-Prinzip darin, die Hypothese H abzulehnen, wenn der Wert des Likelihood-Quotienten

$$\lambda := L_n(\boldsymbol{Y}_n, \hat{\zeta}_{\mathrm{H}}) - L_n(\boldsymbol{Y}_n, \hat{\zeta}) = -\frac{n}{2} \ln \frac{\hat{\sigma}_{\mathrm{H}}^2}{\hat{\sigma}^2}$$

zu klein ausfällt. Hierbei ist wie vorher $L_n(\boldsymbol{Y}_n, \zeta)$ der Logarithmus der Dichte von $\boldsymbol{Y}_n$ unter ζ, $\hat{\zeta} = (\hat{\vartheta}', \hat{\sigma}^2)'$ und $\hat{\zeta}_{\mathrm{H}}$ die MLE in dem durch H eingeschränkten Modell. Es gilt also

$$\hat{\zeta}_{\mathrm{H}} = (\hat{\boldsymbol{\vartheta}}_{\mathrm{H}}', \hat{\sigma}_{\mathrm{H}}^2)'$$

mit

$$\hat{\boldsymbol{\vartheta}}_{\mathrm{H}} = (\vartheta_0^{(1)\prime}, \hat{\boldsymbol{\vartheta}}_{\mathrm{H}}^{(2)\prime})', \qquad \hat{\sigma}_{\mathrm{H}}^2 = Q_n(\hat{\boldsymbol{\vartheta}}_{\mathrm{H}}),$$

und $\hat{\boldsymbol{\vartheta}}_{\mathrm{H}}^{(2)}$ minimiert das Kleinste-Quadrat-Kriterium $Q_n(\vartheta_0^{(1)}, \vartheta^{(2)})$ über alle möglichen Werte $\vartheta^{(2)}$. Zur Festlegung des α-Sicherheitspunktes leiten wir im folgenden Satz die Grenzverteilung der Prüfgröße -2λ sowohl unter der Hypothese H ab, als auch unter lokalen Alternativen

$$\mathrm{K}_n\colon \vartheta_n = \vartheta_0 + \frac{1}{\sqrt{n}} h .$$

Satz 1.1.16. *Unter den Voraussetzungen von Satz* 1.1.5, *Teil* 1 *und Lemma* 1.1.6 *gilt*

$$\mathcal{L}\{-2\lambda \mid \zeta_n\} \xrightarrow[n\to\infty]{} \chi^2_{k-s}(\delta^2)$$

mit $\zeta_n = (\vartheta_n, \sigma^2)$ *und* $\delta^2 = \sigma^{-2} h^{(1)\prime} B_{11}^{-1}(\vartheta_0) h^{(1)}$. *(Damit ist also der* LRT *asymptotisch äquivalent zum Test basierend auf der Grenzverteilung der* LSE.)

Beweis. Es sei $G = \begin{pmatrix} 0 \\ \hline I_{s+1} \end{pmatrix} \in \mathfrak{M}_{(k+1)\times(s+1)}$, $\tilde{h} = (h', 0)' \in \mathbb{R}^{k+1}$ und

$$I(\zeta) = \left(\begin{array}{c|c} \dfrac{1}{\sigma^2} B^{-1}(\vartheta_0) & 0 \\ \hline 0 & \dfrac{1}{2\sigma^4} \end{array}\right).$$

Unter H hat $\boldsymbol{Y}_n$ im Grenzwert die Informationsmatrix $\tilde{I}(\zeta_0) := G' I(\zeta_0)\, G$, und wie in den Beweisen zu den Sätzen 1.1.5 und 1.1.11 zeigt man

$$\sqrt{n}\begin{pmatrix} \hat{\boldsymbol{\vartheta}}_{\mathrm{H}}^{(2)} - \vartheta^{(2)} \\ \hat{\sigma}_{\mathrm{H}}^2 - \sigma^2 \end{pmatrix} = \tilde{I}^{-1}(\zeta)\, G' \begin{pmatrix} \sqrt{n}\,(k_{\vartheta_0}, \varepsilon)_n \\ \dfrac{1}{\sqrt{n}} \sum\limits_{t=1}^{n} (\varepsilon_t^2 - \sigma^2) \end{pmatrix} + o_{\mathrm{P}_{n\zeta}}(1) . \tag{103}$$

Wegen

$$L_n(\boldsymbol{Y}_n, \hat{\zeta}) = L_n(\boldsymbol{Y}_n, \hat{\zeta}_{\mathrm{H}}) + (\hat{\zeta} - \hat{\zeta}_{\mathrm{H}})' \left.\frac{\partial L(\boldsymbol{Y}_n, \zeta)}{\partial \zeta}\right|_{\zeta=\hat{\zeta}}$$
$$+ \frac{1}{2} \sqrt{n}\,(\hat{\zeta} - \hat{\zeta}_{\mathrm{H}})' \frac{1}{n} \left.\frac{\partial^2 L(\boldsymbol{Y}_{n2}, \zeta)}{\partial \zeta^2}\right|_{\zeta=\bar{\zeta}_n} \sqrt{n}\,(\hat{\zeta} - \hat{\zeta}_{\mathrm{H}})$$

mit einer geeigneten Zwischenstelle $\bar{\zeta}_n(\|\bar{\zeta}_n - \hat{\zeta}_{\mathrm{H}}\| \leqq \|\hat{\zeta} - \hat{\zeta}_{\mathrm{H}}\|)$,

$$\frac{1}{n} \left.\frac{\partial^2 L(\boldsymbol{Y}_n, \zeta)}{\partial \zeta^2}\right|_{\zeta=\bar{\zeta}_n} \xrightarrow{\text{fs}} I(\zeta_0)$$

und (103) erhalten wir mit $T_n := \sqrt{n}\,(\hat{\zeta} - \zeta_0)$ und $\zeta_0 = (\vartheta_0', \sigma^2)'$

$$\begin{aligned}-2\lambda &= \sqrt{n}\,(\hat{\zeta} - \hat{\zeta}_H)'\, I(\zeta_0)\, \sqrt{n}\,(\hat{\zeta} - \hat{\zeta}_H) + o_{P_{n\zeta_0}}(1) \\ &= [T_n - G\tilde{I}^{-1}(\zeta_0)\, G' I(\zeta_0)\, T_n]'\, I(\zeta_0)\, [T_n - G\tilde{I}^{-1}(\zeta_0)\, G' I(\zeta_0)\, T_n] + o_{P_{n\zeta_0}}(1)\,. \end{aligned} \tag{104}$$

Schließlich folgt aus

$$T_n = \eta_n + o_{P_{n\zeta_0}}(1)\,, \qquad \eta_n = \begin{pmatrix} B(\vartheta_0)\, \sqrt{n}\,(k_{\vartheta_0}, \varepsilon)_n \\ \dfrac{1}{\sqrt{n}} \sum\limits_{t=1}^{n} (\varepsilon_t^2 - \sigma^2) \end{pmatrix}$$

und $\mathscr{L}\{\eta_n \mid \zeta_n\} \xrightarrow[n\to\infty]{} \mathrm{N}(\tilde{h}, I^{-1}(\zeta_0))$ sowie der Benachbartheit der Folge $\{P_{n\zeta_n}\}$ zur Folge $\{P_{n\zeta_0}\}$

$$\mathscr{L}\{T_n \mid \zeta_n\} \to \mathrm{N}(\tilde{h}, I^{-1}(\zeta_0))$$

und damit aus (104) die Behauptung. ■

Bemerkung 1.1.13. Liegt keine Normalverteilung vor, so kann man unter geeigneten Regularitätsvoraussetzungen wie im Satz 1.1.10 $\mathscr{L}\{\sqrt{n}\,(\hat{\zeta} - \zeta) \mid \zeta\} \to \mathrm{N}(0, I^{-1}(\zeta))$ mit

$$I(\zeta) = \begin{pmatrix} {}^{s}(k_\vartheta, k_\vartheta) & 0 \\ 0 & \dfrac{1}{2\sigma^4}\, \mathsf{D}\{U L^{(1)}(U)\} \end{pmatrix}$$

beweisen, wenn $\hat{\zeta}$ MLE für $\zeta = (\vartheta', \sigma^2)'$ ist. Damit ergibt sich auch im allgemeinen Fall die χ^2-Verteilung als Grenzverteilung der Likelihood-Quotienten-Statistik.

Als asymptotischen α-Test kann man also

$$\Psi_n(Y_n) = \begin{cases} 1\,, & \text{falls} \quad -2\lambda > \chi^2_{k-s;\,\alpha}\,, \\ 0 & \text{sonst}\,, \end{cases}$$

verwenden. Seine asymptotische Güte für lokale Alternativen läßt sich nach (102) berechnen. Insbesondere folgt die Konsistenz des LRT bei festen Alternativparametern, denn nach (104) gilt mit

$$A = [I - I(\zeta)\, G\tilde{I}^{-1}(\zeta)\, G']\, I(\zeta)\, [I - I(\zeta)\, G\tilde{I}^{-1}(\zeta)\, G']'$$

$$-2\lambda = \|\sqrt{n}\,(\hat{\zeta} - \zeta) + \sqrt{n}\,(\zeta - \zeta_0)\|_A^2 + O_{P_{n\zeta}}(1) \xrightarrow{P_{n\zeta}} \infty\,.$$

Unter Normalverteilung wurde der LRT ebenfalls von Gallant (1975) untersucht. Er gibt für endliches n eine Approximation von $\hat{\sigma}_H^2/\hat{\sigma}^2$ durch $\hat{\sigma}_H^2/\hat{\sigma}^2 = V + v$ mit $nv \xrightarrow{P_{n\zeta}} 0$ an und berechnet die Verteilung von V. Mit Hilfe dieser Verteilung wird der α-Sicherheitspunkt der Verteilung von $\hat{\sigma}_H^2/\hat{\sigma}^2$ angenähert, und man erhält einen approximativen LRT.

Die Frage, welcher der beiden angegebenen Tests im Einzelfall verwendet werden sollte, ist nicht immer eindeutig zu beantworten. Monte-Carlo-Studien (vgl. dazu Gallant (1975)) legen nahe, den approximativen LRT dem approximativen Test basierend auf der Grenzverteilung der LSE vorzuziehen, falls nur nichtlineare Parameter vorhanden sind. Gehen in die Regressionsfunktion lineare Parameter ein, so haben beide Tests annähernd die gleiche Güte, und man würde aus rechentechnischen Gründen den Test basierend auf der Approximation der Verteilung der LSE vorziehen.

Wir geben nun einige Konfidenzbereiche für ϑ an. Wegen des wohlbekannten Zusammenhangs zwischen α-Tests und $(1-\alpha)$-Konfidenzbereichen ist offenbar

$$„(\hat{\vartheta}_n - \vartheta)' B_n^{-1}(\hat{\vartheta}_n)(\hat{\vartheta}_n - \vartheta) < S_n^2 \chi^2_{k;\alpha}“$$

ein Konfidenzbereich zum asymptotischen Niveau $1-\alpha$. Neben den asymptotischen Betrachtungen bieten sich auch hier für den endlichen Stichprobenumfang Approximationen an, die auf Linearisierungen beruhen. Es sei $\varepsilon_t \sim N(0, \sigma^2)$. Wäre g_ϑ linear in ϑ, dann entspräche

$$\frac{(n-k)\,[Q_n(\vartheta) - Q_n(\hat{\vartheta}_n)]}{kQ_n(\hat{\vartheta}_n)}$$

dem Likelihood-Quotienten und genügte einer F-Verteilung. Für den allgemeinen nichtlinearen Fall könnte man die F-Verteilung als erste Näherung benutzen und erhielte damit den approximativen $(1-\alpha)$-Konfidenzbereich

$$„Q_n(\vartheta) - Q_n(\hat{\vartheta}_n) < kn^{-1} S_n^2 F_{k,n-k;\alpha}“, \tag{105}$$

den Beale (1960) (mit gewissen Korrekturtermen) vorgeschlagen hat.

Die Gestalt des Bereiches (105) ist eventuell sehr kompliziert. Nimmt man eine Taylor-Entwicklung bis zur zweiten Ordnung der linken Seite vor, so erhält man den von Box und Coutie (1956) vorgeschlagenen approximativen $(1-\alpha)$-Konfidenzbereich

$$„(\hat{\vartheta}_n - \vartheta)' Q_n''(\hat{\vartheta}_n)(\hat{\vartheta}_n - \vartheta) < 2kn^{-1} S_n^2 F_{k,n-k,\alpha}“$$

mit $Q_n''(\vartheta) = \frac{\partial^2}{\partial \vartheta^2} Q_n(\vartheta)$. Linearisierung der Funktion g_ϑ durch Taylor-Entwicklung erster Ordnung ergibt den approximativen $(1-\alpha)$-Konfidenzbereich

$$„(\hat{\vartheta}_n - \vartheta)' B_n^{-1}(\hat{\vartheta}_n)(\hat{\vartheta}_n - \vartheta) < kS_n^2 F_{k,n-k;\alpha}“,$$

der von Goldfeld und Quandt (1972) vorgeschlagen wurde.

1.2. Modelle mit Zustandsänderungen

1.2.1. Einführung

Die Mehrzahl der Arbeiten auf dem Gebiet der Regressionsanalyse geht von Beobachtungsmodellen

$$y_t = f(x_t) + \varepsilon_t, \qquad t = 1, \dots, n,$$

mit einer Regressionsfunktion $f(x) = h(x, \alpha)$ mit konstantem Parameter α für alle Versuchspunkte x aus dem betrachteten Versuchsbereich $\mathcal{X}$ aus. Jedoch ist eine Ursache-Wirkungs-Beziehung, die durch die Regressionsfunktion $f(x) = h(x, \alpha)$ beschrieben werden soll, oft nicht stabil, sondern unterliegt Veränderungen.

Beispiel 1.2.1. Bekanntlich verringert sich das Volumen bei Druckerhöhung. Bei Eder (1968) findet man eine Darstellung der relativen Volumenabnahme $y = \Delta V / V_0$

einiger chemischer Elemente bei Drucken bis zu $9{,}80665 \cdot 10^9$ Pa ($0 \leqq x \leqq 9{,}80665 \times 10^9$). Dabei weisen die Kurven (Abb. 1.2.1) für die Elemente Zäsium (CS), Barium (Ba), Wismut (Bi) und Antimon (Sb) Unstetigkeitsstellen auf, die als Druckfixpunkte bezeichnet werden und experimentell bestimmbar sind. Hier liegt es nahe, z.B. für Wismut (Bi) eine Regressionsfunktion der Form

$$f(x) = h_i(x, \alpha_i)\,, \qquad \gamma_{i-1} < x \leqq \gamma_i\,, \qquad i = 1, 2, \dots, 5\,,$$

mit $\gamma_0 = 0$, $\gamma_5 = 9{,}80665 \cdot 10^9$ zugrunde zu legen.

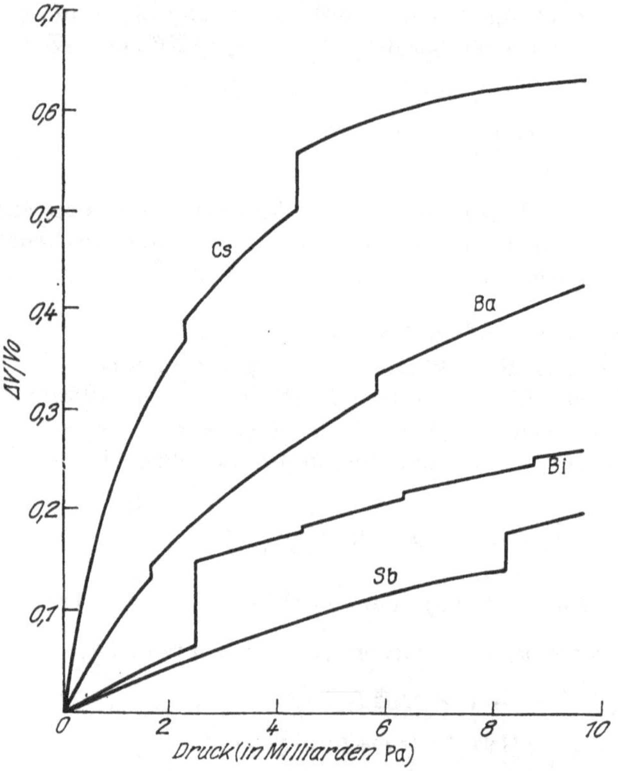

Abb. 1.2.1. Kompressibilität von Elementen (nach Eder (1968), S. 273)

Beispiel 1.2.2. Das Temperatur-Wärmemenge-Diagramm des Wassers zeigt das in Abb. 1.2.2 dargestellte Verhalten, wobei y die Temperatur (°C) des Wassers (bzw. Eises und des Dampfes) und x die zugeführte Wärmemenge (J) bezeichnen. Der Zusammenhang zwischen y und x wird dann durch eine Regressionsfunktion

$$f(x) = \begin{cases} m_1 + n_1 x\,, & 0 \leqq x \leqq \gamma_1\,, \\ c_1\,, & \gamma_1 \leqq x \leqq \gamma_2\,, \\ m_3 + n_3 x\,, & \gamma_2 \leqq x \leqq \gamma_3\,, \\ c_2\,, & \gamma_3 \leqq x \leqq \gamma_4\,, \\ m_5 + n_5 x\,, & \gamma_4 \leqq x \end{cases}$$

beschrieben, wobei augrund der Stetigkeit

$$m_1 + n_1\gamma_1 = c_1 = m_3 + n_3\gamma_2\,,$$
$$m_3 + n_3\gamma_3 = c_2 = m_5 + n_5\gamma_4$$

zu fordern ist. Wir sprechen deshalb von stetigen Zustandsänderungen.

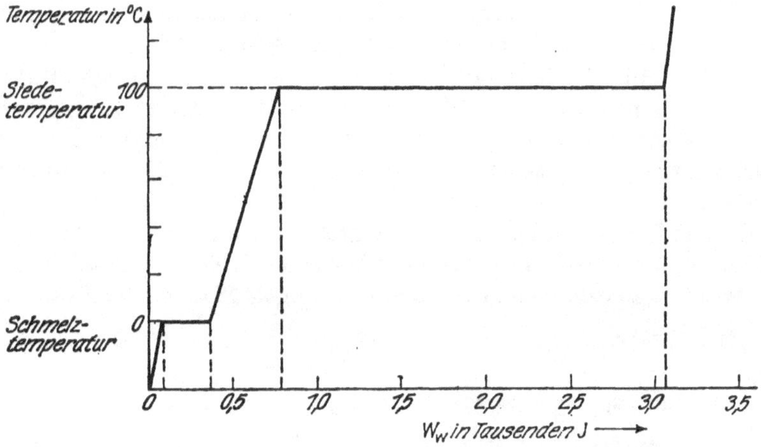

Abb. 1.2.2. Temperatur-Wärmemenge-Diagramm des Wassers (nach Physik in Übersichten (1973), S. 99)

Beispiel 1.2.3. Aus der Halbleiterphysik ist bekannt, daß sich die Leitfähigkeit $\varkappa$ eines mit Störstellen behafteten Halbleiters stark in Abhängigkeit von der Temperatur t ändert. Das Verhalten von $\ln \varkappa$ in Abhängigkeit von $x = 1/t$ wird nach Paul (1974) durch die Abbildung 1.2.3 und somit durch eine Regressionsfunktion der Form

$$f(x) = h_i(x, \alpha_i) , \qquad \gamma_{i-1} \leqq x \leqq \gamma_i , \qquad i = 1, 2, 3 ,$$

mit $\gamma_0 = 0$ beschrieben, wobei aufgrund der Stetigkeit $h_1(\gamma_1, \alpha_1) = h_2(\gamma_1, \alpha_2)$ und $h_2(\alpha_2, \gamma_2) = h_3(\gamma_2, \alpha_3)$ zu fordern ist.

Aus der Verfahrenstechnik ist bekannt, daß die Eigenschaften von Objekten häufig langzeitlichen Änderungen unterworfen sind. Die Gründe liegen in unkontrollierbaren Störungen, wie beispielsweise einer veränderlichen Katalysatoraktivität, der Alterung der Produktionsanlage, der Verunreinigung der Rohstoffe oder in witterungsbedingten

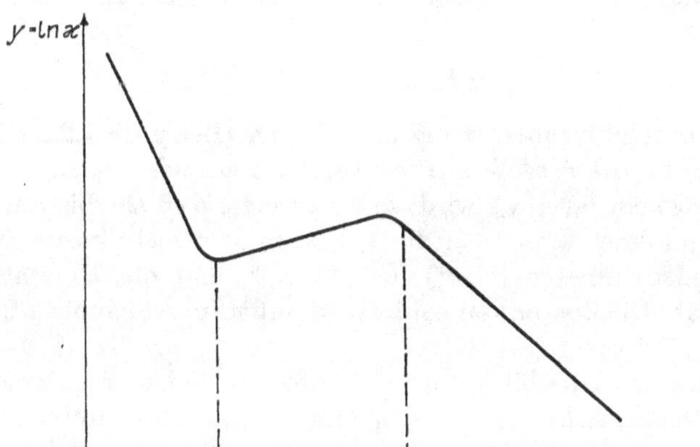

Abb. 1.2.3. Temperaturgang der Leitfähigkeit (nach Paul (1974), S. 237, Bild 4.15)

Umweltfaktoren. Beispiele und einige in der Verfahrenstechnik angewandte mathematische Modelle findet man z.B. bei BORODJUK, LEZKI (1977).

Weitere Beispiele für Modelle mit Zustandsänderungen aus Qualitätskontrolle, Chemie, Biologie, Landwirtschaft, Wasserwirtschaft, Astronomie und Ökonomie wurden z.B. von BARNARD (1959), DUNICZ (1969), SPRENT (1961), GALLANT, FULLER (1973), BACON, WATTS (1971), SCHULZE (1977b), POIRIER (1973), FAIR, JAFFEE (1972) und MCGEE, CARLETON (1970) beschrieben.

Um auch den Fall der Änderung der Regressionsfunktion in Abhängigkeit von äußeren Einflüssen mit zu erfassen, führen wir die Variable z ein, wobei wir $z \in [a, b]$ voraussetzen. Wir betrachten allgemein (Beobachtungs-) Modelle der Gestalt

$$y_t = f(x_t, z_t) + \varepsilon_t \tag{1}$$

mit

$$f(x_t, z_t) = g_\vartheta(x_t, z_t) := h_i(x_t, \alpha_i)\,, \quad \text{falls} \quad \gamma_{i-1} < z_t \leqq \gamma_i\,^{1)}\,, \qquad i = 1, \dots, r\,,$$

$$\gamma_0 := a\,, \qquad \gamma_r := b\,, \qquad \vartheta := (\alpha_1', \dots, \alpha_r', \gamma_1, \dots, \gamma_{r-1})\,,$$

sowie unabhängigen zufälligen Beobachtungsfehlern ε_t mit Erwartungswert $\mathsf{E}\varepsilon_t = 0$ für alle t und Varianzen

$$\mathsf{D}\varepsilon_t = \sigma_t^2 := \sigma_i^2\,, \quad \text{falls} \quad \gamma_{i-1} < z_t \leqq \gamma_i\,, \qquad i = 1, \dots, r\,.$$

Das Modell geht in Abhängigkeit von der Variablen z von einem Zustand i, der gekennzeichnet ist durch die Zustandsfunktion $h_i(.\,,.)$ und die Zustandsparameter (α_i, σ_i^2), zu einem Zustand $i + 1$ über, der gekennzeichnet ist durch die Zustandsfunktion $h_{i+1}(.\,,.)$ und die Zustandsparameter $(\alpha_{i+1}, \sigma_{i+1}^2)$. Der Umschlag erfolgt am Umschlagspunkt $z = \gamma_i$. Die die Zustandsänderung bewirkende Variable z beeinflußt somit die Regressionsfunktion und die Verteilung der Beobachtungsfehler. Die Verteilung der Beobachtungsfehler ist beliebig, und z wirkt in der oben beschriebenen Weise auf die Varianz. Insbesondere kann $z_t = t$ die Zeit bezeichnen und die Zustandsänderung in zeitlicher Abhängigkeit erfolgen.

Es kann aber auch $z_t = x_t$ oder $z_t = k(x_t)$ gelten und der Umschlag in Abhängigkeit von der Variablen x erfolgen, wie in den Beispielen 1.2.1 bis 1.2.3.

In der Literatur oft behandelte Modelle sind Modelle mit $z = x \in R^1$ und der Nebenbedingung

$$h_i(\gamma_i, \alpha_i) = h_{i+1}(\gamma_i, \alpha_{i+1})\,, \qquad i = 1, \dots, r - 1\,,$$

die sichert, daß die Zustandsfunktionen stetig anschließen (Beispiele 1.2.2 und 1.2.3). Solche Modelle bezeichnen wir als *Modelle mit stetigen Zustandsänderungen.*

Über die Zustandsfunktionen $h_i(x_t, \alpha_i)$ wird vorausgesetzt, daß sie bis auf ihre Zustandsparameter α_i bekannt sind, wobei hier die α_i lineare oder nichtlineare Parameter sein können. Die Zustandsparameter (α_i, σ_i^2), $i = 1, \dots, r$, und die Umschlagpunkte $\gamma_1, \dots, \gamma_{r-1}$ sind unbekannt. Die Zustandsanzahl r wird außer im Abschnitt 1.2.6 als bekannt vorausgesetzt.

Wir stellen uns das Ziel, einen Überblick über Verfahren zur Schätzung der Zustandsparameter und der Umschlagspunkte $\gamma_1, \dots, \gamma_{r-1}$ bzw. davon abgeleiteter Parameter und über Tests zur Prüfung der Stabilität der Regressionsfunktion zu geben.

In den letzten Jahren erschien eine Vielzahl von Arbeiten, die sich mit dieser Problematik befassen: QUANDT (1958, 1960, 1972), SPRENT (1961), ROBISON (1964), HUDSON (1966), HINKLEY (1969, 1971), FARLEY, HINICH (1970), GOLDFELD, QUANDT

[1]) $\gamma_0 < z_t \leqq \gamma_1$ lies als $\gamma_0 := a \leqq z_t \leqq \gamma_1$.

(1972, 1973), GALLANT, FULLER (1973), POIRIER (1973), BROWN, DURBIN, EVANS (1975), FEDER (1975a, b) SCHULZE (1977a, b) u. a. Allerdings beruhen die meisten dort angegebenen Verfahren auf heuristischer Basis, so daß noch viele theoretische Fragen offen sind. Das trifft insbesondere auf Verteilungsaussagen über Tests zum Prüfen der Zustandsstabilität und auf Untersuchungen und Vergleich der Güte der einzelnen Tests zu. Bei der Anwendung der Methode der kleinsten Quadrate fehlt es für viele Modelle noch immer an praktikablen Algorithmen zur Bestimmung der Schätzungen, so daß vielfach auf approximative Schätzungen zurückgegriffen werden muß.

Dieser Abschnitt stellt vorwiegend eine Bestandsaufnahme mit einigen Ergänzungen aus theoretischer Sicht über die Methoden in Modellen mit Zustandsänderungen dar, wobei auf viele offene Probleme hingewiesen wird.

Wir werden zunächst Modelle mit bekannten $z_1, \dots, z_n$ betrachten. Dabei werden die gewichtete Kleinste-Quadrat-Schätzungen (LSE) der Zustandsparameter α_i, $i = 1, \dots, r$, und der Umschlagspunkte $\gamma_1, \dots, \gamma_{r-1}$ behandelt und auf einige in Modellen mit Zustandsänderungen auftretenden Testprobleme eingegangen.

Während sich Abschnitt 1.2.2 mit dem allgemeinen Modell (1) beschäftigt, ist Abschnitt 1.2.3 ganz den Modellen mit stetigen Zustandsänderungen gewidmet. Im Abschnitt 1.2.4 werden einige asymptotische Resultate in diesen Modellen zusammengetragen. Dabei werden insbesondere hinreichende Bedingungen für die Konsistenz der gewichteten LSE sowohl im adäquaten als auch im inadäquaten Modell und ihre Beziehung zu den im Abschnitt 1.1.6 beschriebenen Bedingungen diskutiert.

Eine besondere Rolle spielen in allen Abschnitten Modelle mit linearen Zustandsfunktionen $h_i(x, \alpha_i) = \alpha_i' h_i(x)$, $i = 1, \dots, r$, und Modelle mit linearen Zustandfunktionen, die sich nur durch ihren Parameter α_i unterscheiden: $h_i(x, \alpha_i) = \alpha_i' h(x)$, $i = 1, \dots, r$.

In 1.2.5 gehen wir kurz auf einige speziellere in der Literatur behandelte Modelle mit Zustandsänderungen ein, u. a. auch auf Modelle mit zufälligen Zustandsänderungen. Schließlich werden wir in 1.2.6 auf einige Methoden zur Identifikation von Zustandsänderungen in Modellen mit unbekannter Zustandsanzahl r verweisen.

Wir wollen jetzt noch einige allgemeine Voraussetzungen und Bezeichnungen einführen:

$$x_t \in \mathscr{X} \subseteqq \mathbb{R}^q , \qquad z_t \in [a, b] =: \mathscr{Z} \subset \mathbb{R}^1 ,$$

$$\alpha_i \in \mathscr{A}_i \subseteqq \mathbb{R}^{p_i} , \qquad i = 1, \dots, r ,$$

$$\alpha := (\alpha_1', \alpha_2', \dots, \alpha_r')' \in \mathscr{A} := \mathop{\times}_{i=1}^{r} \mathscr{A}_i = \mathbb{R}^p , \qquad p = \sum_{i=1}^{r} p_i ,$$

$$h_i(.\,,.) : \mathscr{X} \times \mathbb{R}^{p_i} \to \mathbb{R}^1 , \qquad i = 1, \dots, r ,$$

$$\gamma_i \in [c, d] \subset [a, b] =: \mathscr{Z} , \qquad i = 1, \dots, r-1 , \qquad a < c < d < b ,$$

$$\gamma := (\gamma_1, \gamma_2, \dots, \gamma_{r-1})' \in \Gamma := \{(\gamma_1, \dots, \gamma_{r-1})' \mid \gamma_i \in [c, d] , \gamma_{i-1} < \gamma_i , \; i = 2, \dots, r-1\} .$$

Den Vektor γ der Umschlagspunkte wollen wir ebenfalls als Umschlagspunkt bezeichnen.

Wenn wir mit $\xi = \big((x_1, z_1), \dots, (x_n, z_n)\big)$ einen Versuchsplan mit den Versuchspunkten (x_t, z_t), $t = 1, \dots, n$, bezeichnen, so soll Γ^ξ die Menge aller zugelassenen Umschlagspunkte $\gamma = (\gamma_1, \dots, \gamma_{r-1})'$ bezeichnen, für die die Bedingung erfüllt ist, daß zu jedem Zustand wenigstens eine Beobachtung vorhanden ist, d. h., es gilt: Für jedes $i = 1, \dots, r$

existiert ein $t \in \{1, \dots, n\}$ mit

$$\gamma_{i-1} < z_t < \gamma_i \qquad (\gamma_0 := a, \gamma_r := b) .$$

Dann gilt

$$\vartheta := (\alpha', \gamma')' \in \mathcal{A} \times \Gamma^\xi =: \Theta^\xi$$

und

$$g_\vartheta(x, z) := \sum_{i=1}^{r} h_i(x, \alpha_i) \, I_{(\gamma_{i-1}, \gamma_i]}(z) .$$

Über die Varianzen setzen wir $\sigma = (\sigma_1, \dots, \sigma_r)' \in (\mathbb{R}^>)^r$ voraus. Außerdem benutzen wir $y := (y_1, \dots, y_n)'$, $\varepsilon := (\varepsilon_1, \dots, \varepsilon_n)'$.

1.2.2. Geordnete Modelle mit abrupten Zustandsänderungen

1.2.2.1. Modell

Wir wollen voraussetzen, daß $y_1, \dots, y_n$ unabhängige Beobachtungen zu (1) mit einem Versuchsplan $\xi = \big((x_1, z_1), \dots, (x_n, z_n)\big)$ vorliegen und o.B.d.A. $z_1 \leqq z_2 \leqq \dots \leqq z_n$ gilt. In diesem Falle sprechen wir von einem geordneten Modell.

Sei $\gamma = (\gamma_1, \dots, \gamma_{r-1})' \in \Gamma^\xi$. Dann existieren natürliche Zahlen $m_1 = m(\gamma_1) < \dots < m_{r-1} = m(\gamma_{r-1})$, so daß

$$\left.\begin{aligned} y_t &= h_1(x_t, \alpha_1) + \varepsilon_t \quad \text{mit} \quad \mathsf{D}\varepsilon_t = \sigma_1^2 \quad \text{für} \quad t = 1, \dots, m_1 , \\ y_t &= h_2(x_t, \alpha_2) + \varepsilon_t \quad \text{mit} \quad \mathsf{D}\varepsilon_t = \sigma_2^2 \quad \text{für} \quad t = m_1 + 1, \dots, m_2 , \\ &\vdots \\ y_t &= h_r(x_t, \alpha_r) + \varepsilon_t \quad \text{mit} \quad \mathsf{D}\varepsilon_t = \sigma_r^2 \quad \text{für} \quad t = m_{r-1} + 1, \dots, n \end{aligned}\right\} \tag{2}$$

und $\mathsf{E}\varepsilon_t = 0$, $t = 1, \dots, n$, gilt.

Die Zustandsänderung erfolgt jeweils zwischen den Versuchspunkten (x_{m_i}, z_{m_i}) und (x_{m_i+1}, z_{m_i+1}), m_i ist die Nummer der letzten Beobachtung zum i-ten Zustand. Die m_i, $i = 1, \dots, r-1$, sind also durch

$$m_i = m(\gamma_i) = \max \{t \mid z_t \leqq \gamma_i\} \tag{3}$$

definiert und heißen *Umschlagsindizes*. Den Vektor $m = m(\gamma) = \big(m(\gamma_1), \dots, m(\gamma_{r-1})\big)'$ wollen wir ebenfalls Umschlagsindex nennen.

Der Umschlagsindex $m(\gamma)$ hängt offenbar vom gewählten Versuchsplan ξ ab. Bei festem Versuchsplan ξ ist jedem Umschlagspunkt $\gamma \in \Gamma^\xi$ durch (3) eindeutig ein Umschlagsindex $m(\gamma)$ zugeordnet. Wir können daher die Menge der zugelassenen Umschlagsindizes

$$\mathcal{M}^\xi = m(\Gamma^\xi) = \{m(\gamma) \mid \gamma \in \Gamma^\xi\}$$

definieren. Alle $\gamma = (\gamma_1, \dots, \gamma_{r-1})' \in \Gamma^\xi$ mit $z_{m_i} \leqq \gamma_i < z_{m_i+1}$, $i = 1, \dots, r-1$, besitzen den gleichen Umschlagsindex $m = (m_1, \dots, m_{r-1})'$.

Im allgemeinen wird bei gegebenem Versuchsplan ξ der Parameter $\gamma \in \Gamma^\xi$ nicht aus den Erwartungswerten $f(x_t, z_t)$, $t = 1, \dots, n$, eindeutig bestimmbar sein. Oftmals ist aber wenigstens der Umschlagsindex $m = m(\gamma)$ durch den Versuchsplan eindeutig bestimmt, wie das folgende Beispiel illustriert.

Beispiel 1.2.4. Sei

$$f(x) = \begin{cases} a_1 + b_1 x\,, & x \leqq \gamma\,, \\ a_2 + b_2 x\,, & \gamma < x\,, \end{cases} \qquad \gamma \in [1, 3/2]\,,$$

und $\xi = \big((1/10), (2/10), \dots, (20/10)\big)$. Dann gilt $\Gamma^\xi = [1, 3/2]$, $\mathcal{M}^\xi = \{10, 11, \dots, 15\}$, und γ ist nicht eindeutig aus $f(x_t)$, $t = 1, \dots, n$, identifizierbar. Jedoch ist der Umschlagsindex $m = m(\gamma) \in \mathcal{M}^\xi$ eindeutig bestimmt, falls nur überhaupt eine Zustandsänderung eintritt, d. h. $(a_1, b_1) \neq (a_2, b_2)$ gilt.

Offenbar hängen der Vektor der Werte der Regressionsfunktion auf dem Versuchsplan ξ und die Kovarianzmatrix des Vektors $y = (y_1, \dots, y_n)'$ vom Parameter γ nur über den zugeordneten Umschlagsindex $m = m(\gamma)$ ab, so daß wir schreiben können

$$f(x_t, z_t) = g_\vartheta(x_t, z_t) = g_{(\alpha,\gamma)}(x_t, z_t) = g_{(\alpha, m(\gamma))}(x_t, z_t)\,, \qquad t = 1, \dots, n\,,$$

und

$$\Sigma(\gamma) = \Sigma\big(m(\gamma)\big) \in \mathcal{V}_{m(\gamma)}\,,$$

wobei

$$\mathcal{V}_m := \{\Sigma(m) = \operatorname{Diag}[\sigma_1^2 I_{m_1}, \sigma_2^2 I_{m_2 - m_1}, \dots, \sigma_r^2 I_{n - m_{r-1}}] \mid \sigma = (\sigma_1, \dots, \sigma_r)' \in (\mathbb{R}^>)^r\}$$

gilt. Unter den bisher getroffenen Annahmen ist dann

$$y_t = g_{(\alpha, m)}(x_t, z_t) + \varepsilon_t\,, \qquad t = 1, \dots, n\,, \qquad \mathsf{E}\varepsilon = 0\,, \qquad \mathsf{D}\varepsilon = \Sigma(m) \tag{4}$$

mit $\alpha \in \mathcal{A}$, $\Sigma(m) \in \mathcal{V}_m$, $m \in \mathcal{M}^\xi$.

Im Falle linearer Zustandsfunktionen $h_i(x_t, \alpha_i) = \alpha_i' h_i(x)$ führen wir die r-Blockmatrix

$$H(m) = \operatorname{Diag}[H_1(m), H_2(m), \dots, H_r(m)]\,, \qquad m = m(\gamma)\,,$$

ein, wobei die i-te Matrix $H_i(m)$ die Versuchsplanmatrix mit den Zeilen $h_i'(x_t)$, $t = m_{i-1} + 1, \dots, m_i$, $\big(m_0 := m(\gamma_0) = m(a) = 0, m_r := m(\gamma_r) = m(b) = n\big)$ bezeichnet. Das Modell (4) besitzt dann die Darstellung

$$\left.\begin{aligned} &y = H(m)\,\alpha + \varepsilon\,, \qquad \mathsf{E}\varepsilon = 0\,, \qquad \mathsf{D}\varepsilon = \Sigma(m) \\ &\alpha \in \mathcal{A}\,, \qquad \Sigma(m) \in \mathcal{V}_m\,, \qquad m \in \mathcal{M}^\xi\,. \end{aligned}\right\} \tag{5}$$

Für lineare Zustandsfunktionen $\alpha_i' h_i(x)$ wird im folgenden (wenn nicht anders vereinbart) stets $\alpha_i \in \mathcal{A}_i = \mathbb{R}^{p_i}$ bzw. $\alpha \in \mathcal{A} = \mathbb{R}^p$ vorausgesetzt.

Ist der Umschlagsindex m bekannt, so beschreibt (5) ein lineares Modell. Ist m jedoch unbekannt, liegt offenbar ein nichtlineares Modell vor. Fordert man, daß für jedes feste $m \in \mathcal{M}^\xi$ die Zustandsparameter $\alpha_1, \dots, \alpha_r$ bei vorgegebenem Versuchsplan ξ durch $f(x_t, z_t) = g_\vartheta(x_t, z_t)$ eindeutig bestimmt sind, so ist diese Forderung äquivalent zu

$$\mathrm{r}[H(m)] = p \quad \text{für alle} \quad m \in \mathcal{M}^\xi; \tag{6}$$

es wird also verlangt, daß α in jedem linearen Modell mit festem m identifizierbar ist. Diese Forderung ist äquivalent mit der Existenz einer erwartungstreuen linearen Schätzung von α im Modell

$$y = H(m)\,\alpha + \varepsilon\,, \qquad \mathsf{E}\varepsilon = 0\,, \qquad \mathsf{D}\varepsilon = \Sigma(m)\,, \qquad \alpha \in \mathbb{R}^p\,, \qquad \Sigma(m) \in \mathcal{V}_m \tag{7}$$

mit festem $m \in \mathcal{M}^\xi$. Die Bedingung (6) ist im Modell aus Beispiel 1.2.4 trivialerweise erfüllt.

1.2.2.2. Kleinste-Quadrat-Schätzung

Eine gewichtete Kleinste-Quadrat-Schätzung (WLSE) $\hat{\vartheta}' = (\hat{\alpha}', \hat{\gamma}')'$ ist als Lösung des Minimierungsproblems

$$^w|y - g_{\hat{\vartheta}}|_n^2 = \min_{\vartheta \in \Theta^\xi} {}^w|y - g_\vartheta|_n^2$$

mit

$$^w|y - g_\vartheta|_n^2 = n^{-1} \sum_{t=1}^{n} w_t \big(y_t - g_\vartheta(x_t, z_t)\big)^2$$

definiert (vgl. Def. 1.1.1).

Über die verwendete Bewichtung $w_t = w(z_t)$ wollen wir hier voraussetzen, daß sie vom Umschlagspunkt γ höchstens über den induzierten Umschlagsindex $m(\gamma)$ abhängt. Das ist im Falle einer GLSE ($w_t = \sigma_i^{-2}$ für $m(\gamma_{i-1}^0) < t \leqq m(\gamma_i^0)$, $i = 1, \dots, r$) und einer OLSE ($w_t = 1$) erfüllt. Dann hängt auch

$$^w|y - g_\vartheta|_n^2 = n^{-1} \sum_{i=1}^{r} \sum_{t=m_{i-1}+1}^{m_i} w_t \big(y_t - h_i(x_t, \alpha_i)\big)^2 \; (m_0 := 0, m_r := n)$$

von γ nur über den zugeordneten Umschlagsindex $m = m(\gamma)$ ab, und die WLSE $\hat{\vartheta}$ ist nicht eindeutig bestimmt. Sei $\hat{m} = (\hat{m}_1, \dots, \hat{m}_{r-1})'$ eine WLSE von $m = m(\gamma)$; dann ist jedes $\hat{\gamma} = (\hat{\gamma}_1, \dots, \hat{\gamma}_{r-1})' \in \Gamma^\xi$ mit $m(\hat{\gamma}) = m$ eine WLSE von γ. Die Bedingung $m(\hat{\gamma}) = \hat{m}$ ist äquivalent zu $\hat{\gamma}_i \in [z_{\hat{m}_i}, z_{\hat{m}_i+1})$, $i = 1, \dots, r-1$.

Eine WLSE $\hat{\vartheta} = (\hat{\alpha}', \hat{\gamma}')'$ läßt sich zweistufig berechnen, indem man zunächst für jedes feste $m \in \mathcal{M}^\xi$ die WLSE $\hat{\alpha}_m := \big(\hat{\alpha}_1'(m), \dots, \hat{\alpha}_r'(m)\big)'$ als Lösung der Minimierungsprobleme

$$\sum_{t=m_{i-1}+1}^{m_i} w_t \big(y_t - h_i(x_t, \hat{\alpha}_i(m))\big)^2 = \min_{\alpha_i \in \mathcal{A}_i} \sum_{t=m_{i-1}+1}^{m_i} w_t \big(y_t - h_i(x_t, \alpha_i)\big)^2 =: S_i(m)$$

und die zugehörige Residualsumme $S(m) := \sum_{i=1}^{r} S_i(m) = n\, {}^w|y - g_{(\hat{\alpha}_m, m)}|_n^2$ berechnet und anschließend ein $m \in \mathcal{M}^\xi$ bestimmt, das eine minimale Residualsumme bezüglich $m \in \mathcal{M}^\xi$ besitzt. $(\hat{\alpha}_{\hat{m}}', \hat{m}')'$ bzw. $(\hat{\alpha}_{\hat{m}}', \hat{\gamma}')'$, $\hat{\gamma} = (\hat{\gamma}_1, \dots, \hat{\gamma}_{r-1})'$ mit $\hat{\gamma}_i \in [z_{\hat{m}_i}, z_{\hat{m}_i+1})$, $i = 1, \dots, r-1$, ist dann eine WLSE für $(\alpha', m')'$ bzw. $\vartheta = (\alpha', \gamma')'$. Eine WLSE $\hat{\vartheta}$ existiert, falls $\hat{\alpha}_m$ für alle $m \in \mathcal{M}^\xi$ existiert. Die Existenz von $\hat{\alpha}_m$ ist z.B. gesichert, wenn die Zustandsfunktionen $h_i(x, \alpha_i)$ stetig auf $\mathcal{X} \times \mathcal{A}_i$ und die $\mathcal{A}_i$ kompakte Mengen sind.

Da die Anzahl der Elemente in $\mathcal{M}^\xi$ schon bei einfachen Modellen meist sehr groß ist, ist die Bestimmung von m mit großem Rechenaufwand verbunden. Außerdem werden im Falle nichtlinearer Zustandsfunktionen $h_i(x, \alpha_i)$ zur Bestimmung der $\hat{\alpha}_i(m)$ i. allg. iterative Techniken benutzt.

Wenn im Falle linearer Zustandsfunktionen $h_i(x, \alpha_i) = \alpha_i' h_i(x)$ mit $\alpha_i \in \mathcal{A}_i = \mathbb{R}^{p_i}$ gilt, existiert $\hat{\alpha}_m = \big(\hat{\alpha}_1'(m), \dots, \hat{\alpha}_r'(m)\big)'$ für alle $m \in \mathcal{M}^\xi$, und es gilt

$$\hat{\alpha}_i(m) = [H_i'(m)\, W_i(m)\, H_i(m)]^+ H_i'(m)\, W_i(m)\, y_i(m)\,, \qquad i = 1, \dots, r\,,$$

mit $y_i(m) = (y_{m_{i-1}+1}, \dots, y_{m_i})'$ und $W_i(m) = \mathrm{Diag}\,[w_{m_{i-1}+1}, \dots, w_{m_i}]$. Im Fall $\mathrm{r}[H_i(m)] = p_i$, $i = 1, \dots, r$, und $w_t > 0$ für alle $t = 1, \dots, n$ ist $\hat{\alpha}_m$ eine erwartungstreue Schätzung von α im Modell (7) mit festem Umschlagsindex m.

Der Rechenaufwand zur Bestimmung der $\hat{\alpha}_i(m)$ und von $\hat{m}$ läßt sich durch die Benutzung iterativer Techniken (Up-dating) reduzieren. Für Modelle mit linearen Zustandsfunktionen $\alpha_i' h(x)$, $i = 1, \dots, r$ schlug Guthery (1974) ausgehend vom Bellmannschen Optimierungsprinzip unter Beachtung der Up-dating Technik ein dynamisches Programm zur Berechnung einer OLSE $\hat{\vartheta}$ vor, das den Rechenaufwand in vertretbaren Grenzen hält.

Bei Anwendungen und für asymptotische Untersuchungen ist es nützlich, untere Grenzen für die Zustandslängen $\gamma_i - \gamma_{i-1}$ anzunehmen, d. h. $\gamma_i - \gamma_{i-1} \geqq \delta_i > 0$, $i = 1, \ldots, r$, zu fordern, und die entsprechenden Parameterräume

$$\Gamma_\delta := \{(\gamma_1, \ldots, \gamma_{r-1})' \in \Gamma \mid \gamma_i - \gamma_{i-1} \geqq \delta_i\,,\ i = 1, \ldots, r\} \subseteqq \Gamma\,,$$
$$\Gamma_\delta^\xi := \{\gamma \in \Gamma^\xi \mid \gamma_i - \gamma_{i-1} \geqq \delta_i, i = 1, \ldots, r\} = \Gamma^\xi \cap \Gamma_\delta\,,$$
$$\Theta_\delta := \mathcal{A} \times \Gamma_\delta \subseteqq \Theta\,, \qquad \Theta_\delta^\xi := \mathcal{A} \times \Gamma_\delta^\xi \subseteqq \mathcal{A} \times \Gamma^\xi =: \Theta^\xi\,,$$
$$\mathcal{M}_\delta^\xi = \{m(\gamma) \mid \gamma \in \Gamma_\delta^\xi\} \subseteqq \mathcal{M}^\xi \quad \text{mit} \quad \delta := (\delta_1, \ldots, \delta_r)'$$

einzuführen. Für $\delta = 0_r$ gilt $\Theta_0^\xi = \Theta^\xi$, $\mathcal{M}_0^\xi = \mathcal{M}^\xi$. Die WLSE bezüglich Θ_δ^ξ ist ebenfalls zweistufig berechenbar und besitzt ähnliche Eigenschaften wie die WLSE bezüglich Θ^ξ. Wir wollen sie mit $\hat{\vartheta}^\delta$ bezeichnen. Formal gilt $\hat{\vartheta} = \hat{\vartheta}^0$. Falls $\max\limits_{1 \leqq i \leqq r} \delta_i \leqq \min\,\{|z_t - z_{t-1}| \mid z_t \neq z_{t-1};\ 2 \leqq t \leqq n\}$ gilt, folgt offenbar $\Theta^\xi = \Theta_\delta^\xi$ und somit $\hat{\vartheta} = \hat{\vartheta}^0$.

Da man die wahren Zustandslängen $\gamma_i^0 - \gamma_{i-1}^0$, $i = 1, \ldots, r$, nicht kennt, möchte man die δ_i, $i = 1, \ldots, r$, möglichst klein wählen. Andererseits können große δ_i günstig für die numerische Bestimmung von $\hat{\vartheta}^\delta$ sein. Wird ein δ_i zu groß gewählt, d. h. gilt $\gamma_i^0 - \gamma_{i-1}^0 < \delta_i$ für ein $i \in \{1, \ldots, r\}$, so liegt der wahre Parameter γ^0 nicht im Parameterraum Γ_δ^ξ, und es liegt ein inadäquates Modell vor.

Auf hinreichende Bedingungen für die Konsistenz von $\hat{\vartheta}$ und $\hat{\vartheta}^\delta$ werden wir im Abschnitt 1.2.4 (Satz 1.2.1, Satz 1.2.2 und Bemerkungen 1.2.3 und 1.2.4 auf S. 85–87) eingehen.

1.2.2.3. Tests auf Vorliegen einer Zustandsänderung

Wir wollen zunächst die Zustände in zwei Gruppen A und B von Beobachtungen vergleichen. Dabei setzen wir der Einfachheit halber

$$y_t = \alpha'(A)\, h(x_t) + \varepsilon_t\,, \qquad t \in A\,, \qquad \alpha(A) \in \mathbb{R}^{p_1}\,,$$
$$y_t = \alpha'(B)\, h(x_t) + \varepsilon_t\,, \qquad t \in B\,, \qquad \alpha(B) \in \mathbb{R}^{p_1}$$

mit unabhängig $N(0, \sigma^2)$-verteilten ε_t voraus. Die Regressionsfunktionen (Zustandsfunktionen) der Gruppen A und B besitzen somit die gleiche Gestalt und unterscheiden sich höchstens durch ihre (Zustands-)Parameter $\alpha(A)$ und $\alpha(B)$.

Diese Annahmen führen zum linearen Modell

$$y = \begin{pmatrix} y_A \\ y_B \end{pmatrix} = \begin{pmatrix} H(A) & 0 \\ 0 & H(B) \end{pmatrix} \begin{pmatrix} \alpha(A) \\ \alpha(B) \end{pmatrix} + \varepsilon \tag{8}$$

mit $\varepsilon \sim N(0, \sigma^2 I_n)$, $n = n(A) + n(B)$. Für eine beliebige Menge A bezeichnen $n(A)$ den Stichprobenumfang der Gruppe A, y_A den Vektor der Beobachtungen y_t aus A und $H(A)$ die Versuchsplanmatrix der Gruppe A mit den Zeilen $h'(x_t)$, $t \in A$.

Eine Zustandsänderung liegt genau dann vor, wenn $\alpha(A) \neq \alpha(B)$ gilt, und das zu betrachtende Testproblem im Modell (8) lautet

$$\text{H: „}\alpha(A) = \alpha(B)\text{“} \quad \text{gegen} \quad \text{K: „}\alpha(A) \neq \alpha(B)\text{“}$$

oder äquivalent dazu mit $\alpha = \begin{pmatrix} \alpha(A) \\ \alpha(B) \end{pmatrix}$

$$\text{H: „}(I_{p_1} \mid - I_{p_1})\, \alpha = 0\text{“} \quad \text{gegen} \quad \text{K: „}(I_{p_1} \mid - I_{p_1})\, \alpha \neq 0\text{“}. \tag{9}$$

Dieses Testproblem ist genau dann testbar, wenn

$$p_1 = \mathrm{r}[H(A)] = \mathrm{r}[H(B)] \tag{10}$$

gilt und die Theorie der linearen Hypothesenprüfung (vgl. HUMAK I (1977)) liefert die Teststatistik

$$\boldsymbol{F}(A, B) = \frac{n(A) + n(B) - 2p_1}{p_1} \times \frac{||H(A)\,\hat{\boldsymbol{\alpha}}(A) - H(A)\,\hat{\boldsymbol{\alpha}}(A \cup B)||^2 + ||H(B)\,\hat{\boldsymbol{\alpha}}(B) - H(B)\,\hat{\boldsymbol{\alpha}}(A \cup B)||^2}{||\boldsymbol{y}_A - H(A)\,\hat{\boldsymbol{\alpha}}(A)||^2 + ||\boldsymbol{y}_B - H(B)\,\hat{\boldsymbol{\alpha}}(B)||^2} \underset{\mathrm{H}}{\sim} \mathrm{F}_{p_1,\, n(A)+n(B)-2p_1}, \tag{11}$$

wobei $\hat{\alpha}(A)$, $\hat{\alpha}(B)$ und $\hat{\alpha}(A \cup B)$ die OLSE aus den Beobachtungen der Gruppen A, B und der Vereinigung $A \cup B$ bezeichnen und $||z||$ als Euklidische Norm $||z|| = (z'z)^{1/2}$ definiert ist.

Die in (11) benutzte Schreibweise „$\underset{\mathrm{H}}{\sim}$“ bedeutet, daß die betrachtete Statistik unter der Hypothese H die angegebene Verteilung besitzt. Diese Schreibweise werden wir auch weiter verwenden. Die Hypothese H wird abgelehnt, falls $\boldsymbol{F}(A, B) \geqq \mathrm{F}_{\alpha;\, p_1,\, n(A)+n(B)-2p_1}$ gilt. Der so aus (11) konstruierte α-Test ist äquivalent zum Likelihood-Quotienten-Test. Unter der Voraussetzung (10) stimmt die in HUMAK I (1977), S. 223, angegebene Statistik zum Prüfen von (9) mit der Statistik $\boldsymbol{F}(A, B)$ (11) überein. Falls die Bedingung (10) für alle hinreichend großen Stichprobenumfänge $n(A)$ und $n(B)$ erfüllt ist und

$$\lambda_{\min}[H'(A)\, H(A)] \xrightarrow[n(A)\to\infty]{} \infty \quad \text{und} \quad \lambda_{\min}[H'(B)\, H(B)] \to \xrightarrow[n(B)\to\infty]{} \infty$$

gilt, ist nach Satz 5.2.4 aus HUMAK I (1977) die Folge der auf (11) basierenden Tests konsistent.

Von CHOW (1960) und QUANDT (1960) wurden weitere auf anschaulichen Prinzipien beruhende Tests zum Prüfen von (15) vorgeschlagen.

Bemerkung 1.2.1. Wir wollen hier unterschiedliche Varianzen $\sigma^2(A)$ für die Beobachtungen $t \in A$ und $\sigma^2(B)$ für $t \in B$ zulassen. Betrachtet man das Testproblem H: „$\alpha(A) = \alpha(B)$“ gegen K: „$\alpha(A) \neq \alpha(B)$“, d. h., interessiert man sich nur für die Parameteränderung der Zustandsfunktion, so liegt ein verallgemeinertes Behrens-Fisher-Problem vor. Für den Spezialfall $h(x) \equiv 1$ ist es mit dem Behrens-Fisher-Problem identisch. TOYODA (1974), SCHMIDT, SICKLES (1977) untersuchten die Verteilung der Statistik $\boldsymbol{F}(A, B)$ aus (11) unter H: „$\alpha(A) = \alpha(B)$“. Eine geschlossene Darstellung dieser Verteilung wurde nicht gefunden. SCHMIDT und SICKLES leiten eine exakte Formel für die Wahrscheinlichkeit $\mathrm{P}\{\boldsymbol{F}(A, B) \geqq f\}$ ab, die in komplizierter Weise vom Quotienten $\sigma^2(B)/\sigma^2(A)$ abhängt. Insbesondere haben sie gezeigt, daß für $\alpha(A) = \alpha(B)$ und $\sigma^2(A) \neq \sigma^2(B)$

$$\mathrm{P}\{\boldsymbol{F}(A, B) \geqq \mathrm{F}_{\alpha;\, p_1,\, n(A)+n(B)-2p_1}\} < \alpha \tag{12}$$

gelten kann und somit das Signifikanzniveau α nicht exakt eingehalten wird. YAYATISSA (1977) konstruierte eine Statistik, die unter $\alpha(A) = \alpha(B)$ und $\sigma^2(A) \neq \sigma^2(B)$ eine F-Verteilung besitzt, so daß der mit ihr konstruierte Test das Signifikanzniveau exakt einhält.

Andererseits liegt im Modell (8) mit Varianzen $\sigma^2(A)$ und $\sigma^2(B)$ eine Zustandsänderung genau dann vor, wenn $\alpha(A) \neq \alpha(B)$ oder $\sigma^2(A) \neq \sigma^2(B)$ gilt; so kann es sinnvoll sein, das *erweiterte* Testproblem

$$\text{H: „}\alpha(A) = \alpha(B), \sigma^2(A) = \sigma^2(B)\text{“}$$

gegen

$$\text{K: „}\alpha(A) \neq \alpha(B) \quad \text{oder} \quad \sigma^2(A) \neq \sigma^2(B)\text{“} \tag{13}$$

zu betrachten. Unter der erweiterten Hypothese besitzt die Teststatistik $\boldsymbol{F}(A, B)$ aus (11) die oben angegebene F-Verteilung, so daß sie zum Prüfen von (13) einen exakten α-Test liefert, der allerdings wegen (12) nicht unverfälscht ist.

Wir kehren jetzt zu unserem Beobachtungsmodell (5) zurück, wobei wir im folgenden die ε_t als normalverteilt voraussetzen und uns auf Modelle mit maximal $r = 2$ linearen Zustandsfunktionen $h_i(x, \alpha_i) = \alpha_i' h(x)$, $i = 1, 2$, beschränken.

Ist der Umschlagsindex m bekannt, dann kann das Problem

H: „Es erfolgt keine Zustandsänderung während der Beobachtungen $t = 1, \dots, n$“

gegen

K_m: „Die Zustandsänderung erfolgt genau nach der m-ten Beobachtung“

mit der Teststatistik $\boldsymbol{F}(A, B)$ aus (11) geprüft werden, indem man

$$A := \{1, \dots, m\} \quad \text{und} \quad B := \{m + 1, \dots, n\} \tag{14}$$

setzt. Die resultierende Teststatistik bezeichnen wir mit $\boldsymbol{T}_m$.

Meistens ist der Umschlagsindex m aber gerade unbekannt, und das interessierende Testproblem lautet

H: „Es erfolgt keine Zustandsänderung während der Beobachtungen $t = 1, \dots, n$“

gegen

K: „Es existiert ein $m \in \mathcal{M}^\xi$, so daß die Zustandsänderung genau nach der m-ten Beobachtung erfolgt“. (15)

Dann gilt offenbar $\text{K} = \bigcup_{m \in \mathcal{M}^\xi} \text{K}_m$.

Unter der Voraussetzung

$$\text{r}[\bar{H}(m)] = 2p_1 \quad \text{für alle} \quad m \in \mathcal{M}^\xi \tag{16}$$

gilt für die Likelihood-Quotienten-Statistik $\boldsymbol{\lambda}$ zum Prüfen von (15) $\boldsymbol{\lambda} := \min_{m \in \mathcal{M}^\xi} \boldsymbol{\lambda}_m = \boldsymbol{\lambda}_{\tilde{m}}$, wobei $\boldsymbol{\lambda}_m$ die Likelihood-Quotienten-Statistik zum Prüfen von H gegen K_m und $\tilde{m}$ die MLE von m bezeichnen. Die Verteilung von $\boldsymbol{\lambda}_{\tilde{m}}$ ist unbekannt. Empirische Untersuchungen von Quandt (1960) haben gezeigt, daß die asymptotische Verteilung von $-2 \ln \boldsymbol{\lambda}_{\tilde{m}}$ für $n \to \infty$ keine zentrale χ^2-Verteilung ist.

Eine weitere Möglichkeit, einen Test zum Prüfen von (15) zu erhalten, besteht in der Anwendung des von Roy (1953) vorgeschlagenen *Union-Intersection-Prinzip*, das dazu führt, die Hypothese H genau dann anzunehmen, wenn alle individuellen Tests zum Prüfen von H gegen K_m zur Annahme von H führen. Unter der Annahme (16) führt dieses Prinzip dazu, die Hypothese H genau dann anzunehmen, wenn

$$\max_{m \in \mathcal{M}^\xi} T_m < \text{F}_{\alpha;\, p_1,\, n(A) + n(B) - 2p_1}$$

gilt, wobei die Statistiken $\boldsymbol{T}_m$ durch (11) und (14) definiert sind.

Wenn $|\mathcal{M}^\xi|$ die Anzahl der Elemente in $\mathcal{M}^\xi$ bezeichnet, ist $|\mathcal{M}^\xi| \alpha$ eine obere Schranke für das Signifikanzniveau dieses Tests.

In Anlehnung an die obige Eigenschaft der Likelihoodstatistik schlug QUANDT (1960) vor, das Problem H gegen $K = \bigcup_{m \in \mathcal{M}^\xi} K_m$ mit einem Test, der der Prüfung von H gegen K_{m_0} dient, zu prüfen, wobei m_0 „geeignet" zu wählen ist. Er schlug vor, $m_0 = \tilde{m}$ ($\tilde{m}$ ist MLE von m) oder

$$m_0 = \begin{cases} \frac{n}{2}, & \text{falls } n \text{ gerade ist}, \\ \frac{n-1}{2} \quad \text{oder} \quad \frac{n+1}{2}, & \text{falls } n \text{ ungerade ist}, \end{cases}$$

zu verwenden.

Einige Überlegungen zur Güte solcher Testverfahren findet man bei QUANDT (1960). Allgemeine theoretische Güteaussagen existieren nicht. Es ist jedoch klar, daß die Güte entscheidend vom Abstand des verwendeten m_0 vom wahren Umschlagsindex m^0 abhängt.

Andere, von der Wahl eines m_0 unabhängige Tests, gewinnt man durch folgende Überlegung: Das Testproblem (15) besitzt die Darstellung

$$\text{H: „}y = H_n\alpha_1 + \varepsilon\,, \quad \varepsilon \sim N(0, \sigma^2 I_n)\,, \quad \alpha_1 \in \mathbb{R}^{p_1}\,, \quad \sigma^2 \in \mathbb{R}^{>}\text{"}$$

gegen

$$\begin{aligned} \text{K: „}y &= H_n\alpha_1 + Z\beta + \varepsilon\,, \quad \varepsilon \sim N(0, \sigma^2 I_n)\,, \quad \alpha_1 \in \mathbb{R}^{p_1}\,, \\ \beta &= (\alpha_2 - \alpha_1) \in \mathbb{R}^{p_1} \setminus \{0\}\,, \quad \sigma^2 \in \mathbb{R}^{>}\,, \\ Z &\in Z(\mathcal{M}^\xi) := \left\{ \begin{pmatrix} 0_{m \times p_1} \\ H_2(m) \end{pmatrix} \middle| \, m \in \mathcal{M}^\xi \right\}\text{"}, \end{aligned} \tag{17}$$

wobei H_n die Versuchsplanmatrix unter H mit den Zeilen $h'(x_t)$, $t = 1, \ldots, m, m+1, \ldots, n$ und $H_2(m)$ die Versuchsplanmatrix mit den Zeilen $h'(x_t)$, $t = m+1, \ldots, n$ bezeichnen.

Es wird vorgeschlagen, das Problem (17) mit den z.B. bei RAMSEY (1969) und THALHEIM (1977) beschriebenen Tests zur Modellprüfung (RESET — Regression Specification Error Test, RASET — Rank Specification Error Test, KOMSET — Kolmogorow's Specification Error Test, BAMSET — Bartlett's M Specification Error Test) zu prüfen. Diese Tests werden benutzt, um Modellfehler der in der Alternativen K (17) beschriebenen Form zu prüfen, wobei aber $Z \in \mathfrak{M}_{n \times p_1} \setminus \{0_{n \times p_1}\}$ angenommen wird, d. h., diese Tests werden zum Prüfen der Hypothese H (17) gegen eine größere Alternative als K (17) verwendet. Diese größere Alternative umfaßt neben Modellabweichungen durch Zustandsänderungen auch andere Formen von Modellabweichungen von H (17), wie z.B. das Fehlen wesentlicher Einflußgrößen in einem stabilen Modell. Führen diese Tests zur Ablehnung der Hypothese H (17), kann nur gefolgert werden, daß eine Modellabweichung vorliegt, jedoch kann ohne Zusatzinformation nicht gefolgert werden, daß diese Modellabweichung in einer Zustandsänderung besteht. Da die genannten Tests nicht spezifisch für Modelle mit Zustandsänderungen sind, verzichten wir hier auf eine detaillierte Darstellung und verweisen auf THALHEIM (1977), wo man auch eine Zusammenstellung der notwendigen Tabellen findet. Die so gewonnenen Tests basieren auf im gewissen Sinne optimalen linearen erwartungstreuen Residuen (THALHEIM).

Zwei weitere Tests zum Prüfen der Konstantheit eines Zustandes, basierend auf normierten rekursiven Residuen, wurden von BROWN, DURBIN, EVANS (1975) vorgeschlagen.

Sie gehen vom Modell

$$y_t = \alpha_t' h(x_t) + \varepsilon_t\,, \qquad \varepsilon_t \sim \mathrm{N}(0, \sigma_t^2)\,, \qquad t = 1, \dots, n\,, \qquad \alpha_t \in \mathbb{R}^p\,, \qquad \sigma_t^2 \in \mathbb{R}^>$$

aus, das Zustandsänderungen nach jeder Beobachtung zuläßt, und entwickeln sogenannte *kumulative Summentests* zum Prüfen der Hypothese

$$\mathrm{H}: \text{„}\alpha_1 = \alpha_2 = \dots = \alpha_n\,, \qquad \sigma_1^2 = \sigma_2^2 = \dots = \sigma_n^2\text{“}\,.$$

Diese Tests basieren auf den normierten rekursiven Residuen

$$v_t = \frac{y_t - \left(\hat{\alpha}(t-1)\right)' h(x_t)}{1 + \left(h(x_t)\right)' [H_{t-1}' H_{t-1}]^{-1} h(x_t)}\,, \qquad t = p+1, \dots, n\,,$$

die unter der Hypothese unabhängig $\mathrm{N}(0, \sigma^2)$-verteilt sind. Dabei bezeichnen $\hat{\alpha}(t-1)$ die OLSE aus den ersten $t-1$ Beobachtungen, $\left(\hat{\alpha}(t-1)\right)' h(x_t)$ die Vorhersage von y_t aus den ersten $t-1$ Beobachtungen und H_{t-1} die Versuchsplanmatrix mit den Zeilen $\left(h(x_i)\right)'$, $i = 1, \dots, t-1$, über die vorausgesetzt wird, daß sie für jedes t von vollem Rang ist.

Sei

$$S(n) := \sum_{i=1}^{n} \left(y_i - (\alpha(n))' h(x_i)\right)^2 = \sum_{t=p+1}^{n} v_t^2 \quad \text{und} \quad \hat{\sigma}^2(n) = (n-p)^{-1} S(n)$$

eine konsistente Schätzung von σ^2. Der einfache kumulative Summentest basiert auf den Zufallsgrößen

$$W_r = \frac{1}{\hat{\sigma}(n)} \sum_{t=p+1}^{r} v_t\,, \qquad r = p+1, \dots, n\,,$$

und der quadratische kumulative Summentest auf den Zufallsgrößen

$$Q_r = \frac{1}{S(n)} \sum_{t=p+1}^{r} v_t^2, \qquad r = p+1, \dots, n\,.$$

Die Hypothese H wird genau dann angenommen, wenn

$$|W_r| \leqq 2a(n-p)^{1/2} (n-p-1)^{-1} (r-n) + 3a(n-p)^{1/2} \qquad \text{für alle } r = p+1, \dots, n$$

bzw.

$$\left| Q_r - \frac{r-p}{n-p} \right| \leqq c \quad \text{für alle} \quad r = p+1, \dots, n$$

gilt, d. h. wenn alle W_r zwischen den durch die Punkte $(p+1, a\sqrt{n-p})$ und $(n, 3a\sqrt{n-p})$ und $(p+1, -a\sqrt{n-p})$ und $(n, -3a\sqrt{n-p})$ verlaufenden Geraden (vgl. Abb. 1.2.4) bzw. alle Q_r zwischen den im Abstand c um die Gerade $g(r) = \frac{r-p}{n-p}$ verlaufenden parallelen Geraden (vgl. Abb. 1.2.5) liegen. Dabei sind die Parameter a bzw. c so zu wählen, daß näherungsweise das gewünschte Signifikanzniveau α eingehalten wird.

Für folgende α-Werte wurden die a-Werte wie folgt angegeben:

α	0.01	0.05	0.10
a	1.143	0.948	0.850

Zur Bestimmung von $c = c(\alpha, n-p)$ wurde ein näherungsweises Verfahren vorgeschlagen.

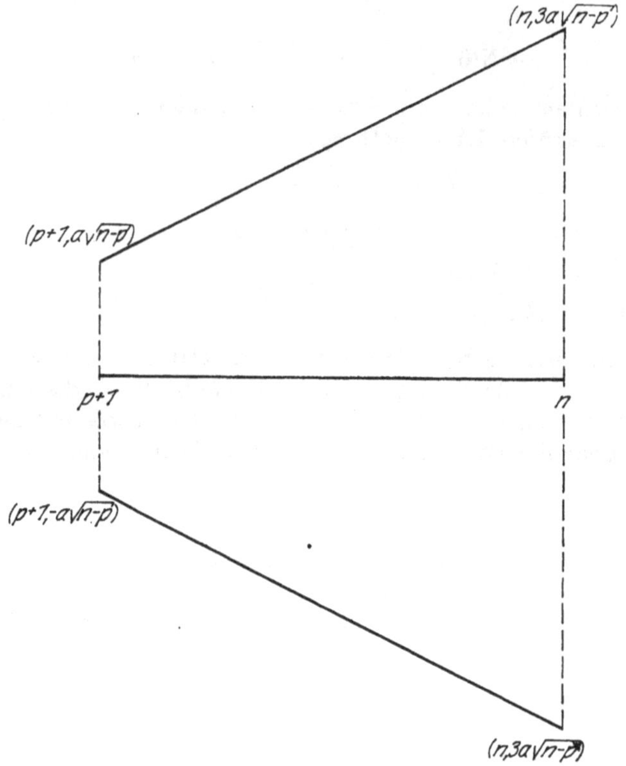

Abb. 1.2.4. Annahmebereich für den einfachen komultativen Summentest

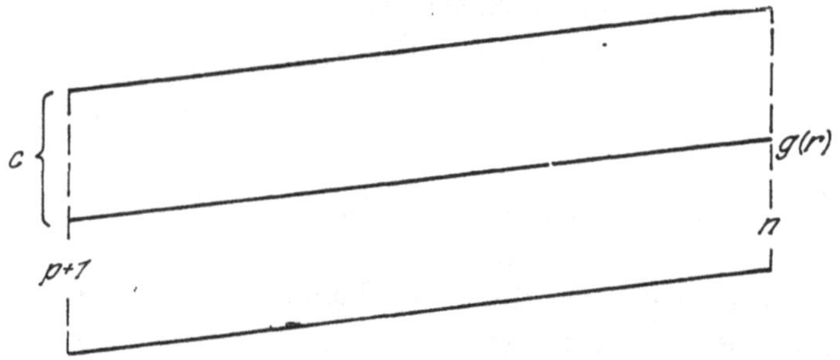

Abb. 1.2.5. Annahmebereich für den quadratischen komultativen Summentest

Theoretische Aussagen zur Güte dieser kumulativen Summentests existieren bisher nicht. Eine Simulationsstudie von GARBADE (1977) für den Fall $p = 1$ scheint darauf hinzudeuten, daß der quadratische kumulative Summentest besser ist als der einfache.

Im Zusammenhang mit kumulativen Summentests sei noch auf eine Arbeit von MACNEILL (1978) verwiesen, der asymptotische Verteilungen von kumulativen Summen in einem Modell mit zwei Polynomen als Zustandsfunktionen und äquidistanten Beobachtungen untersucht, die auf den einfachen Residuen $y_t = \hat{\alpha}'(t)\, h(x_t)$ beruhen.

1.2.3. Modelle mit stetigen Zustandsänderungen

1.2.3.1. Modell

Wir nehmen jetzt an, daß im Modell (1) $z_t = x_t \in \mathbb{R}^1$, für den Versuchsplan $\xi = (x_1, \dots, x_n)$ o.B.d.A. $x_1 \leqq x_2 \leqq \dots \leqq x_n$, und zusätzlich die Bedingungen

$$h_i(\gamma_i, \alpha_i) = h_{i+1}(\gamma_i, \alpha_{i+1}), \qquad i = 1, \dots, r-1, \tag{18}$$

gelten. Manchmal werden außer (18) an die durch die Zustandsfunktionen und den Umschlagspunkt $\gamma \in \Gamma^\xi$ definierte Regressionsfunktion

$$f(x) = g_\vartheta(x) = h_i(x, \alpha_i) \quad \text{für} \quad \gamma_{i-1} \leqq x \leqq \gamma_i, \qquad i = 1, \dots, r,$$

noch Stetigkeitsbedingungen an die ersten l_i Ableitungen der Regressionsfunktion $g_\vartheta(x) = g(x, \vartheta)$ nach x an den Stellen γ_i, $i = 1, \dots, r-1$, gestellt.

Zu der hier betrachteten Klasse von Modellen gehören beispielsweise Modelle mit stetig anschließenden Polynomen als Zustandsfunktionen. Diese Modelle spielen bei vielen Anwendungen eine wichtige Rolle. Der Grund dafür liegt in der relativ einfachen Gestalt der Funktionen und ihren guten Anpassungseigenschaften, wie sie aus der Splinetheorie bekannt sind (vgl. Ahlberg, Nilson, Walsh (1967)). Modelle dieser Art sind unter dem Begriff der Spline-Regression bekannt, und es gibt eine recht umfangreiche Literatur dazu. Wir verweisen hier nur auf Poirier (1973), Wold (1974), Ertel und Fowlkes (1976), Buse und Lim (1977), Park (1978), Jupp (1978), Agarwal und Studden (1978) und Dathe und Müller (1980).

Mit $\mathcal{N}(\gamma)$ wollen wir für jedes feste $\gamma \in \Gamma^\xi$ die Menge aller $\alpha \in \mathcal{A}$ bezeichnen, für die $g_\vartheta(x) = g_{(\alpha,\gamma)}(x)$ alle Stetigkeitsbedingungen erfüllt. Der Parameter $\vartheta = (\alpha', \gamma')'$ variiert dann im Raum

$$\Theta^\xi := \{\mathcal{N}(\gamma) \times \{\gamma\} \mid \gamma \in \Gamma^\xi\}.$$

Es liegt somit ein Modell der Form

$$y_t = g_{(\alpha, m(\gamma))}(x_t) + \varepsilon_t, \qquad t = 1, \dots, n, \qquad \mathsf{E}\varepsilon = 0, \qquad \mathsf{D}\varepsilon = \Sigma(m(\gamma)) \tag{19}$$

mit $\alpha \in \mathcal{N}(\gamma)$, $\Sigma(m(\gamma)) \in \mathcal{V}_{m(\gamma)}$, $\gamma \in \Gamma^\xi$ vor.

Der Identifizierbarkeit von α bei festem $m = m(\gamma)$ in 1.2.2.1 entspricht der Begriff der Identifizierbarkeit von α bei festem $\gamma \in \Gamma^\xi$, und sie besagt, daß aus

$$g_{(\alpha_1,\gamma)}(x_t) = g_{(\alpha_2,\gamma)}(x_t), \qquad t = 1, \dots, n, \qquad \alpha_1, \alpha_2 \in \mathcal{N}(\gamma)$$

$\alpha_1 = \alpha_2$ folgt. Im Gegensatz zum Modell mit abrupten Zustandsänderungen kann bei geeignetem Versuchsplan nicht nur der Umschlagsindex $m(\gamma)$ identifizierbar sein, sonden aufgrund der Nebenbedingungen auch der Umschlagspunkt γ selbst.

Wenn wir zum Beispiel 1.2.4 mit zwei Geraden als Zustandsfunktionen zurückkehren und eine stetige Zustandsänderung vorliegt, d. h. $a_1 + b_1\gamma = a_2 + b_2\gamma$ gilt, ist unter der Annahme $(a_1, b_1) \neq (a_2, b_2)$ der Parameter $\alpha = (a_1, b_1, a_2, b_2)'$ aus den Beobachtungen identifizierbar, und γ ist eindeutig durch $\gamma = (a_1 - a_2)/(b_1 - b_2)$ bestimmt. Deshalb ist es sinnvoll, hier nicht nur $m(\gamma)$ sondern γ selbst zu schätzen.

Wir wollen uns jetzt Modellen mit linearen Zustandsfunktionen $h_i(x_t, \alpha_i) = \alpha_i' h_i(x_t)$, $(\alpha_i \in \mathbb{R}^{p_i})$, $i = 1, \dots, r$, zuwenden. Dann kann man die an die Regressionsfunktion $f(x) = g_\vartheta(x)$ gestellten Stetigkeitsbedingungen in der Form

$$\left.\frac{\partial^l}{\partial x^l} \alpha_i' h_i(x)\right|_{x=\gamma_i} = \left.\frac{\partial^l}{\partial x^l} \alpha_{i+1}' h_{i+1}(x)\right|_{x=\gamma_i}, \tag{20}$$

$l = 0, 1, \dots, l_i$, $i = 1, 2, \dots, r-1$, darstellen.

Das Gleichungssystem (20) läßt sich äquivalent mit einer Matrix $A(\gamma)$ durch $A(\gamma)\,\alpha = 0$ beschreiben, und es gilt $\mathcal{N}(\gamma) = \mathcal{N}(A(\gamma))$. Das betrachtete Modell ist dann darstellbar als

$$\left.\begin{array}{lll} y = H(m(\gamma))\,\alpha + \varepsilon\,, & \mathsf{E}\varepsilon = 0\,, & \mathsf{D}\varepsilon = \Sigma(m(\gamma))\,, \\ \alpha \in \mathcal{N}(A(\gamma))\,, & \Sigma(m(\gamma)) \in \mathcal{V}_{m(\gamma)}\,, & \gamma \in \Gamma^{\xi}\,. \end{array}\right\} \tag{21}$$

Der Parameter α ist bei festem $\gamma \in \Gamma^{\xi}$ identifizierbar und somit $A(\gamma)$-bedingt erwartungstreu linear schätzbar genau dann, wenn $\mathrm{r}\left[\begin{pmatrix} H(m(\gamma)) \\ \hdashline A(\gamma) \end{pmatrix}\right] = \sum_{i=1}^{r} p_i = p$ gilt. (Zum Begriff der $A(\gamma)$-bedingten Erwartungstreue vgl. Humak I (1977)!)

1.2.3.2. Kleinste-Quadrat-Schätzung

Wie in Modellen ohne Stetigkeitsbedingungen (Abschnitt 1.2.2) läßt sich eine WLSE $\hat{\vartheta}$ zweistufig als $\hat{\vartheta} = (\hat{\alpha}_{\hat{\gamma}}', \hat{\gamma}')'$ berechnen, wobei $\hat{\alpha}_\gamma$ für jedes feste γ eine (eingeschränkte) WLSE bezüglich des Parameterraumes $\mathcal{N}(\gamma)$ ist und $\hat{\gamma}$ die durch $\hat{\alpha}_\gamma$ definierten Residualsummen $S(\gamma) = n\,{}^{w}|y - g_{(\hat{\alpha}_\gamma, \gamma)}|_n^2$ bezüglich $\gamma \in \Gamma^{\xi}$ minimiert. Für Modelle mit nichtlinearen Zustandsfunktionen werden zur Berechnung der WLSE $\hat{\alpha}_\gamma$ im allgemeinen nur iterative Verfahren nutzbar sein.

Im Falle linearer Zustandsfunktionen ist $\hat{\alpha}_\gamma$ durch

$$\hat{\alpha}_\gamma = C_1^w(\gamma)\, H'(m(\gamma))\, Wy$$

gegeben, wobei die Matrix $C_1^w(\gamma)$ durch die Beziehung

$$\begin{pmatrix} H'(m(\gamma))\, WH(m(\gamma)) & A'(\gamma) \\ A(\gamma) & 0 \end{pmatrix}^{-} = \begin{pmatrix} C_1^w(\gamma) & C_2^w(\gamma) \\ C_3^w(\gamma) & C_4^w(\gamma) \end{pmatrix}$$

definiert ist und die Matrix $H(m(\gamma))\, C_1^w(\gamma)\, H'(m(\gamma))\, W$ eine Projektionsmatrix in den Raum $H(m(\gamma))\, \mathcal{N}(A(\gamma))$ bezüglich der Norm ${}^{w}||z|| = (z'Wz)^{1/2}$ ist (vgl. [A 1.8]). Falls $\mathrm{r}\left[\begin{pmatrix} H(m(\gamma)) \\ \hdashline A(\gamma) \end{pmatrix}\right] = \sum_{i=1}^{r} p_i = p$ gilt, folgt nach [A 1.9]

$$\hat{\alpha}_\gamma = [H'(m(\gamma))\, WH(m(\gamma)) + A'(\gamma)\, A(\gamma)]^{-1}\, H'(m(\gamma))\, Wy\,.$$

Bemerkung 1.2.2. Falls $x_t \neq \gamma_i$ für alle $t = 1, \ldots, n$ und $i = 1, \ldots, r-1$ gilt, ist die Zuordnung der Versuchspunkte x_t zu den Zustandsfunktionen eindeutig bestimmt. Existiert jedoch ein Versuchspunkt x_t mit $x_t = \gamma_i$ für ein $i \in \{1, \ldots, r-1\}$, so kann man aufgrund der Stetigkeitsbedingung an die Regressionsfunktion an der Stelle γ_i die Beobachtung im Punkte $x_t = \gamma_i$ sowohl der Zustandsfunktion $\alpha_i' h_i(x)$ als auch der Zustandsfunktion $\alpha_{i+1}' h_{i+1}(x)$ zuordnen. Somit existieren zwei Versuchsplanmatrizen ${}_iH(\gamma)$ und ${}_{i+1}H(\gamma)$. Wenn $\hat{\alpha}_\gamma^i$ und $\hat{\alpha}_\gamma^{i+1}$ die entsprechenden WLSE bezeichnen, dann kann man aufgrund von ${}_iH(\gamma)\, \mathcal{N}(A(\gamma)) = {}_{i+1}H(\gamma)\, \mathcal{N}(A(\gamma))$ zeigen, daß $\hat{\alpha}_\gamma^i$ und $\hat{\alpha}_\gamma^{i+1}$ zwar verschieden sind, jedoch die gleichen Residualsummen

$${}^{w}|y - {}_iH(\gamma)\, \hat{\alpha}_\gamma^i|_n^2 = {}^{w}|y - {}_{i+1}H(\gamma)\, \hat{\alpha}_\gamma^{i+1}|_n^2$$

liefern.

Wir wollen uns jetzt noch den Problemen der Berechnung der WLSE $\hat{\vartheta}$ zuwenden. Wenn $\Gamma^{\xi} = \{\gamma_0\}$ gilt, ist die WLSE durch $(\hat{\alpha}_{\gamma_0}', \gamma_0')'$ gegeben.

Ein Modell mit bekanntem Umschlagspunkt γ_0 wird von Poirier (1973) und Buse, Lim (1977) behandelt, die ein Modell mit stetig anschließenden Polynomen 3. Grades betrachten und außerdem noch die Stetigkeit der 1. und 2. Ableitungen der Regressionsfunktion nach x fordern. Ein Modell mit bekanntem Umschlagspunkt γ_0 stellt jedoch die Ausnahme dar. Der meiste Rechenaufwand entsteht im allgemeinen durch die Variation von γ in Γ^ξ.

Bei einer endlichen Menge $\Gamma^\xi = \{\gamma^{(1)}, \dots, \gamma^{(v)}\}$ kann man $\hat{\gamma}$ und somit eine WLSE $\hat{\vartheta}$ sofort, wenn auch bei großem v mit großem Rechenaufwand, berechnen. Oft ist der Parameterraum Γ^ξ jedoch eine kontinuierliche Menge mit unendlich vielen Elementen. Ein allgemeiner Algorithmus zur Bestimmung von $\hat{\vartheta}$ bei unendlichem Γ^ξ ist nicht bekannt.

Hudson (1966) untersuchte die Bestimmung einer WLSE $\hat{\vartheta}$ bei kontinuierlichem Parameterraum Γ^ξ in Modellen mit stetig anschließenden linearen Zustandsfunktionen ohne weitere Stetigkeitsbedingungen an die Ableitungen. Er erhielt einige wichtige analytische Eigenschaften, die es erlauben, den Rechenaufwand zur Bestimmung einer WLSE $\hat{\vartheta}$ zu reduzieren.

Für den Spezialfall eines Modells mit zwei stetig anschließenden Geraden als Zustandsfunktionen erhält man auf diese Weise einen sehr einfachen praktikablen Algorithmus zur Bestimmung einer OLSE $\hat{\vartheta}$ (Hudson (1966), Hinkley (1969, 1971)). Die Hudsonsche Methode führt jedoch nicht in jedem Modell zu einem praktikablen Algorithmus.

Für Modelle mit komplizierten linearen Zustandsfunktionen ist man auch bei Berücksichtigung der Hudsonschen Ergebnisse in bestimmten Bereichen auf eine näherungsweise Bestimmung von $\hat{\gamma}$ angewiesen, die auf einem vorgegebenen endlichen Netz $\hat{\Gamma}^\xi \subset \Gamma^\xi$ von γ-Werten beruht.

Im allgemeinen wird man eine approximative WLSE $\hat{\vartheta}_a$ verwenden, bei der der kontinuierliche Raum Γ^ξ durch eine diskrete Menge $\hat{\Gamma}^\xi$ approximiert wird und $\hat{\vartheta}_a$ Lösung ist von

$$^w|y - g_{\hat{\vartheta}_a}|_n^2 = \min_{\gamma \in \hat{\Gamma}^\xi} \min_{\alpha \in \mathcal{N}(\gamma)} {}^w|y - g_{(\alpha,\gamma)}|_n^2 .$$

Eine andere Möglichkeit der Bestimmung einer WLSE $\hat{\vartheta}$ besteht in einer auf den Stetigkeitsbedingungen basierenden Reparametrisierung $\beta = T(\vartheta)$ und der Bestimmung einer WLSE $\hat{\beta}$ von β im reparametrisierten Modell. Zur Bestimmung einer WLSE $\hat{\beta}$ wird man im allgemeinen iterative Verfahren benutzen. Anschließend berechnet man $\hat{\vartheta}$ als Lösung von $\hat{\beta} = T(\hat{\vartheta})$.

Dieses Verfahren wurde von Gallant, Fuller (1973) benutzt, um eine OLSE $\hat{\vartheta}$ in einem Modell mit r stückweisen, stetig anschließenden Polynomen mit stetigen 1. und 2. Ableitungen zu berechnen. Außerdem gaben sie hinreichende Bedingungen für die Konvergenz des benutzten modifizierten Gauß-Newton-Iterationsalgorithmus an.

Iterative Techniken zur Berechnung einer OLSE in Modellen mit stetig anschließenden Polynomen werden auch von Jupp (1978) untersucht.

Wie im Modell mit abrupten Zustandsänderungen kann man auch bei stetigen Zustandsänderungen Mindestzustandslängen δ_i, $i = 1, \dots, r$, und den dazugehörigen Parameterraum

$$\Theta_\delta^\xi = \{\vartheta = (\alpha, \gamma) \mid |\gamma_i - \gamma_{i-1}| \geqq \delta_i, i = 1, \dots, r_i, \alpha \in \mathcal{N}(\gamma), \gamma \in \Gamma^\xi\}$$

einführen. Eine WLSE $\hat{\vartheta}^\delta$ bezüglich Θ_δ^ξ besitzt ähnliche Eigenschaften wie eine WLSE $\hat{\vartheta}(= \hat{\vartheta}^0)$ bezüglich Θ^ξ.

Auf einige asymptotische Eigenschaften von $\hat{\vartheta}^\delta$ und $\hat{\vartheta}$, insbesondere auf hinreichende Bedingungen für ihre Konsistenz, gehen wir im Abschnitt 1.2.4 ein.

1.2.3.3. Einige Testprobleme

Wie im Abschnitt 1.2.2.3 wollen wir ε_t als normalverteilt mit konstanter Varianz σ^2 voraussetzen und uns auf Modelle mit $r = 2$ linearen Zustandsfunktionen $\alpha_i' h(x_t)$, $i = 1, 2$, beschränken, die sich nur durch den Parameter unterscheiden.

a) *Bekannter Umschlagspunkt*

Wir betrachten das Modell

$$y = \begin{pmatrix} H_1(m(\gamma)) & 0 \\ 0 & H_2(m(\gamma)) \end{pmatrix} \begin{pmatrix} \alpha_1 \\ \alpha_2 \end{pmatrix} + \varepsilon = H(m(\gamma))\, \alpha + \varepsilon ,$$

$$\varepsilon \sim \mathrm{N}(0, \sigma^2 I_n) , \quad \gamma \in \mathcal{N}(A(\gamma)), \sigma^2 \in \mathbb{R}^{>} .$$

Wie in 1.2.2 untersuchen wir das Testproblem

$$\mathrm{H}: „\alpha_1 = \alpha_2“ \quad \text{gegen} \quad \mathrm{K}: „\alpha_1 \neq \alpha_2“ .$$

Unter der Testbarkeitsbedingung $\mathrm{r}\left[\begin{pmatrix} H(m(\gamma)) \\ A(\gamma) \end{pmatrix}\right] = p = 2p_1$ liefert die Theorie der linearen Hypothesenprüfung die Teststatistik

$$F(\gamma) = \frac{f_2}{f_1} \frac{\|P_{\mathcal{L}} y - P_{\mathcal{H}} y\|^2}{\|y - P_{\mathcal{L}} y\|^2} = \frac{f_2}{f_1} \frac{\|y - P_{\mathcal{H}} y\|^2 - \|y - P_{\mathcal{L}} y\|^2}{\|y - P_{\mathcal{L}} y\|^2} \underset{\mathrm{H}}{\sim} \mathrm{F}_{f_1, f_2} ,$$

wobei $P_{\mathcal{L}}$ und $P_{\mathcal{H}}$ Projektionsmatrizen in die Räume

$$\mathcal{L} = H(m(\gamma))\, \mathcal{N}(A(\gamma)) \quad \text{und} \quad \mathcal{H} = \mathcal{R}\left(\begin{pmatrix} H_1(m(\gamma)) \\ H_2(m(\gamma)) \end{pmatrix}\right)$$

bezeichnen, und f_1 und f_2 sich ergeben aus

$$f_1 = 2p_1 - \mathrm{r}[A(\gamma)] - \mathrm{r}\left[\begin{pmatrix} H_1(m(\gamma)) \\ H_2(m(\gamma)) \end{pmatrix}\right] \quad \text{und} \quad f_2 = n - 2p_1 + \mathrm{r}[A(\gamma)] .$$

b) *Bekannter Umschlagsindex* $m = m(\gamma)$

Wir setzen jetzt voraus, daß der Umschlagspunkt γ zwar unbekannt ist, wir jedoch Zusatzinformation über γ in Form der Kenntnis des Umschlagsindexes $m = m(\gamma)$ besitzen. Wir definieren $\Gamma^{\xi}_{(m)} := \{\gamma \in \Gamma^{\xi} \mid m = m(\gamma)\}$ und erhalten das Modell

$$\left.\begin{array}{lll} y = H(m)\, \alpha + \varepsilon , & \varepsilon \sim \mathrm{N}(0, \sigma^2 I_n) , & \\ \alpha \in \mathcal{N}(A(\gamma)) , & \gamma \in \Gamma^{\xi}_{(m)} , & \sigma^2 \in \mathbb{R}^{>} . \end{array}\right\} \qquad (22)$$

Da γ unbekannt ist, schlägt SPRENT (1961) vor, das Problem H: „$\alpha_1 = \alpha_2$“ gegen K: „$\alpha_1 \neq \alpha_2$“ nicht im Modell (22), sondern im größeren Modell

$$y = H(m)\, \alpha + \varepsilon , \quad \varepsilon \sim \mathrm{N}(0, \sigma^2 I_n) , \quad \alpha \in \mathbb{R}^p , \quad \sigma^2 \in \mathbb{R}^{>} \qquad (23)$$

zu prüfen. Damit wird auf die Stetigkeitsbedingung verzichtet, und man kann den Test (11) aus 1.2.2.3 verwenden.

Von Interesse ist auch die Frage, ob im Modell (22) der Umschlag in einem festen Punkte $\gamma_0 \in \Gamma^{\xi}_{(m)}$ erfolgt. Das entsprechende Testproblem

$$\mathrm{H}: „\gamma = \gamma_0“ \quad \text{gegen} \quad \mathrm{K}: „\gamma \neq \gamma_0“$$

ist im Modell (22) jedoch nicht testbar. SPRENT (1961) behandelt anstelle der Hypothese H: „$\gamma = \gamma_0$“ im Modell (22) die lineare Hypothese H: „$\alpha \in \mathcal{N}(A(\gamma_0))$“ im größeren Modell (23). Unter der Testbarkeitsvoraussetzung $(A(\gamma_0))' \in \mathfrak{M}^p((H(m))')$ führt dieses

Vorgehen auf die Teststatistik

$$\frac{n - r[H(m)]}{r[A(\gamma_0)]} \frac{\|y - P_{H(m)\mathcal{N}(A(\gamma_0))}y\|^2 - \|y - P_{\mathcal{R}[H(m)]}y\|^2}{\|y - P_{\mathcal{R}[H(m)]}y\|^2} \underset{H}{\sim} F_{r_1, r_2}$$

mit $r_1 = r[A(\gamma_0)]$, $r_2 = n - r[H(m)]$. Außerdem geht SPRENT (1961) noch auf entsprechende Testprobleme ein, die bei gleichzeitiger Beobachtung mehrerer Regressionsfunktionen mit Zustandsänderungen auftreten.

c) *Keine Zusatzinformation über* γ

Bei unbekanntem Umschlagspunkt $\gamma \in \Gamma^{\xi}$ beschäftigt sich die Literatur vorrangig mit Tests im Modell mit zwei stetig anschließenden Geraden und identisch $N(0, \sigma^2)$-verteilten Beobachtungsfehlern.

In diesem speziellen Modell untersucht HINKLEY (1969, 1971) die Likelihood-Quotiententests zum Prüfen von

$$H_0: „\alpha_1 = \alpha_2\text{“} \quad \text{gegen} \quad K_0: „\alpha_1 \neq \alpha_2\text{“}$$

und

$$H_1: „\gamma = \gamma_0\text{“} \quad \text{gegen} \quad K_1: „\gamma \neq \gamma_0\text{“}.$$

Unter der Voraussetzung $r[H(m(\gamma))] = 4$ für alle $\gamma \in \Gamma^{\xi}$ ist das Problem H_0 gegen K_0 testbar. Das Problem H_1 gegen K_1 ist jedoch erst unter weiteren Annahmen testbar. Unter den Voraussetzungen

$$r[H(m(\gamma))] = 4 \quad \text{für alle} \quad \gamma \in \Gamma^{\xi}$$

und

$$\mathcal{N}(A(\gamma)) \cap \mathcal{N}(A(\gamma_0)) = \{\alpha = (\alpha_1, \alpha_2)' \mid \alpha_1 = \alpha_2\} \quad \text{für alle} \quad \gamma \in \Gamma^{\xi} \quad \text{mit} \quad \gamma \neq \gamma_0$$

ist H_1 gegen K_1 im durch die Bedingung $\alpha_1 \neq \alpha_2$ eingeschränkten Modell testbar. Der Übergang zum eingeschränkten Modell bedeutet nur, daß der Fall keiner Zustandsänderung ausgeschlossen wird. Die Einschränkung spielt bei der Berechnung der Likelihood-Quotienten-Statistik jedoch keine Rolle, da $(I_2 \mid - I_2)\,\hat{\alpha}_{\gamma} \neq 0$ mit Wahrscheinlichkeit 1 für alle $\gamma \in \Gamma^{\xi}$ gilt. Die Likelihood-Quotiententests zum Prüfen von H_0 bzw. H_1 führen zu den Statistiken

$$\Lambda_0 = \frac{1}{\sigma^2} (S - S(\hat{\vartheta}))$$

bzw.

$$\Lambda_1 = \frac{1}{\sigma^2} (S(\gamma_0) - S(\hat{\gamma})),$$

wobei $S(\gamma_0) = S(\hat{\alpha}_{\gamma_0}, \gamma_0)$, $S(\hat{\gamma}) = S(\hat{\alpha}_{\hat{\gamma}}, \hat{\gamma}) = S(\hat{\vartheta})$ und S die Residualsummen der OLSE $\hat{\alpha}_{\gamma_0}$, $\hat{\alpha}_{\hat{\gamma}}$ und der OLSE $\hat{\alpha}$ im Modell ohne Zustandsänderungen bezeichnen. HINKLEY (1969) stellte fest, daß Λ_1 unter H_1 asymptotisch χ_1^2-verteilt ist, und er vermutet, daß Λ_0 unter H_0 asymptotisch χ_3^2-verteilt ist. Er schlug vor, in Λ_0 und Λ_1 die unbekannte Varianz σ^2 durch eine konsistente χ^2-verteilte Schätzung zu ersetzen und die Verteilungen der so gewonnenen Teststatistiken durch entsprechende F-Verteilungen zu approximieren.

Ein anderer asymptotischer Test zum Prüfen von H_0, der auf einen partiellen Bayesschen Zugang basiert, wurde von FARLEY, HINICH (1970) angegeben. Sie setzen einschränkend voraus, daß die Zustandsänderung in genau einem der Versuchspunkte $x_1, \ldots, x_n$ erfolgt und jeder Versuchspunkt mit gleicher Wahrscheinlichkeit $1/n$ Umschlagspunkt sein kann.

Ein allgemeines Testproblem in einem allgemeineren Modell wurde von FEDER (1975b) behandelt. Im Modell mit r stetig anschließenden linearen Zustandsfunktionen und unabhängig und identisch aber beliebig verteilten Fehlern ε_t betrachtet er Tests zum Prüfen von

$$\text{H: „}\vartheta \in \Theta_{\text{H}}\text{“} \quad \text{gegen} \quad \text{K: „}\vartheta \in \Theta_{\text{K}} := \Theta \setminus \Theta_{\text{H}}\text{“},$$

wobei Θ_{H} ein Teilraum von Θ mit gewissen Eigenschaften ist. Als Teststatistik verwendet er $\boldsymbol{\lambda} = \left[\frac{S(\hat{\boldsymbol{\vartheta}}_{\text{K}})}{S(\hat{\boldsymbol{\vartheta}}_{\text{H}})}\right]^{n/2}$, wobei $S(\hat{\boldsymbol{\vartheta}}_{\text{H}})$ und $S(\hat{\boldsymbol{\vartheta}}_{\text{K}})$ die Residualsummen der OLSE von ϑ unter H bzw. K bezeichnen. FEDER gibt hinreichende Bedingungen dafür an, daß $-2 \ln \boldsymbol{\lambda}$ asymptotisch χ^2-verteilt ist. Insbesondere folgt für ein Modell mit zwei sich schneidenden Geraden bei unabhängig und identisch verteilten Beobachtungsfehlern, daß die entsprechenden Statistiken $-2 \ln \boldsymbol{\lambda}_1$ und $-2 \ln \boldsymbol{\lambda}_2$ zum Prüfen von

$$\text{H}_1\text{: „}\gamma = \gamma_0\text{“} \quad \text{gegen} \quad \text{K}_1\text{: „}\gamma \neq \gamma_0\text{“}$$

und

$$\text{H}_2\text{: „}\vartheta = (\alpha_1, \alpha_2, \gamma)' = (\alpha_{10}, \alpha_{20}, \gamma_0)' = \vartheta_0\text{“} \quad \text{gegen} \quad \text{K}_2\text{: „}\vartheta \neq \vartheta_0\text{“}$$

unter den jeweiligen Hypothesen asymptotisch eine χ_1^2- bzw. χ_4^2-Verteilung besitzen. Asymptotisch besitzen die üblicherweise verwendeten Statistiken

$$-2 \ln \tilde{\boldsymbol{\lambda}}_1 = n\big(\ln S(\gamma_0) - \ln S(\hat{\boldsymbol{\gamma}})\big)$$

und

$$-2 \ln \tilde{\boldsymbol{\lambda}}_2 = n\big(\ln S(\vartheta_0) - \ln S(\hat{\boldsymbol{\vartheta}})\big)$$

die gleichen Verteilungen.

Mit einem Beispiel zeigte FEDER, daß bei Nichtidentifizierbarkeit von ϑ die asymptotische Verteilung von $-2 \ln \boldsymbol{\lambda}$ von einer zentralen χ^2-Verteilung abweichen kann. Im Modell mit zwei sich schneidenden Geraden ist unter H_0: „$\alpha_1 = \alpha_2$“ der Umschlagspunkt γ und somit der Parameter ϑ nicht identifizierbar, so daß die asymptotische Verteilung von $-2 \ln \boldsymbol{\lambda}_0 = n(\ln \mathbf{S} - \ln S(\hat{\boldsymbol{\vartheta}}))$ unter H_0 bisher nicht bekannt ist.

1.2.4. Einige asymptotische Resultate zur Kleinste-Quadrat-Schätzung in geordneten Modellen mit Zustandsänderungen

In diesem Abschnitt werden wir hinreichende Bedingungen für die Konsistenz der WLSE sowohl im Modell mit abrupten als auch mit stetigen Zustandsänderungen ableiten. Die Resultate und die Beweistechnik schließen eng an die Ergebnisse aus dem Abschnitt 1.1.6 über die Konsistenz der WILSE in allgemeinen nichtlinearen Modellen an. Wie wir noch zeigen werden, sind einige wesentliche Voraussetzungen aus Abschnitt 1.1.6 für die hier betrachteten Modelle mit Zustandsänderungen nicht erfüllt, so daß die nachfolgenden Konsistenzaussagen nicht unmittelbar aus Satz 1.1.4 abgeleitet werden können.

In Analogie zum Abschnitt 1.1.6 werden wir die Zustandsparameter α_i, $i = 1, \ldots, r$, jetzt in ihre linearen und nichtlinearen Anteile aufspalten, wobei wir in diesem Abschnitt die linearen Anteile mit α_i und die nichtlinearen Anteile mit $\eta_i(\alpha_i \to (\alpha_i, \eta_i))$ bezeichnen wollen, d. h., für die Zustandsfunktionen gilt $h_i(x, \alpha_i, \eta_i) = \alpha_i' h_i(x, \eta_i)$,

$i = 1, \dots, r$. In diesem Zusammenhang werden folgende Bezeichnungen eingeführt:

$$\alpha_i \in \mathbb{R}^{p_i}, \qquad \eta_i \in H_i \subset \mathbb{R}^{m_i}, \qquad i = 1, \dots, r,$$

$$\alpha = (\alpha_1', \dots, \alpha_r')' \in \mathbb{R}^p, \qquad \eta = (\eta_1', \dots, \eta_r')' \in H := \mathop{\times}_{i=1}^{r} H_i,$$

$$\beta = (\eta', \gamma')' \in H \times \Gamma =: \mathcal{B},$$

$$\vartheta = (\alpha', \eta', \gamma')' = (\alpha', \beta')' \in \Theta := \mathbb{R}^p \times H \times \Gamma,$$

$$\Theta_\delta := \{\vartheta \in \Theta \mid \gamma \in \Gamma_\delta\}, \qquad \Theta_\delta^{\xi_n} := \{\vartheta \in \Theta \mid \gamma \in \Gamma_\delta^{\xi_n}\},$$

$$\Theta^{\xi_n} := \{\vartheta \in \Theta \mid \gamma \in \Gamma^{\xi_n}\},$$

wobei der Index n hier und im folgenden die Abhängigkeit vom Stichprobenumfang n andeutet. Die Funktion $g_\vartheta(x, z)$ besitzt dann die Darstellung

$$g_\vartheta(x, z) = \alpha' h_\beta(x, z)$$

mit

$$h_\beta(x, z) = h(x, z, \eta, \gamma) = \left(h_1'(x, \eta_1)\, I_{[a, \gamma_1]}(z), \dots, h_r'(x, \eta_r)\, I_{(\gamma_{r-1}, b]}(z)\right)'.$$

Wie im Abschnitt 1.1.6 werden wir hier die Inadäquatheit des Modells zulassen, d. h., die unbekannte Regressionsfunktion $f(x, z)$ ist durch eine stückweise zusammengesetzte Funktion $g_\vartheta(x, z)$ zu approximieren. Die WILSE $\hat{\vartheta}_n^\delta$ ist dann als Lösung von

$$Q_n(\hat{\vartheta}_n^\delta) = \min_{\vartheta \in \Theta_\delta^{\xi_n}} Q_n(\vartheta) \quad \text{mit} \quad Q_n(\vartheta) = {}^{w}|y - g_\vartheta|_n^2 = n^{-1} \sum_{t=1}^{n} w_t^{(n)} \left(y_t - g_\vartheta(x_t, z_t)\right)^2$$

definiert, wobei formal $\hat{\vartheta}_n = \hat{\vartheta}_n^0$ (d. h. $\delta = 0_r$) gilt (vgl. S. 71).

Im Gegensatz zu den Voraussetzungen von Satz 1.1.4 im Abschnitt 1.1.6

- ist der Parameterraum $\Theta_\delta^{\xi_n}$ nicht konstant, sondern variiert mit dem Versuchsplan ξ_n; es gilt $\Theta_\delta^{\xi_n} \subseteq \Theta_\delta \subseteq \Theta$,
- ist für $r \geqq 2$ der Parameterraum
  $$\Gamma = \{\gamma = (\gamma_1, \dots, \gamma_{r-1})' \mid c \leqq \gamma_1 < \gamma_2 < \dots < \gamma_{r-1} \leqq d\}$$
  nicht kompakt, und somit ist der Parameterraum $\mathcal{B} = H \times \Gamma$ nicht kompakt; es gilt $\Gamma_\delta \subseteq \Gamma \subseteq \Gamma_0$ und $\mathcal{B}_\delta := H \times \Gamma_\delta \subseteq \mathcal{B} \subseteq \mathcal{B}_0 := H \times \Gamma_0$, und Γ_δ $(\delta > 0)$ und Γ_0 sind kompakt,
- ist die zentrale Voraussetzung der Stetigkeit von $h_\beta(x, z)$ in β bei festem x und z (A_2) i. allg. verletzt, wie das folgende Beispiel zeigt.

Wir betrachten ein Modell mit zwei linearen Zustandsfunktionen und $z = x$. Dann gilt $g_\vartheta(x) = \alpha' h_\gamma(x)$ mit $h_\gamma(x) = \begin{pmatrix} h_1(x)\, I_{[a, \gamma]}(x) \\ h_2(x)\, I_{(\gamma, b]}(x) \end{pmatrix}$. Falls $h_i(x) \neq 0$, $i = 1, 2$, ist $h_\gamma(x)$ bei festem x in γ an der Stelle $\gamma = x$ unstetig.

Obwohl also wesentliche Voraussetzungen von Satz 1.1.4 im Abschnitt 1.1.6 verletzt sind, läßt sich unter verwandten Bedingungen wie im Satz 1.1.4 und mit einer ähnlichen Beweistechnik die Konsistenz der WILSE nachweisen.

Wir formulieren zunächst folgende Voraussetzungen:

V 1. Es existiert eine Funktion $u: \mathcal{Z} \to \mathbb{R}^1$, die höchstens endlich viele Unstetigkeitsstellen besitzt mit $0 < \varkappa \leqq u(z) \leqq \varrho$ für alle $z \in \mathcal{Z}$ und für die

$$s_n = \max_{1 \leqq t \leqq n} |w_t^{(n)} - u(z_t)| \xrightarrow{\text{fs}} 0.$$

V 2. ε_t sind unabhängige zufällige Variable mit

$$\mathsf{E}\varepsilon_t = 0\,, \qquad \mathsf{E}\varepsilon_t^2 = \sigma_t^2 = \sum_{i=1}^{r} \sigma_i^2 I_{(\gamma_{i-1}, \gamma_i]}(z)$$

und

a) ε_t sind identisch verteilt mit $\sigma_t^2 \equiv \sigma^2$ oder

b) die 4. Momente genügen der Bedingung $\sum_{t=1}^{\infty} t^{-2}\, \mathsf{E}\varepsilon_t^4 < \infty$.

V 3. Die durch die Folge der Versuchspläne $\{\xi_n = ((x_{1n}, z_{1n}), \dots, (x_{nn}, z_{nn}))\}_{n \in N}$ definierten Folgen von empirischen Verteilungsfunktionen

$$F_n(x, z) := n^{-1} \sum_{t=1}^{n} I_{(-\infty, x] \times (-\infty, z]}(x_{tn}, z_{tn})\,,$$

$$F_n(z) := n^{-1} \sum_{t=1}^{n} I_{(-\infty, z]}(z_{tn})$$

konvergieren für alle $(x, z) \in \mathscr{X} \times \mathscr{Z}$ gegen Verteilungsfunktionen $F(x, z)$ und $F(z)$ über $\mathscr{X} \times \mathscr{Z}$ bzw. $\mathscr{Z}$, und $F(z)$ ist stetig und auf $[c, d]$ streng wachsend.

V 4. Die Regressionsfunktion $f(x, z)$ ist stückweise stetig und beschränkt, d. h., es existieren endlich viele Punkte $\tau_0 := a < \tau_1 < \dots < \tau_\nu := b$, so daß $f(x, z)$ stetig und beschränkt auf $\mathscr{X} \times (\tau_{i-1}, \tau_i]$ für alle $i = 1, \dots, \nu$ ist.

V 5. Es gelte $g_\vartheta(x, z) = \alpha' h_\beta(x, z)$ mit

$$h_\beta(x, z) = h(x, z, \eta, \gamma)$$
$$= \left(h_1'(x, \eta_1)\, I_{[a, \gamma_1]}(z), h_2'(x, \eta_2)\, I_{(\gamma_1, \gamma_2]}(z), \dots, h_r'(x, \eta_2)\, I_{(\gamma_{r-1}, b]}(z)\right)',$$

und sämtliche Komponenten $h_{ij}(x, \eta_i)$, $j = 1, \dots, p_i$, von $h_i(x, \eta_i)$ seien stetig auf den kompakten Mengen $\mathscr{X} \times H_i$, $i = 1, \dots, r$. Für alle $\beta = (\eta, \gamma) \in H \times \Gamma$ sei

$${}^u(h_\beta, h_\beta) := \left(\left(\int_{\mathscr{X} \times \mathscr{Z}} u(z)\, h_{\beta(i)}(x, z)\, h_{\beta(j)}(x, z)\, \mathrm{d}F(x, z)\right)\right)_{j=1,\dots,p}^{i=1,\dots,p}$$

eine nichtsinguläre Matrix.

V 5'. Es gelte $x = z$ und $g_\vartheta(x) = \alpha' h_\beta(x)$ mit

$$h_\beta(x) = h(x, \eta, \gamma) = \left(h_1'(x, \eta_1)\, I_{[a, \gamma_1]}(x), \dots, h_r'(x, \eta_r)\, I_{(\gamma_{r-1}, b]}(x)\right)',$$

und sämtliche Komponenten $h_{ij}(x, \eta_i)$ von $h_i(x, \eta_i)$ seien stetig auf der kompakten Menge $[a, b] \times H_i$, $i = 1, \dots, r$. Die Stetigkeitsbedingungen an die Funktion $g_\vartheta(x)$ sind mit Hilfe einer Matrix $A(\beta)$ durch $A(\beta)\,\alpha = 0$ beschreibbar mit der Eigenschaft, daß die Matrix $A(\beta)$ stetig in $\beta \in H \times \Gamma$ und die Matrix

$${}^u(h_\beta, h_\beta) + A'(\beta)\, A(\beta) = \left(\left(\int_a^b u(x)\, h_{\beta(i)}(x)\, h_{\beta(j)}(x)\, \mathrm{d}F(x)\right)\right)_{j=1,\dots,p}^{i=1,\dots,p} + A'(\beta)\, A(\beta)\,,$$

für alle $\beta = (\eta, \gamma) \in H \times \Gamma$ nicht singulär ist.

V 6. a) Es existiere eine eindeutig bestimmte Lösung ϑ_δ^f von

$$\min_{\vartheta \in \Theta_\delta} {}^u|f - g_\vartheta|^2 = {}^u|f - g_{\vartheta_\delta^f}|^2\,.$$

b) Es existiere eine eindeutig bestimmte Lösung ϑ^f von

$$\min_{\vartheta \in \Theta} {}^u|f - g_\vartheta|^2 = {}^u|f - g_{\vartheta^f}|^2 .$$

V 7. Es gibt ein $\vartheta_0 \in \Theta$ mit $f = g_{\vartheta_0}$.

V 8. Für alle $\vartheta, \bar{\vartheta} \in \Theta$ gilt ${}^u|g_\vartheta - g_{\bar{\vartheta}}|^2 = 0$ genau dann, wenn $\vartheta = \bar{\vartheta}$.

Dabei ist im folgenden ${}^w(l, k)_n$ und ${}^u(l, k)_n$ wie in 1.1.6 definiert und ${}^u(l, k) := \int_{\mathcal{X} \times \mathcal{Z}} u(z)\, l(x, z)\, k(x, z)\, \mathrm{d}F(x, z)$. Generell benutzen wir weitgehend die in 1.1.6 eingeführten Schreibweisen.

V 5′ betrifft speziell das Modell mit stetigen Zustandsänderungen und ist ein Analogon zu V 5, für Modelle mit abrupten Zustandsänderungen. V 1 läßt Bewichtungen $w_t^{(n)}$ zu, die von den Beobachtungen und den Meßstellen z_t abhängen können. Sie ist für die inadäquate OLSE und die inadäquate GLSE trivialerweise erfüllt.

Aus V 2b) folgt insbesondere

$$\min_{1 \leq i \leq r} \sigma_i^2 \leqq \sigma_t^2 \leqq \max_{1 \leq i \leq r} \sigma_i^2 < \infty \quad \text{für alle} \quad t = 1, 2, \dots ,$$

und unter V 1—V 3 folgt mit dem Satz von Helly-Bray

$$n^{-1} \sum_{t=1}^{n} u(z_t)\, \sigma_t^2 = \sum_{i=1}^{r} \sigma_i^2 \left(n^{-1} \sum_{t=m_n(\gamma_{i-1}^0)+1}^{m_1(\gamma_i^0)} u(z_t) \right)$$
$$= \sum_{i=1}^{r} \sigma_i^2 \int_{(\gamma_{i-1}^0, \gamma_i^0]} u(z)\, \mathrm{d}F_n(z) \xrightarrow[n \to \infty]{} \sum_{i=1}^{r} \sigma_i^2 \int_{\gamma_{i-1}^0}^{\gamma_i^0} u(z)\, \mathrm{d}F(z) =: \tau_w(\gamma^0)$$

so daß die Voraussetzung A_1a) oder b) aus Satz 1.1.4 erfüllt ist, wobei auf die für die Konsistenz nicht benötigte modifizierte Lindeberg-Bedingung verzichtet wird.

Für alle $\vartheta = (\alpha', \varkappa', \gamma')' \in \Theta$ seien $\delta_i(\vartheta) = \gamma_i - \gamma_{i-1}$, $i = 1, \dots, r$, und $\delta(\vartheta) = (\delta_1(\vartheta), \dots, \delta_r(\vartheta))'$ die durch γ gegebenen Zustandslängen. Für $\delta_1 = (\delta_{11}, \dots, \delta_{1r})'$, $\delta_2 = (\delta_{21}, \dots, \delta_{2r})'$ seien $\delta_1 \leqq \delta_2$ bzw. $\delta_1 < \delta_2$ komponentenweise durch $\delta_{1i} \leqq \delta_{2i}$, $i = 1, \dots, r$, bzw. $\delta_{1i} < \delta_{2i}$, $i = 1, \dots, r$, definiert.

Der folgende Satz liefert die Konsistenz für die WILSE $\hat{\vartheta}_n^\delta$ im Falle abrupter Zustandsänderungen.

Satz 1.2.1. 1. *Unter den Voraussetzungen* 1, 2a) *oder* 2b, 3 *bis* 5 *gilt*

a) $\lim_{n \to \infty} {}^w|f - g_{\hat{\vartheta}_n^\delta}|_n = \lim_{n \to \infty} {}^u|f - g_{\hat{\vartheta}_n^\delta}| = \Delta_f^\delta$ *fast sicher, mit* $\Delta_f^\delta := \min_{\vartheta \in \Theta_\delta} {}^u|f - g_\vartheta|$.

b) *Falls ein* $\vartheta^f \in \Theta$ *existiert mit* ${}^u|f - g_{\vartheta^f}| = \min_{\vartheta \in \Theta} {}^u|f - g_\vartheta| =: \Delta_f$ *folgt*

$$\lim_{n \to \infty} {}^w|f - g_{\hat{\vartheta}_\delta^n}| = \lim_{n \to \infty} {}^u|f - g_{\hat{\vartheta}_n^\delta}| = \Delta_f$$

fast sicher für alle δ *mit* $0 < \delta \leqq \delta_f := \delta(\vartheta_f)$ (*Konsistenz der* WILSA).

2. *Unter den Voraussetzungen* 1, 2a) *oder* 2b), 3 *bis* 5 *folgt*

a) *unter* 6a) $\hat{\vartheta}_n^\delta \xrightarrow{\text{fs}} \vartheta_\delta^f$,

b) *unter* 6b) $\hat{\vartheta}_n^\delta \xrightarrow{\text{fs}} \vartheta^f$ *für alle* δ *mit* $0 < \delta \leqq \delta_f := \delta(\vartheta_f)$ (*Konsistenz der* WILSE).

3. *Unter den Voraussetzungen* 1, 2a) *oder* 2b), 3 *bis* 5 *und* 7 *gilt* $\Delta_f^\delta = \Delta_f = 0$ *und*

$$Q_n(\hat{\vartheta}_n^\delta) \xrightarrow{\text{fs}} \tau_w(\gamma^0) := \sum_{i=1}^{r} \sigma_i^2 \int_{\gamma_{i-1}^0}^{\gamma_i^0} u(z)\,\mathrm{d}F(z)$$

für alle δ *mit* $0 < \delta \leqq \delta_0 := \delta(\vartheta_0)$ (*Konsistenz der Varianzschätzung*).

4. *Unter den Voraussetzungen* 1, 2a) *oder* 2b), 3 *bis* 5, 7 *und* 8 *gilt*

$$\hat{\vartheta}_n^\delta \xrightarrow{\text{fs}} \vartheta_0 \quad \text{für alle } \delta \quad \text{mit} \quad 0 < \delta \leqq \delta_0 := \delta(\vartheta_0)$$

(*Konsistenz der* WLSE).

Beweis. Der Beweis folgt im wesentlichen den Ideen des Beweises von Satz 1.1.4, weshalb wir uns hier auf eine kurze Skizze der Unterschiede beschränken können.

Sei $\mathscr{B}_0 := H \times \Gamma_0$ und $\mathscr{H} := \{f, h_{\beta(i)} \mid i = 1, \ldots, p, \beta \in \mathscr{B}_0\}$. Da

$${}^u(l, k)_n = n^{-1} \sum_{t=1}^{n} u(z_t)\, l(x_t, z_t)\, k(x_t, z_t) = \int_{\mathfrak{X} \times \mathfrak{Z}} u(z)\, l(x, z)\, k(x, z)\, \mathrm{d}F_n(x, z)$$

gilt, kann man mit Hilfe geeigneter Integralaufspaltungen, des Satzes von Polya und unter Ausnutzung der Kompaktheit von $\mathscr{B}_0$ zeigen, daß

$$\sup_{l, k \in \mathscr{H}} |{}^u(l, k)_n - {}^u(l, k)| \to 0$$

gilt, woraus nach Lemma 1.1.1

$$\sup_{l, k \in \mathscr{H}} |{}^w(l, k)_n - {}^u(l, k)| \xrightarrow{\text{fs}} 0 \tag{24}$$

folgt. (24) impliziert

$$\sup_{\beta \in \mathscr{B}_0} \left| {}^w|h_{\beta(i)} - h_{\tilde{\beta}(i)}|_n - {}^u|h_{\beta(i)} - h_{\tilde{\beta}(i)}| \right| \xrightarrow{\text{fs}} 0\,, \qquad i = 1, \ldots, p\,, \tag{25}$$

und man kann weiter zeigen

$${}^u|h_{\beta(i)} - h_{\tilde{\beta}(i)}| \to 0 \quad \text{für} \quad \beta \to \tilde{\beta} (\in \mathscr{B}_0)\,, \qquad i = 1, \ldots, p\,. \tag{26}$$

Die Aussage von Lemma 1.1.2

$$\sup_{l \in \mathscr{H}} {}^w(l, \varepsilon)_n \xrightarrow{\text{fs}} 0 \tag{27}$$

bleibt richtig, jedoch ist sie aufgrund der fehlenden Stetigkeitseigenschaft von $h_\beta(x, z)$ (A_2) auf anderem Wege nachzuweisen: Wie im Beweis von Lemma 1.1.2 zeigt man

$${}^u(l, \varepsilon)_n \xrightarrow{\text{fs}} 0 \quad \text{für alle} \quad l \in \mathscr{H} \tag{28}$$

und

$${}^u|\varepsilon|_n^2 \xrightarrow{\text{fs}} \tau_w(\gamma^0)\,. \tag{29}$$

Mit (25), (26), (28) und (29) folgt unter Ausnutzung von

$$\begin{aligned} |{}^u(h_{\beta(i)}, \varepsilon)_n| &\leqq {}^u|h_{\beta(i)} - h_{\tilde{\beta}(i)}|_n\, {}^u|\varepsilon|_n + {}^u(h_{\tilde{\beta}(i)}, \varepsilon)_n \\ &\leqq \left| {}^u|h_{\beta(i)} - h_{\tilde{\beta}(i)}|_n - {}^u|h_{\beta(i)} - h_{\tilde{\beta}(i)}| \right| {}^u|\varepsilon|_n \\ &\quad + {}^u|h_{\beta(i)} - h_{\tilde{\beta}(i)}|\, {}^u|\varepsilon|_n + {}^u(h_{\tilde{\beta}(i)}, \varepsilon)_n \end{aligned}$$

und der Kompaktheit von $\mathscr{B}_0$ ähnlich wie im Beweis von Lemma 1.1.2

$$\sup_{\beta \in \mathscr{B}_0} {}^u(h_{\beta(i)}, \varepsilon) \xrightarrow{\text{fs}} 0 \quad \text{für jedes} \quad i = 1, \ldots, p\,,$$

woraus man mit der gleichen Technik wie im Beweis von Lemma 1.1.2 die Eigenschaft (27) ableiten kann.

Weiter kann man zeigen, daß ${}^{u}(h_\beta, h_\beta)$ und ${}^{u}(h_\beta, f)$ stetig in $\beta \in \mathscr{B}_0 = H \times \Gamma_0$ sind. Daraus folgt sofort $\alpha_\beta := {}^{u}(h_\beta, h_\beta)^{-1}\, {}^{u}(h_\beta, f)$ ist stetig in $\beta \in \mathscr{B} = H \times \Gamma$. Diese Aussage kann nur für $\mathscr{B}$, nicht jedoch für $\mathscr{B}_0$ gezeigt werden, da ${}^{u}(h_\beta, h_\beta)^{-1}$ für $\beta = (\eta, \gamma)$ mit $\gamma \in \Gamma_0 \setminus \Gamma$ nicht existiert. Wir können jedoch $\alpha_\beta = {}^{u}(h_\beta, h_\beta)^{+}\, {}^{u}(h_\beta, f)$ und $\hat{\alpha}_\beta = {}^{w}(h_\beta, h_\beta)_n^{+}\, {}^{w}(h_\beta, f)_n$ einführen. Dabei gilt $\hat{\alpha}_\beta = \hat{\alpha}_{(\eta,\, m(\gamma))}$. Falls $\gamma_{i-1} = \gamma_i$ gilt, folgt für die i-ten Teilvektoren von α_β bzw. $\hat{\alpha}_\beta$ $\alpha_i(\beta) = \hat{\alpha}_i(\beta) = 0$, so daß man mit der gleichen Technik wie bei Lemma 1.1.3

$$\sup_{\beta \in \mathscr{B}_0} \|\hat{\alpha}_\beta - \alpha_\beta\| = \sup_{\beta \in \mathscr{B}} \|\hat{\alpha}_\beta - \alpha_\beta\| \xrightarrow{\text{fs}} 0$$

zeigen kann. Die Stetigkeit von α_β impliziert die Stetigkeit von $d(\beta) := {}^{u}|f - \alpha'_\beta h_\beta|$ auf $\mathscr{B}$, so daß ein

$$\beta_\delta^f = (\eta_\delta^f, \gamma_\delta^f) \in \mathscr{B}_\delta = H \times \Gamma_\delta$$

existiert mit $d(\beta_\delta^f) = \min_{\beta \in \mathscr{B}_\delta} d(\beta)$. Wegen Voraussetzung 3 folgt

$$F_n(\gamma_{i,\delta}^f) - F_n(\gamma_{i-1,\delta}^f) \to F(\gamma_{i,\delta}^f) - F(\gamma_{i-1,\delta}^f) > 0\,,$$

also $\gamma_\delta^f \in \Gamma_\delta^{\varepsilon_n}$ für fast alle n und somit $Q_n(\hat{\vartheta}_n^\delta) \leqq Q_n(\vartheta_\delta^f)$ für fast alle n. Mit $\sup_{\beta \in \mathscr{B}_\delta} \|\alpha_\beta\| < \infty$ und den gleichen Argumenten wie im Beweis von Satz 1.1.4 folgen die Behauptungen 1a) und 2a). Falls ein $\vartheta^f \in \Theta$ mit $\delta_f := \delta(\vartheta_f) > 0$ und ${}^{u}|f - g_{\vartheta f}| = \min_{\vartheta \in \Theta} {}^{u}|f - g_\vartheta|$ existiert, folgt sofort $\Delta_f^\delta := \min_{\vartheta \in \Theta_\delta} {}^{u}|f - g_\vartheta| = \Delta_f$ für alle $\delta \leqq \delta_f$ und somit implizieren die Behauptungen 1a) und 2a) die Behauptungen 1b) und 2b). Die übrigen Behauptungen sind Konsequenzen aus Punkt 1 und 2. ■

Ersetzt man V 5 durch V 5', so folgt aus der Stetigkeit von ${}^{u}(h_\beta, h_\beta)$ und ${}^{u}(h_\beta, f)$ die Stetigkeit von $\alpha_\beta := [{}^{u}(h_\beta, h_\beta) + A'(\beta)\, A(\beta)]^{-1}\, {}^{u}(h_\beta, f)$ in $\beta \in \mathscr{B}$. Mit der gleichen Beweistechnik wie in Satz 1.2.1 zeigt man den folgenden Konsistenzsatz über die WILSE $\hat{\vartheta}_n^\delta$ im Falle stetiger Zustandsänderungen:

Satz 1.2.2. *Unter* V 1 *bis* V 4, V 5', V 6 *bis* V 8 *und* $x = z$ *gelten die Aussagen aus Satz* 1.2.1.

Bemerkung 1.2.3. Da die Stetigkeit von α_β nur für $\beta \in \mathscr{B} = H \times \Gamma$ jedoch nicht für $\beta \in \mathscr{B}_0 := H \times \Gamma_0$ gezeigt werden konnte, gelingt es nicht, $\sup_{\beta \in \mathscr{B}_0} \|\alpha_\beta\| < \infty$ zu zeigen, so daß im allgemeinen mit der benutzten Technik nicht die Konsistenz von $\hat{\vartheta}_n = \hat{\vartheta}_n^0$ nachgewiesen werden kann. Für den Spezialfall $r = 2$ gilt jedoch $\Gamma = \Gamma_0 = \Gamma_{\bar{\delta}}$ mit $\bar{\delta} = (c - a, b - d)'$ und somit gelten die Konsistenzaussagen der Sätze 1.2.1 und 1.2.2 auch für $\hat{\vartheta}_n = \hat{\vartheta}_n^0 = \hat{\vartheta}_n^{\bar{\delta}}$.

Falls die Matrix ${}^{u}(h_\beta, h_\beta) + A'(\beta)\, A(\beta)$ sogar für alle $\beta \in \mathscr{B}_0$ nicht singulär ist und die Identifizierbarkeitsbedingung 8 nicht nur auf Θ, sondern auf Θ_0 gilt, gelten im Modell mit stetigen Zustandsänderungen die Konsistenzaussagen auch für $\hat{\vartheta}_n = \hat{\vartheta}_n^0$ bei beliebiger Zustandsanzahl r.

Bemerkung 1.2.4. Falls die linearen Parameter α_i in kompakten Mengen $\mathscr{A}_i$, $i = 1, \ldots, r$, variieren, kann man auf ähnlichem Wege zeigen, daß $\hat{\vartheta}_n^\delta$ und $\hat{\vartheta}_n = \hat{\vartheta}_n^0$ die Konsistenzaussagen der Sätze 1.2.1 und 1.2.2 erfüllen.

FEDER (1975a) untersucht für Modelle mit r stetig anschließenden linearen Zustandsfunktionen hinreichende Bedingungen für die schwache Konsistenz der OLSE $\hat{\vartheta}_n$. Er verzichtet dabei auf die Einführung von Mindestzustandslängen δ_i, stellt dafür aber eine Bedingung an die Folge der Versuchspläne $\{\xi_n\}$, die sichert, daß die OLSE $\hat{\vartheta}_n$ mit gegen 1 konvergierender Wahrscheinlichkeit in einer kompakten Menge liegt, die den „wahren" Parameter ϑ_0 enthält (Voraussetzung (*) und Lemma 3.4 in FEDER (1975a)). Außerdem untersucht er die Konvergenzgeschwindigkeit der OLSE und leitet hinreichende Bedingungen für die asymptotische Normalität von $\hat{\vartheta}_n$ ab (Theorem 4.13 und 4.17).

Insbesondere folgt aus seinen Resultaten, daß im Modell mit zwei sich schneidenden Geraden und homogener Varianz $n^{1/2}(\hat{\gamma} - \gamma^0)$ asymptotisch normalverteilt ist. Nach HINKLEY (1969) haben empirische Studien jedoch gezeigt, daß die Normalverteilung bei endlichem Stichprobenumfang n eine schlechte Approximation für die Verteilung von $\hat{\gamma}_n$ liefert, und er schlug deshalb andere Approximationen vor.

1.2.5. Einige andere Modelle mit Zustandsänderungen

Bei der kurzen Darstellung anderer in der Literatur behandelter Modelle mit Zustandsänderungen können wir uns auf Modelle mit $r = 2$ linearen Zustandsfunktionen $\alpha_1' h_1(x)$ und $\alpha_2' h_2(x)$ und normalverteilten Beobachtungsfehlern beschränken.

GOLDFELD und QUANDT (1972) betrachten ein Modell mit $z_t = k's_t$, wobei k ein unbekannter Vektor und s_t eine beobachtbare oder nichtbeobachtbare Größe ist. Insbesondere kann $s_t = x_t$ gelten. Da $z_t = k's_t$ unbekannt ist, kann man nicht mehr zu einem geordneten Modell übergehen, denn es ist unbekannt, welche Beobachtungen welchem Zustand zuzuordnen sind. Diese Voraussetzungen führen zu einem Modell, in dem mehr unbekannte Parameter auftreten als Beobachtungen, so daß die Parameter nicht identifizierbar sind. GOLDFELD und QUANDT (1972) schlagen deshalb eine approximative MLE (D-Methode) der Zustandsparameter $\alpha_1, \alpha_2, \sigma_1^2, \sigma_2^2$ und der den Zuordnungsmechanismus zwischen Zustand und Beobachtung beschreibenden Parameter k und γ vor, die auf einer Reduktion der Anzahl der unbekannten Parameter beruht.

Außer Modellen mit einem deterministischen Charakter der Zuordnung von Zustand und Beobachtung betrachten QUANDT (1972), GOLDFELD, QUANDT (1973) und QUANDT, RAMSEY (1978) Modelle mit einem stochastischen Zuordnungsmechanismus. Im Beobachtungsmodell mit zwei Zuständen führen sie die *Zustandswahrscheinlichkeiten* λ_{t1} und $\lambda_{t2} = 1 - \lambda_{t1}$, $t = 0, \dots, n$, ein, wobei λ_{t1} die Wahrscheinlichkeit dafür bezeichnet, daß sich das betrachtete System zum Zeitpunkt t im 1. Zustand befindet (also $y_t = \alpha_1' h_1(x_t) + \varepsilon_t$, $\mathsf{D}\varepsilon_t = \sigma_1^2$ gilt) und λ_{t2} die entsprechende Wahrscheinlichkeit für den 2. Zustand bezeichnet.

Dabei werden zwei Spezialfälle untersucht:

(i) $\lambda_{t1} = \lambda$ für alle $t = 0, 1, \dots, n$.

(ii) $\lambda_t = \begin{pmatrix} \lambda_{t1} \\ \lambda_{t2} \end{pmatrix} = \begin{pmatrix} \tau_1 & 1 - \tau_1 \\ 1 - \tau_2 & \tau_2 \end{pmatrix}' \begin{pmatrix} \lambda_{t-1,1} \\ \lambda_{t-1,2} \end{pmatrix} =: T'\lambda_{t-1}, \quad t = 1, \dots, n.$

Die Matrix $T = \begin{pmatrix} \tau_1 & 1 - \tau_1 \\ 1 - \tau_2 & \tau_2 \end{pmatrix}$ kann als Markowsche Übergangsmatrix interpretiert werden, wobei $1 - \tau_1$ die Wahrscheinlichkeit dafür bezeichnet, daß das Modell vom Zustand 1 zum Zeitpunkt $t-1$ zum Zustand 2 zum Zeitpunkt t übergeht, und $1-\tau_2$ analog dazu die Übergangswahrscheinlichkeit vom 2. zum 1. Zustand bezeichnet.

Zur Schätzung der Zustandsparameter α_1, α_2, σ_1^2, σ_2^2 und der den Zustandsmechanismus charakterisierenden Wahrscheinlichkeiten λ bzw. λ_{01}, τ_1 und τ_2 schlagen GOLDFELD und QUANDT (1972, 1973) Maximum-Likelihood-Schätzungen vor. Für den Spezialfall (i) leiten QUANDT und RAMSEY (1978) außerdem eine auf der momentenerzeugenden Funktion basierende Schätzung ab, die unter gewissen Regularitätsannahmen konsistent und asymptotisch normalverteilt ist.

Bayessche Methoden zur Schätzung der Zustandsparameter und des Umschlagsindexes m in einem Modell mit zwei Geraden als Zustandsfunktionen bei Verwendung nichtinformativer A-priori-Verteilungen wurden von FERREIRA (1975) und HOLBERT, BROEMELING (1977) behandelt.

Eine approximative Bayessche Methode zur Schätzung des Umschlagspunktes γ im Modell mit zwei stetig anschließenden Geraden wurde von BACON, WATTS (1971) eingeführt.

1.2.6. Methoden der Identifikation von Zustandsänderungen in Modellen mit unbekannter Zustandsanzahl

Wir betrachten jetzt das Modell (1) mit linearen Zustandsfunktionen $\alpha_i'h(x)$, in dem die Zustandsänderungen in Abhängigkeit von x erfolgen (d. h. $z = k(x)$) und die Zustandsanzahl r unbekannt ist. Die gleichen Überlegungen wie in 1.2.2.1 führen zum Beobachtungsmodell

$$y_t = \alpha_i'h(x_t) + \varepsilon_t\,, \qquad D\varepsilon_t = \sigma_i^2\,, \qquad t \in A_i\,, \qquad i = 1, \dots, r\,,$$

mit $A_i = \{m_{i-1}+1, m_{i-1}+2, \dots, m_i\}$, $i = 1, \dots, r$, unbekannten Umschlagsindizes

$$m_i = m(\gamma_i) = \max_{1 \leqq t \leqq n} \{t \mid z_t = k(x_t) \leqq \gamma_i\}\,, \qquad i = 1, \dots, r-1\,,$$

und unbekannter Zustandsanzahl r aus einer gegebenen Menge $\mathcal{R}$.

Die Bestimmung einer Schätzung $\hat{r}$ nach der Kleinste-Quadrat-Methode als Lösung von

$$S(\hat{r}) = \min_{r \in \mathcal{R}} S(r) \quad \text{mit} \quad S(r) := S(\hat{\vartheta}(r)) = \min_{\vartheta \in \Theta_r^\xi} \sum_{t=1}^{n} (y_t - g_\vartheta(x_t))^2$$

ist mit einem beträchtlichen Rechenaufwand verbunden. (Dabei bezeichnet Θ_r^ξ den beim Versuchsplan ξ und r Zuständen zugrunde gelegten Parameterraum.) Zum Beispiel sind für ein Modell mit 20 Beobachtungen, zwei dimensionalen Zustandsparametern α_i und unter der Voraussetzung, daß zu jedem Zustand wenigstens drei Beobachtungen vorhanden sind, bereits 406 Residualsummen $S(\vartheta) = \sum_{t=1}^{n} (y_t - g_\vartheta(x_t))^2$ zu vergleichen. Im Falle von $n = 25$ Beobachtungen wächst die Anzahl der zu berechnenden Residualsummen bereits auf 2745 an.

Offenbar ist $S(r)$ eine in r fallende Funktion, so daß eine OLSE unabhängig von der wahren Zustandsanzahl zu einem großen Wert $\hat{r}$ führt.

Von McGEE und CARLETON (1970) und SCHULZE (1977b) wurden andere empirische Verfahren zur Schätzung der Zustandsanzahl r, der Umschlagsindizes und der Zustandsparameter β_i, σ_i^2 vorgeschlagen. Diese Verfahren beruhen im wesentlichen darauf, mit Test (11), wie er für den Vergleich der Zustände zweier Beobachtungsgruppen in 1.2.2.3 vorgeschlagen wurde, zu entscheiden, ob man eine gegebene Gruppe von Beobachtungen mit der nachfolgenden Gruppe von Beobachtungen vereinigen kann oder nicht. Dabei wird die Normalverteilung der ε_t vorausgesetzt.

Die Verfahren hängen natürlich von dem gewählten Signifikanzniveau α der benutzten Tests ab. Je größer α gewählt wird, desto eher wird die Hypothese über die Gleichheit der Zustände in den betrachteten Beobachtungsgruppen abgelehnt und desto mehr Zustände werden gefunden.

Theoretische Aussagen zur Güte solcher empirischen Verfahren existieren nicht und sind aufgrund der komplizierten Struktur der Verfahren auch nur schwer zu gewinnen.

Ein Vergleich der verschiedenen vorgeschlagenen Verfahren auf der Basis empirischer Untersuchungen fehlt noch.

Eine andere Methode der Schätzung von r basierend auf Mallows C_p-Statistik wurde von Ertel und Fowlkes (1976) vorgeschlagen.

Ein Modell mit unbekannter Zustandsanzahl r bei stetig anschließenden linearen Zustandsfunktionen wurde von Halpern (1973) betrachtet. Er beschreibt eine Bayessche Methode zur Identifikation von Zustandsänderungen. Wichtigste Modellannahme ist dabei die Voraussetzung, daß die Zustandsänderungen nur in endlich vielen vorgegebenen Punkten $p_1, \ldots, p_q$ auftreten können, wobei aber unbekannt ist, in wie vielen und welchen dieser Punkte. Ausgehend von A-priori-Verteilungen in einem geeignet reparametrisierten Modell leitet er A-posteriori-Verteilungen für die Zustandsparameter bei bekanntem Umschlagspunkt γ und die A-posteriori-Verteilung der Umschlagspunkte ab. Neben der Schätzung des Umschlagspunktes γ durch Maximierung der A-posteriori-Verteilung untersucht er das Problem der optimalen Vorhersage.

1.3. Literatur

1.3.1. Literatur zu Abschnitt 1.1

Agha, M. (1971). A direct method for fitting linear combinations of exponentials. Biometrics **27**, 399–413.

Anderson, T. W. (1958). An Introduction to Multivariate Analysis. J. Wiley, New York.

Anderson, T. W., Taylor, J. B. (1976). Strong consistency of least squares estimators in normal linear regressions. Ann. of Statist. **4**, 788–790.

Bahadur, R. R. (1964). On Fisher's bound for asymptotic variance. Ann. Math. Statist. **35**, 1545–1552.

Bahadur, R. R. (1967). Rates of convergence of estimates and test statistics. Ann. Math. Statist. **39**, 303–324.

Bard, J. (1974). Nonlinear Parameter Estimation. Academic Press, New York.

Barham, R. H., Drane, W. (1972). An algorithm for least squares estimation of nonlinear parameters when some of the parameters are linear. Technometrics **14**, 757–766.

Barnett, W. A. (1976). Maximum likelihood and iterated Aitken estimation of nonlinear systems of equations. J. Amer. Statist. Assoc. **71**, 354–360

Beale, E. M. L. (1960). Confidence regions in nonlinear estimation. J. Royal Statist. Soc. Ser. B, **22**, 41–71.

Bird, H. A., Milliken, G. A. (1976). Estimable functions in the nonlinear models. Commun. Statist. **A 5**, 999–1012.

Box, G. E. P., Coutie, G. A. (1956). Application of digital computers in the exploration of functional relationship. Proc. of the Institution of Electrical Engeneers, Part B, Suppl. Nr. 1, 100–107.

Box, M. J. (1971). Bias in nonlinear estimation. J. Royal Statist. Soc., Ser. B, **33**, 171–201.

Bunke, H. (1976). Simple consistent estimation in nonlinear regression by data transformations and design of experiments. Math. Operationsforsch. Statist. **7**, 715–719.

Bunke, H. (1977). Linear parameter estimation in nonlinear regression models by previous data transformations. Biometr. J. **19**, 253–256.

Bunke, H. (1981). A note on parameter estimation in inadequate nonlinear regression models. Math. Operationsforsch. Statist., Ser. Statist. **12**, 7–11.

Bunke, H., Bunke, O. (1974). Identifiability and estimability. Math. Operationsforsch. Statist. **5**, 223–233.

Bunke, H., Henschke, K., Strüby, R., Wisotzki, C. (1977). Parameter estimation in nonlinear regression models. Math. Operationsforsch. Statist., Ser. Statist. **8**, 23–40.

Bunke, H., Schmidt, W. H. (1980). Asymptotic results on nonlinear approximation of regression functions and weighted least squares, Math. Operationsforsch. Statist., Ser. Statist., **11**, 3–22.

Bunke, O., Grabowski, B. (1978). A procedure for model choice or variable selection with controlled model specification error. Math. Operationsforsch. Statist., Ser. Statist., **9**, 483–497.

Chanda, K. C. (1976). Efficiency and robustness of least squares estimators. Sankhyā, Ser. B, **38**, 153–163.

Cox, D. R. (1977). Nonlinear models, residuals and transformations. Math. Operationsforsch. Statist., Ser. Statist., **8**, 3–22.

Draper, N. R., Smith, H. (1966). Applied Regression Analysis. J. Wiley, New York.

Drygas, H. (1971). Consistency of the least-squares and Gauß-Markov estimators in regression models. Z. Wahrscheinlichkeitstheorie verw. Gebiete **17**, 309–326.

Drygas, H. (1976). Weak and strong consistency of the least-squares estimators in regression models. Z. Wahrscheinlichkeitstheorie verw. Gebiete **34**, 119–127.

Eicker, F. (1963a). Centra llimit theorems for families of sequences of random variables. Ann. Math. Statist. **34**, 439–446.

Eicker, F. (1963b). Asymptotic normality and consistency of the least-squares estimators for families of linear regressions. Ann. Math. Statist. **34**, 447–456.

Eicker, F. (1965). Limit theorems for regressions with unequal and dependent errors. Proc. of the 5th Berkeley Symp. Math. Statist. Prob. **1**, 59–82. Univ. California Press, Berkeley.

Eicker, F. (1966). A multivariate central limit theorem for random linear vector forms. Ann. Math. Statist. **37**, 1825–1828.

Fedorow, W. W. (Федоров, В. В.) (1977). Estimation of regression parameters in the case of vector valued observations. In: Regression Experiments (Ed.: W. W. Nalimow (В. В. Налимов), Moscow, Isd. Mosk. Univ.

Gallant, A. R. (1975). Testing a subset of the parameters of a nonlinear regression model. J. Amer. Statist. Assoc. **70**, 927–932.

Gleser, L. J. (1965). On the asymptotic theory of fixed-size sequential confidence bounds for linear regression parameters. Ann. Math. Statist. **36**, 463–467.

Gleser, L. J. (1966). Correction to: On the asymptotic theory of fixed-size sequential confidence bounds for linear regression parameters. Ann. Math. Statist. **37**, 1053–1055.

Goldberger, A. S. (1968). The interpretation and estimation of Cobb-Douglas functions. Econometrica **36**, 464–472.

Goldfeld, S. M., Quandt, R. E. (1972). Nonlinear Methods in Econometrics. North-Holland Publishing Company, Amsterdam–London.

Grossmann, W. (1976). Robust nonlinear regression. In: Compstat 1976, (Ed.: G. Bruckmann) Physica-Verlag, Würzburg, 146–152.

Hannan, E. J. (1971). Nonlinear time series regression. J. Appl. Prob. 8, 767–780.

Hartley, H. O. (1961). The modified Gauss-Newton method for fitting of nonlinear regression functions by least squares. Technometrics **3**, 269–280.

Hoffmann, K. (1977). Robust alternatives of the least squares estimator. Math. Operationsforsch. Statist., Ser. Statist., 8, 305–311.

Huber, P. J. (1964). Robust regression of a location parameter. Ann. Math. Statist. **35**, 73–101.

IWANOW, A. W. (Иванов, А. В.) (1976). Асимптотическое разложение для распределения оценки наименьщих квадратов параметра нелинейной регрессии. Теория вероятностей **21**, 571—583.

JENNRICH, R. I. (1969). Asymptotic properties of nonlinear least squares estimators. Ann. Math. Statist. **40**, 633—643.

KRUSKAL, W. (1968). When are Gauss-Markov and least squares estimators identical? A coordinate-free approach. Ann. Math. Statist. **39**, 70—75.

LAWTON, H., SYLVESTRE, E. A. (1971). Elimination of linear parameters in nonlinear regression. Technometrics **13**, 461—467.

MALINVAUD, E. (1970a). Statistical Methods of Econometrics. Second revised edition, North-Holland Publishing Company, Amsterdam—London.

MALINVAUD, E. (1970b). The consistency of nonlinear regressions. Ann. Math. Statist. **41**, 956—969.

MARQUARDT, D. W. (1963). An algorithm for least squares estimation of nonlinear parameters. SIAM J. Appl. Math. **11**, 431—441.

MCGILCHRIST, C. A. (1968). Efficient difference equation estimators in exponential regression. Ann. Math. Statist. **39**, 1938—1945.

NATANSON, I. P. (1955). Konstruktive Funktionentheorie. Akademie-Verlag, Berlin.

NELDER, J. A. (1961). The fitting of a generalization of the logistic curve. Biometrics **17**, 89—110.

NELDER, J. A. (1962). An alternative form of a generalized logistic function. Biometrics **18**, 614—616.

NUSSBAUM, M. (1977). Asymptotic efficiency of estimators in the multivariate linear model. Math. Operationsforsch. Statist., Ser. Statist., **8**, 173—198.

PETERSEN, I. (Петерсен, И.) (1969). Сопоставление метода возпроизводящих ядер с методом наименьших квадратов. изв. АН СССР, физ. Мат. **18**, 403.

PFANZAGL, J. (1973). Asymptotic expansions related to minimum contrast estimators. Ann. of Statist. **1**, 993—1026.

RASCH, D. (1967). Schätzprobleme bei eigentlich nichtlinearen Regressionsfunktionen. Abh. Dt. Akad. Wiss., 121—128.

SALEH, A. E., CHOUDRY, G. H. (1975). On fitting exponential regressions. Statistische Hefte **16**, 213—222.

SCHMIDT, W. H. (1975a). Asymptotic normality of least-square estimators in multivariate singular linear models. Math. Operationsforsch. Statist. **6**, 285—300.

SCHMIDT, W. H. (1975b). Asymptotic optimality of estimators in multivariate linear models. Math. Operationsforsch. Statist. **6**, 713—731.

SCHMIDT, W. H. (1976). Strong consistency of variance estimation and asymptotic theory for tests of the linear hypothesis in multivariate linear models. Math. Operationsforsch. Statist. 7, 701—705

SCHMIDT, W. H. (1977). Asymptotics for experimental design planning in multivariate linear models. Math. Operationsforsch. Statist., Ser. Statist., **8**, 447—452.

SCHMIDT, W. H. (1979). Asymptotic results for estimation and testing variances in regression models. Math. Operationsforsch. Statist., Ser. Statist., **10**, 209—236.

SCHÖNFELD, P. (1969). Methoden der Ökonometrie, Bd. 1: Lineare Regressionsmodelle. Verlag Franz Vahlen GmbH, Berlin und Frankfurt (Main).

STOER, J. (1972). Numerische Mathematik I. Springer-Verlag, Berlin.

WISOTZKI, C. (1977). Polynomial approximation of nonlinear regression functions. Math. Operationsforsch. Statist., Ser. Statist., **8**, 313—321.

ZWANZIG, S. (1980). The choice of approximative models in nonlinear regression. Math. Operationsforsch. Statist., Ser. Statist., **11**, 23—48.

1.3.2. Literatur zu Abschnitt 1.2

AGARWAL, G. G., STUDDEN, W. J. (1978). Asymptotic design and estimation using linear splines. Commun. Statist. B 7, 309—319.

AHLBERG, J. H., NILSON, E. N., WALSH, J. L. (1967). The Theory of Splines and Their Applications. J. Wiley, New York.

BACON, D. W., WATTS, D. G. (1971). Estimating the transition between two intersecting straight lines. Biometrika **58**, 525–534.

BARNARD, G. A. (1959). Control charts and stochastic processes. J. Royal Statist. Soc., Ser. B, **21**, 239–271.

BORODJUK, W. P., LEZKI, E. K. (1977). Statistische Modellierung verfahrenstechnischer Systeme. Akademie-Verlag, Berlin.

BROWN, R. L., DURBIN, J., EVANS, J. M. (1975). Techniques for testing the consistency of regression relationships over time (with discussion). J. Royal Statist., Soc., Ser. B, **37**, 149–192.

BUNKE, H. (1973). Approximation of regression functions. Math. Operationsforsch. Statist. **4**, 314–325.

BUNKE, H., BUNKE, O. (1974). Das empirische Entscheidungsprinzip und die Wahl von Regressionsmodellen. Biometr. Z. **16**, 167–184.

BUSE, A., LIM, L. (1977). Cubic splines as a special case of restricted least squares. J. Amer. Statist. Assoc. **72**, 64–68.

CHOW, G. C. (1960). Tests of equality between sets of coefficients in two linear regressions. Econometrica **28**, 591–605.

DATHE, E. M., MÜLLER, P. H. (1980). A contribution to splineregression. Biom. J. **22**, 259–269.

DUNICZ, B. L. (1969). Discontinuities in the surface structure of alcohol-water mixtures. Kolloid-Zeitschrift und Zeitschrift für Polymere **230**, 346–357.

EDER, F. X. (1968). Moderne Meßmethoden der Physik, Teil 1. VEB Deutscher Verlag d. Wissenschaften, Berlin.

ERTEL, J. E., FOWLKES, E. B. (1976). Some algorithms for linear spline and piecewise multiple linear regression. J. Amer. Statist. Assoc. **71**, 640–648.

FAIR, R. C., JAFFEE, D. M. (1972). Methods of estimation for markets in disequilibrium. Econometrica **40**, 497–514.

FARLEY, J. U., HINICH, M. J. (1970). A test for a shifting slope coefficient in a linear model. J. Amer. Statist. Assoc. **65**, 1320–1329.

FEDER, P. I. (1975a). On asymptotic distribution theory in segmented regression problems — identified case. Ann. Statist. **3**, 49–83.

FEDER, P. I. (1975b). The log likelihood ratio in segmented regression. Ann. Statist. **3**, 84–97.

FERREIRA, P. E. (1975). A Bayesian analysis of a switching regression model: known number of regimes. J. Amer. Statist. Assoc. **70**, 370–374.

GALLANT, A. R., FULLER, W. A. (1973). Fitting segmented polynomial regression models whose join points have to be estimated. J. Amer. Statist. Assoc. **68**, 144–147.

GARBADE, K. (1977). Two methods for examining the stability of regression coefficients. J. Amer. Statist. Assoc. **72**, 54–63.

GOLDFELD, S. M., QUANDT, R. E. (1972). Nonlinear Methods in Econometrics. North-Holland Publishing Co., Amsterdam.

GOLDFELD, S. M., QUANDT, R. E. (1973). A Markov model for switching regressions. J. Econometrics **1**, 3–16.

GUTHERY, S. B. (1974). Partition regression. J. Amer. Statist. Assoc. **69**, 945–947.

HALPERN, E. F. (1973). Bayesian spline regression when the number of knots is unknown. J. Royal Statist. Soc., Ser. B **35**, 347–360.

HINKLEY, D. V. (1969). Inference about the intersection in two-phase regression. Biometrika **56**, 495–504.

HINKLEY, D. V. (1971). Inference in two-phase regression. J. Amer. Statist. Assoc. **66**, 736–743.

HOLBERT, D., BROEMELING, L. (1977). Bayesian inferences related to shifting sequences and two-phase regression. Commun. Statist. A **6**, 265–275.

HUDSON, D. J. (1966). Fitting segmented curves whose join points have to be estimated. J. Amer. Statist. Assoc. **61**, 1097–1124.

HUMÁK, K. M. S. (1977). Statistische Methoden der Modellbildung, Bd. I, Statistische Inferenz für lineare Parameter. Akademie-Verlag, Berlin.

JENNRICH, R. I. (1969). Asymptotic properties of non-linear least squares estimators. Ann. Math. Statist. **40**, 633–643.

JUPP, D. L. B. (1978). Approximation to data by splines with free knots. SIAM J. Num. Anal. **15**, 328–343.

MACNEILL, I. B. (1978). Properties of sequences of partial sums of polynomial regression residuals with applications to test for change of regression at unknown times. Ann. Statist. **6**, 422–433.

MCGEE, V. E., CARLETON, T. W. (1970). Piecewise regression. J. Amer. Statist. Assoc. **65**, 1109–1124.

PARK, S. H. (1978). Experimental designs for fitting segmented polynomial regression models. Technometrics **20**, 151–154.

PAUL, R. (1974). Halbleiterphysik. VEB Verl. Technik, Berlin.

Physik in Übersichten (1973). Volk und Wissen, Berlin.

POIRIER, D. J. (1973). Piecewise regression using cubic splines. J. Amer. Statist. Assoc. **68**, 515–524.

QUANDT, R. E. (1958). The estimation of the parameters of a linear regression system obeying two separate regimes. J. Amer. Statist. Assoc. **53**, 873–880.

QUANDT, R. E. (1960). Tests of the hypothesis that a linear regression system obeys two separate regimes. J. Amer. Statist. Assoc. **55**, 324–330.

QUANDT, R. E. (1972). A new approach to estimating switching regression. J. Amer. Statist. Assoc. **67**, 306–310.

QUANDT, R. E., RAMSEY, J. B. (1978). Estimating mixtures of normal distributions and switching regression. (With discussion). J. Amer. Statist. Assoc. **73**, 730–752.

RAMSEY, J. B. (1969). Tests for specification errors in classical linear least-squared regression analysis. J. Royal Statist. Soc., Ser. B. **31**, 350–371.

ROBISON, D. E. (1964). Estimates for the points of intersection of two polynomial regressions. J. Amer. Statist. Assoc. **59**, 214–224.

ROY, S. N. (1953). On a heuristic method of test construction and its use in multivariate analysis. Ann. Math. Statist. **24**, 220–238.

SCHMIDT, P., SICKLES, R. (1977). Further evidence on the use of the Chow test under heteroscedasticity. Econometrica **45**, 1293–1298.

SCHULZE, U. (1973). Regressionsmodelle mit verschiedenen Zuständen. Diplomarbeit, Humboldt-Universität, Berlin.

SCHULZE, U. (1977a). Estimation of the unknown change-point between regression regimes. ikm VII. Intern. Kongr. über Anwendungen d. Math. in den Ingenieurwissensch. mit d. Rahmenthema.: Anwendungen d. elektronischen Datenverarbeitung im Bauwesen, Weimar 1975.

SCHULZE, U. (1977b). Identifikation von Zustandsänderungen. Poster session, 3. Intern. Sommerschule „Modellwahl“, Mühlhausen.

SCHULZE, U. (1982). Modelle mit Zustandsänderungen. Dissertation. Akademie der Wissenschaften der DDR, Berlin.

SPRENT, P. (1961). Some hypotheses concerning two phase regression lines. Biometrics **17**, 634–645.

THALHEIM, W. (1977). Prüfung linearer Modelle. Diplomarbeit, Humboldt-Universität, Berlin.

TOYODA, T. (1974). Use of the Chow test under heteroscedasticity. Econometrica **42**, 601–608.

WOLD, S. (1974). Spline functions in data analysis. Technometrics **16**, 1–11.

YAYATISSA, W. A. (1977). Tests of equality between sets of coefficients in two linear regressions when disturbance variances are unequal. Econometrica **45**, 1291–1292.

2. Robuste statistische Methoden in linearen Modellen

2.1. Allgemeine Bemerkungen über Robustheit

Die Methode der kleinsten Quadrate und die Standardnormaltheorie sind sehr beliebt wegen ihrer Anpassungsfähigkeit und breiten Anwendungsmöglichkeit auf allgemeine lineare Modelle. Ihre Anwendung ist sinnvoll, wenn die Normalverteilung hinreichend gut dem vorliegenden Problem entspricht und Ausreißer von geringem Interesse sind.

Wir wissen, daß in der Praxis die meisten Modelle nur selten den wirklichen Sachverhalten entsprechen. Deshalb müssen wir unsere Aufmerksamkeit der Frage zuwenden, wie spezielle Techniken und Verfahren arbeiten, wenn die Hypothesen, für welche sie entwickelt wurden, nicht gelten. STIGLERS (1973) bemerkenswerte geschichtliche Studie zeigt, daß LAPLACE, EDGEWORTH, NEWCOMB und DANIELL (unter vielen anderen früheren Autoren) sich noch sehr um den Einfluß der grundlegenden Annahmen sorgten. Während sie anerkannten, daß durch Verwendung nichtkorrekter Modelle Fehler gemacht werden würden, hatten sie in Ermangelung einer Rechnerunterstützung wahrscheinlich keine Idee, wie groß die Fehler wirklich sein könnten.

PEARSON (1931) war möglicherweise der Erste, der die hohe Empfindlichkeit einiger Standardverfahren gegenüber Abweichungen von der Normalität bemerkte (insbesondere bei Tests auf Gleichheit von Varianzen). Als Folge davon und im Zusammenhang mit dem gleichen Problem gebrauchte Box (1953) erstmalig den Ausdruck „Robustheit".

In den späten vierziger Jahren begannen TUKEY und die Statistische Forschungsgruppe in Princeton das Problem zu propagieren, um die Unzulänglichkeit der klassischen Schätzungen zu zeigen und Eigenschaften verschiedener praktischer Alternativen zu begründen, und zwar hauptsächlich für das Schätzen eines einziges Lokationsparameters. Sie entdeckten das „getrimmte Mittel" wieder und untersuchten es. Später bemerkte TUKEY (1962):

„Wir haben uns mit realistischen Problemstellungen abzufinden. Die Tatsache, daß die Normaltheorie zum Beispiel als einzige die Grundlage zur einfachen oder algebraischen Behandlung eines Problems liefern kann, stellt möglicherweise einen ausgezeichneten Grund dar, mit dem Normalfall zu beginnen. Das kann aber niemals ein guter Grund dafür sein, die Untersuchungen an dieser Stelle abzuschließen."

Darüber hinaus folgt aus den Resultaten von KAGAN, LINNIK und RAO (1965), (1973), daß die Kleinste-Quadrate-Schätzung (LSE) mit der Pitman-Schätzung bei quadratischem Verlust nur (genau) dann übereinstimmt, wenn die zugrundeliegende Verteilung eine Normalverteilung ist; das heißt, daß die Zulässigkeit der LSE bezüglich quadratischem Verlust eine charakteristische Eigenschaft der Normalverteilung ist (siehe auch Abschnitt 2.1.7 in HUMAK I (1977)).

Klassische Verfahren sind hochempfindlich gegenüber groben Fehlern (d. h. Ausreißern und langgezogenen Verteilungen). 10% „Ausreißer" mit einer Abweichung von 3σ vom Erwartungswert tragen in gleichem Maß zur Varianz bei wie die restlichen 90% der Werte mit einer Abweichung von 1σ. Ausreißer können die Varianz verdoppeln oder verdreifachen, so daß das Beseitigen ihres Einflusses die Genauigkeit wirklich erhöhen könnte.

Unter dem Eindruck dieser Tatsachen müssen wir nach statistischen Verfahren suchen, welche nicht nur für ein Modell, sondern für eine große Klasse von möglicherweise zutreffenden Modellen gut sind; diese brauchen dabei nicht notwendig beste für eines der Modelle zu sein. Box und ANDERSON (1955) führten die Bezeichnung „Robustheit" wie folgt ein: Es werden Verfahren verlangt, die sowohl „robust" (unempfindlich gegenüber Veränderungen in fremden nicht zu prüfenden Faktoren) als auch wirksam sind (empfindlich gegenüber spezifischen zu prüfenden Faktoren).

Indem wir über Robustheit sprechen, müssen zwei Dinge im Gedächtnis bleiben: Erstens die Menge der Verteilungen (bzw. der Parameter), über welche das Verfahren robust sein soll. Diese Menge könnte nur aus den Normalverteilungen bestehen, die Menge aller symmetrischen glatten Verteilungen sein, eine ausgewählte endliche Menge von Verteilungstypen darstellen, eine Umgebung eines Typs usw.

Eine mögliche formale Definition der Robustheit wurde von HAMPEL (1971) gegeben: Für eine Folge $\{T_n\}$ von Schätzungen bewirken kleine Abweichungen in der Fehlerverteilung kleine Abweichungen in den Verteilungen der Schätzungen (jeweils mittels des Prokhorov-Abstandes gemessen); dies führt zu einem „Abbruchpunkt" (breakdown point), dem größten Abstand vom angenommenen Modell, für welchen die Schätzung aussagefähig ist.

Nachdem wir einige Grundlagen bereitgestellt haben werden, um Schätzungen betrachten zu können, die nicht aus der Normalverteilungstheorie hervorgehen, beabsichtigen wir im folgenden, einen Überblick über einige neuere Resultate für robuste Schätzungen in linearen Modellen zu geben. Es ist nicht das Anliegen dieses Kapitels, einen vollständigen Überblick über die Theorie der Robustheit zu geben, jedoch kann ein Großteil des Materials zu diesem Gebiet im Literaturverzeichnis aufgefunden werden. Eine ausführliche Studie der Robustheit geben SERFLING (1980) und HUBER (1981).

Die meisten Betrachtungen werden asymptotischer Art für unbeschränkt wachsende Beobachtungszahl n sein. Bis heute wurde für robuste Schätzungen hauptsächlich die asymptotische Theorie in ziemlich geschlossener Weise entwickelt.

Wir werden auch einige Resultate für endliche Stichproben erwähnen. Einige andere, hauptsächlich auf Monte-Carlo-Betrachtungen beruhende Ergebnisse, können in den Princeton-Studien (ANDREWS, BICKEL, HAMPEL, HUBER, ROGERS, TUKEY (1972)) gefunden werden.

2.2. Robuste Alternativen zur Methode der Kleinsten Quadrate

Wir werden das Problem der Schätzung der Regressionsparameter eines linearen Modells betrachten. Mit anderen Worten, wir möchten β nach Beobachtung von $y'_{(n)} = (y_{n1}, \dots, y_{nn})$ schätzen, wobei

$$y_{(n)} = X_n\beta + \varepsilon \tag{1}$$

ist. Hierbei stellt $\beta = (\beta_1, \dots, \beta_p)'$ einen Vektor von unbekannten Regressionsparametern dar, $\varepsilon = (\varepsilon_1, \dots, \varepsilon_n)'$ ist ein Vektor von Fehlern, und $X_n = ((x_{ij}))_{j=1,\dots,p}^{i=1,\dots,n}$ ist schließlich eine Matrix von bekannten Regressorwerten (Versuchsplanmatrix) mit dem Rang p. Die meisten unserer Betrachtungen werden asymptotischer Art sein, wobei die Anzahl der Beobachtungen (n) groß wird und die Zahl der Regressionsparameter p fest bleibt. Damit hängen $y_{(n)}$ und X_n von n ab. Wir werden diese Abhängigkeit nicht explizit darstellen, außer wenn Verwechslungen hervorgerufen werden können.

Durchgängig werden wir annehmen, daß die ε_i ($i = 1, \ldots, n$) unabhängig und identisch mit der gleichen Verteilungsfunktion F und der Dichte f (bez. des Lebesgue-Maßes) verteilt sind. Die Fehlerverteilungsfunktion F und deren Dichte f sind i. allg. nicht näher bestimmt.

Wenn F die zu einer Normalverteilung mit dem Erwartungswert 0 gehörige Verteilungsfunktion ist, stellt die Minimierung der Summe von Quadraten

$$\sum_{i=1}^{n} \left(y_i - \sum_{j=1}^{p} x_{ij}\beta_j \right)^2 \tag{2}$$

ein geeignetes Verfahren zur Schätzung von β dar. Äquivalent dazu wäre es, das Gleichungssystem

$$\sum_{i=1}^{n} \left(y_i - \sum_{j=1}^{p} x_{ij}\beta_i \right) x_{ij} = 0\,, \qquad j = 1, \ldots, p\,, \tag{3}$$

zu lösen. Die LSE

$$\hat{\beta} = W_n^{-1} X_n' y_{(n)} \tag{4}$$

(mit $W_n = X_n' X_n$) ist bezüglich des quadratischen Verlustes genau dann zulässig, wenn F die zu einer Normalverteilung gehörige Verteilungsfunktion ist (Einzelheiten siehe in 2.1.7 in Humak I (1977)).

Für das Lokationsmodell ($p = 1$, $x_{ij} \equiv 1$) wurden als Alternativen zu (4) drei verschiedene Klassen von Schätzverfahren betrachtet: M-*Schätzungen* (Schätzungen vom Maximum-Likelihood-Typ), R-*Schätzungen* (Schätzungen, die auf Rängen der Beobachtungen basieren) und L-*Schätzungen* (Linearkombinationen von Ordnungsstatistiken). Diese Verfahren führen auf mehr oder weniger direkte Weise zu Erweiterungen auf das lineare Regressionsmodell.

Wir werden mit den Residuen

$$\delta_i(\beta) = y_i - \sum_{j=1}^{p} x_{ij}\beta_j\,, \qquad i = 1, \ldots, n\,, \tag{5}$$

arbeiten. Eine gemeinsame Idee aller erwähnten Verfahren besteht darin, die zu minimierende Funktion (2) durch eine andere, gegenüber Extremwerten der Residuen (5) weniger empfindliche Funktion zu ersetzen.

2.2.1. L-Schätzungen

Im Lokationsmodell sind L-Schätzungen die Linearkombination von Ordnungsstatistiken. Wenn $y^{(1)}, \ldots, y^{(n)}$ die geordneten Beobachtungen sind ($y^{(1)} \leqq y^{(2)} \leqq \ldots \leqq y^{(n)}$), dann sind die Schätzungen von der Form

$$\hat{\beta} = \sum_{i=1}^{n} \lambda_i y^{(i)}\,. \tag{6}$$

Wenn die Koeffizienten λ_i von einer geeignet gewählten Gewichtsfunktion J gemäß $\lambda_i = n^{-1} J(i/n + 1)$, ($i = 1, \ldots, n$), erzeugt werden und wenn verschiedene Regularitätsbedingungen erfüllt sind (siehe BICKEL (1967), CHERNOFF, GASTWIRTH und JOHNS (1967), SHORACK (1969), STIGLER (1974)), dann ist $n^{1/2}(\hat{\beta} - \beta)$ asymptotisch normalverteilt mit Erwartungswert 0 und der Varianz

$$K_1(J, F) = \iint J(F(x))\, J(F(y))\, [F(\min(x, y)) - F(x)\, F(y)]\, dx\, dy\,. \tag{7}$$

Wenn F bekannt ist, dann liefert

$$J(t) = \frac{d\varphi(t,f)}{dt} \cdot f(F^{-1}(t)) \left[\int_0^1 \frac{d\varphi(t,f)}{dt} f(F^{-1}(t))\, t \right]^{-1}$$

mit

$$\varphi(t,f) = -\frac{f'(F^{-1}(t))}{f(F^{-1}(t))}, \qquad F^{-1}(t) = \inf\{x \mid F(x) \geqq t\}, \qquad 0 < t < 1,$$

eine asymptotisch effiziente Schätzung, d. h. daß K_1 minimal wird und mit der unteren Grenze der Cramer-Rao-Ungleichung übereinstimmt (JUNG (1966); vergleiche auch Theorem 2.4.12 in HUMAK I (1977)).

Von speziellem Interesse vom Standpunkt der Robustheit aus sind die α-gestutzten Mittelwerte, die

$$J(t) = \begin{cases} \dfrac{1}{1 - 2\alpha}, & \text{wenn} \quad \alpha \leqq t \leqq 1 - \alpha\,, \\ 0 & \text{sonst} \end{cases}$$

entsprechen.

Die erste Erweiterung von L-Verfahren auf das lineare Modell geht zurück auf BICKEL (1973). Sie fällt im Lokationsmodell mit dem in (6) definierten Verfahren zusammen.

Das Verfahren beginnt mit einer von vornherein begründbaren guten Schätzung β^*. Die resultierende Schätzung ist dann gleich β^* plus einem additiven Ausdruck, der von den geordneten Residuen $\delta_i(\beta^*)$ abhängt (siehe (5)).

Um ein Analogon zum gestutzten Mittel zu erhalten, sind zum Beispiel alle den Residuen mit einem „Positionsindex" kleiner als α oder größer als $(1 - \alpha)$ entsprechenden Beobachtungen zu streichen. Es wird dann die LSE aus den verbleibenden Beobachtungen berechnet. Die Klasse der α-gestutzten LSE $(0 < \alpha < \frac{1}{2})$, von KOENKER und BASETT (1978) vorgeschlagen, stellt eine direkte Verallgemeinerung der Klasse von α-gestutzten Mitteln für das lineare Modell dar.

Die Schätzungen sind unter Regularitätsbedingungen asymptotisch normalverteilt mit der Kovarianzmatrix $K_1(J, F)\, W_n^{-1}$ (mit K_1 aus (7) und $W_n = X_n' X_n$). In der asymptotischen Kovarianzmatrix hängt nur $K_1(J, F)$ von der Wahl von J und von der vorliegenden Verteilungsfunktion F ab. Wir könnten $K_1(J, F)$ als ein Maß der asymptotischen Effizienz der entsprechenden Schätzung ansehen. Damit übertragen sich die Robustheitsresultate aus dem Lokationsproblem (dasselbe gilt für M- und R-Schätzungen).

2.2.2. M-Schätzungen

M-Schätzungen von Regressionsparametern erhalten wir, wenn wir

$$\sum_{i=1}^{n} \varrho\left(y_i - \sum_{j=1}^{p} x_{ij}\beta_j\right) \tag{8}$$

anstelle von (2) minimieren, wobei ϱ eine (gewöhnlich konvexe) Funktion ist. Wenn wir (8) differenzieren, erhalten wir (mit $\psi = \varrho'$) das folgende Analogon zu (3):

$$\sum_{i=1}^{n} \psi\left(y_i - \sum_{k=1}^{p} x_{ik}\beta_k\right) x_{ij} = 0\,, \qquad j = 1, \dots, p\,. \tag{9}$$

Die Klasse $\mathcal{M}$ von M-Schätzungen wurde von Huber (1964), (1967) für das Lokationsmodell eingeführt und von Relles (1968) und Huber (1973) auf das Regressionsmodell erweitert.

Wenn f glatt und darüber hinaus $\psi = -f'/f$ ist, dann stimmt die M-Schätzung mit der Maximum-Likelihood-Schätzung überein. Wenn f die Dichte einer Normalverteilung mit dem Erwartungswert 0 ist, erhalten wir speziell die LSE (4).

Unter verschiedenen Regularitätsbedingungen bewiesen die obigen Autoren, daß die M-Schätzung asymptotisch (für $n \to \infty$ und p fest) normalverteilt ist mit dem Erwartungswert β und der Kovarianzmatrix $K_2(\psi, F)\, W^{-1}$ mit

$$K_2(\psi, F) = \int \psi^2(x)\, \mathrm{d}F(x)\, \left[\int \psi'(x)\, \mathrm{d}F(x)\right]^{-2}. \tag{10}$$

Eine detailliertere Untersuchung von M-Schätzungen kann man in Abschnitt 2.3 finden.

2.2.3. R-Schätzungen

Hodges und Lehmann (1963) schlugen Lokationsschätzungen auf der Grundlage von Wilcoxon- und anderen Rangtests vor. Sie zeigten, daß deren asymptotische Varianzen aus den Gütefunktionen der Tests berechnet werden könnten, und daß diese Schätzungen niemals sehr viel kleinere, aber manchmal bei weitem höhere Effizienzen als das Stichprobenmittel besitzen.

Adichie (1967) folgte den Ideen von Hodges und Lehmann: Er definierte Schätzungen von β_1 und β_2 im Regressionsmodell $y_i = \beta_1 + \beta_2 x_i + \varepsilon_i$ $(i = 1, \dots, n)$ auf der Grundlage des Wilcoxon-Tests und fand ihre asymptotische Verteilung. Jurečková (1971b), Koul (1971) und Jaeckel (1972) dehnten das Verfahren auf die p-parametrische Regression und auf allgemeine Rangtests aus. Die drei entsprechenden Schätzungen sind asymptotisch äquivalent und haben deshalb dieselbe asymptotische Verteilung und Effizienz. Grob gesprochen erhalten wir R-Schätzungen, indem wir (anstelle von (2))

$$\sum_{i=1}^{n} \left(a_n(R_i^\beta) - \bar{a}_n\right) \delta_i(\beta) \tag{11}$$

bezüglich β minimieren. Hierbei ist R_i^β der Rang von $\delta_i(\beta)$ in $(\delta_1(\beta), \dots, \delta_n(\beta))$, d. h.

$$R_i^\beta = \sum_{j=1}^{p} u(\delta_i(\beta) - \delta_j(\beta))\,,$$

wobei $u(t) = 1$ für $t \geqq 0$ ist und $u(t) = 0$ sonst. a_n ist eine monotone „*Score*"-*Funktion*, und

$$\bar{a}_n = \frac{1}{n} \sum_{i=1}^{n} a_n(i)\,.$$

Wenn wir (11) — eine stückweise lineare konvexe Funktion in β — formal differenzieren, erhalten wir die folgenden approximativen Gleichungen für das Minimum (die linken Seiten sind unstetige Treppenfunktionen):

$$\sum_{i=1}^{n} \left(a_n(R_i^\beta) - \bar{a}_n\right) x_{ij} \approx 0\,, \qquad j = 1, \dots, p\,. \tag{12}$$

Die Behandlung dieser approximativen Gleichungen kann in ein Minimum-Problem umgeformt werden, und zwar in

$$\sum_{j=1}^{p} \left| \sum_{i=1}^{n} \left(a_n(R_i^\beta) - \bar{a}\right) x_{ij} \right| \Rightarrow \text{min!} \tag{13}$$

Die Variante (13) wurde von Jurečková (1971b) untersucht, und es wurde die asymptotische Normalität der gewonnenen Schätzung bewiesen. Diese Variante ist eine direkte Verallgemeinerung von Hodges, Lehmann (1963) und Adichie (1967) auf die p-parametrische Regression. Die Schätzungen wurden durch Umkehren von Rangtests für Hypothesen über β abgeleitet. Die Variante (11) wurde von Jaeckel (1972) untersucht, der ebenfalls die asymptotische Äquivalenz beider Verfahren bewies. Die Idee besteht darin, daß (11) als ein Maß der Dispersion der Residuen $\delta_i(\beta)$ genommen werden könnte. Tatsächlich, wenn die Komponenten von $z = (z_1, \dots, z_n)$ Beobachtungen und $R_1, \dots, R_n$ ihre entsprechenden Ränge darstellen, ist $\tilde{D}(z) = \sum_{i=1}^{n} \left(a_n(R_i) - \bar{a}_n\right) z_i$ translationsinvariant, (d. h. $\tilde{D}(bz) = b \cdot \tilde{D}(z)$ für $b \geqq 0$,) und $\tilde{D}(z)$ ist klein, wenn die z_i einander nah sind. Deshalb minimieren wir $\tilde{D}(\delta(\beta))$ anstelle der eigentlichen Residualsumme, wie wir es bei der Methode der Kleinsten Quadrate tun würden.

Für die Score-Funktion a_n wird angenommen, daß sie durch eine nichtkonstante, nichtfallende quadratisch integrierbare Funktion $\varphi(t)$ $(0 < t < 1)$ in der folgenden Weise erzeugt wird:

$$a_n(i) = \varphi\left(\frac{i}{n+1}\right), \qquad i = 1, \dots, n\,. \tag{14}$$

Wenn f bekannt und glatt ist, dann liefert

$$\varphi(t) = \varphi(t, f) := -\frac{f'(F^{-1}(t))}{f(F^{-1}(t))}, \qquad 0 < t < 1\,, \tag{15}$$

eine asymptotisch effiziente Schätzung.

Unter Regularitätsbedingungen sind die Schätzungen asymptotisch normalverteilt mit dem Erwartungsvektor β und der Kovarianzmatrix $K_3(\varphi, F)\ W_n^{-1}$ mit

$$K_3(\varphi, F) = \left[\int_0^1 \varphi^2(t)\,dt - \left(\int_0^1 \varphi(t)\,dt\right)^2\right] \left(\int_0^1 \varphi(t)\,\varphi(t, f)\,dt\right]^{-2}. \tag{16}$$

Über die Lösung von (11) und (13) hinausgehend sind Schätzungen als 2-Schrittversionen möglich: Beginne mit einer hinreichend guten Vorschätzung, und wende dann einen Schritt der Newton-Methode auf das entsprechende Gleichungssystem an. Solche Schätzungen wurden durch Kraft, van Eeden (1972) untersucht (siehe auch Abschnitt 2.5.2).

Schließlich lohnt es, einige adaptive Schätzverfahren zu erwähnen. Wenn die vorliegende Verteilungsfunktion F unbekannt ist, wird das Verfahren durch Schätzen der optimalen *Score-Funktion* $\varphi(t, f)$ (oder ψ, oder J) entweder aus einem Teil oder aus allen Beobachtungen und durch Berechnung der durch diese Funktion erzeugten Schätzung gebildet. Für das Lokationsmodell wurden solche Schätzungen z.B. durch

Hájek und Šidák (1967), Hájek (1970), van Eeden (1970) und Beran (1974) betrachtet. Analoge Schätzungen für das allgemeine lineare Modell wurden von Dionne (1976, 1981) untersucht. Ungeachtet der Tatsache, daß solche Formen ausgezeichnete asymptotische Eigenschaften besitzen, ist die Konvergenz zu langsam, und die Stichprobenumfänge müssen extrem groß sein, wenn die Resultate befriedigen sollen (siehe Abschnitt 2.5.3). Hogg (1974) erwähnte, daß anstelle der direkten Anwendung von Hájek und van Eeden eine gröbere Approximation von φ nützlich sein kann.

2.2.4. Zusammenhang zwischen L-, M- und R-Schätzungen

Bei allen drei Schätzverfahren geht es darum, den Einfluß der Ausreißerbeobachtung zu verringern. Jedes von ihnen könnte bei bekannter Fehlerverteilung eine asymptotisch effiziente Schätzung liefern. In der Tat stehen für $n \to \infty$ die Schätzungen in enger Beziehung zueinander. Sind beispielsweise die Funktionen J, ψ und φ glatt und durch

$$J(t) = \varphi'(t) f(F^{-1}(t)) \left[\int \varphi'(t) f(F^{-1}(t))\, dt\right]^{-1}, \tag{17}$$

$$\psi(x) = c\varphi(F(x)) \tag{18}$$

mit $c \in \mathbb{R}^+$ verknüpft, dann sind die entsprechenden L-, M- und R-Schätzungen in Wahrscheinlichkeit asymptotisch äquivalent. Die asymptotischen Beziehungen verschiedener Typen von Schätzungen werden in Abschnitt 2.6 behandelt.

2.3. Eigenschaften von M-Schätzungen

Wir wollen das Modell (2.2.1) unter der Annahme betrachten, daß wir näherungsweise gewisse Kenntnisse über die vorliegende Verteilungsfunktion F besitzen. Zum Beispiel sei angenommen, daß F folgendem *Modell der Undeterminiertheit* von Huber genügt:

$$F = (1 - \varepsilon)\,\Phi + \varepsilon H\,, \tag{1}$$

wobei $0 < \varepsilon < 1$ eine bekannte Zahl ist, Φ die Verteilungsfunktion der Standardnormalverteilung darstellt und H die Verteilungsfunktion einer unbekannten symmetrischen *„kontaminierenden" Verteilung* ist. Ein derartiges *Modell der Kontaminiertheit* tritt beispielsweise dann auf, wenn die Beobachtungen als normalverteilt mit Varianz 1 angenommen werden können, aber gleichzeitig ein Teil von ihnen von großen Fehlern beeinflußt wird.

Wir werden weiterhin auch andere Modelle der Undeterminiertheit betrachten, und zwar zum Beispiel das durch

$$\sup_{x \in \mathbb{R}^1} |F(x) - \Phi(x)| \leqq \varepsilon \tag{2}$$

beschriebene. Huber (1964) schlug vor,

$$\varrho(x) = \begin{cases} x^2/2 & \text{für} \quad |x| \leqq k\,, \\ k\,|x| - k^2/2 & \text{für} \quad |x| > k \end{cases} \tag{3}$$

beziehungsweise

$$\psi(x) = \begin{cases} x & \text{für} \quad |x| \leqq k\,, \\ k \operatorname{sign} x & \text{für} \quad |x| > k \end{cases} \tag{4}$$

mit einem $k > 0$ zu benutzen. Diese Wahl von ψ beschränkt wirkungsvoll den Einfluß von stark fehlerhaften Beobachtungen: Wenn ein Residuum in seinem absoluten Wert k übersteigt, so kann es über alle Grenzen vergrößert werden, ohne daß weitere Veränderungen für den Schätzwert von β auftreten. Andere Möglichkeiten der Wahl von ψ werden in Abschnitt 2.3.2 erwähnt werden.

Das in (4) gegebene ψ führt im Spezialfall einer Lokation ($p = 1$, $x_{ij} = 1$) zu Schätzungen mit wohldefinierten Minimax-Eigenschaften, sowohl asymptotisch als auch für endliche Stichprobenumfänge. Zumindest die asymptotische Minimax-Eigenschaft überträgt sich auf den Regressionsfall.

2.3.1. Minimax-Eigenschaften von M-Schätzungen im Lokationsmodell bei endlichem Stichprobenumfang

Es sei angenommen, daß $\boldsymbol{y}_1 - \beta, \dots, \boldsymbol{y}_n - \beta$ unabhängige identisch verteilte Fehler sind, deren gemeinsame Verteilungsfunktion F dem Modell der Undeterminiertheit (2) genügt. Wir definieren

$$T^* = \sup\left\{T \mid \sum_{i=1}^{n} \psi(y_i - T) \geqq 0\right\}, \qquad T^{**} = \inf\left\{T \mid \sum_{i=1}^{n} \psi(y_i - T) \leqq 0\right\}$$

mit dem durch (4) gegebenen ψ und setzen (5)

$$\boldsymbol{T}^0 = \begin{cases} T^* & \text{mit Wahrscheinlichkeit } \frac{1}{2}, \\ T^{**} & \text{mit Wahrscheinlichkeit } \frac{1}{2}, \end{cases} \tag{6}$$

wobei die Randomisierung nicht von den $\boldsymbol{y}_i$ abhängt.

Die M-Schätzung $\boldsymbol{T}^0$ der Lokation besitzt die folgende Minimax-Eigenschaft: Wenn $a > 0$ eine feste Zahl ist und k in (4) von ε und a über die Beziehung

$$e^{-2ak}\,\Phi(a - k) - \Phi(-a - k) = \varepsilon(1 + e^{-2ak}) \tag{7}$$

abhängt, dann minimiert $\boldsymbol{T}^0$ das Supremum der Fehlerfunktion

$$\sup_{P \in \mathcal{F},\, \beta \in R^1} \max\{P(\boldsymbol{T} < \beta - a), P(\boldsymbol{T} > \beta + a)\} \tag{8}$$

bezüglich aller Schätzungen $\boldsymbol{T}$ von β. $\mathcal{F}$ ist hierbei die Menge der Verteilungen, die (2) genügen.

Bemerkung 2.3.1. Man könnte fragen, warum gerade die Fehlerfunktion (8) als ein Maß für die Güte der Schätzung verwendet wird, und zwar z. B. anstelle der Varianz. Im Fall endlicher Stichprobenumfänge ist die Varianz kein adäquates Maß für robuste Schätzungen: Die langgestreckte Verteilung der Beobachtungen kann zu unendlichen Varianzen von geeigneten Schätzungen führen. Ein ähnliches Maß der Effektivität wurde auch von BAHADUR (1967), FU (1975) und JUREČKOVÁ (1981) studiert.

Zum Beispiel ist die Varianz des Stichprobenmittels unendlich für die Verteilung mit der Dichte

$$f(x) = \begin{cases} 1, & \text{wenn } |x| \leqq \dfrac{1}{4}, \\[2mm] \dfrac{1}{32\,|x|^3}, & \text{wenn } |x| > \dfrac{1}{4}. \end{cases}$$

Die Varianz des Stichprobenmittels existiert für jede Verteilung nicht, deren Varianz nicht existiert, wie z. B. für die Cauchy-Verteilung.

Die Minimax-Eigenschaft von T^0 wird in dem folgenden Satz ausgedrückt:

Satz 2.3.1 (HUBER (1968)). *Sei T^0 durch (5) und (6) mit der Funktion ψ aus (4) und (7) definiert. Dann gilt:*

(i) *T^0 ist translationsäquivariant.*

(ii) *Wenn $y_1, \ldots, y_n$ unabhängig identisch verteilte zufällige Größen sind, so daß die Verteilung von $y_1 - \beta$ zu der durch (2) definierten Klasse von Verteilungen gehört, dann minimiert T^0 den Ausdruck (8) über alle Schätzungen von β.*

Beweis. Die Grundidee des Beweises ist die folgende: Man konstruiert zuerst einen Minimax-Test für $\beta - a$ gegen $\beta + a$, und danach leitet man aus diesem Test eine Schätzung in Anlehnung an HODGES, LEHMANN (1963) ab. Diese stimmt mit T^0 überein.

Mit f_0 werden wir die Dichte der Standardnormalverteilung bezeichnen. Seien P_0 und P_1 die Wahrscheinlichkeitsverteilungen, die durch die Dichten

$$p_0(x) = f_0(x + a)\,, \qquad p_1(x) = f_0(x - a) \tag{9}$$

definiert sind. Der Likelihood-Quotient $\dfrac{p_1(x)}{p_0(x)} = e^{2ax}$ ist streng monoton wachsend in x. Wir führen die folgenden Familien von Wahrscheinlichkeitsverteilungen ein:

$$\left.\begin{aligned} \mathcal{P}_0 &= \{Q \in \mathcal{F} \mid Q\{(-\infty, t)\} \geqq P_0\{(-\infty, t)\} - \varepsilon \quad \text{für alle} \quad t \in \mathbb{R}^1\}\,, \\ \mathcal{P}_1 &= \{Q \in \mathcal{F} \mid Q\{(t, \infty)\} \geqq P_1\{(t, \infty)\} - \varepsilon \quad \text{für alle} \quad t \in \mathbb{R}^1\}\,. \end{aligned}\right\} \tag{10}$$

Aufgrund von (9) gilt zunächst $\mathcal{P}_i \neq \emptyset$, $i = 0, 1$. Wir nehmen $\mathcal{P}_0 \cap \mathcal{P}_1 = \emptyset$ an, was für hinreichend kleines ε der Fall ist. Weiterhin sei $z^* = (z_1, \ldots, z_n)'$ ein zufälliger Vektor mit unabhängig und identisch verteilten Komponenten. Wir werden den Minimax-Test ξ für die Hypothese $H_0\colon P^{z^*} \in \mathcal{P}_0$ gegen die Alternative $H_1\colon P^{z^*} \in \mathcal{P}_1$ konstruieren, d. h. den Test, welcher

$$\max\left\{\sup_{Q_0' \in \mathcal{P}_0} \mathsf{E}_{Q_0'}(\xi),\ \sup_{Q_1' \in \mathcal{P}_1} \mathsf{E}_{Q_1'}(1 - \xi)\right\} \tag{11}$$

minimiert. Diese Minimax-Tests treten in unserem Fall in einer einfachen Struktur auf. Wir werden zeigen, daß ein „ungünstigstes" Paar $Q_0 \in \mathcal{P}_0$, $Q_1 \in \mathcal{P}_1$ existiert, d. h. für jeden Likelihood-Quotienten-Test ξ für Q_0 gegen Q_1 gilt, daß

$$\begin{aligned} &\mathsf{E}_{Q_0'}(\xi) \leqq \mathsf{E}_{Q_0}(\xi) \quad \text{für alle} \quad Q_0' \in \mathcal{P}_0 \\ \text{und} \\ &\mathsf{E}_{Q_1'}(\xi) \geqq \mathsf{E}_{Q_1}(\xi) \quad \text{für alle} \quad Q_1' \in \mathcal{P}_1\,. \end{aligned} \tag{12}$$

Dies bedeutet, daß die Voraussetzungen von [A 3.4] erfüllt sind.

Wir werden zeigen, daß eine Version von Q_0 und Q_1 durch die folgenden Dichten gegeben ist:

$$q_0(x) = \begin{cases} (1 + e^{-2ak})^{-1}[p_0(x) + p_1(x)]\,, & \text{falls} \quad x < -k\,, \\ p_0(x)\,, & \text{falls} \quad |x| \leqq k\,, \\ (1 + e^{2ak})^{-1}[p_0(x) + p_1(x)]\,, & \text{falls} \quad x > k \end{cases} \tag{13}$$

und

$$q_1(x) = \begin{cases} (1 + e^{2ak})^{-1}[p_0(x) + p_1(x)]\,, & \text{falls} \quad x < -k\,, \\ p_1(x)\,, & \text{falls} \quad |x| \leqq k\,, \\ (1 + e^{-2ak})^{-1}[p_0(x) + p_1(x)]\,, & \text{falls} \quad x > k\,, \end{cases} \tag{14}$$

wobei k (7) genügt. Folglich gilt für den Likelihood-Quotienten von Q_0 und Q_1

$$\ln \frac{q_1(z)}{q_0(z)} = 2a\psi(z) , \tag{15}$$

und der entsprechende Likelihood-Quotienten-Test zwischen Q_0 und Q_1 ist von der Form

$$\xi(z^*) = \begin{cases} 1\,, & \text{wenn } \sum_{i=1}^{n} \psi(z_i) > K\,, \\ \varkappa\,, & \text{wenn } \sum_{i=1}^{n} \psi(z_i) = K\,, \qquad z^* = (z_1, \dots, z_n)' \in R^n\,. \\ 0\,, & \text{wenn } \sum_{i=1}^{n} \psi(z_i) < K\,, \end{cases} \tag{16}$$

Die Konstanten K und $\varkappa$ sind derart gewählt, daß

$$\mathsf{E}_{Q_0}\xi(z^*) = \mathsf{E}_{Q_1}\big(1 - \xi(z^*)\big) = \alpha \tag{17}$$

gilt, wobei α das Minimax-Risiko ist. Die Symmetrie des vorliegenden Falls ergibt $K = 0$, $\alpha = \frac{1}{2}$.

Es verbleibt zu zeigen, daß der Test wirklich minimax ist, d. h. (12) genügt. Dazu muß

$$\begin{aligned} Q_0'\left(\frac{q_1(z_1)}{q_0(z_1)} < t\right) &\geqq Q_0\left(\frac{q_1(z_1)}{q_1(z_1)} < t\right), \\ Q_1'\left(\frac{q_1(z_1)}{q_0(z_1)} < t\right) &\leqq Q_1\left(\frac{q_1(z_1)}{q_0(z_1)} < t\right) \end{aligned} \tag{18}$$

für alle $Q_i' \in \mathscr{P}_i$, $i = 0, 1$, gelten. (Bezeichnet nämlich q_0' für jedes $Q_0' \in \mathscr{P}_0$ und q_1' für jedes $Q_1' \in \mathscr{P}_1$ die zugehörige Dichte bezüglich des Lebesgue-Maßes, so wird der Ausdruck

$$\prod_{i=1}^{n} q_1'(z_i)/q_0'(z_i)$$

stochastisch am größten (bezüglich aller Dichten q_0'), falls $z_1 \sim Q_0$, und stochastisch am kleinsten (bezüglich aller Dichten q_1'), falls $z_1 \sim Q_1$. Dies zieht nun aber wiederum (12) nach sich, so daß der Likelihood-Quotienten-Test für Q_0 gegen Q_1 wirklich ein Minimax-Text für dieses Problem ist!)

Die Beziehung (18) ist nun aber trivialerweise erfüllt für $t < e^{-2ak}$ und $t > e^{2ak}$, für $e^{-2ak} \leqq t \leqq e^{2ak}$ folgt dieses aus (10).

Jetzt ist für jedes P

$$\begin{aligned} \mathrm{P}\big(T^0(y) > 0\big) =: \mathrm{P}(T^0 > \beta) &= \frac{1}{2}\mathrm{P}(T^* > \beta) + \frac{1}{2}\mathrm{P}(T^{**} > \beta) \\ &\leqq \frac{1}{2}\mathrm{P}\left\{\sum_{i=1}^{n} \psi(y_i - \beta) > 0\right\} + \frac{1}{2}\mathrm{P}\left\{\sum_{i=1}^{n} \psi(y_i - \beta) \geqq 0\right\} \\ &= \mathsf{E}_{\mathrm{P}}\xi(y_1 - \beta, \dots, y_n - \beta)\,, \end{aligned}$$

und analog gilt auch

$$\mathrm{P}(T^0 < \beta) \leqq \mathsf{E}_{\mathrm{P}}[1 - \xi(y_1 - \beta, \dots, y_n - \beta)]\,.$$

Insbesondere ist für $Q_i' \in \mathscr{P}_i$ $(i = 0, 1)$, $y = (y_1, \dots, y_n)'$

$$\begin{aligned} Q_0'(T^0 > 0) &= \mathsf{E}_{Q_0'}\xi(y) \leqq \alpha\,, \\ Q_1'(T^0 < 0) &= \mathsf{E}_{Q_1'}\{1 - \xi(y)\} \leqq \alpha\,. \end{aligned} \tag{19}$$

Wenn die Verteilung von $y_1 - \beta$ zu $\mathcal{F}$ gehört, dann gehören jene von $y_1 - \beta - a$ und von $y_1 - \beta + a$ zu $\mathcal{P}_0$ bzw. zu $\mathcal{P}_1$. Andererseits sind T^*, T^{**} und T^0 translationsinvariant, das heißt, für $\tilde{T} \in \{T^*, T^{**}, T^0\}$ gilt

$$\tilde{T}(u_1 + \Theta, \dots, u_n + \Theta) = \tilde{T}(u_1, \dots, u_n) + \Theta\,, \qquad \Theta \in \mathbb{R}^1\,.$$

Daraus folgt für jedes $\mathrm{P} \in \mathcal{F}$

$$\begin{aligned} \mathrm{P}\big(T^0(y) < \beta - a\big) &= \mathrm{P}\big(T^0(y - (\beta - a)\,1_n) < 0\big) \\ &= \mathrm{Q}_1'\big(T^0(y) < 0\big) \leqq \alpha\,, \end{aligned} \tag{20}$$

und ähnlich erhält man

$$\mathrm{P}\big(T^0(y) > \beta + a\big) \leqq \alpha\,. \tag{21}$$

Sei T eine translationsäquivariante Schätzung. Ihre Verteilungsfunktion ist stetig unter Q_0 und Q_1. Tatsächlich gilt $T(x_1, \dots, x_n) = T(0, x_2 - x_1, \dots, x_n - x_1) + x_1$, also ist $T(x_1, \dots, x_n) = t$ genau dann, wenn $x_1 = t - T(0, x_2 - x_1, \dots, x_n - x_1)$ gilt. Folglich existiert für gegebenes $(x_2 - x_1, \dots, x_n - x_1) = (y_2, \dots, y_n)$ genau ein Punkt $(x_1, \dots, x_n)$, für den $T(x_1, \dots, x_n) = t$ ist, und zwar der Punkt mit den Komponenten $x_1 = t - T(0, y_2, \dots, y_n)$ bzw. $x_i = y_i + x_1$ $(i = 2, \dots, n)$. Dies bewirkt (weil Q_0 und Q_1 stetige Verteilungsfunktionen haben), das

$$\mathrm{Q}_j\big(\{(x_1, \dots, x_n)' \in \mathbb{R}^n \mid T(x_1, \dots, x_n) = t\} \mid x_2 - x_1 = y_2, \dots, x_n - x_1 = y_n\big) = 0$$

für jedes t und jeden Vektor $(y_2, \dots, y_n)'$ gilt $(j = 1, 2)$. Damit gilt auch

$$\mathrm{Q}_j\big(\{(x_1, \dots, x_n)' \in \mathbb{R}^n \mid T(x_1, \dots, x_n) = t\}\big) = 0$$

für jedes $t \in \mathbb{R}^1$ $(j = 0, 1)$, was gleichbedeutend ist mit $\mathrm{Q}_j\,(T = 0) = 0, j = 0, 1$.

Somit kann T als eine Teststatistik für das Testen von H_0 gegen H_1 verwendet werden, indem H_0 für $T > 0$ abgelehnt wird. Dann gilt

$$\sup_{\mathrm{Q}_0' \in \mathcal{P}_0,\, \mathrm{Q}_1' \in \mathcal{P}_1} \max\,\{\mathrm{Q}_0'(T > 0), \mathrm{Q}_1'(T > 0)\} \geqq \alpha \tag{22}$$

für das Minimax-Risiko α beim Testen von H_0 gegen H_1. Deshalb kann keine translationsinvariante Schätzung T besser als T^0 sein.

In Verbindung mit dem Hunt-Stein-Theorem für Schätzungen (siehe [A 3.6]) ergibt sich, daß T^0 auch minimax ist unter allen Schätzungen von β. ■

Bemerkung 2.3.2. Der Autor weiß nicht, ob sich die Minimax-Eigenschaft für endliche Stichprobenumfänge auf das Regressionsmodell überträgt. Das Problem besteht auch darin, ein geeignetes Gütemaß für die Schätzung, analog zu (2.2.8), zu finden.

2.3.2. Andere Wahl der ψ-Funktion

Wie wir gesehen haben, führt das in (4) definierte ψ für endliche Stichprobenumfänge zu der Lokationsschätzung mit Minimax-Eigenschaft in einer Umgebung der Normalverteilung. Wir werden in Unterabschnitt 2.3.4.3 sehen, daß diese Funktion eine Schätzung des Regressionsparametervektors liefert, welche asymptotisch minimax in der Familie der ε-kontaminierten Normalverteilungen ist.

Wir wollen einige andere mögliche ψ-Funktionen erwähnen, deren Verwendung in verschiedenen Situationen ratsam sein kann: Man verwendet z.B.

$$\psi(x) = x\,, \qquad x \in \mathbb{R}^1\,.$$

Die entsprechende Schätzung ist die LSE.

Wenn wir den Einfluß von großen Beobachtungsfehlern beschränken wollen, dann ist es intuitiv klar, daß ψ eine beschränkte Funktion sein sollte:

$$\psi(x) = \text{sign}(x), \qquad x \in \mathbb{R}^1 .$$

Die entsprechende Schätzung ist eine Erweiterung des Stichprobenmedians auf das Regressionsmodell. Im Lokationsfall ist sie der Stichprobenmedian.

Es wurde argumentiert, daß der Einfluß von extrem abweichenden Beobachtungen auf Null reduziert werden sollte. Das bedeutet, daß man ein $\psi(x)$ wählen sollte, welches für große x verschwindet:

$$\psi(x) = \begin{cases} x, & \text{falls } |x| \leqq k, \\ 0, & \text{falls } |x| > k. \end{cases}$$

Wenn wir das asymptotische Minimaxproblem für ε-kontaminierte Normalverteilungen unter Beschränkung auf die für $|x| > q$ verschwindenden Funktionen lösen, erhalten wir eine Schätzung entsprechend der folgenden Funktion:

$$\psi(x) = \begin{cases} x, & \text{falls } 0 < x < k, \\ b \tanh\left[\frac{1}{2} b(q - x)\right], & \text{falls } k \leqq x \leqq q, \\ 0, & \text{falls } q < x, \\ -\psi(-x), & \text{falls } x \leqq 0, \end{cases}$$

mit von ε abhängigen b und k (siehe HUBER (1969)).

Andere außerhalb eines Intervalls verschwindende Funktionen sind:

$$\psi(x) = \begin{cases} x, & \text{falls } |x| \leqq a, \\ a \text{ sign}(x), & \text{falls } a < |x| \leqq b, \\ \dfrac{c - |x|}{c - b} a, & \text{falls } b < |x| \leqq c, \\ 0, & \text{falls } c < |x|, \end{cases}$$

mit $0 < a < b < c$,

$$\psi(x) = \begin{cases} x, & \text{falls } |x| \leqq a, \\ \dfrac{b - |x|}{b - a} a, & \text{falls } a < |x| \leqq b, \\ 0, & \text{falls } b < |x|, \end{cases}$$

mit $0 < a < b$,

$$\psi(x) = \begin{cases} \sin\left(\dfrac{x}{2a}\right), & \text{falls } |x| \leqq 2a\pi, \\ 0, & \text{falls } 2a\pi < |x|. \end{cases}$$

Ungeachtet einiger nicht erwähnter Vorteile sollten nichtmonotone ψ-Funktionen mit extremer Vorsicht benutzt werden: Wenn das entsprechende ϱ nicht konvex ist, kann die iterative Bestimmung des Minimums in (2.2.8) leicht zu einem lokalen Minimum weit ab vom wahren Minimum führen. Vgl. auch FRIEDMAN und DIACONIS (1982).

2.3.3. Rechentechnische Aspekte und numerische Algorithmen

Die Minimierung (2.2.8) liefert gewöhnlich keine skaleninvariante Schätzungen. Deshalb ist das gleichzeitige Schätzen von Skalenparameter und Regressionsparametern vorgeschlagen worden, wobei die zu minimierende Funktion die folgende Form annimmt:

$$\sum_{i=1}^{n} \varrho\left(\frac{1}{\sigma}\left[y_i - \sum_{j=1}^{p} x_{ij}\beta_j\right]\right) \Rightarrow \min! \tag{23}$$

Das Minimum hat man hierbei unter der Bedingung

$$\sum_{i=1}^{n} \chi\left(\frac{1}{\sigma}\left[y_i - \sum_{j=1}^{p} x_{ij}\beta_j\right]\right) = \frac{1}{2}(n-p)\,\gamma \tag{24}$$

mit

$$\gamma = 2\mathsf{E}_{\Phi}\chi(y)\,. \tag{25}$$

(Erwartungswert bezüglich der Standardnormalverteilung; (24) und (25) sichern, daß für normalverteilte Fehler die Schätzung für σ asymptotisch erwartungstreu ist!) und

$$\chi(x) = x\psi(x) - \varrho(x)\,, \qquad \psi(x) = \varrho'(x) \tag{26}$$

zu bestimmen. Die Minimierung von (23) unter (24) kann als äquivalent zur Minimierung von

$$g(\beta, \sigma) = \sum_{i=1}^{n} \sigma\varrho\left(\frac{1}{\sigma}\left[y_i - \sum_{j=1}^{p} x_{ij}\beta_j\right]\right) + a\sigma \tag{27}$$

nachgewiesen werden, wobei

$$a = \tfrac{1}{2}(n-p)\,\gamma\,. \tag{28}$$

Wir werden uns auf die in (3) definierte Funktion ϱ beschränken. Ungeachtet der hierbei vorliegenden einfachen Form von ϱ kann die Lösung von (27) nicht durch eine diskrete Berechnung gefunden werden, sondern die Lösung muß iterativ erfolgen.

Die Funktion ψ hat gerade die Form (4) für ein gegebenes $k > 0$, und die Funktion g in (27) ist konvex in (β, σ). Folglich kann das Minimum $(\hat{\beta}, \hat{\sigma})$, außer wenn es auf dem Rand $\sigma = 0$ liegt, äquivalent charakterisiert werden durch $(p + 1)$ Gleichungen

$$\sum_{i=1}^{n} x_{ij}\psi\left(\frac{\delta_i(\hat{\beta})}{\hat{\sigma}}\right) = 0\,, \qquad j = 1, \dots, p\,, \tag{29}$$

$$\sum_{i=1}^{n} \chi\left(\frac{\delta_i(\hat{\beta})}{\hat{\sigma}}\right) = a \tag{30}$$

mit $\delta_i(\hat{\beta}) = y_i - \sum_{j=1}^{p} x_{ij}\hat{\beta}_j$ und a aus (25) und (28).

Wir werden kurz drei Algorithmen zum Lösen von (29) und (30) beschreiben. Alle Algorithmen sind iterativ und verbessern schrittweise Probewerte $\beta^{(m)}$, $\sigma^{(m)}$ zu $\beta^{(m+1)}$, $\sigma^{(m+1)}$, $(m = 0, 1, 2, \dots)$.

Wir wollen das Modell (2.2.1) betrachten und annehmen, daß die Fehler ε_i gleiche Varianzen σ^2 $(i = 1, \dots, n)$ besitzen. Die i-te Zeile von X sei durch $x_{i\cdot}'$ bezeichnet, und es sei angenommen, daß der Rang von X gleich p ist.

Wir benötigen die folgende Zerlegung der Indexmenge $\mathcal{J} = \{1, \ldots, n\}$ in bezug auf die Funktion ψ und die Residuen $\delta_i = \delta_i(\beta)$, $i = 1, \ldots, n$: $\mathcal{J} = \mathcal{J}_- \cup \mathcal{J}_0 \cup \mathcal{J}_+$ mit

$$\mathcal{J}_- := \mathcal{J}_-(\beta, \sigma) := \{i \mid \delta_i < -k\sigma\} ,$$
$$\mathcal{J}_0 := \mathcal{J}_0(\beta, \sigma) := \{i \mid |\delta_i| \leqq k\sigma\} ,$$
$$\mathcal{J}_+ := \mathcal{J}_+(\beta, \sigma) := \{i \mid \delta_i > k\sigma\} .$$

Es sei C_0 diejenige Matrix, deren i-te Zeile gleich $x'_{i\cdot}$ ist für $i \in \mathcal{J}_0$, und deren andere Zeilen aus Nullen bestehen. Der Gradient von g bezüglich β für festes σ kann in der Form

$$\nabla g = -\frac{1}{\sigma} C_0' y + \frac{1}{\sigma} C_0' C_0 \beta - k \Big[\sum_{i \in \mathcal{J}_+} x_{i\cdot} - \sum_{i \in \mathcal{J}_-} x_{i\cdot}\Big]$$

geschrieben werden. Die Matrix der zweiten Ableitungen bezüglich β ist dann

$$H = \left(\left(\frac{\partial^2 g}{\partial\beta_i\, \partial\beta_j}\right)\right)_{j=1,\ldots,p}^{i=1,\ldots,p} = \frac{1}{\sigma} C_0' C_0 .$$

Wir werden nun eine Beschreibung von drei Typen von Algorithmen geben.

Algorithmus H (*Adaptation des nichtlinearen Kleinste-Quadrat-Algorithmus*). Wir benötigen die Startwerte $\beta^{(0)}$, $\sigma^{(0)}$ und ein Toleranzniveau $\varepsilon > 0$ (sagen wir $\varepsilon = 10^{-3}$).

(1) Setze $m = 0$.

(2) Berechne Residuen $\delta_i^{(m)} = y_i - \sum_{j=1}^{p} x_{ij}\beta_j^{(0)}$, $i = 1, \ldots, n$.

(3) Berechne einen neuen Wert für σ durch

$$(\sigma^{(m+1)})^2 + \frac{1}{2a} (\sigma^{(m)})^2 \sum_{i=1}^{n} \psi\left(\frac{\delta_i^{(m)}}{\sigma^{(m)}}\right).$$

(4) „Windsorisiere" die Residuen, d. h. berechne

$$\Delta_i^{(m)} = \sigma^{(m+1)} \psi\left(\frac{\delta_i^{(m)}}{\sigma^{(m+1)}}\right), \qquad i = 1, \ldots, n .$$

(5) Löse $X'X\tau^{(m)} = X'\Delta^{(m)}$ bezüglich $\tau^{(m)}$.

(6) Setze $\beta^{(m+1)} = \beta^{(m)} + q\tau^{(m)}$, wobei

$0 < q < 2$ ein beliebiger Dämpfungsfaktor ist.

(7) Brich ab, wenn sich die Standardabweichungen der Parameter um weniger als den Faktor ε ändern:

Wenn $|q\tau_j^{(m)}| < \varepsilon\sigma^{(m+1)} \sqrt{\bar{c}_{jj}}$ für alle $j = 1, \ldots, p$ (wobei $\bar{c}_{jj}$ das j-te Diagonalelement der Matrix $W = (X'X)^{-1}$ ist) und $|\sigma^{(m+1)} - \sigma^{(m)}| < \varepsilon\sigma^{(m+1)}$ ist, dann gehe zu (9).

(8) Anderenfalls setze $m := m + 1$ und gehe zu (2).

(9) Schätze β durch $\beta^{(m+1)}$ und σ durch $\sigma^{(m+1)}$. Der Dämpfungsfaktor q in Schritt (6) wird als

$$q = [\mathsf{E}_\Phi \psi'(y_1)]^{-1} = [\Phi(k) - \Phi(-k)]^{-1}$$

gewählt, $0 < q < 2$ vorausgesetzt. (Wenn $[\Phi(k) - \Phi(-k)]^{-1} > 1{,}9$, setze $q = 1{,}9$!), wobei Φ die Verteilungsfunktion der Standardnormalverteilung ist.

Die Konvergenz des Algorithmus ist in Huber (1977) bewiesen worden.

Algorithmus W (*Adaptation des nichtlinearen gewichteten Kleinste-Quadrat-Algorithmus*). Wir starten wieder mit Werten β^0, σ^0 und einem Toleranzniveau $\varepsilon > 0$. Dieser Algorithmus gebraucht eine gewichtete Kleinste-Quadrate-Technik. Seine Iterationsschritte sind dieselben wie jene des Algorithmus H, außer für die Schritte (4)—(5), welche wie folgt erklärt sind:

(4) Berechne die „Gewichte":

$$p_i^{(m)} = \frac{\sigma^{(m+1)}}{2\delta_i^{(m)}} \psi \frac{\delta_i^{(m)}}{\sigma^{(m+1)}}, \quad \text{wenn} \quad \delta_i^{(m)} \neq 0 .$$

$$p_i^{(m)} = \tfrac{1}{2}, \qquad \text{wenn} \quad \delta_i^{(m)} = 0 ,$$

$i = 1, \ldots, n$; definiere eine Diagonalmatrix $P^{(m)}$ mit $p_i^{(m)}$ als i-tem Diagonalelement.

(5) Löse $X'P^{(m)}X(\beta^{(m)} + \tau^{(m)}) = X'P^{(m)}y$ bezüglich $\tau^{(m)}$.

Der Dämpfungsfaktor q in Schritt (6) wird gleich 1 gesetzt. Die Konvergenz ist in Dutter (1975a) bewiesen worden.

Algorithmus S. Neben Startwerten β^0 und σ^0 und einer Toleranz $\varepsilon > 0$ benötigen wir eine Schätzung $\varkappa$ der Abstiegseigenschaft dieses Algorithmus (siehe Dutter (1975a)), welche durch $\varkappa \sim w_p/w_1$ genähert werden kann, wobei w_p und w_1 der kleinste beziehungsweise der größte Eigenwert von $X'X$ sind. Weiter benötigen wir eine obere Schranke k_1 für die quadrierte Norm der Hessischen Matrix $H = 1/\sigma\, C_0'C_0$, welche durch

$$\sigma \sqrt{k_1} = \sum_{i=1}^{n} \left(\sum_{j=1}^{p} x_{ij}^2 \right)^{1/2}$$

berechnet wird. Die Beschreibung des S-Algorithmus ist dann die folgende: Die Schritte (1) bis (3) wie bei Algorithmus H,

(4) Bilde die Zerlegung $(\mathcal{J}_-, \mathcal{J}_0, \mathcal{J}_+)$ bezüglich $(\beta^{(m)}, \sigma^{(m+1)})$.

(5) Berechne den Vektor

$$w^{(m)} := w(\beta^{(m)}, \sigma^{(m+1)}) := (C_0'C_0)^{-1} [C_0'y + k\sigma^{(m+1)}s] - \beta^{(m)}$$

mit $s := \sum_{i \in \mathcal{J}_+} x_{i\cdot} - \sum_{i \in \mathcal{J}_-} x_{i\cdot}$.

(6) Wenn $|w_j^{(m)}| < \varepsilon\sigma^{(m+1)} \sqrt{c_{jj}}$ für alle $j = 1, \ldots, p$ und $|\sigma^{(m+1)} - \sigma^{(m)}| < \varepsilon\sigma^{(m+1)}$, schätze β durch $\beta^{(m)} + w^{(m)}$ und σ durch $\sigma^{(m+1)}$ und stoppe.

(7) Wenn $\bar{\beta}^{(m+1)} = \beta^{(m)} + w^{(m)}$ und $\sigma^{(m+1)}$ die gleiche Zerlegung wie in (4) ergeben, setze $\beta^{(m+1)} = \bar{\beta}^{(m+1)}$ und gehe zu (8). Anderenfalls berechne

$$\beta^{(m+1)} = \beta^{(m)} + \gamma^{(m)} w^{(m)} ,$$

wobei der Dämpfungsfaktor $\gamma^{(m)}$ gewählt wird entsprechend der folgenden Vorschrift:

„Definiere

$$\alpha(\gamma^{(m)}) = [g(\beta^{(m)} + \gamma^{(m)} w^{(m)}, \sigma^{(m+1)}) - g(\beta^{(m)}, \sigma^{(m+1)})]\, [\gamma^{(m)} (w^{(m)})' \,\nabla g(\beta^{(m)}, \sigma^{(m+1)})]^{-1}$$

mit

$$-\nabla g(\beta^{(m)}, \sigma^{(m+1)}) = [C_0'y + k\sigma^{(m+1)}s - C_0'C_0\beta^{(m)}] \frac{1}{\sigma^{(m+1)}},$$

und wähle $\gamma^{(m)}$ als das größte Element in der Folge $1, \frac{1}{2}, \frac{1}{4}, \ldots$, für welches $\alpha(\gamma^{(m)}) > \xi$, wobei $0 < \xi \ll 1$." Gehe zu (9).

(8) Wenn $|\sigma^{(m+1)} - \sigma^{(m)}| < \varepsilon\sigma^{(m+1)}$, schätze β durch $\beta^{(m+1)}$ und σ durch $\sigma^{(m+1)}$ und brich das Verfahren ab.

(9) Berechne $\sigma^{(m+2)} = (-b_1/b_2)^{1/2}$

$$b_1 = \sum_{i \in \mathcal{J}_0} [y_i - x'_{i\cdot}(C'_0C_0)^{-1} C'_0y]^2 ,$$

$$b_2 = k^2 \sum_{i \in \mathcal{J}_0} \left[x_{i\cdot}(C'_0C_0)^{-1} \left(\sum_{j \in \mathcal{J}_+} x_{j\cdot} - \sum_{j \in \mathcal{J}_-} x_{j\cdot}\right)\right]^2 + k^2 \left(\sum_{j \in \mathcal{J}_+} 1 + \sum_{j \in \mathcal{J}_-} 1\right) - (n-p)\gamma\Big)$$

und $\beta^{(m+2)} = (C'_0C_0)^{-1} [C'_0y + k\sigma^{(m+2)}s]$. Wenn sich die Zerlegung $(\mathcal{J}_-, \mathcal{J}_0, \mathcal{J}_+)$ nicht verändert, nimm $(\beta^{(m+2)}, \sigma^{(m+2)})$ als Schätzung für (β, σ) und brich ab!

(10) Setze $m := m + 1$ und gehe zu (2).

Die Berechnung der Matrix $(C'_0C_0)^{-1}$ kann Schwierigkeiten verursachen, da C'_0C_0 singulär sein kann, wie in Dutter (1975a) diskutiert.

Der Algorithmus S ist vorzuziehen, wenn eine hohe Genauigkeit erforderlich ist. Die Algorithmen H und W sind wesentlich einfacher zu programmieren, und eine einzelne Iteration ist einfacher und schneller durchzuführen.

Die Algorithmen und ihre Varianten sind im Detail in Huber und Dutter (1974) und Dutter (1975a, b) beschrieben. Die letztere Arbeit gibt eine Aufstellung der bedeutendsten Programme und die Programme selbst in der Form von Subroutinen.

Dutter (1975b) vergleicht die Algorithmen und ihre Varianten vom Standpunkt der Rechenzeit und der Zahl der Iterationen aus.

2.3.4. Asymptotische Eigenschaften von M-Schätzungen

2.3.4.1. Einleitung

Wir betrachten hier den Fall, daß p fest ist für $n \to \infty$, und verweisen für den Fall, daß p mit n wachsen kann, auf Huber (1973). Für die asymptotische Normalität von M-Schätzungen der Regressionsparameter sind verschiedene Regularitätsbedingungen formuliert worden. Für ein mögliches System solcher Bedingungen beweisen wir sie im folgenden Abschnitt. In Abschnitt 2.3.4.3 wenden wir uns dann der asymptotischen Minimax-Eigenschaft von M-Schätzungen (und gleichzeitig von L- und R-Schätzungen) in einer Umgebung einer gegebenen unimodalen Verteilung (z. B. der Normalverteilung) zu.

2.2.4.2. Asymptotische Normalität von M-Schätzungen

Wir betrachten das Modell (2.2.1) und formulieren folgende Voraussetzungen:

V 1. $f(x) = F'(x)$ existiert, ist absolut stetig, und für die Fishersche Information gilt

$$I(f) := \int (f'(x)/f(x))^2 \, dF(x) < \infty . \tag{31}$$

Wir setzen

$$F^{-1}(t) = \inf \{x \mid F(x) \geqq t\} , \qquad 0 < t < 1 . \tag{32}$$

V 2. Die Spalten $x_{.j}$ einer gegebenen $(n \times p)$-Matrix $X_n = \left((x_{ij}^{(n)})\right)$ (der Index (n) wurde der Einfachheit halber weggelassen) erfüllen folgende Bedingungen:

(a) Es existiert die Darstellung $x_{ij} = x_{ij}^* + x_{ij}^{**}$, $1 \leqq i \leqq n$, $i \leqq j \leqq p$.

(b) Für die Vektoren $x_{.j}^* = (x_{1j}^*, \dots, x_{nj}^*)'$, $j = 1, \dots, p$ (und analog die Vektoren $x_{.j}^{**}$, $j = 1, \dots, p$) gilt mit einer von n unabhängigen Konstanten M

$$n^{-1}(x_{.j}^*)' (x_{.j}^*) \leqq M\,, \qquad j = 1, \dots, p\,, \tag{33}$$

wobei das Skalarprodukt in (33) entweder für fast alle n Null oder für fast alle n positiv ist und in diesem Fall folgende (Noethersche) Bedingung gilt:

$$\lim_{n\to\infty} \max_{1\leqq i\leqq n} (x_{ij}^*)^2 \left[\sum_{k=1}^{n} (x_{kj}^*)^2\right]^{-1} = 0\,. \tag{34}$$

(c) Für alle Paare $j, h = 1, \dots, p$ und $i, k = 1, \dots, n$ gilt

$$(x_{ij}^* - x_{kj}^*)(x_{ih}^* - x_{kh}^*) \geqq 0\,, \qquad (x_{ij}^* - x_{kj}^*)(x_{ih}^* - x_{kh}^*) \leqq 0\,,$$
$$(x_{ij}^{**} - x_{kj}^{**})(x_{ih}^{**} - x_{kh}^{**}) \geqq 0\,. \tag{35}$$

(d) $\lim_{n\to\infty} W_n = W = \left((w_{jk})\right)_{k=1,\dots,p}^{j=1,\dots,p}$ existiert und ist eine positiv definite Matrix, wobei $W_n := 1/n\, X_n' X_n$ gilt.

V 3. ψ ist eine nichtkonstante Funktion, die als $\psi(x) = \psi_1(x) - \psi_2(x)$, $x \in R^1$, geschrieben werden kann, wobei jedes der ψ_i nichtfallend in x ist und der Bedingung $\int_{R^1} \psi_i^2(x)\, \mathrm{d}F(x) < \infty$ genügen soll.

Bemerkung 2.3.3. Die Annahme (35) über die Übereinstimmung bzw. Nichtübereinstimmung der Vektoren $x_{.j}^*$ und $x_{.j}^{**}$ $(j = 1, \dots, p)$ stellt eine Einschränkung für die Versuchsplanmatrix X_n dar. Auf jeden Fall ist sie für viele Modelle erfüllt, z. B. für die Polynomialregression mit

$$x_{ij} = x_i^j - \frac{1}{n} \sum_{k=1}^{n} x_k^i\,, \qquad i = 1, \dots, n\,, \quad j = 1, \dots, p\,.$$

In einigen Situationen kann die Erfüllung der Voraussetzungen durch eine geeignete Versuchsplanung erreicht werden. Heiler und Willers zeigten, daß die Voraussetzung V 2 wesentlich abgeschwächt werden kann.

Wir setzen

$$\omega = -\int_{R^1} \psi(x) f'(x)\, \mathrm{d}x \tag{36}$$

und

$$\tau^2 = \int_{R^1} \psi^2(x)\, \mathrm{d}F(x) - \left(\int_{R^1} \psi(x)\, \mathrm{d}F(x)\right)^2 = \mathsf{D}_F\, \psi(y_1)\,. \tag{37}$$

Sei $\hat{\beta}_M^{(n)}$ die M-Schätzung von β entsprechend der Funktion ψ, d. h. die Lösung von (2.2.9). Dann gilt

Satz 2.3.2. *Sind die Voraussetzungen* V 1, V 2, V 3 *für* $n = 1, 2, \dots$ *erfüllt, dann besitzt* $n^{1/2}\,(\hat{\beta}_M^{(n)} - \beta)$ *asymptotisch (für* $n \to \infty$*) die p-dimensionale Normalverteilung* $N_p(0, \tau^2/\omega^2\, W^{-1})$.

Zum Beweis dieses Satzes müssen wir

$$M_j^{(n)}(\beta) = \sum_{i=1}^{n} x_{ij}\psi\left(y_i - \sum_{k=1}^{p} x_{ik}\beta_k\right), \qquad j = 1, \dots, p, \tag{38}$$

(vgl. (2.2.9)) im Sinne der Konvergenz in Wahrscheinlichkeit durch eine in β lineare Funktion approximieren. Dazu benötigen wir zunächst noch folgenden Satz.

Satz 2.3.3. *Unter den Voraussetzungen* V 1, V 2, V 3 *gilt für jedes* $K > 0$, $\varepsilon > 0$ *und jedes feste* $\beta^0 \in \mathbb{R}^p$

$$\max_{\beta^{(n)} \in \{g \mid n^{1/2}\|g - \beta^0\| \leq K\}} \{n^{-1/2} |\boldsymbol{M}_j^{(n)}(\beta^{(n)}) - \boldsymbol{M}_j^{(n)}(\beta^0) + n\omega w'_{\cdot j}(\beta^{(n)} - \beta^0)|\} \xrightarrow{P_\beta} 0; \tag{39}$$

$w_{\cdot j}$ *ist hierbei die j-te Spalte von W.*

Beweis. Ohne Beschränkung der Allgemeinheit sei ψ nichtfallend und $\beta^0 = 0$. Wir werden zunächst (39) für feste Folgen $\{\beta^{(n)}\}$ mit $n^{1/2}\beta^{(n)} \equiv \Delta \in \mathbb{R}^p$ beweisen. Sei also $\{\beta^{(n)}\}$ eine solche Folge und sei $\|\Delta\| \leq K$. Es ist nützlich, folgende Bezeichnungen zu verwenden:

$$d_{ij} = n^{-1/2} x_{ij}, \qquad i = 1, \dots, n, \qquad j = 1, \dots, p, \tag{40}$$

und

$$\boldsymbol{N}_j^{(n)}(\Delta) = \sum_{i=1}^{n} d_{ij}\psi\left(\boldsymbol{y}_{ni} - \sum_{k=1} d_{ik}\Delta_k\right) = n^{-1/2}\boldsymbol{M}_j^{(n)}(\beta^{(n)}), \qquad j = 1, \dots, p. \tag{41}$$

Für festes h ($1 \leq h \leq p$) sei $\mathcal{A}_h = \{\Delta \mid \Delta_k = 0$ für $k \neq h$, $k = 1, \dots, p\}$. Wir wollen j festhalten ($1 \leq j \leq p$).

Wir unterbrechen jetzt den Beweis von Satz 2.3.3 und beweisen die folgenden zwei Lemmata:

Lemma 2.3.1. *Für* $n \to \infty$ *und* $\Delta \in \mathcal{A}_h$, *besitzt* $\boldsymbol{N}_j^{(n)}(\Delta)$ *die asymptotische Normalverteilung*

$$\mathrm{N}(-\Delta_h \omega w_{hj}, \tau^2 w_{jj}), \qquad j = 1, \dots, p.$$

Beweis. Wir setzen $d_i = d_{ih}$, $d'_i = d_{ij}$, $i = 1, \dots, n$, und $\Delta = \Delta_h$. Der Likelihood-Quotient sei

$$L_d = \prod_{i=1}^{n} \frac{f(y_i + d_i)}{f(y_i)}.$$

Aufgrund von V 2 und [A 2.5] sind die Dichten $\prod_{i=1}^{n} f(y_i + d_i)$ und $\prod_{i=1}^{n} f(y_i)$ benachbart (siehe [A 2.2]). Aus [A 2.5] folgt weiter

$$\mathrm{P}_0\{|\ln \boldsymbol{L}_d - \boldsymbol{T}_d + \tfrac{1}{2}\Delta I(F)\, w_{hh}| \geq \varepsilon\} \to 0 \quad \text{für} \quad n \to \infty, \tag{42}$$

mit

$$\boldsymbol{T}_d = -\Delta \sum_{i=1}^{n} d_i \frac{f'(\boldsymbol{y}_{ni})}{f(\boldsymbol{y}_{ni})}.$$

Aus dem zentralen Grenzwertsatz folgt, daß das Paar $(\boldsymbol{N}_j^{(n)}(0), \boldsymbol{T}_d - \frac{1}{2}\Delta I(F)\, w_{hh})$ für $n \to \infty$ asymptotisch gemeinsam normalverteilt ist mit den Parametern

$$\mu_1 = 0, \qquad \mu_2 = -\tfrac{1}{2}\Delta I(F)\, w_{hh} \tag{43}$$

$$\sigma_1^2 = \tau^2 w_{jj}, \qquad \sigma_2^2 = \tau^2 w_{hh} I(F), \qquad \sigma_{12} = \Delta \omega w_{hj}.$$

Wegen (41) besitzt dann $(N_j^{(n)}(0), \ln L_d)$ dieselbe asymptotische Verteilung. Die asymptotische Normalität von $N_j^{(n)}(\Delta)$ folgt dann aus Le Cams drittem Lemma (siehe [A 2.4]). ■

Lemma 2.3.2. *Für jedes $\varepsilon > 0$ und jedes $\Delta \in \mathcal{A}_h$ gilt*

$$\lim_{n\to\infty} \max_{1\leqq j\leqq p} P_0\{|N_j^{(n)}(\Delta) - N_j^{(n)}(0) + \Delta_h \omega w_{hj}| \geqq \varepsilon\} = 0\,. \tag{44}$$

Beweis. Wir wollen die Bezeichnungen aus dem vorangegangenen Beweis beibehalten. Weiterhin sei

$$\xi(t) = \psi(F^{-1}(t))\,, \qquad 0 < t < 1\,,$$

und

$$\xi^{(m)}(t) = \begin{cases} \xi\left(\dfrac{1}{m}\right), & \text{wenn } 0 < t < \dfrac{1}{m}\,, \\ \xi(t)\,, & \text{wenn } \dfrac{1}{m} \leqq t \leqq 1 - \dfrac{1}{m}\,, \\ \xi\left(1 - \dfrac{1}{m}\right), & \text{wenn } 1 - \dfrac{1}{m} < t < 1\,. \end{cases}$$

Dann ist

$$\lim_{m\to\infty} \int_0^1 [\xi(t) - \xi^{(m)}(t)]^2\, dt = 0\,.$$

Wir setzen

$$\psi^{(m)}(t) = \xi^{(m)}(F(t))\,, \qquad t \in R^1\,,$$

und

$$N_j^{(n,m)}(\Delta) = \sum_{i=1}^n d'_i \psi^{(m)}(y_{ni} - \Delta d_i)\,, \qquad m = 2, 3, \ldots\,.$$

Dann gilt für $m > m_0$ gleichmäßig in $n = 1, 2, \ldots$

$$\mathsf{E}[N_j^{(n)}(0) - N_j^{(n,m)}(0)]^2 \leqq \sum_{i=1}^n d_i'^2 \int_0^1 [\xi(t) - \xi^{(m)}(t)]^2\, dt \leqq \varepsilon\,. \tag{45}$$

Da $\prod_{i=1}^n f(x_i + \Delta d_i)$ und $\prod_{i=1}^n f(x_i)$ benachbart sind, folgt mit (45) und [A 2.6]

$$\max_{1\leqq j\leqq p} |N_j^{(n)}(\Delta) - N_j^{(n,m)}(\Delta)| \xrightarrow{P_0} 0 \quad \text{für} \quad n \to \infty\,. \tag{46}$$

Weiterhin gilt

$$\mathsf{D}\{N_j^{(n,m)}(\Delta) - N_j^{(n,m)}(0)\} \leqq \sum_{i=1}^n d_i'^2 \int [\psi^{(m)}(x - \Delta d_i) - \psi^{(m)}(x)]^2\, dF(x)\,. \tag{47}$$

Das letzte Integral strebt entsprechend dem Satz von Lebesgue gegen Null, sobald $\psi^{(m)}$ für festes m beschränkt und nichtfallend ist und höchstens abzählbar viele Unstetigkeitsstellen besitzt. Daraus folgt unter Berücksichtigung der Tschebyschew-Ungleichung für ein gegebenes $\varepsilon > 0$ und jedes feste $m = 2, 3, \ldots$

$$\lim_{n\to\infty} \max_{1\leqq j\leqq p} P_0\{|N_j^{(n,m)}(\Delta) - N_j^{(n,m)}(0) - \mathsf{E}N_j^{(n,m)}(\Delta)| \geqq \varepsilon\} = 0\,. \tag{48}$$

Entsprechend Lemma 2.3.1 ist $N_j^{(n,m)}(\Delta)$ asymptotisch normalverteilt gemäß $N(-\omega^{(m)}\Delta_h w_{hj}, \tau_m^2 w_{jj})$, und $N_j^{(n,m)}(0)$ ist asymptotisch normalverteilt gemäß

$N(0, \tau_m^2 w_{jj})$ mit

$$\omega^{(m)} = -\int \psi^{(m)}(x) f'(x)\,dx$$

und

$$\tau_m^2 = \int (\psi^{(m)}(x))^2\,dF(x) - \left(\int \psi^{(m)}(x)\,dF(x)\right)^2,$$

so daß wir unter Berücksichtigung von (48) und $\lim\limits_{m\to\infty} \omega^{(m)} = \omega$

$$\lim_{n\to\infty} \max_{1\leqq j\leqq p} P_0\{|N_j^{(n,m)}(\Delta) - N_j^{(n,m)}(0) + \Delta_h \omega^{(m)} w_{hj}| \geqq \varepsilon\} = 0 \tag{49}$$

erhalten. Die Behauptung folgt dann aus (45), (46), (47) und (49). ■

Vervollständigung des Beweises von Satz 2.3.3.

Wir wollen die folgenden Bezeichnungen einführen:

$$N_j^*(\Delta^*, \Delta^{**}) = \sum_{i=1}^{n} d_{ij}^* \psi\left(y_i - \sum_{k=1}^{p} (d_{ik}^* \Delta_k^* + d_{ik}^{**} \Delta_k^{**})\right), \tag{50}$$

$$N_j^{**}(\Delta^*, \Delta^{**}) = \sum_{i=1}^{n} d_{ij}^{**} \psi\left(y_i - \sum_{k=1}^{p} (d_{ik}^* \Delta_k^* + d_{ik}^{**} \Delta_k^{**})\right)$$

und

$$N_j(\Delta^*, \Delta^{**}) = N_j^*(\Delta^*, \Delta^{**}) + N_j^{**}(\Delta^*, \Delta^{**}), \qquad j = 1, \dots, p.$$

Für ein festes j sei $x'_{.j} x_{.j} > 0$ für fast alle natürlichen Zahlen n. Betrachtet man (35), so sind nach [A 3.8], N_j^* nichtwachsend in $\Delta_1^*, \dots, \Delta_p^*$ und nichtfallend in $\Delta_1^{**}, \dots, \Delta_p^{**}$ ist, während N_j^{**} nichtfallend in $\Delta_1^*, \dots, \Delta_p^*$ und nichtwachsend in $\Delta_1^{**}, \dots, \Delta_p^{**}$ ist (vergleiche auch einen analogen Beweis von Theorem 2.1 in JUREČKOVÁ (1969)).

Lemma 2.3.2 und die oben erwähnte Benachbartheit führen dazu, daß für irgendein festes Δ^*, Δ^{**} gilt:

$$\lim_{n\to\infty} P_0\left\{\left| N_j(\Delta^*, \Delta^{**}) - N_j(0) + \omega \sum_{h=1}^{p} [\Delta_h^* (d_{.h}^*)' d_{.h}^* + \Delta_h^{**} (d_{.h}^{**})' d_{.h}^{**}] \right| \geqq \varepsilon\right\} = 0. \tag{51}$$

Sei $Q = \{\delta^{(0)}, \dots, \delta^{(r)}\}$, wobei $-K = \delta^{(0)} < \dots < \delta^{(r)} = K$ eine Zerlegung von $[-K, K]$ ist mit

$$|\omega(\delta^{(k)} - \delta^{(k-1)})| \leqq \varepsilon(2pM^{1/2})^{-1}, \qquad k = 1, \dots, r. \tag{52}$$

Mit der Bezeichnung $\mathcal{J} = \{x \mid \|x\| \leqq K\}$ erhalten wir aus (52) und der Monotonie von N_j^*

$$\max_{\Delta^*\in\mathcal{J},\, \Delta^{**}\in\mathcal{J}} \left| N_j^*(\Delta^*, \Delta^{**}) - N_j^*(0) + \omega \sum_{h=1}^{p} [\Delta_h^* (d_{.h}^*)' d_{.h}^* + \Delta_h^{**} (d_{.h}^{**})' d_{.h}^{**}] \right|$$
$$\leqq \max_{\Delta^*\in\mathcal{D},\, \Delta^{**}\in\mathcal{D}} \left| N_j^*(\Delta^*, \Delta^{**}) - N_j^*(0) + \omega \sum_{h=1}^{p} [\Delta_h^* (d_{.h}^*)' d_{.h}^* + \Delta_h^{**} (d_{.h}^{**})' d_{.h}^{**}] \right| + \varepsilon,$$

wobei $\mathcal{D} = \{\Delta = (\Delta_1, \dots, \Delta_p)' \mid \Delta_k \in Q, k = 1, \dots, p\}$ sei. Eine analoge Behauptung gilt für N_j^{**}. Damit erhalten wir aus (51), (52) und aus der analogen Ungleichung für N_j^{**}

$$\lim_{n\to\infty} P_0\left\{\max_{\Delta: \|\Delta\|\leqq K} \left| N_j^{(n)}(\Delta) - N_j^{(n)}(0) + \omega \sum_{k=1}^{p} \Delta_k w_{kj} \right| \geqq \varepsilon\right\} = 0 \tag{53}$$

für $j = 1, \dots, p$. Schließlich haben wir für jedes feste $n \in N$ und $j = 1, \dots, p$

$$\max_{\beta^{(n)}: n^{1/2}\|\beta^{(n)}\| \leq K} \left\{ n^{-1/2} \left| M_j^{(n)}(\beta^{(n)}) - M_j^{(n)}(0) + n\omega \sum_{k=1}^{p} \beta_k^{(n)} w_{kj} \right| \right\} \leq$$

$$\max_{\beta^{(n)}: n^{1/2}\|\beta^{(n)}\| \leq K} \left| \sum_{i=1}^{n} d_{ij} \left[\psi\left(y_{ni} - n^{1/2} \sum_{k=1}^{p} d_{ik}\beta_k^{(n)} \right) - \psi(y_{ni}) \right] + \omega n^{1/2} \sum_{k=1}^{p} \beta_k^{(n)} w_{kj} \right|$$

$$\leq \max_{\Delta: \|\Delta\| \leq K} \left| N_j^{(n)}(\Delta) - N_j^{(n)}(0) + \omega \sum_{k=1}^{p} \Delta_k w_{kj} \right|, \tag{54}$$

was in Verbindung mit (53) den Beweis von Satz 2.3.3 vervollständigt. ■

Zu Satz 2.3.3 gehört ein einfaches Korollar:

Korollar 2.3.1. *Sei $\{\hat{\boldsymbol{\beta}}^{(n)}\}_{n\in N}$ eine Folge von Zufallsvektoren mit Werten im R^p derart, daß $\{n^{1/2}(\hat{\boldsymbol{\beta}}^{(n)} - \beta^0)\}_{n\in N}$ in Wahrscheinlichkeit beschränkt ist. Dann gilt unter den Voraussetzungen* V 1, V 2, V 3 *für jedes $\varepsilon > 0$*

$$n^{-1/2} \left| \boldsymbol{M}_j^{(n)}(\hat{\boldsymbol{\beta}}^{(n)}) - \boldsymbol{M}_j^{(n)}(\beta^0) + n\omega \sum_{k=1}^{p} (\hat{\boldsymbol{\beta}}_k^{(n)} - \beta_k^0)\, w_{kj} \right| \xrightarrow{P_{\beta^0}} 0 \tag{55}$$

für $n \to \infty$.

Die asymptotische Verteilung von $n^{1/2}(\hat{\boldsymbol{\beta}}^{(n)} - \beta^0)$ könnte mit Hilfe des obigen Korollars nachgewiesen werden, wenn wir wissen würden, daß diese Folge in Wahrscheinlichkeit beschränkt ist. Das folgende Lemma zeigt, daß dies der Fall ist.

Lemma 2.3.3. *Unter den Voraussetzungen* V 1, V 2, V 3 *entsprechen jedem $\varepsilon > 0$ Größen $K > 0$, $\eta > 0$ und $n_0 \in N$ derart, daß*

$$P_{\beta^0}\left\{ \min_{\beta^{(n)}: n^{1/2}\|\beta^{(n)} - \beta^0\| \geq K} n^{-1/2} \|\boldsymbol{M}^{(n)}(\beta^{(n)})\| < \eta \right\} < \varepsilon \tag{56}$$

für $n > n_0$ gilt. Hierbei ist

$$\boldsymbol{M}^{(n)}(\beta^{(n)}) = \left(\boldsymbol{M}_1^{(n)}(\beta^{(n)}), \dots, \boldsymbol{M}_p^{(n)}(\beta^{(n)})\right)'.$$

Beweis. Wir können wieder $\beta^0 = 0$ setzen. Zunächst ist dann die Folge $\{n^{-1/2}\boldsymbol{M}_j^{(n)}(0)\}_{n\in N}$ in Wahrscheinlichkeit beschränkt für $j = 1, \dots, p$, da sie eine nichtentartete asymptotische Normalverteilung besitzt. Deshalb gibt es ein $n_0 \in N$ und ein $K_0 > 0$ derart, daß

$$P_0\{n^{-1/2}\|\boldsymbol{M}^{(n)}(0)\| > K_0\} < \varepsilon/2 \quad \text{für} \quad n > n_0. \tag{57}$$

Sei (K, η) ein beliebiges Paar von Zahlen mit

$$K > 2K_0/(\lambda_0\omega), \qquad \eta < K_0/2,$$

wobei λ_0 der kleinste Eigenwert von W ist. Dann folgt aus Satz 2.3.3 und aus (57) für $n > n_0$

$$P_0\left\{ \min_{\beta: n^{1/2}\|\beta\| \geq K} \sum_{j=1}^{p} \beta_j \boldsymbol{M}_j^{(n)}(\beta) < \eta_0 \right\} < \varepsilon \tag{58}$$

mit $\eta_0 = \eta K_0$.

Tatsächlich ist die linke Seite von (58) kleiner oder gleich

$$\begin{aligned}
&P_0\Bigg\{\min_{\beta: n^{1/2}\|\beta\| \geqq K} \sum_{j=1}^{p} \beta_j M_j^{(n)}(\beta) < \eta_0\,,\\
&\min_{n^{1/2}\|\beta\| \geqq K} \sum_{j=1}^{p} \beta_j \left[M_j^{(n)}(0) - n\omega \sum_{k=1}^{p} \beta_k w_{kj}\right] \geqq 2\eta_0\Bigg\}\\
&+ P_0\left\{\min_{\beta: n^{1/2}\|\beta\| \geqq K} \sum_{j=1}^{p} \beta_j \left[M_j^{(n)}(0) - n\omega \sum_{k=1}^{p} \beta_k w_{kj}\right] < 2\eta_0\right\}\\
\leqq\; &P_0\left\{\max_{\beta: n^{1/2}\|\beta\| \geqq K} \sum_{j=1}^{p} \beta_j \left[M_j^{(n)}(0) - M_j^{(n)}(\beta) - n\omega \sum_{k=1}^{p} \beta_k w_{kj}\right] \geqq \eta_0\right\}\\
&+ P_0\left\{\min_{\beta: n^{1/2}\|\beta\| \geqq K} \sum_{j=1}^{p} \beta_j M_j^{(n)}(0) + K^2\lambda_0\omega < 2\eta_0\right\}\\
\leqq\; &P_0\left\{\max_{\beta: n^{1/2}\|\beta\| \geqq K} \sum_{j=1}^{p} n^{-1/2} \left| M_j^{(n)}(\beta) - M_j^{(n)}(0) + n\omega \sum_{k=1}^{p} \beta_k w_{kj}\right| \geqq \eta\right\}\\
&+ P_0\{-Kn^{-1/2}\|M^{(n)}(0)\| < 2\eta_0 - K^2\lambda_0\omega\} \to 0 \quad \text{für} \quad n \to \infty\,.
\end{aligned}$$

Sei β^* ein Punkt mit $n^{1/2}\|\beta^*\| = K$. Mit $c_i^* = \sum_{j=1}^{p} x_{ij}\beta_j^*$, $(i = 1, \ldots, n)$ ist dann $M(\tau) := \sum_{i=1}^{n} c_i^* \psi(y_{ni} - \tau c_i^*)$ nichtwachsend in τ und für $\tau \geqq 1$ gilt

$$\sum_{j=1}^{p} (-\beta_j^*)\, M_j^{(n)}(\tau\beta^*) = -M(\tau) \geqq -M(1) = \sum_{j=1}^{p} (-\beta_j^*)\, M_j^{(n)}(\beta^*)\,. \tag{59}$$

Ist nun $n^{1/2}\|\beta\| > K$, und $\beta^* = n^{-1/2}\dfrac{K}{\|\beta\|}\beta$, dann gilt $\beta = \tau\beta^*$, und somit $n^{1/2}\|\beta^*\| = K$ und $\tau = n^{1/2}\dfrac{\|\beta\|}{K} > 1$. (58) und (59) führen zu

$$\begin{aligned}
&P_0\left\{\min_{\beta: n^{1/2}\|\beta\| \geqq K} n^{-1/2}\|M^{(n)}(\beta)\| < \eta\right\}\\
\leqq\; &P_0\left\{\min_{\beta: n^{1/2}\|\beta\| \geqq K} \sum_{j=1}^{p} (-\beta_j)\, M_j^{(n)}(\beta) \cdot \frac{K}{\|\beta\|} \cdot n^{-1/2} < \eta K\right\}\\
\leqq\; &P_0\left\{\min_{\beta: n^{1/2}\|\beta^*\| \geqq K} \sum_{j=1}^{p} (-\beta_j^*)\, M_j^{(n)}(\beta^*) \leqq \eta_0\right\} < \varepsilon \quad \text{für} \quad n > n_0\,. \;\blacksquare
\end{aligned}$$

Wir können nun nach diesen Vorbereitungen den **Beweis** von **Satz** 2.3.2 führen. Wir erhalten unter Berücksichtigung von $M_j^{(n)}(\hat{\beta}_M^{(n)}) = 0$ $(j = 1, \ldots, p)$ aus Lemma 2.3.3 und aus dem Korollar 2.3.1, daß

$$\left\| n^{1/2}(\hat{\beta}_M^{(n)} - \beta^0) - \frac{1}{\omega} W^{-1} n^{-1/2} M^{(n)}(\beta^0) \right\| \xrightarrow{P} 0 \tag{60}$$

unter β^0 gilt, so daß $\{n^{1/2}(\hat{\beta}_M^{(n)} - \beta^0)\}_{n\in N}$ dieselbe asymptotische Verteilung wie $\{n^{-1/2}\omega^{-1} W^{-1} M^{(n)}(\beta^0)\}_{n\in N}$ besitzt. Die asymptotische Verteilung der letzten Folge kann leicht als die in (38) angegebene gefunden werden, da jede Komponente von $M^{(n)}(\beta^0)$ eine Linearkombination von $\psi(y_{n1}), \ldots, \psi(y_{nn})$ ist. Das macht den Beweis von Satz 2.3.2 vollständig. $\blacksquare$

2.3.4.3. Asymptotische Minimaxeigenschaften von M-Schätzungen (und von R- und L-Schätzungen)

Für eine Folge $\boldsymbol{T} = \{\boldsymbol{T}_n\}$ von Schätzungen von β im Modell (2.2.1) soll $\mathsf{D}(\boldsymbol{T} \mid F)$ die asymptotische Varianz von $(\lambda' W^{-1}\lambda)^{-1/2} \lambda' n^{1/2}(\boldsymbol{T}_n - \beta)$ unter F bezeichnen, wobei $\lambda = (\lambda_1, \ldots, \lambda_p)'$ ein Vektor mit $\sum_{i=1}^{p} \lambda_i^2 > 0$ ist.

Bei der Betrachtung von Modell (2.2.1) können wir zwei Situationen unterscheiden:

(i) F ist bekannt und glatt. Wir können dann eine asymptotisch effiziente Schätzung angeben (z.B. die Maximum-Likelihood-Schätzung bzw. die optimalen R- und L-Schätzungen).

(ii) F ist nur approximativ bekannt, z.B. als zu einer konvexen und kompakten Umgebung F einer gegebenen Verteilung G gehörig. Sei F_0 die Verteilungsfunktion in $\mathcal{F}$ mit der kleinsten Fisherschen Information $I(F)$, d. h. $I(F_0) = \inf_{F \in \mathcal{F}} I(F)$. Dann wird für eine beliebige Folge $\boldsymbol{T}$ die Größe $\mathsf{D}(\boldsymbol{T} \mid F_0)$ bestenfalls $1/I(F_0)$ sein. Unser Ziel ist es, ein $\boldsymbol{T}_0$ derart zu finden, daß für jedes $F \in \mathcal{F}$ die Größe $\mathsf{D}(\boldsymbol{T}_0 \mid F)$ nicht $1/I(F_0)$ übersteigt, d. h. eine Folge $\boldsymbol{T}_0$, welche asymptotisch minimax in dem Sinn ist, daß die Ungleichungen

$$\mathsf{D}(\boldsymbol{T}_0 \mid F) \leqq \mathsf{D}(\boldsymbol{T}_0 \mid F_0) \leqq \mathsf{D}(\boldsymbol{T} \mid F_0)$$

für jedes $F \in \mathcal{F}$ und jede asymptotisch erwartungstreue Folge von Schätzfunktionen $\boldsymbol{T}$ für β gelten.

Dieser Abschnitt gibt eine explizite Lösung dieses Problems für das Modell der ε-Kontaminiertheit. Der folgende Satz zeigt, daß eine M-Schätzung existiert, die asymptotisch minimax für dieses Modell ist. Deshalb, infolge des Zusammenhangs zwischen den M-, L- und R-Schätzungen (siehe (2.2.17) oder Abschnitt 2.6), folgt daraus unmittelbar, daß die Klassen von L- und R-Schätzungen ebenfalls asymptotische Minimax-Elemente besitzen. Jede dieser Minimax-Schätzungen wird asymptotisch effizient sein für die ungünstigste Verteilungsfunktion F_0.

Satz 2.3.4 (Huber (1969)). *Sei für ein festes* ε, $0 \leqq \varepsilon < 1$,

$$\mathcal{F} = \{F = (1 - \varepsilon)\, G + \varepsilon H \mid H \in \mathcal{M}\}\,. \tag{61}$$

G sei dabei die Verteilungsfunktion einer festen symmetrischen absolutstetigen Verteilung mit $I(G) < \infty$ und einer zweimal stetig differenzierbaren Dichte g. $(-\ln g)$ sei konvex. $\mathcal{M}$ ist eine Menge von symmetrischen substochastischen Maßen auf $\mathbb{R}^1$, d. h., für jedes $H \in \mathcal{M}$ ist $H(\mathcal{B}) < 1$ für jedes $\mathcal{B} \in \mathfrak{B}^1$. Sei $\mathcal{F}_1 \subseteq \mathcal{F}$ eine konvexe Teilmenge von $\mathcal{F}$, so daß für jedes $F \in \mathcal{F}_1$ jede der drei folgenden Bedingungen gilt:

(i) $I(F) < \infty$,

(ii) $f \geqq (1 - \varepsilon)\, g$ *(wobei* $f = \mathrm{d}F/\mathrm{d}x$*)*,

(iii) $\int f \,\mathrm{d}\mu_1 = 1$, *d. h., f ist die Dichte einer Wahrscheinlichkeitsverteilung.*

Dann existiert ein eindeutiges $F_0 \in \mathcal{F}_1$ mit

$$I(F_0) = \inf_{F \in \mathcal{F}_1} I(F) \tag{62}$$

und, wenn $\boldsymbol{T}_0$ die F_0 entsprechende Maximum-Likelihood-Schätzung bezeichnet, gilt

$$\mathsf{D}(\boldsymbol{T}_0 \mid F) \leqq \mathsf{D}(\boldsymbol{T}_0 \mid F_0) \leqq \mathsf{D}(\boldsymbol{T} \mid F_0) \tag{63}$$

für jedes $F \in \mathcal{F}$ und jede asymptotisch normalverteilte und asymptotisch erwartungstreue Schätzung T von β.

Beweis. Für $F \in \mathcal{F}_1$ können wir schreiben

$$I(F) = I^*(F)\,, \tag{64}$$

wobei

$$I^*(F) = \sup_{\psi \in \mathcal{E}} \left\{ \left(\int \psi'(x)\, dF(x)\right)^2 \left(\int \psi^2(x)\, dF(x)\right)^{-1} \right\} \tag{65}$$

ist und $\mathcal{E}$ die Menge der auf einem kompakten Träger stetig differenzierbaren Funktionen ψ mit $\int \psi^2\, dF > 0$ bezeichnet.

Tatsächlich erhalten wir mit der Schwarzschen Ungleichung

$$I^*(F) = \sup_{\psi \in \mathcal{E}} \left\{ \left(\int \psi f'\, dx\right)^2 \left(\int \psi^2\, dF\right)^{-1} \right\} \leqq I(F)\,.$$

Zum Beweis der entgegengesetzten Ungleichung nehmen wir $I^*(F) < \infty$ an. Bezeichnen wir mit $A: \mathcal{E} \to \mathbb{R}^1$ das durch $A\psi = \int \psi'\, dF$ definierte lineare Funktional, so hat man $||A|| = \sup \dfrac{A\psi}{||\psi||} = \left(I^*(F)\right)^{1/2} < \infty$, wobei $||\psi||^2 = \int \psi^2\, dF$. Das beschränkte Funktional A läßt sich stetig auf $L^2(F)$ erweitern. Damit existiert eine Funktion $h \in L^2(F)$ mit

$$A\psi = \int \psi h\, dF\,.$$

Wir setzen $f(x) = -\int\limits_{-\infty}^{x} h(y)\, dF(y)$, $x \in \mathbb{R}^1$. Dann ist die Dichte f von F absolutstetig, und es gilt $-\dfrac{f'(x)}{f(x)} = h \in L^2(F)$. Tatsächlich folgt aus dem Satz von Fubini

$$\int \psi'\, dF = \int \psi(y)\, h(y)\, dF(y) = -\iint\limits_{y<x} \psi'(x)\, h(y)\, dF(y)\, dx = \int \psi'(x) f(x)\, dx$$

für jedes $\psi \in \mathcal{E}$. Deshalb können wir sowohl $I^*(F)$ als auch $I(F)$ minimieren. Da $I^*(F)$ in F konvex ist (siehe [A 3.9]) genügt es, ein lokales Minimum zu finden. Wir beweisen nun, daß $I(F)$ das Minimum bei $F_0 \in \mathcal{F}_1$ genau dann annimmt, wenn

$$\int \left(c - \frac{(f_0^{1/2})''}{f_0^{1/2}}\right)(f_1 - f_0)\, dx = 0 \quad \text{für alle} \quad F_1 \in \mathcal{F}_1 \tag{66}$$

gilt, wobei $f_1 = dF_1/dx$ ist und c eine beliebige Konstante. Dazu setzen wir $F_t = (1 - t)\, F_0 + F_1$ und

$$\frac{d}{dt} I(F_t) = \Big|_{t=0} = \lim_{t \to 0} \frac{1}{t} [I(F_t) - I(F_0)]\,.$$

$I(F)$ nimmt sein Minimum genau dann für F_0 an, wenn

$$\frac{d}{dt} I(F_t)\Big|_{t=0} \geqq 0 \quad \text{für alle} \quad F_1 \in \mathcal{F}_1$$

gilt.

Nimmt man an, daß f_0'/f_0 absolutstetig ist, dann findet man durch eine direkte Rechnung

$$\frac{d}{dt} I(F_t)\Big|_{t=0} = -4 \int \frac{(f_0^{1/2})''}{f_0^{1/2}} (f_1 - f_0)\, dx \geqq 0\,,$$

und es folgt (66) auf Grund von $\int (f_1 - f_0)\, dx = 0$.

Für jeden Punkt x aus der Menge $\{x \mid f_0(x) = (1-\varepsilon)\, g(x)\}$ gilt nun $f_1(x) \geqq f_0(x)$ und $(f_0^{1/2})''/f_0^{1/2} \leqq 0$. (Man bemerke die Symmetrie und Unimodalität von g!) Wenn x zur Menge $\{x \mid f_0(x) > (1-\varepsilon)\, g(x)\}$ gehört, kann $f_1(x) - f_0(x)$ sowohl positive als auch negative Werte annehmen. Es empfiehlt sich in diesem Fall f_0 so zu wählen, daß $(f_0^{1/2})''/f_0^{1/2} = c$ für eine Konstante c ist, d. h. daß $f_0(x) = a\, \mathrm{e}^{-b(x)}$ auf diesem Bereich gilt.

Sei

$$x_0 = \sup \left\{ x \in \mathbb{R}^1 \,\middle|\, \left| -\frac{g'(x)}{g(x)} \right| \leqq k \right\},$$

wobei k festgelegt ist durch die Bedingung

$$2 \frac{1-\varepsilon}{k} \left[g(x_0) + k \int_0^{x_0} g(x)\, \mathrm{d}x \right] = 1 . \tag{67}$$

Wir setzen

$$f_0(x) = \begin{cases} (1-\varepsilon)\, g(x) , & \text{wenn} \quad 0 \leqq x < x_0 , \\ (1-\varepsilon)\, g(x_0)\, \mathrm{e}^{-k(x-x_0)} , & \text{wenn} \quad x \geqq x_0 , \\ f_0(-x) , & \text{wenn} \quad x < 0 . \end{cases} \tag{68}$$

Wir werden jetzt zeigen, daß die f_0 entsprechende Maximum-Likelihood-Schätzung $\boldsymbol{T}_0$ asymptotisch minimax für $\mathcal{F}$ ist: Man setze

$$\psi_0(x) = -\frac{f_0'(x)}{f_0(x)}, \qquad x \in \mathbb{R}^1 .$$

Dann ist

$$\psi_0(x) = \begin{cases} k \operatorname{sign} x , & \text{falls} \quad |x| \geqq x_0 , \\ -\dfrac{g'(x)}{g(x)}, & \text{falls} \quad |x| < x_0 . \end{cases} \tag{69}$$

Es gilt $\psi_0' \geqq 0$ (da $(-\ln g)$ konvex ist), und $\mathsf{D}(\boldsymbol{T}_0 \mid \boldsymbol{F})$ ist durch Satz 2.3.2 gegeben. Genauer gilt

$$\left(\mathsf{D}(\boldsymbol{T}_0 \mid \boldsymbol{F})\right)^{-1} = \frac{[(1-\varepsilon) \int \psi_0'\, \mathrm{d}G + \varepsilon \int \psi_0'\, \mathrm{d}H]^2}{(1-\varepsilon) \int \psi_0^2\, \mathrm{d}G + \varepsilon \int \psi_0^2\, \mathrm{d}H} \geqq \frac{[(1-\varepsilon) \int \psi_0'\, \mathrm{d}G]^2}{(1-\varepsilon) \int \psi_0^2\, \mathrm{d}G + \varepsilon k^2}$$
$$= \left(\mathsf{D}(\boldsymbol{T}_0 \mid \boldsymbol{F}_0)\right)^{-1} .$$

Andererseits folgt die Ungleichung $\mathsf{D}(\boldsymbol{T}_0 \mid \boldsymbol{F}_0) \leqq \mathsf{D}(\boldsymbol{T} \mid \boldsymbol{F}_0)$ aus der Rao-Cramér-Ungleichung für jede asymptotisch normalverteilte und asymptotisch erwartungstreue Schätzung $\boldsymbol{T}$ (d. h., es gilt $\mathsf{D}(\boldsymbol{T} \mid \boldsymbol{F}_0) \geqq (I(\boldsymbol{F}_0))^{-1}$ $(= \mathsf{D}(\boldsymbol{T}_0 \mid \boldsymbol{F}_0))$ unter gewissen Regularitätsbedingungen, die aber hier erfüllt sind). ■

Bemerkung 2.3.4. Seien F_0 und ψ_0 durch (68) beziehungsweise (69) gegeben. Man setze

$$\varphi_0(t) = \psi_0\left(F_0^{-1}(t)\right) , \quad \text{wenn} \quad 0 < t < 1 ,$$
$$J_0(t) = \psi_0'\left(F_0^{-1}(t)\right) \cdot \left(\int_{\mathbb{R}^1} \psi_0'(x)\, \mathrm{d}F_0(x) \right)^{-1} , \quad \text{wenn} \quad 0 < t < 1 .$$

Dann sind die φ_0 beziehungsweise J_0 entsprechenden R- und L-Schätzungen asymptotisch äquivalent zu $\boldsymbol{T}_0$ und haben somit auch die Minimax-Eigenschaft (63).

Beispiel 2.3.1 (*ε-kontaminierte Normalverteilung*). Man setze $G = \Phi$ in (61). Die asymptotische Minimax-Schätzung ist dann entweder die M-Schätzung, die durch ψ_0

aus (4) mit k aus (67) erzeugt wird, oder die R-Schätzung mit der Score-erzeugenden Funktion

$$\varphi_0(t) = \begin{cases} k\,, & \text{wenn} \quad 1 > t \geqq (1-\varepsilon)\,\Phi(k) + \dfrac{\varepsilon}{2}\,, \\ \Phi^{-1}\left(\dfrac{t-\varepsilon/2}{1-\varepsilon}\right), & \text{wenn} \quad \dfrac{1}{2} \leqq t < (1-\varepsilon)\,\Phi(k) + \dfrac{\varepsilon}{2}\,, \\ -\,\varphi_0(1-t)\,, & \text{wenn} \quad 0 < t < \dfrac{1}{2}\,, \end{cases}$$

oder aber die L-Schätzung entsprechend der Gewichtsfunktion

$$J_0(t) = \begin{cases} 0\,, & \text{wenn} \quad 1 > t \geqq (1-\varepsilon)\,\Phi(k) + \dfrac{\varepsilon}{2}\,, \\ \dfrac{1}{2(1-\varepsilon)\,\big(\Phi(k)-1\big)}\,, & \text{wenn} \quad \dfrac{1}{2} \leqq t < (1-\varepsilon)\,\Phi(k) + \dfrac{\varepsilon}{2}\,, \\ J_0(1-t)\,, & \text{wenn} \quad 0 < t < \dfrac{1}{2}\,. \end{cases}$$

2.4. Einige Eigenschaften von Rangtests

R-Schätzungen sind abgeleitet aus Rangtests. Deshalb werden wir uns zuerst mit Rangtests beschäftigen, ehe wir Eigenschaften von R-Schätzungen zusammenstellen. Die Nullverteilung der Rangteststatistiken und das Signifikanzniveau der Tests sind unabhängig von der Verteilungsfunktion F der Fehler und deshalb exakt bekannt. Aus diesem Grund werden die Rangtests häufig als verteilungsfrei oder nichtparametrisch bezeichnet, d. h. frei von der Annahme, daß F zu einer festgelegten parametrischen Familie von Verteilungsfunktionen gehört. Diese Besonderheit von auf Rängen beruhenden Methoden begründet auch deren Popularität.

Zuerst werden wir die grundlegenden Zusammenhänge des vorliegenden Abschnittes darlegen. Bezeichne $y^{(i)}$ die i-kleinste Koordinate des Vektors $y = (y_1, \dots, y_n)'$, so daß

$$y^{(1)} \leqq y^{(2)} \leqq \dots \leqq y^{(n)}\,. \tag{1}$$

Wenn $(\boldsymbol{y}_1, \dots, \boldsymbol{y}_n)'$ ein zufälliger Vektor ist, dann nennt man die Statistik $\boldsymbol{y}^{(i)}$ i-te Ordnungsstatistik, und der Vektor $(\boldsymbol{y}^{(1)}, \dots, \boldsymbol{y}^{(n)})$ von Ordnungsstatistiken wird mit $\boldsymbol{y}^{(\cdot)}$ bezeichnet.

Sei $y = (y_1, \dots, y_n)$ ein Vektor, für den keine zwei Koordinaten übereinstimmen, $r_i(y)$ die Zahl der y_j mit $y_j \leqq y_i$, d. h. der Rang von y_i,

$$y_i = y^{(r_i)}\,, \qquad i = 1, \dots, n\,. \tag{2}$$

Die Statistik $\boldsymbol{R}_i = r_i(\boldsymbol{y})$ wird der Rang von $\boldsymbol{y}_i$ genannt; wir setzen $\boldsymbol{R} = (\boldsymbol{R}_1, \dots, \boldsymbol{R}_n)$. Wir können andererseits auch

$$\boldsymbol{R}_i = \sum_{j=1}^{n} u(\boldsymbol{y}_i - \boldsymbol{y}_j) \tag{3}$$

schreiben, wobei $u(x) = 1$, wenn $x \geqq 0$, und sonst $u(x) = 0$ gilt.

Die Ränge sind nur dann eindeutig definiert, wenn es keine Bindungen zwischen den Beobachtungen gibt, d. h. wenn keine zwei Beobachtungen übereinstimmen. Die

Wahrscheinlichkeit für die Übereinstimmung eines Paares von Koordinaten ist gleich Null, wenn die Verteilungsfunktion von $\boldsymbol{y}$ stetig ist. Bezeichne $\mathcal{R}$ die Menge aller Permutationen $r = (r_1, \dots, r_n)$ von $(1, \dots, n)$; $\mathcal{R}$ enthält offensichtlich $n!$ Punkte.

Wir sagen, daß der zufällige Vektor $\boldsymbol{y} = (\boldsymbol{y}_1, \dots, \boldsymbol{y}_n)$ der Hypothese H_0 der Zufälligkeit genügt, wenn er entsprechend der Dichte

$$p(x_1, \dots, x_n) = \prod_{i=1}^{n} f(x_i) \tag{4}$$

verteilt ist, (wobei $f(x)$ eine beliebige eindimensionale Dichte ist), d. h. wenn die Komponenten $\boldsymbol{y}_i$ entsprechend einer Dichte f unabhängig und identisch verteilt sind. Wenn wir zum Beispiel das Regressionsmodell betrachten, bedeutet die Hypothese H_0, daß der Regressionsteil verschwindet.

Wir sagen, daß der zufällige Vektor $\boldsymbol{y} = (\boldsymbol{y}_1, \dots, \boldsymbol{y}_n)$ der Hypothese H_1 der Symmetrie genügt, wenn er entsprechend der Dichte (4) verteilt ist, wobei jetzt f eine eindimensionale um Null symmetrische Dichte $\left(f(x) = f(-x), x \in \mathbb{R}^1\right)$ ist. Mit anderen Worten, die Hypothese H_1 ist wahr, wenn die Komponenten $\boldsymbol{y}_i$ unabhängig und identisch entsprechend einer symmetrischen Dichte verteilt sind. Offensichtlich folgt H_0 aus H_1.

Wir wollen folgende Statistiken betrachten:

$$\begin{aligned}
&\operatorname{sign} \boldsymbol{y} = (\operatorname{sign} \boldsymbol{y}_1, \dots, \operatorname{sign} \boldsymbol{y}_n)' && \text{(die Zeichenstatistik)}\\
&|\boldsymbol{y}| = (|\boldsymbol{y}_1|, \dots, |\boldsymbol{y}_n|)' && \text{(absolute Beobachtungswerte)}\\
&|\boldsymbol{y}|^{(\cdot)} = (|\boldsymbol{y}|^{(1)}, \dots, |\boldsymbol{y}|^{(n)})' && \text{(die Ordnungsstatistik für absolute Werte)}\\
&\boldsymbol{R}^+ = (\boldsymbol{R}_1^+, \dots, \boldsymbol{R}_n^+)' && \text{(die Ränge der absoluten Werte),}
\end{aligned}$$

wobei

$$\boldsymbol{R}_i^+ = \sum_{j=1}^{n} u(|\boldsymbol{x}_i| - |\boldsymbol{x}_j|), \qquad i = 1, \dots, n.$$

Sei $V = \{v \in \mathbb{R}^n \mid v_i = 1 \text{ oder } v_i = -1, \ i = 1, \dots, n\}$.

In diesem Abschnitt werden wir die Rangtests von H_0 und H_1 gegen die Alternativen der Regression im Lokationsmodell untersuchen. Wir werden Rangtests formulieren, welche die lokale Güte gegenüber diesen Alternativen maximieren, und so einige asymptotische Eigenschaften dieser Tests für $n \to \infty$ beweisen. Dies wird ein Ausgangspunkt für die Untersuchung der asymptotischen Eigenschaften von R-Schätzungen sein.

2.4.1. Lokal beste Rangtests

Der Vektor $\boldsymbol{R}$ der Ränge von $(\boldsymbol{y}_1, \dots, \boldsymbol{y}_n)$ ist die Maximalinvariante für das Testproblem von H_0 gegen eine große Menge von Alternativen unter der Gruppe $\mathcal{G}$ von Transformationen

$$\mathcal{G} = \left\{g^*: \mathbb{R}^n \to \mathbb{R}^n \mid g^*(x) = \left(g(x_1), \dots, g(x_n)\right)'\right\},$$

wobei g die Menge aller stetigen streng monoton wachsenden Abbildungen des $\mathbb{R}^1$ in den $\mathbb{R}^1$ durchläuft. Das ist zum Beispiel der Fall für die Hypothese, daß der Beobachtungsvektor in zwei zufällige Stichproben mit verschiedenen Verteilungen zerfällt. Leider gibt es für dieses Problem weder einen gleichmäßig besten Rangtest noch einen gleichmäßig besten invarianten Test. Deshalb werden wir die Menge der Alternativen einschränken und einen Test suchen, welcher unter allen Rangtests lokal bester für eine Teilmenge von Alternativen nahe der Hypothese ist.

Die Situation ist für H_1 analog mit dem einzigen Unterschied, daß die Maximalinvariante der Vektor (sign $\boldsymbol{y}, \boldsymbol{R}^+$) ist mit der entsprechenden Transformationsgruppe $\mathcal{G} = \{g^*\colon \mathbb{R}^n \to \mathbb{R}^n \mid g^*(x) = (g(x_1), \dots, g(x_n))'\}$, wobei g die Menge aller stetigen, streng monoton wachsenden und ungeraden reellwertigen, auf dem $\mathbb{R}^1$ definierten Funktionen durchläuft.

Wir werden dann einen Zeichenrangtest suchen, welcher lokal bester Test für H_1 gegen eine bestimmte Menge von Alternativen ist.

Im Fall von H_0 wird ein Test Rangtest genannt, wenn seine Testfunktion ξ eine Funktion nur von R ist, $\xi = \xi(R)$. Der kritische Bereich eines nichtrandomisierten Rangtests ist eine Vereinigung von einigen der folgenden Ereignisse:

$$\mathcal{B}_r = \{y = (y_1, \dots, y_n)' \mid R = r\}\,. \tag{5}$$

Unter H_0 haben wir $P(\boldsymbol{R} = r) = P(\mathcal{B}_r) = 1/n!$, $r \in \mathcal{R}$. Wir wollen die einfache Alternative H_Q betrachten, daß $\boldsymbol{y}$ eine Wahrscheinlichkeitsverteilung Q besitzt, und bezeichnen $Q(\boldsymbol{R} = r) = Q(\{y \mid \boldsymbol{R} = r\})$.

Das Neyman-Pearson-Lemma (siehe [A 3.3] von Humak I (1977)) liefert dann sofort den besten Rangtest für H_0 gegen eine einfache Alternative H_Q.

Lemma 2.4.1. *Der beste Test für* H_0 *gegen eine einfache Alternative* H_Q *ist gegeben durch*

$$\xi(r) = \begin{cases} 1\,, & \text{wenn} \quad Q(\boldsymbol{R} = r) > k \\ 0\,, & \text{wenn} \quad Q(\boldsymbol{R} = r) < k\,, \end{cases} \tag{6}$$

wobei k unter H_0 *der Beziehung* $\mathsf{E}\xi(\boldsymbol{R}) = \alpha$ *genügt.*

Praktisch ist die exakte Bestimmung von $\xi(r)$ selten möglich, da $Q(\boldsymbol{R} = r)$ schwer zu berechnen ist.

Dann können wir versuchen, den lokal besten Rangtest zu finden.

Definition 2.4.1 (*lokal bester Test*). Man betrachte eine indizierte Menge $\{q_\Delta \mid \Delta \geqq 0\}$ von Dichten bezüglich μ_n und nehme an, daß der zufällige Vektor $\boldsymbol{y}$ mit der Dichte q_0 der Hypothese H genügt. Ein Test wird als *lokal bester α-Test für* H *gegen* $\Delta > 0$ bezeichnet, wenn ein $\varepsilon > 0$ derart existiert, daß der Test gleichmäßig bester zum Niveau α für $\Delta = 0$ gegen $\mathcal{K}_\varepsilon = \{q_\Delta \mid 0 < \Delta < \varepsilon\}$ ist.

Wenn Δ auch negativ sein kann, werden wir einen Test *lokal besten Test für* $\Delta = 0$ *gegen* $\Delta \neq 0$ nennen, wenn er gleichmäßig bester Test ist für H gegen $\mathcal{K}_\varepsilon = \{q_\Delta \mid 0 < |\Delta| < \varepsilon\}$ für ein $\varepsilon > 0$.

Der gleichmäßig beste Test ist auch lokal bester. Wenn andererseits der lokal beste Test nicht gleichmäßig bester Test ist, so wächst doch seine Gütefunktion in einer Umgebung der Hypothese so schnell wie für einen α-Test möglich.

Satz 2.4.1. *Man betrachte ein System von Regressionsalternativen* $\boldsymbol{y}_i = \Delta c_i + \boldsymbol{\varepsilon}_i$, $i = 1, \dots, n$, *so daß* $(\boldsymbol{y}_1, \dots, \boldsymbol{y}_n)$ *eine Dichte aus*

$$\left\{q_\Delta = \prod_{i=1}^{n} f(y_i - \Delta c_i) \mid \Delta > 0\right\} \tag{7}$$

besitzt, wobei f eine bekannte absolutstetige Dichte mit

$$\int_{\mathbb{R}^1} |f'(a)|\, da < \infty \tag{8}$$

ist und $c_1, \dots, c_n$ bekannte Konstanten sind. Dann ist der Test mit dem kritischen Bereich

$$\sum_{i=1}^{n} c_i a_n(R_i, f) \geqq k \tag{9}$$

lokal bester α-Rangtest für H_0 gegen (7), wobei

$$\alpha = \mathrm{P}\left\{\sum_{i=1}^{n} a_n(\boldsymbol{R}_i, f) \geqq k\right\} \tag{10}$$

gilt. P ist hierbei eine H_0 genügende Wahrscheinlichkeitsverteilung, und die Scores $a_n(i)$ hängen mit f in der folgenden Weise zusammen:

$$a_n(i, f) = \mathsf{E}\varphi(\boldsymbol{v}_n^{(i)}, f)\,, \qquad i = 1, \dots, n\,, \tag{11}$$

wobei

$$\varphi(t, f) = -\frac{f'(F^{-1}(t))}{f(F^{-1}(t))}\,, \qquad 0 < t < 1\,, \tag{12}$$

gilt und $\boldsymbol{v}_n^{(1)} < \dots < \boldsymbol{v}_n^{(n)}$ eine geordnete Stichprobe der Gleichverteilung auf (0, 1) ist.

Beweis. Wir werden zeigen, daß für jedes feste $r \in \mathcal{R}$

$$\lim_{\Delta \to \infty} \frac{1}{\Delta}[n!\,\mathrm{Q}_\Delta(\boldsymbol{R} = r) - 1] = \sum_{i=1}^{n} c_i a_n(r_i, f) \tag{13}$$

gilt. (Hierbei bezeichnet Q_Δ das zu q_Δ gehörige Wahrscheinlichkeitsmaß!). Daraus folgt, daß ein $\varepsilon > 0$ derart existiert, so daß für $0 < \Delta < \varepsilon$ und für jedes Paar $r, r' \in \mathcal{R}$ mit

$$\sum_{i=1}^{n} c_i a_n(r_i, f) > \sum_{i=1}^{n} c_i a_n(r_i', f) \tag{14}$$

gerade $\mathrm{Q}_\Delta(\boldsymbol{R} = r) > \mathrm{Q}_\Delta(\boldsymbol{R} = r')$ gilt. Tatsächlich haben wir

$$\mathrm{Q}_\Delta(\boldsymbol{R} = r) = \int_{\boldsymbol{R}=r}\!\!\dots\!\int q_\Delta(y_1, \dots, y_n)\,\mathrm{d}\mu_n$$

$$= \frac{1}{n!} + \Delta \sum_{i=1}^{n} \int_{\boldsymbol{R}=r}\!\!\dots\!\int \frac{1}{\Delta}[f(y_i - \Delta c_i) - f(y_i)] \prod_{j=1}^{i-1} f(y_j - \Delta c_j) \prod_{k=i+1}^{n} f(y_k)\,\mathrm{d}\mu_n\,,$$

wobei wir die Identität

$$\prod_{i=1}^{n} A_i - \prod_{j=1}^{n} B_j = \sum_{i=1}^{n} (A_i - B_i) \prod_{j=1}^{i-1} A_j \prod_{k=i+1}^{n} B_k$$

benutzt haben. Für $\Delta \to 0$ streben die Integranden des letzten Integrals gegen $\left(-c_i f'(y_i) \prod_{j \neq i} f(y_j)\right)$, $i = 1, \dots, n$.

Für $\Delta c_i > 0$ erhalten wir mit (8)

$$\limsup_{\Delta \to 0} \int_{R^n}\!\!\dots\!\int \frac{1}{\Delta}|f(y_i - \Delta c_i) - f(y_i)| \prod_{j=1}^{i-1} f(y_j - \Delta c_j) \prod_{k=i+1}^{n} f(y_k)\,\mathrm{d}\mu_n$$

$$= \limsup_{\Delta \to 0} \int_{R^1} \frac{1}{\Delta}|f(y_i - \Delta c_i) - f(y_i)|\,\mathrm{d}\mu_1$$

$$= \limsup_{\Delta \to 0} \frac{1}{\Delta} \int_0^{\Delta c_i} \int_{R^1} |f'(y - \Theta)|\,\mathrm{d}\mu_1\,\mathrm{d}\Theta = |c_i| \int_{R^1} |f'(y)|\,\mathrm{d}\mu_1\,.$$

Analog gehen wir für $\Delta c_i < 0$ vor. In Verbindung mit Fatous Lemma (Vgl. [A 2.17]) folgt

$$\lim_{\Delta \to 0} \sum_{i=1}^{n} \int_{\boldsymbol{R}=r} \cdots \int \frac{1}{\Delta} [f(y_i - \Delta c_i) - f(y_i)] \prod_{j=1}^{i-1} f(y_j - \Delta c_j) \prod_{k=i+1}^{n} f(y_k) \, \mathrm{d}\mu_n$$

$$= - \sum_{i=1}^{n} \int_{\boldsymbol{R}=r} \cdots \int c_i \frac{f'(y_i)}{f(y_i)} \prod_{j=1}^{n} f(y_j) \, \mathrm{d}\mu_n$$

$$= \frac{1}{n!} \sum_{i=1}^{n} c_i \mathsf{E} \left\{ - \frac{f'(y_i)}{f(y_i)} \middle| \boldsymbol{R} = r \right\} = \frac{1}{n!} \sum_{i=1}^{n} c_i a_n(r_i, f) ,$$

was (13) liefert. Mit Lemma 2.4.3 folgt daraus die Behauptung. ■

Satz 2.4.2. *Man betrachte die Menge von Alternativen* (7), *wobei f eine symmetrische Dichte mit* (8) *ist und $c_1, \ldots, c_n$ bekannte Konstanten sind. Dann ist der Test mit dem kritischen Bereich*

$$\sum_{i=1}^{n} c_i \operatorname{sign}(y_i) \, a_n^+(R_i^+, f) \geqq k \tag{15}$$

lokal bester Zeichenrangtest für H_1 *gegen* $\{q_\Delta \mid \Delta > 0\}$ *zum Niveau*

$$\alpha = \mathrm{P}\left\{ \sum_{i=1}^{n} c_i \operatorname{sign}(\boldsymbol{y}_i) \, a_n^+(\boldsymbol{R}_i, f) \geqq k \right\} , \tag{16}$$

wobei P *eine* H_1 *genügende Wahrscheinlichkeitsverteilung ist und die Scores* $a_n^+(i, f)$ *in der folgenden Weise mit der Dichte in Zusammenhang stehen:*

$$a_n^+(i, f) = \mathsf{E}\varphi\left(\frac{1 + \boldsymbol{v}_n^{(i)}}{2}, f \right), \qquad i = 1, \ldots, n , \tag{17}$$

wobei $\varphi(t, f)$ und $v_n^{(1)} < \ldots < v_n^{(n)}$ wie in Satz 2.4.1 *erklärt sind.*

Beweis: Die Behauptung folgt aus der Gleichheit

$$\lim_{\Delta \to 0} \frac{1}{\Delta} [2^n n! \, \mathrm{Q}_\Delta(\operatorname{sign} \boldsymbol{y} = v, \boldsymbol{R}^+ = r) - 1]$$

$$= \sum_{i=1}^{n} c_i v_i a_n^+(r_i, f) , \qquad v \in \mathcal{V} , \qquad r \in \mathcal{R} , \tag{18}$$

welche auf dieselbe Art wie (13) bewiesen werden kann. ■

Wir werden die Statistiken

$$\boldsymbol{S} = \sum_{i=1}^{n} c_i a(\boldsymbol{R}_i) \tag{19}$$

und

$$\boldsymbol{S}^+ = \sum_{i=1}^{n} c_i \operatorname{sign}(\boldsymbol{y}_i) \, a_n(\boldsymbol{R}_i^+) , \tag{20}$$

wobei $(c_1, \ldots, c_n)$ und $(a(1), \ldots, a(n))$ gegebene Vektoren sind, *einfache lineare Statistik* beziehungsweise *einfache lineare Zeichenrangstatistik* nennen.

Wir haben gesehen, daß $\boldsymbol{S}$ und $\boldsymbol{S}^+$ den lokal besten Test für H_0 und H_1 gegen Regressionsalternativen liefern. Weiterhin sind die Tests (9) und (15) unter einigen Bedingungen an $c_1, \dots, c_n$ asymptotisch beste Tests für H_0 bzw. H_1 gegen eine einfache Alternative $\Delta_1(=0)$ im folgenden Sinn:

Definition 2.4.2. Bezeichne $\beta(\alpha, H_\nu, H_{Q_\nu})$ die Güte des besten α-Tests für H_ν gegen eine einfache Alternative H_{Q_ν}, $\nu = 1, 2, \dots$ Dann nennt man einen α-Test ξ_ν *asymptotisch besten α-Test für das Testproblem* H_ν *gegen* H_{Q_ν} *zum Niveau* α, wenn

$$\lim_{\nu \to \infty} [\beta(\alpha, H_\nu, H_{Q_\nu}) - \int \xi_\nu \, dQ_\nu] = 0 .$$

Die Sätze 2.4.1 und 2.4.2 zeigen, daß die Verteilung von S (bzw. S^+) dieselbe ist für alle Verteilungen der Beobachtungen, die H_0 (bzw. H_1) genügen. Das ist unter den Alternativen nicht der Fall, so daß die Güte der Tests nicht „verteilungsfrei" ist.

Eine weiterführende Darstellung der Theorie der Rangtests und einen Überblick über ausgewählte Rangtests enthält Hájek, Šidák (1967).

2.4.2. Asymptotisches Verhalten von Rang- und Zeichenrangteststatistiken

Zwei asymptotische Eigenschaften der einfachen linearen Rang- und Zeichenrangteststatistiken, die in diesem Abschnitt bewiesen werden, sind von grundlegender Bedeutung für die asymptotische Theorie der Rangtests und -schätzungen. (Der verbleibende Text von Kapitel 2 wird im wesentlichen Folgerungen aus diesen Eigenschaften umfassen.) Erstens konvergiert die Nullverteilung der Rangstatistiken, wenn die Zahl n der Beobachtungen groß wird und einige Regularitätsbedingungen erfüllt sind, gegen die Normalverteilung.

Zweitens, wenn wir S (oder S^+) unter der Regressionsalternative als eine Funktion von Δ betrachten, werden wir sehen, daß diese Funktion asymptotisch bezüglich der Konvergenz in Wahrscheinlichkeit (für $n \to \infty$) von der Form $S_0 + \Delta b_n$ ist. Diese Eigenschaft ist analog zu der Eigenschaft von $M_j(\beta)$, die in Satz 2.3.3 beschrieben wurde.

Für $n = 1, 2, \dots$ seien $y_{n1}, \dots, y_{nn}$ zufällige Variablen, und es sei R_{ni} der Rang von y_{ni} in $(y_{n1}, \dots, y_{nn})$. Wir betrachten die einfachen linearen Rangstatistiken

$$S_n = \sum_{i=1}^{n} x_{ni} a_n(R_{ni}) , \qquad S_n^* = \sum_{i=1}^{n} x_{ni} a_n^*(R_{ni}) \tag{21}$$

unter den folgenden Voraussetzungen:

V 4. Die Scores $a_n^{(i)}$, $a_n^{*(i)}$ werden durch eine Funktion $\varphi(t)$, $0 < t < 1$, die nicht konstant ist und als endliche Summe von monotonen quadratisch integrierbaren Funktionen auf $(0, 1)$ darstellbar ist, in der folgenden Weise erzeugt:

$$a_n(i) = \mathsf{E}\varphi(v_n^{(i)}) , \qquad i = 1, \dots, n , \tag{22}$$

wobei $v_n^{(1)} < \dots < v_n^{(n)}$ eine geordnete Stichprobe der Gleichverteilung auf $(0, 1)$ ist;

$$a_n^*(i) = \varphi\left(\frac{i}{n+1}\right), \qquad i = 1, \dots, n . \tag{23}$$

V 5. Die Regressionskonstanten $x_{n1}, \dots, x_{nn}$ genügen

$$\sum_{i=1}^{n} (x_{ni} - \bar{x}_n)^2 > 0 , \qquad \bar{x}_n = \frac{1}{n} \sum_{i=1}^{n} x_{ni} \tag{24}$$

und

$$\lim_{n\to\infty} \max_{1\leq i\leq n} (x_{ni} - \bar{x}_n)^2 \left[\sum_{j=1}^{n} (x_{nj} - \bar{x}_n)^2\right]^{-1} = 0 . \tag{25}$$

(Bedingung (25) (*Noethersche Bedingung*) sichert die gleichmäßige asymptotische Vernachlässigbarkeit der Summanden in (19).)

Satz 2.4.3 (Hájek (1961)). *$\boldsymbol{y}_{n1}, \dots, \boldsymbol{y}_{nn}$ mögen H_0 erfüllen für $n = 1, 2, \dots$, und die Voraussetzungen V 4 und V 5 seien erfüllt. Dann sind für $n \to \infty$ die Statistiken* (19) *asymptotisch normalverteilt gemäß* $N(\mathsf{E}\boldsymbol{S}_n, \sigma_n^2)$ *mit*

$$\sigma_n^2 = \sum_{i=1}^{n} (x_{ni} - \bar{x}_n)^2 \int_0^1 (\varphi(t) - \bar{\varphi})^2 \, dt , \qquad \bar{\varphi} = \int_0^1 \varphi(t) \, dt . \tag{26}$$

Beweis. Seien $\boldsymbol{y}_{n1}, \dots, \boldsymbol{y}_{nn}$ die nach (4) verteilten zufälligen Variablen.

(i) Wir betrachten zuerst die Scores. Es sei $C_n^2 := \sum_{i=1}^{n} (x_{ni} - \bar{x}_n)^2$. Wir betrachten die Statistiken

$$\boldsymbol{T}_n = \sum_{i=1}^{n} (x_{ni} - \bar{x}_n)\, \varphi(F(\boldsymbol{y}_{ni})) + \bar{x}_n \sum_{i=1}^{n} a_n(i) , \qquad n = 1, 2, \dots . \tag{27}$$

Dann ist $\boldsymbol{S}_n = \mathsf{E}(\boldsymbol{T}_n \mid \mathfrak{R}_n)$, $n = 1, 2, \dots$, wobei $\mathfrak{R}_n = \mathfrak{B}(\boldsymbol{R}_{n1}, \dots, \boldsymbol{R}_{nn})$ die durch $\boldsymbol{R}_{n1}, \dots, \boldsymbol{R}_{nn}$ erzeugte σ-Algebra ist. Es folgt aus den Eigenschaften bedingter Erwartungswerte und aus [A 3.12]

$$\begin{aligned} \mathsf{E}(\boldsymbol{T}_n - \boldsymbol{S}_n)^2 &= \mathsf{D}\boldsymbol{T}_n - \mathsf{D}\boldsymbol{S}_n \\ &= C_n^2 \left[\int_0^1 (\varphi(t) - \bar{\varphi})^2 \, dt - \frac{1}{n-1} \sum_{i=1}^{n} (a_n(i) - \bar{a}_n)^2\right] \\ &= \frac{1}{n} C_n^2 \mathsf{D}\varphi(F(\boldsymbol{y}_1)) = o(C_n^2) , \end{aligned} \tag{28}$$

wobei $\bar{a}_n = 1/n \sum_{i=1}^{n} a_n(i)$ ist. Daraus folgt, daß $\sigma_n^{-1}(\boldsymbol{S}_n - \mathsf{E}\boldsymbol{S}_n)$ dieselbe asymptotische Verteilung besitzt wie $\sigma_n^{-1}(\boldsymbol{T}_n - \mathsf{E}\boldsymbol{T}_n)$, wobei $\mathsf{E}\boldsymbol{S}_n = \mathsf{E}\boldsymbol{T}_n = \bar{x}_n \sum_{i=1}^{n} a_n(i)$ gilt. Diese Verteilung ist $N(0, 1)$, was aus dem Satz von Lindeberg und Feller folgt (siehe [A 4.21] in Humak I (1977)).

(ii) Der Beweis für $\boldsymbol{S}_n^*$ ist schwieriger; wir benötigen das folgende Lemma.

Lemma 2.4.2. *Man betrachte zwei Folgen von Funktionen*

$$\begin{aligned} \varphi_n(t) &= a_n(i) , \quad \textit{falls} \quad \frac{i-1}{n} < t \leq \frac{i}{n} , \qquad i = 1, \dots, n , \\ \varphi_n^*(t) &= a_n^*(i) , \quad \textit{falls} \quad \frac{i-1}{n} < t \leq \frac{i}{n} , \qquad i = 1, \dots, n . \end{aligned} \tag{29}$$

Dann gelten

$$\lim_{n\to\infty} \int_0^1 (\varphi_n(t) - \varphi(t))^2 \, dt = 0 , \tag{30}$$

$$\lim_{n\to\infty} \int_0^1 (\varphi_n^*(t) - \varphi(t))^2 \, dt = 0 . \tag{31}$$

Beweis. Als Erstes werden wir beweisen, daß $\varphi_n(t) \to \varphi(t)$ fast sicher bezüglich $\mu_{[0,1]}$ und $\varphi_n^*(t) \to \varphi(t)$ fast sicher bezüglich $\mu_{[0,1]}$ gilt.

Dabei bezeichnet $\mu_{[0,1]}$ die Einschränkung des Lebesgueschen Maßes auf $\mathfrak{B}_{[0,1]}$.

Die Konvergenz ist offensichtlich für φ_n^*. Betreffs φ_n halten wir ein $t_0 \in (0, 1)$ fest und wählen eine Folge $\{i_n\}_{n \in \mathbb{N}}$ mit $i_n/n \to t_0$.

Es bezeichne g_n mit

$$g_n(t) := \begin{cases} n\binom{n-1}{i_n-1}\binom{i_n-1}{t}(1-t)^{n-i_n}, & \text{wenn} \quad 0 < t < 1\,, \\ 0 & \text{sonst,} \end{cases}$$

die Dichte der Betaverteilung $\mathrm{B}(i_n, n - i_n + 1)$, und es sei $G_n(t) = \int_{-\infty}^{t} g_n(a)\, da$. Dann ist g_n unimodal mit dem Modalwert $i_n/(n-1) \to t_0$, und

$$\lim_{n\to\infty} G_n(t) = \begin{cases} 0\,, & \text{wenn} \quad t < t_0\,, \\ 1\,, & \text{wenn} \quad t > t_0\,. \end{cases} \tag{32}$$

Sei $\delta > 0$ so, daß $(t_0 - \delta, t_0 + \delta) \subset (0, 1)$. Dann erhalten wir, da φ auf $(t_0 - \delta, t_0 + \delta)$ beschränkt ist,

$$|\varphi_n(t_0) - \varphi(t_0)| = \left| \int_0^1 [\varphi(t) - \varphi(t_0)]\, \mathrm{d}G_n(t) \right|$$

$$\leqq \int_{t_0-\delta}^{t_0+\delta} |\varphi(t) - \varphi(t_0)|\, \mathrm{d}G_n(t) + \Big[\int_{|t-t_0|\geqq\delta} (\varphi(t) - \varphi(t_0))^2\, \mathrm{d}t\Big]^{1/2} \Big[\int_{|t-t_0|\geqq\delta} [\mathrm{d}G_n(t)]^{1/2}\Big] \to 0\,,$$

wenn $n \to \infty$. Das beweist (32). Darüber hinaus gilt

$$\int_0^1 \varphi^2(t)\, \mathrm{d}t = \mathsf{E}\varphi^2(\boldsymbol{v}_1) \geqq \mathsf{E}\big(\mathsf{E}\varphi^2(\boldsymbol{v}_1) \mid \boldsymbol{R}_{n1}\big) = \int_0^1 \varphi_n^2(t)\, \mathrm{d}t\,, \qquad n = 1, 2, \ldots\,,$$

wodurch in Verbindung mit Fatous Lemma (30) bewiesen ist.

Andererseits sind die Funktionen $\varphi_n^*(t)$ gleichmäßig integrierbar auf (0, 1). Tatsächlich existiert zu jedem $\varepsilon > 0$ mit $\int_{\mathcal{A}} \varphi^2(t)\, \mathrm{d}t < \varepsilon/3$ für jedes $\mathcal{A} \subset (0,1)$ ein $\delta > 0$ mit $\mu(\mathcal{A}) = \int_{\mathcal{A}} \mathrm{d}t < \delta$. Dann ist

$$\int_{\mathcal{A}} [\varphi_n^*(t)]^2\, \mathrm{d}t = \sum_{i=1}^{n-1} \varphi^2\Big(\frac{i}{n+1}\Big)\, \mu\Big(\mathcal{B}_n \cap \Big(\frac{i}{n}, \frac{i+1}{n}\Big]\Big) + \frac{1}{n}\varphi^2\Big(\frac{n}{n+1}\Big)$$

$$\leqq \int_{\mathcal{B}_n} \varphi^2(t)\, \mathrm{d}t + \frac{n+1}{n} \int_{n/(n+1)}^{1} \varphi^2(t)\, \mathrm{d}t < \varepsilon\,,$$

für $n > [\delta^{-1}]$, wobei $\mathcal{B}_n = \mathcal{A} + 1/n := \{t + 1/n \mid t \in \mathcal{A}\}$ ist. Zusammen mit (32) beweist dies (31). ■

(iii) Wir sind nun in der Lage, den Beweis für $\boldsymbol{S}_n^*$ zu vervollständigen. Wir erhalten aus [A 3.12] und durch direkte Berechnung mit Hilfe von Lemma 2.4.2

$$\mathsf{E}(\boldsymbol{S}_n - \mathsf{E}\boldsymbol{S}_n - \boldsymbol{S}_n^* + \mathsf{E}\boldsymbol{S}_n^*)^2 = \frac{1}{n-1} C_n^2 \sum_{i=1}^{n} [a_n(i) - \bar{a}_n - a_n(i) + \bar{a}_n^*]^2$$

$$\leqq \frac{1}{n-1} C_n^2 \sum_{i=1}^{n} (a_n(i) - a_n^*(i))^2$$

$$= \frac{n}{n-1} C_n^2 \int_0^1 (\varphi_n(t) - \varphi_n^*(t))^2\, \mathrm{d}t = o(C_n^2)\,, \tag{33}$$

so daß $\boldsymbol{\sigma}_n^{-1}(\boldsymbol{S}_n^* - \mathsf{E}\boldsymbol{S}_n^*)$ dieselbe asymptotische Verteilung hat wie $\boldsymbol{\sigma}_n^{-1}(\boldsymbol{S}_n - \mathsf{E}\boldsymbol{S}_n)$. ■

Ein analoger Satz ist gültig für die einfachen linearen Zeichenrangstatistiken (siehe HÁJEK, ŠIDÁK (1967)).

Die zweite Grundeigenschaft von einfachen linearen Rangstatistiken ist ihre gleichmäßige asymptotische Linearität bezüglich der Regressionsparameter. Angenommen, $y_{n1}, \dots, y_{nn}$ sind entsprechend (4) verteilt, und es gilt $I(f) < \infty$. Sei $\boldsymbol{R}_{ni}^{\beta}$ der Rang von $y_{ni} + \beta d_{ni}$ in $(y_{n1} + \beta d_{n1}, \dots, y_{nn} + \beta d_{nn})$, $i = 1, \dots, n$, wobei $d_{n1}, \dots, d_{nn}$ gegebene Konstanten sind und $\beta \in \mathbb{R}^1$ ist. Wir betrachten die Statistiken

$$\boldsymbol{S}_{n\beta} = \sum_{i=1}^{n} x_{ni} a_n(\boldsymbol{R}_{ni}^{\beta}), \qquad \boldsymbol{S}_{n\beta}^{*} = \sum_{i=1}^{n} x_{ni} a_n^{*}(\boldsymbol{R}_{ni}^{\beta}) \tag{34}$$

unter den Voraussetzungen V 4 und V 5 und den folgenden zusätzlichen Voraussetzungen:

V 6. Die Konstanten $d_{n1}, \dots, d_{nn}$ genügen

$$\sum_{i=1}^{n} (d_{ni} - \bar{d}_n)^2 \leqq M, \qquad \bar{d}_n = \frac{1}{n} \sum_{i=1}^{n} d_{ni}, \qquad n = 1, 2, \dots, \tag{35}$$

(wobei $M > 0$ eine Konstante ist,) und

$$\lim_{n \to \infty} \left[\max_{1 \leqq i \leqq n} (d_{ni} - \bar{d}_n)^2 \right] = 0. \tag{36}$$

V 7. $(x_{ni} - x_{nj})(d_{ni} - d_{nj}) \geqq 0$, $[(x_{ni} - x_{nj})(d_{ni} - d_{nj}) \leqq 0]$ für alle $i, j = 1, \dots, n$.

Die Voraussetzung V 7 der Übereinstimmung — Nichtübereinstimmung ist analog zu (2.3.35); siehe auch Bemerkung 2.3.2.

Satz 2.4.4 (JUREČKOVÁ (1969)). *$y_{n1}, \dots, y_{nn}$ seien entsprechend (4) verteilt, wobei f eine Dichte mit endlicher Fisherscher Information ist. Dann gilt unter den Voraussetzungen* V 4—V 7

$$\left[(\mathsf{D}\boldsymbol{S}_{n0})^{-1/2} \max_{|\beta| \leqq K} | \boldsymbol{S}_{n\beta} - \boldsymbol{S}_{n0} - \beta b_n | \right] \xrightarrow{\mathsf{P}} 0 \tag{37}$$

für jedes $\varepsilon > 0$, $K > 0$, wobei

$$b_n = \sum_{i=1}^{n} (x_{ni} - \bar{x}_n)(d_{ni} - \bar{d}_n) \int_0^1 \varphi(t)\, \varphi(t, f)\, dt \tag{38}$$

mit $\varphi(t, f)$ aus (12) *ist.*

Beweis. Ohne Einschränkung der Allgemeinheit sei $\sum_{i=1}^{n} x_{ni} = 0$, $\sum_{i=1}^{n} x_{ni}^2 = 1$, φ nichtfallend und $\varphi > 0$ auf $(0, 1)$; sonst könnten wir neue Koeffizienten

$$x'_{ni} = (x_{ni} - \bar{x}_n) \left(\sum_{j=1}^{n} (x_{nj} - \bar{x}_n)^2 \right)^{-1/2}, \qquad i = 1, \dots, n,$$

einführen und $\boldsymbol{S}_{n\beta}$ in eine endliche Summe von Statistiken entsprechend solchen Funktionen φ aufspalten.

(i) Wir werden zuerst (37) für die Scores (22) und ein festes $\beta \in \mathbb{R}^1$ beweisen. Man betrachte eine Folge $\{\varphi^{(k)}\}_{k \in \mathbb{N}}$ von auf $(0, 1)$ definierten Funktionen $\varphi^{(k)}$ mit

$$\varphi^{(k)}(t) = \varphi\left(\frac{i}{k+1} \right), \qquad \frac{i-1}{k} < t \leqq \frac{i}{k}, \qquad i = 1, \dots, k, \tag{39}$$

und setze $a_n^{(k)}(i) = \mathsf{E}\varphi^{(k)}(\boldsymbol{v}_n^{(i)})$, $i = 1, \ldots, n$; $k = 1, 2, \ldots$. Weiter sei

$$S_{n\beta}^{(k)} := \sum_{i=1}^{n} x_i a_n^{(h)}(\boldsymbol{R}_i^{\beta}), \qquad k = 1, 2, \ldots . \tag{40}$$

(Wir lassen den Index n an x_{ni}, $\boldsymbol{R}_{ni}$ usw. weg.) Dann ist

$$\mathsf{E}[\boldsymbol{S}_{n0} - \boldsymbol{S}_{n0}^{(k)}]^2 < \varepsilon \quad \text{für} \quad n > n_0(k, \varepsilon) \quad \text{und} \quad k > k_0(\varepsilon) . \tag{41}$$

Tatsächlich gilt

$$\mathsf{E}[\boldsymbol{S}_{n0} - \boldsymbol{S}_{n0}^{(k)}]^2 \leqq \frac{1}{n-1} \sum_{i=1}^{n} [a_n(i) - a_n^{(k)}(i)]^2 = \frac{n}{n-1} \int_0^1 \left(\varphi_n(t) - \varphi_n^{(k)}(t)\right)^2 \mathrm{d}t ,$$

wobei

$$\left.\begin{aligned} \varphi_n(t) &= a_n(i), \quad \text{wenn} \quad \frac{i-1}{n} < t \leqq \frac{i}{n}, \\ \varphi_n^{(k)}(t) &= a_n^{(k)}(i), \quad \text{wenn} \quad \frac{i-1}{n} < t \leqq \frac{i}{n}. \end{aligned}\right\} \quad i = 1, \ldots, n .$$

Dann folgt (41) aus Lemma 2.4.3.

Wir wollen ein weiteres System von Statistiken einführen:

$$\boldsymbol{T}_{n\beta}^{(k)} = \sum_{i=1}^{n} x_{ni} \varphi^{(k)}\left(F(\boldsymbol{y}_{ni} + \beta(d_{ni} - \bar{d}_n))\right), \qquad k = 1, 2, \ldots; \quad n = 1, 2, \ldots . \tag{42}$$

Dann folgt aus (28) nach Ersetzen von φ durch $\varphi^{(k)}$

$$\lim_{n\to\infty} \mathsf{E}(\boldsymbol{S}_{n0}^{(k)} - \boldsymbol{T}_{n0}^{(k)})^2 = 0 , \qquad k = 1, 2, \ldots . \tag{43}$$

Weiterhin beweisen wir

$$\lim_{n\to\infty} \mathsf{E}[\boldsymbol{T}_{n\beta}^{(k)} - \mathsf{E}\boldsymbol{T}_{n\beta}^{(k)} - \boldsymbol{T}_{n0}^{(k)}]^2 = 0 , \qquad k = 1, 2, \ldots . \tag{44}$$

Es gilt nämlich

$$\mathsf{D}(\boldsymbol{T}_{n\beta}^{(k)} - \boldsymbol{T}_{n0}^{(k)}) = \sum_{i=1}^{n} x_{ni}^2 \int [\varphi^{(k)}(F(a + \beta(d_{ni} - \bar{d}_n))) - \varphi^{(k)}(F(a))]^2 \, \mathrm{d}F(a) .$$

Das letztere Integral strebt aber nach [A 2.18] für $n \to \infty$ gegen Null, wenn F stetig ist und $\varphi^{(k)}$ beschränkt und nichtfallend und deshalb höchstens abzählbar viele Unstetigkeiten besitzt. Die Folge von Dichten

$$\{q_{n\beta}\} = \left\{\prod_{i=1}^{n} f(y_{ni} - \beta(d_{ni} - \bar{d}_n))\right\}_{n\in N} \tag{45}$$

ist benachbart bezüglich $\{p_{n\beta}\}_{n\in N}$ (siehe [A 2.5]), und deshalb folgt aus (43) $\boldsymbol{S}_{n0}^{(k)} - \boldsymbol{T}_{n0}^{(k)} \xrightarrow{P_\beta} 0$ für $n \to \infty$, und damit für $n \to \infty$

$$\boldsymbol{S}_{n\beta}^{(k)} - \boldsymbol{T}_{n\beta}^{(k)} \xrightarrow{P_0} 0 \quad \text{für} \quad k = 1, 2, \ldots . \tag{46}$$

[A 2.6] zusammen mit (41) führt zu

$$\mathrm{P}\{|\boldsymbol{S}_{n\beta} - \boldsymbol{S}_{n\beta}^{(k)}| \geqq \varepsilon\} < \varepsilon \quad \text{für} \quad n > n_1(k, \varepsilon) \quad \text{und} \quad k > k_1(\varepsilon) . \tag{47}$$

Durch Kombinieren von (41), (43), (44), (46) und (47) erhalten wir

$$\mathrm{P}\{|\boldsymbol{S}_{n\beta} - \boldsymbol{S}_{n0} - \mathsf{E}\boldsymbol{T}_{n\beta}^{(k)}| \geqq \varepsilon\} < \varepsilon \tag{48}$$

für $n > n_2(k, \varepsilon)$ und $k > k_2(\varepsilon)$.

Entsprechend [A 2.13] sind für $k > k^*$ und $n \to \infty$ die Statistiken $T_{n\beta}^{(k)}$ asymptotisch gemäß $\mathrm{N}\left(\beta b_n^{(k)}, (\sigma_n^{(k)})^2\right)$ verteilt, wobei

$$b_n^{(k)} = \left(\sum_{i=1}^n x_{ni}(d_{ni} - \bar{d}_n)\right) \int_0^1 \varphi^{(k)}(t)\, \varphi(t, f)\, dt$$

und

$$(\sigma_n^{(k)})^2 = \int_0^1 (\varphi^{(k)}(t) - \bar{\varphi}^{(k)})^2\, dt\,, \qquad \bar{\varphi}^{(k)} = \int_0^1 \varphi(t)\, dt\,.$$

Darüber hinaus sind die Statistiken $T_{n0}^{(k)}$ asymptotisch normalverteilt nach $\mathrm{N}\left(0, (\sigma_n^{(k)})^2\right)$, so daß unter Verwendung von (44) $\mathsf{E}T_{n\beta}^{(k)}$ in (48) durch $\beta b_n^{(k)}$ ersetzt werden kann. Die Schwarzsche Ungleichung und (30) führen dazu, daß

$$|b_n^{(k)} - b_n| = \left|\left(\sum_{i=1}^n x_{ni}(d_i - \bar{d})\right) \int_0^1 [\varphi^{(k)}(t) - \varphi(t)]\, \varphi(t, f)\, dt\right|$$

für $k \to \infty$ gleichmäßig in n gegen Null strebt. Schließlich erhalten wir für $n \to \infty$

$$S_{n\beta} - S_{n0} - \beta b_n \xrightarrow{\mathrm{P}} 0\,. \tag{49}$$

(ii) Betrachten wir die Scores (23). Die Konvergenz (49) für $S_{n\beta}^*$ folgt aus (33), aus der Benachbartheit von $\{q_{n\beta}\}$ und $\{p_{n\beta}\}$ und aus (49) für $S_{n\beta}$.

(iii) Es verbleibt zu beweisen, daß die Konvergenz (49) nicht nur für ein festes β, sondern auch für das Maximum über $\{\beta \mid |\beta| \leqq K\}$ gilt. Dieser Teil des Beweises ist analog zu dem entsprechenden Teil des Beweises von Satz 2.3.3 der $M_f(\beta)$ betrifft. Wir müssen nur beweisen, daß S_n für feste $y_1, \dots, y_n$ in β mit Wahrscheinlichkeit 1 monoton ist. Das aber folgt aus [A 3.8] und aus Voraussetzung V 7. ■

Bemerkung 2.4.1. Satz 2.4.4 stellt die einfachste Version der gleichmäßigen asymptotischen Linearität von einfachen linearen Rangstatistiken dar. Diese Eigenschaft könnte auch unter weniger einschränkenden Annahmen bewiesen werden, etwa für den p-parametrischen Fall. Die gleichmäßige asymptotische Linearität für Zeichenrangtests ist von VAN EEDEN (1972) bewiesen worden.

Satz 2.4.5 (VAN EEDEN (1972)). *Für jedes $n \in \mathbb{N}$ seien $y_{n1}, \dots, y_{nn}$ unabhängige und identisch verteilte zufällige Variablen mit einer gemeinsamen Verteilungsfunktion F, die eine absolutstetige Dichte f besitzt, für die $\int_0^1 \varphi^2(t, f)\, dt < \infty$ und $f(-t) = f(t)$, $t \in \mathbb{R}^1$ gelten.*

Sei $\psi(t)$, $0 < t < 1$, eine Funktion, die zerlegbar ist in die Summe von zwei Funktionen $\psi_1(t)$ und $\psi_2(t)$, wobei $\psi_1(t)$ nichtfallend und nichtnegativ und $\psi_2(t)$ nichtwachsend und nichtpositiv sind und $\int_0^1 \psi_i^2(t)\, dt < \infty$ $(i = 1, 2)$ und $\int_0^1 \psi^2(t)\, dt > 0$ gelten.

Seien weiter $(c_{n1}, \dots, c_{nn})$ und $(d_{n1}, \dots, d_{nn})$ Vektoren von Konstanten mit

$$\sum_{i=1}^n c_{ni}^2 > 0\,,$$

$$\lim_{n\to\infty} \left[\max_{1 \leqq i \leqq n} c_{ni}^2 \left(\sum_{j=1}^n c_{nj}^2\right)^{-1}\right] = 0\,,$$

$$\sum_{i=1}^n d_{ni}^2 \leqq M \quad \textit{für ein von } n \textit{ unabhängiges } M > 0\,,$$

$$\lim_{n\to\infty} \max_{1 \leqq i \leqq n} d_{ni}^2 = 0\,,$$

und für jedes $n = 1, 2, \ldots$ *gelte entweder*

$$c_{ni}d_{ni} \geqq 0\,, \qquad i = 1, \ldots, n\,,$$

$$(|c_{ni}| - |c_{ni'}|)\,(|d_{ni}| - |d_{ni'}|) \geqq 0 \quad \text{für alle} \quad i, i' = 1, \ldots, n$$

oder

$$c_{ni}d_{ni} \leqq 0\,, \qquad i = 1, \ldots, n\,,$$

$$(|c_{ni}| - |c_{ni'}|)\,(|d_{ni}| - |d_{ni'}|) \geqq 0 \quad \text{für alle} \quad i, i' = 1, \ldots, n\,.$$

Sei schließlich $R_{ni}^{+\beta}$ *der Rang von* $|y_{ni} - \beta d_{ni}|$ *unter* $|y_{n1} - \beta d_{n1}|, \ldots, |y_{nn} - \beta d_{nn}|$, *und sei*

$$S_n^+ = \sum_{i=1}^{n} c_{ni}\psi\left(\frac{R_{ni}^{+\beta}}{n+1}\right) \operatorname{sign}(y_{ni} - \beta d_{ni})\,.$$

Dann gilt

$$\lim_{n\to\infty} \mathrm{P}\left\{\max_{|\beta|\leqq c}\left|S_{n\beta}^+ - S_{n0}^+ + \beta K \sum_{i=1}^{n} c_{ni}d_{ni}\right| \geqq \varepsilon(\mathsf{D}S_{n0}^+)^{1/2}\right\} = 0\,, \tag{50}$$

wobei

$$K = \int_0^1 \varphi(t)\,\varphi\left(\frac{t+1}{2}\right) \mathrm{d}t$$

ist.

Bemerkung 2.4.2. Die gleichmäßige asymptotische Linearität von Rang-, Zeichenrang- und anderen Statistiken verschafft ein grundlegendes Hilfsmittel für Beweise der asymptotischen Eigenschaften von Tests und Schätzungen, die auf diesen Statistiken beruhen. Zum Beispiel gestattet sie eine asymptotische Behandlung von Störparametern beim Testen von Hypothesen (siehe Hájek (1969), Jurečková (1971 b)); eine andere Anwendung ist das Ableiten der asymptotischen Verteilungen von Rang-, Zeichenrang- und anderen Schätzungen und die Behandlung der asymptotischen Beziehungen zwischen ihnen. Wir werden die gleichmäßige asymptotische Linearität von Rangstatistiken verschiedene Male in dem folgenden Text verwenden. Für einige weitere Einzelheiten siehe auch Jurečková (1973 b).

2.5. Auf Rangtests beruhende Schätzungen von Regressionskoeffizienten

Wir wollen das Regressionsmodell (2.2.1) betrachten. Wir werden die Eigenschaften, hauptsächlich die asymptotischen, von Schätzungen von β, die auf Rangtests von H_0 gegen Regressionsalternativen beruhen, studieren. Solche sind zum Beispiel die Schätzungen vom Typ (2.2.13) und (2.2.11). Bezeichne $R_i^{-\beta}$ den Rang des i-ten Residuums

$$\delta_i(\beta) = y_{ni} - \sum_{j=1}^{p} x_{ij}\beta_j$$

unter $\delta_1(\beta), \ldots, \delta_n(\beta)$. Wir betrachten die Statistiken

$$S_{nj}(y - X\beta) := \sum_{i=1}^{n} (x_{ij} - \bar{x}_j)\, a_n(R_i^{-\beta})\,, \qquad j = 1, \ldots, p\,, \tag{1}$$

wobei $\bar{x}_j = 1/n \sum_{i=1}^{n} x_{ij}$ ist. Dann ist $S_{nj}(y)$ eine einfache lineare Rangstatistik wie in 2.4.1 definiert. Für $a_n(i) = a_n(i, f)$, $i = 1, \ldots, n$, (siehe (2.4.1) liefert $S_{nj}(y)$ den lokal besten Test für H_0 (d. h. $\beta = 0$) gegen die Alternativen, daß $y_{n1}, \ldots, y_{nn}$ entsprechend $\prod_{i=1}^{n} f\left(y_i - \sum_{j=1}^{p} c_{ij}\beta_j\right)$ in einer Umgebung von 0 (siehe Satz 2.4.1) verteilt sind. Die Minimierung (2.2.13) kann umgeschrieben werden als

$$\sum_{j=1}^{p} |S_{nj}(y - X\beta)| \Rightarrow \min! \tag{2}$$

Die Statistiken $S_{nj}(y - X\beta)$ sind Treppenfunktionen in β, und ihre Definition könnte durch Fortsetzung vervollständigt werden, so daß sie für alle β wohldefiniert sind, falls nicht 2 Komponenten von y_n voneinander abhängen. Die Lösung von (1) ist nicht eindeutig bestimmt. Bezeichne $\mathcal{B}_n$ die Menge der Lösungen von (1). Dann gibt es ein $\gamma > 0$, so daß $n^{1/2}(\hat{\beta}_n - \beta)$ für $n \to \infty$ asymptotisch äquivalent ist zu $n^{-1/2}\, 1/\gamma\; W^{-1} S_n(y)$ für jedes $\hat{\beta}_n \in \mathcal{B}_n$ $\left(S_n(y) := (S_{n1}(y), \ldots, S_{np}(y))', n = 1, 2, \ldots\right)$.

Jaeckel (1972) schlug eine beliebige Lösung der Minimierung (2.2.11) als Schätzung von β vor und bewies, daß die Lösungen von (2.2.11) und (2.2.13) asymptotisch äquivalent in dem Sinn sind, daß ihre Differenz für $n \to \infty$ in Wahrscheinlichkeit gegen Null strebt. (2.2.11) erfordert die Minimierung einer konvexen Funktion von β.

Koul (1971) betrachtete den Konfidenzbereich

$$\{\beta \mid S_n'(y - X\beta)\; W_n^{-1} S_n(y - X\beta) \leqq k_\alpha\}\,, \tag{3}$$

wobei k_α der kritische Wert der χ_p^2-Verteilung ist, und schlug den Schwerpunkt von (3) als eine Schätzung von β vor. Diese Schätzung ist wieder asymptotisch äquivalent zur Lösung von (1).

Wir ermitteln jetzt die asymptotische Verteilung der durch (1) gegebenen Schätzung (und gleichzeitig von jeder der zwei anderen Schätzungen) und zeigen, daß diese Verfahren bei geeigneter Wahl der Scores $a_n(i)$ asymptotisch effiziente Schätzungen liefern. Jede der drei Klassen von Schätzungen enthält eine asymptotische Minimax-Schätzung.

Die explizite Form der Schätzungen ist nur in einfachen Spezialfällen bekannt. Im Fall der Lokationsveränderung zum Beispiel ($p = 1$; $x_i = 0$, $i = 1, \ldots, m$; $x = 1$, $i = m + 1, \ldots, n$) ist die R-Schätzung $\hat{\beta}$ von β der Median von $m(n - m)$ Differenzen $(y_{m+j} - y_i)$, $i = 1, \ldots, m, j = 1, \ldots, n - m$ (Hodges/Lehmann (1963)).

Bis heute sind noch keine allgemeinen Berechnungsalgorithmen ausgearbeitet worden. Jeder solche Algorithmus müßte iterativ sein, und jeder neue Schritt würde ein neues Ordnen erfordern. Darum sind die linearisierten Versionen von R-Schätzungen geeigneter. Sie erfordern nur einmaliges Ordnen zu ihrer Berechnung.

Eine linearisierte Version von Rangschätzungen ist von Kraft und van Eeden (1972) studiert worden (vgl. Abschnitt 2.5.2). Sie beruht auf einer konsistenten Anfangsschätzung und auf einem auf Rängen basierenden Glied. Die linearisierte Rangschätzung könnte auch eine asymptotisch effiziente Schätzung durch eine geeignete Wahl der Scores liefern. Trotzdem ist sie nicht asymptotisch äquivalent zur R-Schätzung.

Die optimale Wahl einer Schätzung innerhalb einer der oben erwähnten Klassen hängt von der Verteilungsfunktion F der Fehler ab. Wenn diese unbekannt ist, dann könnte man einen Teil der Beobachtungen benutzen, um F zu schätzen, dann die Schätzung von β an dieses geschätzte F anpassen und auf diese Weise eine asymptotisch effiziente Schätzung von β erhalten. Diese Idee wurde erstmalig von Stein (1956) vorgeschlagen.

Eine detailliertere Beschreibung der adaptiven Schätzungen enthält Abschnitt 2.5.3. Ungeachtet der ausgezeichneten asymptotischen Eigenschaften sind diese Schätzungen nicht für praktische Zwecke geeignet, es sei denn, die Beobachtungsanzahl ist außerordentlich groß.

Wir werden uns nur mit adaptiven, auf Rängen beruhenden Schätzungen befassen; beachtet man die engen Beziehungen zwischen verschiedenen Typen von robusten Schätzungen, so könnten möglicherweise die Betrachtungen modifiziert und adaptive M- und L-Schätzungen erhalten werden.

2.5.1. Asymptotische Normalität von R-Schätzungen

Man betrachte das Modell (2.2.1) unter dem folgenden System von Voraussetzungen:

V 8. Die Fehlerverteilungsfunktion F genügt der Voraussetzung V 1 aus Abschnitt 2.3.4.2.

V 9. $X_n = \big((x_{ij})\big)_{j=1,\dots,p}^{i=1,\dots,n}$ ist eine bekannte $(n \times p)$-Matrix mit:

(a) $x_{ij} = x_{ij}^* + x_{ij}^{**}$, $i = 1, \dots, n$; $j = 1, \dots, p$.

(b) Die Vektoren $x_{.j}^* = (x_{1j}^*, \dots, x_{nj}^*)$ genügen für $j = 1, \dots, p$

$$(x_{.j}^* - \bar{x}_j^*)' (x_{.j}^* - \bar{x}_j^*) \leqq M , \qquad \bar{x}_j^* = \frac{1}{n} \sum_{i=1}^{n} x_{ij}^* , \tag{4}$$

wobei das Skalarprodukt in (4) entweder Null für fast alle n oder positiv für fast alle n ist; wenn es positiv ist, gilt

$$\lim_{n\to\infty} \left\{ \max_{1\leqq i\leqq n} (x_{ij}^* - \bar{x}_j^*)^2 \left[\sum_{k=1}^{n} (x_{kj}^* - \bar{x}_j^*)^2 \right]^{-1} \right\} = 0 . \tag{5}$$

M ist hierbei eine positive Konstante. Analoge Bedingungen (*Noethersche Bedingungen*) müssen für die Vektoren $x_{.j}^{**}$, $j = 1, \dots, p$, erfüllt sein.

(c) Die Ungleichungen (2.3.35) gelten für alle Paare j, $h = 1, \dots, p$ und i, $k = 1, \dots, n$. Nach HEILER und WILLERS (1979) ist die Voraussetzung (c) nicht nötig.

(d) $\lim\limits_{n\to\infty} W_n = \Sigma = \big((\sigma_{jk})\big)_{k=1,\dots,p}^{j=1,\dots,p}$ existiert und ist positiv definit mit

$W_n = \big((w_{jk}^{(n)})\big)_{k=1,\dots,p}^{j=1,\dots,p}$ und

$$w_{jk}^{(n)} = \frac{1}{n} \sum_{i=1}^{n} (x_{ij} - \bar{x}_j)(x_{ik} - \bar{x}_k) , \qquad j, k = 1, \dots, p . \tag{6}$$

Bemerkung 2.5.1. Die Bemerkung 2.3.3 trifft auf die Voraussetzung V 9 ebenfalls zu!

V 10. $\mathbf{S}_{nj}(y - X\beta)$, $j = 1, \dots, p$, sind die Statistiken von (1) mit den Scores $a_n(i)$, $i = 1, \dots, n$, die durch eine Funktion $\varphi(t)$, $0 < t < 1$, die der Voraussetzung V 4 von Abschnitt 2.4.2 genügt, entweder nach (2.4.22) oder gemäß (2.4.23) erzeugt werden.

Es sei

$$\gamma = \int_0^1 \varphi(t)\, \varphi(t, f)\, dt \tag{7}$$

mit dem in (2.4.12) definierten $\varphi(t, f)$ und

$$\alpha^2 = \int_0^1 (\varphi(t) - \bar{\varphi})^2\, dt\,, \qquad \bar{\varphi} = \int_0^1 \varphi(t)\, dt\,. \tag{8}$$

Sei $\mathcal{B}_n$ die Menge von Lösungen der Minimierungsaufgabe (2). Wir werden jeden Punkt von $\mathcal{B}_n$ als eine Schätzung von β akzeptieren.

Definition 2.5.1. Wir sagen, daß $n^{1/2}(\hat{\boldsymbol{\beta}}_n - \beta)$ *asymptotisch normalverteilt ist mit der Grenzverteilung* $N_p(a, A)$ *für jeden Punkt* $\hat{\beta}_n$ *der Menge* $\mathcal{B}_n$, wenn eine Folge von zufälligen Vektoren $\{\boldsymbol{T}_n\}_{n \in N}$ derart existiert, daß $n^{1/2}(\boldsymbol{T}_n - \beta)$ asymptotisch gemäß $N_p(a, A)$ verteilt ist und für $n \to \infty$ gilt

$$\sup_{\hat{\beta}_n \in \mathcal{B}_n} \|n^{1/2}(\hat{\beta}_n - \boldsymbol{T}_n)\| \xrightarrow{P_\beta} 0\,. \tag{8}$$

Das Haupttheorem des Abschnittes ist

Satz 2.5.1. *Unter den Voraussetzungen* V 8—V 10 *ist* $n^{1/2}(\hat{\boldsymbol{\beta}}_n - \beta)$ *asymptotisch normalverteilt mit der Grenzverteilung*

$$N_p\left(0, \frac{\alpha^2}{\gamma^2}\, \Sigma^{-1}\right) \tag{9}$$

für jeden Punkt $\hat{\beta}_n$ *aus* $\mathcal{B}_n$.

Der Beweis folgt Ideen ähnlich denen des Beweises von Satz 2.3.2. Unser wichtigstes Hilfsmittel ist die gleichmäßige asymptotische Linearität von Rangstatistiken. Wir werden zuerst diese Eigenschaft auf den mehrparametrischen Fall ausdehnen.

Lemma 2.5.1. *Unter den Voraussetzungen* V 8, V 9, V 10 *gilt*

$$\lim_{n \to \infty} \max_{1 \le j \le p} P_{\beta^0}\Big\{ \max_{n^{1/2}\|\beta^{(n)} - \beta^0\| \le K} n^{-1/2}\, |S_{nj}(\boldsymbol{y} - X\beta^{(n)}) - S_{nj}(\boldsymbol{y} - X\beta^0) + n\gamma\sigma_{.j}(\beta^{(n)} - \beta^0)| \ge \varepsilon\Big\} = 0\,. \tag{10}$$

für jedes $K > 0$, $\varepsilon > 0$ *und jedes feste* $\beta^0 \in \mathbb{R}^p$; $\sigma_{.j}$ *ist hierbei die* j*-te Spalte von* Σ.

Beweis. Wir können ohne Einschränkung der Allgemeinheit annehmen, daß φ nichtfallend ist und $\beta^0 = 0$ gilt. Für jedes h, $1 \le h \le p$, sei $\mathcal{A}_h = \{\Delta \in \mathbb{R}^p \mid \Delta_k = 0$ für $k \neq h$, $k = 1, \ldots, p\}$. Dann folgt aus Satz 2.4.4

$$\lim_{n \to \infty} \max_{1 \le j \le p} P_0\{n^{-1/2}\, |S_{nj}(\boldsymbol{y} - X\beta^{(n)}) - S_{nj}(\boldsymbol{y}) + n\gamma\beta_h^{(n)}\sigma_{hj}| \ge \varepsilon\} = 0 \tag{11}$$

für jedes $\varepsilon > 0$ und jede Folge $\{\beta^{(n)}\}_{n \in N}$ mit $n^{1/2}\beta^{(n)} = \Delta \in \mathcal{A}_h$, $n = 1, 2, \ldots$.

Sei $R_i(\beta^*, \beta^{**})$ der Rang von $y_{ni} - \sum_{j=1}^{p} (x_{ij}^* \beta_j^* + x_{ij}^{**} \beta_j^{**})$, $i = 1, \ldots, n$, wobei $\{\beta^* := \beta^{*(n)}\}_{n \in N}$ und $\{\beta^{**} := \beta^{**(n)}\}_{n \in N}$ zwei Folgen von Vektoren aus $\mathbb{R}^p$ mit $n^{1/2}\beta^* = \Delta^{(1)}$, $n^{1/2}\beta^{**} = \Delta^{(2)}$, $n = 1, 2, \ldots$, und $\|\Delta^{(1)}\|, \|\Delta^{(2)}\| \le K$ sind. Wir führen die Statistiken

$$S_{nj}^{*}(\beta^*, \beta^{**}) := \sum_{i=1}^{n} (x_{ij}^{*} - \bar{x}_j^{*})\, a_n(\boldsymbol{R}_i(\beta^*, \beta^{**}))\,, \tag{12}$$

$$S_{nj}^{**}(\beta^*, \beta^{**}) := \sum_{i=1}^{n} (x_{ij}^{**} - \bar{x}_j^{**})\, a_n(\boldsymbol{R}_i(\beta^*, \beta^{**}))$$

und

$$S_{nj}(\beta^*, \beta^{**}) := S_{nj}^{*}(\beta^*, \beta^{**}) + S_{nj}^{**}(\beta^*, \beta^{**})\,, \tag{13}$$

$j = 1, \dots, p$ ein. Die Folgen der Dichten $\{q_n^*\}$, $\{q_n^{**}\}$ mit

$$q_n^*(y) = \prod_{i=1}^{n} f\left(y_i - \sum_{j=1}^{p} (x_{ij}^{*} - \bar{x}_j^{*})\, \beta_j^{*}\right)$$

und

$$q_n^{**}(y) = \prod_{i=1}^{n} f\left(y_i - \sum_{j=1}^{p} (x_{ij}^{**} - \bar{x}_j^{**})\, \beta_j^{**}\right),$$

sind benachbart bezüglich $p_n(y) = \prod_{i=1}^{n} f(y_i)$, $n = 1, 2, \dots$, (siehe [A 2.5]). Daraus folgt in Verbindung mit (10)

$$\lim_{n\to\infty} \mathrm{P}_0 \left\{ n^{-1/2} \left| S_{nj}(\beta^*, \beta^{**}) - S_{nj}(y) + \gamma \sum_{k=1}^{p} [\beta_k^*(x_{\cdot k}^{*} - \bar{x}_k^{*})' (x_{\cdot k}^{*} - \bar{x}_k^{*}) \right.\right.$$
$$\left.\left. + \beta_k^{**}(x_{\cdot k}^{**} - \bar{x}_k^{**})' (x_{\cdot k}^{**} - x_k^{**})] \right| \geqq \varepsilon \right\} = 0\,. \tag{14}$$

Andererseits folgt aus (2.3.5) und aus Theorem 2.1 von Jurečková (1969), daß S_{nj}^* nichtwachsend in $\beta_1^*, \dots, \beta_p^*$ und nichtfallend in $\beta_1^{**}, \dots, \beta_p^{**}$ ist, während S_{nj}^{**} nichtfallend in $\beta_1^*, \dots, \beta_p^*$ und nichtwachsend in $\beta_1^{**}, \dots, \beta_p^{**}$ ist.

Der Rest des Beweises ist sehr ähnlich dem entsprechenden Teil des Beweises von Satz 2.3.3 (siehe (2.3.51)—(2.3.53)). ■

Zum Beweis von Satz 2.5.1 betrachten wir die Folge $\{\boldsymbol{v}_n\}$ von zufälligen Vektoren

$$\boldsymbol{v}_n = n^{-1/2} \frac{1}{\gamma} \Sigma^{-1} S_n(\boldsymbol{y} - X\beta^0) \tag{15}$$

mit $S_n(\boldsymbol{y} - X\beta^0) = (S_{n1}(\boldsymbol{y} - X\beta^0), \dots, S_{np}(\boldsymbol{y} - X\beta^0))'$, wobei β^0 der wahre (unbekannte) Parameterwert ist. Dann folgt aus Satz 2.4.3, daß $\boldsymbol{v}_n$ asymptotisch normalverteilt ist, mit der Grenzverteilung $\mathrm{N}_p(0, \alpha^2/\gamma^2\, \Sigma^{-1})$. Der Beweis von Satz 2.5.1 wird vollständig, wenn wir das folgende Lemma beweisen.

Lemma 2.5.2. *Unter den Voraussetzungen* V 8—V 10 *gilt für jedes* $\varepsilon > 0$ *für* $n \to \infty$

$$\sup_{\hat{\beta}_n \in \mathscr{B}_n} \|n^{1/2}(\hat{\beta}_n - \beta^0) - \boldsymbol{v}_n\| \xrightarrow{\mathrm{P}_{\beta^0}} 0\,. \tag{16}$$

Beweis. Wir können $\beta^0 = 0$ setzen. Sei

$$\mathscr{T}_K^{(n)} := \{\beta^{(n)} \in \mathbb{R}^p \mid n^{1/2} \|\beta^{(n)}\| \leqq K\}\,.$$

Aus Lemma 2.5.1 und der Stetigkeit des Operators Σ^{-1} folgt

$$\lim_{n\to\infty} \mathrm{P}_0 \left\{ \sup_{\beta_n \in \mathscr{B}_n \cap \mathscr{T}_K^{(n)}} \|n^{1/2}\beta_n - \boldsymbol{v}_n\| \geqq \varepsilon\,, \quad \mathscr{B}_n \cap \mathscr{T}_K^{(n)} \neq \emptyset \right\}$$
$$\leqq \lim_{n\to\infty} \mathrm{P}_0 \left\{ \sup_{\beta_n : n^{1/2}\|\beta_n\| \leqq K} n^{-1/2} \left\| \frac{1}{\gamma} \Sigma^{-1} S_n(\boldsymbol{y} - X\beta_n) - S_n(\boldsymbol{y}) + n\beta_n \right\| \geqq \varepsilon \right\} = 0$$

für jedes $\varepsilon > 0$, $K > 0$. Darüber hinaus existieren $K^* = K^*(\varepsilon) > 0$ und $n_0 = n_0(\varepsilon)$ derart, daß

$$P_0\{\mathscr{B}_n \setminus \mathscr{J}_{K^*}^{(n)} \neq \emptyset\} < \varepsilon \quad \text{für} \quad n > n_0 \tag{18}$$

gilt. Um (18) zu beweisen, wähle man $M > 0$ derart, daß $\Phi(-M) < \varepsilon/\gamma_p$ gilt, und K^* und δ so, daß sie

$$K^* \geqq \frac{2M(p\alpha^2)^{1/2}}{\lambda_0}, \qquad \delta \leqq \frac{1}{2} M p^{1/2} \alpha \tag{19}$$

genügen mit λ_0 als kleinstem Eigenwert von Σ. Dann existiert eine positive ganze Zahl n_1 derart, daß

$$P_0\left\{\min_{\beta: n^{1/2}\|\beta\| \leqq K^*} (-\beta' S_n(y - x\beta)) < \delta^*\right\} < \tfrac{1}{2}\varepsilon \tag{20}$$

für alle $n > n_1$ mit $\delta^* = \delta K^*$ gilt. Tatsächlich ist die linke Seite von (20) nach oben beschränkt durch die Summe

$$\begin{aligned} &P_0\left\{\min_{\beta: n^{1/2}\|\beta\| \leqq K^*} (-\beta' S_n(y - X\beta)) < \delta^*, \right.\\ &\qquad \left.\min_{\beta: n^{1/2}\|\beta\| \leqq K^*} (-\beta') [S_n(y) - n\gamma\Sigma\beta] \geqq 2\delta^*\right\} \\ &+ P_0\left\{\min_{\beta: n^{1/2}\|\beta\| \leqq K^*} (-\beta') [S_n(y) - n\gamma\Sigma\beta] < 2\delta^*\right\}. \end{aligned} \tag{21}$$

Der erste Ausdruck von (21) ist kleiner oder gleich

$$\begin{aligned} &P_0\left\{\max_{\beta: n^{1/2}\|\beta\| \leqq K^*} (-\beta') [S_n(y) - n\gamma\Sigma\beta - S_n(y - X\beta)] \geqq \delta^*\right\} \\ &\leqq P_0\left\{\max_{\beta: n^{1/2}\|\beta\| \leqq K^*} n^{-1/2} \sum_{j=1}^{p} |S_{nj}(y) - n\gamma\sigma_{.j}\beta - S_{nj}(y - X\beta)| \geqq \frac{\delta^*}{K^*}\right\} \to 0, \end{aligned} \tag{22}$$

wenn $n \to \infty$, letzteres gilt unter Berücksichtigung von Lemma 2.5.1. Der zweite Ausdruck von (21) ist kleiner oder gleich

$$P_0\{n^{-1/2} \|S_n(y)\| > K^*\lambda_0\gamma - 2\delta\} \leqq \sum_{j=1}^{p} P_0\{n^{-1/2} |S_{nj}(y)| \geqq \alpha M\} \leqq \frac{\varepsilon}{4} \tag{23}$$

für $n > n_0$ wegen (19) und Satz 2.4.1. (20) folgt dann aus (22) und (23). Für $\beta_n \in R^p \setminus \mathscr{J}_{K^*}^{(n)}$ gilt

$$n^{1/2} \|\beta_n^*\| = K^* \quad \text{für} \quad \beta_n^* = K^* \frac{\beta_n}{\|\beta_n\|} n^{-1/2}$$

und

$$\sum_{j=1}^{p} |S_{nj}(y - X\beta)| \geqq \frac{1}{K^*} (-\beta_n^*)' S_n(y - X\beta),$$

so daß nach (20) für $n > n_1$

$$\begin{aligned} &P_0\left\{\min_{\beta \in R^p \setminus \mathscr{J}_{K^*}^{(n)}} n^{-1/2} \sum_{j=1}^{p} |S_{nj}(y - X\beta)| < \delta\right\} \\ &\leqq P_0\left\{\min_{\beta: n^{1/2}\|\beta\| = K^*} (-\beta' S_n(y - X\beta)) < \delta K^*\right\} < \frac{\varepsilon}{2} \end{aligned} \tag{24}$$

gilt.

Andererseits folgt aus Lemma 2.5.1 für $n > n_2$

$$P_0\left\{\min_{\beta\in R^p} n^{-1/2} \sum_{j=1}^{p} |S_{nj}(y - X\beta)| \geqq \delta\right\} < \frac{\varepsilon}{2} \tag{25}$$

und (18) folgt aus (23) und (24). Schließlich gilt unter Ausnutzung von (17) und (18)

$$P_0\left\{\sup_{\beta_n\in\mathscr{B}_n} \|n^{1/2}\beta_n - v_n\| \geqq \varepsilon\right\}$$

$$\leqq P_0\left\{\sup_{\beta_n\in\mathscr{B}_n\cap\mathscr{T}_{K^*}^{(n)}} \|n^{1/2}\beta_n - v_n\| \geqq \varepsilon,\ \mathscr{B}_n \cap \mathscr{T}_{K^*}^{(n)} \neq \emptyset\right\}$$

$$+ P_0\left\{\sup_{\beta_n\in\mathscr{B}_n} \|n^{1/2}\beta_n - v_n\| \geqq \varepsilon,\ \sup_{\beta_n\in\mathscr{B}_n\setminus\mathscr{T}_{K^*}^{(n)}} \|n^{1/2}\beta_n - v_n\| < \varepsilon,\ \mathscr{B}_n \cap \mathscr{T}_{K^*}^{(n)} \neq \emptyset\right\}$$

$$+ P_0\{\mathscr{B}_n \setminus \mathscr{T}_{K^*}^{(n)} \neq \emptyset\} \to 0\,,$$

wenn $n \to \infty$. ■

Korollar 2.5.1. *Ist* $\varphi(t) = \varphi(t, f)$, $0 < t < 1$, *und sind die Voraussetzungen* V 8—V 10 *erfüllt, so ist* $n^{1/2}(\hat{\beta}_n - \beta^0)$ *für jedes* $\hat{\beta}_n \in \mathscr{B}_n$ *asymptotisch normalverteilt mit der Grenzverteilung*

$$N_p\left(0, \frac{1}{I(f)}\Sigma^{-1}\right).$$

Somit liefert jedes $\hat{\beta}_n \in \mathscr{B}_n$ *eine asymptotisch effiziente Schätzung.*

Beweis. Die asymptotische Kovarianzmatrix von (9) reduziert sich unter den gegebenen Bedingungen zu

$$\frac{\alpha^2}{\gamma^2}\Sigma^{-1} = \frac{\int_0^1 \varphi^2(t, f)\,dt}{\left(\int_0^1 \varphi^2(t, f)\,dt\right)^2}\Sigma^{-1} = \frac{1}{I(F)}\Sigma^{-1}\,. \quad ■$$

Tabelle 2.5.1 gibt die asymptotischen Effizienten $e(F)$ der auf dem Wilcoxon-Test basierenden R-Schätzung (d. h. $\varphi(t) = 2t - 1, 0 < t < 1$) bezüglich der LSE für Normal-, Doppelexponential- und logistische Fehlerverteilungen an (die Effizienzen werden durch den Quotienten der Determinanten der asymptotischen Kovarianzmatrizen gemessen).

Tabelle 2.5.1

F	$e(F)$
normal	0,955
doppelexponential	1,500
logistisch	1,097

$e(F)$ fällt niemals unter 0,864 und kann unendlich sein. Hodges und Lehmann (1963) zeigten, daß beide Schranken für spezielle Verteilungen angenommen werden können.

2.5.2. Linearisierte Rangschätzungen und ihre asymptotische Verteilung

Wir wollen die Voraussetzungen V 8—V 10 von Abschnitt 2.5.1 aufrechterhalten. Weiterhin formulieren wir die folgende Voraussetzung: V 11 $\{\hat{\beta}_1 := \hat{\beta}_{1n}\}_{n\in N}$ sei eine

Folge von Anfangsschätzungen von β, die der Annahme der Äquivarianz

$$\hat{\beta}_1\big(a(y - X\beta)\big) = a\big(\hat{\beta}_1(y) - \beta\big) \tag{25}$$

für alle $\beta \in \mathbb{R}^p$ und $a > 0$ genügen. Es existiere eine Funktion $\varphi(t)$, $0 < t < 1$, welche der Voraussetzung V 4 von Abschnitt 2.4.2 genügt, so daß

$$\left\| n^{1/2} \left[\hat{\beta}_1 - \left(\int_0^1 \varphi_1(t)\, \varphi(t, f)\, dt \right)^{-1} \Sigma^{-1} S_n^{(1)}(y) \right] \right\| \tag{26}$$

unter der Hypothese $\beta = 0$ in Wahrscheinlichkeit gegen Null konvergiert. Hierbei sei

$$S_n^{(1)}(y) = \big(S_{n1}^{(1)}(y), \dots, S_{np}^{(1)}(y)\big)'$$

und

$$S_{nj}^{(1)}(y) = \sum_{i=1}^n x_{ij} \varphi_1\left(\frac{R_i}{n+1}\right), \qquad j = 1, \dots, p .$$

Sei φ eine der Voraussetzung V 4 genügende Funktion und seien $S_{nj}(y - X\beta)$, $j = 1, \dots, p$, die in (1) gegebenen Statistiken. Die linearisierte Rangschätzung von β ist dann definiert durch

$$\hat{\beta} = \hat{\beta}_1 + \frac{1}{\alpha^2} n^{-1} \Sigma^{-1} S_n(y - X\hat{\beta}_1) , \tag{27}$$

wobei W_n durch (6) und α^2 durch (8) gegeben sind.

Bemerkung 2.5.2. Die LSE genügt V 11 mit $\varphi_1(t) = F^{-1}(t)$, $0 < t < 1$ (siehe Abschnitt 2.6). Wir setzen

$$\begin{aligned} \alpha_1^2 &:= \int_0^1 (\varphi_1(t) - \bar{\varphi}_1)^2\, dt , & \bar{\varphi}_1 &= \int_0^1 \varphi_1(t)\, dt , \\ \gamma_1 &:= \int_0^1 \varphi_1(t)\, \varphi(t, f)\, dt , & \alpha_{12} &:= \int_0^1 \big(\varphi_1(t) - \bar{\varphi}_1\big) \big(\varphi(t) - \bar{\varphi}\big)\, dt . \end{aligned} \tag{28}$$

Der folgende Satz sagt aus, daß die linearisierten Rangschätzungen (27) für β eine asymptotische Normalverteilung besitzen.

Satz 2.5.2. V 8 *bis* V 11 *seien erfüllt. Dann besitzt* $n^{1/2}(\hat{\beta} - \beta)$ *für* $n \to \infty$ *die asymptotische Normalverteilung* $N_p(0, \varkappa\Sigma^{-1})$ *mit*

$$\varkappa = \frac{\alpha_1^2}{\gamma_1^2}\left(1 - \frac{\gamma}{\alpha^2}\right) + \frac{2\alpha_{12}}{\gamma_1 \alpha_1^2}\left(1 - \frac{\gamma}{\alpha^2}\right) + \frac{1}{\alpha^2} . \tag{29}$$

Korollar 2.5.2. *Ist* $\varphi(t) = \varphi(t, f)$, $0 < t < 1$, *dann besitzt* $n^{1/2}(\hat{\beta} - \beta)$ *die asymptotische Normalverteilung* $N_p\big(0, 1/I(F)\, \Sigma^{-1}\big)$ *für jede Anfangsschätzung* $\hat{\beta}_1$; $\hat{\beta}$ *ist dann eine asymptotisch effiziente Schätzung von* β.

Zum Beweis von Satz 2.5.2 können wir $\beta = 0$ voraussetzen. Wir benötigen die folgende einfache Folgerung von Lemma 2.5.1:

Lemma 2.5.3. *Vorausgesetzt, daß die Folge* $\{\hat{\beta}_1\}$ *von zufälligen Vektoren in Wahrscheinlichkeit asymptotisch beschränkt ist, gilt unter den Voraussetzungen* V 8, V 9 *und* V 10 *für* $n \to \infty$

$$n^{-1/2}\, \| S_n(y - X\hat{\beta}_1) - S_n(y) + \gamma n \Sigma \hat{\beta}_1 \| \xrightarrow{P_0} 0 . \tag{30}$$

Definition 2.5.2. Die zufälligen Vektoren $\boldsymbol{u}_n$ und $\boldsymbol{v}_n$ heißen *asymptotisch* P-*äquivalent* (bezeichnet mit $\boldsymbol{u}_n \sim \boldsymbol{v}_n$), wenn für jedes $\varepsilon > 0$ und $n \to \infty$ gilt $\mathrm{P}\{\|\boldsymbol{u}_n - \boldsymbol{v}_n\| > \varepsilon\} \to 0$.

Beweis des Satzes 2.5.2. Aus Lemma 2.5.3 und (26) folgt

$$n^{1/2}\hat{\boldsymbol{\beta}} \sim n^{-1/2}\Sigma^{-1}\left[\frac{1}{\gamma_1}\left(1 - \frac{\gamma}{\alpha^2}\right)S_n^{(1)}(\boldsymbol{y}) + \frac{1}{\alpha^2}S_n(\boldsymbol{y})\right]. \tag{31}$$

[A 2.14] liefert

$$n^{-1/2}S_n^{(1)}(\boldsymbol{y}) \sim n^{-1/2}T_n^{(1)}(\boldsymbol{y}), \qquad n^{-1/2}S_n(\boldsymbol{y}) \sim n^{-1/2}T_n(\boldsymbol{y}), \tag{32}$$

wobei für $j = 1, \dots, p$

$$T_n^{(1)}(y) = \left(T_{n1}^{(1)}(y), \dots, T_{np}^{(1)}(y)\right)', \qquad T_n(y) = \left(T_{n1}(y), \dots, T_{np}(y)\right)' \tag{33}$$

mit

$$T_{nj}^{(1)}(y) = \sum_{i=1}^{n} (x_{ij} - \bar{x}_j)\,\varphi_1\big(F(y_i)\big), \qquad T_{nj}(y) = \sum_{i=1}^{n} (x_{ij} - \bar{x}_j)\,\varphi\big(F(y_i)\big)$$

gesetzt wurde. Die asymptotische Verteilung von $n^{1/2}(\hat{\boldsymbol{\beta}} - \boldsymbol{\beta})$ folgt dann aus (31), (32), (33) und aus Satz 2.4.3 in Humak I (1977). ■

2.5.3. Adaptive Rangschätzungen

Die optimalen Rang- oder linearisierten Rangschätzungen beruhen auf der Score-Funktion $\varphi(t) = \varphi(t, f)$, und deshalb können sie nur bestimmt werden, wenn wir die entsprechende Fehlerdichte f kennen. Es reicht zwar auch aus, nur den Typ von f zu kennen, da der optimale Rangtest invariant bezüglich einer Veränderung der Lokation und Skalierung von f ist, doch gewöhnlich kennen wir auch den Typ von f nicht. Darum wird von Rangtests Gebrauch gemacht. Wir ziehen also entweder die Einfachheit gegenüber der Effizienz vor und machen Gebrauch von einigen gewöhnlichen Rangtests (z.B. Wilcoxon), oder wir können versuchen, aus allen oder einem Teil der Beobachtungen f zu schätzen. Wenn die Rangstatistiken von f durch $\varphi(t, f)$ abhängen, werden wir versuchen, die letztere Funktion zu schätzen. Die Schätzungen von β werden dann entweder die Rang- oder die linearisierten Rangschätzungen auf der Grundlage des geschätzten $\varphi(t, f)$ sein.

Wir werden kurz drei adaptive Verfahren beschreiben. Sie unterscheiden sich in der Art, $\varphi(t, f)$ zu schätzen. Das erste Verfahren wurde von Hájek (1970) vorgeschlagen und besteht in der Auswahl einer von k verschiedenen Dichtetypen $\mathcal{F}_1, \dots, \mathcal{F}_k$, die durch die Dichten $f_1, \dots, f_k$ erzeugt werden und für die $I(f_j) < \infty$, $j = 1, \dots, k$, vorausgesetzt wird:

$$\mathcal{F}_j = \{f \mid f(x) = \lambda f_j(\lambda x - u),\, u \in \mathbb{R}^1, \lambda > 0\}, \qquad j = 1, \dots, k. \tag{34}$$

Seien $\boldsymbol{y}_{n1}, \dots, \boldsymbol{y}_{nn}$ unabhängige Beobachtungen derart, daß $\boldsymbol{y}_{ni} - \beta^0 x_{ni}$ eine zu $\bigcup_{j=1}^{k} \mathcal{F}_j$ gehörende Dichte f besitzt, von der aber ansonsten nichts bekannt ist ($i = 1, \dots, n$). Wir werden versuchen, dasjenige j mit $f \in \mathcal{F}_j$ zu finden. Das Entscheidungsverfahren $\delta(y_1, \dots, y_n)$ möge Werte in $\{1, \dots, k\}$ annehmen. Sei $L(j, d)$ der Verlust entsprechend $f \in \mathcal{F}_j$ und $\delta(y) = d$:

$$L(j, d) = \begin{cases} 0, & \text{wenn } j = d, \\ 1, & \text{wenn } j \neq d. \end{cases} \tag{35}$$

Indem wir uns auf die bezüglich der Gruppe der positiven linearen Transformationen $\pi(x_i) = ax_i + b, a > 0$, invarianten Verfahren δ beschränken, erhalten wir für ein gegebenes $f \in \mathcal{F}_j$ das Risiko des Verfahrens:

$$R(j, \delta) = 1 - \mathrm{P}\{\delta(\boldsymbol{y}_1, \dots, \boldsymbol{y}_n) = j\}, \tag{36}$$

wobei P die zu f gehörige Verteilung bezeichnet. Wir wollen $\beta > 0$ festhalten und berechnen die Quotienten

$$l_{nj} = \left(\sum_{i=1}^{n} (x_{ni} - \bar{x}_n)^2\right)^{-1/2} [I(f_j)]^{-1/2} [S_n^{(j)}(y + \beta x_n) - S_n^{(j)}(y)] \tag{37}$$

mit

$$S_n^{(j)}(y_n + \beta x_n) = \sum_{i=1}^{n} (x_{ni} - x_n)\, a_n^{(j)}(R_i^\beta), \quad j = 1, \dots, k. \tag{38}$$

R_i ist der Rang von $y_{ni} + \beta x_{ni}$ $(i = 1, \dots, n)$ unter $y_{n1} + \beta x_{n1}, \dots, y_{nn} + \beta x_{nn}$ und

$$a_n^{(j)}(i) = \varphi\left(\frac{i}{n+1}, f_j\right), \quad i = 1, \dots, n, \quad j = 1, \dots, k. \tag{39}$$

Dann sind die l_{nj} invariant gegenüber positiven linearen Transformationen, und es folgt aus Satz 2.4.4

$$\lim_{n\to\infty} \mathrm{P}_h\left\{\left| l_{nj} - \left[\sum_{i=1}^{n} (x_{ni} - \bar{x}_n)^2\right]^{1/2} [I(f_h)]^{1/2} \beta \varrho_{jh}\right| \geqq \varepsilon\right\} = 0, \tag{40}$$

$j, h = 1, \dots, k$, wobei $\mathrm{dP}_h = f_h\, \mathrm{d}y$ ist und

$$\varrho_{jh} = \left[\int_0^1 \varphi(t, f_h)\, \varphi(t, f_j)\, \mathrm{d}t\right] [I(f_j)\, I(f_h)]^{-1/2}, \quad j, h = 1, \dots, k.$$

Aus (34) und der Ungleichung von Cauchy-Schwarz folgt

$$\varrho_{hh} = 1 \quad \text{und} \quad \varrho_{jh} < 1 \quad \text{für} \quad j \neq h; \quad j, h = 1, \dots, k. \tag{41}$$

Folglich ist das Entscheidungsverfahren δ^* mit „$\delta^*(y_1, \dots, y_n) = j$ genau dann, wenn $l_{nj}(y_1, \dots, y_n) = \max\limits_{1 \leqq h \leqq k} l_{nh}(y_1, \dots, y_n)$" konsistent in dem Sinne, daß für jedes feste β und $n \to \infty$ gilt $\sum\limits_{h=1}^{k} R(h, \delta^*) \to 0$.

Um das zu beweisen, können wir im Hinblick auf (40) für $n \geqq n_0(\varepsilon)$ schreiben $\left(\text{mit } a_n = \left[\sum\limits_{i=1}^{n} (x_{ni} - \bar{x}_n)^2\right]^{-1/2}\right)$:

$$\begin{aligned} R(h, \delta^*) &= \sum_{\substack{j=1\\ j\neq h}}^{k} \mathrm{P}\{\delta^*(\boldsymbol{y}) = j\} \leqq \sum_{\substack{j=1\\ j\neq h}}^{k} \mathrm{P}\{l_{nj}(\boldsymbol{y}) \geqq l_{nh}(\boldsymbol{y})\} \\ &\leqq \sum_{\substack{j=1\\ j\neq h}}^{k} \mathrm{P}\{a_n\big(I(f_h)\big)^{1/2} \beta\varrho_{jh} + \varepsilon \geqq a_n\big(I(F_h)\big)^{1/2} \beta\varrho_{hh} - \varepsilon, \\ &\qquad |\boldsymbol{l}_{nj} - a_n\big(I(f_h)\big)^{1/2} \beta\varrho_{jh}| < \varepsilon, |\boldsymbol{l}_{nh} - a_n\big(I(f_h)\big)^{1/2} \beta\varrho| < \varepsilon_{nh}\} + \varepsilon; \end{aligned}$$

und es folgt aus (41), daß die letzten Wahrscheinlichkeiten gleich Null sind für hinreichend kleines ε.

Wir wollen zusammenfassen, wie δ^* zum Schätzen verwendet werden kann: Wir betrachten das Problem des Schätzens von β^0 auf der Grundlage von Beobachtungen $y_1, \dots, y_n$, wobei $\boldsymbol{y}_i - \beta^0 x_i$ eine Dichte f habe. Dann ist eine geeignete Schätzung eine Lösung der Minimierung von (2) oder die linearisierte Rangschätzung (27) mit den

Scores $a_n(i)$, die mit der vorliegenden Dichte f in der wohlbekannten Weise zusammenhängen. Wenn der Typ von f nicht bekannt ist, bilden wir die auf einem Teil der Beobachtungen, sagen wir $y_1, \dots, y_{m_n}$ mit $m_n \to \infty$, $m_n = O(n)$, aufgebaute Entscheidungsvorschrift δ^*. Wir nehmen eine gewisse Zahl von Dichtetypen und berechnen für sie die Größen $l_{m_n j}$ aus $y_n, \dots, y_{m_n}$ für ein festes $\beta > 0$. Der das größte $l_{m_n j}$ liefernde Dichtetyp wird dann gewählt, um die Scores zu erzeugen. Die Schätzung selbst wird aus $y_{m_n+1}, \dots, y_n$ berechnet. Es muß nicht unbedingt eine R-Schätzung, sondern kann auch eine M- oder L-Schätzung sein.

Das Verfahren wählt also aus einer endlichen Menge $\mathcal{F}$ von Verteilungstypen eine aus. Es hat bisher unerwähnte Vorzüge: Die Typen können geeignet gewählt werden, um wohlbekannte Rangtests zu erhalten, etc. Das Verfahren ist konsistent für jede Verteilung aus $\mathcal{F}$.

Andererseits ist nichts bekannt, wenn die wahre Verteilung nicht in $\mathcal{F}$ enthalten ist. Die folgenden zwei Verfahren liefern asymptotisch effiziente Schätzungen für jede reguläre Verteilung. Das erste ist auf Hájek (1962) zurückzuführen, der es für die Konstruktion eines Tests verwandte, welcher asymptotisch optimal für alle f mit $I(f) < \infty$ ist. Van Eeden (1970) schlug dann eine Schätzung der Veränderung der Lokation vor, die aus Hájeks Test in der Art von Hodges und Lehmann abgeleitet wurde. Beran (1974) schlug den Gebrauch einer Fourier-Reihenschätzung von $\varphi(t, f)$ und die Berechnung der darauf beruhenden linearisierten Rangschätzung vor.

Es sei vorausgesetzt, daß y_{ni} entsprechend der Dichte $f_0(y - \beta x_i)$, $i = 1, \dots, n$, mit $I(f_0) < \infty$ verteilt ist und daß $\varphi(t, f_0)$ in $t \in (0, 1)$ nichtfallend ist.

Seien $\{K_n\}_{n \in N}$ eine Folge von ganzen Zahlen mit

$$K_n \to \infty\,, \qquad K_n/n \to 0\,, \tag{42}$$

$\{p_n\}_{n \in N}$ eine Folge von ganzen Zahlen mit

$$K_n^{4/5} < p_n \leqq K_n^{4/5} + 1 \tag{43}$$

und $\{(h_{n,0}, h_{n,1}, \dots, h_{nq_n})\}_{n \in N}$, $0 = h_{n,0} < h_{n,1} < \dots < h_{n,q_n} = K_n$, eine Folge von $(q_n + 1)$-Tupeln von ganzen Zahlen mit

$$\lim_{n\to\infty} \max_{0 \leqq j < q_n} |h_{n,j+1} - h_{n,j}|/K_n^{5/6} \tag{44}$$

$$= \lim_{n\to\infty} \min_{0 \leqq j < q_n} |h_{n,j+1} - h_{n,j}|/K_n^{5/6} = 1\,. \tag{45}$$

Seien $y_n(1), \dots, y_n(K_n)$ die Ordnungsstatistiken von $y_{n1}, \dots, y_{nK_n}$. Dann beruht Hájeks Schätzung $\tilde{\varphi}_n(t)$ von $\varphi(t, f_0)$ auf $y_{n1}, \dots, y_{nK_n}$ und ist gegeben durch

$$\tilde{\varphi}_n\left(\frac{i}{n - K_n + 1}\right) = \tfrac{1}{2}\,(K_n^{-1/30})\,\frac{1}{y_n^{(h_{n,j}+p_n)} - y_n^{(h_{n,j}-p_n)}}$$

$$- \frac{1}{y_n^{(h_{n,j+1}+p_n)} - y_n^{(h_{n,j+1}-p_n)}} \tag{46}$$

für

$$\frac{h_{n,j}}{K_n} < \frac{i}{n - K_n + 1} \leqq \frac{h_{n,j+1}}{K_n}\,, \qquad j = 1, \dots, q_{n-1}; \qquad i = 1, \dots, n - K_n\,.$$

Die Definition ist vollständig, wenn $\tilde{\varphi}_n(t)$ auf den Intervallen $\left(\frac{i^{-1}}{n - K_n}, \frac{i}{n - K_n}\right]$, $i = 1, 2, \dots, n - K_n$, konstant gewählt und sonst $\tilde{\varphi}_n(t) = 0$ gesetzt wird. Dann ist

$\tilde{\varphi}_n(t)$ eine konsistente Schätzung von $\varphi(t, f_0)$ in dem Sinne, daß unter P_0 für $n \to \infty$

$$\int_0^1 [\tilde{\varphi}_n(t) - \varphi(t, f_0)]^2 \, dt \xrightarrow{P_0} 0 \tag{47}$$

gilt, wobei P_0 dann $\beta = 0$ entspricht. (Zum Beweis von (47) verweisen wir auf Hájek/Šidák (1967); siehe auch [A 2.15]). Aus der Definition in [A 2.2] und [A 2.5] folgt, daß (47) auch für jede Folge von Alternativen gilt, die zu $\prod_{i=1}^n f_0(y_i)$ benachbart sind, und daß es folglich auch für $\beta \neq 0$ und solche x_{ni} gilt, die $\sum_{i=1}^n x_{ni} = 0$ $(n = 1, 2, \ldots)$ und

$$\lim_{n\to\infty} \left[\max_{1 \leq i \leq n} x_{ni}^2 \left(\sum_{j=1}^n x_{nj}^2\right)^{-1}\right] = 0$$

genügen.

Van Eeden (1970) zeigte, wie $\tilde{\varphi}_n(t)$ zu modifizieren ist, um es nichtfallend und auf gleichlangen Intervallen konstant wählen zu können und noch konsistent zu erhalten.

Die resultierende Schätzung von β ist asymptotisch effizient und dann entweder die R-Schätzung oder die der Statistik

$$S := \sum_{i=K_n+1}^{n} (x_i - \bar{x}) \, \tilde{\varphi}_n\left(\frac{R_i^{-\beta}}{n - K_n + 1}\right) \tag{48}$$

entsprechende linearisierte Rangschätzung, wobei $R_i^{-\beta}$ der Rang von $(y_{ni} - \beta x_{ni})$ in $(y_{K_n+1} - \beta x_{K_n+1}, \ldots, y_n - \beta x_n)$ ist.

Für eine detailliertere Darstellung verweisen wir auf van Eeden (1970) (Lokationsmodell) oder auf Dionne (1976) (lineares Regressionsmodell).

Eine andere Möglichkeit besteht in einer Fourier-Reihenschätzung von $\varphi(t, f_0)$. Ist $I(f_0) > \infty$, dann besitzt $\varphi(t, f_0)$ die Fourier-Entwicklung

$$\varphi(t, f_0) = \sum_{|k|=1}^{\infty} d_k \exp(2\pi\, \mathrm{i}kt) \tag{49}$$

mit

$$d_k = \int_0^1 \varphi(t, f) \exp(-2\pi\, \mathrm{i}kt) \, dt \,. \tag{50}$$

Wenn $\hat{d}_{kn}$ eine geeignete auf $y_{n1}, \ldots, y_{nn}$ beruhende Schätzung von d_k ist, dann ist eine plausible Schätzung für $\varphi(t, f_0)$ durch

$$\hat{\varphi}_n(t) = \sum_{|k|=1}^{m_n} \hat{d}_{kn} \exp(2\pi\, \mathrm{i}kt) \tag{51}$$

gegeben, wobei m_n in einer gegenüber n geeigneten Geschwindigkeit gegen ∞ strebt.

Eine Möglichkeit des Schätzens von d_k ist die folgende: Sei $\varphi_k(t) := \exp(-2\pi\, \mathrm{i}kt)$, $|k| = 1, 2, \ldots$, und seien δ_1, δ_2 reelle Zahlen mit $0 \leqq \delta_1 < \delta_2 \leqq 1$. Dann ist

$$\hat{d}_{kn} = \frac{S_{\delta_2}^{(k)} - S_{\delta_1}^{(k)}}{\delta_2 - \delta_1} \tag{52}$$

eine Schätzung von d_k, die konsistent für alle k ist. Hierbei ist

$$S_\delta^{(k)} := \sum_{i=1}^{n} (x_{ni} - \bar{x}_n) \, \varphi_k\left(\frac{R_i^\delta}{n + 1}\right), \tag{53}$$

und R_i^δ ist der Rang von $y_{ni} + \delta x_{ni}$ in $(y_{n1} + \delta x_{n1}, \ldots, y_{nn} + \delta x_{nn})$, $i = 1, \ldots, n$.

Eine analoge, auf identisch verteilten Beobachtungen beruhende Schätzung wurde von BERAN (1974) untersucht: Wenn $\{m_n\}$ eine Folge ist mit

$$m_n \to \infty \quad \text{und} \quad m_n^7/n^2 \to 0\,, \tag{54}$$

dann ist $\hat{\varphi}_n(t)$ aus (51) eine im Sinne von (47) konsistente Schätzung von $\varphi(t, f_0)$. Diese Tatsache ist in BERAN (1974) bewiesen.

Die resultierende asymptotisch effiziente Schätzung von β ist dann diejenige linearisierte Rangschätzung, die auf den Statistiken

$$\hat{S}_\beta := \sum_{i=1}^{n} (x_{ni} - \bar{x}_n)\, \hat{\varphi}_n\left(\frac{R_i^{-\beta}}{n+1}\right) \tag{55}$$

beruht, wobei $R_i^{-\beta}$ der Rang von $y_{ni} - x_i\beta$ in $(y_{n1} - x_1\beta, \ldots, y_{nn} - x_n\beta)$ ist.

2.6. Asymptotischer Vergleich von verschiedenen Schätzverfahren

Wir haben mehrere Male erwähnt, daß enge Beziehungen zwischen verschiedenen robusten Schätzverfahren bestehen. Wenn zum Beispiel die zugrundeliegende Verteilung bekannt und glatt ist, dann liefern alle beschriebenen Verfahren asymptotisch effiziente Schätzungen. Alle betreffenden Schätzungen sind asymptotisch äquivalent, wenn die Beziehungen zwischen den entsprechenden φ-, ψ- und J-Funktionen so beschaffen sind, wie sie in Bemerkung 2.3.4 beschrieben sind.

Der vorliegende Abschnitt ist dem mathematischen Hintergrund einiger dieser Beziehungen gewidmet.

2.6.1. Asymptotische Verteilung der Differenz von M- und R-Schätzungen

Es sei angenommen, daß die Fehlerverteilungsfunktion F, die Versuchsplanmatrix X_n des Modells (2.2.1) und die Funktionen $\varphi(t)$, $0 < t < 1$, und $\psi(a)$, $a \in R^1$, den Voraussetzungen V 8, V 9, V 10 und V 3 genügen.

Seien ω, γ und α^2 durch (2.3.36), (2.5.4) beziehungsweise (2.5.5) gegeben. Weiterhin sei

$$\bar{\psi} = \int_{-\infty}^{\infty} \psi(a)\, \mathrm{d}F(a)\,, \qquad \bar{\varphi} = \int_0^1 \varphi(t)\, \mathrm{d}t\,. \tag{1}$$

Sei $\hat{\beta}_R$ die der Funktion φ entsprechende R-Schätzung, d. h., $\hat{\beta}_R$ ist eine Lösung der Minimierung von (2.5.2). $\hat{\beta}_M$ bezeichne die der Funktion ψ entsprechende M-Schätzung, d. h., $\hat{\beta}_M$ ist eine Lösung des Gleichungssystems (2.2.9).

Die asymptotische Beziehung zwischen $\hat{\beta}_R$ und $\hat{\beta}_M$ wird in dem folgenden Satz dargestellt:

Satz 2.6.1. *Unter den Voraussetzungen* V 2, V 3, V 8, V 10 und für $\gamma \neq 0$, $\omega \neq 0$ *ist die asymptotische Verteilung der Folge*

$$\{n^{1/2}(\hat{\beta}_M - \hat{\beta}_R)\}_{n \in N}$$

eine p-dimensionale Normalverteilung mit dem Erwartungswert 0 *und der Kovarianzmatrix*

$$\left(\int_0^1 \left[\frac{1}{\omega}\,(\psi(F^{-1}(t) - \bar{\psi})) - \frac{1}{\gamma}\,(\varphi(t) - \bar{\varphi})\right]^2 \mathrm{d}t\right) \Sigma^{-1}\,. \tag{2}$$

Beweis. Es folgt aus (2.3.53) und Lemma 2.5.2

$$n^{1/2}(\hat{\boldsymbol{\beta}}_{\mathrm{M}} - \hat{\boldsymbol{\beta}}_{\mathrm{R}}) \sim n^{-1/2}\Sigma^{-1}\left[\frac{1}{\omega}\boldsymbol{M}^{(n)}(\beta^0) - \frac{1}{\gamma}S_n(\boldsymbol{y} - X\beta^0)\right], \tag{3}$$

wobei $\boldsymbol{M}^{(n)}(\beta^0) = \left(M_1^{(n)}(\beta^0), \ldots, M_p^{(n)}(\beta^0)\right)'$ durch (2.3.39) gegeben ist und β^0 der wahre Parameterwert ist. Weiterhin folgt aus (2.4.34)

$$n^{-1/2}S_n(\boldsymbol{y} - X\beta^0) \sim n^{-1/2}\boldsymbol{T}_n := n^{-1/2}(\boldsymbol{T}_n^{(1)}, \ldots, \boldsymbol{T}_n^{(p)})' \tag{4}$$

mit

$$\boldsymbol{T}_n^{(j)} = \sum_{i=1}^{n} x_{ij}\varphi\left(F(\delta_i(\beta^0))\right), \qquad j = 1, \ldots, p. \tag{5}$$

(3), (4) und (5) ergeben

$$n^{1/2}(\hat{\boldsymbol{\beta}}_{\mathrm{M}} - \hat{\boldsymbol{\beta}}_{\mathrm{R}}) \sim n^{-1/2}\Sigma^{-1}X'\left[\frac{1}{\omega}\psi\left(\boldsymbol{\delta}(\beta^0)\right) - \frac{1}{\gamma}\varphi\left(F(\boldsymbol{\delta}(\beta^0))\right)\right] \tag{6}$$

mit

$$\psi\left(\delta(\beta)\right) = \left(\psi(\delta_1(\beta)), \ldots, \psi(\delta_n(\beta))\right)'$$

und

$$\varphi\left(F(\delta(\beta))\right) = \left(\beta(F(\delta_1(\beta))), \ldots, \varphi(F(\delta_n(\beta)))\right)'.$$

Der Rest des Beweises folgt leicht aus Satz 2.4.3 in Humak I (1977). ■

Satz 2.6.1 besitzt einige Korollare, die von eigenständigem Interesse sind:

Korollar 2.6.1. *Es gilt* $n^{1/2}\hat{\boldsymbol{\beta}}_{\mathrm{M}} \sim n^{1/2}\hat{\boldsymbol{\beta}}_{\mathrm{R}}$ *dann und nur dann, wenn*

$$\varphi(t) = a\psi\left(F^{-1}(t)\right) + b \quad \textit{für fast alle} \quad t \in (0, 1) \tag{7}$$

und für je ein $a > 0$, $b \in \mathbb{R}^1$.

Wir setzen

$$\psi(x) = -\frac{g'(x)}{g(x)}, \qquad x \in \mathbb{R}^1, \tag{8}$$

wobei g eine Dichte derart ist, daß ψ V 3 genügt (zum Beispiel kann g eine unimodale Dichte mit $I(g) < \infty$ sein). Dann ist $\hat{\boldsymbol{\beta}}_{\mathrm{M}}$ die Maximum-Likelihood-Schätzung bezüglich g. In ähnlicher Weise setzen wir

$$\varphi(t) = \varphi(t, g), \qquad 0 < t < 1, \tag{9}$$

so daß $\hat{\boldsymbol{\beta}}_{\mathrm{R}}$ die R-Schätzung ist, die im Fall $f = g$ asymptotisch effizient ist. Die asymptotische Verteilung von $n^{1/2}(\hat{\boldsymbol{\beta}}_{\mathrm{M}} - \hat{\boldsymbol{\beta}}_{\mathrm{R}})$ ist dann eine Normalverteilung mit dem Erwartungsvektor 0 und der Kovarianzmatrix

$$\int_0^1 \left[\frac{1}{\omega}\left(\frac{g'\left(F^{-1}(t)\right)}{g\left(F^{-1}(t)\right)} - \bar{g}\right) + \frac{1}{\gamma}\varphi(t, g)\right]^2 \mathrm{d}t\, \Sigma^{-1}, \tag{10}$$

wobei

$$\bar{g} = \int_{-\infty}^{+\infty} \frac{g'(a)}{g(a)}\,\mathrm{d}F(a).$$

Korollar 2.6.2. *Genügen* ψ *und* φ (8) *beziehungsweise* (9) *mit der Dichte* g *der Normalverteilung* $\mathrm{N}(0, \sigma^2)$, $\sigma^2 > 0$, *dann ist* $n^{1/2}\hat{\boldsymbol{\beta}}_{\mathrm{M}} \sim n^{1/2}\hat{\boldsymbol{\beta}}_{\mathrm{R}}$ *dann und nur dann, wenn* f *die Dichte der Verteilung* $\mathrm{N}(\mu, \lambda^2)$ *für je ein* $\mu \in \mathbb{R}^1$, $\lambda > 0$ *ist.*

Korollar 2.6.3. *Genügen ψ und φ (8) beziehungsweise (9) mit der Dichte g der logistischen Verteilung, dann ist unter der Annahme der Symmetrie von f dann und nur dann* $n^{1/2}\hat{\beta}_M \sim n^{1/2}\hat{\beta}_R$, *wenn* $f \equiv g$.

Bemerkung 2.6.1. Genügen ψ und φ (8) beziehungsweise (9) mit der Dichte g der Doppelexponentialverteilung, dann ist $n^{1/2}\hat{\beta}_M \sim n^{1/2}\hat{\beta}_R$ für jede symmetrische Fehlerverteilungsdichte f.

Korollar 2.6.4. *Sei* $\hat{\beta}_1$ *die* LSE, *d. h., es sei* $\hat{\beta}_1 = \hat{\beta}_M$ *mit* $\psi(a) = a$, $a \in R^1$; $\hat{\beta}_R$ *entspreche einer Funktion* $\varphi(t)$, $t \in (0, 1)$. *Dann ist* $n^{1/2}\hat{\beta}_1 \sim n^{1/2}\hat{\beta}_R$ *dann und nur dann, wenn*

$$\varphi(t) = aF^{-1}(t) + b \quad \text{für gewisse} \quad a > 0\,, \qquad b \in R^1\,. \tag{11}$$

2.6.2. Asymptotische Verteilung der Differenz von linearisierter Rangschätzung und R-Schätzung

Sei $\hat{\beta}_2$ die in (2.5.29) definierte linearisierte Rangschätzung von β mit der LSE in der Rolle einer Anfangsschätzung $\hat{\beta}_1$. Sei $\hat{\beta}_R$ die Rangschätzung. (Es sei vorausgesetzt, daß $\hat{\beta}_2$ und $\hat{\beta}_R$ der score-erzeugenden Funktion φ entsprechen.)

Satz 2.6.2. *Sind die Voraussetzungen* V 2, V 3, V 8, V 10 *erfüllt, dann ist die asymptotische Verteilung von* $n^{1/2}(\hat{\beta}_2 - \hat{\beta}_R)$ *eine p-dimensionale Normalverteilung mit dem Erwartungsvektor* 0 *und der Kovarianzmatrix*

$$\left(1 - \frac{\alpha^2}{\gamma^2}\right)\left[\frac{\alpha^2}{\gamma^2} + \sigma^2 - \frac{2}{\gamma}\int_0^1 (\varphi(t) - \bar{\varphi})\, F^{-1}(t)\, \mathrm{d}t\right]\Sigma^{-1}\,, \tag{12}$$

wobei $\sigma^2 = \int a^2\, \mathrm{d}F(a) - \left(\int a\, \mathrm{d}F(a)\right)^2$.

Beweis: Es folgt aus Lemma 2.5.1

$$n^{-1/2}\Sigma^{-1}S(y - X\hat{\beta}_R) - S(y - X\hat{\beta}_1) \sim -\gamma n^{1/2}(\hat{\beta}_R - \hat{\beta}_1)\,, \tag{13}$$

und (2.5.2) und (2.5.29) ergeben

$$n^{1/2}(\hat{\beta}_R - \hat{\beta}_2) \sim n^{1/2}(\hat{\beta}_R - \hat{\beta}_1) + \frac{1}{\alpha^2}\, n^{1/2}\Sigma^{-1}[S_n(y - X\hat{\beta}_R) - S_n(y - X\hat{\beta}_1)]\,. \tag{14}$$

Aus (13) und (14) erhalten wir

$$n^{1/2}(\hat{\beta}_R - \hat{\beta}_2) \sim \left(1 - \frac{\gamma}{\alpha^2}\right) n^{1/2}(\hat{\beta}_R - \hat{\beta}_1)\,.$$

Der Rest des Beweises folgt dann aus Satz 4.6.1. ∎

Korollar 2.6.5. *Es gilt* $n^{1/2}\hat{\beta}_2 \sim n^{1/2}\hat{\beta}_R$ *dann und nur dann, wenn entweder* $\varphi(t) - \bar{\varphi} = a\varphi(t, f)$ $(0 < t < 1)$ *für ein* $a > 0$ *oder* $\varphi(t) = aF^{-1}(t) + b$ $(0 < t < 1)$ *für je ein* $a > 0$, $b \in R^1$.

2.7. Auf Rängen basierende Konfidenzintervalle für Regressionskoeffizienten

Seien $\boldsymbol{y}_1, \ldots, \boldsymbol{y}_n$ unabhängige Beobachtungen derart, daß $\boldsymbol{y}_i$ die Verteilungsfunktion $F(y - \beta x_i)$ $(i = 1, \ldots, n)$ für ein $\beta \in \mathbb{R}^1$ besitzt, wobei F stetig, aber sonst unbekannt ist. Eine Familie $\mathscr{B}(y)$ von Konfidenzmengen für β zum Konfidenzniveau $(1 - \alpha)$ kann auf den Rangtests für Hypothesen $\mathrm{H}(\beta^0)$: „$\beta = \beta^0$" in der folgenden Weise beruhen: Wenn $\mathscr{A}(\beta^0)$ für jedes $\beta^0 \in \mathbb{R}^1$ der Annahmebereich eines α-Testes zum Testen von $\mathrm{H}(\beta^0)$ ist, dann ist

$$\mathscr{B}(y) = \{\beta \in \mathbb{R}^1 \mid y \in \mathscr{A}(\beta)\} \tag{1}$$

zu setzen.

Für kleine und mäßig große Werte von n können die Annahmebereiche $\mathrm{A}(\beta^0)$ aus Tabellen der Nullverteilung der Rangstatistiken gefunden werden. Sei speziell $S_n(\boldsymbol{y} - \beta x)$ mit $x = (x_1, \ldots, x_n)'$ die einfache lineare Rangstatistik, d. h.

$$S_n(y - \beta x) = \sum_{i=1}^{n} x_i a_n(R_i^\beta) , \tag{2}$$

wobei R_i^β der Rang von $y_i - \beta x_i$ unter $(y_1 - \beta x_1, \ldots, y_n - \beta x_n)$ ist und die Scores $a_n(i)$, $i = 1, \ldots, n$, entweder gemäß (2.4.22) oder entsprechend (2.4.23) durch eine Funktion φ, die nichtfallend und quadratisch integrierbar auf $(0, 1)$ ist, erzeugt werden. Es sei vorausgesetzt, daß der zweiseitige α-Test zur Hypothese $\mathrm{H}(\beta^0)$: „$\beta = \beta^0$" $\mathrm{H}(\beta^0)$ annimmt, wenn

$$C_\alpha^{(1)} \leqq S_n(y - \beta^0 x) \leqq C_\alpha^{(2)} . \tag{3}$$

Ist entweder $a_n(i) + a_n(n - i + 1) = \text{const}$ oder $x_i + x_n - i + 1 = \text{const}$, $i = 1, \ldots, n$, dann ist die Verteilung von $S_n(\boldsymbol{y} - \beta^0 x)$ symmetrisch, und $C_\alpha^{(1)} = 2\bar{x} \sum_{i=1}^{n} a_n(i) - C_\alpha^{(2)}$.

Wir bemerken, daß $S_n(\boldsymbol{y} - \beta x)$ mit Wahrscheinlichkeit 1 eine nicht wachsende Funktion in β ist (vgl. [A 3.8]), und wir erhalten, daß der entsprechende Konfidenzbereich ein Intervall

$$\underline{\beta}(y) \leqq \beta \leqq \bar{\beta}(y) , \tag{4}$$

mit

$$\underline{\beta} = \sup \{\beta \mid S_n(y - \beta x) > C_\alpha^{(2)}\} , \qquad \bar{\beta} = \inf \{\beta \mid S_n(y - \beta x) < C_\alpha^{(1)}\} \tag{5}$$

ist. Die Wahrscheinlichkeit von (4) ist unabhängig von β und F, vorausgesetzt, daß F absolutstetig ist.

Wie auch immer, für einen gegebenen Stichprobenumfang n brauchen die Konstanten $C_\alpha^{(1)}$ und $C_\alpha^{(2)}$, für die (4) die exakte Wahrscheinlichkeit $(1 - \alpha)$ besitzt, nicht zu existieren. (Um eine Randomisierung zu vermeiden, kann man diejenigen α vorziehen, für die solche Werte existieren.)

Für große Stichprobenumfänge reicht es aus, daß die Konstanten $C_{\alpha(n)}^{(1)}$, $C_{\alpha(n)}^{(2)}$ in solcher Weise gewählt werden, daß die Wahrscheinlichkeit $\big(1 - \alpha(n)\big)$ von (4) für $n \to \infty$ gegen den festgelegten Wert $(1 - \alpha)$ strebt.

Die asymptotische relative Effizienz von zwei Konfidenzverfahren wird gewöhnlich durch den Grenzwert der Quotienten derjenigen Stichprobenumfänge gemessen, welche notwendig sind, um dieselben Wahrscheinlichkeiten für die Überdeckung des falschen Parameterwertes zu erreichen. In einem solchen Fall haben die Konfidenzintervalle, die auf der asymptotischen Nullverteilung der Rangstatistiken beruhen, eine asymptotische Effizienz relativ zu den Standardkonfidenzintervallen, die gleich der Pitmanschen asymptotischen relativen Effizienz der entsprechenden Rang- und Standardtests ist.

Die Effizienz könnte auch in Ausdrücken der Länge der Intervalle gemessen werden. Es wird in Abschnitt 2.7.1 gezeigt, daß der Quotient der Quadrate der Längen $(L_n')^2/L_n^2$ der Standard- beziehungsweise der Rangkonfidenzintervalle in Wahrscheinlichkeit gegen die relative asymptotische Effizienz von beiden Testverfahren strebt. Darüber hinaus wird gezeigt, daß ein Vielfaches von L_n^2 eine konsistente Schätzung der asymptotischen Varianz der entsprechenden R-Schätzung von β ist.

Die Länge L_n des Konfidenzintervalls ist eine zufällige Variable und kann nicht beschränkt sein (außer wenn Bedingungen an F gestellt werden), da L_n in Wahrscheinlichkeit gegen Unendlich strebt, wenn F mehr und mehr gedehnt wird. Konfidenzintervalle von einer eine gegebene Zahl nicht übersteigenden Länge können jedoch erhalten werden, wenn die Beobachtungen $y_1, y_2, \ldots$ sequentiell gewonnen werden.

Stein (1956) schlug erstmals ein Zweistufenverfahren für die Konstruktion eines Konfidenzintervalls beschränkter Länge im Fall der Normalverteilung vor. Später schlugen Chow und Robbins (1965) ein Sequentialverfahren zur Schätzung des Mittelwertes einer Verteilung mit endlicher Varianz vor; ihr Verfahren wurde von Gleser (1965) auf das lineare Regressionsmodell erweitert. Ein analoges, auf Rängen beruhendes sequentielles Verfahren wurde von Geertsema (1970) untersucht. Weitere Arbeit zu diesem Problem, ebenfalls das lineare Regressionsmodell betreffend, wurde von Ghosh und Sen (1972) geleistet. Wir werden dieses Problem in Abschnitt 2.7.2 betrachten.

2.7.1. Asymptotische Effizienz von Rangkonfidenzintervallen

Es seien $y_{n1}, \ldots, y_{nn}$ unabhängige Beobachtungen derart, daß y_{ni} entsprechend der Verteilungsfunktion $F(y - \beta^0 x_{ni})$ $(i = 1, \ldots, n)$ verteilt ist. $I(F) < \infty$ sei dabei vorausgesetzt. Wir setzen

$$a_n^2 = \sum_{i=1}^{n} (x_{ni} - \bar{x}_n)^2 , \qquad \bar{x}_n := \frac{1}{n} \sum_{i=1}^{n} x_{ni} \tag{7}$$

und setzen voraus, daß die Noethersche Bedingung erfüllt ist, d. h.

$$\lim_{n\to\infty} \left[\max_{1\leq i\leq n} (x_{ni} - \bar{x}_n)^2/a_n^2 \right] = 0 . \tag{8}$$

Wir betrachten dann die Statistiken

$$S_n(\boldsymbol{y} - \beta X) = \sum_{i=1}^{n} (x_{ni} - \bar{x}_n)\, a_n(\boldsymbol{R}_{ni}^{\beta}) , \tag{9}$$

wobei R_{ni}^{β} der Rang von $y_{ni} - \beta x_{ni}$ in $(y_{n1} - \beta x_{n1}, \ldots, y_{nn} - \beta x_{nn})$ ist und die Scores $a_n(i)$, $i = 1, \ldots, n$, entweder nach (2.4.22) oder (2.4.23) durch eine auf (0, 1) nichtfallende und quadratisch integrierbare Funktion φ erzeugt werden. Es sei

$$\mathscr{B}_n(y) = \{\beta \in \mathbb{R}^1 \mid |S_n(y - \beta x)| \leq a_n K_\alpha\} \tag{10}$$

mit

$$K_\alpha = A\Phi^{-1}\left(1 - \frac{\alpha}{2}\right), \qquad 0 < \alpha < 1 , \tag{11}$$

$$A^2 = \int_0^1 (\varphi(t) - \bar{\varphi})^2 \, dt , \qquad \bar{\varphi} = \int_0^1 \varphi(t) \, dt; \tag{12}$$

Φ^{-1} ist hier die Inverse der Verteilungsfunktion der Standardnormalverteilung.

Das folgende Lemma sagt aus, daß die Grenzwahrscheinlichkeit für das Überdecken des wahren Wertes durch $\mathscr{B}_n(\boldsymbol{y})$ gerade $(1-\alpha)$ ist:

Lemma 2.7.1. *Unter* (7)—(12) *und für jedes* $\alpha \in (0, 1)$ *gilt*

$$\lim_{n\to\infty} \mathrm{P}_{\beta^0}\{\beta^0 \in \mathscr{B}_n(\boldsymbol{y})\} = 1 - \alpha\,. \tag{13}$$

Beweis. Aus Satz 2.4.3 folgt für $n \to \infty$

$$\begin{aligned} \mathrm{P}_{\beta^0}\{\beta^0 \in \mathscr{B}_n(\boldsymbol{y})\} &= \mathrm{P}_{\beta^0}\{|S_n(\boldsymbol{y} - \beta^0 x)| \leqq a_n K_\alpha\} \\ &= \mathrm{P}_0\{|S_n(\boldsymbol{y})| \leqq a_n K_\alpha\} \to 2\Phi^{-1}(K_\alpha/A) = 1 - \alpha\,. \quad \blacksquare \end{aligned}$$

Im Hinblick auf die Monotonie von $S_n(y - \beta x)$ bezüglich β können wir

$$\mathscr{B}_n(y) = \big(B_n^-(y), B_n^+(y)\big) \tag{14}$$

mit

$$B_n^- := B_n^-(y) = \sup\{\beta \mid S_n(y - \beta x) > a_n K_\alpha\} \tag{15}$$

und

$$B_n^+ := B_n^+(y) = \inf\{\beta \mid S_n(y - \beta x) < a_n K_\alpha\} \tag{16}$$

schreiben.

Wir bezeichnen mit

$$L_n = B_n^+ - B_n^- \tag{17}$$

die Länge des Konfidenzintervalls (14). Der folgende Satz zeigt, daß $a_n^2 \boldsymbol{L}_n^2$ eine konsistente Schätzung eines Vielfachen der asymptotischen Varianz der auf $\boldsymbol{S}_n$ beruhenden R-Schätzung von β ist:

Satz 2.7.1. *Unter* (7)—(12) *und* (14)—(17) *gilt unter der Hypothese* „$\beta = \beta^0$" *für* $n \to \infty$

$$a_n \boldsymbol{L}_n \to 2\Phi^{-1}\left(1 - \frac{\alpha}{2}\right)\frac{A}{\gamma} \tag{18}$$

in Wahrscheinlichkeit mit dem in (2.5.7) *definierten* γ.

Beweis. $a_n(\boldsymbol{B}_n^- - \beta^0)$ und $a_n(\boldsymbol{B}_n^+ - \beta^0)$ sind jeweils asymptotisch normalverteilt gemäß

$$\mathrm{N}\left(\mp \frac{A}{\gamma}\Phi^{-1}\left(1 - \frac{\alpha}{2}\right), \frac{A^2}{\gamma^2}\right) \tag{19}$$

und deshalb in Wahrscheinlichkeit asymptotisch beschränkt. Tatsächlich haben wir

$$\begin{aligned} \lim_{n\to\infty} \mathrm{P}_{\beta^0}\{a_n(\boldsymbol{B}_n^- - \beta^0) > t\} &= \lim_{n\to\infty} \mathrm{P}_{\beta^0}\left\{S_n\left(\boldsymbol{y} - \left(\frac{t}{a_n} + \beta^0\right)x\right) > a_n K_\alpha\right\} \\ &= \mathrm{P}_0\left\{S_n\left(\boldsymbol{y} - \frac{t}{a_n}x\right) > a_n K_\alpha\right\} \to 1 - \Phi\left(\frac{\gamma}{A}\left(t + \frac{K_\alpha}{\gamma}\right)\right) \end{aligned}$$

(wobei wir [A 2.13] ausgenutzt haben).

Wir können betreffs $\boldsymbol{B}_n^+$ analog verfahren. Dann folgt aus Lemma 2.5.3

$$\lim_{n\to\infty} \mathrm{P}_{\beta^0}\{|S_n(\boldsymbol{y} - \boldsymbol{B}_n^- x) - S_n(\boldsymbol{y} - \beta^0 x) + a_n^2(\boldsymbol{B}_n^- - \beta^0)\gamma| \geqq \varepsilon a_n\} = 0 \tag{20}$$

und

$$\lim_{n\to\infty} \mathrm{P}_{\beta^0}\{|S_n(\boldsymbol{y} - \boldsymbol{B}_n^+ x) - S_n(\boldsymbol{y} - \beta^0 x) + a_n^2(\boldsymbol{B}_n^+ - \beta^0)\gamma| \geqq \varepsilon a_n\} = 0 \tag{21}$$

jeweils für jedes $\varepsilon > 0$. Aus (15), (16), (20) und (21) folgt

$$\lim_{n\to\infty} P_{\beta^0}\{|a_n(B_n^+ - B_n^-)\gamma - 2K_\alpha| \geqq \varepsilon\} = 0 . \quad \blacksquare$$

Wir setzen jetzt $\sum_{i=1}^{n} x_{ni} = 0$ voraus und untersuchen die asymptotische Effizienz des Konfidenzintervalls (14) bezüglich des Standardkonfidenzintervalls

$$\left\{\beta \mid \hat{\beta}_n - \frac{S}{\sqrt{n}}\Phi^{-1}\left(1 - \frac{\alpha}{2}\right) < \beta < \hat{\beta}_n + \frac{S}{\sqrt{n}}\Phi^{-1}\left(1 - \frac{\alpha}{2}\right)\right\}, \tag{22}$$

für β, wobei $S^2 = \frac{1}{n-1}\sum_{i=1}^{n}(y_i - x_i\hat{\beta}_n)^2$ und $\hat{\beta}_n$ die LSE sind.

Wir werden, folgend den Ideen von LEHMANN (1963), die Effizienz in Ausdrücken der Wahrscheinlichkeit des Überdeckens falscher Werte messen, genauer in Ausdrücken der Wahrscheinlichkeit, daß die Intervalle den Wert $\beta^0 + \delta n^{-1/2}$ überdecken. Dann folgt aus der Beziehung zwischen Konfidenzintervallen und den Tests, auf denen sie beruhen, und aus den asymptotischen Eigenschaften der Rangtests (vgl. [A 2.13]), daß die auf n Beobachtungen beruhenden Intervalle (14) und die auf n' Beobachtungen beruhenden Intervalle (22) dieselbe asymptotische Wahrscheinlichkeit für das Überdecken der Werte $\beta^0 + \delta^{-1/2}$ für $n \to \infty$ haben werden, vorausgesetzt es ist für $n \to \infty$

$$\frac{n'}{n} \to \sigma^2\gamma^2 A^{-2}, \tag{23}$$

wobei σ^2 die Varianz von F ist. In diesem Sinne ist die rechte Seite von (23) die relative asymptotische Effizienz der zwei Folgen von Intervallen.

Effizienz könnte auch in Ausdrücken der Längen der Intervalle gemessen werden. Es bezeichne L_n' die Länge des Intervalls in (22). Dann folgt aus Satz 2.7.1 und (22), daß unter der Hypothese „$\beta = \beta^0$“ für $n \to \infty$ in Wahrscheinlichkeit

$$\frac{(L_n')^2}{L_n^2} \to \sigma^2\gamma^2 A^{-2} \tag{24}$$

gilt.

Wenn die Intervalle (14) auf n beziehungsweise die Intervalle (22) auf n' Beobachtungen beruhen, wird der Quotient L_n'/L_n in Wahrscheinlichkeit gegen Eins streben, vorausgesetzt daß (23) gilt. Damit ist die rechte Seite von (23) ein begründetes Maß der Effizienz auch dann, wenn der Vergleich in Ausdrücken der Länge der Intervalle vorgenommen wird.

2.7.2. Auf dem Wilcoxon-Test beruhende Konfidenzintervalle mit beschränkter Länge

Seien $y_1, y_2, \ldots$ unabhängige Beobachtungen derart, daß y_n entsprechend der Verteilungsfunktion $F(y - \beta x_n)$, $n = 1, 2, \ldots$, verteilt ist. $I(F) < \infty$ sei wiederum vorausgesetzt.

Wir wollen ein Konfidenzintervall $I_n = \{\beta \mid B_n^- < \beta < B_n^+\}$ bestimmen für welches gilt:

$$P_\beta\{\beta \in I_n\} = 1 - \alpha \tag{25}$$

und

$$0 < \boldsymbol{L}_n := \boldsymbol{B}_n^+ - \boldsymbol{B}_n^- \leqq 2d \tag{26}$$

für ein vorgegebenes $d > 0$. Wenn F nicht bekannt ist, ist kein Verfahren mit festem Stichprobenumfang anwendbar, so daß (26) für alle F aus einer hinreichend großen Klasse gilt (sagen wir z.B. für alle absolutstetigen Verteilungen), da $\boldsymbol{L}_n$ in Wahrscheinlichkeit gegen Unendlich strebt, wenn F sich mehr und mehr verbreitert. Konfidenzintervalle für β mit einer $2d$ nicht übersteigenden Länge kann man jedoch erhalten, wenn die Beobachtungen $\boldsymbol{y}_1, \boldsymbol{y}_2, \ldots$ sequentiell wie folgt genommen werden: Hat man $\boldsymbol{y}_1, \ldots, \boldsymbol{y}_n$ beobachtet, so berechnet man über (15) und (16) für $n = 1, 2, \ldots$ $(\boldsymbol{B}_n^-, \boldsymbol{B}_n^+)$ und beendet die Beobachtung, wenn gilt: $\boldsymbol{L}_n \leqq 2d$; wir bezeichnen mit $\boldsymbol{N}(d)$ die erste ganze Zahl, für welche das der Fall ist. Es sei

$$x_{(n)} = (x_1, \ldots, x_n)' \tag{27}$$

und

$$a_n^2 = \sum_{i=1}^n (x_i - \bar{x}_n)^2, \qquad \bar{x}_n = \frac{1}{n} \sum_{i=1}^n x_i. \tag{28}$$

Die folgenden Voraussetzungen werden bezüglich $x_{(n)}$ gemacht:

V 12. $\max\limits_{1 \leqq i \leqq n} |x_{ni}^*| := a_n^{-1} \max\limits_{1 \leqq i \leqq n} |x_i - \bar{x}_n| = O(n^{-1/2})$,

V 13. $\lim\limits_{n \to \infty} n^{-1} a_n^2 = K_0 > 0$,

V 14. Es sei $Q(a) := (n + 1 - a)\, a_n^2 + (a - n)\, a_{n+1}^2$ für $n \leqq a \leqq n + 1$, $n = 0, 1, \ldots$, wobei $a_n^2 = 0$ zugelassen ist. Dann sei $F(a)$ nichtfallend in a, und mit

$$\lim_{n \to \infty} \frac{Q(nb_n)}{Q(n)} =: s(b), \quad \text{wenn} \quad \lim_{n \to \infty} b_n = b, \tag{29}$$

sei $s(b)$ streng wachsend, wobei $s(1) = 1$ gelte.

Die Voraussetzungen V 12—V 14 stellen einige Annahmen über den Trend der Koeffizienten $x_1, x_2, \ldots$ dar, und nach Ghosh und Sen (1972) kann man in der Mehrzahl der praktischen Situationen annehmen, daß sie erfüllt sind. Zum Beispiel sind sie in der Zweistichprobensituation $\big(x_{2i-1} = 0,\ x_{2i} = 1,\ i = 1, 2, \ldots$, mit $|x_{ni}^*| = (2n)^{-1/2}$ $(i = 1, 2, \ldots, n)$, $a_n^2 = n/2$ $(n = 1, 2 \ldots)$, $Q(a) = a/2\big)$, für $x_i = a + ih$, $h > 0$ $(i = 1, 2 \ldots)$, usw. erfüllt.

Sei $\boldsymbol{R}_{ni}^\beta = \sum\limits_{j=1}^n u\big(\boldsymbol{y}_i - \boldsymbol{y}_j - (x_i - x_j)\,\beta\big)$ der Rang von $\boldsymbol{y}_i - \beta x_i$ unter $\boldsymbol{y}_1 - \beta x_1, \ldots, \boldsymbol{y}_n - \beta x_n$ $(\beta \in \mathbb{R}^1)$. Wir betrachten die auf $\boldsymbol{y}_1, \ldots, \boldsymbol{y}_n$ beruhende Wilcoxon-Rangstatistik

$$\boldsymbol{S}_n(\boldsymbol{y} - \beta x) = \frac{1}{n+1} \sum_{i=1}^n (x_i - \bar{x}_n)\, \boldsymbol{R}_{ni}^\beta \tag{30}$$

und den Konfidenzbereich

$$\boldsymbol{I}_n(\boldsymbol{y}) = \left\{\beta \in \mathbb{R}^1 \,\Big|\, |\boldsymbol{S}_n(\boldsymbol{y} - \beta x| \leqq -\frac{1}{\sqrt{12}}\, a_n \Phi^{-1}\left(1 - \frac{\alpha}{2}\right)\right\}. \tag{31}$$

Dann ist $\boldsymbol{I}_n(\boldsymbol{y}) = (\boldsymbol{B}_n^-, \boldsymbol{B}_n^+)$ mit $\boldsymbol{B}_n^-, \boldsymbol{B}_n^+$ wie in (16) und (17) definiert; es folgt aus Lemma 2.7.1

$$\lim_{n \to \infty} \mathrm{P}_{\beta^0}\{\beta^0 \in \boldsymbol{I}_n(\boldsymbol{y})\} = 1 - \alpha.$$

Wir definieren eine Stoppvariable als die erste ganze Zahl $N(d) \geqq n_0$, für die $L_{N(d)} = B^+_{N(d)} - B^-_{N(d)} \leqq 2d$ ist, mit einer positiven ganzen Zahl n_0. Dann betrachten wir das Intervall

$$I_{N(d)} = \{\beta \mid B^-_{N(d)} < \beta^+_{N(d)} < B^+_{N(d)}\} \,. \tag{32}$$

Bei dem oben definierten sequentiellen Verfahren treten offensichtlich zwei Fragen auf:

(a) Welches Verhalten zeigt $\boldsymbol{N}(d)$?

(b) Welche Überdeckungswahrscheinlichkeit besitzt das Verfahren?

Diese Fragen können unter gewissen Annahmen asymptotisch für $d \to 0$ beantwortet werden. Für festes $d > 0$ ist das Problem noch offen.

Satz 2.7.2. *Unter den obigen Voraussetzungen gilt:*

(i) $\boldsymbol{N}(d)$ *ist eine nichtwachsende Funktion von* d (> 0);

(ii) $\boldsymbol{N}(d)$ *ist mit Wahrscheinlichkeit* 1 *endlich für alle* $d > 0$;

(iii) $\lim\limits_{d \to 0} \boldsymbol{N}(d) = \infty$ *mit Wahrscheinlichkeit* 1;

(iv) $\lim\limits_{d \to 0} \mathrm{P}_\beta\{\beta \in I_{\boldsymbol{N}(d)}\} = 1 - \alpha$.

Beweis. (i) Die Monotonie folgt direkt aus der Definition von $N(d)$.

(ii) Für jedes feste $d > 0$ ist

$$\begin{aligned} \mathrm{P}_\beta\big(\boldsymbol{N}(d) = \infty\big) &= \mathrm{P}_\beta\Big(\bigcap_{n=1}^{\infty} \{\boldsymbol{N}(d) > n\}\Big) \\ &= \lim_{n\to\infty} \mathrm{P}_\beta\big(\boldsymbol{N}(d) > n\big) \leqq \lim_{n\to\infty} \mathrm{P}_\beta(\boldsymbol{L}_n > 2d) \\ &= \lim_{n\to\infty} \mathrm{P}_\beta(a_n\boldsymbol{L}_n > 2a_n d) = 0 \end{aligned}$$

wegen (19) und Voraussetzung V 13.

(iii)
$$\mathrm{P}\Big(\bigcup_{K>0} \bigcap_{d>0} \bigcup_{d' \leqq d} \{\boldsymbol{N}(d') < K\}\Big) = 0 \tag{33}$$

gilt genau dann, wenn $\lim\limits_{d\to 0} \boldsymbol{N}(d) = \infty$ mit Wahrscheinlichkeit 1. Die Monotonie von $N(d)$ führt zu

$$\begin{aligned} \bigcup_{K>0} \bigcap_{d>0} \bigcup_{d'<0} \{\boldsymbol{N}(d') \leqq K\} &= \bigcup_{K>0} \bigcap_{\nu=1}^{\infty} \left\{\boldsymbol{N}\left(\frac{1}{\nu}\right) \leqq K\right\} \\ &= \bigcup_{K>0} \bigcap_{\nu=1}^{\infty} \bigcup_{n \leqq K} \left\{\boldsymbol{L}_n \leqq \frac{2}{\nu}\right\} = \bigcup_{K>0} \bigcup_{n\leqq K} \{\boldsymbol{L}_n = 0\}\,, \end{aligned}$$

und die fast sichere Konvergenz folgt aus $\mathrm{P}(\boldsymbol{L}_n > 0) = 1$ für jedes n.

(iv) Wir werden den ziemlich schwierigen Beweis der letzten Behauptung von Satz 2.7.2 nur skizzieren. Die Ideen stammen von Anscombe (1952), Geertsema (1970) sowie Ghosh und Sen (1972).

Aus Satz 2.7.1, V 13 und aus der Definition von $N(d)$ folgt $d^2N(d) = O_p(1)$. Wir haben

$$\mathrm{P}_\beta\{\beta \in I_{N(d)}(\boldsymbol{y})\} = \mathrm{P}_0\{|S_{N(d)}(\boldsymbol{y})| \leqq a_{N(d)}K_\alpha\}\,.$$

Nach Theorem 1 von ANSCOMBE (1952) strebt die letztere Wahrscheinlichkeit gegen $2\Phi^{-1}(A^{-1}K_\alpha) = 1 - \alpha$, vorausgesetzt, daß das folgende Lemma gilt:

Lemma 2.7.3. *Für jedes positive ε und η existiert ein $\delta > 0$ derart, daß für $n \to \infty$*

$$P_0\left\{\sup_{n':|n-n'|<\delta n} |S_{n'}(y_{n'}) - S_n(y_n)| > a_n\eta\right\} < \varepsilon \tag{34}$$

gilt.

Beweis. Es folgt aus V 14, daß zu jedem $\delta' > 0$ ein $\delta > 0$ existiert, so daß $\sup_{|n'-n|<\delta n} |1 - a_{n'}/a_n| < \delta'$ gilt.

Sei $R_n^0 = (R_{n1}^0, \ldots, R_{nn}^0)'$, und sei $\mathfrak{B}_n = \mathfrak{B}(R_n^0)$ die durch R_n^0 erzeugte σ-Algebra für $n \geqq 1$. Dann ist $\{S_n(y_n), \mathfrak{B}_n, n \geqq 1\}$ ein Martingal. Tatsächlich gilt

$$\mathsf{E}(S_{n+1} \mid \mathfrak{B}) = (x_{n+1} - \bar{x}_{n+1})\,\mathsf{E}\left(\frac{R_{n+1,n+1}^0}{n+2}\,\middle|\,\mathfrak{B}_n\right) + \sum_{i=1}^{n} (x_i - \bar{x}_{n+1})\,\mathsf{E}\left(\frac{R_{n+1,i}^0}{n+2}\,\middle|\,\mathfrak{B}_n\right). \tag{35}$$

Wegen

$$\mathsf{E}\left(\frac{R_{n+1,n+1}^0}{n+2}\,\middle|\,\mathfrak{B}_n\right) = \frac{1}{n+1}\sum_{i=1}^{n+1}\frac{i}{n+2} = \frac{1}{2}$$

und weil für jedes $1 \leqq i \leqq n$

$$\mathsf{E}\left(\frac{R_{n+1,i}^0}{n+2}\,\middle|\,\mathfrak{B}_n\right) = \frac{R_{ni}^0}{n+1}\,\frac{R_{ni}^0+1}{n+2} + \frac{n+1-R_{ni}^0}{n+1}\,\frac{R_{ni}^0}{n+2} = \frac{R_{ni}^0}{n+1}$$

gilt, erhalten wir aus (35)

$$\mathsf{E}(S_{n+1} \mid \mathfrak{B}_n) = \sum_{i=1}^{n} (x_i - \bar{x}_n)\frac{R_{ni}^0}{n+1} = S_n, \qquad n \geqq 1.$$

(Vgl. [A 3.3]!) Jetzt erhalten wir aus der Kolmogorow-Ungleichung für Martingale

$$P_0\left\{\sup_{|n'-n|<\delta n} |S_{n'} - S_n| > \eta a_n\right\}$$
$$\leqq (\eta a_n)^2\,\frac{1}{12}\left[a_{n+[\delta n]}^2\,\frac{n+[\delta n]}{n+[\delta n]+1} - a_{n-[\delta n]}^2\,\frac{n-[\delta n]}{n-[\delta n]+1}\right] < \varepsilon$$

für $n > n_0$ und geeignetes $\delta > 0$. $[T]$ bezeichnet hierbei für jedes $T \in \mathbb{R}^1$ die größte ganze Zahl, die nicht größer als T ist. ■

Konfidenzintervalle von beschränkter Länge, basierend auf M-Schätzungen, haben JUREČKOVÁ und SEN (1981 a, b) betrachtet.

2.8. Literatur

ADICHIE, J. N. (1967). Estimate of regression parameters based on rank tests. Ann. Math. Statist. 38, 894–904.

ANDREWS, D. F., BICKEL, P. J., HAMPEL, F. R., HUBER, P. J., ROGERS, W. H., TUKEY, J. W. (1972). Robust Estimates of Location. Survey and Advances. Princeton Univ. Press, Princeton.

ANSCOMBE, F. J. (1952). Large sample theory of sequential estimation. Proc. Cambridge Philos. Soc. 48, 600–607.

ANSCOMBE, F. J. (1967). Topics in the investigation of linear relations fitted by the method of least squares. J. Royal Statist. Soc., Ser. B, **29**, 1–52.

AZENCOTT, R., BIRGE, L., COSTA, V. u. a. (1977). Théorie de la robustnesse et estimation d'un paramètre. Astérisque 43–44, Societé mathématique de France, Paris.

BAHADUR, R. R. (1967) Rates of convergence of estimates and test statistics. Ann. Math. Statist. **38**, 303–324.

BERAN, R. (1974). Asymptotically efficient adaptive rank estimates in location models. Ann. Statist. **2**, 63–74.

BICKEL, P. J. (1967). Some contributions to the theory of order statistics. Proc. 5th Berkeley Symp. Math. Statist. Prob. **1**, 575–591. Univ. of California Press, Berkeley.

BICKEL, P. J. (1973). On some analogues to linear combinations of order statistics in the linear model. Ann. Statist. **1**, 597–616.

BOX, G. E. P. (1953). Non-normality and tests on variances. Biometrika **40**, 318–335.

BOX, G. E. P., ANDERSON, S. L. (1955). Permutation theory in the derivation of robust criteria and the study of departures from assumption. J. Royal Statist. Soc., Ser. B, **17**, 1–34.

CHERNOFF, H., GASTWIRTH, J., JOHNS, M. V. (1967). Asymptotic distribution of linear combinations of functions of order statistics with applications to estimation. Ann. Math. Statist. **38**, 52–72.

CHOW, Y. S., ROBBINS, H. (1965). On the asymptotic theory of fixedwidth sequential confidence intervals for the mean. Ann. Math. Statist. **36**, 457–462.

DIONNE, L. (1976). Efficient nonparametric estimators of parameters in the general linear hypothesis. Dissertation, Univ. Montreal.

DIONNE, L. (1981). Efficient nonparametric estimators of parameters in the general linear Hypothesis. Ann. Statist. **9**, 457–460.

DUTTER, R. (1975a). Robust regression. Different approaches to numerical solutions and algorithms. Res. Report No. 6, ETH Zürich.

DUTTER, R. (1975b). Numerical solution of robust regression problems. Computational aspects-a comparison. Res. Report No. 7, ETH Zürich.

EEDEN, VAN, C. (1970). Efficiency-robust estimation of location. Ann. Math. Statist. **41**, 172–181.

EEDEN, VAN, C. (1972). Analogue, for signed-rank statistics, of Jurečkovás asymptotic linearity theorem for rank statistics. Ann. Math. Statist. **43**, 791–802.

FRIEDMAN, D. A., DIACONIS, P. (1982). On in consistent M-estimators. Ann. Statist. **10**, 454–461.

FU, J. C. (1975). The rate of convergence of consistent point estimators. Ann. Statist. **3**, 234–240.

GEERTSEMA, J. (1970). Sequential confidence intervals based on rank tests. Ann. Math. Statist. **41**, 1016–1026.

GHOSH, M., SEN, P. K. (1972). On bounded length confidence intervals for the regression coefficient based on a class of rank statistics. Sankhya, Ser. A, **34**, 33–52.

GLESER, L. J. (1965). On the asymptotic theory of fixed-size sequential confidence bounds for linear regression parameters. Ann. Math. Statist. **36**, 463–467.

HÁJEK, J. (1961). Some extensions of the Wald-Wolfowitz-Noether theorem. Ann. Math. Statist. **32**, 506–523.

HÁJEK, J. (1962). Asymptotically most powerfull rank-order tests. Ann. Math. Statist. **33**, 1124–1147.

HÁJEK, J. (1969). A Course in Nonparametric Statistics. Holden-Day, San Francisco.

HÁJEK, J. (1970). Miscellaneous problems of rank test theory. In: Nonparametric Techniques in Statistical Inference (ed. M. L. PURI). Cambridge Univ. Press, Cambridge.

HÁJEK, J., ŠIDAK, Z. (1967). Theory of Rank Tests. Academia, Prag.

HAMPEL, F. R. (1971). A general qualitative definition of robustness. Ann. Math. Statist. **42**, 1887–1896.

HEILER, S., WILLERS, R. (1979). Asymptotic normality of R-estimates in the linear model. Forschungsbericht 79/6, Univ. Dortmund.

HODGES, J. L., LEHMANN, E. L. (1956). The efficiency of some nonparametric competitors of the t-test. Ann. Math. Statist. **27**, 324–335.

HODGES, J. L., LEHMANN, E. L. (1963). Estimates of location based on rank tests. Ann. Math. Statist. **34**, 598–611.

HOGG, R. V. (1974). Adaptive robust procedures. A partial review and some suggestions for future. Applications and theory. J. Amer. Statist. Assoc. **69**, 909—923.

HOLLANDER, M., WOLFE, D. A. (1973). Nonparametric Statistical Methods. J. Wiley, New York.

HUBER, P. J. (1964). Robust estimation of a location parameter. Ann. Math. Statist. **35**, 73—101.

HUBER, P. J. (1966). On some robust estimates of location. Ann. Math. Statist. **36**, 847—857.

HUBER, P. J. (1967). The behaviour of maximum likelihood estimates under nonstandard distributions. Proc. 5th Berkeley Symp. Math. Statist. Prob. **1**, 221—231. Univ. of California Press, Berkeley.

HUBER, P. J. (1968). Robust confidence limits. Z. Wahrscheinlichkeitstheorie verw. Gebiete **10**, 269—278.

HUBER, P. J. (1969). Théorie de l'inférence statistique robuste. Les presses de l'université de Montreal, Montreal.

HUBER, P. J. (1972). Robust statistics: A review. The 1972 Wald Memorial Lecture. Ann. Math. Statist. **43**, 1041—1067.

HUBER, P. J. (1973). Minimax tests and the Neyman-Pearson lemma for capacities. Ann. Statist. **1**, 251—263.

HUBER, P. J. (1977) Robust methods of estimation of regression coefficients. Math. Operationsforsch. Statist., Ser. Statistics, **8**, 41—53.

HUBER, P. J. (1981). Robust Statistics. J. Wiley, New York.

HUBER, P. J., DUTTER, R. (1974). Numerical solution of robust regression problems. In: COMPSTAT 1974 (ed. G. BRUCKMANN), Physika Verlag, Wien.

HUBER, P. J., STRASSEN, V. (1973). Robust regression: Asymptotics, conjectures and Monte Carlo. The 1972 Wald Memorial Lecture. Ann. Statist. **1**, 799—821.

JAECKEL, L. A. (1971). Robust estimates of location. Symmetry and asymmetric contamination. Ann. Math. Statist. **42**, 1020—1034.

JAECKEL, L. A. (1972). Estimating regression coefficients by minimizing the dispersion of residuals. Ann. Math. Statist. **43**, 1449—1458.

JUNG, J. (1955). On linear estimates defined by a continous weight function. Arkiv för Mathematik **3**, 199—209.

JUREČKOVÁ, J. (1969). Asymptotic linearity of a rank statistic in regression parameter. Ann. Math. Statist. **40**, 1889—1900.

JUREČKOVÁ, J. (1971a). Nonparametric estimate of regression coefficients. Ann. Math. Statist. **42**, 1328—1338.

JUREČKOVÁ, J. (1971b). Asymptotic independence of rank test statistic for testing symmetry on regression. Sankhyā, Ser. A, **33**, 1—18.

JUREČKOVÁ, J. (1973a). Central limit theorem for Wilcoxon rank statistics process. Ann. Statist. **1**, 1046—1060.

JUREČKOVÁ, J. (1973b). Asymptotic behaviour of rank and signed-rank statistics from the point of view of applications. Proc. Prague Symp. on Asymptot. Statist. **1**, 139—155.

JUREČKOVÁ, J. (1977). Asymptotic relations of M-estimates and R-estimates in linear regression model. Ann. Statist. **5**, 464—472.

JUREČKOVÁ, J. (1978a). Asymptotic relations of least-squares estimate and of two robust estimates of regression parameter vector. Transactions of the 7th Prague Conf. and European Meeting of Statist. **II**, 231—237.

JUREČKOVÁ, J. (1978b). Bounded-length sequential confidence intervals for regression and location parameters. In Vorbereitung für: Proc. 2nd Prague Symp. on Asymptot. Statist.

JUREČKOVÁ, J. (1981). Tail-behavior of location estimators. Ann. Statist. **9**, 578—585.

JUREČKOVÁ, J., SEN, P. K. (1981a). Invariance principles for some stochastic processes related to M-estimators and their role in sequential statistical inference. Sankya A **43**, 191—210.

JUREČKOVÁ, J., SEN, P. K. (1981b). Sequential procedure based on M-estimators with discontinuous score-functions. Journ. statist. Planning and Inference **5**, 253—266.

KAGAN, A. M., LINNIK, JU. V., RAO, C. R. (1965). On a characterization of the normal law based on a property of the sample average. Sankhyā, Ser. A, 27, 405—406.

KAGAN, A. M., LINNIK, JU. V., RAO, C. R. (1973). Characterization Theorems in Mathematical Statistics. J. Wiley, New York.

KOENKER, R., BASETT, C. (1978). Regression quantiles. Econometrica **40**, 33–50.

KOUL, H. L. (1971). Asymptotic behaviour of a class of confidence regions based on ranks in regression. Ann. Math. Statist. **42**, 466–476.

KRAFT, C., VAN EEDEN, C. (1972). Linearized rank estimates and signed rank estimates for the general linear hypothesis. Ann. Math. Statist. **43**, 42–57.

LEHMANN, E. L. (1959). Testing Statistical Hypothesis. J. WILEY, New York.

LEHMANN, E. L. (1963). Nonparametric confidence intervals for a shift parameter. Ann. Math. Statist. **34**, 1507–1512.

LEHMANN, E. L. (1966). Some concepts of dependence. Ann. Math. Statist. **37**, 1137–1153.

LEHMANN, E. L. (1975). Nonparametrics: Statistical Methods Based on Ranks. Holden-Day, San Francisco.

PEARSON, E. S. (1931). The analysis of variance in cases of non-normal variation. Biometrica **23**, 114–133.

RELLES, D. (1968). Robust regression by modified least squares. Dissertation (PhD Thesis), New York.

SERFLING, R. J. (1980). Approximation Theorems of Mathematical Statistics. J. Wiley, New York.

SHORACK, G. K. (1969). Asymptotic normality of linear combinations of functions of order statistics. Ann. Math. Statist. **40**, 2041–2050.

STEIN, CH. (1956). Efficient nonparametric testing and estimation. Proc. 3rd Berkeley Symp. Math. Stat. Prob. **1**, 187–195. Univ. of California Press, Berkeley.

STIGLER, S. M. (1973). Simon Newcomb, Percy Daniell, and the history of robust estimation 1885–1920. J. Amer. Statist. Assoc. **68**, 872–879.

STIGLER, S. M. (1974). Linear functions of order statistics with smooth weight functions. Ann. Statist. **2**, 676–693.

STIGLER, S. M. (1977). Do robust estimators work with real data? Ann. Statist. **5**, 1055 bis 1098.

TUKEY, J. W. (1962). The future of data analysis. Ann. Math. Statist. **33**, 1–67.

ZACKS, Z. (1971). The Theory of Statistical Inference. J. Wiley, New York.

3. Modelle mit Fehlern in den Variablen

In den vorangegangenen Kapiteln wurden ausführlich lineare und nichtlineare Regressionsmodelle behandelt. Zur Illustration geben wir ein einfaches lineares Regressionsmodell in funktioneller Schreibweise an:

$$y_i = \alpha + \beta x_i + \varepsilon_i\,, \qquad i = 1, \ldots, n\,.$$

Es wurde stets angenommen, daß die Regressoren x_i ohne Fehler beobachtet werden, was für wichtige praktische Regressionsmodelle tatsächlich oft der Fall ist. Man denke an die Modelle der Varianzanalyse, bei denen die x_i sogenannte 1-0-Größen sind, je nachdem ob ein Faktor vorhanden oder nicht vorhanden ist. Auch in der Ökonometrie hat man oft die begründete Hoffnung, daß die Fehler ε_i in den Gleichungen die Meßfehler bei der Bestimmung der x_i um Größenordnungen übertreffen. Dies kann jedoch bei genauerer Untersuchung vieler Systeme aus der Praxis nicht mehr angenommen werden, und es entsteht aus dem *Fehler-in-den-Gleichungen-Modell* ein sogenanntes *Fehler-in-den-Variablen-Modell.* Spezielle Modelle mit Fehlern in den Variablen sind in der Literatur bekannt unter den Namen *funktionelle* Beziehung, *strukturelle* Beziehung (engl. functional relation(ship) bzw. structural relation(ship)) oder auch funktionelles Modell (vgl. MALINVAUD (1966), S. 378). Auch einige ältere, inzwischen ungebräuchliche Bezeichnungen trifft man noch an. Des weiteren bestehen enge Beziehungen zu linearen Simultangleichungen. Deshalb müßten derartige Modelle eigentlich gegenüber den Regressionsmodellen viel häufiger verwendet werden, als dies bisher gemeinhin der Fall ist, zumal die kritiklose Anwendung z.B. von Schätzungen, die sonst bei Regressionsmodellen verwendet werden, zu merklichen Fehleinschätzungen in den beschriebenen funktionellen Modellen führen können (vgl. 3.1.2).

Ein Grund für die heute noch geringere Verbreitung dieser Modelle liegt sicherlich darin, daß die Inferenz bei solchen Modellen bedeutend schwieriger wird. Dies beruht einmal auf gänzlich andersartigen Identifikationsproblemen. Zum anderen sind beispielsweise Schätzungen, die nach dem Maximum-Likelihood-Prinzip abgeleitet werden, für Regressionsmodelle noch relativ einfach darstellbar, während für einfache lineare Regression mit Fehlern in den Variablen Eigenwertprobleme entstehen. In allgemeineren Modellen erhält man schon keine expliziten Formeln mehr.

Erst in den letzten Jahren ist es nun durch die Weiterentwicklung der Rechentechnik möglich geworden, zu wesentlichen Fortschritten bei der Anwendbarkeit solcher Modelle zu gelangen. Durch die wachsenden Anwendungen wurden rückwirkend auch die theoretischen Untersuchungen stimuliert. Bisher waren demgemäß einige bekannte zusammenfassende Darstellungen dieses Gegenstandes verfügbar, die eine gute Einführung in diese Problematik bieten und einen Überblick vor allem zu linearen funktionellen Beziehungen enthalten (vgl. MADANSKY (1959), KENDALL und STUART (1961), ch. 29; MALINVAUD (1966), ch. 10; SCHÖNFELD (1971), Kap. 11;

Schneeweiss (1971), Kap. 7; Zellner (1971), ch. V; Johnston (1963), Sprent (1969), ch. 3, 6; Moran (1971)). Praktische Probleme bei nichtlinearen Modellen mit Fehlern in den Variablen werden umfassend bei Bard (1974) behandelt.

Seit dem Erscheinen dieser Arbeiten sind jedoch einige Fortschritte bei der Behandlung derartiger Modelle erzielt worden, vor allem auf den Gebieten: Asymptotik, Verteilungsapproximation, Optimalität, Bayesche Theorie, nichtlineare Modelle, Numerik.

Das Anliegen dieses Kapitels ist es nun, einerseits eine auf den genannten Arbeiten aufbauende angemessene Einführung in die Problematik zu geben. Andererseits ist es notwendig, bei der zusammenfassenden Darstellung dieser bekannten Ergebnisse eine Reihe neuerer Resultate zu berücksichtigen und durch den hier entwickelten vereinheitlichten Zugang eine relativ abgeschlossene zusammenfassende Darstellung des heutigen Standes bei der statistischen Inferenz zu Modellen mit Fehlern in den Variablen anzustreben. Naturgemäß konnte die Darstellung der neuesten Ergebnisse nur mosaikartig erfolgen.

Wir geben einen kurzen Überblick über den Inhalt des Kapitels (vgl. Tabelle 3.1.1 und Inhaltsverzeichnis). In 3.1.1 werden einfache Beispiele aus praktischen Anwendungen diskutiert. Bei Modellen mit Fehlern in den Variablen kann die Anwendung der aus dem Regressionsmodell bekannten gewöhnlichen Kleinste-Quadrat-Schätzung zu merklichen Fehlern führen, dies zeigt Abschnitt 3.1.2. Allgemeine Modelle mit Fehlern in den Variablen werden ausführlich in 3.1.3 beschrieben. Einen Überblick zu Identifizierbarkeitsfragen enthält 3.1.4. Wegen ihrer grundlegenden Bedeutung sind die Beweise der Sätze von Reiersøl (1950a) mit angegeben.

Relativ wenig bekannt ist bisher auch die Aussage von 3.1.5: Ist in einem Modell mit zufälligem Versuchsplan der Strukturparameter nicht identifizierbar, so ist er im zugehörigen Modell mit nichtzufälligem Versuchsplan nicht konsistent schätzbar. In 3.1.6 wurde zur leichteren Orientierung eine Übersicht zu den fast 300 Arbeiten auf dem Gebiet der Modelle mit Fehlern in den Variablen gegeben.

Abschnitt 3.2 enthält Resultate zu Maximum-Likelihood-Schätzungen. In 3.2.1 werden zweidimensionale lineare funktionelle Beziehungen behandelt. Die Arbeiten von Cox (1976) und Dolby (1976a) ermöglichten es, sowohl Modelle mit nichtzufälligem Versuchsplan als auch solche mit normalverteiltem zufälligem Versuchsplan in einem einheitlichen Zugang zu behandeln. Daran anschließend werden multivariate Modelle behandelt, jedoch bis auf je eine Ausnahme in 3.3.2 und 3.5.4 nur solche mit nichtzufälligem Versuchsplan.

Zunächst wird in 3.2.2 der Zusammenhang zwischen Maximum-Likelihood- und Kleinste-Quadrat-Schätzung (MLE bzw. LSE) beschrieben. In 3.2.3 werden eingehend multivariate lineare Modelle mit bekannter Fehlerkovarianz untersucht. Die MLE bei unabhängigen Meßfehlern erhält man aus einer Eigenwertaufgabe. Neben diesem bekannten Resultat werden Äquivarianz und gewisse Eindeutigkeitseigenschaften gezeigt (nach Höschel (1978a)). Für lineare Modelle mit bis auf einen Faktor bekannter Kovarianz ermöglicht die koordinatenfreie Darstellung die Zusammenfassung einiger schon bekannter Resultate in 3.2.4. Abschnitt 3.2.5 enthält den lange Zeit übersehenen grundlegenden Satz von Anderson (1951a) über die MLE bei unbekannter Kovarianz für normalverteilte unabhängige Beobachtungsfehler. Diese MLE ist ebenso wie bei bekannter Kovarianz aus gewissen Eigenvektoren darstellbar. In 3.2.6/7 werden für nichtlineare Modelle Möglichkeiten zur Vereinfachung beschrieben, die sich bei speziellen Annahmen über die Kovarianz der Fehler ergeben. Auch werden Identifizierbarkeitseigenschaften von Schätzungen angegeben.

Tabelle 3.1.1. Wegweiser zu den Modellen mit Fehlern in den Variablen

Zustands-flächen	Neben parameter	Beobachtungen		Schätz-verfahren	Formeln (Abschnitt bzw. Formel-Nr.)	Informationsmatrix	Asymptotik
		Kovarianz	Verteilung				
nichtlinear	nicht-zufällig	bekannt	allgemein	MLE	3.2.6.	—	3.5.1.2.
			insbesondere normal	GLSE		3.5.1.3.	3.5.1.4.—3.5.1.6.
			unabhängig		(3.2.129)—(3.2.132)		
				Gauß-Newton Iteration	3.3.3., 3.8.3.	—	3.5.5.
		unbekannt	normal	MLE (= GLSE)	(3.2.3.)	(3.5.4.), (3.5.9.)	
			unabhängig		3.2.7., 3.8.3.		
			allgemein	WLSE	3.2.2.		
			unabhängig		(3.5.23)—(3.5.28)		3.5.1.5.—3.5.1.6.
polynomial bivariat	nicht-zufällig	bekannt diagonal	—	Newton-Iteration für GLSE	3.8.2.		
linear	zufällig	verschieden	normal-unabhängig	MLE	vgl. Tab. 3.2.1.	—	
bivariat	nicht-zufällig		normal-unabhängig	GLSE	3.5.1.6.	(3.5.38)—(3.5.40)	
		unbekannt	nicht normal	und weitere, darunter:	3.3.1.		
				LIML/2SLS	(3.3.20)—(3.3.27)		3.5.2.
				modifiziert	(3.3.28)—(3.3.30)		3.5.3.
				IVE	(3.3.7)—(3.3.12)		

linear, multivariat	nicht-zufällig	bekannt	allgemein	GLSE	3.2.3.	
		Faktor unbekannt	normal	MLE	3.2.4.	
		block-diagonal			3.2.5.	
			allgemein unabhängig	LIML/2 SLS	(3.3.20)—(3.3.27)	
				modifiziert	(3.3.28)—(3.3.31)	
				IVE	3.3.3.	3.4.
	zufällig abhängig	—	abhängig	Minimum Kontrast	3.3.2.	3.5.4.

Die „Standard-Asymptotik" für MLE und WLSE in nichtlinearen Modellen mit festem Versuchsplan wird anschließend in 3.5.1 behandelt. Es ergeben sich Konsistenz, asymptotische Normalität und Optimalität sowie eine einfache Herleitung einiger Formeln für die asymptotische Kovarianz. Aber auch für schwach wachsenden Versuchsplan kann man die asymptotische Normalität erhalten. Dies wird am Beispiel einer von Fuller und Wolter (1982) vorgeschlagenen modifizierten Gauß-Newton-Iteration in 3.5.5 demonstriert. Die Beschreibung der Schätzung erfolgt vorher in 3.3.3.

Letzteres erfolgt im Rahmen der Darstellung von Alternativen zur MLE im Abschnitt 3.3. In 3.3.1 werden lineare zweidimensionale Modelle behandelt, insbesondere Instrumentvariablen-Schätzungen für einfache Beispiele. Ausführlich werden die Beziehungen zwischen bekannten Schätzungen bei linearen funktionellen Beziehungen und Simultangleichungen untersucht. Ausgehend von Anderson (1976) und der dort angeschlossenen Diskussion werden die Zusammenhänge zwischen MLE beziehungsweise OLSE bei funktionellen Beziehungen einerseits und von Teil-Informations-MLE und Zwei-Stufen-LSE bei Simultangleichungen andererseits dargestellt.

Einen approximativen Gütevergleich dieser Schätzungen enthält die Zusammenfassung der Resultate von Anderson (1974) in 3.5.2. Die von Fuller (1977) untersuchten modifizierten MLE und Zwei-Stufen-LSE schließen sich noch in natürlicher Weise in 3.3.1 an. Die Ergebnisse des approximativen Gütevergleichs folgen in 3.5.3.

Bis dahin werden nur Modelle mit nichtzufälligem Versuchsplan und unabhängigen Fehlern behandelt. Für lineare Modelle, bei denen Meßfehler und Versuchspunkte durch gewisse Zeitreihen erzeugt werden, konnte eine asymptotisch normalverteilte Schätzung von Robinson (1977a) konstruiert werden, die in 3.3.2 beschrieben wird und für die Konsistenz und einige Identifizierbarkeitsfragen in 3.5.4 untersucht werden.

Ein selbständiger umfangreicher Abschnitt ist asymptotischen Untersuchungen bei linearen Modellen mit Fehlern in den Variablen gewidmet, wobei größter Wert auf eine vereinheitlichte Darstellung für die verschiedensten Modelle gelegt wurde. Eine Einführung in das hierbei zugrundegelegte allgemeine Modell bietet Abschnitt 3.3.4. Gegenstand der Untersuchung ist ein Modell mit nichtzufälligen unbeobachtbaren Variablen; es werden hierfür zunächst die Parametrisierung erläutert und Ergebnisse zur Maximum-Likelihood-Schätzung zusammengestellt. Aus dem Zusammenhang von Modellen mit zufälligen und nichtzufälligen unbeobachtbaren Variablen ergibt sich dann ein „kanonisches" Verfahren der Schätzung mit Hilfe von Instrumentvariablen im letzteren Fall, als dessen formaler Spezialfall die Maximum-Likelihood-Schätzung erscheint. In diesem Rahmen wird dann im Abschnitt 3.4 die asymptotische Theorie entwickelt. Nach den Einführung des asymptotischen Modells in Abschnitt 3.4.1 wird in Abschnitt 3.4.2 die Konsistenz behandelt und eine Deutung der benötigten Voraussetzungen gegeben. In Abschnitt 3.4.3 werden einige in der Literatur betrachtete Spezialfälle diskutiert. Sodann steht die Frage der Effizienz der MLE (allgemeiner der definierten kanonischen Instrumentvariablenschätzung) im Mittelpunkt der Betrachtung. Ausgangspunkt hierbei ist die Tatsache, daß im Modell der Fall unendlich vieler unbekannter Nebenparameter (also eines unendlichdimensionalen Parameterraums) eintritt, in welchem die klassische Theorie der asymptotischen Effizienz nicht mehr anwendbar ist. Es wird hier nun eine modellspezifische Lösung des Problems gegeben, indem eine gewisse heuristisch motivierte Klasse von Schätzungen betrachtet wird (asymptotische Q_m-Schätzungen). Grob gesprochen, besteht diese aus Schätzungen, die Funktionen der zweiten Stichprobenmomente sind; damit sind die wichtigsten in der Literatur bekannten Alternativen zur MLE erfaßt. Mit Hilfe einer entsprechenden Optimalitätstheorie kann die asymptotische Effizienz der MLE nachgewiesen werden; dies geschieht anhand der Kovarianzmatrix der normalen Grenzverteilung, wobei Normalität zugrundegelegt wird. Darüber hinaus ergibt sich eine einfache effiziente Schätzung aus einem Verbesserungsverfahren (Abschnitte 3.4.4, 3.4.5). Eine Reihe bekannter Resultate zur Grenzverteilung und zum Vergleich stellen sich als Spezialfälle oder Varianten dar.

In Abschnitt 3.4.6 werden einige Ergebnisse für den nichtnormalen Fall aufgeführt, und Abschnitt 3.4.7 enthält ergänzende Bemerkungen im Zusammenhang mit der Grundproblematik des Modells.

Die Prüfung von Hypothesen und Bereichsschätzungen werden für lineare Modelle in 3.6 und 3.7 behandelt. Die verhältnismäßig geraffte Darstellung basiert auf den Ergebnissen von ANDERSON (1951a).

Schließlich werden in 3.8 einige Möglichkeiten zur numerischen Berechnung von WLSE beschrieben. Zunächst werden die viel angewendeten zweidimensionalen linearen Modelle mit verschiedenen, aber bekannten Kovarianzen über den einzelnen Versuchspunkten behandelt. In 3.8.1 wird ein Verfahren von WILLIAMSON (1968) zur Berechnung der GLSE wiedergegeben. Bei allgemeinen nichtlinearen Modellen wird die Dimension des zu schätzenden unbekannten Parameters im Vergleich zu Regressionsmodellen sehr groß. Die spezielle Struktur bei Modellen mit Fehlern in den Variablen erlaubt jedoch auch bei verhältnismäßig großem Versuchsplanumfang eine praktikable Umsetzung der bekannten Iterationsmethoden. In 3.8.2 wird für zweidimensionale Polynomial-Modelle auf Basis einer Arbeit von O'NEILL, SINCLAIR und SMITH (1969) ein Newton-Raphson-ähnliches Verfahren beschrieben. In 3.8.3 werden die Verfahren für allgemeine Modelle mit Fehlern in den Variablen behandelt. Insbesondere wird die spezielle Struktur der Gauß-Newton-Verfahren bei diesen Modellen diskutiert. Die neueren globalkonvergenten Verfahren von HÖSCHEL und PENER (1980), TILLER (1983) werden nicht behandelt.

3.1. Grundeigenschaften von Modellen mit Fehlern in den Variablen

3.1.1. Funktionelle und strukturelle Beziehungen — eine Einführung

Als ersten Schritt bei der Modellbildung stellt man bei der Untersuchung eines konkreten Systems zunächst ein statistisches Modell als Menge von Strukturen auf (vgl. HUMAK I (1977), 1.3). Derartige Modelle werden bei praktischen Problemen meist als funktionelle Modelle beschrieben. Sie spiegeln das Wissen oder die Vermutung über den mathematischen Zusammenhang zwischen den untersuchten Variablen im ersten Schritt meist in Form von deterministischen Gleichungen wider. In der Praxis können diese Variablen aber oft nur mit einem merklichen zufälligen Fehler beobachtet werden. Dies führt dann zu dem zugehörigen Beobachtungsmodell.

Beispiel 3.1.1. Die Beziehung zwischen Masse m, Volumen v und Dichte d ist $m = dv$. Man möchte auf der Basis mehrerer Messungen von m und d die Dichte d „bestimmen" oder, genauer gesagt, schätzen, ausführlich bei MADANSKY (1959) besprochen wurde.

Beispiel 3.1.2. Bei der gleichmäßig beschleunigten Bewegung gilt für die Anfangsgeschwindigkeit v_0, die Zeit t, die Beschleunigung b und die zurückgelegte Strecke s

$$s = v_0 t + bt^2/2 .$$

Man ist beispielsweise an einem Konfidenzbereich für v_0 und b interessiert, wenn Messungen der anderen beiden Größen vorliegen.

Beispiel 3.1.3. Beim physikalischen Pendel gilt für die Schwingungsdauer T, die Masse m, das Trägheitsmoment M und den Abstand a zwischen Pendelachse und Schwerpunkt

$$T^2 = 4\pi^2 M/(mga) ,$$

wobei g die Erdbeschleunigung ist.

Bereits an den einfachen linearen funktionellen Beziehungen lassen sich wichtige, grundsätzliche Fragen, diskutieren. Das zugrundeliegende deterministische Modell für die Variablen ξ, η sei linear:

$$\eta = \alpha + \beta\xi . \tag{1}$$

Man beobachtet jetzt n Punkte $\mu_i = [\xi_i, \eta_i]$, $i = 1, \dots, n$, die diesem Modell genügen. Sie können jedoch nur mit einem zufälligen Beobachtungsfehler $\boldsymbol{\zeta}_i$ beobachtet werden. Man beobachtet also

$$\boldsymbol{z}_i = \mu_i + \boldsymbol{\zeta}_i , \tag{2}$$

oder, komponentenweise geschrieben, für $\boldsymbol{z}_i := [\boldsymbol{x}_i, \boldsymbol{y}_i]$

$$\boldsymbol{x}_i = \xi_i + \boldsymbol{\delta}_i , \qquad \boldsymbol{y}_i = \eta_i + \boldsymbol{\varepsilon}_i . \tag{3}$$

Ist $\boldsymbol{\delta}_i \equiv 0$, so erhält man ein bivariates lineares Regressionsmodell. Der Vektor $\mu := \mu_{(n)} = (\mu_i)_{1,\dots,n}$ der beobachteten Versuchspunkte ist somit „eine Art" Versuchsplan. Dieser ist jedoch unbekannt und im Gegensatz zu den Regressionsmodellen nicht direkt planbar.

Über die Fehler setzt man in einfachen Anwendungsfällen oft die Unkorreliertheit voraus:

$$\mathsf{D}(\boldsymbol{\zeta}_{(n)}) = I_n \otimes \Sigma , \qquad \Sigma \in \mathfrak{M}_2^{>} .$$

Einfach können auch wiederholte Beobachtungen desselben Versuchsplanes beschrieben werden:

$$\boldsymbol{z}_{ik} = \mu_i + \boldsymbol{\zeta}_{ik} , \qquad k = 1, \dots, m_i , \tag{4}$$

wobei m_i die Zahl der Wiederholungen beim i-ten Versuchspunkt bezeichne.

Beispiel 3.1.4 (vgl. Barnett (1970)). In einem medizinischen Experiment wurde die Beziehung zwischen Proteingehalt η des Urins und der Dosis eine applizierten Medikaments ξ untersucht. Es wurden einige Zubereitungen ξ_i des Medikaments verwendet, und wiederholte Messungen durchgeführt. Die Beziehung zwischen ξ und η werde als linear angenommen.

Nun können die ξ_i — und damit die μ_i — durchaus auch Realisierungen zufälliger Größen sein.

Beispiel 3.1.5. Die im Beispiel 3.1.4 erhaltene Dosis ξ_i muß unter Umständen als zufällige Größe mit einer eigenen Verteilung modelliert werden. Zufällige Schwankungen der Dosierung entstehen beispielsweise bei der Abfüllung in die Injektionsspitze. Ebenso würde man verfahren, wenn man die jeweiligen Dosierungen aus einem chemischen Prozeß erhält und eine genaue Messung der Dosis nur schwer möglich ist.

Wenn man nun spezielle Annahmen über die Verteilung von $\boldsymbol{\mu}_{(n)}$, also die gemeinsame Verteilung der $\boldsymbol{\mu}_i$, $i = 1, \dots, n$, macht, ist es mitunter sogar möglich, auch die Verteilungsparameter von $\boldsymbol{\mu}_{(n)}$ mit zu untersuchen. Ein einfaches Modell dieser Art ist

$$\begin{aligned} \eta_i &= \alpha + \beta\xi_i\,, \qquad i = 1, \dots, n\,, \\ z_i &= \mu_i + \zeta_i\,, \qquad \mu_i := [\xi_i, \eta_i]\,, \end{aligned} \tag{5}$$

mit den Verteilungsannahmen

$$\xi_i \circledS \mathcal{P}_\Theta = \{\mathrm{P}_\vartheta \mid \vartheta \in \Theta\}\,, \qquad \zeta_i \circledS \{\mathrm{N}(0, \Sigma) \mid \Sigma \in \Gamma\}\,, \tag{6}$$

wobei die ξ_i und η_i sowohl untereinander als auch für verschiedene Beobachtungen als stochastisch unabhängig angenommen werden.

Dieses Modell wurde in der Literatur eingehend diskutiert. Als Bezeichnung hatte sich „linear structural relation" eingebürgert. Es hat größere Bedeutung, weil bei diesem einfachen Modell einige grundsätzliche Schwierigkeiten bei der Identifizierbarkeit auftraten, die eingehend diskutiert werden mußten. Andererseits war lange Zeit nur dieses einfache Modell einer numerischen Auswertung zugänglich. Man kann nämlich nur für den Fall, daß die P_ϑ Normalverteilungen sind, unter gewissen Einschränkungen an Γ die Identifizierbarkeit von α und β sichern und neben elementar berechenbaren Schätzungen für α und β auch solche für Σ und ϑ erhalten. Aber auch andere, in ähnlicher Weise auf den üblichen Voraussetzungen über Normalverteilung aufgebaute Modelle mit zufälligem Versuchsplan konnten, zumindest asymptotisch, untersucht werden, beispielsweise das folgende Modell mit Wiederholung von Beobachtungen, vgl. Cox (1976), Dolby (1976a), Patefield (1977), Brown, G. H. (1978a), Chan und Mak (1979a, b):

$$\begin{aligned} \eta_{ij} &= \alpha + \beta\xi_{ij}\,, \qquad \xi_{ij} \circledS \{\mathrm{N}(\vartheta_i, \sigma_\xi) \mid \vartheta_i \in \mathbb{R}^1, \sigma_\xi \in \mathbb{R}^{\geqq}\}\,, \\ z_{ij} &= \mu_i + \zeta_{ij}\,, \qquad \zeta_{ij} \circledS \{\mathrm{N}(0, \Sigma) \mid \Sigma = \operatorname{diag}(\sigma_1, \sigma_2), \sigma_i > 0\}\,, \\ i &= 1, \dots, n\,, \qquad j = 1, \dots, m_i\,. \end{aligned} \tag{7}$$

Aus diesem Modell entstehen bei weiteren Einschränkungen an den Parameterbereich auch die bisher genannten Modelle. Man sieht jedoch, welche Vielzahl von Verteilungsannahmen über die eingeschlossenen Größen des Modells möglich sind, bei ansonsten gleicher „Ausgangssituation"

$$\eta_i = \alpha + \beta\xi_i\,, \qquad z_i = \mu_i + \zeta_i\,. \tag{8}$$

Von der Annahme fester μ_i bis zu den verschiedensten Verteilungsvoraussetzungen für $\mu_{(n)}$ sind eine unübersehbare Vielzahl praktisch bedeutsamer linearer Modelle vorstellbar. Dies gilt auch schon für einfache bivariate nichtlineare Modelle. Zur Illustration diene das (ohne Verteilungsannahmen) beschriebene Modell

$$\eta_i = \alpha + \beta_1\xi_i + \beta_2\xi_i^2\,, \qquad z_i = \mu_i + \zeta_i\,. \tag{9}$$

Alle wesentlichen Unterschiede zwischen solchen Modellen resultieren jedoch letztlich aus der Tatsache, ob mit der Zahl der Beobachtungen auch die Zahl der üblicherweise als Nebenparameter bezeichneten Punkte μ_i, $i = 1, \dots, n$, wächst.

Für alle diese Modelle verwenden wir die Bezeichnung *„funktionelle Beziehung"* und unterscheiden – wenn nötig – zwischen solchen mit zufälligem oder nichtzufälligem Versuchsplan.

3.1.2. Vergleich mit dem Regressionsmodell

Das Regressionsmodell ist Spezialfall einer linearen funktionellen Beziehung, wenn gewisse Variablen fehlerlos beobachtet werden können. Im folgenden werden wir exemplarisch anhand der bivariaten linearen funktionellen Beziehungen (LIFU) aus

3.1.1 folgende Tatsachen zeigen:

A) Bei einer LIFU müssen keine „Regressoren“ und „Regressanden“ bzw. „exogene“ und „endogene“ Variablen unterschieden werden.

B) Ein LIFU-Modell kann formal als lineares Regressionsmodell mit stochastischen Regressoren geschrieben werden.

Jedoch ist in einem solchen „Regressionsmodell“ die sonst übliche Annahme der Unabhängigkeit von Gleichungsfehlern und Regressoren nicht erfüllt.

C) Deshalb versagt die bei LIFU kritiklos angewendete Methode der kleinsten Quadrate und führt zu inkonsistenten Schätzungen.

Zu A): In (1) war die LIFU in der Form $\eta_i = \alpha + \beta \xi_i$ gegeben. Damit braucht jedoch ξ_i keine exogene Variable zu sein, wie die Beispiele 3.1.1—3.1.3 deutlich machten. Wesentlich an diesen Beispielen ist nur, daß die Vektoren $[\xi_i, \eta_i]$ auf einer Geraden in der Ebene liegen sollen. Die spezielle Parametrisierung (1) erfaßt aber z.B. nicht die Gerade $0 = \xi_i$, wenn man einmal von einer möglichen Einbeziehung dieses Sonderfalls in der Form $\beta = \infty$ absieht. So wird man in vielen Fällen keine Unterscheidung der exogenen Größen haben und damit bei einer zunächst impliziten Darstellung der Form

$$0 = 1 + \beta_0 \xi_i + \beta_i \eta_i \tag{10}$$

keine der beiden Variablen als exogen oder unabhängig auszeichnen können.

Zu B): Weiter gelangt man von (1) und (2) zur Darstellung

$$\boldsymbol{y}_i = \alpha + \beta \boldsymbol{x}_i + (\boldsymbol{\varepsilon}_i - \beta \boldsymbol{\delta}_i) . \tag{11}$$

Da die Beobachtungen von $\boldsymbol{z}_i = [\boldsymbol{x}_i, \boldsymbol{y}_i]$ bekannt sind, hat man mit (11) ein Regressionsmodell, bei dem die „Regressanden“ $\boldsymbol{y}_i$ und die „Regressoren“ $\boldsymbol{x}_i$ beobachtet wurden. Der Gleichungsfehler $\boldsymbol{\varepsilon}_i - \beta \boldsymbol{\delta}_i$ hat wie beim Regressionsmodell einen verschwindenden Erwartungswert. Jedoch gilt

$$\operatorname{Cov}(\boldsymbol{x}_i, \boldsymbol{\varepsilon}_i - \beta \boldsymbol{\delta}_i) = \mathsf{E}(\xi_i + \boldsymbol{\delta}_i, \boldsymbol{\varepsilon}_i - \beta \boldsymbol{\delta}_i) = -\beta \sigma_\delta , \tag{12}$$

eine Aussage, die dann offensichtlich auch für die LIFU (6) zutrifft. Die Kovarianz zwischen Regressor und Gleichungsfehler verschwindet also nur für $\sigma_\delta = 0$, wenn man den Sonderfall $\beta = 0$ einmal außer Acht läßt.

Zu C): Nun ist bekannt, daß bei einem Regressionsmodell mit zufälligem Regressor (vgl. Humak I (1977), Beispiel 2.1.1) die beste lineare unverfälschte Schätzung sich für jede Realisierung $x_{(n)}$ von $\boldsymbol{x}_{(n)}$ aus der OLSE mit den festen Regressoren $x_{(n)}$ ergibt (vgl. z.B. Rao (1973), 4. a. 11). Dabei setzt man natürlich die Unkorreliertheit der Regressoren $\boldsymbol{x}_i$ und der Fehler $\boldsymbol{\varepsilon}_i$ voraus. Die erhaltene Schätzung ist konsistent.

Falls Regressoren und Fehler aber wie im vorliegenden Fall korreliert sind, trifft dies nicht mehr zu. Die OLSE ist in diesem Fall

$$\begin{aligned} \hat{\boldsymbol{\beta}} &:= \sum_i (\boldsymbol{x}_i - \bar{\boldsymbol{x}}_.)(\boldsymbol{y}_i - \bar{\boldsymbol{y}}_.) / \sum_i (\boldsymbol{x}_i - \bar{\boldsymbol{x}}_.)^2 , \\ \hat{\boldsymbol{\alpha}} &:= \bar{\boldsymbol{y}}_. - \hat{\boldsymbol{\beta}} \bar{\boldsymbol{x}}_. . \end{aligned} \tag{13}$$

(Die grundsätzliche Aussage des Beispiels wird nicht geschmälert, wenn wir die Fehler $\boldsymbol{\delta}_i$ bzw. $\boldsymbol{\varepsilon}_i$ als unabhängig, identisch verteilt annehmen und $\boldsymbol{\delta}_i$ unabhängig von $\boldsymbol{\varepsilon}_i$ ist. Wir schreiben $\sigma_\delta := \mathsf{D}(\boldsymbol{\delta}_i)$, $\sigma_\varepsilon = \mathsf{D}(\boldsymbol{\varepsilon}_i)$.) Weiterhin gelte für den Versuchsplan $\mu_{(n)}$:

$$\lim_{n\to\infty} \bar{\xi}_. =: c < \infty ,$$

$$\lim_{n\to\infty} \sum_i \xi_i\delta_i/n = \lim_{n\to\infty} \sum_i \xi_i\varepsilon_i/n = 0 , \tag{14}$$

$$\lim_{n\to\infty} \sum_i (\xi_i - \bar{\xi}_.)^2/n =: \sigma_\xi < \infty .$$

Durch einfache Anwendung des Gesetzes der großen Zahlen zeigt man

$$\hat{\beta} \xrightarrow{\text{fs}} \lim_{n\to\infty} \sum_i (\xi_i + \delta_i - \bar{\xi}_. - \bar{\delta}_.)\,(\beta\xi_i + \varepsilon_i - \beta\bar{\xi}_. - \bar{\varepsilon}_.)/\sum_i (\xi_i + \delta_i - \bar{\xi}_. - \bar{\delta}_.)^2$$

$$= \beta\sigma_\xi/(\sigma_\xi + \sigma_\delta) , \tag{15}$$

$$\hat{\alpha} \xrightarrow{\text{fs}} \alpha + \beta c\sigma_\delta/(\sigma_\delta + \sigma_\xi) . \tag{16}$$

Die OLSE ist also für $\sigma_\delta \neq 0$ inkonsistent. Inkonsistenz kann unter wesentlich allgemeineren Voraussetzungen mit Hilfsmitteln der Martingaltheorie auch für andere multivariate LIFU nachgewiesen werden (vgl. ROBINSON (1977 a), Lemma 1, siehe auch Abschnitt 3.5.4).

Einige praktische Untersuchungen aus der Ökonometrie weisen darauf hin, daß die Aufdeckung dieser Inkonsistenz für die richtige Interpretation praktischer Datenreihen von grundlegender Bedeutung ist (vgl. MALINVAUD (1966), S. 380). Nachdem nun die eingangs erwähnten Vergleichspunkte untersucht wurden, sollen jetzt Regressionsmodell und LIFU anhand der Anwendbarkeit zur Vorhersage verglichen werden. Dabei lehnen wir uns an die Darstellung von MALINVAUD (1966), S. 382–383, an. Zur Erläuterung genügt es, bei einfachen LIFU den Fall $\alpha = 0$ zu betrachten.

Das Problem der Vorhersage besteht darin, in Abhängigkeit von der Beobachtung $z_{(n)}$ einen Wert $y^*_{n+1}(z_{(n)})$ als Vorhersage für y_{n+1} oder η_{n+1} zu bestimmen. Dabei seien $z_{(n)}$ und x_{n+1} oder ξ_{n+1} gegeben. Es ist üblich, als Risiko $\mathsf{E}((y^*_{n+1}(z_{(n)}) - \eta_{n+1})^2)$ bzw. $\mathsf{E}(y^*_{n+1}(z_{(n)}) - y_{n+1})^2$ zu minimieren.

1) Funktionelle Modelle der beschriebenen Art werden oft dazu benutzt, bei Kenntnis des „wahren" Wertes ξ_{n+1} den entsprechenden Wert von η_{n+1} vorherzusagen. So möchte man z.B. die Masse η auf Basis der geschätzten Dichte $\hat{\beta}$ vorhersagen, wenn das Volumen ξ einen bestimmten Wert annimmt. Oder man würde gern die zu erwartende Erhöhung der gesamten gesellschaftlichen Komsumtion vorhersagen, wenn die Einkommen der Werktätigen auf einen bestimmten Wert steigen. Sei $\hat{\beta}(z_{(n)})$ eine beliebige Schätzung von β. Dann ist die Vorhersage $y^*_{n+1} = \hat{\beta}\xi_{n+1}$, und das Risiko ist

$$\mathsf{E}(y^*_{n+1} - \eta_{n+1})^2 = \xi^2_{n+1}\mathsf{E}(\hat{\beta} - \beta)^2 . \tag{17}$$

Zur Minimierung des Risikos ist also die Quadratmitteldifferenz zwischen $\hat{\beta}$ und β zu minimieren. Wegen der Inkonsistenz der Regressions-OLSE kann aber zumindest für große Beobachtungszahlen schon durch Angabe einer konsistenten Schätzung eine Verbesserung erzielt werden.

2) In vielen praktischen Fällen werden LIFU aber benutzt, um y_{n+1} *bei Kenntnis des beobachteten Wertes* x_{n+1}, und nicht des als bekannt vorausgesetzten Wertes ξ_{n+1}, vorherzusagen. Beispielsweise möchte man für ein Werkstück, welches nicht in der Stichprobe enthalten ist, auf Basis des gemessenen Volumens dessen Gewicht

vorhersagen. Oder man möchte für einen Haushalt aufgrund seines gemessenen Einkommens die Konsumtion eines bestimmten Produktes vorhersagen.

Nun habe $\boldsymbol{z}_{n+1}$ eine Verteilung, die durch μ_{n+1} und ζ_{n+1} bestimmt ist und die mit der von $\boldsymbol{z}_i$, $i = 1, \ldots, n$, übereinstimmt. Wenn nun die Regressionsfunktion — d. h. der bedingte Erwartungswert — von $\boldsymbol{y}_{n+1}$ über $\boldsymbol{x}_{n+1}$ linear ist, dann liefert die Regressions-OLSE auch tatsächlich eine Schätzung $\hat{\beta}$ von β, die zur Vorhersage von $\boldsymbol{y}_{n+1}$ mittels des beobachteten Wertes x_{n+1} geeignet ist. Tatsächlich aber wird für LIFU die Linearität der Beziehung $\eta = \beta\xi$ nicht notwendigerweise auf die Regressionsfunktion von y_{n+1} über x_{n+1} übertragen. Dies ist nur unter speziellen Voraussetzungen der Fall (vgl. LINDLEY (1947) oder KENDALL und STUART (1961), 29. 56—59). Für diesen allgemeinen Fall (und auch wenn die Realisierung μ_{n+1} von $\boldsymbol{\mu}_{n+1}$ nicht dieselbe Verteilung wie die $\boldsymbol{\mu}_i$, $i = 1, \ldots, n$, hat) liegt es nahe, als Vorhersage wie in 1) $y^*_{n+1} = \hat{\beta}x_{n+1}$ zu verwenden, weil andere Vorhersagefunktionen komplizierter sind. Der Fehler der Vorhersage ist

$$\boldsymbol{\Delta}_{n+1} = \boldsymbol{y}^*_{n+1} - \boldsymbol{y}_{n+1} = x_{n+1}(\hat{\boldsymbol{\beta}} - \beta) + (\boldsymbol{\delta}_{n+1}\beta - \boldsymbol{\varepsilon}_{n+1})\,. \tag{18}$$

Für das Risiko folgt bei gegebenem x_{n+1}

$$\begin{aligned} \mathsf{E}(\Delta^2_{n+1}) = x^2_{n+1}\mathsf{E}(\hat{\boldsymbol{\beta}} - \beta)^2 + 2\mathsf{E}x_{n+1}(\hat{\boldsymbol{\beta}} - \beta)\,(\boldsymbol{\delta}_{n+1}\beta - \boldsymbol{\varepsilon}_{n+1}) \\ + \mathsf{E}(\boldsymbol{\delta}_{n+1}\beta - \boldsymbol{\varepsilon}_{n+1})^2\,. \end{aligned} \tag{19}$$

Bei stochastischer Unabhängigkeit von ζ_{n+1} und $\boldsymbol{z}_{(n)}$ verschwindet der zweite Term, und es folgt

$$\mathsf{E}(\Delta^2_{n+1}) = x^2_{n+1}\big(\mathsf{E}(\hat{\boldsymbol{\beta}} - \beta)^2 + \mathsf{E}(\boldsymbol{\delta}_{n+1}\beta - \boldsymbol{\varepsilon}_{n+1})^2\big)\,. \tag{20}$$

Also kann auch in diesem Fall durch Angabe einer konsistenten Schätzung eine Verbesserung gegenüber der inkonsistenten Regressions-OLSE erreicht werden, wenigstens bei großen Stichproben. Letztlich führt also auch bei diesem zweiten Vorhersageproblem die unkritische Anwendung von Regressionsmethoden zu Fehleinschätzungen.

3.1.3. Modelle mit Fehlern in den Variablen

3.1.3.1. Grundmodell

In HUMAK I (1977), Abschnitt 1.2 und 1.3, wurden allgemeine Modelle für die Untersuchung statistischer Probleme der Modellbildung angegeben. Als Ergebnis erschien ein Modellbegriff auf Basis von funktionellen oder Verteilungsstrukturen. Die auf die Anwendung bei Regressionsmodellen ausgerichteten Definitionen enthielten von vornherein den Regressanden in expliziter Abhängigkeit. Typisch war dort das Beispiel 1.2.5 mit der systembeschreibenden Gleichung

$$y_i = \Phi(b, x_i, \varepsilon_i, u_i)\,.$$

Dabei war y_i der Ausgangsvektor, x_i der Eingangsvektor, u_i und ε_i waren die Steuergrößen bzw. die Störgrößen und b der Systemparameter. Nun gibt es aber schon einfache deterministische Modelle, bei denen eine derartige explizite Systembeschreibung nicht mehr geeignet ist.

Beispiel 3.1.6. Die Bewegung eines Himmelskörpers um die Sonne in einer Ebene wird durch eine Quadrik beschrieben, d. h., für lineare Ortskoordinaten $v^{(1)}$ und $v^{(2)}$ gilt

$$0 = \pi^{(0)} + 2\pi^{(1)}v^{(1)} + 2\pi^{(2)}v^{(2)} + \pi^{(3)}v^{(2)^2} + 2\pi^{(4)}v^{(1)}v^{(2)} + \pi^{(5)}v^{(1)^2} = s_0(v, \pi)$$

mit

$$\pi := [\pi^{(0)}, \dots, \pi^{(5)}] \quad \text{und} \quad v := [v^{(1)}, v^{(2)}] .$$

Die Auflösung einer solchen impliziten Systemgleichung nach einer als unabhängig oder exogen erklärten Variablen wird im allgemeinen nicht möglich sein. Auch ist die Bevorzugung einer Größe als exogen oft gar nicht sinnvoll. Zum Beispiel sind die beiden Ortskoordinaten hier vom praktischen Standpunkt aus völlig gleichwertig.

Definition 3.1.1 (*Deterministisches funktionelles Modell*). $v \in \mathbb{R}^{d_v}$ sei ein Vektor von *systembeschreibenden Variablen.* Das Modell ist gegeben durch eine parameterabhängige Gleichung

$$0 = s_0(v, \pi) , \qquad s_0\colon \mathbb{R}^{d_v + d_\pi} \to \mathbb{R}^c , \qquad c < d_v . \tag{21}$$

$\pi \in \Pi \subset \mathbb{R}^{d_\pi}$ heißt *System-* oder *Strukturparameter*. s_0 heißt *System-* oder ***Zustandsfunktion***. Die Gleichung (21) heißt *System-* oder ***Zustandsgleichung***. Als ***Zustandsfläche*** oder *Struktur* zum Parameter π bezeichnen wir die Menge

$$\mathrm{St}_\pi := \{v \mid 0 = s_0(v, \pi)\} . \tag{22}$$

Die im Modell zugelassene Menge von Zustandsflächen

$$\mathrm{St}_\Pi := \{\mathrm{St}_\pi\}_{\pi \in \Pi} \tag{23}$$

heißt *Strukturschar*.

Die Menge Π der im Modell zugelassenen Systemparameter kann möglicherweise selbst wieder durch eine implizite Gleichung beschrieben werden:

$$\Pi = \{\pi \in \mathbb{R}^{d_\pi} \mid 0 = p(\pi)\} , \qquad p\colon \mathbb{R}^{d_\pi} \to \mathbb{R}^{c_\pi} . \tag{24}$$

Das folgende Beispiel soll in Fortsetzung von Beispiel 3.1.6 die praktische Bedeutung nichttrivialer Beschränkungen der Art $0 = p(\pi)$ demonstrieren.

Beispiel 3.1.7. Unter allen Bahnen von Himmelskörpern betrachte man nur die parabelförmigen. Diese werden durch folgende Einschränkungen an die Parameter $\pi = [\pi^{(0)}, \dots, \pi^{(5)}]$ unter allen Quadriken erzeugt:

$$0 = \det\left[\begin{pmatrix} \pi^{(5)} & \pi^{(4)} \\ \pi^{(4)} & \pi^{(3)} \end{pmatrix}\right].$$

(Tatsächlich sind hierbei noch Paare paralleler oder imaginärer Geraden einschlossen.)

Bereits bei einfachen Anwendungsbeispielen können nun nicht nur implizite Gleichungen zur Beschreibung des Modelles angebracht sein, sondern auch allgemeinere Mengen Π und St_π auftreten.

Beispiel 3.1.8. Wir betrachten wieder das Kepler-Modell für die Bewegung der Planeten um die Sonne. Die Planetenbahnen sind Ellipsen, bei denen ein Brennpunkt in der Sonne liegt. Das zugehörige Modell wird durch eine bestimmte Teilmenge von Quadriken erfaßt, etwa in der Form

$$0 = s(v, \pi) , \qquad \pi \in \Pi ,$$

wobei $\Pi \subset \mathbb{R}^6$ die Menge aller Ellipsen aus dem Kepler-Modell beschreibt.

Nun werden Ellipsen gerade nicht durch Gleichungen der Form $p(\pi) = 0$ sondern eben durch Ungleichungen beschrieben, nämlich:

$$\Delta_2 > 0\,, \qquad \Delta_1\Delta_3 < 0\,,$$

$$\Delta_3 = \det\left[\begin{pmatrix} \pi^{(5)} & \pi^{(4)} & \pi^{(1)} \\ \pi^{(4)} & \pi^{(3)} & \pi^{(2)} \\ \pi^{(1)} & \pi^{(2)} & \pi^{(0)} \end{pmatrix}\right],$$

$$\Delta_2 = \det\left[\begin{pmatrix} \pi^{(5)} & \pi^{(4)} \\ \pi^{(4)} & \pi^{(3)} \end{pmatrix}\right], \qquad \Delta_1 = \pi^{(5)} + \pi^{(3)}\,.$$

Weitere Einschränkungen ergeben sich aus der Forderung, daß in einem Brennpunkt die Sonne liegt.

In der allgemeinen Definition eines deterministischen funktionellen Modelles wird von der parametrischen expliziten Beschreibung aus Definition 3.1.1 abstrahiert. Die Nutzung der allgemeinen Begriffe erlaubt dann eine einfache und anschauliche Beschreibung von Schätzverfahren wie z.B. der Kleinsten-Quadrat-Schätzungen.

Definition 3.1.2. Als *deterministisches funktionelles Modell* für eine Ursache-Wirkungs-Beziehung zwischen den Komponenten eines Vektors $v \in \mathbb{R}^{d_v}$ von systembeschreibenden Variablen bezeichnen wir ein beliebiges Mengensystem St_Π von Strukturen (oder Zustandsflächen):

$$\mathrm{St}_\Pi = \{\mathrm{St}_\pi\}_{\pi\in\Pi}\,, \quad \mathrm{St}_\pi \subset \mathbb{R}^{d_v}\,, \quad \Pi \in \mathbb{R}^{d_\pi}\,.$$

Der Index $\pi \in \Pi$ heißt Strukturparameter, vgl. Abb. 3.1.1.

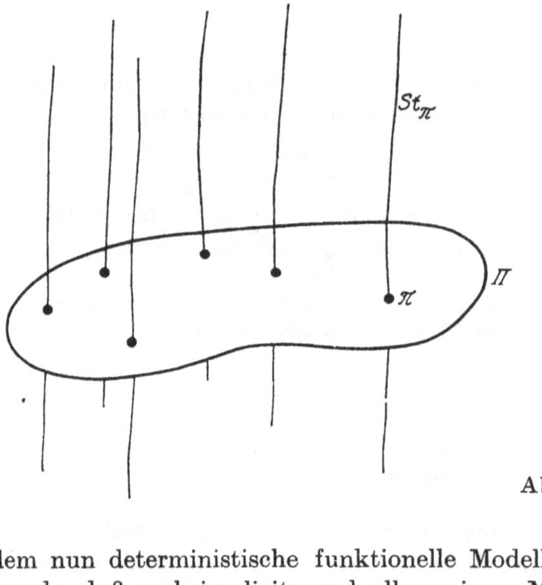

Abb. 3.1.1

Nachdem nun deterministische funktionelle Modelle definiert wurden und dabei gezeigt wurde, daß auch implizite und allgemeinere Modelle von praktischer Bedeutung sein können, sollen nun stochastische funktionelle Modelle eingeführt werden. Diese ergeben sich unter anderem aus deterministischen Modellen, wenn im zugehörigen Beobachtungsmodell berücksichtigt werden muß, daß zufällige Beobachtungs- oder Strukturapproximationsfehler vorliegen. Auch können die Vektoren v zufällig auf der Struktur St_π verteilt sein und anderes mehr.

Wichtige Modelle dieser Art, die *funktionellen Beziehungen*, entstehen, wenn man n feste $\mu_i \in \mathrm{St}_\pi$, $i = 1, \ldots, n$, den Versuchsplan, beobachtet, die sämtlich auf der festen, aber unbekannten Struktur St_π liegen. Die Beobachtung z_i von μ_i kann jedoch nur mit einem additiv überlagerten zufälligen Fehler ζ_i erfolgen.

Definition 3.1.3. Eine *funktionelle Beziehung mit nichtzufälligem Versuchsplan* ist gegeben durch

$$\begin{aligned} z_i &= \mu_i + \zeta_i\,, \quad i = 1, \dots, n\,, \quad \mu_i \in \mathbb{R}^{d_\mu}\,, \\ 0 &= s_0(\mu_i, \pi)\,, \quad s_0(\cdot, \pi)\colon \mathbb{R}^{d_\mu} \to \mathbb{R}^c\,, \\ 0 &= p(\pi)\,, \quad p(\cdot)\colon \mathbb{R}^{d_\pi} \to \mathbb{R}^{c_\pi}\,. \end{aligned} \tag{25}$$

Die μ_i heißen *Nebenparameter* oder auch *Versuchspunkte.* Die ζ_i sind Realisierungen zufälliger Beobachtungsfehler $\boldsymbol{\zeta}_i$ mit einem Verteilungsmodell

$$\boldsymbol{\zeta}_{(n)} = (\boldsymbol{\zeta}_i)_{i=1,\dots,n} ㉧ \mathcal{P}^{\boldsymbol{\zeta}_{(n)}} = \{\mathrm{P}_\gamma \mid \gamma \in \Gamma\}\,.$$

Bei konkreten Anwendungen muß nun nicht immer ein „direkter" Beobachtungsfehler $\boldsymbol{\zeta}_i$ mit $\boldsymbol{z}_i = \mu_i + \boldsymbol{\zeta}_i$ vorliegen, wie das folgende Beispiel zeigt:

Beispiel 3.1.9. Da die Beobachtung der Planetenbahnen nicht direkt, sondern am sog. scheinbaren Himmel erfolgt, entsteht folgende Situation (vgl. Abb. 3.1.2): Im „Variablenraum" wird die Ursache-Wirkung-Beziehung durch ein deterministisches funktionelles Modell

$$\mathrm{St}_\Pi = \{\mathrm{St}_\pi\}_{\pi\in\Pi}$$

beschrieben. Darüber hinaus hat man eine Transformation A des „Variablenraumes" in den „Beobachtungsraum", der in diesem Fall der scheinbare Himmel ist. (Der Einfachheit halber sehen wir A als parameter- und zeitunabhängig an.) Damit können nicht mehr die Punkte μ_i, $i = 1, 2, \dots, n$, auf der festen Struktur St_π beobachtet werden, sondern nur noch die transformierten Punkte $A(\mu_i)$ mit

$$\boldsymbol{z}_i = A(\mu_i) + \zeta_i\,, \quad i = 1, \dots, n\,.$$

Dieses Beispiel zeigt darüber hinaus auch den sequentiellen Charakter der praktischen Modellbildung. Kepler konnte zuerst die genauen Planetenbeobachtungen Brahes nicht mit dem Kopernikanischen Modell $\mathrm{St}_{\pi_1} = \{$exzentrische Kreisbahnen$\}$ in gute Übereinstimmung bringen. 1609 fand er in seinem Modell St_{Π_2} (vgl. Beispiel 3.1.8) nach Angleichung der Beobachtungen an geschätzte Bahnen $\mathrm{St}_{\hat{\pi}_2}$ die nach ihm benannten Gesetze. Damit war das Kopernikanische Weltsystem von seinen Mängeln befreit. Bei weiter gesteigerter Beobachtungsgenauigkeit genügt jedoch auch dieses Modell nicht mehr. Die lange bekannte Periheldrehung bei der Beobachtung der Merkurbahn konnte erst durch ein Modell aus der Einsteinschen allgemeinen Relativitätstheorie genügend genau erklärt werden.

Eine etwas kompaktere Schreibweise für implizite Modelle ist

$$\begin{aligned} z_{(n)} &= \mu_{(n)} + \zeta_{(n)}\,, \quad \mu_{(n)} \in \mathbb{R}^{d_\mu n} \\ 0 &= s_{(n)}(\mu_{(n)}, \pi)\,, \quad s_{(n)} = [s_i]_{1,\dots,n} \end{aligned} \tag{26}$$

mit einem Verteilungsmodell für den Beobachtungsfehler:

$$\boldsymbol{\zeta}_{(n)} ㉧ \mathcal{P}^{\boldsymbol{\zeta}_{(n)}} = \{\mathrm{P}_\gamma \mid \gamma \in \Gamma\}\,.$$

Da in diesem Fall auch die Regressoren nichtstochastisch sind, heißen diese Modelle auch *Modelle mit nichtzufälligem Versuchsplan* oder *Modelle mit nichtzufälligen Nebenparametern.*

In der Literatur sind bisher für die Verteilungen aus $\mathcal{P}^{\boldsymbol{\zeta}}$ meist Einschränkungen an Mittelwert und Kovarianz vorgegeben worden. Meist wird $\mathsf{E}\boldsymbol{\zeta} = 0$ vorausgesetzt, für verschiedene Untersuchungen wird auch noch die Kovarianz $\mathsf{D}\boldsymbol{\zeta}$ als bekannt angenommen, so zum Beispiel bei Britt und Luecke (1973).

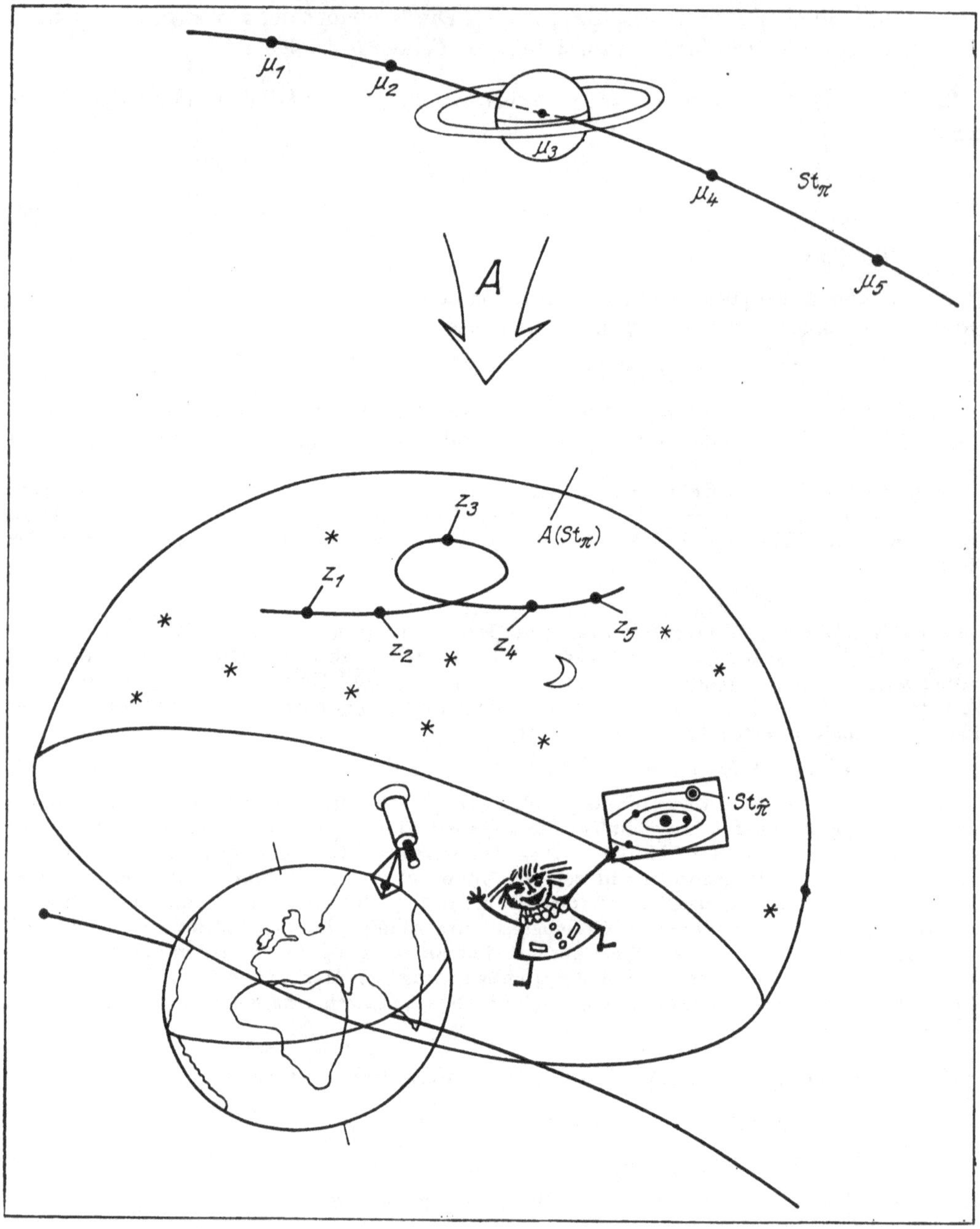

Abb. 3.1.2

Da im folgenden meist explizite Modelle behandelt werden, unter anderem auch weil die impliziten Modelle bei der numerischen Behandlung oft auf explizite zurückgeführt werden müssen, soll für derartige Modelle durchgängig die folgende Notation verwendet werden:

Definition 3.1.4. Eine *explizite funktionelle Beziehung* ist gegeben durch die Gleichungen

$$\begin{aligned} \eta_i &= r_0(\xi_i, \pi)\,, & \mu_i &= [\xi_i, \eta_i]\,, & & \\ x_i &= \xi_i + \delta_i\,, & y_i &= \eta_i + \varepsilon_i\,, & i &= 1, \dots, n\,, \end{aligned} \tag{27}$$

wobei $z_i = [x_i, y_i] \in \mathbb{R}^{d_z}$ Realisierungen der zufälligen Beobachtungen $\mathfrak{z}_i$ sind, deren Verteilung über das Verteilungsmodell für die Beobachtungsfehler $\zeta_i = [\boldsymbol{\delta}_i, \boldsymbol{\varepsilon}_i]$ bestimmt wird. Es ist $d_z = d_\mu$. Die ξ_i heißen *Nebenparameter*. Meist wird vorausgesetzt, daß die ζ_i unabhängig und identisch verteilt sind:

$$\zeta_i \circledS \mathcal{P}^{\zeta_i} = \{\mathrm{P}_\gamma \mid \gamma \in \Gamma\}\,.$$

3.1.3.2. Lineare funktionelle Beziehungen

Definition 3.1.5. Eine (homogene multivariate) *lineare funktionelle Beziehung mit nichtzufälligem Versuchsplan* (LIFU⁺) ist gegeben durch

$$\begin{aligned} \eta_i &= B\xi_i\,, & B &\in \mathfrak{M}_{c\times(d_\mu - c)}\,, \\ x_i &= \xi_i + \delta_i\,, & \dim \xi_i &= d_\mu - c =: d_\xi\,, \\ y_i &= \eta_i + \varepsilon_i\,, & \dim \eta_i &= c =: d_\eta \end{aligned} \tag{28}$$

und ein Verteilungsmodell für den Beobachtungsfehler: $\zeta_{(n)} \sim \mathrm{P}_\gamma, \gamma \in \Gamma$. Die Vektoren $\mathfrak{z}_i := [\mathfrak{x}_i, \mathfrak{y}_i]$ sind die zufälligen Beobachtungen, und die $\mu_i := [\xi_i, \eta_i]$ ergeben den Versuchsplan.

In vielen praktischen Anwendungen sind die ζ_i als stochastisch unabhängig vorausgesetzt. Jedoch gibt es auch eine zunehmende Zahl von Arbeiten, die Abhängigkeiten zwischen den ζ_i annehmen. Oft verwendeten wir die an Definition 3.1.4 anschließende Darstellung des Parameters als Spaltenvektor

$$\pi := (b_j)_{j=1,\dots,d_\eta}\,, \qquad b_j \in \mathbb{R}^{d_\xi}\,,$$

wobei die b_j die Zeilenvektoren von B sind. Durch $\eta = B\xi$ werden jedoch nicht alle linearen $(d_\mu - c)$-dimensionalen Unterräume erfaßt. Für $d_\mu = 2$ ist beispielsweise $\eta = \beta\xi$. Damit kann man die η-Achse nur als Grenzfall für $\beta = \infty$ erhalten. Glücklicherweise schließt man aber hierdurch nur eine Nullmenge von Parametern aus (vgl. Bemerkung 3.2.6 in Abschnitt 3.2.5).

Anschaulicher und für theoretische Belange zum Teil günstiger ist es jedoch, wenn man als Strukturschar des Modelles die Menge $\mathfrak{L}_r$ aller r-dimensionalen Unterräume des $\mathbb{R}^{d_\mu}$ wählt. Entsprechend sei $\mathfrak{L}_{\leqq q} = \bigcup_{r\leqq q} \mathfrak{L}_r$. Dann erhält man anstelle von (28) als „lineares Modell" allgemeiner

$$\mu_i \in \mathcal{L}\,, \qquad \mathcal{L} \in \mathfrak{L}_{d_\mu - d_\eta} \quad \text{bzw.} \quad \in \mathfrak{L}_{\leqq d_\mu - d_\eta} \tag{29}$$

oder

$$\mu_{(n)} \in \mathcal{L}^n\,, \qquad \mathcal{L} \in \mathfrak{L}_{d_\mu - d_\eta}\,. \tag{30}$$

Äquivalent dazu ist

$$\mu_i \perp \mathcal{L}^\perp\,, \qquad \mathcal{L}^\perp \in \mathfrak{L}_{d_\eta} \quad \text{bzw.} \quad \mathcal{L}^\perp \in \mathfrak{L}_{\geqq d_\eta}\,. \tag{31}$$

Unter Benutzung von erzeugenden Matrizen für die Unterräume erhält man weitere Beschreibungsmöglichkeiten durch

$$\mu_i \in \mathcal{R}(L)\,, \qquad L \in \mathfrak{M}^{d-c}_{d\times(d-c)} \quad \text{bzw.} \quad \mathfrak{M}_{d\times(d-c)}\,, \qquad d = d_\mu\,, \qquad c = d_\eta\,, \tag{32}$$

oder

$$\mu_i = L\nu_i\,, \qquad L \in \mathfrak{M}^{d-c}_{d\times(d-c)}\,, \qquad \nu_i \in \mathbb{R}^{d-c}\,. \tag{33}$$

Hierbei ist zwar $\mathscr{L} \in \mathfrak{L}_{d_\mu - c}$ eindeutig bestimmt, nicht aber L oder ν_i.

Äquivalent zu (29) erhält man

$$L^{\perp\prime}\mu_i = 0\,, \qquad L^\perp \in \mathfrak{M}^r_{p\times r}\,, \qquad r = d_\eta \quad \text{bzw.} \quad r \geqq d_\eta (= c)\,. \tag{34}$$

Eine weitere Möglichkeit liefert

$$r\big(\mathscr{R}(\mu_1, \ldots, \mu_n)\big) = d_\mu - d_\eta\,.$$

Eine Erweiterung dieser Modelle erhält man durch

$$\begin{aligned} \mu &= \mu_{(n)} \in \mathscr{L}^n\,, & \mathscr{L} &\in \mathfrak{L}_{\leqq d_\mu - d_\eta}\,, \\ z &= A\mu + \zeta\,, & A &\in \mathfrak{M}^{d_\mu n}_{d_\mu m\times d_\mu n} \end{aligned} \tag{35}$$

mit bekannter Matrix A (vgl. Beispiel 3.1.9).

Dieses Modell schließt einige wichtige Spezialfälle ein. Beispielsweise ergeben sich LIFU⁺ mit wiederholten Beobachtungen eines festen Versuchsplanes $\mu_{(n)}$ durch

$$A = D \otimes I_{d_\mu}\,, \qquad D = \operatorname{Diag}\,(1_{m_i})_i\,, \qquad \sum_{i=1}^n m_i = m\,.$$

Dabei wird der „Versuchspunkt“ μ_i m_i-mal beobachtet. Ein weiterer Spezialfall ist

$$A = U' \otimes I_{d_\mu}\,, \qquad U' \in \mathfrak{M}^r_{m\times n}\,, \qquad r \leqq n\,.$$

Analog zu Regressionsmodellen heißen Modelle mit $r < n$ singulär. Für singuläre LIFU⁺ müssen Identifizierbarkeitsbetrachtungen analog zu Humak I (1977), 2.2.1, durchgeführt werden (vgl. 3.1.5).

(35) steht in sehr engem Zusammenhang zu multivariaten linearen Regressionsmodellen mit Einschränkungen an die Regressionsparameter. Schreibt man nämlich

$$M = \overleftarrow{\mu}_{(n)}\,, \qquad Z = \overleftarrow{z}_{(m)}\,, \qquad \bar{\zeta} = \overleftarrow{\zeta}_{(m)}\,, \qquad \mathscr{L}^\perp = \mathscr{R}(L^\perp)\,, \tag{36}$$

so erhält man das Modell

$$\begin{aligned} Z &= MU + \zeta\,, & Z &\in \mathfrak{M}_{d_\mu\times m} \quad \text{usw.}, \\ L^{\perp\prime}M &= 0\,, & L^\perp &\in \mathfrak{M}^r_{d\times r}\,, \qquad r = d_\eta \ (\text{bzw. } r \geqq d_\eta)\,. \end{aligned} \tag{37}$$

Wenn man nun $M \in \mathfrak{M}_{d\times n}$ als Matrix von Regressionsparametern auffaßt, ergibt sich der genannte Zusammenhang. Man beachte, daß hierbei die Spaltenanzahl der Parametermatrix $M \in \mathfrak{M}_{d\times n}$ mit m „mitwachsen“ kann.

3.1.3.3. Lineare funktionelle Beziehungen mit festem Versuchsplan und mit linearem Regressionsanteil

Erweiterungen dieses Modells stehen in engem Zusammenhang zu linearen Simultangleichungen (vgl. (40)). Als LIFU⁺ mit linearem Regressionsanteil bezeichnen wir das Modell

$$\begin{aligned} Z &= M_1U + M_2V + \bar{\zeta} =: MW + \bar{\zeta}\,, & W &= [U \,\vdots\, V]\,, \\ M &= (M_1 \,\vdots\, M_2)\,, \quad M_k \in \mathfrak{M}_{p\times n_k}\,, & U &\in \mathfrak{M}^{n_1}_{n_1\times m}\,, \quad V \in \mathfrak{M}^{n_2}_{n_2\times m}\,, \\ L^{\perp\prime}M_1 &= 0\,, \quad L^\perp \in \mathfrak{M}^r_{d\times r}\,, & r &\geqq c\,. \end{aligned} \tag{38}$$

Solche Modelle wurden eingehend von ANDERSON (1951 a) untersucht. Die Beziehungen zwischen derartigen Regressionsmodellen und LIFU blieben lange Zeit unbeachtet, so daß die dafür hergeleiteten Resultate für verschiedene spezielle LIFU⁺ wiederentdeckt werden mußten.

Die (35) entsprechende Schreibweise von (38) ist

$$z = (U' \otimes I_d)\, \mu_{(n_1)1} + (V' \otimes I_d)\, \mu_{(n_2)2} + \zeta_{(m)}\,, \tag{39}$$

$$\mu_{i1} \in \mathcal{L}\,, \quad \mathcal{L} \in \mathfrak{L}_{d_\mu - c}\,, \quad i = 1, \ldots, n_1\,, \quad \mu_{j2} \in R^{d_\mu}\,, \quad j = 1, \ldots, n_2\,. \tag{40}$$

Zwischen LIFU⁺ mit linearem Regressionsanteil und linearen Simultangleichungen bestehen enge Beziehungen. Seien mit u_i, v_i exogene Variable bezeichnet, und seien die z_i endogene Variable in einem linearen Simultangleichungsmodell.

Ausgangspunkt der weiteren Untersuchungen ist dann die reduzierte Form des Modelles mit den Simultangleichungen und linearen Parameterrestriktionen

$$z_i = M_1 u_i + M_2 v_i + \zeta_i\,, \qquad L^{\perp\prime} M_1 = 0\,, \qquad L^\perp \in \mathfrak{M}^q_{p \times q}\,. \tag{41}$$

(Die mit dem ursprünglichen Modell und der Verwendung der reduzierten Form zusammenhängenden Fragen der Identifizierbarkeit und Inferenz werden hier nicht weiter behandelt.) Die reduzierte Form (41) ergibt aber nichts anderes als ein LIFU⁺ mit linearem Regressionsanteil nach (38), und zwar mit

$$U = (u_1, \ldots, u_n)\,, \qquad V = (v_1, \ldots, v_n)\,.$$

In der ökonomischen Literatur werden explizite lineare Simultangleichungen behandelt, bei denen L in der folgenden Form parametrisiert ist:

$$L^{\perp\prime} = (B \,\vdots\, -I_q)\,, \qquad B \in \mathfrak{M}_{(p-q)\times q}\,. \tag{42}$$

Diese Darstellung liefert die Beziehungen zwischen bekannten Schätzungen aus der ökonometrischen Literatur für lineare Simultangleichungen und LIFU⁺ (vgl. Beispiel 3.2.2 in 3.2.5).

3.1.3.4. Allgemeine Modelle mit Fehlern in den Variablen

Ausgehend von funktionellen Beziehungen erhält man die wichtigste spezielle Modellklasse, wenn man annimmt, daß nicht alle, sondern nur einige Variable mit Fehlern beobachtet werden. Der Vektor v_i der Zustandsvariablen bei jedem beobachteten Zustand zerfällt in einen Teil μ_i, der mit Fehlern beobachtet wird, und einen Teil w_i, der ohne Fehler beobachtet wird:

$$v_i := [w_i, \mu_i]\,.$$

Die w_i kann man auch als Regressoren bezeichnen. Die Systemfunktion für den i-ten Zustand soll etwas allgemeiner als bei funktionellen Beziehungen auch vom Index i abhängen können.

Die Zustandsfläche für den i-ten Zustand sei also

$$\mathrm{St}_{i\pi} = \{v_i \in R^{d_v} \mid 0 = s_i(v_i, \pi)\}\,. \tag{43}$$

Bei funktionellen Beziehungen ist

$$\mathrm{St}_{i\pi} = \mathrm{St}_{0\pi} =: \mathrm{St}_\pi\,, \qquad i = 1, \ldots, n\,.$$

Wir setzen *vereinfachend*

$$s_i(w_i, \mu_i, \pi) = s_i(\mu_i, \pi)\,, \tag{44}$$

wenn die (exakt bekannten) Regressoren w_i in den laufenden Betrachtungen keine Rolle spielen.

Die *gemeinsame Zustandsfläche* für alle n beobachteten Zustände hat die für Fehler-in-Variablen-Modelle typische Produktform

$$S_\pi = \mathop{\times}_{i=1}^{n} \mathrm{St}_{i\pi} = \{v_{(n)} \mid 0 = s_i(v_i, \pi)\ ,\ i = 1, \dots, n\}\ . \tag{45}$$

Zustandsvektor $v_{(n)}$ und Systemparameter variieren in der Menge

$$S = \{[v_{(n)}, \mu_i] \in \mathbb{R}^{nd_v + d_\pi} \mid s(v_{(n)}, \pi), p(\pi) = 0\} = \bigcup_{\pi \in \Pi} \{\pi\} \times S_\pi\ . \tag{46}$$

Diese Menge kann man als *Systemmannigfaltigkeit* bezeichnen. Hierbei ist

$$s = s_{(n)} = (s_i)_{1,\dots,n}$$

die Systemfunktion. Bei festem $w_{(n)}$ und π können die unbekannten Nebenparameter im (w, π)-Schnitt von S variieren:

$$S_{w,\pi} = \{\mu_{(n)} \mid 0 = s_i(w_i, \mu_i, \pi), i = 1, \dots, n\}\ . \tag{47}$$

Während bei funktionellen Beziehungen die Strukturschar

$$\mathrm{St}_\Pi = \{\mathrm{St}_\pi\}_{\pi \in \Pi}\ , \qquad \mathrm{St}_\pi = \{v \in \mathbb{R}^{d_v} \mid 0 = s_0(v, \pi)\}$$

zur Charakterisierung des Modelles genügte, muß bei allgemeinen Modellen die folgende Strukturschar benutzt werden:

$$S_\Pi = \{S_\pi\}_{\pi \in \Pi}\ . \tag{48}$$

Wir betrachten meist *explizite Modelle*. Die Zustandsgleichung für den i-ten Zustand hat dabei die Form

$$\eta_i = r_i(w_i, \xi_i, \pi) \tag{49}$$

mit $\eta_i \in \mathbb{R}^c$. Die Variablenvektoren w_i, ξ_i können in diesem Fall als unabhängig oder exogen bezeichnet werden. Die Funktionen r_i sind in verallgemeinertem Sinne Regressionsfunktionen. Auch hier vereinfachen wir $r_i(w_i, \xi_i, \pi) =: r_i(\xi_i, \pi)$, wenn die beobachteten und damit bekannten Vektoren w_i keine Rolle spielen.

Es sei ausdrücklich darauf hingewiesen, daß man die fehlerlos beobachteten Variablen auch mit Hilfe des Verteilungsmodelles für die Beobachtungsfehler erfassen kann. Dann müssen singuläre Kovarianzmatrizen zugelassen werden. Dies wird für lineare Modelle ausführlich in Abschnitt 3.4 durchgeführt.

3.1.3.5. Regressionsmodelle

Im Kontext der allgemeineren Modelle mit Fehlern in den Variablen können Regressionsmodelle auf natürliche Weise erhalten werden. Regressionsmodelle sind solche Modelle mit Fehlern in den Variablen, bei denen die fehlerhaft beobachteten Variablen μ_i Funktionen der fehlerlos beobachteten Regressoren w_i sind:

$$\mu_i (= \eta_i) = r_i(w_i, \pi)\ . \tag{50}$$

Die Systemfunktionen s_i haben also hierbei die Gestalt

$$s_i(w_i, \mu_i, \pi) = -\mu_i + r_i(w_i, \pi)\ . \tag{51}$$

Zu Regressionsmodellen gelangt man auch, wenn man von einer expliziten funktionellen Beziehung ausgeht und eine spezielle entartete Verteilung im Verteilungsmodell für die Beobachtungsfehler ansetzt. Dazu geht man aus von einer expliziten Beziehung

$$\eta_i = r_i(\xi_i, \pi)\,, \qquad \mu_i = [\xi_i, \eta_i]\,, \qquad z_i = [x_i, y_i]\,, \qquad \zeta_i = [\delta_i, \varepsilon_i]\,. \tag{52}$$

Im Verteilungsmodell für die Beobachtungsfehler macht man die Annahme $\boldsymbol{\delta}_i \equiv 0$. Dann sind die $\boldsymbol{x}_i \equiv \xi_i$ die Regressoren, und man erhält die wohlbekannte Darstellung

$$\boldsymbol{y}_i = r_i(\boldsymbol{x}_i, \pi) + \boldsymbol{\varepsilon}_i\,, \qquad i = 1, \dots, n\,. \tag{53}$$

Umgekehrt kann man deshalb auch die funktionellen Beziehungen als Regressionsmodelle mit Fehlern in den Regressoren bezeichnen.

Nun sollen noch einige Bemerkungen dazu folgen, welchen Anwendungsbereich Regressionsmodelle im Vergleich zu den allgemeineren Modellen mit Fehlern in den Variablen haben. Zunächst sind Regressionsmodelle natürlich immer dann geeignet, wenn der Fehler bei der Messung der „unabhängigen“ Zustandsvariablen ξ_i klein ist gegenüber dem bei der Messung von η_i, den „abhängigen“ Zustandsvariablen. Dies trifft auch zu, wenn der im „Meßfehler“ $\boldsymbol{\varepsilon}_i$ der „abhängigen“ Variablen η_i mit erfaßte Gleichungs- oder Modellfehler groß ist gegenüber dem Fehler $\boldsymbol{\delta}_i$. Das ist beispielsweise bei den Modellen der Varianzanalyse der Fall. Hier sind die Regressoren w_i genau festzustellende, also fehlerlos meßbare, 0-1-Vektoren.

Desweiteren sind Regressionsmodelle offensichtlich auch dann geeignet, wenn man eine Vorhersage der „abhängigen“ Meßwerte y_i aufgrund der Beobachtungen der w_i, x_i geben will, selbst wenn das „eigentliche“ Beobachtungsmodell Fehler in allen Variablen einschließt. Denn in einem solchen Fall möchte man den bedingten Erwartungswert $\mathsf{E}(\boldsymbol{y} \mid x, w)$ kennen, der bekanntlich bei quadratischem Verlust die beste Vorhersage von $\boldsymbol{y}$ durch w und x liefert (vgl. Rao (1973), 4.g.1.). Hierfür sind aber Regressionsansätze der Form

$$\boldsymbol{y}_i = \tilde{r}(w_i, x_i, \pi) + \tilde{\boldsymbol{\varepsilon}}_i \tag{54}$$

geeignet. Eine Schätzung $\hat{\pi}$ liefert dann durch $\hat{r} = \tilde{r}(\cdot, \hat{\pi})$ auch eine Schätzung des bedingten Erwartungswertes.

Man beachte aber folgende seit langem bekannte Tatsache: Selbst bei linearem Systemmodell, wenn also die Zustandsflächen lineare Unterräume sind, braucht die Regressionsfunktion für die zugehörigen Beobachtungen durchaus nicht linear zu sein (vgl. Kendall und Stuart (1961), 29.56.—59.).

Demgegenüber dienen die allgemeinen Modelle mit Fehlern in den Variablen zur Modellierung des Systemverhaltens und zur Aufdeckung der Zusammenhänge zwischen den eigentlichen Zustandsvariablen und nicht zwischen deren fehlerhaften Beobachtungen. In solchen Fällen will man eine Vorhersage geben, welchen Wert die „abhängigen“ Zustandsvariablen η_i annehmen, wenn die „unabhängigen“ ξ_i einen bestimmten, vorgegebenen Wert erreichen.

Man kann sich diesen Unterschied an einem Beispiel verdeutlichen. Baustatiker dürfte bei der Projektierung eines Gebäudes weniger interessieren, wie hoch die Werte der gemessenen Scherkräfte y sind, wenn die zugehörige Flächenbelastung x gemessen wurde. Dies dürfte mehr die Sicherheitsinspektion bei der laufenden Überwachung des Gebäudes interessieren. Vielmehr wird bei der Projektierung interessieren, wie hoch die „wahren“ Scherkräfte η werden, wenn die „wahre“ Belastung den Wert ξ erreicht.

3.1.3.6. Funktionelle Beziehungen mit zufälligem Versuchsplan

Die bisher behandelten Modelle gingen von einem deterministischen Modell der Form $0 = s(\mu_i, \pi)$ aus, bei dem n feste Versuchspunkte $\mu_i \in \mathrm{St}_\pi$ gegeben waren. Charakteristisch für derartige Modelle ist unter anderem, daß mit der Zahl der Beobachtungen auch die Zahl der unbekannten Parameter μ_i, $i = 1, \ldots, n$, steigt. Weil jede Verteilung der einzelnen Beobachtung z_{i_0} nur den Parameter μ_{i_0} unter allen μ_i als Parameter enthält, werden die μ_i auch Nebenparameter genannt (vgl. Definition 3.1.3).

Eine gänzlich andere Situation entsteht, wenn der Versuchsplan zufällig auf St_π verteilt ist. Bei der oft als unabhängig und identisch angenommmenen Verteilung der $\boldsymbol{\mu}_i$ wächst die Zahl der Parameter nicht mehr mit den Beobachtungen. Jedoch werden neuerdings auch Abhängigkeiten zugelassen (vgl. Robinson (1977)). Hierbei gilt jedoch für das entsprechende Folgenmodell, daß die Dimension der interessierenden Parameter nicht wächst, obwohl die Dimension von Störparametern durchaus zunehmen kann.

Definition 3.1.6. *Explizite funktionelle Beziehungen mit zufälligen Nebenparametern* sind definiert durch

$$z_i = \mu_i + \zeta_i\,, \qquad \mu_i = [\xi_i, \eta_i]\,, \qquad \eta_i = r_0(\xi_i, \pi) \tag{55}$$

mit einem Verteilungsmodell für die stochastischen Variablen

$$\boldsymbol{\omega}_{(n)} := [\boldsymbol{\xi}_{(n)}, \boldsymbol{\zeta}_{(n)}] \circledS \mathcal{P}^{\omega} = \{\mathrm{P}_\varkappa \mid \varkappa \in K\}\,, \tag{56}$$

wobei meist die stochastische Unabhängigkeit von $\boldsymbol{\xi}_{(i)}$ und $\boldsymbol{\zeta}_{(i)}$ gefordert wird:

$$\mathrm{P}^{\omega_i} = \mathrm{P}_\vartheta^{\xi_i} \times \mathrm{P}_\gamma^{\zeta_i}\,, \qquad (\vartheta, \gamma) \in \Theta \times \Gamma\,. \tag{57}$$

Diese Definition kann selbstverständlich auch auf implizite Modelle übertragen werden. Dann muß man jedoch im Verteilungsmodell zusätzlich fordern, daß für $\boldsymbol{\chi} = [\boldsymbol{z}, \boldsymbol{\mu}, \boldsymbol{\zeta}]$ gilt $\mathrm{P}_{\varphi,\varkappa}^{\chi}\big(0 = s(\pi, \boldsymbol{z}, \boldsymbol{\mu}, \boldsymbol{\zeta})\big) = 1$, eine Relation, die bei den beschriebenen expliziten funktionellen Beziehungen stets erfüllt ist. Man kann dieses Modell auch in einer der Definition 3.1.4 entsprechenden kompakteren Form schreiben:

$$\begin{aligned}
&z_{(n)} = \mu_{(n)} + \zeta_{(n)}\,, \qquad \mu_{(n)} := ([\xi_i, \eta_i])_{1,\ldots,n}\,,\\
&z_{(n)} = ([x_i, y_i])_{1,\ldots,n}\,, \qquad \eta_{(n)} = r_{(n)}(\xi_{(n)}, \pi)\,,\\
&\xi_{(n)} \circledS \mathcal{P}^{\xi} = \{\mathrm{P}_\vartheta^{\xi} \mid \vartheta \in \Theta\}\,, \qquad \zeta_{(n)} \circledS \mathcal{P}^{\zeta} = \{\mathrm{P}_\gamma^{\zeta} \mid \gamma \in \Gamma\}\,.
\end{aligned} \tag{58}$$

3.1.4. Identifizierbarkeit

Wir wenden uns jetzt grundlegenden Fragen der Identifizierbarkeit zu. Dabei untersuchen wir nur funktionelle Beziehungen, also solche Modelle, bei denen alle Zustandsvariablen mit Fehlern beobachtet werden.

Entsprechend den möglichen Verteilungsannahmen muß man zwischen Modellen mit zufälligen und solchen mit nichtzufälligen Nebenparametern unterscheiden. In beiden Modellen hat man jedoch dieselben Zustandsgleichungen. Man möchte deshalb vermuten, daß beide Modelle auch ähnliche Eigenschaften hinsichtlich der Identifizierbarkeit aufweisen. Es ergeben sich jedoch aus den unterschiedlichen Verteilungsabnahmen in beiden Modellen jeweils völlig andere Situationen hinsichtlich der Verteilung der Beobachtung $z_{(n)}$: Für einen zufälligen Versuchsplan $\boldsymbol{\mu}_{(n)}$ gilt

$$\mathrm{P}_{\psi}^{z} = \mathrm{P}_{\psi}^{\mu+\zeta} . \tag{59}$$

Hierbei beeinflußt der Strukturparameter π die Verteilung der Beobachtungen nur indirekt, über die Verteilung

$$\mathrm{P}^{\mu} = \mathrm{P}_{\pi,\vartheta}^{[\xi, r(\xi,\pi)]} . \tag{60}$$

Die Verteilung von $\boldsymbol{z} = \boldsymbol{\mu} + \zeta$ ist als Summe von Zufallsvariablen bis auf Ausnahmen relativ schwierig zu erhalten.

Völlig anders ist dagegen die Situation bei einem nichtzufälligen Versuchsplan $\mu_{(n)}$. Hier gilt

$$\mathrm{P}_{\psi}^{z} = \mathrm{P}_{\gamma}^{\mu+\zeta} = \mathrm{P}_{\mu,\gamma}^{z(\zeta)} . \tag{61}$$

Da μ jetzt fest ist, ergibt sich die Verteilung von $\boldsymbol{z} = \mu + \zeta$ leicht aus der von ζ durch Mittelwertverschiebung.

Der Strukturparameter π tritt dabei nicht direkt mit in den Parametern der Beobachtungsverteilung $\mathrm{P}^{z(\zeta)}$ auf. Jedoch ergeben sich bei diesen Modellen andere Schwierigkeiten durch die mit der Beobachtungsanzahl wachsenden Zahl unbekannter Parameter.

Diese Problematik wird eindrucksvoll am Versagen der Maximum-Likelihood-Methode demonstriert, die zahlreiche Diskussionen hervorrief. Dazu betrachten wir das einfachste LIFU^{+}-Modell nach (1), (2) mit unbekannten Fehlerkovarianzen

$$\mathrm{P}_{\gamma}^{\zeta} := \mathrm{N}(0, \Sigma(\gamma)) , \qquad \Sigma = \begin{pmatrix} \sigma_{\delta} & 0 \\ 0 & \sigma_{\varepsilon} \end{pmatrix}, \qquad \gamma = [\sigma_{\delta}, \sigma_{\varepsilon}] \in \mathbb{R}^{>} \times \mathbb{R}^{>}$$

mit stochastisch unabhängigen ζ_i. Dann ist

$$\psi_n = [\alpha, \beta, \xi_{(n)}, \sigma_{\delta}, \sigma_{\varepsilon}] , \tag{62}$$

und die Likelihood-Funktion ist

$$l_z(\psi_n) \propto \sigma_{\delta}^{-n/2} \sigma_{\varepsilon}^{-n/2} \exp\left\{-\frac{1}{2\sigma_{\delta}} \sum_i (x_i - \xi_i)^2 - \frac{1}{2\sigma_{\varepsilon}} \sum_i \left(y_i - (\alpha + \beta x_i)\right)^2\right\}. \tag{63}$$

Wie man leicht zeigt (vgl. Lindley (1947)), folgt dann aber für die MLE die Beziehung

$$\hat{\sigma}_{\varepsilon n} = \hat{\beta}_n \hat{\sigma}_{\delta n} . \tag{64}$$

Die von anderen statistischen Modellen her gewohnte Konsistenz der MLE ergäbe sich nur für $\sigma_{\varepsilon} = \beta\sigma_{\delta}$. Dieses Versagen der Likelihood-Methode in LIFU^{+} wurde in der Literatur eingehend diskutiert (vgl. 3.1.6).

Man könnte deshalb schlußfolgern, daß die Anwendung von Modellen mit festem Versuchsplan also nur mit Einschränkungen möglich ist und man deshalb versuchen sollte, die praktisch zu untersuchende Systeme mit zufälligen Zustandsvariablen zu modellieren. Die Verteilung von $\boldsymbol{z}$ läßt sich jedoch nur in wenigen Fällen explizit angeben, unter anderem für normalverteilte $\boldsymbol{\mu}_i$ und ζ_i, was tatsächlich die meisten univariaten Zufallsgrößen in praktischen Fällen betrifft. Gerade dieser Fall liefert aber für LIFU^{-} grundlegende Schwierigkeiten bei der Identifizierbarkeit. Es gilt nämlich der folgende fundamentale, auf Reiersøl zurückgehende Satz.

Satz 3.1.1. *Es sei das einfache* LIFU$^-$-*Modell nach* (5), (6) *gegeben. Dann ist* β *genau dann identifizierbar, wenn wenigstens eine der Komponenten von* μ_i *nicht normalverteilt ist.*

Beweis. Die charakteristische Funktion von ζ_i ist

$$\varphi_\zeta(t) = \exp\{-t'\Sigma t/2\}, \qquad t \in \mathbb{R}^2, \tag{65}$$

und für die μ_i gilt

$$\varphi_\mu(t) = \exp(\alpha\, \mathrm{i} t_2)\, \varphi_\xi(t_1 + \beta t_2) \tag{66}$$

mit i als imaginärer Einheit. Damit folgt für die z_i

$$\varphi_z(t) = \exp(\alpha\, \mathrm{i} t_2 - t'\Sigma t/2)\, \varphi_\xi(t_1 + \beta t_2).$$

Sei nun $\tilde{\psi} := [\tilde{\alpha}, \tilde{\beta}, \tilde{\vartheta}, \tilde{\Sigma}] \neq \psi$, aber $P_\psi^z = P_{\tilde{\psi}}^z$. Damit wäre auch $\varphi_z = \tilde{\varphi}_z$, also

$$\exp(\alpha\, \mathrm{i} t_2 - t'\Sigma t/2)\, \varphi_\zeta(t_1 + \beta t_2) = \exp(\tilde{\alpha}\, \mathrm{i} t_2 - t'\Sigma t/2)\, \tilde{\varphi}_\xi(t_1 + \tilde{\beta} t_2). \tag{67}$$

Für $\beta \neq \tilde{\beta}$ könnte man Zahlen t_1, t_2 derart finden, daß

$$t_1 + \beta t_2 = s, \qquad t_1 + \tilde{\beta} t_2 = 0 \tag{68}$$

gilt, wenn $s \in \mathbb{R}^1$ beliebig vorgegeben wird. Damit wäre

$$t_1 = -\tilde{\beta} s/(\beta - \tilde{\beta}), \qquad t_2 = s/(\beta - \tilde{\beta}).$$

Durch Einsetzen in (67) folgt dann

$$\varphi_\xi(s) = \exp(\mathrm{i} a_1 s + a_2 s^2)$$

mit

$$a_1 := (\tilde{\alpha} - \alpha)/(\beta - \tilde{\beta}), \qquad a_2 := (\tilde{\beta}, 1)(\tilde{\Sigma} - \Sigma)[\beta, 1]/2(\beta - \tilde{\beta})^2.$$

Also ist ξ_i nach einem bekannten Charakterisierungssatz (vgl. Kagan, Linnik, Rao u. a. (1973)) normalverteilt oder eine Konstante. Dies kann analog für η_i gezeigt werden. ■

Folgerung 3.1.1. α *ist immer identifizierbar, wenn* β *identifizierbar ist.*

Beweis. Sei $\beta = \tilde{\beta}$ und $P_\psi^z = P_{\tilde{\psi}}^z$. Dann ist in (68) $t_1 = s - \beta t_2$. Nach Einsetzen in (67) und Logarithmieren folgt

$$\begin{aligned} \ln\left(\varphi_\xi(s)/\tilde{\varphi}_{\tilde{\xi}}(s)\right) &= (\tilde{\alpha} - \alpha)\, \mathrm{i} t_2 - \frac{1}{2} \| [s - \beta t_2, t_2] \|^2 \\ &= (\tilde{\alpha} - \alpha)\, \mathrm{i} t_2 - \left\{ \frac{1}{2} (s, t_2) \begin{pmatrix} 1 & 0 \\ -\beta & 1 \end{pmatrix} (\Sigma - \tilde{\Sigma}) \begin{pmatrix} 1 & -\beta \\ 0 & 1 \end{pmatrix} [s, t_2] \right\}. \end{aligned} \tag{69}$$

Da diese Gleichung identisch in s und t gilt, müssen die Koeffizienten der Monome st_2 t_2, t_2^2 der rechten Seite verschwinden. Daraus folgt

$$\alpha = \tilde{\alpha}, \tag{70}$$

$$\sigma_{\delta\varepsilon} - \tilde{\sigma}_{\delta\varepsilon} = \beta(\sigma_\delta - \tilde{\sigma}_\delta), \qquad \sigma_\varepsilon - \tilde{\sigma}_\varepsilon = \beta(\sigma_{\delta\varepsilon} - \tilde{\sigma}_{\delta\varepsilon}) = \beta^2(\sigma_\delta - \tilde{\sigma}_\delta). \tag{71}$$

(Analoges folgt natürlich bei Betrachtung von φ_η!) Die Gleichung (70) bedeutet die Identifizierbarkeit von α. ■

Interessanterweise müssen nun aber die restlichen Komponenten von ψ durchaus nicht identifizierbar sein. Der folgende Satz zeigt, daß dies — wenigstens im bivariaten LIFU$^-$ — im Prinzip nur für Regressionsmodelle gilt, wenn also eine Variable fehlerlos beobachtet wird.

Satz 3.1.2. *Sei β identifizierbar. Dann sind die anderen Komponenten von $\psi = [\alpha, \beta, \vartheta, \Sigma]$ genau dann identifizierbar, wenn die folgenden Bedingungen erfüllt sind:*

(i) *Entweder ist $\boldsymbol{\delta}_i \equiv 0$, oder es ist $\boldsymbol{\varepsilon}_i \equiv 0$.*

(ii) *Weder $\boldsymbol{\xi}_i$ noch $\boldsymbol{\eta}_i$ haben eine Verteilung, die durch eine Normalverteilung teilbar ist.*

Beweis. Mit β ist auch α identifizierbar (Folgerung 3.1.1). Dann ist $[\vartheta \,\vdots\, \Sigma]$ nicht identifizierbar, wenn es ein $\psi \neq \tilde{\psi}$ gibt mit $\mathrm{P}^{z}_{\psi} = \mathrm{P}^{z}_{\tilde{\psi}}$, wobei aber $\alpha = \tilde{\alpha}$, $\beta = \tilde{\beta}$ ist. Dies ist aber dann zur Gültigkeit von (71) und (67) gleichwertig. Nun setze man (71) in (67) ein. Damit ist die Nichtidentifizierbarkeit des Restes von ψ äquivalent zur Existenz von Paaren $[\vartheta \,\vdots\, \Sigma] \neq [\tilde{\vartheta} \,\vdots\, \tilde{\Sigma}]$, die gleichzeitig (71) und

$$\tilde{\varphi}_{\xi}(s) = \varphi_{\xi}(s) \exp\{-(\sigma_{\delta} - \tilde{\sigma}_{\delta})\, s^2/2\} \tag{72}$$

erfüllen. (Teilbarkeit der Verteilung einer Zufallsgröße $\boldsymbol{x}$ durch die von $\boldsymbol{u}$ heißt, daß eine Zufallsgröße $\boldsymbol{v}$ existiert mit $\varphi_{\boldsymbol{x}} = \varphi_{\boldsymbol{u}}\varphi_{\boldsymbol{v}}$).

Nun folgt aus den Bedingungen (i) und (ii) die Identifizierbarkeit. Denn wären gleichzeitig (71) und (72) erfüllt, dann wäre $\tilde{\varphi}_{\xi}(s) \exp\{-\tilde{\sigma}_{\delta}s^2/2\} = \varphi_{\xi}(s)$ wegen $\sigma_{\delta} = 0$. Dies stünde aber im Widerspruch zu Bedingung (ii). (Der Fall $\sigma_{\varepsilon} = 0$ wird mit der (72) entsprechenden Gleichung für φ_{η} behandelt.) Sei umgekehrt eine der Bedingungen nicht erfüllt. Falls Bedingung (i) nicht gilt, wählen wir $\tilde{\sigma}_{\delta}$ mit $\sigma_{\delta} > \tilde{\sigma}_{\delta} > 0$ und $\sigma_{\varepsilon} - \beta^2(\sigma_{\delta} - \tilde{\sigma}_{\delta}) > 0$. Dann sind (72) und (71) erfüllt. Falls Bedingung (ii) nicht erfüllt ist, gilt ja beispielsweise für ξ_i

$$\varphi_{\xi}(s) = \varphi_{u}(s) \exp(ims) \exp(-\sigma s^2/2)\,.$$

Dann wählen wir $\tilde{\sigma}_{\delta} > 0$ hinreichend klein, so daß $\sigma + (\sigma_{\delta} - \tilde{\sigma}_{\delta}) > 0$ und $\tilde{\sigma}_{\varepsilon} := \sigma_{\varepsilon} - \beta^2(\sigma_{\delta} - \tilde{\sigma}_{\delta}) > 0$ gelten. Dann ist die nach (72) bestimmte Funktion φ_{ξ} eine charakteristische Funktion, und gleichzeitig ist (71) erfüllt. ■

Derartige Sätze wurden von Reiersøl (1950a) auch für LIFU⁻ mit unabhängigen Fehlerkomponenten $[\boldsymbol{\delta}_i, \boldsymbol{\varepsilon}_i]$ bewiesen, die nicht notwendig normalverteilt sein müssen. Einige diesbezügliche Aussagen finden sich auch bei Lukacs und Laha ((1964), ch. 6.3). Mit Hilfe allgemeiner Charakterisierungssätze erhält man auch Sätze für den multivariaten Fall. Eine eingehende Analyse gibt die Arbeit von Rao (1966) und mit anderen Methoden die von Jeeves (1954).

Der Wert solcher Aussagen liegt natürlich weniger in ihrer Bedeutung für die Überprüfung vorhandener praktischer Modelle auf deren Identifizierbarkeit. Denn obwohl die Normalverteilung für viele praktische Belange eine ausreichende Approximation liefert, ist sie stets nur eine Approximation, allein schon wegen des in praktischen Fällen stets endlichen Trägers der Verteilungen. Prinzipiell wäre also die Identifizierbarkeit in der Praxis gesichert. Die Bedeutung solcher Identifizierbarkeitssätze lag und liegt aber darin, daß man auf Grund der obigen Aussagen in solchen Nicht-Normal-Fällen zwar theoretisch eine Identifizierbarkeit erwarten könnte, diese jedoch praktisch so „schwach" ist, daß die benötigten Stichprobenumfänge zur Identifikation nicht erreichbar sind. Der Ausweg besteht darin, die Experimente zu wiederholen oder andere Zusatzinformationen zu verwenden.

Demgegenüber hat man bei nichtzufälligen Nebenparametern praktisch immer die Identifizierbarkeit von μ und γ. Denn aus $\mathrm{P}^{z}_{\psi_1} = \mathrm{P}^{z}_{\psi_2}$ folgt

$$\mu_1 = \mathsf{E}_{\psi_1}\boldsymbol{z} = \mathsf{E}_{\psi_2}\boldsymbol{z} = \mu_2\,. \tag{73}$$

Auch γ bleibt in der Familie $\mathscr{P}_{\psi}^{z}$ identifizierbar, wenn es in $\mathscr{P}_{\Gamma}^{\zeta}$ identifizierbar war. Denn dann folgt aus $\mu_1 = \mu_2$ auch

$$\mathrm{P}_{\psi_1}^{z-\mu_1} = \mathrm{P}_{\psi_2}^{z-\mu_2} \tag{74}$$

und, dazu äquivalent,

$$\mathrm{P}_{\gamma_1}^{\zeta} = \mathrm{P}_{\gamma}^{\zeta}, \tag{75}$$

also

$$\gamma_1 = \gamma_2 . \tag{76}$$

Offen bleibt die Frage der Identifizierbarkeit des Strukturparameters, die keineswegs immer gewährleistet sein muß, wie folgendes einfache Beispiel zeigt: Man nehme als Strukturschar die Geraden im $\mathbb{R}^2$, betrachte also eine einfache lineare Beziehung. Nun ist nach den gerade durchgeführten Betrachtungen zwar $\mu_{(n)}$ durch P^z eindeutig festgelegt. Für $n = 1$ ist damit aber nicht auch eine zugehörige Gerade eindeutig bestimmt.

Bei diesem einfachen Beispiel genügen zwar schon zwei Versuchspunkte damit, wie man intuitiv einsieht, fast alle Versuchspläne auf der wahren Struktur identifizierend für den Geradenparameter sind. Für allgemeinere nichtlineare Modelle erfordern die hiermit zusammenhängenden Fragen aber genauere Untersuchungen, die kurz am Ende des Abschnittes referiert werden sollen. Für lineare Modelle kann man jedoch den folgenden Identifizierbarkeitssatz mit elementaren Mitteln nachweisen:

Satz 3.1.3. *Bei* LIFU$^+$ *mit linearem Regressionsanteil ist* $\mathscr{L} = \mathscr{R}(L)$ *genau dann identifizierbar, wenn* $\mathrm{r}[W] = n$ *ist.*

Beweis. Für $\mathrm{r}[W] = n$ ist $\mathrm{r}[UP_{V'^\perp}] = n_1$. Also ist

$$\mathscr{R}(\mathsf{E}(Z(I - P_{V'}))) = \mathscr{R}(M_1 U P_{V'^\perp}) = \mathscr{R}(M_1) = \mathscr{L} .$$

Sei umgekehrt $\mathrm{r}[W] < n$. Dann gibt es einen Vektor $\tilde{\xi} \in \mathbb{R}^n$ mit $\tilde{\xi}' W = 0 \in \mathfrak{M}_{n \times 1}$. Wir wählen nun ein $\bar{\xi} \in \mathfrak{M}_{(p-q)\times n}^{p-q}$ mit $\tilde{\xi}$ als erster Zeile. Dann ist $\bar{\xi} W = [0, \tilde{\xi}]$, $\tilde{\xi} \in \mathfrak{M}_{(p-q-1)\times n}$. Sei nun $L = (l \,\vdots\, \tilde{L}) \in \mathfrak{M}_{p\times(p-q)}^{p-q}$, $l \in \mathbb{R}^p$. Wir wählen $L^{(k)} = (l_k \,\vdots\, \tilde{L})$ mit $l_2 \perp \mathscr{R}(L^{(1)}) =: \mathscr{L}_1$. Dann gilt zwar für $M^{(k)} := L^{(k)}\bar{\xi}$ die Beziehung

$$\mathscr{R}(M_1^{(1)}) = \mathscr{L}_1 \neq \mathscr{R}(M_1^{(2)}) = \mathscr{L}_2 ,$$

wobei $M_1^{(k)}$ der zu U in $W = [U \,\vdots\, V]$ gehörige Block von $M^{(k)} = [M_1^{(k)} \,\vdots\, M_2^{(k)}]$ ist. Jedoch ist

$$M^{(1)} W = M^{(2)} W = \tilde{L}\tilde{\xi} .$$

Also folgt aus $\mathrm{P}^{z(n)1} = \mathrm{P}^{z(n)2}$ nicht $\mathscr{L}_1 = \mathscr{L}_2$, und damit ist $\mathscr{L} = \mathscr{R}(M_1)$ nicht identifizierbar. ■

Man bemerke jedoch, daß hiermit noch nicht die Frage geklärt ist, welche und „wieviel" Versuchspläne auf dem wahren Unterraum für diesen identifizierend sind. Die Aussage des Satzes beinhaltet nur die folgende Tatsache: Ist ein Versuchsplan in einem Unterraum aus $\mathfrak{L}_{d_\mu - c}$ enthalten, so kann man diesen auch wirklich aus den Beobachtungen identifizieren. Man benötigt aber für Konsistenznachweise und andere asymptotische Untersuchungen Aussagen darüber, in welchen Modellen nicht ein und derselbe Versuchsplan auf zwei Strukturen liegen kann. Das erfordert einige weitergehende Überlegungen, die wir im folgenden kurz skizzieren wollen. Details findet man in Höschel (1978b) oder Höschel (1979).

Definition 3.1.7. Gegeben sei eine feste Struktur S_π aus der Schar S_Π. Ein *Versuchsplan* $v_{(n)}$ auf S_π heißt *identifizierend* für S_π — bezüglich der Schar S_Π — wenn $v_{(n)}$ in keiner anderen Struktur aus S_Π enthalten ist. (Natürlich setzt man voraus, daß jeder Struktur nur genau ein Parameter entspricht!) In diesem Falle ist

$$\pi(v_{(n)}) = S_v = \{\pi \mid [v_{(n)}, \pi] \in S\}$$

eine einelementige Menge. Dies ist speziell auch der Fall, wenn $\pi(v)$ leer ist. Dann liegt v auf keiner Zustandsfläche aus dem Modell und ist in diesem Sinne identifizierend.

Definition 3.1.8. Ein explizites Modell mit den Systemfunktionen $\eta_i = r_i(w_i, \xi_i, \pi)$ für die beobachteten Zustände heißt *intern* (struktur-)*identifizierbar*, wenn für alle $\pi \in \Pi$ und bezüglich des Lebesgue-Maßes fast alle $\xi_{(n)}, w_{(n)}$ die vermittels der Systemfunktion auf der Zustandsfläche S_π induzierten Versuchspläne $v_{(n)} = ([w_i, \mu_i])_{(n)}$ identifizierend sind.

Folgender Satz gilt für „echte“ Fehler-in-den-Variablen-Modellen, bei denen im Gegensatz zu Regressions-Modellen mindestens eine der „unabhängigen“ Variablen mit Fehlern beobachtet wird, also $\dim \xi_i \geqq 1$ ist.

Satz 3.1.4 (*Identifizierbarkeitssatz für „echte“ Fehler-in-den-Variablen-Modelle*). *Man erhält interne Identifizierbarkeit, wenn*

(i) *genügend Versuchspunkte vorhanden sind, nämlich* $n > \dim \Pi$ *ist, und*

(ii) *die zugehörigen Zustandsflächen* S_π *für verschiedene Strukturparameter keine Berührung unendlicher Ordnung haben.*

(Vgl. Höschel (1979).)

Man bemerkt, daß die meisten bei Kurvenanpassungen praktisch verwendeten Funktionen diese zweite Voraussetzung erfüllen: Polynome, Exponential- und trigonometrische Funktionen. Für Regressionsmodelle gilt ein ähnlicher Satz:

Satz 3.1.5. *Bei einem Regressionsmodell sind fast alle Versuchspläne* $w_{(n)}$ *identifizierend, wenn*

a) $n > \dim \Pi$

und

b) *verschiedene Zustandsflächen keine Berührung unendlicher Ordnung haben. Die Zustandsflächen sind in diesem Fall gegeben durch*

$$S_\pi = \{v_{(n)} := ([w_i, \mu_i])_{1,\dots,n} \mid \mu_i = r(w_i, \pi)\ , i = 1, \dots , n\}\ .$$

Eine Veranschaulichung ergibt sich, wenn man bedenkt, daß

$$\mathrm{St}_\pi = \{v = [w, \mu] \mid \mu = r(w, \pi)\}$$

für festes π der Graph der zugehörigen Regressionsfunktion im Zustandsraum $\mathbb{R}^{d_v}$ ist.

Für den Nachweis einiger grundlegender Eigenschaften von Schätzungen in Modellen mit Fehlern in den Variablen, insbesondere zum Nachweis der Konsistenz, benötigt man jedoch nicht nur die eben behandelte Identifizierbarkeit für fast alle, sondern sogar für alle Zustände. Das kann man durch eine unwesentliche Einschränkung des Parameterbereiches immer erreichen, wenn nur die Voraussetzungen des Identifizierbarkeitssatzes erfüllt sind. Dazu hat man nur für jedes $\pi \in \Pi$ die Lebesgue-Nullmenge derjenigen unabhängigen Zustandsvariablen w_i, ξ_i, $i = 1, \dots , n$, fortzulassen, die für dieses π Nichtidentifizierbarkeit liefern. Dann liegt der unbekannte Parameter $\psi = [\xi_{(n)}, \pi, \gamma]$ in einem etwas verkleinerten Parameterbereich. Über diesem Parameterbereich ergibt sich für alle Parameter die Identifizierbarkeit aus der Beobachtungsverteilung, so daß aus $P_{\psi_0}^{z(n)} = P_{\psi_1}^{z(n)}$ auch $\psi_0 = \psi_1$ folgt. Denn dann erhält man wie in (74), (76) $\mu_{(n)1} = \mu_{(n)0}$ und $\gamma_1 = \gamma_0$. Weil nun aber durch die Einschränkung des Parameterbereiches $\mu_{(n)0}$ unter den identifizierenden Zuständen auf der Zustandsfläche $S_{w(n), \pi_0}$ ist, folgt auch $\pi_1 = \pi_0$.

3.1.5. Über Existenz konsistenter Schätzungen des Strukturparameters bei nichtzufälligem Versuchsplan

Im letzten Abschnitt wurde gezeigt, daß bei zufälligem Versuchsplan Nichtidentifizierbarkeit vorliegen kann, und zwar unangenehmerweise gerade bei der ansonsten in der Praxis oft bewährten Normalverteilung. Bei anderen Verteilungen als der Normalverteilung ist aber die Beobachtungsverteilung kaum handhabbar.

Diese Nachteile entfallen bei nichtzufälligem Versuchsplan. Die Beobachtungsverteilung ist leicht zu beschreiben, und die Parameter sind praktisch immer identifizierbar. Aus diesem Grunde würde man versucht sein, bei der Modellierung lieber auf nichtzufällige Versuchspläne zurückzugreifen. Jedoch müßte man wegen des in 3.1.4 beschriebenen „Versagens" der MLE versuchen, andere Schätzungen als Alternative zur Verfügung zu stellen.

Im vorliegenden Abschnitt wird jedoch gezeigt, daß bei einer großen Klasse von Modellen mit nichtzufälligem Versuchsplan von vornherein keine konsistenten Schätzungen existieren können. Konsistenz ist eine Konvergenzeigenschaft von Schätzungen bei unendlichen Folgen von Beobachtungen. Bei wachsender Zahl von Nebenparametern hat man auch unendliche Folgen von Parametern zu berücksichtigen.

Bei nichtzufälligem Versuchsplan wird die Verteilung von $z_{(\infty)}$ durch eine Verteilungsannahme für $\zeta_{(\infty)}$ induziert:

$$P_{\psi}^{z(\infty)} = P_{\gamma}^{\mu(\infty)+\zeta(\infty)}, \qquad \psi = [\mu_{(\infty)}, \pi, \gamma].$$

Hierbei erfüllt $\mu_{(\infty)}$ die Gleichungen $0 = s_i(w_i, \mu_i, \pi)$.

Bei zufälligem Versuchsplan wird die Verteilung von $\boldsymbol{\mu}_{(\infty)}$ beschrieben durch einen Parameter $\vartheta \in \Theta$: $\boldsymbol{\mu}_{(\infty)} \sim P_{\vartheta,\pi}$, wobei die Träger der Verteilungen $P_{\vartheta,\pi}$ die Strukturen $\bigtimes_{i=1}^{\infty} St_{i\pi}$ sein müssen. Es muß also für jedes $i = 1, 2, \ldots$ fast sicher $0 = s_i(w_i, \mu_i, \pi)$ gelten. Bei expliziten Modellen ist dies von vornherein bei beliebiger Verteilungsvorgabe für die $\boldsymbol{\mu}_i$ der Fall. Sind $\boldsymbol{\mu}_i$ und $\boldsymbol{\zeta}_i$ stochastisch abhängig, so ist die Verteilung der Beobachtung $z_{(n)}$ eindeutig durch den Parameter $\psi = [\vartheta, \pi, \gamma]$ festgelegt.

Definition 3.1.9. In einem Modell mit Fehlern in den Variablen heißt eine Schätzfunktion $\hat{\boldsymbol{\pi}} = \hat{\pi}(z_{(n)})$, die für alle natürlichen Zahlen n definiert ist, *konsistent* bzw. *stark konsistent* für π, wenn für jeden Parameter $\psi = [\mu_{(\infty)}, \pi, \gamma] \in \Psi$

$$\hat{\pi}(z_{(n)}) \xrightarrow[n\to\infty]{P} \pi \quad \text{bzw.} \quad \hat{\pi}(z_{(n)}) \xrightarrow[n\to\infty]{fs} \pi$$

gilt. (Bei allgemeinen Modellen mit Fehlern in den Variablen hängt die Schätzung $\hat{\boldsymbol{\pi}}$ noch von den exakt beobachteten Regressoren $w_{(n)}$ ab.)

Wir bezeichnen nun ein Modell mit nichtzufälligem Versuchsplan als zu einem Modell mit zufälligem Versuchsplan gehörend, wenn beide Modelle dieselben Zustandsgleichungen haben.

Ist bei der Betrachtung eines Modells mit zufälligem Versuchsplan $\mu_{(n)}$ eine Realisierung von $\boldsymbol{\mu}_{(n)}$, so kann man formal das zugehörige Modell mit nichtzufälligem Versuchsplan bilden und eine bedingte Schätzung $\hat{\pi}(\boldsymbol{z}_{(n)} \mid \mu_{(n)})$ angeben, aus deren Verteilung man prinzipiell auch die unbedingte Schätzung des ursprünglichen Modelles gewinnen kann. Sind beispielsweise $\boldsymbol{\mu}$ und $\boldsymbol{\zeta}$ unabhängig, so gilt

$$P^{\boldsymbol{z}} = \int P^{\boldsymbol{\mu}+\boldsymbol{\zeta}|\boldsymbol{\mu}} \, dP^{\boldsymbol{\mu}}(\mu) = \int P^{\mu+\boldsymbol{\zeta}} \, dP^{\boldsymbol{\mu}}(\mu) \,,$$

wobei $P^{\mu+\boldsymbol{\zeta}|\mu}$ die bedingte Verteilung von $\boldsymbol{z}$ bei festem μ ist. Ein solches Vorgehen entspricht der verschiedentlich vorgeschlagenen bedingten Inferenz bei Modellen mit Fehlern in den Variablen (Madansky (1959), S. 175, Kendall (1951), S. 17, Malinvaud (1966), S. 378). Es gilt folgendes Resultat, das die engen Zusammenhänge zwischen beiden Modellen zeigt.

Satz 3.1.6. *Sei in einem Modell mit zufälligem Versuchsplan der Strukturparameter nicht identifizierbar. Dann ist dieser im zugehörigen Modell mit nichtzufälligem Versuchsplan nicht konsistent schätzbar.*

Beweis. Angenommen $\hat{\boldsymbol{\pi}}$ sei eine konsistente Schätzung im Modell mit nichtzufälligem Versuchsplan. Dann ist

$$\lim_{n\to\infty} P_\psi\{\mathcal{A} \mid \boldsymbol{\mu}_{(n)} = \mu_{(n)}; \boldsymbol{\zeta}_{(n)} = \zeta_{(n)}\} = 1$$

mit

$$\mathcal{A} := \left\{\mu_{(\infty)}, \zeta_{(\infty)} \mid \lim_{n\to\infty} \hat{\pi}(z_{(n)}) = \pi\right\}.$$

ψ enthält die Parameter für die Verteilungen von $\boldsymbol{\mu}_{(\infty)}$, $\boldsymbol{\zeta}_{(\infty)}$ und den Strukturparameter π. Nach einem allgemeinen Null-Eins-Gesetz (vgl. Loève (78), 32.4.A) ist $P_\psi(\mathcal{A}) = 1$, also ist $\hat{\boldsymbol{\pi}}$ im Modell mit zufälligem Versuchsplan konsistent. Dies widerspricht aber der vorausgesetzten Nichtidentifizierbarkeit, denn für mindestens ein Paar $\pi \neq \tilde{\pi}$ müßte dann $P^{\boldsymbol{z}}_\psi = P^{\boldsymbol{z}}_{\tilde{\psi}}$ gelten. Dann würde aber wegen der Konsistenz folgen

$$\hat{\boldsymbol{\pi}} \xrightarrow{P} \pi \neq \tilde{\pi} \xleftarrow{P} \hat{\boldsymbol{\pi}} \,. \quad \blacksquare$$

Der Satz zeigt, daß man ohne Zusatzannahmen über die Folge $\mu_{(\infty)}$ im allgemeinen keine konsistenten Schätzungen erhalten kann, denn ohne weitere Voraussetzungen an die Folgen $\mu_{(\infty)}$ könnten auch Realisierungen aus einem Modell mit nichtidentifizierbarem Strukturparameter auftreten. Dieser Zusammenhang wurde für lineare funktionelle Beziehungen von Nussbaum (1978) beschrieben.

Identifizierbarkeit erhält man beispielsweise, wenn man wiederholte Beobachtungen eines festen Versuchsplanes durchführt. Derartige Modelle treten vor allem in den Naturwissenschaften und in der Technik auf, z.B. wenn die Versuchspunkte auf einer Geraden liegen und $\|\mu_i\| < \|\mu_{i+1}\|$ gilt (vgl. Ware (1974)).

Man kann jedoch nicht jedes Modell mit festem Versuchsplan als zu einem mit zufälligem gehörend ansehen. In der Praxis gibt es genügend Beispiele, bei denen der Versuchsplan im Rahmen der Modellgenauigkeit nicht als Realisierung eines zufälligen Versuchsplanes angesehen werden kann.

3.1.6. Bibliographische Anmerkungen

Dieser Abschnitt soll der leichteren Orientierung über die Vielzahl der zur Zeit verfügbaren Resultate dienen und den Zugang zur Literatur erleichtern. Damit soll weiterhin die getroffene Auswahl und Ausrichtung bei der Darstellung der folgenden Abschnitte im Vergleich zu anderen Zusammenfassungen motiviert werden und die Problematik bei der Lösung noch offener Fragen angedeutet werden.

Die Darstellung basiert auf einem Literaturverzeichnis, bei dem im Rahmen der Möglichkeiten Vollständigkeit angestrebt wurde. Die folgende Auswahl ist jedoch natürlicherweise subjektiv. Die grundlegende Einteilung erfolgt nach nichtzufälligem und zufälligem Versuchsplan zunächst für Schätzungen und danach für die anderen statistischen Inferenzmethoden.

Die ersten Arbeiten zu Modellen mit Fehlern in den Variablen behandeln das bivariate LIFU$^+$-Modell (Adcock (1877, 1878), Kummel (1879), Pearson (1901)) und zwar das Problem der Geradenschätzung durch Minimierung der orthogonalen bzw. gewichteten Quadratabstände zwischen Beobachtungen und gesuchter Geraden unter verschiedenen Annahmen.

Dieses Prinzip der kleinsten Quadrate, welches für normalverteilte Fehler MLE liefert, hat sich seit etwa 1960 zum theoretisch und rechentechnisch am besten durchgearbeiteten Verfahren entwickelt. Dazwischen dominierten in den 40er und 50er Jahren Diskussionen über die schon angedeuteten Grundfragen der statistischen Inferenz bei solchen Modellen und vor allem über einfachere Schätzverfahren. Mit den Fortschritten der Rechentechnik ist die Berechnung von WLSE und verwandten Schätzungen heute auch für nichtlineare Modelle möglich geworden, und die WLSE wird entsprechend häufig angewendet und untersucht (vgl. Abschnitt 3.8).

Uven (1930) betrachtete LIFU$^+$ mit normalverteilten Fehlern und (bis auf einen Faktor) bekannter Kovarianz. Koopmans (1937) wies die erhaltene Schätzung als MLE nach, er approximierte die Varianz der Schätzung für kleine Fehlervarianzen. Für unbekannte Kovarianz gab Dent (1935) die Lösung der Likelihood-Gleichungen an. Lindley (1947) zeigte, daß die daraus resultierenden Schätzungen eine Gleichung erfüllen, die mit der Forderung nach Konsistenz unvereinbar ist. Dies war zunächst Anlaß zu eingehenden Diskussionen über die Anwendung von MLE bei bivariaten LIFU$^+$, bei denen ja die Zahl der Nebenparameter mit den Beobachtungen wächst. Anschließend an fundamentale Arbeiten von Wald (1948, 1949) und Neyman und Scott (1948) konnten Kiefer und Wolfowitz (1953) zeigen, daß die Likelihood-Methode unter gewissen Voraussetzungen an die Verteilung der $\boldsymbol{\mu}_{(n)}$ im bivariaten LIFU$^-$ auch Konsistenz bei der zugehörigen LIFU$^+$ liefert. Obwohl der praktische Wert dieser Methode stark eingeschränkt ist, waren hiermit die prinzipiellen Möglichkeiten zur konsistenten Schätzbarkeit bei LIFU$^+$ gezeigt. Trotzdem bleibt die Frage nach tieferen Gründen für das Versagen der MLE bei festem Versuchsplan offen.

Es zeigt sich aber, daß die MLS bei unbekannter Fehlerkovarianz tatsächlich nur einen Sattelpunkt der ansonsten unbeschränkten Likelihoodfunktion definieren. Die Unbeschränktheit wiesen Anderson und Rubin (1956) für ein Modell der linearen Faktorenanalyse, einem Spezialfall der LIFU, nach.

In der Literatur wurde bisher meist Solari (1969) zitiert, die dieses Resultat wiederentdeckte und die MLS als Sattelpunkt nachwies. Sprent (1970) leitete daraus einige Konsequenzen für die praktische Anwendung dieses Verfahrens ab. Copas (1972) zeigte, daß die Berücksichtigung von Rundungsfehlern in bestimmter Form wieder ein globales Maximum liefert. Sprent (1976) diskutierte wieder allgemeinere Fragen, die sich bei der Likelihood-Methode für LIFU$^+$ ergeben. Beim Versuch, diese Methode trotzdem möglichst weitgehend zu erhalten, weil z.B. für bekannte Fehlervarianzquotienten eine leicht modifizierte MLE der Kovarianz wieder konsistent wird, bleiben trotzdem einige Fragen. Aber auch für eine bekannte Fehlervarianz konnten die MLS (noch) nicht als lokales Extremum nachgewiesen werden (Moberg und Sundberg

(1978)). Der Versuch der Analyse der Likelihood-Situation bei allgemeineren LIFU findet sich bei Florens, Mouchart, Richard (1976) und Willassen (1979).

Zunehmend werden auch multivariate LIFU, vor allem LIFU⁺, mit normalverteilten Fehlern behandelt. Jedoch erfordern die Schwierigkeiten, die sich bei der Anwendung der MLE schon bei bivariaten Modellen zeigen, umsomehr bei multivariaten die Voraussetzung von Zusatzinformationen über die Folge der Versuchspläne oder die Gestalt der Verteilung der Fehler.

Naturgemäß spielen hierbei die Fälle wiederholter unabhängiger Beobachtungen eines festen Versuchsplanes eine besondere Rolle. Für bekannte Fehlerkovarianz gab Geary (1948) die MLE als Eigenvektoren eines bestimmten Eigenwertproblems, welches vorher von Tintner (1945) heuristisch begründet wurde. Für unkorrelierte normalverteilte Fehler $\zeta_1, \ldots, \zeta_n$ mit unbekannter Kovarianz gab Anderson (1951) die MLE für LIFU⁺ mit linearem Regressionsanteil. Weil die Arbeit die „Schätzung linearer Restriktionen für Regressionskoeffizienten" behandelte (vgl. (38), (39)) wurden diese Resultate bei den Arbeiten zu LIFU übersehen. Verschiedene Teilresultate bei Spezialfällen wurden deshalb wiederentdeckt (Acton (1950), Villegas (1961), Nussbaum (1976)). Die Inkonsistenz der MLE-Kovarianzschätzungen findet man bei Villegas (1961) und Gleser und Watson (1973). Hannan (1967) gab eine abgeschlossene Behandlung der Beziehungen zwischen linearen Simultangleichungen und kanonischen Korrelationen. Auf dieser Basis ist letztendlich eine einheitliche Herleitung dieser Resultate bei fester zu schätzender Kovarianz möglich. Robinson (1973, 1974) gab dann für ein allgemeines Zeitreihenmodell, das die genannten Modelle umfaßt, eine einheitliche Herleitung der WLSE und MLE.

Für bivariate LIFU mit normalverteilten Nebenparametern wurden für verschiedene Modelle die MLE in verhältnismäßig geschlossener Form angegeben: Cox (1976), Dolby (1976a), Brown (1978a), Chan und Mak (1979a, b). Eines der hierfür benötigten Minimierungsresultate ist in Anderson (1951a) als Spezialfall enthalten. Auf Basis der mit den MLE zusammenhängenden GLSE werden asymptotische Eigenschaften hergeleitet, insbesondere Konsistenz und Normalität. Schon Villegas (1966) konnte asymptotische Optimalitätseigenschaften der GLSE nachweisen. Bei Barnett (1970) findet man eine Formel für die asymptotische Varianz im Wiederholungsfall, die später von Patefield (1977) berichtigt wurde. Für die Teil-Informations-MLE bei linearen Simultangleichungen, die der MLE bei LIFU⁺ mit Wiederholungen entspricht, wurde von Anderson und Rubin (1950) die asymptotische Normalität gezeigt. Aber auch für den Nichtwiederholungsfall wurden derartige Eigenschaften gezeigt, bei Schneeweiss (1976) für eine korrigierte OLSE unter Annahmen über höhere Momente.

Es wurde von Nussbaum (1977, 1978) für eine große Klasse von Instrumentvariablenschätzungen die asymptotische Normalität hergeleitet und die Optimalität der GLSE nachgewiesen. In der schon genannten Arbeit von Robinson (1974) findet sich auch der Beweisgedanke für die asymptotische Normalität.

Einen Überblick und eingehende Diskussion weiterer asymptotischer Resultate findet man bei Anderson (1976). Hier wird die Verteilung der WLSE approximiert, wenn $\|\mu_{(n)}\|^2$ groß wird und n fest bleibt. Dabei konnten eine ganze Reihe bekannter Resultate zu linearen Simultangleichungen übertragen werden. Patefield (1976) verglich die Ergebnisse in einer Monte-Carlo-Studie. Auf Basis des reduzierten Systems von linearen Simultangleichungen (vgl. (38) und (41)) können alle Resultate gegenseitig übertragen werden. Die Teil-Informations-MLE bei linearen Simultangleichungen entspricht der MLE bei LIFU⁺.

Für bekannte Fehlerkovarianz werden asymptotische Reihenentwicklungen der Dichte der LIML von MARIANO (1969) hergeleitet.

Für die Zwei-Stufen-LSE wurden die Dichten entwickelt von BASMAN (1961, 1963) KABE (1964), RICHARDSON (1968), SAWA (1969), SARGAN und MIKHAIL (1971). Auch diese Dichten ergaben sich in Form doppelt-unendlicher Reihen von unvollständigen Beta-Funktionen. Die Verteilung der Zwei-Stufen-LSE ergibt sich als doppelte Reihe nichtzentraler F-Verteilungen (ANDERSON und SAWA (1973)). Bei geschätzter Kovarianz wurde die Dichte der LIML von MARIANO und SAWA (1972) ermittelt. Daraus ergibt sich insbesondere, daß auch bei LIFU für MLE keine Momente höherer Ordnung existieren. Dieses grundlegende Resultat regte zu Modifikationen der MLE an, für die höhere Momente existieren sollen. FULLER (1977) zeigte, daß diese Modifikationen bis auf Glieder der Ordnung $O(n^{-2})$ besser sind als eine entsprechende Modifikation der „k-class"-Schätzungen. Diese Schätzungen enthalten die Zwei-Stufen-LSE und die OLSE und wurden ursprünglich von THEIL (1958) eingeführt. NAGAR (1959) gab Approximationen für die Momente der approximierenden Verteilung. FULLER (1977) berechnete den (lokal) optimalen Modifikationsparameter und konnte damit die relativ schlechte Güte der MLE gegenüber der Zwei-Stufen-LSE in den bisher bekannten Monte-Carlo-Studien erklären. Die so erhaltenen Approximationen gelten für wachsenden Stichprobenumfang. Andere Approximationen erhält man für kleine Fehlervarianz (KADANE (1970, 1971)). Die Beziehung zu den oben gegebenen für wachsenden Stichprobenumfang zeigte ANDERSON (1977). Dort wird auch darauf hingewiesen (vgl. auch BROWN, KADANE, RAMAGE (1974)), daß bei NAGAR (1959), KADANE (1970) die Resultate irrtümlich als approximierte Momente der Verteilung interpretiert wurden. ROBERTSON (1974) und WILLIAMS (1973) gaben in diesem Sinne tatsächlich nur die Momente der approximierenden Verteilungen bei LIFU$^+$. Die asymptotische Normalität für die modifizierten Schätzungen wird ausführlich von FULLER (1977) behandelt. ROBINSON (1974) gab für ein allgemeines lineares Simultangleichungsmodell mit Instrumentalvariablen eine elegante Herleitung der MLE und der asymptotischen Normalität. Der Beweis gibt einen einheitlichen Zugang für viele Modelle.

Einige Algorithmen für WLSE bei LIFU werden YORK (1967), SPÄTHE (1967) und WILLIAMSON (1968) untersucht.

Zur weiteren Anwendung des Prinzips der kleinsten Quadrate bei LIFU$^+$ auch bei starken Fehlerkorrelationen gab es eine vieldiskutierte Arbeit von SPRENT (1966). Hier wurde aus heuristischen Überlegungen für LIFU$^+$ eine Art „GLSE" konstruiert, wenn $\zeta_{(n)}$ eine allgemeine, aber bekannte Kovarianz $\Omega \in \mathfrak{M}^{>}$ hat. DOLBY (72) zeigte die Äquivalenz dieser GLSE mit MLE (=WLSE) für normale Fehler als Spezialfall bei nichtlinearen funktionellen Beziehungen.

Ein anderer Zugang zur Äquivalenz von WLSE und MLE im Normalfall wird bei HÖSCHEL (1978) untersucht. Dort wird auch die Äquivalenz gezeigt und es werden Probleme der Identifizierbarkeit behandelt.

Seit 1960 werden verstärkt auch nichtlineare Modelle und WLSE untersucht. Die ersten allgemeinen Algorithmen waren aber schon bei DEMIG (1931, 1943) und COOK (1931) erschienen. Die dort beschriebenen Ideen zur Konstruktion von WLSE durch Linearisierung über der letzten Iterationsschätzung sind bis heute aktuell geblieben. Zunächst wurden aber ab 1960 für spezielle nichtlineare Modelle die WLSE-Algorithmen entwickelt; bei HEY und HEY (1960) für hyperbelartige Funktionen, bei ROBINSON (1961) und CHAN (1965) für Kugeln. CLUTTON und BROCK (1967) betrachteten bivariate Modelle und GRILICHES und RINGSTAD (1970) untersuchten die Verzerrung der OLSE bei quadratischen Modellen. O'NEILL, SINCLAIR und SMITH (1969) behandelten allgemeine Polynomialmodelle. Für allgemeine explizite funktionelle Beziehungen gab DOLBY (1972) die WLSE-Gleichungen für bekannte Kovarianz der ζ_i an, BRITT und LUECKE (1973) bestimmten sie für allgemeine implizite Modelle der Form (7) mit bekannter Kovarianz.

ČELMINS (1973) entwarf und testete einen weiteren Algorithmus ohne Anwendung von Globalisierungstechniken. Eigenschaften des Newton-Raphson-Algorithmus untersuchten DOLBY (1976b), DOLBY und FREEMAN (1975).

Neben den damit vorliegenden Algorithmen konnten neuerdings auch statistische Eigenschaften der WLSE für nichtlineare Modelle mit unbekannter Fehlerkovarianz gezeigt werden. VILLEGAS (1969) gab die asymptotische Varianz solcher Schätzung im Wiederholungsfall und zeigte asymptotische Optimalität in einer gewissen Klasse. FULLER und WOLTER (1982) zeigten unter schwächeren Annahmen die asymptotische Normalität einer WLSE für univariate explizite Modelle und gaben die asymptotischen Varianzen an.

Moderne numerische Verfahren zur Berechnung des WLSE findet man bei SOUTHWELL (1976), MACDONALD und POWELL (1972). HÖSCHEL und PENER (1980) und TILLER (1983) konnten regularisierte Gauß-Newton-Verfahren mit globaler Konvergenz entwickeln.

Voraussetzungen für die konsistente Schätzbarkeit der Strukturparameter mittels WLSE bei bekannter Kovarianz von $\zeta_{(n)}$ findet man bei HÖSCHEL (1978b, 1979). Danach sind explizite Modelle mit einer praktisch einleuchtenden Voraussetzung bei genügend vielen Beobachtungen identifizierbar.

Aus diesem Überblick erkennt man insgesamt die Anwendungsreife der WLSE und verwandter Schätzungen. Ihre Anwendbarkeit beruht vor allem darauf, daß sie durch Minimierung eines gewissen quadratischen Funktionals entstehen.

Nun gibt es aber eine ganze Reihe von Schätzverfahren für funktionelle Beziehungen, die andere Prinzipien als die Minimierung eines quadratischen Funktionals verwenden. Diese Verfahren wurden vor allem in den 50er Jahren untersucht.

Eines der wichtigsten Schätzverfahren für bivariate LIFU$^+$ war die Gruppierungsmethode, bei der die Gerade durch die Mittelwerte zweier Beobachtungsgruppen gelegt wird. Durch eine Arbeit von WALD (1940) wurde die Möglichkeit der konsistenten Schätzung unter gewissen Voraussetzungen an die Realisierungen $\mu_{(n)}$ gezeigt, wenn alle Beobachtungen verwendet werden. BARTLETT (1949) ließ dagegen eine „mittlere" Gruppe von Beobachtungen aus. Danach folgten Untersuchungen der entsprechenden Methode bei LIFU$^-$ (siehe unten). Asymptotische Varianzen für solche Schätzungen findet man bei DORFF und GURLAND (1961b). Des weiteren verglichen DORFF und GURLAND (1961a) deren Eigenschaften mit der OLSE bei kleinen Stichproben aufgrund von Approximationen der Verzerrung und des mittleren Quadratfehlers. Diese Approximationen enthielten auch solche, die schon bei HOUSNER und BRENNAN (1948) untersucht werden.

Derartige Gruppierungsschätzungen können aber als spezielle Instrumentvariablenschätzungen (IVE) aufgefaßt werden. Solche Schätzungen wurden zuerst von REIERSØL (1945) untersucht, und zwar für lineare Simultangleichungen. RICHARDSON und WU (1970) verglichen OLSE und andere IVE auf Basis der Varianz. SARGAN (1958, 1959) zeigte den Zusammenhang zwischen der Zwei-Stufen-LSE, welche aus der Zweistufenschätzung bei Simultangleichungen entsteht, mit IVE. Bei GUARIAN und HALPERIN (1971) erschienen die exakten Ausdrücke für die Varianzen auch für allgemeinere Fälle mittels Anwendung hypergeometrischer Funktionen. FELDSTEIN

(1974) untersuchte eine Kombination aus IVE und OLSE. Dabei werden größere Effizienzverluste, die für IVE charakteristisch sind, und die Verzerrungseigenschaften der OLSE gegenseitig kompensiert, wobei zum Nachweis dieser Tatsachen Approximationen und Monte-Carlo-Simultationen verwendet werden. Effizienzuntersuchungen für Ränge als Instrumentvariablen, eine Methode, die auf THEIL (1950a, b) zurückgeht, findet man bei WARE (1972). Diese Ergebnisse finden sich dann im allgemeinen Zugang zur asymptotischen Optimalität von IVE bei NUSSBAUM (1978) wieder. Weitere Verfahren auch für $LIFU^-$ erhält man im Wiederholungsfall, aber auch bei Gruppierung und anderen Instrumentvariablen durch Nutzung von Varianzkomponenten nach TUKEY (1951). Eine gute Darstellung findet man bei MADANSKY (1959), S. 189–194.

Eine andere Methode für $LIFU^+$, die auch Schätzungen im Nichtnormalfall erlaubt, ergibt sich bei Nutzung von Kumulanten nach GEARY (1942, 1943). Dieses Verfahren ist zwar prinzipiell auch bei $LIFU^-$ und für nichtlineare Modelle anwendbar, dies ist jedoch bisher nur von theoretischem Interesse. Eine gute Zusammenfassung bieten KENDALL und STUART (1961).

Neuere Verfahren der Schätzung in $LIFU^+$ sind vor allem darauf gerichtet, die Varianz der Schätzungen gegebenenfalls auf Kosten der Erwartungstreue zu reduzieren. Dazu zählen die Arbeiten von LORD (1960) und DE GRACIE und FULLER (1972).

Die Schwierigkeiten bei der Identifizierung und bei der Handhabung der Beobachtungsverteilung spiegeln sich deutlich in den Arbeiten zu Schätzungen bei $LIFU^-$ wider.

Zunächst wurden bivariate $LIFU^-$ behandelt und MLE verschiedener Parameter bei Zusatzinformationen über die Fehlerkovarianz von verschiedenen Autoren unabhängig wiederholt publiziert (z.B. KUMMEL (1879), PEARSON (1901), LINDLEY (1947) (vgl. MADANSKY (1959)).

GEARY (1949) zeigte als erster die Identifizierbarkeit im Nicht-Normalfall mit seiner Kumulantenmethode (vgl. SCOTT (1950), DRION (1951)). Zuvor war schon verschiedentlich die Nichtidentifizierbarkeit in speziellen $LIFU^-$ nachgewiesen worden: THOMSON (1919), GINI (1921), FRISCH (1934), NEYMANN (1937), KOOPMANS (1937). REIERSØL (1950) gab dann die notwendigen und hinreichenden Bedingungen an. Eine eingehende Analyse des multivariaten Falles erarbeitete RAO (1966), vgl. auch JEEVES (1954). Die Gruppierungsmethode von WALD (1940) für $LIFU^+$ wurde für $LIFU^-$ modifiziert, und es wurden Effizienzvergleiche auch für spezielle Fehlerverteilungen durchgeführt: NAIR und SHRIVASTAVA (1942), BARTLETT (1949), THEIL und VAN YZEREN (1956), NAIR und BANERJEE (1942), GIBSON und JOWETT (1957). DORF und GURLAND (1961a, b) berechneten die Schätzungsvarianzen für kleine und große Stichproben. Die Bedingungen für die Identifizierbarkeit mit dieser Methode wurden von NEYMANN und SCOTT (1951) angegeben. Andere Schätzungen, die von NEYMANN (1951) und WOLFOWITZ (1952) stammen, sind nur von theoretischem Interesse, weil sie schwierig zu berechnen sind. SPIEGELMAN (1979) gab eine einfacher zu berechnende Schätzung an.

Einige Diskussion rief die durch falsche Anwendung der MLE entstandene Situation der „Überidentifizierung" im Normalfall bei bekannten Fehlervarianzen hervor (vgl. KENDALL und STUART (1961, 29. 11.), KIEFER (1964), BARNETT (1967) und BIRCH (1964) zeigten, daß die richtige Anwendung der MLE zu korrekten Resultaten führt.

Die Benutzung von Instrumentvariablen wurde von REIERSØL (1945) untersucht. GEARY (1949) untersuchte die Effektivität. Ein Beispiel aus der Biologie wird bei CARLSON, SOBEL, WATSON (1966) behandelt. Eine Übersicht gibt LYTTKENS (1977).

Eine spezielle multivariate LIFU⁻ ist bei BARNETT (1969) untersucht, wobei die Kalibration von Meßgeräten in den Medizin Ausgangspunkt war.

Schätzungen bei wiederholten Messungen mit Hilfe von Stichprobenkovarianzen findet man bei TUKEY (1951), eine gute Darstellung gibt MADANSKY (1959). Asymptotische Varianzen werden bei DORFF und GURLAND (1961a) angegeben. HOUSNER und BRENNAN (1949) konstruierten eine kompliziertere Schätzung.

Für LIFU mit abhängigen Beobachtungen konstruierte ROBINSON (1977a) eine Kontrastfunktion, die bekanntlich konsistente Schätzungen liefert. Das zugehörige Minimierungsproblem ist WLSE-Problemen ähnlich. Mit einem neuartigen Zugang, der Hilfsmittel aus der Martingaltheorie nutzt, werden Konsistenz und asymptotische Normalität mit den zugehörigen Varianzen hergeleitet und Algorithmen angegeben. (Dieses Modell schließt $LIFU^+$ und $LIFU^-$ ein.)

Probleme der Bayesschen Inferenz wurden von LINDLEY und El SAYAD (1968), ZELLNER (1971), VILLEGAS (1972), FLORENS, MOUCHART, RICHARD (1974) untersucht. Dabei wurde auf der Basis gewisser nichtinformativer A-priori-Verteilungen gearbeitet. Einige Tests wurden in der grundlegenden Arbeit über $LIFU^+$ mit linearem Regressionsanteil (vgl. 3.1.3) von ANDERSON (1951) konstruiert. Verschiedene spezielle Fragestellungen, z. B. für bekannte Fehlerkovarianz, wurden bei WILLIAMS (1955), BARTLETT (1957), BASU (1969) und MORAN (1956) unabhängig davon behandelt.

Ebenso finden sich auch Konfidenzintervalle bei ANDERSON (1951). Später wurden nochmals spezielle Fälle behandelt bei CREASY (1956), BROWN (1957), BROWN und FEREDAY (1958), HALPERIN (1964) und VILLEGAS (1964), darunter auch für bekannte Fehlerkovarianzen. Für $LIFU^-$ nach (7) sind asymptotische Tests und Konfidenzintervalle bei COX (1976) entwickelt worden.

Abschließend sollen noch einige Resultate über spezielle Modelle angeführt werden, die eng mit funktionellen Beziehungen zusammenhängen. Kontrollierte Variable sind bei BERKSON (1950) für LIFU und bei FEDOROW (1974) für nichtlineare Modelle behandelt worden.

LINDLEY (1947) behandelte das Problem des Zusammenhangs von bedingtem Erwartungswert von $\boldsymbol{y}$ über $\boldsymbol{x}$ und der zugehörigen LIFU für ξ und η. Man erhielt Bedingungen, unter denen eine $LIFU^-$ zwischen den ξ_i und η_i auch wieder eine lineare Regression von $\boldsymbol{y}_i$ über $\boldsymbol{x}_i$ liefert.

In zunehmendem Maße werden auch, vor allem von ökonometrischen Modell ausgehend, Modelle mit abhängigen Fehlern und Zeitreihenmodelle behandelt. Dazu findet man Ergebnisse bei ROBINSON (1974) und für Zeitreihen bei NOWAK (1975a, b, c, 1976, 1977), AIGNER (1966) und anderen. Die mit solchen Modellen verbundenen Fragen werden im vorliegenden Kapitel aber nur teilweise berührt.

3.2. Maximum-Likelihood-Schätzung

In der Literaturübersicht wurde die zentrale Rolle der MLE und der damit eng zusammenhängenden WLSE deutlich. Im folgenden Abschnitt geben wir einen Überblick zu den bisher hierzu vorhandenen Resultaten.

Zunächst werden in 3.2.1 ausführlich bivariate lineare funktionelle Beziehungen behandelt. Hierbei ist im Ausgangsmodell der Versuchsplan zufällig und normalverteilt. Aus diesem Modell erhält man auf einheitlicher Grundlage eine Vielzahl interessanter spezieller Modelle und die zugehörigen Schätzformeln, darunter für die in der Literatur als „strukturelle" und funktionelle Beziehung bekannten Modelle.

Es ergeben sich bei diesen einfachen Modellen Schätzformeln, die auch mit kleinen Rechnern auswertbar sind. Dies trifft für multivariate Modelle nicht mehr zu, so daß im weiteren dann nur noch Modelle mit nichtzufälligem Versuchsplan betrachtet werden.

In 3.2.2 wird für allgemeine Modelle mit Fehlern in den Variablen und nichtzufälligem Versuchsplan der Zusammenhang zwischen MLE und WLSE beschrieben. Auf dieser Grundlage wird in 3.2.3 für multivariate LIFU⁺ mit bekannter Fehlerkovarianz die MLE ausführlich hergeleitet. Auch die Äquivarianz wird gezeigt. In 3.2.4/5 werden zwei wichtige LIFU⁺ mit unbekannter Kovarianz untersucht. Auch in diesen Fällen kann man die MLE noch in einer verhältnismäßig geschlossenen Form erhalten und zwar als Lösung eines Eigenwertproblems.

Für die abschließend behandelten allgemeinen Modelle kann man keine geschlossenen Formeln mehr angeben. In 3.2.6/7 werden einige Möglichkeiten zur Vereinfachung der numerischen Berechnung bei speziellen Modellen beschrieben und kurz auf Identifizierbarkeitseigenschaften von Schätzungen eingegangen.

3.2.1. Bivariate lineare funktionelle Beziehungen

3.2.1.1. Das allgemeine Modell

Wir betrachten die schon in 3.1 beschriebene LIFU

$$\begin{aligned} &\eta_{ij} = \alpha + \beta\xi_{ij}\,, \qquad j = 1, \ldots, m_i\,, \qquad i = 1, \ldots, n\,,\\ &x_{ij} = \xi_{ij} + \delta_{ij}\,, \qquad y_{ij} = \eta_{ij} + \varepsilon_{ij}\,,\\ &\xi_{ij} \circledS \{\mathrm{N}(\vartheta_i, \sigma_\xi) \mid \vartheta_i \in \mathbb{R}^1, \sigma_\xi \geqq 0\}\,,\\ &\delta_{ij} \circledS \{\mathrm{N}(0, \sigma_\delta) \mid \sigma_\delta \geqq 0\}\,, \qquad \varepsilon_{ij} \circledS \{\mathrm{N}(0, \sigma_\varepsilon) \mid \sigma_\varepsilon \geqq 0\}\,, \end{aligned} \tag{1}$$

wobei die eingehenden Zufallsvariablen sämtlich untereinander unabhängig seien. Durch Einsetzen von bekannten Parametern erhält man daraus verschiedene wichtige Modelle als Spezialfälle insbesondere für $\sigma = 0$ entartete Verteilungen. Ein hierbei nicht erfaßtes, aber wichtiges Modell findet man am Ende von 3.2.1.2.

Die einheitliche Behandlung aller Modelle beruht auf dem folgenden Prinzip: In die Likelihoodfunktion für das allgemeine Modell setzt man die bekannten Parameterwerte oder entsprechende Funktionen davon ein, beispielsweise $\sigma_\xi = 0$ oder $\sigma_\xi = \varrho_1\sigma_\delta$, wenn ϱ_1 bekannt sein sollte. Die MLE mit den bekannten Parameterwerten erhält man dann als Maximum der somit „vereinfachten“ Likelihoodfunktion. Dasselbe gilt auch für die zugehörigen Likelihoodgleichungen, bei denen die Nullstellen des Gradienten der Likelihoodfunktion bestimmt werden, also deren stationäre Punkte, unter denen die MLE ist. Die Gleichungen für die abgeleiteten Modelle ergeben sich ebenso aus den Ausgangsgleichungen, indem man die bekannten Parameterwerte einsetzt.

Wir beschreiben jetzt die Likelihoodfunktion. Bei festem $\beta \in \mathbb{R}^1$ und $\gamma := [\sigma_\delta, \sigma_\varepsilon, \sigma_\xi] \geqq 0$ hat $\boldsymbol{z}_{ij} := [\boldsymbol{x}_{ij}, \boldsymbol{y}_{ij}]$ die Kovarianz

$$\mathsf{D}(\boldsymbol{z}_{ij}) = \begin{pmatrix} \sigma_\delta + \sigma_\xi & \beta\sigma_\xi \\ \beta\sigma_\xi & \sigma_\varepsilon + \beta^2\sigma_\xi \end{pmatrix} =: \Sigma(\beta, \gamma)\,. \tag{2}$$

Sei des weiteren

$$\mu_i := [\vartheta_i, \alpha + \beta\vartheta_i]\,, \tag{3}$$

und für $\Sigma \in \mathfrak{M}_2^{>}$ sei

$$l_z(\alpha, \beta, \vartheta_{(n)}, \Sigma) := -(m/2) \ln \det [\Sigma] - (1/2) \sum_i \sum_j (z_{ij} - \mu_i)' \Sigma^{-1}(z_{ij} - \mu_i) . \tag{4}$$

Dann ist die Likelihoodfunktion bis auf eine Konstante

$$l_z(\psi) := l_z\big(\alpha, \beta, \vartheta_{(n)}, \Sigma(\beta, \gamma)\big) \tag{5}$$

mit dem Parameter

$$\psi := [\alpha, \beta, \vartheta_{(n)}, \gamma] \in \Psi \in \mathbb{R}^{n+5} , \tag{6}$$

wobei Ψ der Bereich im $\mathbb{R}^{n+5}$ ist, für den γ in

$$(\mathbb{R}^{>})^3 = \Gamma := \{\gamma \mid \sigma_\xi \geqq 0, \sigma_\delta \geqq 0, \sigma_\varepsilon \geqq 0\} \tag{7}$$

liegt und $\Sigma(\beta, \gamma)$ positiv definit ist.

Für verschiedene Belange besser geeignet ist eine äquivalente Darstellungen von l_z der Form

$$l_z = -(m/2) \ln \det [\Sigma] - (1/2) \operatorname{sp} \Sigma^{-1} S , \tag{8}$$

$$S := \sum_i \sum_j (z_{ij} - \mu_i) (z_{ij} - \mu_i)' . \tag{9}$$

Eine weitere Darstellung ergibt sich aus einer Aufspaltung von S in einen Summanden, der von ψ unabhängig ist, und einen zweiten, der von den Beobachtungen z_{ij} nur über die $\bar{z}_{i\cdot}$ abhängt:

$$S = W_Z + S(\vartheta_{(n)}) , \tag{10}$$

$$W_Z := \sum_i \sum_j (z_{ij} - \bar{z}_{i\cdot}) (z_{ij} - \bar{z}_{i\cdot})' , \tag{11}$$

$$S(\vartheta_{(n)}) = \sum_i m_i(\bar{z}_{i\cdot} - \mu_i) (\bar{z}_{i\cdot} - \mu_i)' . \tag{12}$$

3.2.1.2. Wiederholte Beobachtungen

Sei jetzt mindestens eines der m_i größer als eins, so daß also mindestens eine wiederholte Beobachtung vorliegt. Dann ist die Likelihoodfunktion beschränkt, denn es ist

$$\max_\psi l_z \leqq \max_{\Sigma \in \mathfrak{M}_2^{>}} \max_{\alpha, \beta, \vartheta_{(n)}} \{-(m/2) \ln \det [\Sigma] - (1/2) \operatorname{sp} [\Sigma^{-1} S]\} . \tag{13}$$

Alle Summanden von S sind positiv semidefinit. Sei $m_{i_0} > 1$, dann ist

$$l_z \leqq \max_\Sigma \{-(m/2) \ln \det [\Sigma] - (1/2) \operatorname{sp} [\Sigma^{-1} S_{i_0}]\} \tag{14}$$

mit

$$S_{i_0} := \sum_{j=1}^{m_{i_0}} (z_{i_0 j} - \bar{z}_{i_0\cdot}) (z_{i_0 j} - \bar{z}_{i_0\cdot})' . \tag{15}$$

Weil aber die z_{ij} normalverteilt sind, ist S_{i_0} fast sicher sogar positiv definit, wie man aus [A 3.14] erkennt. Damit ist die rechte Seite beschränkt und erreicht ihr Maximum für (vgl. [A 3.15])

$$\Sigma = S_{i_0}/m . \tag{16}$$

Also ist die Likelihoodfunktion fast sicher bezüglich der Verteilung von $z_{(m)}$ beschränkt. Wie wir sehen werden, existiert die MLE auch fast sicher. Man erhält sie in mehreren Schritten. Zunächst vergrößert man den Parameterbereich und bestimmt dort das Maximum von l_z:

$$\max_{\alpha,\beta,\vartheta_{(n)}} \max_{\Sigma\in\mathfrak{M}_2^>} l_z(\alpha,\beta,\vartheta_{(n)},\Sigma)\,. \tag{17}$$

Die Lösung sei $\hat{\alpha}, \hat{\beta}, \hat{\vartheta}_{(n)}, \hat{\Sigma}$. Bei festem $\hat{\beta}$ bestimmt $\hat{\Sigma}$ eindeutig ein $\gamma(\hat{\Sigma})$ durch die Beziehung

$$\Sigma(\hat{\beta},\hat{\gamma}) = \hat{\Sigma} = \begin{pmatrix} \hat{\sigma}_1 & \hat{\sigma}_{12} \\ \hat{\sigma}_{12} & \hat{\sigma}_2 \end{pmatrix} \tag{18}$$

als Lösung des folgenden linearen Gleichungssystems in den drei Unbekannten σ_δ, σ_ε, σ_ξ:

$$\sigma_\delta + \sigma_\varepsilon = \hat{\sigma}_1\,, \qquad \hat{\beta}\sigma_\xi = \hat{\sigma}_{12}\,, \qquad \sigma_\varepsilon + \hat{\beta}^2\sigma_\xi = \hat{\sigma}_2\,. \tag{19}$$

Falls $\hat{\gamma}(\Sigma) \in (\mathbb{R}^>)^3$ ist, so hat man damit eine Lösung des Ausgangsproblems.

Es zeigt sich nun, daß das Maximierungsproblem mit dem vergrößerten Parameterbereich fast sicher eine eindeutig bestimmte Lösung $\hat{\beta} = \beta_1$ hat, und darüber hinaus nur noch einen weiteren stationären Punkt β_2. Diese Lösung gab Cox (1976) an, allerdings ohne die elementaren, aber verwickelten Umformungen zur Auflösung der Likelihoodgleichungen. Man erhält die Coxsche Lösung auch aus dem von Anderson stammenden Satz 3.2.9, der die multivariate Fassung des Problems behandelt. Demnach bestimmt man $\hat{\beta} = \beta_1$ als Lösung des Eigenwertproblems

$$(B_Z - \lambda_k W_Z)\,[\beta_k, -1] = 0\,, \qquad 0 < \lambda_1 < \lambda_2\,. \tag{20}$$

Dazu äquivalent ist

$$(1,\beta)\; W_Z^{-1} B_Z[\beta, -1] = 0\,. \tag{21}$$

Wegen

$$W_Z^{-1} = \det\,[W_Z]^{-1} \begin{pmatrix} w_y & -w_{xy} \\ -w_{xy} & w_x \end{pmatrix} \tag{22}$$

erhält man aus (21) die von Cox für β angegebene quadratische Gleichung (24), wobei gemäß der aus Satz 3.2.8 resultierenden Forderung $\lambda_1 < \lambda_2$ die kleinere der beiden Lösungen gewählt werden muß. Darauf wies Theobald hin (vgl. Cox und Dolby (1977)).

Falls nun das aus dieser Lösung bestimmte $\gamma(\hat{\Sigma})$ nicht im zugelassenen Parameterbereich ist, muß das Maximum auf dem Rand liegen. Dies folgt aus der oben angegebenen Eigenschaft der Likelihoodfunktion, daß nur zwei mögliche stationäre Punkte über β existieren. Denn läge das globale Maximum dann nicht auf dem Rand, so müßte in $\Gamma = (\mathbb{R}^>)^3$ mindestens noch ein lokales Maximum liegen. Aus der Existenz von zwei lokalen Maxima folgte aber wegen der Stetigkeit von l_z die Existenz eines weiteren lokalen Minimums. Dies wäre aber als dritter stationärer Punkt nicht möglich.

Ein Vergleich der Maxima über den drei Randkomponenten von Γ liefert dann die gesuchte MLE. Dolby (1976a) erhielt bei einem Modell mit gleichen Wiederholungsanzahlen die entsprechenden Gleichungen, dort werden jedoch nicht die Rand-MLE untersucht. Die Rand-Maxima der Likelihoodfunktion für $\sigma_\delta = 0$ bzw. $\sigma_\varepsilon = 0$ sind aber nichts anderes als gewichtete LSE in den entsprechenden bivariaten linearen Regressionsmodellen von y über x bzw. von x über y. Die Rand-MLE für $\sigma_\xi = 0$ erfordert schließlich die Lösung einer Gleichung vierten Grades in β (vgl. Cox (1976)).

Tabelle 3.2.1. MLE für LIFU+ mit Wiederholungen

Parameter	Innere MLE	$\sigma_\delta = 0$	$\sigma_\varepsilon = 0$	$\sigma_\xi = 0$
β	$\hat{\beta}$	b_{xy}/b_x	b_y/b_{xy}	$\tilde{\beta}$
α	$\bar{y}_{..} - \hat{\beta}\bar{x}_{..}$	$\bar{y}_{..} - (b_{xy}/b_x)\,\bar{x}_{..}$	$\bar{y}_{..} - (b_y/b_{xy})\,\bar{x}_{..}$	$\bar{y}_{..} - \beta\bar{x}_{..}$
ϑ_i	$p(\bar{y}_{i\cdot} - \bar{y}_{..} + \hat{\beta}\bar{x}_{..}) + q\bar{x}_{i\cdot}$	$\bar{x}_{i\cdot}$	$\bar{x}_{..} + (b_{xy}/b_x)\,(\bar{y}_{i\cdot} - \bar{y}_{..})$	$\tilde{\vartheta}_i$
σ_ξ	$(w_{xy} - pqB(\hat{\beta}))/\hat{\beta}$	w_x	$w_y b_{xy}^2/b_y^2$	0
σ_δ	$pT(\hat{\beta})/\hat{\beta}$	0	$b_x - b_{xy}^2/b_y$	$w_x + (\tilde{\beta}b_x - b_{xy})^2/B(\tilde{\beta})$
σ_ε	$qT(\hat{\beta})$	$b_y - b_{xy}^2/b_x$	0	$w_y + (b_y - \tilde{\beta}b_{xy})/B(\tilde{\beta})$

Die MLE für LIFU+ mit Wiederholungen sind in Tabelle 3.2.1 zusammengefaßt. Die Bezeichnungen sind hierbei

$$\begin{aligned} B(\beta) &= b_y - 2\beta b_{xy} + \beta^2 b_x\,, \\ W(\beta) &= w_y - 2\beta w_{xy} + \beta^2 w_x\,, \\ T(\beta) &= B(\beta) + W(\beta)\,, \end{aligned} \tag{23}$$

$$\hat{\beta} = \frac{w_y b_x - w_x b_y - \sqrt{((w_x b_y - w_y b_x)^2 - 4(w_{xy} b_x - w_x b_{xy})(w_y b_{xy} - w_{xy} b_y))}}{2(w_{xy} b_x - w_x b_{xy})}\,, \tag{24}$$

(dabei ergibt sich $\hat{\beta}$ direkt aus (21) und den dort anschließenden Bemerkungen.)

$$p = (\beta w_x - w_{xy})/W(\beta)\,, \tag{25}$$

$$q = (w_y - \beta w_{xy})/W(\beta)\,, \tag{26}$$

wobei $W(\beta)$ fast sicher positiv ist. Des weiteren ist $\tilde{\beta}$ diejenige Lösung der Gleichung

$$\begin{aligned} 0 = {} & [\beta w_x(b_y - \beta b_{xy}) - w_y(\beta b_x - b_{xy})]\, B(\beta) - (b_y - \beta b_{xy}) \\ & \times (\beta b_x - b_{xy})(b_y - \beta^2 b_x)\,, \end{aligned} \tag{27}$$

die das Maximum der Likelihoodfunktion für $\sigma_\xi = 0$ liefert. Es ist in diesem Fall

$$l_\xi = -m(1 + \ln 2\pi) - \frac{1}{2m} \ln \left(\left\{ w_x + \frac{(\tilde{\beta} b_x - b_{xy})^2}{B(\tilde{\beta})} \right\} \left\{ w_y + \frac{(b_y - \tilde{\beta} b_{xy})^2}{B(\tilde{\beta})} \right\} \right). \tag{28}$$

Für $\sigma_\delta = 0$ und $\sigma_\varepsilon = 0$ gilt

$$l_\delta = -m(1 + \ln 2\pi) - \frac{1}{2m} \ln \left(w_x \left(b_y - \frac{b_{xy}^2}{b_x} \right) \right), \tag{29}$$

$$l\; = -m(1 + \ln 2\pi) - \frac{1}{2m} \ln \left(w_y \left(b_x - \frac{b_{xy}^2}{b_y} \right) \right). \tag{30}$$

Schließlich sei

$$\vartheta_i = (\tilde{\beta}(b_x - b_{xy})(\bar{y}_{i\cdot} - \bar{y}_{\cdot\cdot} + \bar{x}_{\cdot\cdot}) + (b_y - \tilde{\beta} b_{xy})\, \bar{x}_{i\cdot})/B(\tilde{\beta})\,. \tag{31}$$

Wenn also die MLS für eine der Varianzen $\sigma.$ negativ sind, muß man diejenige Rand-MLE wählen, für die der entsprechende Likelihoodwert am größten ist.

Aus diesen Gleichungen gewinnt man nun auf einheitlicher Grundlage verschiedene, bisher auf unterschiedlichem Wege hergeleitete MLE für spezielle LIFU und damit zusammenhängende Aussagen durch weitere Einschränkungen an die Parameter.

1. $\sigma_\xi = 0$ liefert die LIFU+ mit wiederholten Beobachtungen eines Versuchsplanes. Hier gilt einfacher

$$\hat{\sigma}_\delta = S_{\bar{\delta}}/m\,, \qquad \hat{\sigma}_\varepsilon = S_{\bar{\varepsilon}}/m\,. \tag{32}$$

Barnett (1970) erhielt ein implizites Gleichungssystem, ohne Angabe der expliziten Formeln.

2. Für $\vartheta_i = \vartheta$ ergibt sich das als „strukturelle Beziehung" bekannte LIFU⁻-Modell; man erhält (vgl. Dolby (1976a), S. 43):

$$\hat{\vartheta} = \bar{x}_{\cdot\cdot}\,, \qquad \hat{\alpha} + \hat{\beta}\hat{\vartheta} = \bar{y}_{\cdot\cdot}\,. \tag{33}$$

Beim klassischen Zugang (Kendall und Stuart (1961), S. 379) erhält man diese Gleichungen durch ein heuristisch begründetes „Suffizienzargument", welches aber für bekannte σ_δ, σ_ε versagt (vgl. Bemerkung 3.2.2).

Bei Chan und Mak (1979b) wird ein weiteres interessantes Modell mit anderer Wiederholungsstruktur behandelt:

$$\eta_i = \alpha + \beta\xi_i\,, \qquad \xi_i \sim \mathrm{N}(\vartheta, \sigma_\xi)\,,$$

$$x_{ij} = \xi_i + \delta_{ij}\,, \qquad \delta_{ij} \sim \mathrm{N}(0, \sigma_\delta)\,,$$

$$y_{ij} = \eta_i + \varepsilon_{ij}\,, \qquad \varepsilon_{ij} \sim \mathrm{N}(0, \sigma_\varepsilon)\,,$$

wobei $j = 1, \ldots, m_0$ ist und die Zufallsgrößen ξ_i, δ_{ij}, ε_{ij} unabhängig sind. Man beachte jedoch daß dieses Modell *nicht als Spezialfall* des vorangegangenen erhalten werden kann. Dies sieht man sofort, wenn man die Kovarianz $\mathsf{D}(x_{ij}, x_{ik})$ für $k \neq j$ in beiden Modellen berechnet. Im Ausgangsmodell ergibt sich 0, während im letztgenannten σ_ξ erscheint. Die MLE erfüllen zunächst die schon im vorangegangenen Modell für den Fall $\vartheta_i = \vartheta$ erhaltenen Gleichungen (33). Die MLE für β ist eine der Nullstellen eines Polynoms 4. Grades. Jedoch werden bei Chan und Mak (1979b) nicht die Rand-MLE untersucht.

3.2.1.3. Beobachtungen ohne Wiederholung

Wenn keine Wiederholungen vorliegen, ist $m_i = 1$, $i = 1, \ldots, n$, $z_{ij} = z_i$. Die Lösungen der Likelihoodgleichungen in diesem Fall wurden von Dolby (1976a) diskutiert, wobei auch viele im folgenden ausgelassenen Details beschrieben werden.

Tabelle 3.2.2. MLE für bivariate normale LIFU⁺
$\xi_{ij} \sim \mathrm{N}(\vartheta_i, \sigma_\xi)$, $\delta_{ij} \sim \mathrm{N}(0, \sigma_\delta)$, $\varepsilon_{ij} \sim \mathrm{N}(0, \sigma_\varepsilon)$, $\varrho_1 = \sigma_\xi/\sigma_\delta$, $\varrho_2 = \sigma_\varepsilon/\sigma_\delta$

mit	Wiederholungen		ohne
ungleiche Wiederholungszahl	Tab. 3.2.1	ohne Zusatzinformation	$\neg$ MLE
		ϱ_1 oder ϱ_2 bekannt	$\neg$ MLE
		ϱ_2 und ϱ_1 bekannt	(35), (37)
		$\varrho_2 = 0$, $\varrho_1 \neq 0$	(38)
	$\vartheta_i = \vartheta$		
	(33)	σ_ε, σ_δ bekannt	(39)
		ϱ_1 bekannt	(40)
	LIFU⁺ ($\sigma_\xi = \varrho_1 = 0$)		
gleiche Wiederholungszahl	(32)	ohne Zusatzinformation	$\neg$ MLE
		σ_δ oder σ_ε bekannt	$\neg$ MLE
		ϱ_2 bekannt	(37)
		σ_δ und σ_ε bekannt, $\hat{\beta}$ aus	(39)

$\neg$ MLE: es existiert kein globales Maximum der Likelihoodfunktion

Ohne weitere Zusatzannahmen folgt aus den Likelihoodgleichungen

$$0 = (\sigma_\varepsilon + \beta^2\sigma_\delta)/\det[\Lambda_\beta]\,. \tag{34}$$

Diese Gleichung hat für reelle β keine Lösung (vgl. Tabelle 3.2.2).

Setzt man den Varianzquotienten $\sigma_\xi/\sigma_\delta =: \varrho_1$ als bekannt voraus, dann folgt eine Gleichung der Form $0 = g(\beta, \sigma_\xi, \sigma_\varepsilon)$, die im allgemeinen durch konsistente Schätzungen $\hat{\beta}$, $\hat{\sigma}_\xi$, $\hat{\sigma}_\varepsilon$ nicht erfüllt werden kann.

Für LIFU$^+$, also für $\varrho_1 = 0$, wird daraus die schon von Lindley (1947) hergeleitete Gleichung $\beta^2\sigma_\xi = \sigma_\varepsilon$. Der von Lindley gezeigten Inkonsistenz der MLE entspricht die Unbeschränktheit der Likelihoodfunktion bei diesen LIFU$^+$ (Anderson und Rubin (1956), S. 129–130). Tatsächlich bestimmen die Likelihoodgleichungen nur einen Sattelpunkt (Solari (1969)).

Auch die Kenntnis des Quotienten $\varrho_2 = \sigma_\varepsilon/\sigma_\delta$ sichert nicht die Existenz der MLE, da in diesem Falle ebenso die Gleichung (34) folgt. Wenn jedoch beide Quotienten bekannt sind, erhält man die folgenden Likelihoodgleichungen, die insbesondere für LIFU$^+$, also im Fall $\varrho_1 = 0$, gelten und ebenso auch, wenn alle Varianzen bekannt sind. Wir bezeichnen

$$\begin{aligned} \tau &= 1/(\sigma_\varepsilon + \beta^2\sigma_\delta)\,, \\ g(\beta) &:= d_{xy}\beta^2 + (\varrho_2 d_x - d_y)\,\beta - \varrho_2 d_{xy}\,, \\ \varepsilon &= y - \alpha 1_n - \beta x\,. \end{aligned} \tag{35}$$

Dann gilt

$$\begin{aligned} &\hat{\alpha} = \bar{y} - \hat{\beta}\bar{x}\,, \qquad \hat{\vartheta} = x + \hat{\beta}\hat{\sigma}_\xi\tau\varepsilon\,, \\ &0 = \varrho_1\hat{\beta}\,\|\varepsilon.\|^2\,(\varrho_2 + \hat{\beta}^2) + 2n(\varrho_1(\varrho_2 + \hat{\beta}^2) + \varrho_2)\,g(\hat{\beta})\,. \end{aligned} \tag{36}$$

Unter $\varrho_1 = 0$ erhält man für $\hat{\beta}$ die seit langem bekannte Gleichung $0 = g(\beta)$. Madansky (1959) zeigte, daß die größere der beiden Lösungen die MLE liefert:

$$\hat{\beta} = \left((d_y - \varrho_2 d_x) + ((d_y - \varrho_2 d_x)^2 + 4\varrho d_{xy})^{1/2}\right)/2\,d_{xy}\,. \tag{37}$$

Im Fall nur einer bekannten Fehlervarianz bei LIFU$^+$ ist die Likelihoodfunktion, außer für die Regressionsfälle $\sigma_\varepsilon = 0$ oder $\sigma_\delta = 0$, unbeschränkt (Moberg und Sundberg (1978)). Für $\varrho_2 = 0$, $\varrho_1 \neq 0$ — also in einem „Quasi-Regressionsmodell" — erhält man (vgl. Dolby (1976a)):

$$\hat{\beta} = (d_y/d_x)^{1/2}\,. \tag{38}$$

Dies ist das geometrische Mittel der beiden Regressionsschätzungen von x über y bzw. y über x, welches von Teissier (1948) heuristisch begründet wurde.

Der Fall $\vartheta_i = \vartheta$, $i = 1, \ldots, n$.

Wenn beide Fehlervarianzen bekannt sind und $\vartheta_i = \vartheta$ gilt, erhält man die MLE nach Barnett (1967) aus den Gleichungen

$$\begin{aligned} &\hat{\beta} = \left((d_y - \varrho_2 d_x) + ((d_y - \varrho_2 d_x)^2 + 4\varrho_2 d_{xy})^{1/2}\right)/2d_{xy}\,, \\ &\hat{\vartheta} = \bar{x}.\,, \qquad \hat{\alpha} = \bar{y}. - \hat{\beta}\bar{x}.\,, \\ &\hat{\sigma}_\xi = (\varrho_1^2 d_x + 2\varrho_1 d_{xy} + \hat{\beta}^2 d_y) - \varrho_1(\hat{\beta}^2\sigma_\delta + \sigma_\varepsilon)/(\varrho_1 + \hat{\beta}^2)^2\,. \end{aligned} \tag{39}$$

Bei Barnett ist jedoch die Möglichkeit $\hat{\sigma}_\xi \leq 0$ übersehen worden. In diesem Fall liegt aber die MLE auf dem Rand „$\sigma_\xi = 0$". Dies entspricht $\varrho_1 = 0$, und man erhält die MLE wie in dem Modell, wo die ϑ_i verschieden sein können. Dies ergibt letztlich aber dieselbe Formel (37) für $\hat{\beta}$.

Bei diesem Modell gab es zeitweise beträchtliche Diskussionen über die „überidentifizierten" Likelihoodgleichungen (vgl. KENDALL und STUART (1961), 29. 9.—11.). Dort wird argumentiert, daß man die MLE erhalten könne, indem „diejenigen Gleichungen gelöst werden, welche die Stichprobenwerte mit den theoretischen Erwartungswerten" gleichsetzt. Dies beruhe auf der Suffizienz der Stichprobenwerte für die Parameter. Für den Fall, daß beide Fehlervarianzen bekannt sind, erhält man jedoch fünf Gleichungen für nur vier Parameter und damit eine „Überidentifiziertheit". KIEFER (1964) wies darauf hin, daß die richtige Anwendung des Likelihood-Prinzips keine Überidentifiziertheit zur Folge hat.

BIRCH (1964) ging ebenso von den überidentifizierten Gleichungen aus. Er wandte das richtige Likelihood-Prinzip nur für die Fälle an, wo diese Gleichungen keine Lösung hatten. Hierbei fand er in einigen seiner komplizierten Fallunterscheidungen dieselbe Lösung wie BARNETT (1967), behandelte aber den Fall $\hat{\sigma}_\xi = 0$ anscheinend nicht korrekt (vgl. BIRCH (1967), Situation (vi), p. 1176).

Wenn ϱ_1 bekannt ist, erhält man für $\hat{\beta}$ dieselbe Formel, jedoch gilt dann (vgl. MADANSKY (1959)):

$$\hat{\sigma}_\xi = d_{xy}/\hat{\beta}\,. \tag{40}$$

Die Formel für $\hat{\beta}$ bleibt für LIFU$^+$, also für $\varrho_1 = 0$, erhalten. Für sämtliche unbekannte Varianzen und bekanntes α wurde die MLE von CHAN und MAK (1979a) hergeleitet. Ähnlich wie im Modell mit Wiederholungen, erhält man die MLE hier durch Untersuchung der stationären Punkte und der Maxima auf den Randbereichen $\sigma_\xi = 0$, $\sigma_\delta = 0$ und $\sigma_\varepsilon = 0$.

3.2.2. Maximum-Likelihood- und Kleinste-Quadrat-Schätzung

3.2.2.1. Schätzverfahren für Modelle mit Fehlern in den Variablen

In 3.2.1 wurden die MLE für die einfachsten bivariaten linearen Modelle untersucht. In wichtigen Spezialfällen konnten auch explizite Formeln für die Schätzung des Strukturparameters erhalten werden. Dies wird man bei den allgemeineren Modellen nicht mehr ohne weiteres erwarten können. In diesem Abschnitt sollen die beiden wichtigsten Schätzverfahren für Modelle mit Fehlern in den Variablen beschrieben werden. Beide ergeben sich als Minimum eines Schätzfunktionals über dem Bereich der zugelassenen Parameter:

$$\hat{\psi}(z) = \arg\min_{\psi\in\Psi} l_z(\psi)\,. \tag{41}$$

Für allgemeine Modelle mit Fehlern in den Variablen ist $\psi = [\mu_{(n)}, \pi, \gamma] \in S_w \times \Gamma$. Für explizite Modelle ist $\psi = [\xi_{(n)}, \pi, \gamma]$.

3.2.2.2. Maximum-Likelihood-Schätzung

Die Dichte (oder deren Logarithmus) der Verteilung von $\zeta_{(n)}$ sei durch $l_\gamma^\zeta(\cdot)$, $\gamma \in \Gamma$, gegeben. Dann erhält man die MLE für ψ aus dem Schätzfunktional

$$l_z(\psi) = -\, l_\gamma^\zeta(z - \mu)\,. \tag{42}$$

Bei Normalverteilung mit unbekannter Kovarianz $\Omega = \Omega(\gamma)$, $\gamma \in \Gamma$, ist beispielsweise

$$l_z(\psi) = \ln \det [\Omega]/2 + \|z - \mu\|^2_{\Omega^{-1}}/2 . \tag{43}$$

Die MLE ergeben sich aus

$$\hat{\psi} = \arg \min_{[\mu, \pi] \in S_w} \min_{\gamma \in \Gamma} l_z(\psi) . \tag{44}$$

3.2.2.3. Kleinste-Quadrat-Schätzung

Bei der euklidischen Norm $\|\cdot\| = \|\cdot\|_I$ besteht diese Methode darin, daß zuerst die Summe der Quadrate der Abstände zwischen den Beobachtungen z_i und einer zunächst fixierten Struktur St_π — bzw. S_w bei allgemeinen Modellen mit Fehlern in den Variablen — aus der vorgegebenen Strukturschar St_Π bestimmt wird. Anschließend wird diejenige Struktur aus dem Modell gesucht, die diesen Abstand bezüglich der fehlerhaften Zustandvariablen minimiert. Sei $\vartheta = [\mu_{(n)}, \pi]$. Dann erhält man die LSE aus

$$\hat{\vartheta} = \arg \min_{[\mu, \pi] \in S_w} \|z_{(n)} - \mu_{(n)}\|^2 , \tag{45}$$

wobei $w = w_{(n)}$ der feste und bekannte Regressor ist. Diese Minimierung kann auch geschrieben werden als

$$= \arg \min_{\pi \in \Pi} \min_{\mu_{(n)} \in S_{w, \pi}} \|z - \mu\|^2 . \tag{46}$$

Wie man aus der Regressionstheorie weiß, erweisen sich allgemeine quadratische Normen zur Konstruktion von Schätzungen als geeignet. Sei $W \in \mathfrak{M}^{>}_{d_z n}$ eine Wichtungsmatrix und $\|\cdot\|_W$ die entsprechende quadratische Norm. Damit erhält man gewichtete LSE (WLSE) mit der Wichtungsmatrix W. Falls W^{-1} die wahre Kovarianz von $\zeta_{(n)}$ ist, erhält man verallgemeinerte LSE (GLSE). Wie man sieht, sind durch die Einbeziehung der Regressoren w_i die LSE aus den Regressionsmodellen in natürlicher Weise mit eingeschlossen (vgl. (3.1.50) bis (3.1.53)). Offensichtlich gilt die folgende Aussage:

Satz 3.2.1. *Für normalverteilte Fehler* $\zeta_{(n)}$ *mit bekannter Kovarianz ist die* GLSE *gleichzeitig* MLE.

Bemerkung 3.2.1. Für LIFU⁺ wurde von SPRENT (1966) eine andere Methode eingeführt, dort als verallgemeinerte LSE bezeichnet. Mit der Residualvariablen $\tilde{\varepsilon} = y_{(n)} - (I_n \otimes B)\, x_{(n)}$ kann man heuristisch auch das folgende „Kleinste-Quadrat-Kriterium" begründen:

$$k_z(\pi) = \min_{\pi \in \Pi} \tilde{\varepsilon}' (\mathsf{E}_\psi \tilde{\varepsilon} \tilde{\varepsilon}')^{-1} \tilde{\varepsilon} . \tag{47}$$

DOLBY (1972) zeigte die Äquivalenz dieser Schätzung mit der WLSE bei bekannter Kovarianz unter Normalverteilung.

Die anschauliche Deutung der WLSE ist für $p = 2$ besonders gut möglich für den Fall $\Omega = I_n \otimes I_p$ (vgl. Abb. 3.2.1). Hierbei muß St_π gerade diejenige Struktur aus dem Modell St_Π sein, welche die Summe der senkrechten Abstandsquadrate von den beobachteten Punkten z_i zu $\mathrm{St}_{\hat{\pi}}$ minimiert. Die WLSE mit dieser speziellen Wichtungsmatrix heißt orthogonale LSE (ORLSE).

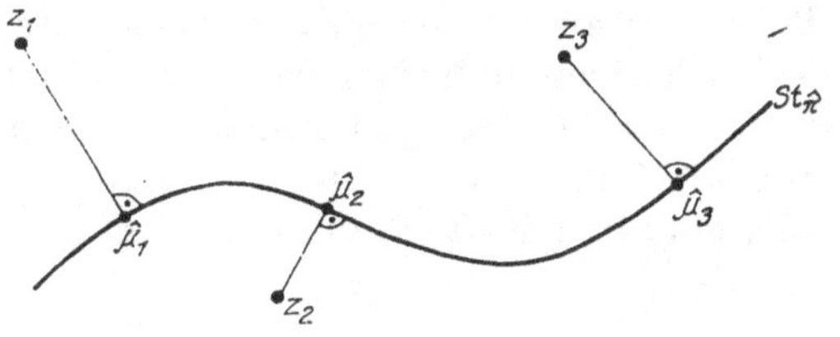

Abb. 3.2.1

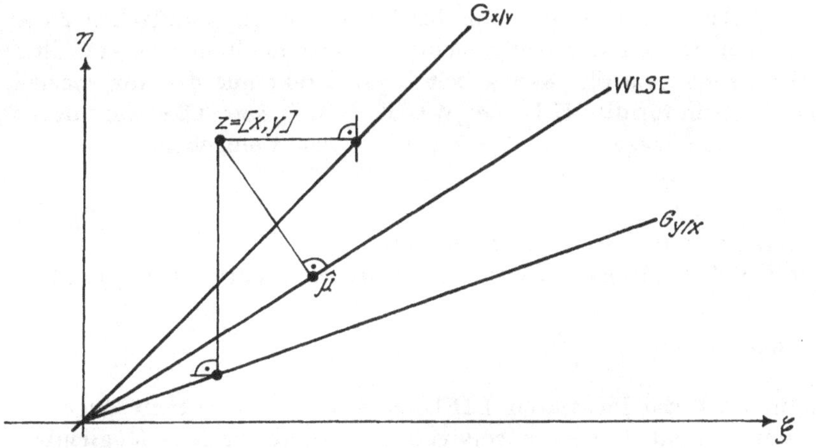

Abb. 3.2.2

Für bivariate LIFU+ liegt die WLSE für jede nichtsinguläre Wichtungsmatrix zwischen den beiden Regressionsgeraden (vgl. Abb. 3.2.2). Die Regressionsgeraden sind die WLSE für den Fall $\sigma_x = 0$, was zu $G_{y|x}$ führt, und für $\sigma_y = 0$. Bei diesen werden also nicht mehr die orthogonalen Abstandsquadrate minimiert, sondern die Summen der Abstandsquadrate in Richtung der η- bzw. ξ-Achse. Daß die orthogonale LSE zwischen den beiden Regressionsgeraden liegt, erkennt man aus den Berechnungsformeln. Es ist (vgl. (3.1.37))

$$\hat{\beta} = \left((d_y - d_x) + \sqrt{((d_y - d_x)^2 + 4d_{xy}^2)}\right)/2d\,,$$
$$\beta_{x|y} = d_{xy}/d_x\,, \qquad \beta_{x|y} = d_y/d_{xy}\,. \tag{48}$$

Benutzt man die Ungleichung $d_{xy}^2 \leqq d_x d_y$ (Cauchysche Ungleichung), dann folgt, daß der Zähler des bei $\hat{\beta}$ auftretenden Wurzelterms nicht größer als

$$d_y^2 - 2d_x d_y + d_x^2 + 4d_x d_y = (d_x + d_y)^2$$

ist. Für $d_{xy} > 0$ folgt damit

$$\hat{\beta} < \beta_{xy}\,. \tag{49}$$

Die anderen Fälle behandelt man analog.

3.2.2.4. Meßbarkeit und Eindeutigkeit

An dieser Stelle wollen wir kurz auf die Meßbarkeit von MLE und WLSE eingehen. Diese erhält man unter schwachen Voraussetzungen im allgemeinen Rahmen der Minimum-Kontrast-Schätzungen (vgl. Pfanzagl (1969), Strasser (1973) und die dort angegebene Literatur). Zum Beispiel genügt es, wenn l_z in beiden Argumenten stetig ist und das Minimum für jedes z für einen endlichen Parameterwert angenommen wird. Selbst wenn die Schätzung nicht eindeutig bestimmt ist, weil mehrere Minima existieren, kann man eine meßbare Funktion darunter auswählen (vgl. Nölle und Witting (1970), Satz 2.32). In diesem Sinne ist auch die Bezeichnung

$$\hat{\vartheta} = \arg\min_\vartheta l_z(\vartheta)$$

zu verstehen, als meßbare Festlegung des Minimums. In praktischen Fällen sind die Voraussetzungen der genannten allgemeinen Sätze ohnehin meist als erfüllt anzusehen. Manchmal erkennt man die Meßbarkeit sogar direkt aus den für spezielle Modelle erhaltenen Formeln für die MLE oder WLSE, z. B. in Satz 3.2.4. Im folgenden wollen wir deshalb auf die Frage der Meßbarkeit nicht weiter eingehen.

3.2.3. Lineare funktionelle Beziehungen mit nichtzufälligem Versuchsplan und bekannter Kovarianz

3.2.3.1. Modell

Nachdem in 3.2.1 die bivariaten LIFU in einem einheitlichen Zugang behandelt werden konnten, zumindest für normalverteilte ξ_i, gäbe es diese Möglichkeit auch für den multivariaten Fall. Die in 3.2.1 beschriebene Methode zur Berechnung der stationären Punkte der Maximum-Likelihood-Gleichungen ist prinzipiell auch für den multivariaten Fall anwendbar.

Jedoch haben die multivariaten LIFU$^-$ bisher nicht die Bedeutung wie die entsprechenden LIFU$^+$ erlangt. Dies liegt natürlich zunächst an den etwas langwierigeren Berechnungen für die Bestimmung der MLE auch im Normalfall. Die grundlegenden Erkenntnisse über die Schwierigkeiten dieses Modells lieferte schon das bivariate Modell (vgl. 3.2.1). Darüber hinaus ist natürlich die Voraussetzung einer multivariaten Normalverteilung für den Versuchsplan — im Gegensatz zum Fall univariater ξ_i — praktisch weniger bedeutsam. Und wie schon angedeutet (vgl. (3.1.59)) ist für nichtnormalverteilte $\boldsymbol{\mu}$ die Verteilung $\boldsymbol{z} = \boldsymbol{\mu} + \boldsymbol{\zeta}$ schwierig zu bestimmen. Deshalb wurden bisher in der Literatur über multivariate LIFU fast ausschließlich solche mit festem Versuchsplan behandelt. Dabei ergeben sich die in 3.2.1 abgeleiteten MLE für bivariate LIFU$^+$ als Spezialfälle.

In diesem Abschnitt werden nun LIFU$^+$ mit bekannter Kovarianz behandelt. Die Voraussetzung einer bekannten Kovarianz ist zwar für die meisten praktischen Anwendungen nicht erfüllt. Jedoch liefern die zugehörigen Untersuchungen Hilfsmittel für die Konstruktion zweistufiger Schätzungen. Dabei werden wir gleich den Fall einer allgemeinen Kovarianz $\mathsf{D}\boldsymbol{z} = \Omega \in \mathfrak{M}_{pm}^{>}$ behandeln. Im Vergleich zum Fall unkorrelierter Einzelbeobachtungen, d. h. $\mathsf{D}\boldsymbol{z} = I_m \otimes \Sigma$, können damit z. B. auch Zeitreihenmodelle erfaßt werden.

3.2.3.2. Kleinste-Quadrat-Schätzung

Wir betrachten die LIFU$^+$ (vgl. (3.1.35))

$$\boldsymbol{z} = A\mu + \zeta\,, \qquad \mu \in \mathscr{L}^n\,, \qquad \mathscr{L} \in \mathfrak{L}_{\leq p-q}\,, \qquad \mathsf{D}\zeta = \Omega\,. \tag{50}$$

Mit der Verteilungsannahme $\zeta \sim \mathrm{N}(0, \Omega)$ stimmen nach 3.2.2 die MLE und die WLSE (mit der Wichtungsmatrix Ω^{-1}) überein. Man erhält sie aus

$$\min_{\mu \in \mathfrak{L}^n_{\leqq p-q}} k_z(\mu) = \min_{\mathcal{L} \in \mathfrak{L}_{\leqq p-q}} \min_{\mu \in \mathcal{L}^n} k_z(\mu) \tag{51}$$

mit

$$k_z(\mu) = ||z - A\mu||^2_{\Omega^{-1}} .$$

Für festes $\mathcal{L} \in \mathfrak{L}_{\leqq p-q}$ existiert das Minimum an der Stelle

$$\tilde{\mu}(\mathcal{L}) = \Omega^{-1/2} A \hat{\mu}(\mathcal{L}) = P_{\Omega^{-1/2} A \mathcal{L}^n} \Omega^{-1/2} z . \tag{52}$$

Da die Projektion stetig von $\mathcal{L}$ abhängt und $\mathfrak{L}_{\leqq p-q}$ nach DIEUDONNÉ (1976), 16.11.9, kompakt ist, folgt

Satz 3.2.2. *Für die* LIFU⁺ *erhält man die* WLSE *aus*

$$k_z(\mu) = ||z||^2_{\Omega^{-1}} - \max_{\mathcal{L} \in \mathfrak{L}_{\leqq p-q}} ||\tilde{\mu}(\mathcal{L})||^2_{I_{pm}} .$$

(Die WLSE für spezielle unbekannte Fehlerkovarianz bei LIFU⁺ wird in Satz 3.2.9 angegeben.) Für den Fall $\Omega = \Lambda \otimes \Sigma$, $A = U' \otimes I_p$ ist die Reduktion auf ein Eigenwertproblem möglich, es ist dann nämlich

$$P_{\Omega^{-1/2} A \mathcal{L}^n} = P_{\Lambda^{-1/2} U' \otimes \Sigma^{-1/2} \mathcal{L}} = P_{\Lambda^{-1/2} U'} \otimes P_{\Sigma^{-1/2} \mathcal{L}} .$$

Wegen $||(A \otimes B)\, z||^2_I = \mathrm{sp}\,\big(B' B \overleftarrow{z} (A'A) \overleftarrow{z}'\big)$ ist aber dann mit $z = \overleftarrow{z}$

$$||\tilde{\mu}(\mathcal{L})||^2 = \mathrm{sp}\,(\Sigma^{-1/2} P_{\Sigma^{-1/2}\mathcal{L}} \Sigma^{-1/2} Z \Lambda^{-1/2} P_{\Lambda^{-1/2} U'} \Lambda^{-1/2} Z') .$$

Sei nun $\tilde{C} = (\tilde{c}_1, \ldots, \tilde{c}_{p-q})$ eine Orthonormalbasis von $\Sigma^{-1/2}\tilde{\mathcal{L}}$. Dann erhält man die WLSE über die Lösung des Problems

$$\max_{\tilde{C}'\tilde{C} = I_{p-q}} \mathrm{sp}\,(\tilde{C}\tilde{C}' \Sigma^{-1/2} \tilde{Q} \Sigma^{-1/2})$$

mit

$$\tilde{Q} = Q_{Z \cdot U} = Z \Lambda^{-1} U' (U \Lambda^{-1} U')^{-1} U \Lambda^{-1} Z' .$$

Die Lösung hiervon ist wohlbekannt (vgl. RAO (1973), I. 1.f. (iv)), vorausgesetzt, es ist $\mathrm{r}[Q] = r \geqq p - q$. Dann ist $\tilde{C} = C^*$, wobei $C = (C_* \,\vdots\, C^*) = (c_1, \ldots, c_q, c_{q+1}, \ldots, c_p)$ ist und die c_i die zu den Eigenwerten $\lambda_1(Q) \leqq \ldots \leqq \lambda_r(Q)$, $Q = \Sigma^{-1/2} \tilde{Q} \Sigma^{-1/2}$ gehörenden Eigenvektoren von $\tilde{Q}$ sind. Sei nun $n \geqq p$. Weil damit $\mathrm{r}[P_{\Lambda^{-1/2} U'}] \geqq p$ gilt, hat wegen der absoluten Stetigkeit der Verteilung P^z die zufällige Matrix $\boldsymbol{Z} P_{\Lambda^{-1/2} U'} \boldsymbol{Z}'$ fast sicher vollen Rang und verschiedene Eigenwerte und damit orthogonale Eigenvektoren (vgl. [A 3.14]). Insbesondere folgt daraus, daß $\mathcal{L}(c_{q+1}, \ldots, c_p)$ fast sicher eindeutig bestimmt ist und im Modell $\mathfrak{L}_{\leqq p-q}$ das Maximum fast sicher für $r = p - q$ angenommen wird.

Satz 3.2.3. *Für* LIFU⁺ *mit* $A = U' \otimes I_p$, $n \geqq p$, $\Omega = \Lambda \otimes \Sigma$ *ist die* GLSE *für den Strukturparameter* $\mathcal{L} \in \mathfrak{L}_{\leqq p-q}$ *fast sicher bezüglich der Verteilung von* $\boldsymbol{z}_{(m)}$

$$\hat{\mathcal{L}} = \Sigma^{+1/2} \mathcal{L}(c_{q+1}, \ldots, c_p) ,$$

wobei $c_{q+1}, \ldots, c_p$ *die Eigenvektoren sind, die zu den* $p - q$ *größten Eigenwerten von* $\Sigma^{-1/2} \overleftarrow{z} \Lambda^{-1/2} P_{\Lambda^{1/2} U'} \Lambda^{-1/2} \overleftarrow{z}' \Sigma^{-1/2}$ *gehören.* $\mathcal{L}$ *ist fast sicher eindeutig bestimmt.*

Der Wert von $l_z(\hat{\mu})$ ist

$$\ln l_z(\hat{\mu}) = -\frac{np}{2}\ln 2\pi - \frac{n}{2}\ln \det[\Lambda]\det[\Sigma] - \frac{1}{2}\sum_{j=q+1}^{p}\lambda_j(Q)\,.$$

(Hierzu vergleiche man auch Bemerkung 3.2.4, S. 211).

Die Tatsache, daß die Strukturschar $\mathfrak{L}_{\leqq p-q}$ für die WLSE $\hat{\mathscr{L}}$ fast sicher die größte im Modell zugelassene Dimension $p - q$ hat, führt in Modellen, in denen der „wahre" Strukturparameter eine echt kleinere Dimension als $p - q$, hat zu inkonsistenten Schätzungen.

Weiterhin stellt man fest, daß $\tilde{Q}$ in enger Beziehung zum Regressionsmodell

$$Z = MU + \bar{\zeta}$$

steht. Die BILUE von M ist nämlich hierbei

$$\tilde{M} = Z\Lambda^{-1}U'(U\Lambda^{-1}U')^{-1}U\,,$$

so daß

$$\tilde{Q} = \tilde{M}\Lambda^{-1}\tilde{M} = Q_{Z\cdot U}$$

ist, und mit der Regressions-Residualmatrix $S_{Z\cdot U}$ gilt

$$Q_{Z\cdot U} = S_{Z\cdot U} - Z\Lambda^{-1}Z'\,.$$

Damit bilden die Ergebnisse zur Theorie der multivariaten linearen Regression die Basis für die Behandlung der LIFU⁺. Ähnliches trifft auch für den Fall unbekannter Kovarianzmatrizen zu.

Zur Vollständigkeit wird noch die MLE für das Modell (3.1.34) angegeben: Nach 3.2.2 ist die MLE für $\mathscr{L}^\perp$

$$\hat{\mathscr{L}^\perp} = \hat{\mathscr{L}}^\perp\,.$$

Nun verwendet man

$$(\Sigma^{1/2}\mathscr{L})^\perp = \Sigma^{-1/2}\mathscr{L}^\perp\,, \qquad \mathscr{R}(C^*)^\perp = \mathscr{R}(C_*)\,,$$

weil die Eigenwerte fast sicher verschieden sind. Man erhält

Satz 3.2.4. *Für* LIFU⁺

$$z = (U' \otimes I_p)\,\mu + \zeta\,, \qquad \mathsf{D}\zeta = \Lambda \otimes \Sigma\,, \qquad L^{\perp\prime}\mu = 0\,,$$

erhält man die WLSE *für $L^\perp$ sowohl im Modell $L^\perp \in \mathfrak{M}^q_{p\times q}$ als auch im Modell $\hat{L}^\perp \in U_{r\geqq q}\mathfrak{M}^r_{p\times r}$ aus der Beziehung*

$$\hat{L^\perp} = \Sigma^{-1/2}C_*\,,$$

wobei $C_* = (c_1, \ldots, c_q)$ die zu den q kleinsten Eigenwerten von $\Sigma^{-1/2}Q\Sigma^{-1/2}$ gehörenden Eigenvektoren sind. Mit L ist jede andere Matrix $\hat{L} \in \mathfrak{M}^r_{p\times r}$ eine WLSE, *für die $\mathscr{R}(\hat{L}^\perp) = \mathscr{R}(\bar{L})$ gilt, jedoch ist $\mathscr{R}(\hat{\bar{L}})$ fast sicher eindeutig bestimmt. Es ist*

$$\ln l_z(\hat{\mu}) = -\frac{np}{2}\ln 2\pi - \frac{n}{2}\ln \det[\Lambda]\det[\Sigma] - \frac{1}{2}\sum_{i=1}^{q}\lambda_i(Q)\,.$$

Man bemerke, daß $\hat{L}^\perp = \tilde{C}_*$ ist, wenn $\tilde{C}_*$ aus den zu den kleinsten Eigenwerten gehörenden Eigenvektoren von $(\tilde{Q} - \lambda_k\Sigma)\,c_k = 0$ besteht.

Für allgemeine Kovarianzen ist eine Berechnung nicht mehr so einfach möglich, obwohl Satz 3.2.3 die prinzipielle Möglichkeit dazu gibt. Die Berechnung der MLE wird dann mit den Algorithmen für allgemeine Modelle erfolgen müssen (vgl. 3.2.6/7). Jedoch hilft der folgende Satz für das LIFU⁺ mit $\mathscr{L} \in \mathfrak{L}_{\leqq p-q}$ die Berechnung abzukürzen, weil nämlich die Dimensionen unterhalb $p - q$ gar nicht betrachtet werden müssen. Er wird für WLSE formuliert.

Satz 3.2.5. *Sei* P^z *eine absolutstetige Verteilung,* $n \geqq p(p-q)$. *Dann gilt für die* WLSE $\hat{\mathscr{L}}$ *von* $\mathscr{L} \in \mathfrak{L}_{\leqq p-q}$ *fast sicher* $\hat{\mathscr{L}} \in \mathfrak{L}_{=p-q}$.

Beweis. Angenommen, es gäbe eine WLSE $\bar{\mathscr{L}} \in \mathfrak{L}_{=r}$, $r < p - q$. Dann gibt es $\bar{\mathscr{L}}_1$, $\bar{\mathscr{L}}_2 \in \mathfrak{L}_{=p-q}$ mit

$$\bar{\mathscr{L}} \subseteq \bar{\mathscr{L}}_1 , \qquad \bar{\mathscr{L}} \subseteq \bar{\mathscr{L}}_2 \quad \text{und} \quad \bar{\mathscr{L}}_1 \neq \bar{\mathscr{L}}_2 .$$

Damit wäre aber $\hat{\mu} \in (\bar{\mathscr{L}}_1 \cap \hat{\mathscr{L}}_2)^n$. Weil $\hat{\mu}$ nun aber WLSE über dem ganzen Modell $\mathfrak{L}_{\leqq p-q}$ sein sollte, folgt unter Beachtung von $\bar{\mathscr{L}} \subseteq \bar{\mathscr{L}}_j$, $j = 1, 2$,

$$k_z(\hat{\mu}) \leqq \min_{\mu \in \bar{\mathscr{L}}_j^n} k_z(\mu) \leqq \min_{\mu \in \bar{\mathscr{L}}^n} k_z(\mu) = k_z(\hat{\mu}) .$$

Wegen $\mathfrak{L}_{\leqq p-q} \supseteqq \mathfrak{L}_{=p-q}$ wären deshalb sowohl $\bar{\mathscr{L}}_1$ als auch $\bar{\mathscr{L}}_2$ WLSE in $\mathfrak{L}_{=p-q}$. Die WLSE $\hat{\mu}(z)$ für μ wäre damit wegen $\hat{\mu} \in (\bar{\mathscr{L}}_1 \cap \bar{\mathscr{L}}_2)^n$ nicht identifizierend für den Strukturparameter $\mathscr{L}$. Dies kann aber nur auf einer Nullmenge bezüglich der Verteilung von z der Fall sein (vgl. Höschel (1978a), Theorem 6.2). ■

Satz 3.2.6. *Sei jede Verteilung aus* $\mathscr{P}^z$ *absolutstetig. Dann erhält man die* WLSE *für* $\mathscr{L} \in \mathfrak{L}_{\leqq p-q}$ *als* $\hat{\mathscr{L}} = \mathscr{R}(\hat{L}^\perp)^\perp$, *wobei*

$$\|\hat{\mu}(\mathscr{R}(\hat{L}^\perp)^\perp)\|^2 = \min_{L^\perp \in \mathfrak{M}^q_{p \times q}} \|\hat{\mu}(\mathscr{R}(\hat{L}^\perp)^\perp)\|^2$$

gilt und $\hat{\mu}(\mathscr{L})$ *nach* (52) *bestimmt wird* (vgl. Nussbaum (1976), Theorem 4.3.1, Höschel (1978a)).

Der eventuelle *Nutzen dieser Folgerung* besteht darin, daß das Minimumproblem nicht für alle Matrizen $L^\perp$ aus den Mengen $\mathfrak{M}^r_{p \times r}$, $r \geqq q$, sondern nur für die mit $r = q$ behandelt werden muß. Damit hat man prinzipiell die Möglichkeit zur Berechnung von WLSE $\hat{\mathscr{L}}$. Außer im Fall $\Omega = \Lambda \otimes \Sigma$ ist die Berechnung der WLSE jedoch schwierig.

3.2.3.3. Äquivarianz

Demgegenüber kann die Äquivarianz der WLSE auch für allgemeine Kovarianz Ω bewiesen werden. Zunächst werde die Äquivarianz für den Fall $A = U' \otimes I_p$ erklärt. Sei $\mathfrak{G} \subset \mathfrak{M}^p_{p \times p}$ eine Gruppe regulärer linearer Transformationen des R^p auf sich. Unter $G \in \mathfrak{G}$ transformiert sich das LIFU⁺-Modell von (vgl. (3.1.38))

$$Z = MU + \zeta , \qquad \mathrm{D}\zeta = \Omega$$

in

$$GZ = GMU + G\zeta$$

oder

$$\tilde{Z} = \tilde{M}U + \tilde{\zeta} , \qquad \mathrm{D}\tilde{\zeta} = G_m \Omega G_m' , \qquad G_m = I_m \otimes G .$$

Nun ist es in vielen Fällen sinnvoll zu fordern, daß sich die Schätzung mit der Transformation G über dem „Strukturraum" (der $\mu_i \in \mathbb{R}^{d_\mu}$) mittransformiert. Dies gilt vor allem für geometrisch-invariant formulierte Modelle. Damit wäre Äquivarianz definiert durch

$$\hat{\mathcal{L}}_{\tilde{\Omega}}(z) = G\hat{\mathcal{L}}_{\Omega}(z) ,$$

wobei der Index Ω die Abhängigkeit der Schätzung vom Modellparameter anzeigt. Diese Definition ist besonders einleuchtend für den Fall $A = U' \otimes I$. Für allgemeines $A \in \mathfrak{M}_{mp \times np}$, $m \geqq n$, muß die folgende Vertauschbarkeitseigenschaft vorausgesetzt werden:

$$A(I_n \otimes G) = (I_m \otimes G)\, A , \qquad \forall G \in \mathfrak{G} . \tag{53}$$

Dann gilt

Satz 3.2.7. *Für jede Gruppe* $\mathfrak{G}$ *regulärer linearer Transformationen mit der Vertauschbarkeitseigenschaft* (53) *sind die* WLSE *äquivariant.*

Beweis. Nach Satz 3.2.3 sind die WLSE der transformierten LIFU$^+$ Lösungen von

$$||P_{\tilde{\Omega}^{-1/2}A\hat{\tilde{\mathcal{L}}}^n}\tilde{\Omega}^{-1/2}z||^2 \geqq ||P_{\tilde{\Omega}^{-1/2}A\tilde{\mathcal{L}}^n}\tilde{\Omega}^{-1/2}||^2 , \qquad \forall \tilde{\mathcal{L}} \in \mathfrak{L}_{p-q} . \tag{54}$$

Nun gilt

$$\tilde{\Omega}^{-1} = (G_m \Omega G_m')^{-1} = G_m'^{-1}\Omega^{-1}G_m^{-1} , \qquad \tilde{z} = G_m , \qquad G_m^{-1} = I_m \otimes G^{-1} . \tag{55}$$

Dann folgt mit der Vertauschbarkeit (53) aus der bekannten Darstellung von Projektoren $P_L = L(L'L)^{-1}\, L'$, $R(L) = \mathcal{L}$ für alle $\mathcal{L} \in \mathfrak{L}_{p-q}$

$$||P_{\Omega^{-1/2}AG_n^{-1}\hat{\tilde{\mathcal{L}}}^n}\Omega^{-1/2}z||^2 \geqq ||P_{\Omega^{-1/2}AG_n^{-1}\mathcal{L}^n}\Omega^{-1/2}z||^2 \tag{56}$$

oder, gleichwertig dazu, wegen $G_n^{-1}\mathcal{L}^n = (G^{-1}\mathcal{L})^n$

$$||P_{\Omega^{-1/2}A(G^{-1}\hat{\tilde{\mathcal{L}}})^n}\Omega^{-1/2}z||^2 \geqq ||P_{\Omega^{-1/2}A\bar{\mathcal{L}}^n}\Omega^{-1/2}z||^2 \tag{57}$$

für alle $\bar{\mathcal{L}} \subset \mathbb{R}^p$ mit $\bar{\mathcal{L}} \in G^{-1}\mathfrak{L}_{p-q}$. Die letztgenannte Menge ist aber $\mathfrak{L}_{p-q}$ selbst. Also folgt

$$\hat{\mathcal{L}}_{\Omega} = G^{-1}\hat{\tilde{\mathcal{L}}}_{\tilde{\Omega}} . \quad \blacksquare$$

3.2.3.4. Lineare funktionelle Beziehungen mit nichtzufälligen nichtbeobachtbaren Variablen und mit linearem Regressionsanteil

Abschließend in diesem Abschnitt folgen noch einige Bemerkungen zur Berechnung der WLSE im allgemeinen LIFU$^+$ mit linearem Regressionsanteil (Modell (3.1.38) mit den Identifizierbarkeitsbedingungen aus Satz 3.1.3). Dann ist

$$k_z(\mu^{(1)}, \mu^{(2)}) = \min_{\mu^{(1)} \in \mathfrak{L}_{p-q}^n} \; \min_{\mu^{(2)} \in \mathbb{R}^{pn_2}} ||z - (U' \otimes I_p)\, \mu^{(1)} - (V' \otimes I_p)\, \mu^{(2)}||^2_{\Omega^{-1}} . \tag{58}$$

Das innere Minimierungsproblem ist aber für $\Omega = U \otimes \Sigma$ eine gewöhnliche multivariate lineare Regression. Es folgt

$$\hat{\mu}^{(2)} = P_{\Lambda^{-1/2}V' \otimes \Sigma^{-1/2}}\Omega^{-1/2}\tilde{z} , \tag{59}$$

also

$$\hat{\hat{\mu}}^{(2)} = M_2(z, \mu^{(1)}, \Omega) = \Sigma^{-1/2}\tilde{\tilde{Z}}\Lambda^{-1}V'(V\Lambda^{-1}V')^{-1}$$

mit $\tilde{\tilde{Z}} = Z - M_1 U = \vec{\tilde{\tilde{z}}}$. Damit erhält man (vgl. 3.1.3)

$$k_z(\hat{\mu}) = \min_{\mu^{(1)} \in \mathfrak{L}^n_{p-q}} \|\tilde{z} - (\tilde{U}' \otimes I_p)\, \mu^{(1)}\|^2_{\Omega^{-1}} \tag{60}$$

mit $\tilde{Z} = Z - Z\Lambda^{-1}V'(V\Lambda^{-1}V')^{-1} =: Z_{/V}$, $\tilde{U} = U - U\Lambda^{-1}V'(V\Lambda^{-1}V')^{-1} =: U_{/V}$. Mit diesem neuen Modell kann nun wie oben verfahren werden. (Für weitere Modifikationen von A_1 und A_2 verfährt man analog (Höschel (1978a)).)

3.2.4. Lineare funktionelle Beziehungen mit nichtzufälligem Versuchsplan und bis auf einen Faktor bekannter Kovarianz

Wie in 3.2.1.4 erläutert, kann die Likelihoodfunktion bei LIFU$^+$ unbeschränkt sein, wenn keine weiteren Einschränkungen an die Parameter gemacht werden (vgl. 3.2.1.4). In diesem Fällen existieren keine MLE, und die MLS sind im allgemeinen inkonsistente Schätzungen.

Bei bivariaten LIFU$^+$ ist die Kenntnis eines Varianzquotienten nicht ausreichend (vgl. 3.2.1.3), erst bei zwei bekannten Varianzquotienten erhält man wieder MLE. LIFU$^+$ entstehen für $\sigma_\xi/\sigma_\varepsilon = 0$, also $\sigma_\xi = 0$. Dann entspricht die Kenntnis des anderen Quotienten $\sigma_\delta/\sigma_\varepsilon$ der Kenntnis der Kovarianz bis auf einen Faktor. Diese Zusatzinformation ist nun auch bei allgemeinen multivariaten LIFU$^+$ ausreichend für die Beschränktheit der Likelihoodfunktion, wie im folgenden gezeigt wird. In diesem Fall enthalten die MLS auch die MLE. Dies hat jedoch nicht auch die Konsistenz der MLE zur Folge. Während für die Strukturparameter die Konsistenz der MLE gilt, sind die entsprechenden Schätzungen des Kovarianzfaktors inkonsistent. Für bivariate LIFU$^+$ findet man dies bei Kendall und Stuart (1961), 29.19, und für multivariate LIFU$^+$ bei Gleser und Watson (1972).

Wir zeigen nun zunächst die Beschränktheit der Likelihoodfunktion und geben anschließend die MLE an. Es werden LIFU$^+$ mit linearem Regressionsanteil betrachtet (vgl. (3.1.38)). Dann ist für $\mathsf{D}\zeta = \sigma I, \sigma \in \mathbb{R}^>$

$$l_z(\mu, \sigma) \propto \sigma^{mp} \exp\{-\|z - A\mu\|^2_{\Omega^{-1}}/2\sigma\}$$

mit

$$\mu_{(n)} = [\mu_{(n_1)1}, \mu_{(n_2)2}] \in \mathcal{L}^{n_1} \times \mathbb{R}^{pn_2}, \qquad \mathcal{L} \in \mathfrak{L}_{\leq p-q}, \qquad A = (A_1 \,\vdots\, A_2)' \in \mathfrak{M}_{mp \times np}.$$

Nach Satz 3.1.3 ist $\mathcal{L}$ identifizierbar, wenn $\mathrm{r}[A] = np$ ist.

Um die Beschränktheit von l_z nachzuweisen, genügt es zu zeigen, daß die in l_z auftretende Vektornorm positiv ist.

1. *Fall*: $\mathrm{r}[A] < mp$: Dieser Fall beschreibt für $A = U' \otimes I_p$, $U' = \mathrm{Diag}\,((1_{m_i})_i)$ wiederholte Beobachtungen. Bei $\mathrm{r}[A] < mp$ ist mindestens ein $m_i > 1$ und damit ist $\mathcal{R}(A)$ ein echter Unterraum in $\mathbb{R}^{pm}$, und es gilt

$$\|z - A\mu\|^2_{\Omega^{-1}} > \|z - P_A^{\Omega^{-1}} z\|^2_{\Omega^{-1}} \geqq 0\,.$$

2. *Fall*: $\mathrm{r}[A] = mp$: Wegen $\mathrm{r}[U] = n = m$ ist U' eine reguläre Matrix und damit $z = A\mu$ äquivalent zu $\tilde{z} = \mu$ mit $\tilde{z} := A^{-1}z$. Nun ist aber

$$\mu = [\mu_{(n_1)1}, \mu_{(n_2)2}]\,, \qquad \mu_{(n_1)1} \in \mathcal{L}^{n_1}, \qquad \mathcal{L} \in \mathfrak{L}_{\leq p-q}\,.$$

Für $n_1 \geqq p - q$ sind nach [A 3.14] die ersten n_1 p-dimensionalen Teilvektoren von $\tilde{z}$ fast sicher in keinem Unterraum $\mathcal{L} \in \mathfrak{L}_{\leqq p-q}$ enthalten, weil mit $P^z \ll \lambda^{pm}$ auch $P^{\tilde{z}} \ll \lambda^{pm}$ ist. Also ist $\tilde{z}$ fast sicher von μ verschieden, und nach [A 3.14] folgt für $\mu \in \mathcal{L}^n \times \mathbb{R}^{pn}$, $\mathcal{L} \in \mathfrak{L}_{\leqq p-q}$

$$\max_{\mu, \sigma} l_z(\mu, \sigma) = \max_{\mu} \max_{\sigma} l_z(\mu, \sigma) ,$$

wobei das Maximum angenommen wird für

$$\hat{\sigma}(\mu) = \frac{1}{mp} ||z - A\mu||^2_{\Omega^{-1}} .$$

Die anschließende Maximierung von

$$l_z(\mu, \hat{\sigma}(\mu)) \propto \frac{1}{mp} ||z - A\mu||^{-2}_{\Omega^{-1}} \exp\left\{-\frac{mp}{2}\right\}$$

kann dann genau wie in 3.2.3 beschrieben durchgeführt werden. Als Spezialfälle erhält man natürlich die bivariaten LIFU⁺ und die Fälle

$$A = (U' \,\vdots\, V') \otimes I_p$$

(vgl. Nussbaum (1976), 5.), mit

$$\mathsf{D}\zeta = \sigma I_n \otimes \Sigma$$

(vgl. Casson (1974)),

$$A = I_{n_1} \otimes I_p , \qquad n_2 = 0$$

(vgl. Gleser und Watson (1972)).

3.2.5. Lineare funktionelle Beziehungen mit nichtzufälligem Versuchsplan bei unabhängigen normalverteilten Beobachtungsfehlern

Es werde wiederum gleich die allgemeine LIFU⁺ mit linearem Regressionsanteil behandelt. Die Darstellung basiert auf Anderson (1951a), Abschnitt 2. Das Modell ist gegeben durch (vgl. (3.1.38))

$$Z = M_1 U + M_2 V + \bar{\zeta} , \quad L^{\perp\prime} M_1 = 0 , \quad \Omega \in \Gamma = \{ I_m \otimes \Sigma \mid \Sigma \in \mathfrak{M}_p^{>} \} . \tag{61}$$

Die Identifizierbarkeit wurde in 3.1.4, Satz 3.1.3 behandelt. Demnach muß $r([U \,\vdots\, V]) = n$ sein. Wir setzen $M = (M_1 \,\vdots\, M_2)$, $W = [U \,\vdots\, V] \in \mathfrak{M}_{n \times m}$, $n = n_1 + n_2$ (vgl. 3.1.3). Als Verteilungsmodell nehmen wir an

$$\bar{\zeta} = \zeta_{(m)} \circledcirc \mathcal{P}^{\zeta} = \{ \mathrm{N}(0, \Omega) \mid \Omega \in \Gamma \} . \tag{62}$$

(Für $\Omega = \Lambda \otimes \Sigma$ kann man durch die Transformation des Modells mit $\Lambda^{-1/2}$, also $\tilde{Z} := Z\Lambda^{-1/2}$, $\tilde{U} := U\Lambda^{-1/2}$ usw., erreichen, daß die transformierte Fehlerkovarianz

$$\tilde{\Omega} = I_m \otimes \Sigma \tag{63}$$

ist.)

Zur eindeutigen Parametrisierung des Raumes $\mathcal{R}(L) = \mathcal{L}$ werden nur solchen Matrizen $L^{\perp}$ betrachtet, für die

$$L^{\perp\prime} \Sigma L^{\perp} = I_q \tag{64}$$

ist. Mit $L^{\perp}$ ist auch $L^{\perp}G$ für alle orthonormalen Matrizen $G \in \mathfrak{M}_q$ im zugelassenen Parameterbereich.

Zur Berechnung der MLE werden die stationären Punkte der Likelihoodfunktion bestimmt. Darunter ist die MLE, falls die Likelihoodfunktion beschränkt ist. Dies zeigt man wie in der Regressionstheorie.

Satz 3.2.8. *Falls* P^ζ *eine absolutstetige Verteilung ist, so ist*

$$\tilde{k}_z(M, \Sigma) = -n \ln \det [\Sigma] - \operatorname{sp} \Sigma^{-1}\tilde{\zeta}\tilde{\zeta}' \tag{65}$$

für $m - n \geqq p$ *fast sicher beschränkt über* $M \in \mathfrak{M}_{p\times m}$, $\Sigma \in \mathfrak{M}_p^>$.

Beweis. Wegen $r[A] = r[W' \otimes I_p] = n < m$ ist $\mathcal{R}(A)$ ein echter Unterraum in $\mathbb{R}^{pn}$, und es folgt wegen $\Omega^{-1/2}A = W' \otimes \Sigma^{-1/2}$

$$\begin{aligned} &\|\Omega^{-1/2}z - \Omega^{-1/2}A\mu\|_r^2 \geqq \|(I - P_{\Omega^{-1/2}A})\, \Omega^{-1/2}z\|^2 \\ &= \|(P_{W'^\perp} \otimes I)\,(I \otimes \Sigma^{-1/2})\, z\|^2 \,. \end{aligned} \tag{66}$$

Für $\tilde{z} := (P_{W'^\perp} \otimes \Sigma^{-1/2})\, z$ gilt $\overleftarrow{\tilde{z}} = \Sigma^{-1/2}\overleftarrow{z}P_{W'^\perp}$ und damit

$$\max_M k(M, \Sigma) \leqq -m \ln \det [\Sigma] - \operatorname{sp} \Sigma^{-1}\overleftarrow{z}P_{W'^\perp}\overleftarrow{z}' \,.$$

Wegen $r[P_{W'^\perp}] = m - n$ folgt nach [A 3.14] $S := ZP_{W'^\perp}Z' \in \mathfrak{M}_p^>$ fast sicher. Also ist nach [A 3.15]

$$\max_\Sigma \max_M k(M, \Sigma) \leqq -m \ln \frac{1}{m} \det [S] + c < \infty \,. \quad \blacksquare$$

Der Satz gilt für $r[W] = m = n$ nicht mehr, wie das schon zitierte Resultat von Anderson und Rubin (1956) und Solari (1969) über die Unbeschränktheit der Likelihoodfunktion bei bivariaten LIFU⁺ belegt. Untersuchungen über die Lösbarkeit der ML-Gleichungen für die multivariaten LIFU⁺ mit linearem Regressionsanteil findet man bei Florens, Mouchart, Richard (1979) für den Fall $m = n$ und bei Willassen (1979).

Für $m > n$ kann man jedoch die MLE aus einem ähnlichen Eigenwertproblem wie in 3.2.3 erhalten.

Satz 3.2.9 (Anderson (1951a)). *Die* MLE *für* LIFU⁺ *mit linearem Regressionsanteil ergeben sich aus*

$$\hat{L}^\perp = C_* = (c_1, \dots, c_q) \in \mathfrak{M}_{p\times q}\,, \tag{67}$$

wobei die c_i *Eigenvektoren sind aus*

$$(Q - \lambda_k S)\, c_k = 0 \tag{68}$$

mit (vgl. Bezeichnungsliste)

$$S = S_{Z\cdot W}\,, \qquad Q = Q_{Z\cdot\tilde{U}}\,, \qquad \tilde{U} = U(I - V'(VV')^{-1}V) = UP_{V'^\perp}\,, \tag{69}$$

$$D = \operatorname{Diag}(\lambda_1, \dots, \lambda_p)\,, \qquad \lambda_1 \leqq \dots \leqq \lambda_p\,, \qquad C = (C_* \,\vdots\, C^*) \in \mathfrak{M}_{p\times p}\,. \tag{70}$$

Die Eigenvektoren sind normiert nach

$$C'\tilde{S}C = (I_p + D)^{-1}\,, \qquad \tilde{S} = S/m\,. \tag{71}$$

Die $p - q + 1$ *größten Eigenwerte* λ_i *sind fast sicher verschieden, und mit* $\hat{L}^\perp$ *ist jede von rechts orthogonal transformierte* MLE *auch eine* MLE *von* $L^\perp$, *die* (64) *erfüllt. Mit*

$$D_* = \operatorname{Diag}(\lambda_1, \dots, \lambda_q) \tag{72}$$

gilt

$$\hat{\Sigma} = \tilde{S} + \tilde{S}\hat{L}^{\perp}(I_q + D_*)\, D_*\hat{L}^{\perp\prime}\tilde{S}\,, \tag{73}$$

$$\hat{M}_1 = (I_p - \hat{\Sigma}\hat{L}^{\perp}\hat{L}^{\perp\prime})\,\tilde{M}_1\,, \tag{74}$$

$$\tilde{M}_1 = S_{Z\tilde{U}}S_{\tilde{U}}^{-1}\,, \tag{75}$$

und es ist

$$\hat{M}_2 = (S_{ZV} - \hat{M}_1 S_{UV})\, S_V^{-1}\,. \tag{76}$$

Der Maximalwert der logarithmierten Likelihoodfunktion ist

$$l_z(\hat{M}, \hat{\Sigma}) = -\frac{mp}{2} + \frac{mp}{2}\ln 2\pi - \frac{m}{2}\ln\det[S] - \frac{m}{2}\sum_{i=1}^{q}\ln(1+\lambda_i)\,. \tag{77}$$

Beweis. Für die logarithmierte Likelihoodfunktion gilt

$$l_z(M, \Sigma) = -\frac{mp}{2}\ln 2\pi - \frac{m}{2}\ln\det[\Sigma] - \frac{1}{2}\,\mathrm{sp}\,\Sigma^{-1}\bar{\zeta}\bar{\zeta}'\,. \tag{78}$$

Zusammen mit den Nebenbedingungen erhält man die Lagrange-Funktion

$$\tilde{l} = l + \mathrm{sp}\,(AM_1'L^{\perp}) + \tfrac{1}{2}\,\mathrm{sp}\,(B(L^{\perp\prime}\Sigma L^{\perp} - I))$$

mit Lagrange-Multiplikatoren $A \in \mathfrak{M}^q_{q\times n_1}$, $B \in \mathfrak{M}^q_q$. Mit den partiellen Ableitungen nach $L^{\perp}$ folgt für die stationären Punkte von $\tilde{l}$

$$AM_1' + BL^{\perp\prime}\Sigma = 0\,, \tag{79}$$

und wegen (61) und (64) ist

$$AM_1'L^{\perp} + BL^{\perp\prime}\Sigma L^{\perp} = B = 0\,. \tag{80}$$

Wir nehmen nun $S_{UV} = 0$ an. Anderenfalls benutzen wir anstelle der Ausgangsgrößen die transformierten Variablen

$$\tilde{U} = U(I - P_{V'})\,, \qquad \tilde{M}_2 = M_2 + M_1 S_{UV}S_V^{-1}\,. \tag{81}$$

Dann wäre $\bar{\zeta} = \bar{\bar{\zeta}} = Z - M_1\tilde{U} - \tilde{M}_2 V$. Die partiellen Ableitungen von $\tilde{l}_Z$ nach Σ, M_1, M_2 und $L^{\perp}$ führen wegen (80) und $S_{UV} = 0$ zu

$$m\Sigma - \bar{\zeta}\bar{\zeta}' = 0\,, \tag{82}$$

$$\Sigma^{-1}S_{ZU} - \Sigma^{-1}M_1 S_U + L^{\perp}A = 0\,, \tag{83}$$

$$\Sigma^{-1}S_{ZV} - \Sigma^{-1}M_2 S_V = 0\,, \tag{84}$$

$$AM_1' = 0\,. \tag{85}$$

Die Lösung von (84) liefert M_2. Aus (83) erhält man M_1, denn Multiplikation mit Σ und $\Sigma^{\perp}$ liefert wegen (64)

$$A = L^{\perp\prime}S_{ZU}\,. \tag{86}$$

Damit erhält man aus (83)

$$M_1 = (I - \Sigma L^{\perp}L^{\perp\prime})\, S_{ZU}S_U^{-1}\,, \tag{87}$$

was nach Variablenersetzung gemäß (81) die Gleichung (74) ergibt. Wegen (86), (87) und aus der Definition von Q erhält man mit (85)

$$(I - \Sigma L^{\perp}L^{\perp\prime})\, QL^{\perp} = 0\,. \tag{88}$$

Aus (88) folgt dann

$$m\Sigma = S + \Sigma L^{\perp} L^{\perp\prime} Q L^{\perp} L^{\perp\prime} \Sigma . \tag{89}$$

In der Menge der für $L^{\perp}$ zugelassenen Matrizen wählen wir — gegebenenfalls nach orthogonaler Transformation — diejenigen mit

$$\frac{1}{m} L^{\perp\prime} Q L^{\perp} = \tilde{D} = \mathrm{Diag}\,(\tilde{\lambda}_1, \dots, \tilde{\lambda}_q) . \tag{90}$$

Dann folgt aus (89)

$$m\Sigma = S + m\Sigma L^{\perp} \tilde{D} L^{\perp\prime} \Sigma . \tag{91}$$

Multiplikation mit $L^{\perp}$ liefert

$$m\Sigma L^{\perp}(I - \tilde{D}) = S L^{\perp} . \tag{92}$$

Damit ergibt (88)

$$Q L^{\perp} - m\Sigma L^{\perp} \tilde{D} = 0 \tag{93}$$

oder

$$Q L^{\perp}(I - \tilde{D}) - m\Sigma L^{\perp}(I - \tilde{D})\, \tilde{D} = 0 . \tag{94}$$

Aus (92) folgt damit

$$Q L^{\perp} = (Q + S)\, L^{\perp} \tilde{D} . \tag{95}$$

Also besteht $L^{\perp}$ aus q der Eigenvektoren $c_1, \dots, c_p$ zum Eigenwertproblem

$$|Q - \tilde{\lambda}(Q + S)| = 0 . \tag{96}$$

Wegen $Q + S \geqq Q$ sind diese Eigenwerte sämtlich kleiner als 1. Die Beziehung zwischen den Eigenwerten von (8) und (36) ist

$$D_* = \tilde{D}(I_q - \tilde{D})^{-1} . \tag{97}$$

Die Eigenwerte von (68) sind aber nach [A 3.14] fast sicher verschieden für $m > n$. Damit gilt für beliebige Eigenvektoren $\tilde{C} = (\tilde{c}_1, \dots, \tilde{c}_p)$ von (68)

$$\tilde{C}' S \tilde{C} = \mathrm{Diag}\,(k_1, \dots, k_p) \tag{98}$$

mit gewissen Konstanten $k_j > 0$. Wir wählen $k_j = m$, $j = 1, \dots, p$. Dann ist also für eine gewisse Matrix $\tilde{K}$:

$$L^{\perp} = \tilde{C}_* \tilde{K} , \qquad \tilde{K} = \mathrm{Diag}\,(\tilde{k}_1, \dots, \tilde{k}_q) , \qquad \tilde{C}_* = (\tilde{c}_1, \dots, \tilde{c}_q) . \tag{99}$$

Die Beziehung zwischen $\tilde{K}$ und $\tilde{D}$ ergibt sich wegen (92) und (64) zu

$$m(I_q - \tilde{D}) = L^{\perp\prime} S L^{\perp} = K \tilde{C}_*' S \tilde{C}_* K = m\tilde{K}^2 , \tag{100}$$

also

$$\tilde{K} = \sqrt{I_q - \tilde{D}} . \tag{101}$$

Nun wird gezeigt, daß die q kleinsten Eigenwerte $S^{-1}Q$ in D^* auftreten müssen. Nach (91), (92) ist

$$m\Sigma = S + \frac{1}{m} S L^{\perp}(I - \tilde{D})^{-1}\, \tilde{D}(I - \tilde{D})^{-1}\, L^{\perp\prime} S \tag{102}$$

$$= S + \frac{1}{m} S \tilde{C}_*(I - \tilde{D})^{-1}\, \tilde{D} \tilde{C}_*' S . \tag{103}$$

Nach (98) und (101) ist also

$$\tilde{C}'\Sigma\tilde{C} = I + [I_q \vdots 0]\, \tilde{D}(I - \tilde{D})^{-1} (I_q \vdots 0)\,. \tag{104}$$

Wegen (98) folgt weiter

$$\det [\Sigma] = \det [\tilde{C}]^{-2} \prod_{j=1}^{q} \tilde{\lambda}_j (1 + \tilde{\lambda}_j)\,. \tag{105}$$

Damit ergibt sich als Likelihoodfunktion wegen (97), (98) und (82)

$$l_z(\tilde{M}, \hat{\Sigma}) = -\frac{mp}{2} \ln 2\pi - \frac{m}{2} \ln \det [\tilde{S}] - \frac{m}{2} \sum_{k=1}^{q} \ln (1 + \lambda_{j_k}) - \frac{mp}{2}\,. \tag{106}$$

Dies liefert für jede Auswahl der λ_{j_k}, $k = 1, \dots, q$, die logarithmierten Likelihoodwerte über den stationären Punkten von l_z. Da l_z beschränkt ist, wird das Maximum gerade für die q kleinsten Eigenwerte $\lambda_1, \dots, \lambda_q$ angenommen. Abschließend transformiert man die erhaltenen Schätzungen gemäß (81). ■

Bemerkung 3.2.2. Die Kovarianzschätzung $\hat{\Sigma}$ ist nicht immer konsistent (Villegas (1961), für $q = 1$).

Bemerkung 3.2.3. Zwischen den Sätzen 3.2.4 und 3.2.9 besteht eine auffällige Gemeinsamkeit, die tiefer liegt. Tatsächlich wurde von Robinson (1974) für ein allgemeines lineares Zeitreihenmodell gezeigt, daß mit den derart konstruierten Schätzungen aus dem jeweiligen Eigenwertproblem *jeder* Eigenwert der Residualmatrix $\bar{\zeta}\bar{\zeta}'$ minimiert wird. Daraus folgen sehr elegant, wenn auch mit weniger elementaren Hilfsmitteln, als es die Methode der Lagrange-Multiplikatoren ist, auf einheitlichem Wege insbesondere die Sätze 3.2.4 und 3.2.9.

In Satz 3.2.9 kann die Matrix Q noch in einer etwas einfacheren Darstellung gegeben werden, die insbesondere ein Hilfsmittel für die Erklärung der Beziehungen zwischen den ökonometrischen Schätzverfahren und der MLE gibt. Falls S_W nichtsingulär ist, gilt nämlich (Laha (1954))

$$Q_{Z\cdot U} =: Q_{[Z \,\vdots\, U]\cdot V} = Q_{Z\cdot[U \,\vdots\, V]} - Q_{Z\cdot V}\,. \tag{107}$$

Dies spiegelt die Beziehung zwischen den Projektoren $P_{V'}$, $P_{U'}$, $P_{W'}$ wider. Für singuläre Modelle, wenn also S_V oder S_U und eventuell auch S_W singulär sind, gilt diese Zerlegungsformel nur unter zusätzlichen Voraussetzungen. Hinreichend dafür ist $\mathcal{R}(S_U) = \mathcal{R}(S_{U\cdot V})$ und $\mathcal{R}(S_V) = \mathcal{R}(S_{V\cdot U})$ (Höschel (1976)), was sich für die exogenen Variablen $\boldsymbol{U}$ und $\boldsymbol{V}$ anschaulich interpretieren läßt. $\mathcal{R}(S_U) = \mathcal{R}(S_{U\cdot V})$ bedeutet zum Beispiel, daß die größte Korrelation zwischen $\boldsymbol{U}$ und $\boldsymbol{V}$ kleiner als eins sein muß (Höschel (1974), 5.1).

Beispiel 3.2.1. Bei LIFU⁺ mit wiederholten Beobachtungen ist

$$Z = MU + \bar{\zeta}\,, \qquad V = 0\,,$$

$$U = \operatorname{Diag}(1_{m_i})\,, \qquad i = 1, \dots, n; \qquad m = \sum_{i=1}^{n} m_i\,.$$

Dann ist $U = \tilde{U}$, und es gilt $P_{U'} = P_{(U' \,\vdots\, 0)} = P_{W'}$. Also folgt

$$S = S_{Z\cdot W} = S_{Z\cdot U} = \sum_{i=1}^{n} \sum_{j=1}^{m_i} (z_{ij} - \bar{z}_{i.})\,(z_{ij} - \bar{z}_{i.})' = W_Z\,, \tag{108}$$

$$Q = Q_{Z\cdot U} = \sum_{i=1}^{n} m_i (z_{i.} - \bar{z}_{..})\,(z_{i.} - \bar{z}_{..})' = B_Z\,.$$

Seien $\tilde{C} = (\tilde{c}_1, \ldots, \tilde{c}_p)$ diejenigen Eigenvektoren von

$$(B_Z - \tilde{\lambda}_j W_Z)\, \tilde{c}_j = 0\,, \qquad 0 < \lambda_1 \ldots < \lambda_p \tag{109}$$

mit

$$\tilde{C}' W_Z \tilde{C} = m I_p\,, \qquad \tilde{C} = (\tilde{C}_* \mid \tilde{C}^*)\,, \tag{110}$$

und sei

$$R := \hat{\Sigma}(\tilde{C}^*(I + D^*)^{-1}\, \tilde{C}^{*\prime})\,. \tag{111}$$

Dann ist

$$\hat{\mu}_i = R(\bar{z}_{i.} - \bar{z}_{..}) + \bar{z}_{..}$$

und

$$\hat{L}^{\perp} = \tilde{C}_*\,. \tag{112}$$

Bemerkung 3.2.4. Ausgehend von Definition 3.1.5 entsteht die Frage, ob man auch für explizite anstelle der bisher betrachteten impliziten LIFU$^+$ stets die MLE für B erhalten kann. (Dabei seien, eventuell nach Permutation der Komponenten der z_i bzw. μ_i, die ersten $p - q$ Komponenten von μ_i die unabhängigen Variablen ξ_i, also $\mu_i = [I_{p-q} \mid B]\, \xi_i$.) Daß dies zutrifft, liegt nahe, weil z.B. bei bivariaten LIFU$^+$ durch die Parametrisierung $\mu = [1, \beta]\, \xi$ nur die η-Achse nicht direkt erfaßt wird, obwohl sie als Grenzfall für $\beta = \infty$ erhalten wird. Wenn also die Verteilung der kleinsten q Eigenvektoren C_* „gutartig" ist, wird fast sicher die obere $(q \times q)$-Matrix regulär sein. (Wegen der Symmetrie des Problems gilt dies natürlich auch für jede Auswahl von q Zeilen aus C_*.)

Nun gehört zu jedem $Q = Q(z_{(n)})$ und $S = S(z_{(n)})$ (vgl. (68), (69)) genau eine geeignet normierte $(p \times p)$-Matrix C von Eigenvektoren. Mit $\tilde{\mathscr{X}}$ bezeichnen wir die Menge derjenigen $z_{(n)}$, für die in der Aufteilung

$$C = (C_* \mid C^*)\,, \qquad C_* = [\overline{C}_* \mid \underline{C}_*]\,, \qquad \overline{C}_* \in \mathfrak{M}_{q \times q}$$

die Matrix $\overline{C}_*$ nicht invertierbar ist. Damit ist also $\mathrm{P}(\tilde{\mathscr{X}}) = \mathrm{P}(\{C \mid \det [\overline{C}_*] = 0\})$. Nun ist die Determinantenfunktion analytisch in den Elementen der Matrix C. Weiterhin berücksichtige man, daß die orthonormalen $(p \times p)$-Matrizen eine analytische Mannigfaltigkeit bilden (vgl. James (1954), S. 43). Damit sind die Elemente von C selbst wieder analytische Funktionen in den lokalen Koordinaten dieser Mannigfaltigkeit. Die Nullstellenmenge einer analytischen Funktion ist aber vom Maß Null (vgl. Fisher (1966), Theorem 5.A.2.). Nach Girko (1976), Folgerung 4.3.1.(2), ergibt sich schließlich $\mathrm{P}\,\{\det [\overline{C}_*] = 0\}$ als Integral einer gewissen Dichtefunktion bezüglich des Haar-Maßes über die eben beschriebene Nullmenge von orthonormalen Matrizen. Damit hat auch die Menge $\tilde{\mathscr{X}}$ bezüglich der Verteilung von $z_{(n)}$ die Wahrscheinlichkeit Null.

Beispiel 3.2.2. Wir betrachten nun explizite LIFU$^+$, $\mathscr{L} = \mathscr{R}([I \mid B])$, $B \in \mathfrak{M}_{q \times (p-q)}$. Dann ist

$$\mathscr{R}(C_*) = \mathscr{R}(\hat{L}^{\perp}) = \mathscr{R}([-B' \mid I_q])\,. \tag{113}$$

Damit ist für eine reguläre Transformation $F \in \mathfrak{M}_q$

$$C_* F^{-1} = [-\hat{B}' \mid I_q]\,. \tag{114}$$

Also erhält man mit der Aufteilung

$$C_* = [\bar{C}_* \,\vdots\, \underline{C}_*] , \qquad \underline{C}_* \in \mathfrak{M}_{q\times q} \tag{115}$$

die Gleichung

$$\hat{B}' = -C_* \underline{C}_*^{-1} , \tag{116}$$

wobei nach Bemerkung 3.2.4 $\underline{C}_*$ fast sicher regulär ist. Mit der natürlichen Aufteilung von $S_{Z\cdot W}$ in $S_{X\cdot W}$, $S_{XY\cdot W}$ usw. folgt leicht für die Spaltenvektoren von $\underline{C}_*$ und $\bar{C}_*$

$$\underline{c}_i = -(Q_{Y\cdot U\cdot V} - \lambda_i S_{Y\cdot W})^{-1} (Q_{YX\cdot U\cdot V} - \lambda_i S_{XY\cdot W}) \bar{c}_i \tag{117}$$

und

$$\bar{c}_i = -(Q_{X\cdot U\cdot V} - \lambda_i S_{X\cdot W})^{-1} (Q_{XY\cdot U\cdot V} - \lambda_i S_{XY\cdot W}) \underline{c}_i \,. \tag{118}$$

Für $q = 1$ ergibt damit (118) eine bekannte Formel für die LIML in linearen Simultangleichungen, die nur *eine* strukturelle Gleichung haben:

$$\hat{b}_1 = -(Q_{X\cdot U\cdot V} - \lambda_1 S_{X\cdot W})^{-1} (Q_{XY\cdot U\cdot V} - \lambda_1 S_{XY\cdot W}) \,. \tag{119}$$

Allgemein gilt jedoch keine so einfache explizite Formel, sondern nur

$$\hat{B}' = \left\{\left((Q_{X\cdot U\cdot V} - \lambda_i S_{X\cdot W})^{-1} (Q_{XY\cdot U\cdot V} - \lambda_i S_{XY\cdot W}) \underline{c}_i\right)^{i=1,\dots,q}\right\} \underline{C}_*^{-1} \,. \tag{120}$$

Die Verallgemeinerung für $q > 1$ findet sich in (3.3.29), (3.3.30).

3.2.6. Nichtlineare Modelle mit bekannter Fehlerkovarianz

Obwohl man in praktischen Anwendungsfällen selten mit einer bekannten Fehlerkovarianz arbeiten kann, haben derartige Modelle auch für solche mit unbekannter Kovarianz grundlegende Bedeutung. Denn oft wird man in diesen Fällen zweistufig arbeiten, anstelle der unbekannten Kovarianz eine geeignete Schätzung verwenden und danach so wie bei bekannter Kovarianz fortfahren.

Zugrunde liege ein Modell mit nichtzufälligem Versuchsplan

$$\begin{aligned} 0 &= s_i(\mu_i, \pi) \,, \qquad 0 = p(\pi) \,, \\ z_i &= \mu_i + \zeta_i \,, \qquad i = 1, \dots, n \,, \end{aligned} \tag{121}$$

mit der Verteilungsannahme

$$\zeta_{(n)} \circledS \mathcal{P}_\Gamma^{\zeta(n)} = \{\mathrm{P}_\gamma \mid \gamma \in \Gamma \,, \mathsf{E}\zeta = 0 \,, \mathsf{D}\zeta = \Omega\} \tag{122}$$

für eine feste und bekannte Kovarianzmatrix $\Omega \in \mathfrak{M}_{d_z n}^{>}$. Bei vorgegebenem Schätzfunktional $l_z(\cdot)$ erhält man nach 3.2.2 Schätzungen $\hat{\mu}, \hat{\pi}$ gemäß

$$[\hat{\mu}, \hat{\pi}] = \arg \min_{\substack{0 = s_i(\mu_i, \pi) \\ 0 = p(\pi)}} l_z(\mu, \pi) \,. \tag{123}$$

Derartige Extremalaufgaben werden ausschließlich iterativ auf genügend großen Rechnern gelöst. Die modernen ableitungsfreien Abstiegsverfahren sichern günstige Konvergenzeigenschaften der zugehörigen Algorithmen (vgl. Schwetlick (1979)). Bei quadratischem Zielfunktional — also insbesondere bei WLSE-Berechnungen — hat man sogar globale Konvergenz gegen ein lokales Minimum. Die spezielle Form des vorliegenden Modelles ergibt aber gegenüber allgemeinen nichtlinearen Minimierungsproblemen eine spezielle Struktur für die bekannten Iterationsmethoden. Diese werden in Abschnitt 3.8 beschrieben.

Für jedes Iterationsverfahren muß jedoch immer eine geeignete Anfangsiteration für μ und π vorliegen. Die Auswahl einer solchen ist schwierig. Die naheliegendste und kaum ersetzbare Anfangsnäherung für $\mu_{(n)}$ ist $z_{(n)}$ oder (bei wiederholten Beobachtungen) $\bar{z}_{(n)\cdot}$. Für π gibt es keine derartige „natürliche“ Anfangsnäherung. Auf dieses Problem soll hier nicht näher eingegangen werden.

Nun zeigten Egerton und Laycock (1979), daß gerade mit dieser Anfangsiteration eines der bekanntesten Iterationsverfahren nicht zum globalen Minimum konvergieren muß. Zwar ist in praktischen Anwendungen oft schon eine Verbesserung der Kurven-Anpassung im Vergleich zur Anfangsschätzung von Wert, wie dies beim Erreichen eines lokalen Minimums der Fall wäre. Wenn jedoch eine derartige lokale Verbesserung nicht ausreicht, muß das globale Minimum bestimmt werden.

Dazu ist die Methode der Lagrange-Multiplikatoren geeignet. Das globale Minimum — falls es existiert und die Funktionen genügend glatt sind — ist unter den stationären Punkten der Lagrange-Funktion in $\vartheta = (\mu_{(n)}, \pi, \lambda, \varkappa)$

$$\operatorname{lag}(\vartheta) = l_z(\mu, \pi) + \lambda' s_{(n)}(\mu, \pi) + \varkappa' p(\pi) , \tag{124}$$

wobei λ, $\varkappa$ Vektoren von Lagrange-Multiplikatoren sind. Die stationären Punkte ergeben sich als Lösung des folgenden Gleichungssystems:

$$\begin{aligned} 0 &= \partial_\pi l_z + \lambda' \, \partial_\pi s_{(n)} + \varkappa' \partial_\pi p , \\ 0 &= \partial_\mu l_z + \lambda' \, \partial_\mu s_{(n)} , \\ 0 &= s_{(n)}(\mu, \pi) , \qquad 0 = p(\pi) . \end{aligned} \tag{125}$$

wobei die $\partial_{\cdot} l$ Zeilenvektoren sind.

Bei expliziten Modellen ergeben sich die stationären Punkte aus den Gleichungen

$$\begin{aligned} 0 &= \partial_\pi l\big(\mu(\xi_{(n)}, \pi), \pi\big) , \\ 0 &= \partial_{\xi_{(n)}} l\big(\mu(\xi_{(n)}, \pi), \pi\big) . \end{aligned} \tag{126}$$

Derartige Gleichungen sind im allgemeinen genauso schwierig zu handhaben wie Minimierungsprobleme und müssen selbst wieder iterativ gelöst werden. Für die praktisch außerordentlich wichtigen Polynomialmodelle kann man jedoch auf genauere Verfahren zur Nullstellenbestimmung zurückgreifen. Deswegen ist es durchaus von Interesse, diese Gleichungen für wichtige Spezialfälle genauer zu beschreiben und Vereinfachungen aufzuzeigen. Ausgehend von den allgemeinen Gleichungen wollen wir deshalb jetzt deren Gestalt für die WLSE-Berechnung angeben. In diesem Fall ist

$$l_z(\mu) = ||z - \mu||^2_{\Omega^{-1/2}} .$$

Damit erhält man für implizite Modelle das folgende Gleichungssystem (vgl. Britt und Luecke (1973)):

$$\begin{aligned} z &= \mu + \Omega \, \partial'_\mu s_{(n)} \lambda , \\ 0 &= \partial'_\pi s_{(n)} \lambda + \partial'_\pi p \varkappa , \\ 0 &= s_{(n)}(\mu, \pi) , \qquad 0 = p(\pi) . \end{aligned} \tag{127}$$

Für explizite Modelle mit $p \equiv 0$ ergibt sich eine noch einfachere Form:

$$\begin{aligned} 0 &= \partial_\pi l(\mu(\xi, \pi)) = \zeta' \Omega^{-1} \big(0, \partial_\pi r_i(\xi_i, \pi)\big)_{i=1,\dots,n} , \\ 0 &= \partial_{\xi_{(n)}} l(\mu(\xi, \pi)) = \zeta' \Omega^{-1} \operatorname{Diag} \left([I_{d_\mu - d_\eta}, \partial_{\xi_i} r_i(\xi_i, \pi)]\right) . \end{aligned} \tag{128}$$

In etwas anderer Form findet man diese Gleichungen für $d_\mu = 2$ auch bei Dolby (1972).

Wegen seiner praktischen Bedeutung behandeln wir abschließend zu dieser Problematik den Fall unabhängiger Wiederholungen von Beobachtungen eines festen Versuchsplanes. Sei also

$$\begin{aligned} z_{ij} &= \mu_i + \zeta_{ij}\,, \qquad j = 1, \dots, m_i\,. \\ \mathsf{D}\zeta_{ij} &= \Sigma_i\,. \end{aligned} \tag{129}$$

Dann ist (vgl. Rao (1973) (8a.5.4))

$$l_z(\mu) = \sum_{i=1}^{n} \sum_{j=1}^{m_i} \|z_{ij} - \mu_i\|^2_{\Sigma_i^{-1}} = \|\bar{z}_{(n)\cdot} - \mu\|^2_{\tilde{\Omega}^{-1}} + \sum_{i=1}^{n} \operatorname{sp}(\Sigma_i^{-1} S_i) \tag{130}$$

mit

$$\tilde{\Omega} = \operatorname{Diag}(\Sigma_i/m_i)\,, \qquad S_i = \sum_{j=1}^{m_j} (z_{ij} - \bar{z}_{i\cdot})(z_{ij} - \bar{z}_{i\cdot})'\,, \tag{131}$$

und man erhält mit der natürlichen Unterteilung von Σ_i^{-1} in Σ_i^{δ} usw. und mit $\bar{\delta}_{i\cdot} = (\bar{x}_{i\cdot} - \xi_i)$, $\bar{\varepsilon}_{i\cdot} = \bar{y}_{i\cdot} - r_i(\xi_i, \pi)$

$$\begin{aligned} &\sum_{i=1}^{n} m_i\, \partial'_\pi r_i(\Sigma_i^{\varepsilon\delta}\bar{\delta}_{i\cdot} + \Sigma_i^{\varepsilon}\bar{\varepsilon}_{i\cdot}) = 0\,, \\ &\left(m_i(\partial'_\xi r_i(\Sigma_i^{\varepsilon\delta}\bar{\delta}_{i\cdot} + \Sigma_i^{\varepsilon}\bar{\varepsilon}_{i\cdot}) + \Sigma_i^{\delta}\bar{\delta}_{i\cdot} + \Sigma_\delta^{i\varepsilon}\bar{\varepsilon}_{i\cdot})\right) = 0\,. \end{aligned} \tag{132}$$

Es ist von praktischer und theoretischer Bedeutung, daß nicht nur der wahre Versuchsplan identifizierend ist, sondern auch dessen Schätzung, möglichst für fast alle Beobachtungen $z_{(n)}$. Dies hängt natürlich von der Verteilungsfunktion der Beobachtungen ab, aber auch vom Schätzverfahren und der Strukturschar des Modelles. Und nicht nur für Minimierungsschätzungen hat diese Eigenschaft eine gewisse Bedeutung. Die praktische Berechnung von Minimierungsschätzungen wird ausschließlich iterativ durchgeführt. Kein Iterationsverfahren kann aber eine praktisch verwertbare Konvergenz zum globalen Minimum — dem eigentlich gesuchten Schätzwert — liefern. Nur dieses globale Minimum hat aber die wünschenswerten Eigenschaften, wie beispielsweise Konsistenz. Was die modernen Iterationsverfahren jedoch immerhin leisten, ist zumindest die Konvergenz gegen ein lokales Minimum bei beliebigem Startwert. Im Vergleich zu älteren, weniger leistungsfähigen Algorithmen wie z. B. dem einfachen Newton-Verfahren ist dies ein Fortschritt, da letztere zwar lokal konvergieren, aber bei beliebigem Startwert „oszillieren" können oder nur stationäre Punkte erreichen.

Deshalb sollten neben der eigentlichen Minimierungsschätzung auch die anderen stationären Punkte des Schätzfunktionals nur eine Zustandsfläche bestimmen. Anderenfalls könnte es geschehen, daß zu einer solchen Versuchsplanschätzung, die einem stationären Punkt entspricht, mehrere Zustandsflächen gehören. Dies wäre aber eine für praktische Anwendung problematische Mehrdeutigkeit.

Definition 3.2.1. Es sei das Schätzfunktional $l_z(\cdot)$ gegeben. Für fast alle Beobachtungen $z_{(n)}$ sei jede der — möglicherweise auch verschiedenen — l-Minimierungsschätzungen $\hat{\mu}(z)$ identifizierend für den Strukturparameter. Dann sagen wir, daß die Strukturschar S_Π die Eigenschaft (strukturparameter-)*identifizierender Extremalpunkte* bezüglich des Schätzfunktionals l habe. Trifft dies für alle stationären Punkte des Schätzfunktionals zu, so heißt S_π *identifizierbar durch die stationären Punkte von* l.

Nach der Beschreibung der identifizierenden Versuchspläne in 3.1.4 wird es also ein weiteres Ziel sein müssen, praktisch nachprüfbare Bedingungen an die Strukturschar zu geben, die diese Eigenschaft sichern.

Es zeigt sich, daß dies im wesentlichen dieselben sind, die schon für die identifizierenden Versuchspläne galten. Man erhält für die „echten" Fehler-in-den-Variablen-Modelle, bei denen also mindestens eine der „unabhängigen" Zustandsvariablen mit Fehlern beobachtet wird, folgende Aussage: *Wenn verschiedene Zustandsflächen keine Berührung unendlicher Ordnung haben und* $n > 2 \dim \Pi$ *ist, liefern fast alle Beobachtungen* $z_{(n)}$ WLSE $\mu(z)$ *des Versuchsplanes, die den Strukturparameter identifizieren* (vgl. Höschel (1979)).

3.2.7. Modelle mit unbekannter Fehlerkovarianz bei normalverteilten Fehlern

In derartigen Modellen ergeben sich die MLE aus der in (42), (43) beschriebenen Minimierungsaufgabe. Man erhält die MLE für $z = z_{(m)}$

$$l_z(\hat{\psi}) = \min_{\pi \in \Pi} \min_{\mu \in S_{w,\pi}} \min_{\gamma \in \Gamma} l_z(\mu, \pi, \Omega(\gamma)) . \tag{133}$$

Die Minimierung über Ω kann nun für verschiedene wichtige Spezialfälle durchgeführt werden. Wie sich zeigt, sind die entstehenden Schätzungen $\hat{\Omega} = \hat{\Omega}(\pi, \mu, z)$ eindeutig bestimmt. In denjenigen stationären Punkten von $\ln l_z(\psi)$, die das Minimum liefern, muß dann $\hat{\Omega}$ genau diesen Wert haben. Andererseits erhält man aber die stationären Punkte von $\ln l_z(\psi)$ aus denselben Normalgleichungen wie in 3.2.6, wobei noch eine zusätzliche Gleichung für Ω erscheint. Diese kann aber durch Einsetzen von $\hat{\Omega}$ sofort eliminiert werden.

Satz 3.2.10. *Man erhält die Normalgleichungen bei unbekannter Kovarianz aus denen ür bekannte, indem dort* Ω *durch die Schätzung* $\hat{\Omega}$ *ersetzt wird.*

Wir geben nun für wichtige Modelle Ω genauer an. Zuerst das praktisch weniger bedeutsame

Modell 1: Unabhängige Wiederholungen der Beobachtung eines festen Versuchsplanes, mit

$$\begin{aligned} &\Omega = I_k \otimes \tilde{\Omega} , \qquad z = (z_j)_{j=1,\dots,k} , \qquad z_{(n)j} = (z_{ij})_{i=1,\dots,n} \in R^{d_z n} , \\ &\gamma := \tilde{\Omega} \in \mathfrak{M}^{>}_{d_z n} =: \Gamma . \end{aligned} \tag{134}$$

Man erhält

$$l_z = k \ln \det [\tilde{\Omega}] + \operatorname{sp} \tilde{\Omega}^{-1} S_{\tilde{\zeta}} , \qquad S_{\tilde{\zeta}} = \sum_{j=1}^{k} (z_{(n)j} - \mu)(z_{(n)j} - \mu)' . \tag{135}$$

Dann ist (vgl. [A 3.14])

$$\tilde{\Omega} = S_{\tilde{\zeta}}/k , \tag{136}$$

falls $S_{\tilde{\zeta}}$ regulär ist. Dies ist aber für $k > np$ fast sicher der Fall.

Praktisch wichtiger ist

Modell 2: Unabhängige Fehler über jedem Versuchspunkt mit verschiedener Kovarianz:

$$\Omega = \operatorname{Diag}(I_{m_i} \otimes \Sigma_i) , \qquad \Sigma_i \in \mathfrak{M}^{>}_p , \qquad (\gamma = [\vec{\Sigma}_1, \dots, \vec{\Sigma}_n]) . \tag{137}$$

Dann ist

$$\tilde{k} = \sum_{i=1}^{n} (m_i \ln \det [\Sigma_i] + \operatorname{sp} \Sigma_i^{-1} S_i) , \qquad S_i := \sum_{j=1}^{m_i} (z_{ij} - \mu_i) (z_{ij} - \mu_i)' . \quad (138)$$

Es folgt (vgl. [A 3.14]), falls $m_i > d_z$ ist,

$$\hat{\Sigma}_i = S_i/m_i . \quad (139)$$

Modell 3: Unabhängige Beobachtungen mit gleicher Kovarianz:

$$\Omega = I_m \otimes \Sigma , \qquad m = \sum_i m_i , \quad \Sigma \in \mathfrak{M}_{d_z}^{>} ,$$
$$(\gamma = \vec{\Sigma} , \Gamma = \{\gamma \mid \Sigma(\gamma) \in \mathfrak{M}_{d_z}^{>}\}) . \quad (140)$$

Dann ist (vgl. [A 3.14])

$$\hat{\Sigma} = S/m , \qquad S = \sum_{i,j} (z_{ij} - \mu_i) (z_{ij} - \mu_i)' , \quad (141)$$

falls $m > n > d_z$, also mindestens ein $m_i > 1$ ist.

Eine etwas andere Gestalt erhalten die Maximum-Likelihood-Gleichungen, wenn „merkmals-bezogene" Datenvektoren $Z_{(m)} = [z_{(m)}^{(1)}, \ldots , z_{(m)}^{(p)}]$ anstelle der bis hierher verwendeten „objekt-bezogenen" Gruppierungen $z = (z_i)_{1,\ldots,m}$ verwendet werden (vgl. Dolby und Freeman (1975)).

Es sei abschließend bemerkt, daß bei fehlenden Wiederholungen von Beobachtungen ähnliche Probleme wie bei linearen Modellen auftreten. Anstelle der Gleichung (3.1.64) erscheinen einige Ungleichungen, die Funktionen der Lösungen der Likelihood-Gleichungen sind (Dolby und Lipton (1972), 1.(3)). Diese Ungleichungen sind im allgemeinen ebenfalls unvereinbar mit der Konsistenz der Lösungen der Likelihood-Gleichungen.

3.3. Weitere Schätzverfahren

Zur Schätzung in allgemeinen funktionellen Beziehungen wurde zunächst die MLE — und die damit zusammenhängenden WLSE — dargestellt, denn diese Schätzungen sind für eine Vielzahl praktischer Anwendungen geeignet. Dies trifft vor allem auf Probleme der Datenanpassung aus dem technischen und naturwissenschaftlichen Bereich zu, wo oftmals ein fester Versuchsplan wiederholt beobachtet werden kann und die Beobachtungsfehler in guter Näherung als normalverteilt und meist sogar als komponentenweise unabhängig angenommen werden können. In diesen Fällen liefern die WLSE und MLE konsistente Schätzungen, die unter gewissen Regularitätsvoraussetzungen dann wegen der festen Parameterzahl auch die asymptotischen Optimalitätseigenschaften der MLE haben werden.

Aus den vorangegangenen Ausführungen wurde jedoch auch deutlich, daß der Anwendung der MLE Grenzen gesetzt sind. Hierbei haben wir weniger die grundlegenden Probleme der MLE im Auge (vgl. Weiss und Wolfowitz (1974)). Vielmehr sind es die vielen Probleme, die sich bei nichtwiederholten Messungen, bei nichtnormalverteilten oder (und) abhängigen Fehlern oder zufälligem Versuchsplan ergeben. Darüberhinaus geben auch in den Modellen, in denen die MLE konsistent und asymptotisch optimal ist, Unvollkommenheiten der MLE, wie nicht existierende Momente, Verzerrungen oder komplizierter Berechnungsweg, Anlaß zur Konstruktion weiterer Schätzungen.

Insgesamt soll der folgende Abschnitt einen Überblick über die Alternativen zur MLE geben und in angemessenem Umfang Motive, Prinzipien, Berechnungsvorschriften sowie Grenzen und Möglichkeiten dieser Alternativen erläutern. Sie ergeben sich zwar oft aus asymptotischen Betrachtungen, jedoch soll darauf zunächst nur in eingeschränktem Maße eingegangen werden, denn asymptotische Eigenschaften finden sich dann im Abschnitt zur speziellen Asymptotik. Darüberhinaus findet man für eine spezielle, jedoch sehr umfassende Klasse von Schätzungen bei LIFU$^+$ mit unabhängigen Beobachtungsfehlern über den einzelnen Versuchspunkten eine eingehende Darstellung der Asymptotik im nächsten Abschnitt.

3.3.1. Lineare funktionelle Beziehungen mit unabhängigen Beobachtungsfehlern

3.3.1.1. Einführung

Die MLE und WLSE liefern zunächst dann konsistente Schätzungen, wenn die Zahl der Nebenparameter endlich bleibt, insbesondere also für konstanten Versuchsplan. Dies gilt auch noch für allgemeinere Fälle, wenn die Folge der Versuchspläne bestimmten Bedingungen genügt (vgl. 3.4). Nun hat man jedoch oft die Möglichkeit, Zusatzinformationen über das Modell durch die Beobachtung von weiteren Variablen zu gewinnen. Die Nutzung dieser Zusatzinformation liefert auch dann noch Konsistenz, wenn man über die Folge der Versuchspläne weniger voraussetzt, als bei dem entsprechenden Ausgangsmodell für die Berechnung der WLSE.

Dies gilt insbesondere für Modelle, bei denen man keine wiederholten Beobachtungen annehmen kann (vgl. 3.2.1.4) .Nicht zuletzt ist man natürlich auch an Schätzungen für nichtnormale Modelle mit zufälligem Versuchsplan interessiert, wo ja im Normalfall die Strukturparameter nichtidentifizierbar sind (vgl. 3.1.4), aber andererseits die MLE kaum beherrschbar ist. Die folgenden Ausführungen hierzu werden der Anschaulichkeit halber meist für bivariate LIFU durchgeführt. Die Verallgemeinerungen auf multivariate LIFU sind meist offensichtlich.

3.3.1.2. Gewöhnliche und orthogonale Kleinste-Quadrat-Schätzung

Zuvor muß man jedoch festhalten, daß die OLSE und ORLSE (vgl. 3.2.2) zunächst durch ihre Einfachheit allgemein anwendbar sind. Dies trifft zu, obwohl die OLSE inkonsistent ist (vgl. 3.1.2) und für die ORLSE neben allen höheren Momenten auch keine Varianz existiert. Wir nehmen zunächst keine wiederholten Beobachtungen an. Dann gilt

$$\hat{\beta}_0 = \hat{\beta}_{\mathrm{OLSE}} = d_{xy}/d_x\,, \tag{1}$$

$$\hat{\beta}_\perp = \hat{\beta}_{\mathrm{ORLSE}} = \begin{cases} \left((d_y - d_x) + \sqrt{(d_y - d_x)^2 + 4d_{xy}^2}\right)/2d_{xy} & \text{für} \quad d_{xy} \neq 0\,, \\ 0 \quad \text{für} \quad d_{xy} = 0 \quad \text{und} \quad d_x > d_y\,, \\ \infty \quad \text{für} \quad d_{xy} = 0 \quad \text{und} \quad d_x < d_y \end{cases} \tag{2}$$

(vgl. Madansky (1959)).

(Für gemäß $z_i \sim \mathrm{N}([\xi_i, \alpha + \beta\xi_i], \Sigma)$ verteilte Beobachtungen ist die Likelihoodfunktion unbeschränkt (vgl. Anderson und Rubin (1956), S. 130)). Man kann aber, obwohl keine MLE als Alternative existiert, diese Schätzungen vergleichen. Wenn man dabei den MSE als Kriterium verwendet, müßte man $\hat{\beta}_0$ vorziehen gegenüber $\hat{\beta}_\perp$, weil $\hat{\beta}_\perp$ — im Gegensatz zu $\hat{\beta}_0$ — keine endlichen ganzzahligen Momente besitzt.

Jedoch kann man zum Vergleich der Schätzungen die Wahrscheinlichkeiten, in ein Intervall um die wahren Parameter zu fallen, verwenden. Diese Problematik wird in den Abschnitten 3.5.2 und 3.5.3 genauer besprochen werden.

Für praktische Zwecke ist auch eine andere Darstellung der ORLSE für bivariate LIFU nützlich. Wenn nämlich

$$\varphi := \tan^{-1} \beta \tag{3}$$

ist, dann gilt (vgl. z.B. Malinvaud (1966))

$$\tan 2\hat{\varphi}_\perp/2 = d_{xy}/(d_x - d_y)\,. \tag{4}$$

Ausgehend hiervon kann man nun die ORLSE modifizieren, indem man nicht die Summe der orthogonalen Abstände, sondern die gewichtete Summe minimiert. Seien also m_i die Gewichte für die Beobachtungen z_i, dann ist die gewichtete ORLSE (vgl. Ware (1972)) $\hat{\beta}_w$ gegeben durch

$$\tan 2\varphi_w/2 = \frac{\sum\limits_i m_i(x_i - \bar{x}.)\,(y_i - \bar{y}.)}{\sum\limits_i m_i\big((x_i - \bar{x}.)^2 - (y_i - \bar{y}.)^2\big)}\,. \tag{5}$$

Diese Konstruktion entspricht im Wesen dem Zugang von OLSE zu GLSE im Regressionsmodell.

Falls die Wichtungen aus wiederholten Beobachtungen stammen, ist also

$$\tan 2\hat{\varphi}_w/2 = b_{xy}/(b_x - b_y)\,. \tag{6}$$

Auch diese Schätzungen bleiben konsistent und asymptotisch normalverteilt unter den in Abschnitt 3.4 genauer erläuterten Voraussetzungen.

3.3.1.3. Instrumentvariable

Noch einfacher als die OLSE und geometrisch ebenso anschaulich wie die ORLSE ist die folgende Gruppierungsschätzung definiert, die auf Wald (1940) zurückgeht. Diese Schätzung hat neben ihrer Einfachheit auch den Vorteil, äquivariant zu sein. Man

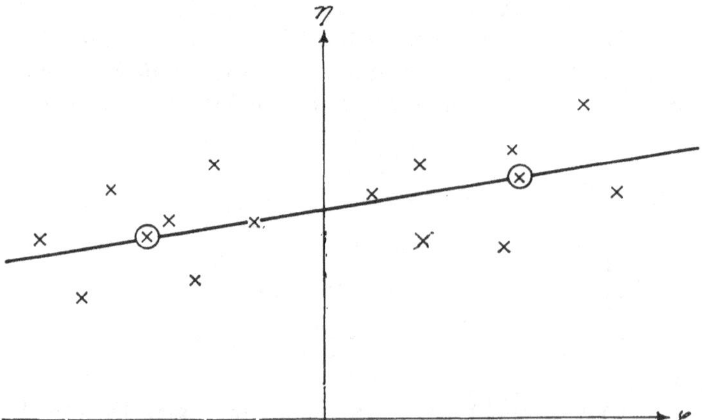

Abb. 3.3.1

teilt nämlich die Beobachtungen in zwei Gruppen ein — z_{ij}, $i = 1, 2$; $j = 1, \ldots, m/2$ für gerades m — und legt die Gerade durch die Mittel der beiden „äußeren Hälften" von Beobachtungen (vgl. Abbildung 3.3.1). Es sei also

$$\hat{\beta}_G = (y_{2\cdot} - y_{1\cdot})/(x_{2\cdot} - x_{1\cdot}) . \tag{7}$$

Bartlett (1949) zeigte, daß für äquidistante, fehlerlos beobachtete ξ_i eine kleinere Varianz durch Auslassung des mittleren Drittels der Beobachtungen erzielt werden kann. Die Bedingung für die Konsistenz ist (Wald (1940))

$$\lim_{n\to\infty} \inf |\bar{\xi}_{2\cdot} - \bar{\xi}_{1\cdot}| > 0 . \tag{8}$$

Dieses Resultat ist anschaulich einsichtig. Für die Gruppen müssen nämlich die zugehörigen Versuchsplanmittel verschieden sein. Sind die ξ_{ij} zufällig, so müssen die Erwartungswerte der erzeugenden Verteilungen für ξ_{1j} und ξ_{2j} verschieden sein. Alle diese Schätzungen sind Spezialfälle von

$$\hat{\beta} = \sum_i u_i y_i / \sum_i u_i x_i . \tag{9}$$

Bei der Waldschen Schätzung ist $u_i = \pm 1$ je nachdem, ob z_i aus der zweiten oder ersten Gruppe stammt.

Die Variablen u_i müssen nun nicht — wie eben — aus einem von den Beobachtungen unabhängigen Gruppierungskriterien stammen. Es können auch Beobachtungen von weiteren Variablen sein, die wohl im durch die LIFU beschriebenen System wirken, nicht aber in der LIFU selbst auftreten, und die in irgendeiner Weise mit dem unbekannten Versuchsplan zusammenhängen, also korreliert sind.

Es sei also die empirische Korrelation von Null verschieden:

$$\lim_{n\to\infty} \frac{1}{n} \sum_{i=1}^{n} u_i \xi_i \neq 0 . \tag{10}$$

Andererseits sollen diese sogenannten *Instrumentvariablen* (IV) u_i von den Beobachtungsfehlern ζ_i unabhängig sein. Das heißt, es gelte fast sicher

$$\lim_{n\to\infty} \frac{1}{n} \sum_{i=1}^{n} u_i \zeta_i = 0 . \tag{11}$$

Dann zeigt man bei Voraussetzung von (11) leicht, daß (10) notwendig und hinreichend für die starke Konsistenz der *Instrumentvariablenschätzung* (IVE) $\hat{\beta}_{IV}$ ist. (Die Waldsche Bedingung (8) ist dann für zwei Gruppen gerade zu (10) äquivalent.) Die Frage, ob eine Variable u als IV geeignet sein könnte oder nicht, muß man im Einzelfall entscheiden. In Anwendungen aus den Human- und Gesellschaftswissenschaften werden derartige Variable häufiger verwendet als bei technischen oder naturwissenschaftlichen Fragestellungen. Jedoch können auch hier manchmal Instrumentvariablen erhalten werden, zum Beispiel bei der Beobachtung eines sich bewegenden Objektes in aufeinanderfolgenden Zeitpunkten. Dann sind die Rangzahlen r_i der ξ_i als Instrumentvariable bekannt, und man kann beispielsweise jede der Schätzungen

$$\hat{\beta}_{r_1, r_2} = (y_{r_2} - y_{r_1})/(x_{r_2} - x_{r_1}) , \quad r_1 < r_2 \tag{12}$$

verwenden, oder den Mittelwert der $\hat{\beta}_{r_1, r_2}$, oder deren Median. Dieses Problem wurde bei Ware (1972) untersucht. Er wies in diesem Modell für einige IVE asymptotische Normalität nach, was in Abschnitt 3.4 allgemein behandelt wird. Zwar ist die IVE konsistent, jedoch ergibt sich bei endlichen Stichproben der Nachteil, daß jede IV notwendigerweise die Varianz vergrößert. Bei fehlerlos gemessenen Variablen ist ohnehin die OLSE vorzuziehen. Deshalb schlug FELDSTEIN (1974) vor, beide Schätzungen zu kombinieren durch

$$\hat{\beta}_F = \alpha\hat{\beta}_0 + (1 - \alpha)\,\hat{\beta}_{IV}\,, \qquad 0 \leqq \alpha \leqq 1\,, \tag{13}$$

wobei der MSE bezüglich α minimiert werden soll. Weiterhin wird dort eine Vortestschätzung angegeben:

$$\hat{\beta}_V = \begin{cases} \hat{\beta}_0\,, & \text{falls} \quad Q \leqq 1 \\ \hat{\beta}_{IV}\,, & \text{falls} \quad Q > 1\,, \end{cases} \tag{14}$$

wobei gilt

$$Q := \mathrm{MSE}(\hat{\beta}_0)/\mathrm{MSE}(\hat{\beta}_{IV})\,. \tag{15}$$

Es entsteht natürlich auch die Frage, ob nicht eine „natürliche“ Korrektur der OLSE konsistente Schätzung liefern kann. Dies ist möglich, wenn eine von den Fehlern $\zeta_{(m)}$ unabhängige Schätzung der Fehlerkovarianzmatrix existiert. Denn es ist z.B. $w_x/(m - n)$ eine konsistente erwartungstreue Schätzung von $\mathsf{D}(\xi) + \mathsf{D}(\delta)$ mit

$$\mathsf{D}(\xi) = \lim_{n\to\infty} \frac{1}{n} S_{\bar{\xi}} < \infty \tag{16}$$

sowohl für feste als auch identisch und unabhängig verteilte zufällige ξ_i erklärt ist. Dann ist

$$\hat{\beta} = \left(w_{xy}/(m - n) - \hat{\sigma}_{\delta\varepsilon}\right)/\left(w_x/(m - n) - \hat{\sigma}_\delta\right) \tag{17}$$

eine konsistente Schätzung.

3.3.1.4. Benutzung von Varianzkomponenten

Die in (17) angegebene Modifikation beruht im wesentlichen auf einer Betrachtung über die Erwartungswerte der entsprechenden Quadratsumme. Dieses Vorgehen wurde von TUKEY (1951) eingeführt. Beispielsweise sieht man leicht, daß im Fall wiederholter Beobachtungen die Schätzungen

$$\hat{\beta} = b_{xy}/(b_x - w_x) \tag{18}$$

und

$$\hat{\beta} = (b_y - w_x)/b_{xy} \tag{19}$$

konsistent sind. Weitere Schätzungen dieser Art findet man in der Übersicht bei MADANSKY (1959) (s. a. DORFF und GURLAND (1961a, b)).

Neben den bisher angeführten, gibt es weitere Schätzungen für bivariate LIFU, die weniger angewendet werden. Dazu zählen die von NEYMAN, SCOTT, KIEFER und WOLFOWITZ entwickelten Schätzungen sowie die von GEARY entwickelte Kumulantenmethode und andere (vgl. 3.1.6).

3.3.1.5. Teil-Informations-Maximum-Likelihood-Schätzung und Zwei-Stufen-Kleinste-Quadrat-Schätzung

Die bei der OLSE durch Modifikation erzielte Konsistenz gibt natürlich Anlaß zur Überlegung, ob eventuell auch Modifikationen der MLE zu praktikablen Schätzungen führen. Dazu kann man von der Gleichung (3.2.119) ausgehen. Für $q = 1$ erhält man nun eine Modifikation, wenn man anstelle der kleinsten Eigenwerte von $S_{Z\cdot W}^{-1} Q_{Z\cdot U\cdot V}$ eine beliebige feste oder zufällige Konstante $\lambda \in \mathbb{R}^1$ einsetzt:

$$\hat{b} = (Q_{X\cdot U\cdot V} - \lambda S_{X\cdot W})^{-1} (Q_{XY\cdot U\cdot V} - \lambda S_{XY\cdot W}) . \tag{20}$$

Ist $\lambda = \lambda_1(S_{Z\cdot W}^{-1} Q_{X\cdot U\cdot V})$, dann erhält man gerade die MLE, in der Ökonometrie auch als MLE mit begrenzter Information (LIML) bezeichnet. Für $\lambda = 0$ erhält man die 2SLS-Schätzung. Schließlich ergibt sich nach (3.2.107) für $\lambda = 1$ die Schätzung $S_{X\cdot V}^{-1} S_{XY\cdot V}$, die im Fall $V = 0$ zur OLSE in der als linearem multivariantem Regressionsmodell aufgefaßten LIFU⁺ wird.

Wegen ihrer Bedeutung vor allem in der Literatur zu linearen Simultangleichungen wird die ursprüngliche Konstruktion der 2SLS-Schätzung und LIML erläutert. Damit werden die Beziehungen zwischen linearen Simultangleichungssystemen und LIFU⁺ von einer weiteren Seite beleuchtet. Wir betrachten zunächst den Fall $V = 0$, $U = I_n$ (vgl. (3.1.37)). Dann kann M im ersten Schritt durch die OLSE M mit U als Regressor geschätzt werden. Für $\Omega = I \otimes \Sigma$ ist

$$\tilde{M} = ZP_U , \qquad \mathsf{E}\tilde{M} = M , \qquad \mathsf{D}\vec{\tilde{M}} = (UU')^{-1} \otimes \Sigma \tag{22}$$

(vgl. Humak I (1977), (2.1.15) mit $C = (X'X)^{-1} X'$, $\Lambda = I$). Für explizite LIFU ist aber

$$\begin{aligned} &M = [\xi_i, B\xi_i]^{i=1,\dots,n} , \qquad \tilde{M} = [\tilde{X} \,\vdots\, \tilde{Y}] , \qquad \tilde{X} \in \mathfrak{M}_{(p-q)\times n} , \\ &\tilde{Y} = B\tilde{X} + \tilde{\varepsilon} , \qquad \mathsf{D}\tilde{\varepsilon} = (UU')^{-1} \otimes (-B \,\vdots\, I_q)\, \Sigma[-B' \,\vdots\, I_q] =: \tilde{\Lambda} \otimes \Sigma_{\tilde{\varepsilon}} . \end{aligned} \tag{23}$$

Im zweiten Schritt erhält man die 2SLS-Schätzung in der als Regressionsmodell interpretierten LIFU⁺ (23). In diesem Modell ist $U = I_n$, wenn der Modellansatz nach (3.1.37) zugrundegelegt wird. Damit ist die 2SLS-Schätzung

$$\hat{B} = (\tilde{X}\tilde{\Lambda}^{-1}\tilde{X}')^{-1} \tilde{X}\tilde{\Lambda}^{-1}\tilde{Y}' = Q_{X\cdot U}^{-1} Q_{XY\cdot U} , \tag{24}$$

und es ergibt sich für $q = 1$ die schon aus (20) hergeleitete Gestalt der 2SLS-Schätzung. Nun ist (24) zwar auch für $q > 1$ definiert. Es kann jedoch dann keine Beziehung zu den anderen Eigenwertschätzungen hergestellt werden.

Auch die LIML wurde ursprünglich von (23) ausgehend konstruiert. Dazu verwendete man in (23) eine zweistufige WLSE, indem anstelle des ursprünglichen Kleinste-Quadrat-Kriteriums, welches zum Modell (23) gehört, nämlich

$$(\mathrm{sp}\, [\Sigma_{\tilde{\varepsilon}}^{-1} (\tilde{Y} - B\tilde{X})\, \tilde{\Lambda}^{-1} (\tilde{Y} - B\tilde{X})']) , \tag{25}$$

eines mit geschätzter Kovarianz $\hat{\Sigma}_{\tilde{\varepsilon}}$ angesetzt wird. Der entsprechenden Schätzung $\hat{\Sigma}_{\tilde{\varepsilon}}$ von $\Sigma_{\tilde{\varepsilon}}$ liegt eine solche von Σ zugrunde. Man wählt, ausgehend von (22), als Schätzung von Σ

$$\hat{\Sigma} = D_{Z-\tilde{M}U} = S_{Z\cdot U} . \tag{26}$$

(Dann ist $\hat{\Sigma}/(m-n)$ eine erwartungstreue Schätzung von Σ.) Die LIML ist dann definiert mit Hilfe von

$$\hat{\Sigma}_{\tilde{\varepsilon}} = (-B \,\vdots\, I_q)\, \hat{\Sigma}[-B' \,\vdots\, I_q]$$

als

$$\min_B \mathrm{sp}\, [((-B \,\vdots\, I_q)\, \hat{\Sigma}[-B' \,\vdots\, I_q])^{-1} (\tilde{Y} - B\tilde{X})\, \tilde{\Lambda}^{-1} (\tilde{Y} - B\tilde{X})'] . \tag{27}$$

Dies ist aber wegen $\tilde{M}\tilde{\Lambda}^{-1}\tilde{M} = ZP_{U'}Z' = Q_{Z \cdot U}$ äquivalent zu

$$\min_B \left[\{\operatorname{sp} P_{\tilde{\mathscr{L}}} \hat{\Sigma}_{\tilde{\varepsilon}}^{-1/2} Q_{Z \cdot U} \hat{\Sigma}_{\tilde{\varepsilon}}^{-1/2}\}\right]$$

mit $\tilde{\mathscr{L}} = \mathscr{R}(\hat{\Sigma}_{\tilde{\varepsilon}}^{1/2}[-B' \mid I_q])$. Dieses Problem wurde für $\mathscr{L}^\perp = \mathscr{R}([-B' \mid I_q]) = \mathscr{R}(L^\perp)$ schon in **3.2.3** behandelt. Man erhält damit die Matrix $L^\perp$ aus den zu den q kleinsten Eigenwerten von $S_{Z \cdot U}^{-1} Q_{Z \cdot U}$ gehörenden Eigenvektoren.

Mit der in Beispiel **3.2.2** in **3.2.5** beschriebenen Transformation erhält man $\hat{B}$. Dies wird nach (**3.2.119**) gerade die als LIML konstruierte Schätzung, bei der also $\hat{L}^\perp$ und $\hat{B}$ nach (**3.2.116**) zusammenhängen. Man beachte jedoch, daß für $U = I_n$, $V = 0$ die MLS für LIFU⁺ ohne Wiederholungen entsteht. Diese liefert nur einen Sattelpunkt der ansonsten unbeschränkten Likelihoodfunktion (vgl. **3.2.1.3**). Der Fall $V \neq 0$ wird wie oben auf natürliche Weise einbezogen. Man ersetzt $Q_{Z \cdot U}$ durch $Q_{Z \cdot U \cdot V}$ und $S_{Z \cdot U}$ durch $S_{Z \cdot W}$.

Ausgehend von (23) konstruierte Theil (1958) die k-Klassen-Schätzungen. Diese entstehen, wenn in (20) λ fest gewählt und $k = 1 - \lambda$ gesetzt wird. Für $q = 1$ ergeben sich damit die bekannten Darstellungen aus der Ökonometrie, wenn in $S_{X \cdot W}$ usw. die entsprechenden Projektoren geschrieben werden. Man erhält z.B. die 2SLS-Schätzung aus (20)

$$\hat{b}_{2S} = (X\tilde{P}_\lambda X')^{-1} (X\tilde{P}_\lambda Y'),$$

wobei $\tilde{P}_\lambda = I - P_{V'} - (1 - \lambda)(I - P_{W'})$ ist. Unter der Voraussetzung $U'V = 0$, die nach (**3.2.81**) ohne Beschränkung der Allgemeingültigkeit möglich ist, folgt $P_{W'} - P_{V'} = P_{U'}$. Dann erhält man die in der Ökonometrie gebräuchliche Darstellung (vgl. Farebrother in Anderson (1976)).

Aber auch die so definierten k-Klassen-Schätzungen sind nicht problemlos anwendbar. Deren wichtigste Vertreter MLE und 2SLS-Schätzung besitzen nämlich keine bzw. nur endlich viele Momente höherer Ordnung (Mariano und Sawa (1972), 4). Ähnliches gilt für alle k-Klassen-Schätzungen mit fester Konstante k (Sawa (1972)). Damit existieren auch die Varianzen dieser Schätzungen nicht. Somit kann ein Gütevergleich auf Basis dieses einfachen Konzentrationsmaßes nicht vorgenommen werden. Natürlich gibt es berechtigte Einwände dagegen, nur Schätzungen mit existierender Varianz zu vergleichen (Anderson (1976), S. 8). Denn beispielsweise kann die Wahrscheinlichkeit, in ein Intervall um den wahren Parameter zu fallen, auch als aussagekräftiges Konzentrationsmaß gewählt werden. Für endliche Parameteranzahl wurde hierfür eine ausgebaute Theorie entwickelt (vgl. Weiss und Wolfowitz (1974)). Für LIFU⁺ wurden dazu für die genannten Schätzungen asymptotische Ergebnisse gewonnen (vgl. 3.5.2).

3.3.1.6. Modifizierte Maximum-Likelihood-Schätzung

Trotzdem möchte man natürlich auch einfache Schätzungen mit existierender Varianz zur Verfügung haben. Deshalb wurden von Fuller (1977) Modifikationen der MLE und 2SLS-Schätzung untersucht, die bei genügend großem Stichprobenumfang Momente höherer Ordnung besitzen.

Es ist einsichtig, daß die Momente der in (20) definierten Schätzungen dann nicht existieren, wenn die Inverse der zufälligen Matrix $Q_{X \cdot U \cdot V} - S_{X \cdot W}$ „zu oft zu groß" — also die Matrix selbst „zu oft zu klein" — wird. Dies geschieht, wenn λ „zu oft zu groß“ ist. Eine Störung von λ zu kleineren Werten hin kann also die Existenz der Momente absichern. Tatsächlich gilt dies für folgende Modifikationen: Die MLE wird zur modifizierten MLE

$$\begin{aligned} \hat{b}_{MM} &= (Q_{X\cdot U\cdot V} - \tilde{\lambda} S_{X\cdot W})^{-1} (Q_{XY\cdot U\cdot V} - \tilde{\lambda} S_{XY\cdot W}) , \\ \tilde{\lambda} &= \lambda_1(S_{Z\cdot W}^{-1} Q_{Z\cdot U\cdot V}) - \alpha/m(m-n) , \qquad \alpha > 0 . \end{aligned} \tag{28}$$

Die modifizierte 2SLS-Schätzung ist

$$\hat{b}_{M2S} = \bar{S}_X^{-1} \bar{S}_{XY} \tag{29}$$

mit

$$\bar{S}_X = Q_{X\cdot U\cdot V} - \tilde{\lambda} S_{X\cdot W} , \qquad \bar{S}_{XY} = Q_{XY\cdot U\cdot V} - \tilde{\lambda} S_{X\cdot W} \tag{30}$$

und mit $q := 1$ und $\lambda_1 = \lambda_1(S_{X\cdot W} Q_{X\cdot U\cdot V})$

$$\tilde{\lambda} = \begin{cases} \dfrac{n_1 - p + 1 - \alpha}{m(m-n)} & \text{für } \lambda_1 \geqq \dfrac{n_1 - p + q + 1}{m(m-n)} , \\[2ex] \lambda_1 - \dfrac{1+\alpha}{m(m-n)} & \text{sonst} . \end{cases}$$

Diese beiden Modifikationen haben dieselbe Verzerrung bis zur Ordnung $O(m^{-2})$ (FULLER (1977)).

Derartige Modifikationen sind natürlich auch formal für $q > 1$ definiert. Nun muß man aber für die MLE von B berücksichtigen, daß deren explizite Darstellung in der Form (20) nur für $q = 1$ möglich ist (vgl. Beispiel 3.2.2 in 3.2.5). Das Wesen der Modifikation in (28) ist jedoch die Störung von $S_{Z\cdot W}$ zu kleineren Werten hin. Die Modifikation der 2SLS-Schätzung dagegen entstand direkt aus (20). Der Vergleich beider Modifikationen wird wegen ihrer asymptotisch äquivalenten Verzerrung erleichtert. Damit gelangt man für $q > 1$ zu zwei unterschiedlichen Erweiterungsmöglichkeiten. Eine modifizierte MLE für $\mathcal{L}^\perp$ ergibt sich als Eigenraum zu den q kleinsten Eigenwerten von

$$S_{Z\cdot W}^{-1}(Q_{Z\cdot U\cdot V} + \tilde{\lambda} S_{Z\cdot W}) ,$$

wobei $\tilde{\lambda}$ eine beliebige, positive Konstante ist. Andererseits wird man eine modifizierte k-Klassen-Schätzung für $\mathcal{L} = \mathcal{R}([I \vdots B])$ aus (30) erhalten, wenn $\tilde{\lambda}$ eine beliebige feste oder zufällige Zahl $\tilde{\lambda} = \tilde{\lambda}(z_{(m)})$ ist. Für $q = 1$ ergeben sich aus (30) damit die MLE für $\tilde{\lambda} = \lambda_1(S_{Z\cdot W}^{-1} Q_{Z\cdot U\cdot V})$, während dies für $q > 1$ nicht der Fall ist. In Abschnitt 3.4 wird aber über einen anderen Zugang gezeigt werden, daß auch für $q > 1$ eine natürliche Beziehung zwischen MLE, 2SLS- und anderen Schätzungen hergestellt werden kann.

3.3.2. Lineare funktionelle Beziehungen mit abhängigen Beobachtungsfehlern

Abhängige Fehler treten zumeist bei ökonometrischen Zeitreihenmodellen auf, weniger dagegen bei Problemen der sogenannten Datenanpassung in Naturwissenschaften und Technik. Die Behandlung derartiger dynamischer Modelle sprengt jedoch den Rahmen dieser Einführung. Andererseits wird es auch bei „reinen“ Datenanpassungsproblemen verschiedentlich Situationen geben, bei denen Abhängigkeiten zwischen den Beobachtungen von vornherein nicht auszuschließen sind. Derartige Abhängigkeiten können sowohl durch die Entstehung des Versuchsplanes als auch bei der Durchführung der Beobachtungen entstehen. Dafür müssen diese Modelle nicht einmal von vornherein solche „strengen" und expliziten Abhängigkeiten wie bei Zeitreihenmodellen einschließen. Aus diesem Grunde ist es wünschenswert, für solche Probleme, in denen man wenig über den Mechanismus der Versuchsplanentstehung und Beobachtungsdurchführung weiß, auch eine praktikable konsistente Schätzung zur Verfügung zu haben. Selbstverständlich wäre diese Methode dann auch bei den damit erfaßten Zeitreihenmodellen anwendbar. Eine derartige Schätzung wurde von ROBINSON (1977a) konstruiert. Sie umfaßt insbesondere Regressionsmodelle mit abhängigen Fehlern. Zunächst wird eine heuristische Einführung der Schätzung gegeben.

Wir gehen dazu aus von einer LIFU$^-$, bei der die stochastischen Größen ξ_i, δ_i, ε_i sämtlich unabhängig und jeweils identisch verteilt sind und verschwindenden Erwartungswert haben. Wenn man nun wie üblich die Schätzungen auf Basis der zweiten Stichprobenmomente — also aus S_Z — konstruieren will, hat man im Grenzfall $n \to \infty$ zur konsistenten Schätzung die Kovarianzmatrix von $\boldsymbol{Z}$ zur Verfügung (vgl. auch 3.2.1):

$$\mathsf{D}\boldsymbol{Z} = \begin{pmatrix} \mathsf{D}\xi + \mathsf{D}\delta & (\mathsf{D}\xi)\, B' \\ B\mathsf{D}\xi & \mathsf{D}\varepsilon + B(\mathsf{D}\xi)\, B' \end{pmatrix}. \tag{31}$$

(Für festen Versuchsplan muß man die Existenz des Grenzwertes $S_{\bar{\xi}} \to D = \mathsf{D}\xi < \infty$ fordern. Dies ist anschaulich einsichtig, weil anderenfalls der Versuchsplan zu sehr „gestreut" wäre. Damit wäre auf Basis der ausschließlichen Verwendung der zweiten Stichprobenmomente S_Z wegen dann fehlender Konvergenz von S_Z keine konsistente Schätzung möglich.)

Nun ist aber mit Kenntnis der $p(p+1)/2$ Elemente von $\mathsf{D}\boldsymbol{Z}$ im Grenzfall eine Bestimmung der Elemente von B, $\mathsf{D}\xi$, $\mathsf{D}\delta$, $\mathsf{D}\varepsilon$ nicht möglich, da die Gesamtzahl der Parameter mit $q(p-q) + (p-1)(p-q+1) + q(q+1)/2$ um $(p-q)(p-q+1)/2$ größer ist. Die hierbei auftretende Unbestimmtheit spiegelte sich schon in den Identifizierbarkeitssaussagen von Satz 3.1.1 wider. Man muß also eine „Zusatzinformation" im Modell voraussetzen, die gerade dieser fehlenden Information entspricht.

Dazu wurden schon verschiedene Möglichkeiten diskutiert: die Ausnutzung von Informationen aus höheren Momenten, Instrumentvariablen, wiederholten Beobachtungen usw. Diese Methoden gehen von einer völligen Unbestimmtheit aller Parameter aus. Nun gibt es jedoch Fälle, in denen genügend viele Parameter genau bekannt sind, ein klassische Modell hierzu ist das mit bekanntem Varianzquotienten bei LIFU$^-$. Es könnte beispielsweise von praktischen Problemstellungen her auch angenommen werden, daß $\mathsf{D}\delta$ und $\mathsf{D}\varepsilon$ Diagonalgestalt haben. Dies trifft für viele technische Datenanpassungsprobleme zu, bei denen die Meßfehler der einzelnen Variablen unabhängig sind. Oder man hat genügend Grund zu der Annahme, daß die k-te Komponente von η nicht durch die l-te von ξ beeinflußt wird, also daß $b_{kl} = 0$ sei. Oder man hat einige Variablen mit vernachlässigbarem Fehler gemessen, dann wäre z.B. $\mathsf{D}\xi^{(l)} = 0$ zu setzen.

Schließlich könnte bekannt sein, daß verschiedene der Variablen mit demselben Instrument gemessen werden, dann wäre die Varianz der Meßfehler konstant anzusetzen, und die entsprechenden Varianzen $\mathsf{D}\delta_{(k)}$ wären gleich. Man muß nun überprüfen, was aus diesen Zusatzinformationen für die Identifizierbarkeit folgt. Zunächst kann man aus Σ_x nach (31) bei festem $\mathsf{D}\boldsymbol{\delta}$ stets $\mathsf{D}\boldsymbol{\xi}$ bestimmen. Aus $x = \xi + \delta$ ergibt sich z.B. die Gleichung $\mathsf{D}\boldsymbol{\xi} = \mathsf{D}\boldsymbol{x} - \mathsf{D}\boldsymbol{\delta}$. Weitere Bedingungen mögen durch die implizite Gleichung

$$0 = h(\psi)\,, \qquad \psi = [\vec{B}, \mathsf{D}\boldsymbol{\delta}, \mathsf{D}\boldsymbol{\varepsilon}] \tag{32}$$

gegeben sein (vgl. 3.5.3), wobei in

$$h\colon \mathbb{R}^r \to \mathbb{R}^s\,, \qquad r = (p-q)\,q + q^2 + (p-q)^2\,, \qquad s < r \tag{33}$$

die trivialen Symmetriebedingungen an Σ_δ und Σ_ε eingeschlossen sein sollen. Darüber hinaus müssen also wenigstens noch $(p-q)\,(p-q+1)/2$ zusätzliche Bedingungen gestellt werden. (Man beachte jedoch, daß sich aus der Forderung $\mathsf{D}\boldsymbol{\delta}, \mathsf{D}\boldsymbol{\varepsilon} > 0$ die bekannten Ungleichungen für gewisse Unterdeterminanten ergeben.)

In h und S_Z kann auch mehr Information enthalten sein, als zur konsistenten Schätzung der Parameter notwendig ist. Wie auch bei LIFU mit wiederholten Beobachtungen kann ein derartiges Schätzproblem durch Datenanpassung, also die Lösung einer entsprechenden Maximierungsaufgabe, gelöst werden. Hierzu bieten sich aus verschiedenen Gründen „likelihood-ähnliche" Funktionen an. Man geht von der formal als Regressionsmodell geschriebenen LIFU

$$y_i = Bx_i + (\varepsilon_i - B\delta_i) \tag{34}$$

aus. Die Inkonsistenz der OLSE (vgl. 3.1.2) beruhte im wesentlichen darauf, daß Regressor $\boldsymbol{x}_i$ und Fehler $\boldsymbol{\varepsilon}_i - B\boldsymbol{\delta}_i$ nicht unabhängig sind. Wenn es gelänge, durch eine Parametertransformation ein Regressionsmodell zu erzeugen, bei dem wenigstens asymptotisch Regressor und Fehler unkorreliert sind, könnte man erwarten, daß die zugehörige MLE aus dem Regressionsmodell konsistent wird. Dazu setze man $\tilde{B} = B - \bar{B}$. Dann ist

$$y_i = \tilde{B}x_i + \tilde{\varepsilon}_i\,, \qquad \tilde{\varepsilon}_i = \varepsilon_i - B\delta_i + \bar{B}x_i\,. \tag{35}$$

Also gilt mit der Abkürzung $S_{X\tilde{\varepsilon}} := S_{\overleftarrow{x}_{(n)}, \overleftarrow{\tilde{\varepsilon}}_{(n)}}$ usw.

$$S_{X\tilde{\varepsilon}} = S_{\bar{\xi}+\bar{\delta}, \bar{\varepsilon}-B\bar{\delta}} + BS_{X,BX} = S_{\bar{\xi}\bar{\varepsilon}} + S_{\bar{\delta}\bar{\varepsilon}} - S_{\bar{\xi}\bar{\delta}}B' - S_{\bar{\delta}}B' + S_X\bar{B}'\,. \tag{36}$$

In dieser Gleichung verschwinden die ersten drei Terme asymptotisch. Setzt man $\bar{B}' = S_X^{-1}(\mathsf{D}\boldsymbol{\delta})\,B'$, dann gilt dies auch für die letzte Differenz, und es ergibt sich die gewünschte Form. Wir bilden also das Regressionsmodell

$$\begin{aligned} &y_i = \tilde{B}x_i + \tilde{\varepsilon}_i\,, \qquad \tilde{B} = B - \bar{B}\,, \qquad \bar{B} = B(\mathsf{D}\boldsymbol{\delta})\,S_X^{-1}\,,\\ &\tilde{\varepsilon}_i = \varepsilon_i - B\delta_i + \bar{B}x_i\,. \end{aligned} \tag{37}$$

Nun sieht man wegen der Unabhängigkeit der $\boldsymbol{\xi}_i, \boldsymbol{\delta}_i, \boldsymbol{\varepsilon}_i$:

$$\begin{aligned} \mathsf{D}\tilde{\boldsymbol{\varepsilon}}_i &= \mathsf{D}\boldsymbol{\varepsilon} + (B - \bar{B})\,(\mathsf{D}\boldsymbol{\delta})\,(B - \bar{B})' + B(\overline{\mathsf{D}\boldsymbol{\xi}})\,\bar{B}'\\ &= \mathsf{D}\boldsymbol{\varepsilon} + B(\mathsf{D}\boldsymbol{\delta})\,B' - 2B(\mathsf{D}\boldsymbol{\delta})\,S_X^{-1}(\mathsf{D}\boldsymbol{\delta})\,B' + B(\mathsf{D}\boldsymbol{\delta})\,S_X^{-1}\Sigma_x S_X^{-1}(\mathsf{D}\boldsymbol{\delta})\,B'\,. \end{aligned} \tag{38}$$

Approximiert man $\mathsf{D}\boldsymbol{x}$ durch $S_{\bar{x}}$, dann erhält man für $\mathsf{D}\tilde{\boldsymbol{\varepsilon}}_i$ angenähert

$$\tilde{\Sigma} = \mathsf{D}\boldsymbol{\varepsilon} + B(\mathsf{D}\boldsymbol{\delta} - (\mathsf{D}\boldsymbol{\delta})\,S_X^{-1}(\mathsf{D}\boldsymbol{\delta}))\,B'\,. \tag{39}$$

Wir setzen

$$\psi = (\vec{B}, \overrightarrow{\mathsf{D}\boldsymbol{\delta}}, \overrightarrow{\mathsf{D}\boldsymbol{\varepsilon}})\,. \tag{40}$$

Dann erhält man als „likelihood-ähnliche" Funktion für das Regressionsmodell (37)

$$\tilde{l}_z(\psi) = -\ln \det [\tilde{\Sigma}] - \operatorname{sp} \tilde{\Sigma}^{-1} S_{\tilde{\varepsilon}} \,. \tag{41}$$

ROBINSON (1977a) zeigte, daß $-\tilde{l}_z$ eine Kontrastfunktion bezüglich der Parameter B, $\tilde{\Sigma}$ ist. Von Minimum-Kontrastschätzungen sind aber die Konsistenz (z.B. STRASSER (1973)) und die asymptotische Normalität unter Zusatzbedingungen bekannt. Der Kern des bei ROBINSON (1977a) entwickelten Vorgehens besteht nun darin, die Konvergenz von S_Z gegen die in (31) angegebene Kovarianz auch unter schwächeren Bedingungen als der Unabhängigkeit der ξ_i, δ_i, ε_i zu zeigen und dann die Eigenschaften der Funktion $l_z(\psi)$ auszunutzen.

Wir geben die Konstruktion der Schätzung nun in einer zusammengefaßten Form an. Der Konsistenzbeweis, einige mit der asymptotischen Normalität verbundene Fragen und weitere Erläuterungen folgen im Abschnitt 3.5.

Mit $\mathfrak{B}_n$ bezeichnen wir nun die Folge der Zufallsvariablen δ_k, ε_k, ξ_k, $k < n$, und mit $\mathfrak{B}_{\delta n}$, $\mathfrak{B}_{\varepsilon n}$ diejenigen Folgen, die zusätzlich noch (ε_n, ξ_n) bzw. (δ_n, ξ_n) enthalten. Die bisher benutzten Modellannahmen schwächen wir für die explizite LIFU ab:

$$\eta_i = B_0 \xi_i \,, \qquad x_i = \xi_i + \delta_i \,, \qquad y_i = \eta_i + \varepsilon_i \,. \tag{42}$$

Voraussetzung V 1. Es sei für $n > 2$ fast sicher

$$\mathsf{D}(\delta_n \mid \mathfrak{B}_n) = 0 \,, \qquad \mathsf{E}(\varepsilon_n \mid \mathfrak{B}_n) = 0 \,, \tag{43}$$

$$\mathsf{E}(\delta_n \delta_n' \mid \mathfrak{B}_{\delta n}) = \Sigma_\delta^0 < \infty \,, \tag{44}$$

$$\mathsf{E}(\varepsilon_n \varepsilon_n' \mid \mathfrak{B}_{\varepsilon n}) = \Sigma_\varepsilon^0 < \infty \,, \tag{45}$$

$$\mathsf{E}(\xi_n \xi_n' - T_n \mid \mathfrak{B}_n) = 0 \,, \tag{46}$$

wobei die T_n feste oder möglicherweise auch stochastische (abhängige) Matrizen sein können, die folgende Konvergenzeigenschaft besitzen:

$$\sum_{i=1}^{n} T_i / n \xrightarrow{\mathrm{P}} T_0 < \infty \,. \tag{47}$$

(Anmerkung: T_0 muß nicht regulär sein!)

Voraussetzung V 2. Für ein $c > 2$ existiert eine Konstante $K < \infty$, so daß für $n \geqq 1$ gilt

$$\mathsf{E}\, \|\xi_n\|^c \,, \qquad \mathsf{E}\, \|\delta_n\|^c \,, \qquad \mathsf{E} \|\varepsilon_n\|^c < K \,. \tag{48}$$

Voraussetzung V 3. Es sei $\Sigma_x := \Sigma_{\delta 0} + T_0$ regulär. (Man beachte, daß insbesondere der Fall $0 = \Sigma_{\varepsilon 0} = \mathsf{D}\varepsilon$ möglich ist, woraus sich das übliche lineare Regressionsmodell auch mit korrelierten Fehlern ergibt.)

Wir setzen

$$\psi := (\vec{B}, \vec{\Sigma}_\delta, \vec{\Sigma}_\varepsilon) \in \mathbb{R}^r \tag{49}$$

für $B \in \mathfrak{M}_{q \times (p-q)}$, $\Sigma_\delta \in \mathfrak{M}_{(p-q) \times (p-q)}$, $\Sigma_\varepsilon \in \mathfrak{M}_{q \times q}$. Sei h eine (genügend oft) stetig differenzierbare Funktion in ψ:

$$h \colon \mathbb{R}^r \to \mathbb{R}^s \,, \qquad s < r \,. \tag{50}$$

Wir setzen für festes T: $\Sigma_x = \Sigma_\delta + T$ und

$$A = A(\psi) = B(I - \Sigma_\delta \Sigma_x^{-1}) \,, \qquad A_0 = A(\psi_0) \,, \tag{51}$$

$$\Omega = \Omega(\psi) = B(\Sigma_\delta - \Sigma_\delta \Sigma_x^{-1} \Sigma_\delta)\, B' + \Omega, \qquad \Omega_0 = \Omega(\psi_0) \,. \tag{52}$$

Voraussetzung V 4. Sei Ψ ein kompakte Menge von Parametern $\psi \in R^r$, für die gilt

$$h(\psi) = 0\,, \tag{53}$$

$$\Omega(\psi) > 0\,. \tag{54}$$

Der „wahre" Parameter $\psi_0 = (\vec{B}_0, \vec{\Sigma}_{\delta 0}, \vec{\Sigma}_{\varepsilon 0})$ sei in Ψ enthalten.

Sei weiterhin

$$S(\psi) = S_{Y-\tilde{A}X} = S_Y - \tilde{A}S_{XY} - S_{YX}\tilde{A}' + \tilde{A}S_XA'\,, \tag{55}$$

$$\tilde{A} = \tilde{A}(\psi) = B(I - \Sigma_\delta S_X^{-1})\,, \tag{56}$$

$$\tilde{\Omega} = \tilde{\Omega}(\psi) = B(\Sigma_\delta - \Sigma_\delta S_X^{-1}\Sigma_\delta)\,B' + \Sigma_\varepsilon \tag{57}$$

und

$$l_z(\psi) = -\ln\det[\Omega] - \operatorname{sp}\tilde{\Omega}^{-1}S(\psi)\,. \tag{58}$$

Von Robinson (1974) wurde als Schätzung des Parameters derjenige Wert $\hat{\psi}$ in Ψ definiert, der $l_z(\psi)$ maximiert. Nachdem im vorliegenden Abschnitt nur die heuristischen Grundprinzipien zur Konstruktion dieser Schätzung erläutert wurden, erfolgt eine detailliertere Behandlung in 3.5.4.

3.3.3. Nichtlineare Modelle mit unabhängigen Beobachtungsfehlern

3.3.3.1. Modifizierte Kleinste-Quadrat-Schätzung

Wie bei linearen Modellen mit unabhängigen Fehlern gibt es auch für nichtlineare Modelle einige Möglichkeiten, die vorhandenen Schätzungen zu modifizieren. Dabei muß man in Betracht ziehen, daß die vollständige Lösung der im Abschnitt 3.2 entwickelten nichtlinearen Gleichungssysteme zur Berechnung der MLE und WLSE äußerst schwierig werden kann, weil die Dimension proportional mit der Zahl der Beobachtungen steigt. Deshalb muß man schon für solche Beobachtungsumfänge, die bei praktischen Problemen als klein anzusehen sind, entsprechend leichter zu berechnende Alternativen zur Verfügung haben. Naturgemäß basieren derartige Alternativen auf Linearisierungen des Ausgangsproblems und Nutzung der ersten Iterationen zur WLSE ausgehend von einer Anfangsschätzung.

Allgemeine Iterationsverfahren werden ausführlich in 3.8.3 behandelt. Im vorliegenden Abschnitt wird ausführlich ein modifiziertes Gauß-Newton-Verfahren dargestellt. Dabei erhält man ausgehend von einer konsistenten Anfangsschätzung π_1 für π_0 schon bei der ersten Iteration π_2 die asymptotische Normalität auch bei wachsendem Versuchsplan (vgl. 3.5.4). Diese Modifikation des Gauß-Newton-Verfahrens wurde von Fuller und Wolter (1982) für $d_\eta = 1$ entwickelt und geht auf die Arbeit von Villegas (1969) zurück, bei der wiederholte Beobachtungen eines festen Versuchsplanes behandelt wurden.

Wir betrachten das explizite Folgenmodell für $m = 1, 2, \ldots$

$$\eta_{i0} = r_i(\xi_{i0}, \pi_0)\,, \qquad i = 1, \ldots, n_m\,, \tag{59}$$

$$x_{im} = \xi_{i0} + \delta_{im0}\,, \qquad \mathsf{D}\zeta_{im} = \Sigma_m\,, \tag{60}$$

$$y_{im} = \eta_{i0} + \varepsilon_{im0}\,. \tag{61}$$

Wir setzen $d_\eta = q$, $d_\mu = p$. Der Umfang des Versuchsplanes wächst:

$$m = n_m l_m\,. \tag{62}$$

Hierbei ist $n_m = n(m)$, $l_m = l(m)$. Für die als bekannt angenommenen Fehlerkovarianz gelte

$$\lim \Sigma_m l_m = \Sigma > 0 \tag{63}$$

und

$$l_m^{-1} = k_m = o(m^{-1/2}) \,. \tag{64}$$

Dann gilt für $m \to \infty$ wegen $\Sigma_m \to 0$ auch $z_{im} \to \mu_i$. Dieses Modell enthält den Fall der unabhängigen Wiederholungen eines festen Versuchsplanes mit bekannter Kovarianz $\mathsf{D}\zeta = \Sigma$. Hier ist n fest, und für $i = 1, \dots, n$, $m_i = k_m^{-1} = l_m$. Damit gilt für $k_m = n/m$ sowohl $k_m = O(m^{-1})$, als auch $k_m = o(m^{-1/2})$ und

$$z_{im} = \bar{z}_{i\cdot}\,, \qquad \mathsf{D}\zeta_{im} = \Sigma/k_m = \Sigma_m \,.$$

Voraussetzung des Verfahrens ist eine Anfangsschätzung $\boldsymbol{\pi}_1$ von π_0 mit

$$\boldsymbol{\pi}_1 - \pi_0 = O_{\mathrm{P}}(m^{-1/2}) \,. \tag{65}$$

Eine solche Schätzung erhält man unter schwachen Voraussetzungen als OLSE im nichtlinearen Regressionsmodell

$$y_{im} = r_i(x_{im}, \pi) + \tilde{\varepsilon}_{im} \tag{66}$$

(vgl. 3.5), wo anstelle der ξ_{i0} die fehlerbehafteten x_{im} verwendet werden. Im reinen Wiederholungsfall hätte man also insbesondere $y_{im} = \bar{y}_{i\cdot}$, $x_{im} = \bar{x}_{i\cdot}$.

Ausgehend von $\boldsymbol{\pi}_1$ konstruiert man eine Gauß-Newton-ähnliche Iteration $\boldsymbol{\pi}_2$. Für diese kann man dann die asymptotische Normalität nachweisen. Mit $\boldsymbol{\pi}_1$ erhält man zunächst eine Schätzung $\mu_{(n)1}$ des Versuchsplanes $\mu_{(n)}$, die auf $S_{w,\pi}$ liegt, durch

$$l_z(\mu_{(n)1}) = ||z_{(n)} - \mu_{(n)1}||^2_{\Omega^{-1}} = \min_{\mu \in S_{w,\pi_1}} ||z_{(n)} - \mu_{(n)}||^2_{\Omega^{-1}} \,. \tag{67}$$

Die Schätzung $\mu_{(n)1}$ ist einer der stationären Punkte von l_z, die sich wegen $\Omega = I \otimes \Sigma$ aus den Gleichungen

$$\begin{aligned} 0 = \partial'_{\xi i} l_z = \partial'_{\xi} r_{i1} \Sigma^{\varepsilon}(y_i - r_{i1}) + \Sigma_{\delta\varepsilon}(y_i - r_{i1}) \\ + \partial'_{\xi} r_{i1} \Sigma^{\varepsilon\delta}(x_i - \xi_{i1}) + \Sigma^{\delta}(x_i - \xi_{i1}) \end{aligned} \tag{68}$$

ergeben, wobei Σ_m^{-1} in die Blöcke Σ^{δ} usw. unterteilt wurde und $\partial_{\xi} r_{i1} = \partial_{\xi} r_i(\xi_{i1}, \pi_1)$ sei. Von den Lösungen aus (68) wählt man eine derjenigen, die (67) minimieren. Mit der Taylor-Entwicklung

$$\eta_i = r_{i1} + \partial_{\pi} r_{i1}(\pi - \pi_1) + \partial_{\xi} r_{i1}(\xi_i - \xi_{i1}) + R \tag{69}$$

erhalten wir die folgende Linearisierung von $l_z(\mu)$ mit

$$\begin{aligned} &\zeta_{(n)j} = z_{(n)} - \mu_{(n)j}\,, \qquad \Delta\pi_j = \pi - \pi_j\,, \qquad j = 0, 1, 2, \dots: \\ &l_z(\xi, \pi) = ||z_{(n)} - \mu_{(n)1} - (\mu - \mu_{(n)1})||^2_{\Omega^{-1}} \\ &\qquad \approx ||\zeta_{(n)1} - ([\Delta\xi_{(i)}\, \partial_{\pi} r_{i1}\, \Delta\pi_1 + \partial_{\xi} r_{i1}\, \Delta\xi_{i1}])_{i=1,\dots,n}||^2_{\Omega^{-1}} \\ &\qquad = \tilde{l}(\Delta\xi_{(n)1}, \Delta\pi_1) \,. \end{aligned} \tag{70}$$

Damit ist also die WLSE $\hat{\xi}$, $\hat{\pi}$ durch folgende Beziehung angenähert zu erhalten:

$$l_z(\hat{\pi}, \hat{\xi}_{(n)}) = \min_{\pi,\, \xi_{(n)}} l_z(\pi, \xi_{(n)}) \approx \tilde{l}(\Delta_2\pi, \Delta_2\xi) := \min_{\Delta\pi_1,\, \Delta\xi_{(n)1}} \tilde{l}(\Delta\pi_1, \Delta\xi_{(n)1}) \,. \tag{71}$$

Die zweite Iteration $\boldsymbol{\pi}_2$ für die WLSE $\hat{\pi}$ ergibt sich dann mit der in (71) berechneten Größe $\Delta^2\pi$ aus

$$\pi_2 = \pi_1 + \Delta_2\pi \,. \tag{72}$$

Der Punkt

$$\mu_{(n)2} := ([\xi_{i2}, \eta_{i2}])_{i=1,\dots,n} = \big([\xi_{i2}, r_i(\xi_{i2}, \pi_2)]\big)_{i=1,\dots,n}$$

ist in S_{w,π_2} enthalten. Man erhält jedoch bei wiederholter Anwendung von (67) eine „bessere" Schätzung des Versuchsplanes. Die Lösung von (71) ergibt sich wie im linearen Regressionsmodell. Es ist (mit $0 = 0_{p-q\times s}$) für festes $\Delta\pi_1$ das Minimum über $\Delta\xi_{i1}$ Lösung von

$$\Sigma_{-1/2}[I \,\vdots\, \partial'_\xi r_{i1}]\, \Delta_2\xi_i(\Delta\pi_1) = P_{\mathcal{L}_i}\Sigma_{-1/2}(\zeta_{i1} - [0, \partial_\pi r_{i1}]\,\Delta\pi_1) \tag{73}$$

mit

$$\mathcal{L}_i = \mathcal{R}(\Sigma^{-1/2}[I_{p-q} \,\vdots\, \partial_\xi r_{i1}])\,. \tag{74}$$

Aus der letzten Gleichung folgt

$$\mathcal{L}_i^\perp = \mathcal{R}(\Sigma^{1/2}[-\partial'_\xi r_{i1} \,\vdots\, I_q])\,. \tag{75}$$

Also ergibt sich $\Delta_2\pi$ aus der Extremalaufgabe

$$\min_{\Delta\pi_1} \sum_{i=1}^{n} \left\|P_{\mathcal{L}_i^\perp}(\Sigma^{1/2}(\zeta_{i1} - [0, \partial_\pi r_{i1}]\,\Delta\pi_1))\right\|^2_{I_p}\,. \tag{76}$$

Dies ist aber eine Kleinste-Quadrat-Minimierung, wie sie aus der linearen Regressionstheorie bekannt ist. Die Lösung $\Delta_2\pi$ ergibt sich aus

$$\Sigma_{\pi 1}\Delta_2\pi = \sum_{i=1}^{n} \partial'_\pi r_{i1}\tilde{\Sigma}_{i1}^{-1}(\varepsilon_{i1} - \partial_\xi r_{i1}\delta_{i1}) \tag{77}$$

mit

$$\Sigma_{\pi 1} = \sum_{i=1}^{n} (\partial'_\pi r_{i1}\tilde{\Sigma}_{i1}^{-1}\,\partial_\pi r_{i1})\,, \tag{78}$$

$$\tilde{\Sigma}_{i1} = \tilde{\Sigma}(\pi_1, \xi_{i1}) = (-\partial_\xi r_{i1} \,\vdots\, I_q)\,\Sigma[-\partial'_\xi r_{i1} \,\vdots\, I_q]\,. \tag{79}$$

Bei dieser Normalgleichung sind lediglich die $(d_\pi \times d_\pi)$-Matrix $\tilde{\Sigma}$ und die $(q \times q)$-Matrix Σ_i zu invertieren, was im Rechenaufwand entsprechenden Iterationen bei der Lösung der in 3.2.6 beschriebenen WLSE-Gleichungen entspricht. Bei dem hier vorgeschlagenen Iterationsverfahren hat man jedoch auf jeder Stufe eine Schätzung $\mu \in S_{W,\pi_\nu}$ des Versuchsplanes, was bei den entsprechenden Verfahren zur Lösung der Normalgleichung der WLSE nicht der Fall sein muß. (Hierzu vergleiche 3.8.3!)

3.3.3.2. Verschiedene Kovarianzen

Abschließend betrachten wir noch das Modell, welches sich aus den möglicherweise ungleichen Wiederholungszahlen in den einzelnen Versuchspunkten ergibt. Dann hat man im allgemeinen Modell (61)

$$\mathsf{D}\zeta_{im} = \Sigma_{im}\,, \qquad m = \sum_i m_i \tag{80}$$

zu setzen, und es ist

$$\overline{m}_0 = m/n \tag{81}$$

die durchschnittliche Wiederholungszahl in den Versuchspunkten. Es bleiben nun alle Formeln ungeändert, wenn man $\Sigma = \Sigma_m$ bei den zugehörigen Termen durch $\Sigma_{i(m)}$ ersetzt. Im entsprechenden Modell mit Wiederholungen und möglicherweise verschiedenen Kovarianzen wird speziell

$$\Sigma_{i(m)} = \Sigma_{i/m_i}, \qquad m = \sum_{i=1}^{n_m} m_i . \tag{82}$$

Um zu den gewünschten asymptotischen Eigenschaften zu gelangen, müßte man dann jedoch fordern, daß (63) und (64) für jeden Versuchsplanpunkt gelten:

$$\lim_{m\to\infty} \Sigma_{i(m)} m_i = \Sigma_i > 0 , \tag{83}$$

$$m_i^{-1} = o(m^{-1/2}), \qquad n_m = o(m^{1/2}) . \tag{84}$$

3.3.3.3. Unbekannte, verschiedene Kovarianzen

Wir zeigen nun noch, wie dieses Verfahren auch bei zu schätzenden Kovarianzen anwendbar ist, und wie man von den Beobachtungsmittelwerten unabhängige Kovarianzschätzungen erhalten kann, falls wiederholte Beobachtungen vorliegen.

Im Modell mit $\Omega = \text{Diag}\,(I_{m_i} \otimes \Sigma_i)$ sind unter Normalverteilung

$$\hat{\Sigma}_{im} = S_i/m_i - 1 \,, \qquad S_i = \sum_{j=1}^{m_i} (z_{ij} - \bar{z}_{i\cdot})\,(z_{ij} - \bar{z}_{i\cdot})' \tag{85}$$

von den Beobachtungsmittelwerten $z_{im} = \bar{z}_{i\cdot}$ unabhängige und erwartungstreue Schätzungen der Kovarianzen Σ_i. Entsprechendes gilt für $\Omega = I_m \otimes \Sigma$ mit

$$\hat{\Sigma}_m = S/m - n \,, \qquad S = \sum_{i=1}^{n} S_i . \tag{86}$$

Bekanntlich konvergieren diese Schätzungen mit $m_i \to \infty$ gegen Σ_i bzw. mit $m - n_m \xrightarrow[m\to\infty]{} \infty$ gegen Σ. Wie man sieht, konvergieren dann auch die Schätzungen $\hat{\mu}$, die durch Minimierung von

$$\begin{aligned} l_s &= \|\bar{z}_{(n)\cdot} - \mu\|^2_{\hat{\Omega}_m^{-1}} \,, \\ \hat{\Omega}_m &= \text{Diag}\,(I_{m_i} \otimes \hat{\Sigma}_{i(m)}/m_i) \quad \text{bzw.} \quad \hat{\Omega} = I_m \otimes \hat{\Sigma}_m \end{aligned} \tag{87}$$

erhalten werden, gegen die selben Werte wie die für feste $\Sigma_{i(m)}$ berechneten Schätzungen.

3.3.4. Schätzung mit Hilfe von Instrumentvariablen bei linearen funktionellen Beziehungen

3.3.4.1. Einleitung

In diesem Abschnitt soll die im Abschnitt 3.3.1 für bivariate lineare funktionelle Beziehungen behandelte Schätzung mit Hilfe von Instrumentvariablen für ein allgemeines multivariates Modell untersucht werden. Den Ausgangspunkt bildet die Festlegung eines allgemeinen Modells einer linearen funktionellen Beziehung mit nichtzufälligen unbeobachtbaren Variablen (LIFU⁺). Hierzu beweisen wir zunächst einige Aussagen über die Parametrisierung, über den Zusammenhang zu den früher (im Abschnitt 3.1.3.3) betrachteten Modellen und über die Gestalt der Maximum-Likelihood-Schätzung (unter Normalverteilung). Die Resultate und Bezeichnungen dieses Abschnittes sind grundlegend für die später (im Abschnitt 3.4) darzustellende asymptotische Behandlung des Modells.

Sodann betrachten wir in einem solchen allgemeinen Modell die Schätzung mit Hilfe von Instrumentvariablen (IV). Als wesentlich erweist sich hierbei der Zusammenhang zwischen dem betrachteten Modell LIFU$^+$ und einem entsprechenden Modell einer linearen funktionellen Beziehung mit zufälligen unbeobachtbaren Variablen (LIFU$^-$). In einem solchen Modell stehen wir zunächst die IV-Schätzung als Maximum-Likelihood-Schätzung in einem durch zufällige IV erweiterten Modell LIFU$^-$ (unter Normalverteilung) dar. Dieses Resultat dient dann zur heuristischen Fundierung der Konstruktion der IV-Schätzung im Modell LIFU$^+$ (für nichtzufällige unbeobachtbare und Instrumentvariablen). Eine spezielle IV-Schätzung im betrachteten Modell wird als Maximum-Likelihood-Schätzung (unter Normalverteilung) für einen gewissen (evtl. inadäquaten) Modellansatz definiert. Diese Festlegung ist durch die vorangegangene Betrachtung gerechtfertigt; die MLE ergibt sich als Spezialfall der festgelegten allgemeinen IV-Schätzung. Die asymptotischen Eigenschaften der so erhaltenen *kanonischen Instrumentvariablenschätzung* (CIVE) bilden dann den Gegenstand des Abschnittes 3.4.

Die im folgenden untersuchten Modelle sind stets lineare funktionelle Beziehungen mit zufälligen oder nichtzufälligen unbeobachtbaren Variablen gemäß Definition 3.1.6 bzw. Definition 3.1.5 (unter Einbeziehung des impliziten Falles). Hierbei wird stets angenommen, daß die Fehlergrößen ζ_i, $i = 1, \ldots, m$, unabhängig und identisch verteilt sind, und im Falle von LIFU$^-$ gleiches für die von ζ_i, $i = 1, \ldots, m$, unabhängigen Größen μ_i, $i = 1, \ldots, m$, gilt. Hierbei lassen wir bei den auftretenden Zufallsgrößen zum Teil den Beobachtungsindex weg.

In bezug auf Eigenschaften der Menge $\mathfrak{L}_{k,l}$ der l-dimensionalen linearen Unterräume der $\mathbb{R}^k$ verweisen wir auf [A 3.16]. Für $\mathcal{L}_i \in \mathfrak{L}_{k,l_i}$, $i = 1, 2$, bezeichne $\mathcal{L}_1 + \mathcal{L}_2$ die lineare Hülle von $\mathcal{L}_1 \cup \mathcal{L}_2$, $\mathcal{L}_1 \setminus \mathcal{L}_2$ das orthogonale Komplement in $\mathcal{L}_1$ von $\mathcal{L}_1 \cap \mathcal{L}_2$, $\mathcal{L}_1^\perp$ das orthogonale Komplement von $\mathcal{L}_1$ in $\mathbb{R}^s$. Für Maße P und lineare Abbildungen A bezeichne AP das Bild von P unter A.

3.3.4.2. Ein allgemeines Modell funktioneller Beziehungen mit nichtzufälligen nichtbeobachtbaren Variablen

Es seien $p, q, r, m \in \mathbb{N}$, $q \leqq r \leqq p$; $m \geqq p - q > 0$, und ein linearer Raum $\mathcal{J}$, $\mathcal{J} \in \mathfrak{L}_{p,r}$ gegeben. Es sei weiterhin $\mathcal{P}^\zeta$ eine Menge von Wahrscheinlichkeitsverteilungen P über $[\mathbb{R}^p, \mathfrak{B}^p]$ mit

$$\int x \,\mathrm{dP} = 0_p\,, \qquad \mathcal{R}(\int xx' \,\mathrm{dP}) = \mathcal{J}\,,$$

und es sei

$$\overline{\mathfrak{M}} := \{M \in \mathfrak{M}_{p\times m} \mid \mathcal{R}(M) \in \mathfrak{L}_{p,p-q}\}\,.$$

Wir betrachten ein Verteilungsmodell (LIFU$^+$) für eine beobachtbare zufällige $p \times m$-Matrix $\boldsymbol{Z}$, welches durch folgende Relationen beschrieben wird:

$$\boldsymbol{Z} = M + \bar{\zeta}\,, \qquad M \in \overline{\mathfrak{M}}\,, \qquad \bar{\zeta} = (\zeta_i)_{i=1,\ldots,m}\,, \qquad \zeta \circledcirc \mathcal{P}^\zeta\,.$$

Die beobachtbare Matrix $\boldsymbol{Z}$ zerfällt also in die Matrix $\bar{\zeta}$ (mit unabhängig und identisch verteilten Spalten) und die Parametermatrix M, über welche die Information „$\mathcal{R}(M) \in \mathfrak{L}_{p,p-q}$“ vorliegt.

Wir betrachten das Problem der Schätzung des abgeleiteten Parameters

$$\mathcal{L} := \mathcal{R}(M) .$$

Das hier eingehende Verteilungsmodell $\mathcal{P}^\zeta$ ist vorerst (bis auf obige Annahmen) unspezifiziert. In der Folge betrachten wir Teilmodelle von (LIFU$^+$) und Spezifikationen, die durch weitere Restriktionen an M und gewisse Voraussetzungen über $\mathcal{P}^\zeta$ entstehen. Diese Modelle kennzeichnen wir durch Aggregation entsprechender Symbole, wie etwa (LIFU$^+$), (R), (N).

Im Abschnitt 3.1.3.2 wurde (für den Fall $r = p$, d. h. eines regulären $\mathsf{D}\zeta$) die Deutung der Modellannahme $\mathcal{R}(M) \in \mathfrak{L}_{p,p-q}$ als lineare funktionelle Beziehung, entsprechend dem Modell (LIFU$^+$) als Modell mit Fehlern in den Variablen gegeben. Im Fall der Annahme eines bekannten, möglicherweise von $\mathbb{R}^p$ verschiedenen $\mathcal{R}(\mathsf{D}\zeta)$ wird (bei Ausschluß einer Nullmenge aus dem Stichprobenraum) die Funktion $P_{\mathcal{J}^\perp}M$ von M bekannt, oder speziell gewisse Komponenten von μ_i, $i = 1, \dots, m$ (falls $M = (\mu_i)_{i=1,\dots,m}$).

Für den hier betrachteten Fall eines allgemeinen bekannten $\mathcal{J} = \mathcal{R}(\mathsf{D}\zeta)$ führen wir nun eine Zusatzannahme (R) ein, die wir sogleich anhand eines Beispiels rechtfertigen:

(R) $\qquad \mathcal{L} \in \mathfrak{R} := \{\mathcal{L} \in \mathfrak{L}_{p,p-q} \mid \mathcal{L} + \mathcal{J} = \mathbb{R}^p\} .$

Beispiel 3.3.1 (inhomogene lineare funktionelle Beziehung). Es seien $r, q, m \in \mathbb{N}$, $r > q$, $m \geqq r$ und eine Menge $\mathcal{P}^{\zeta^*}$ von Wahrscheinlichkeitsverteilungen P über $[\mathbb{R}^r, \mathfrak{B}^r]$ mit

$$\int x \, \mathrm{dP} = 0_r , \qquad \mathcal{R}\left(\int xx' \, \mathrm{dP}\right) = \mathbb{R}^r$$

gegeben. Es sei

$$\overline{\mathfrak{M}}^* := \{M \in \mathfrak{M}_{r\times m} \mid \exists E \in \mathbb{R}^r : \mathcal{R}(M - E\,\mathbf{1}'_m) \in \mathfrak{L}_{r,r-q}\} .$$

Wir betrachten ein Verteilungsmodell für eine beobachtbare zufällige $r \times m$-Matrix $\mathbf{Z}_2$, welches durch folgende Relationen beschrieben wird:

$$\mathbf{Z}_2 = M_2 + \bar{\zeta}^* , \qquad M_2 \in \overline{\mathfrak{M}}^* , \qquad \bar{\zeta}^* = (\zeta_i^*)_{i=1,\dots,m} , \qquad \zeta \circledsim \mathcal{P}^{\zeta^*}$$

(für unabhängige ζ_i^*, $i = 1, \dots, m$). Wir betrachten das Problem der Schätzung des Parameters

$$(\mathcal{L}^*, E) := \big(\mathcal{R}(M - E\,\mathbf{1}'_m), E\big) .$$

Wenn $M_2 = (\mu_{2i})_{i=1,\dots,m}$ gesetzt wird, dann liegen also die μ_{2i}, $i = 1, \dots, m$, auf einer unbekannten affinen Mannigfaltigkeit, und alle Komponenten von μ_{2i} sind nur fehlerbehaftet beobachtbar (da $\mathrm{r}[\mathsf{D}\zeta^*] = r$). Dieses Modell läßt sich als ein Spezialfall von (LIFU$^+$), (R) auffassen, wenn man

$$p = q + 1 , \qquad \mathbf{Z} = [\mathbf{1}'_m \,\vdots\, \mathbf{Z}_2] , \qquad M = [\mathbf{1}'_m \,\vdots\, M_2] , \qquad \bar{\zeta} = [0_{1\times m} \,\vdots\, \bar{\zeta}^*] ,$$
$$\mathcal{J} = \mathcal{R}([0_{1\times r} \,\vdots\, I_r])$$

setzt und das entstehende Verteilungsmodell für $\mathbf{Z}$ betrachtet. Dann gilt nämlich für $L^{*\perp} \in \mathfrak{M}_{r\times q}$, $\mathcal{R}(L^{*\perp}) = \mathcal{L}^{*\perp}$

$$L^{*\perp\prime}(-E \,\vdots\, I_r)\, M = 0_{r\times m} ,$$

$$\mathrm{r}[M] = \dim \mathcal{R}(M) = \dim\,(-E \,\vdots\, I_r)\, \mathcal{R}(M) + \dim\,(1, 0_{1\times r})\, \mathcal{R}(M)$$
$$= \dim \mathcal{L}^* + \dim \mathcal{R}(\mathbf{1}'_m) = r - q + 1 = p - q .$$

Da $r[[-E' \vdots I_r] L^{*\perp}] = q$, gilt also

$$\mathcal{L} = \mathcal{R}(M) = \mathcal{R}([-E' \vdots I_r] L^{*\perp})^\perp = ([-E' \vdots I_r] \mathcal{L}^{*\perp})^\perp \in \mathfrak{L}_{p,p-q}.$$

Nach Teil a) von [A 1.6] variiert $\mathcal{L}$ in $\mathfrak{R}$, wenn $(\mathcal{L}^* \vdots E)$ in $\mathfrak{L}_{r,r-q} \times \mathbb{R}^r$ variiert.

Hiermit ist nun gleichzeitig die Frage nach der Identifizierbarkeit des Parameters $(\mathcal{L}^*, E)$ beantwortet. $\mathcal{L}$ ist offenbar eine identifizierbare Parameterfunktion (vgl. Bem. 3.3.5 unten), und mit Hilfe von Teil a) von [A 1.6] zeigt man leicht, daß die Gleichheit in bezug auf $\mathcal{L} = ([-E' \vdots I_r] \mathcal{L}^{*\perp})^\perp$ maximale Äquivalenzrelation im Sinne von Humak I (1977), Definition 1.5.1 ist. Wir können uns daher auf die Schätzung des Parameters $\mathcal{L}$ beschränken.

Die allgemeine Bedingung (R) stellt offenbar für den Fall eines regulären Dζ($r = p$) keine Einschränkung dar. Ist (R) verletzt, dann gilt für jeden Beobachtungsumfang m fast sicher $r[\boldsymbol{Z}] < p$, und durch Transformation in $\mathcal{R}(\boldsymbol{Z})$ wird eine Dimensionsreduktion der Daten möglich.

Bemerkung 3.3.1. Es kann gezeigt werden, daß durch (R) eine abgeschlossene Nullmenge von Parametern $\mathcal{L}$ in $\mathfrak{L}_{p,p-q}$ im Sinne des invarianten Maßes zu $\mathfrak{L}_{p,p-q}$ (s. Teil e) von [A 3.16]) eliminiert wird.

In diesem Abschnitt betrachten wir hauptsächlich den Fall normalverteilter Fehler:

(N) $\quad \mathcal{P}^\zeta \subseteq \{N_p(0_p, \Sigma) \mid \Sigma \in \mathfrak{M}_p^{\geq}, \mathcal{R}(\Sigma) = \mathcal{J}\}$.

Wir betrachten eine weitere Bedingung (Ex), die im folgenden auf explizite Modelle führt.

Es sei ein linearer Raum $\mathcal{J}_0$, $\mathcal{J}_0 \in \mathfrak{L}_{p,q}$ mit der Eigenschaft $\mathcal{J}_0 \subseteq \mathcal{J}$ gegeben. Die Bedingung lautet

(Ex) $\quad \mathcal{L} + \mathcal{J}_0 = \mathbb{R}^p$.

(Ex) impliziert also (R); im Fall $r = q$ fallen (Ex) und (R) zusammen.

Wir nehmen an, daß

$$\mathcal{J} = \mathcal{R}([0_{(p-r)\times r} \vdots I_r])$$

(falls $r < p$) und

$$\mathcal{J}_0 = \mathcal{R}([0_{(p-q)\times q} \vdots I_q])$$

gelten.

Bemerkung 3.3.2. Im Modell (LIFU$^+$), (R), (N) bzw. (LIFU$^+$), (Ex), (N) bedeutet dies keine Einschränkung der Allgemeinheit. Es existiert nämlich stets eine orthogonale Transformation $\tilde{O} \in \mathfrak{M}_{p\times p}$, so daß $\tilde{O}\mathcal{J}$, $\tilde{O}\mathcal{J}_0$ die obige Form haben; durch Übergang zur transformierten Beobachtung $\tilde{O}\boldsymbol{Z}$ und Parametern $\tilde{O}\mathcal{L}$ erhält man ein Modell, in dem obige Annahme erfüllt ist.

Wird (Ex) vorausgesetzt, dann sprechen wir von einem expliziten Modell. Nach Teil b) von [A 1.6] ist (Ex) mit der obigen Gestalt von $\mathcal{J}_0$ nämlich zu $\mathcal{L}^\perp = \mathcal{R}([-B' \vdots I_q])$ für ein $B \in \mathfrak{M}_{q\times(p-q)}$ äquivalent; dann gilt also mit $M = (\mu_i)_{i=1,\dots,m}$

$$(-B \vdots I_q)\,\mu_i = 0_q, \qquad i = 1, \dots, m,$$

oder

$$\eta_i = B\xi_i, \qquad i = 1, \dots, m, \tag{88}$$

für $\mu_i = [\xi_i, \eta_i]$, $\eta_i \in \mathbb{R}^q$, $i = 1, \dots, m$. Die lineare funktionelle Beziehung $\mu_i \in \mathcal{L}$ zwischen den Komponenten von μ_i läßt sich also in der expliziten Form (88) schreiben.

Eine weitere im folgenden betrachtete Modellannahme ist

$(\mathrm{A}_{\mathscr{W}})\qquad \mathscr{R}(M') \subseteq \mathscr{W} \in \mathfrak{L}_{m,n}$

für einen gegebenen n-dimensionalen linearen Unterraum $\mathscr{W}$ des $\mathbb{R}^m$, $p - q \leqq n \leqq m$. Hierdurch wird es möglich, gewisse lineare Restriktionen an M zu berücksichtigen, d. h. den Fall, wo ein Modell (LIFU+) mit einem linearen Regressionsmodell kombiniert ist. Wir schreiben hierfür (A), wenn $\mathscr{W}$ fest gegeben ist.

Bemerkung 3.3.3. Dafür, daß das Modell (LIFU+), (R), (A) nichtleer ist, ist offenbar $n \geqq p - q$ notwendig. Diese Bedingung ist auch hinreichend: mit $L \in \mathfrak{M}_{p\times(p-q)}$, $\mathscr{R}(L) = \mathscr{L}$, $W \in \mathfrak{M}^{p-q}_{(p-q)\times m}$ $\mathscr{R}(W') \subseteq \mathscr{W}$ gilt

$$LW \in \overline{\mathfrak{M}}\,, \qquad \mathscr{R}(W'L') \subseteq \mathscr{W}\,.$$

Im folgenden setzen wir daher stets $n \geqq p - q$ voraus.

Wir führen nun einige weitere Bezeichnungen ein.

(i) Für $A \in \mathfrak{M}_{k\times l}$, $k, l \in \mathbb{N}$ sei

$$L_A := [I_l \,\vdots\, A]\,, \qquad L_A^\perp := [-A' \,\vdots\, I_k]\,, \qquad \varrho(A) := \mathscr{R}(L_A)\,.$$

Offenbar gilt $L_A^{\perp\prime} L_A = 0_{k\times l}$ und $\varrho(A) = \big(\mathscr{R}(L_A^\perp)\big)^\perp$. Die Abbildung

$$\varrho\colon \bigcup_{k,\,l\in\mathbb{N}} \mathfrak{M}_{k\times l} \to \bigcup_{k,\,l\in\mathbb{N}} \mathfrak{L}_{k+l,\,l}$$

ist injektiv; einige weitere Eigenschaften entnimmt man Teil a) von [A 3.16].

(ii) (Ex) ist nach Teil b) von [A 1.6] zu $\mathscr{L} \in \varrho(\mathfrak{M}_{q\times(p-q)})$ äquivalent; es sei dann $B := \varrho^{-1}(\mathscr{L})$. Im expliziten Fall verwenden wir diese Parametrisierung von $\mathscr{L}$. Es seien weiterhin Parameter B_i, $i = 1, 2$, definiert durch

$$B = (B_1 \,\vdots\, B_2)\,, \qquad B_1 \in \mathfrak{M}_{q\times(p-r)}\,, \qquad B_2 \in \mathfrak{M}_{q\times(r-q)}$$

(im Fall $q < r < p$; für $r = q$ bzw. $r = p$ seien $B_1 := B$ bzw. $B_2 := B$).

(iii) Es seien im Fall $r < p$

$$J := L^\perp_{0_{r\times(p-r)}}\,, \qquad J^\perp := L_{0_{r\times(p-r)}}$$

und für $r = p$

$$J := I_p;$$

weiterhin sei

$$L_0 := L_{0_{q\times(p-q)}}\,, \qquad L_0^\perp := L^\perp_{0_{q\times(p-q)}}\,.$$

Es gilt also für $\mathscr{J}$, $\mathscr{J}_0$ aus (R), (Ex)

$$\mathscr{J} = \mathscr{R}(J)\,, \qquad \mathscr{J}_0 = \mathscr{R}(L_0^\perp)\,.$$

Dann gilt für $B \in \mathfrak{M}_{q\times(p-q)}$

$$L_B = L_0 + L_0^\perp B\,, \qquad L_B^\perp = L_0^\perp - LB'\,. \tag{89}$$

Wir legen nun Verteilungsspezifikationen (V_ν), $\nu = 1, 2, 3$, fest, unter denen das Modell im folgenden untersucht wird.

Es sei $\mathscr{P}_0$ eine Menge von Wahrscheinlichkeitsverteilungen P über $[\mathbb{R}^p, \mathfrak{B}^p]$ mit

$$J'\mathrm{P} \ll \mu_r\,, \qquad \int x \,\mathrm{dP} = 0_p\,, \qquad \int xx' \,\mathrm{dP} = P_{\mathscr{J}}\,.$$

(iv) Es seien für ein $\Sigma \in \mathfrak{M}_p^{\geqq}$, $\mathcal{R}(\Sigma) = \mathcal{J}$

$$\mathcal{V}_1 := \{\Sigma\}\,,$$
$$\mathcal{V}_2 := \{\Sigma_\zeta \in \mathfrak{M}_p^{\geqq} \mid \Sigma_\zeta = \sigma^2\Sigma, \sigma_2 > 0\}\,,$$
$$\mathcal{V}_3 := \{\Sigma_\zeta \in \mathfrak{M}_p^{\geqq} \mid \mathcal{R}(\Sigma_\zeta) = \mathcal{J}\}\,.$$

Die Spezifikationen (V_ν), $\nu = 1, 2, 3$, seien gegeben durch

$$(\mathrm{V}_\nu) \qquad \mathcal{P}^\zeta = \{\Sigma_\zeta^{1/2}\mathrm{P} \mid \Sigma_\zeta \in \mathcal{V}_\nu, \mathrm{P} \in \mathcal{P}_0\}\,, \qquad \nu = 1, 2, 3\,.$$

Wir führen weitere Bezeichnungen ein:

(v) $M_2 := J'M$, $\boldsymbol{Z}_2 := J'\boldsymbol{Z}$, $\bar{\zeta}^* = J'\bar{\zeta}$, im Fall $r < p$ sei $M_1 := J^{\perp\prime}M$.

(vi) Es sei für ζ aus der Festlegung von (LIFU$^+$), Σ aus (iv)

$$\Sigma_\zeta := \mathsf{D}\zeta\,, \qquad \Sigma_\zeta^* := J'\Sigma_\zeta J\,, \qquad \sigma_\zeta^2 := \mathrm{sp}\,[\Sigma_\zeta]/\mathrm{sp}\,[\Sigma]\,.$$

Bemerkung 3.3.4. Im Modell (LIFU$^+$) gilt also im Fall $r < p$ fast sicher $J^{\perp\prime}\boldsymbol{Z} = M_1$ wegen

$$\mathsf{E}J^{\perp\prime}\boldsymbol{Z} = M_1\,, \qquad \mathsf{D}\overrightarrow{J^{\perp\prime}\boldsymbol{Z}} = (I_m \otimes J^{\perp\prime})\,(I_m \otimes \Sigma_\zeta)\,(I_m \otimes J^\perp) = 0_{m(p-r)\times m(p-r)}\,,$$

d. h., die Teilmatrix M_1 von M ist beobachtbar. Wir identifizieren daher im folgenden das Modell (LIFU$^+$) (unter Ausschluß einer Nullmenge aus dem Stichprobenraum) mit dem resultierenden Verteilungsmodell für $\boldsymbol{Z}_2$ für gegebenes M_1 (im Fall $r < p$), falls dies zweckmäßig ist.

Bemerkung 3.3.5. Im Modell (LIFU$^+$) sind $M = \mathsf{E}\boldsymbol{Z}$ und $\mathcal{L} = \mathcal{R}(\mathsf{E}\boldsymbol{Z})$ identifizierbar (für ein Verteilungsmodell $\{\mathrm{P}_\vartheta \mid \vartheta \in \Theta\}$ heißt eine Parameterfunktion $\gamma\colon \Theta \to \Gamma$ *identifizierbar im Modell,* falls

$$\forall \vartheta, \vartheta' \in \Theta = \mathrm{P}_\vartheta = \mathrm{P}_{\vartheta'} \Rightarrow \gamma(\vartheta) = \gamma(\vartheta') \tag{90}$$

gilt; vgl Humak I, (1977), Definition 1.5.1). Dies gilt daher ebenfalls in (LIFU$^+$), (R) und den anderen hier betrachteten Teilmodellen und Spezifikationen.

Bemerkung 3.3.6. Im Fall $r = q$ ist das Modell (LIFU$^+$), (R) explizit, und in (88) sind nach Bemerkung 3.3.4 die ξ_i, $i = 1, \dots, m$, beobachtbar $(M_1 = (\xi_i)_{i=1,\dots,m})$. Man erhält also ein lineares Regressionsmodell. *Wir beschränken uns in den formalen Ausführungen auf den Fall $q < r < p$,* soweit nicht ausdrücklich anderes vermerkt ist; alle Resultate übertragen sich, mit offensichtlichen Vereinfachungen, auf die Fälle $q = r$ und $q = p$ und werden mitunter in dieser Form herangezogen.

Im Modell (LIFU$^+$), (R), (A), (N), (V_ν) kann man nun für $\nu = 1, 2, 3$ das Problem der Maximum-Likelihood-Schätzung der Parameter betrachten; die Verteilung von $\boldsymbol{Z}_2$ hat eine Lebesgue-Dichte. Dies wird im folgenden genauer dargestellt; es erweist sich, daß für hinreichend großes m (Bedingung (B_ν)) fast sicher eine MLE $\hat{\mathcal{L}}^{(\nu)}$ von $\mathcal{L}$ bzw. auch eine solche der Parameter σ_ζ^2, Σ_ζ existiert, die auf Basis der stetigen normalen Dichte gewonnen wird. Hierzu wird im folgenden der Zusammenhang zu den in Abschnitt 3.2 betrachteten Modellen aufgezeigt und die Ergebnisse aus den Abschnitten 3.2.3 bis 3.2.5 herangezogen.

In der im Abschnitt 3.2.2 beschriebenen Weise ergibt sich hieraus durch Abbau der Voraussetzung (N) die gewichtete Kleinste-Quadrat-Schätzung (WLSE).

Die weitere Verallgemeinerung zur Instrumentvariablenschätzung erfolgt nun, indem Forderung (A) im Verteilungsmodell für $\boldsymbol{Z}$ aufgehoben wird, die Schätzung jedoch als WLSE aus einem (somit möglicherweise inadäquaten) formalen Modellansatz (LIFU$^+$), (R), (A), (V$_\nu$) gewonnen wird. Der dabei verwendete Raum $\mathscr{W}$ in der Restriktion (A) repräsentiert die „Instrumentvariablen".

Zur heuristischen Begründung dieses Schätzverfahrens muß auf den Zusammenhang des Modells (LIFU$^+$) mit einem Modell mit zufälligen unbeobachtbaren Variablen (LIFU$^-$) zurückgegangen werden. Grob gesprochen kann (A), d. h. $M' = W'K'$ ($W' \in \mathfrak{M}_{m \times n}$, $\mathscr{R}(W') = \mathscr{W}$), ersetzt werden durch $M' = W'K' + \varepsilon$, falls ε in einem gewissen Sinne asymptotisch vernachlässigbar ist. Dies entspricht dann einer Bedingung einer nichtverschwindenden Korrelation zwischen unbeobachtbaren Variablen und beobachtbaren Instrumentvariablen, durch M bzw. $\mathscr{W}$ repräsentiert. Der genaueren Rechtfertigung dieses Vorgehens aus dem Zusammenhang zu Modellen (LIFU$^-$) ist ein weiterer Absatz gewidmet.

Die somit gewonnene Schätzung $\underline{\mathscr{L}}^{(\nu)}$ in einem Modell (LIFU$^+$), (R), (V$_\nu$) bezeichnen wir als *kanonische Instrumentvariablenschätzung* (CIVE). Aus den im Modell (LIFU$^+$), (R), (A), (N), (V$_\nu$) vorhandenen Alternativen zur MLE (vgl. Abschnitt 3.3.1) ergeben sich auf analoge Weise alternative Instrumentvariablenschätzungen.

In diesem Rahmen wird dann im expliziten Fall im Abschnitt 3.4 ein asymptotischer Vergleich durchgeführt; als Spezialfall ergibt sich der Vergleich von MLE und Alternativen.

Bevor wir zur detaillierten Darlegung übergehen, geben wir noch einige weitere grundlegende Bezeichnungen.

(vii) Für $A \in \mathfrak{M}_{r \times (p-r)}$ sei $F_A := (L_A \,\vdots\, J)$. F_A ist stets eine reguläre untere Dreiecksmatrix; es gilt für $A_i \in \mathfrak{M}_{r \times (p-r)}$, $i = 1, 2$,

$$F_{A_1} F_{A_2} = F_{A_1 + A_2}\,, \qquad F_A^{-1} = F_{-A}\,,$$
$$J^{\perp\prime} F_A = J^{\perp\prime}\,, \qquad F_A J = J\,, \qquad F_A^{-1\prime} J = L_A^{\perp}\,.$$

(viii) Für lineare Räume $\mathscr{Y}_i \in \mathfrak{L}_{m, s_i}$, $i = 1, 2$, und Matrizen $X \in \mathfrak{M}_{t \times m}$, $s_i, t, m \in \mathbb{N}$, $i = 1, 2$, seien

$$S_X := XX'\,,$$
$$Q_{X \cdot \mathscr{Y}_1} := X P_{\mathscr{Y}_1} X'\,, \qquad S_{X \cdot \mathscr{Y}_1} := X P_{\mathscr{Y}_1^\perp} X'\,,$$
$$Q_{X \cdot \mathscr{Y}_1 \cdot \mathscr{Y}_2} := X P_{\mathscr{Y}_1 \setminus \mathscr{Y}_2} X'\,.$$

Hierbei möge $\mathscr{Y}_i$ auf der linken Seite der drei letzten Terme durch Matrizen Y_i ersetzt werden können, falls $\mathscr{R}_i'(Y_i') = \mathscr{Y}_i$ ist.

(ix) Es seien für Σ aus (iv)

$$\mathbf{S}^{(\nu)} := \Sigma\,, \qquad \nu = 1, 2; \qquad \mathbf{S}^{(3)} := (m - n)^{-1} S_{\mathbf{Z} \cdot \mathscr{W}};$$
$$\mathbf{Q}_0^{(\nu)} := m^{-1} Q_{\mathbf{Z} \cdot \mathscr{W}} - n m^{-1} \mathbf{S}^{(\nu)}\,, \qquad \nu = 1, 3;$$
$$\mathbf{Q}_0^{(2)} := m^{-1} Q_{\mathbf{Z} \cdot \mathscr{W}} - n m^{-1} \Sigma_\zeta;$$
$$\hat{\mathbf{E}} := \mathbf{Z}_2 M_1^+; \qquad \hat{\mathbf{E}}_0^{(\nu)} := (P_{\mathscr{J}^\perp} + \mathbf{S}^{(\nu)+1/2})\, F_{\hat{\mathbf{E}}}\,, \qquad \nu = 1, 2, 3\,.$$

(x) Es seien

$$\mathbf{S}^{*(\nu)} := J' \mathbf{S}^{(\nu)} J\,,$$
$$\mathbf{Q}_0^{*(\nu)} := m^{-1} Q_{\mathbf{Z}_2 \cdot \mathscr{W} \cdot M_1} - n m^{-1} \mathbf{S}^{*(\nu)}\,, \qquad \nu = 1, 2, 3\,.$$

(xi) Für $A \in \mathfrak{M}_k^{[l]}$ (zur Definition s. [A 1.2]) bezeichne $\eta_{k,l}(A)$ den (eindeutig bestimmten) Eigenraum zu den l größten Eigenwerten von A.

(xii) Für eine Zufallsgröße $\underline{\mathcal{L}}$ mit Werten in $\mathfrak{R}$ sei

$$\hat{\pi}^{(\nu)}(\underline{\mathcal{L}}) := \boldsymbol{L}^{\perp}(\boldsymbol{L}^{\perp\prime}\boldsymbol{S}^{(\nu)}\boldsymbol{L}^{\perp})^{-1}\,\boldsymbol{L}^{\perp\prime}\ \left(\boldsymbol{L}^{\perp} \in \mathfrak{M}_{p\times q},\ \mathcal{R}(\boldsymbol{L}^{\perp}) = \underline{\mathcal{L}}^{\perp}\right).$$

Nach [A 3.14] gilt fast sicher $\mathcal{R}(\boldsymbol{S}^{(3)}) = \mathcal{I}$, und damit gilt dann nach [A 1.3] fast sicher

$$\boldsymbol{L}^{\perp\prime}\boldsymbol{S}^{(\nu)}\boldsymbol{L}^{\perp} \in \mathfrak{M}_q^{>}.$$

(xiii) Es seien Annahmen (B_ν), $\nu = 1, 2, 3$ definiert durch

(B_1) $\quad m \geqq p - q$,

(B_2) $\quad m > p - q$,

(B_3) $\quad m \geqq n + r$.

Im folgenden werden die Modelle unter (V_ν), $\nu = 1, 2, 3$, weitgehend gemeinsam behandelt, wobei der Index ν in den Bezeichnungen von (ix), (x) und weiteren vielfach weggelassen wird.

3.3.4.3. Maximum-Likelihood-Schätzung bei linearen funktionellen Beziehungen mit nichtzufälligen nichtbeobachtbaren Variablen

Wir betrachten die Modelle (LIFU$^+$), (R), (A), (N), (V_ν), $\nu = 1, 2, 3$, unter der Annahme $q < r < p$. Zunächst geben wir eine Darstellung des Modells, unter Berücksichtigung von Bemerkung 3.3.4, die den Zusammenhang zum Modell (3.1.38) herstellt.

Es sei $M_1 \in \mathfrak{M}_{(p-r)\times m}$ gegeben; wegen (A) gilt $\mathcal{R}(M_1') \subseteq \mathcal{W}$.

(xiv) Für $\mathcal{L} \in \mathfrak{R}$ sei

$$\overline{\mathfrak{M}}_{\mathcal{L}}^2 := \{M_2 \in \mathfrak{M}_{r\times m} \mid \mathcal{R}([M_1 \vdots M_2]) = \mathcal{L},\ \mathcal{R}([M_1 \vdots M_2]') \subseteq \mathcal{W}\}.$$

Für $L^{*\perp} \in \mathfrak{M}_{r\times q}^q$, $\tilde{L} \in \mathfrak{M}_{(p-r)\times q}$, $U \in \mathfrak{M}_{n_1\times m}^{n_1}$, $n_1 = n - (p - r)$, $V \in \mathfrak{M}_{(p-r)\times m}^{p-r}$ sei

$$\overline{\mathfrak{M}}_{L^{*\perp},\tilde{L},U,V}^2 := \{M_2 \in \mathfrak{M}_{r\times m} \mid \exists \tilde{M}_1 \in \mathfrak{M}_{r\times n_1}^{r-q},\ \tilde{M}_2 \in \mathfrak{M}_{r\times(p-r)}:$$
$$M_2 = \tilde{M}_1 U + \tilde{M}_2 V,\ L^{*\perp\prime}\tilde{M}_1 = 0_{q\times n_1},\ L^{*\perp\prime}\tilde{M}_2 = \tilde{L}'\}.$$

Lemma 3.3.1. *Das Modell* (LIFU$^+$), (R), (A) *kann als Verteilungsmodell für* $\boldsymbol{Z}_2$ *durch folgende Relationen beschreiben werden:*

$$\boldsymbol{Z}_2 = M_2 + \bar{\boldsymbol{\zeta}}^*,$$
$$M_2 \in \bigcup_{L^{*\perp}\in\mathfrak{M}_q^{r\times q}} \bigcup_{\tilde{L}\in\mathfrak{M}_{(p-r)\times q}} \overline{\mathfrak{M}}_{L^{*\perp},\tilde{L},U,M_1}^2, \tag{91}$$
$$\bar{\boldsymbol{\zeta}}^* = (\boldsymbol{\zeta}_i^*)_{i=1,\ldots,m}, \qquad \boldsymbol{\zeta}^* \circledcirc \mathcal{P}^{\boldsymbol{\zeta}^*} = \{J'\mathrm{P} \mid \mathrm{P} \in \mathcal{P}^{\boldsymbol{\zeta}}\}$$

(*für unabhängige* $\boldsymbol{\zeta}_i^*$, $i = 1, \ldots, m$), *falls gilt*

$$U \in \mathfrak{M}_{n_1\times m}^{n_1}, \qquad n_1 = n - (p - r), \qquad \mathcal{R}(U') = \mathcal{W} \setminus \mathcal{R}(M_1').$$

Beweis. Das Modell (LIFU$^+$), (R), (A) kann zunächst beschrieben werden durch

$$\boldsymbol{Z}_2 = M_2 + \bar{\boldsymbol{\zeta}}^*,$$
$$M_2 \in \bigcup_{\mathcal{L}\in\mathfrak{R}} \overline{\mathfrak{M}}_{\mathcal{L}}^1 \tag{92}$$

mit $\bar{\zeta}^*$ wie oben. Es sei $\mathscr{L} = F_E(\mathscr{J}^\perp + J\mathscr{L}^*)$ eine Darstellung von $\mathscr{L}$ gemäß Teil a) von [A 1.6] mit $E \in \mathfrak{M}_{r\times(p-r)}$, $\mathscr{L}^* \in \mathfrak{L}_{r,r-q}$. Nach [A 1.7] gilt nun

$$\overline{\mathfrak{M}}^1_{\mathscr{L}} = \overline{\mathfrak{M}}^2_{L^{*\perp}, \tilde{L}, U, V}\,, \quad \text{falls } \mathscr{R}(L^{*\perp}) = \mathscr{L}^{*\perp}\,, \quad \tilde{L} = -E'L^{*\perp}\,, \quad V = M_1\,,$$

$\mathscr{R}(U') = \mathscr{W} \setminus \mathscr{R}(M_1')$ erfüllt ist. (92) läßt sich daher schreiben als

$$M_2 \in \bigcup_{L^{*\perp}\in\mathfrak{M}^q_{r\times q}} \;\bigcup_{E\in\mathfrak{M}_{r\times(p-r)}} \overline{\mathfrak{M}}^2_{L^{*\perp}, -E'L^{*\perp}, U, M_1}\,,$$

und mit $\{-E'L^{*\perp} \mid E \in \mathfrak{M}_{r\times(p-r)}\} = \mathfrak{M}_{(p-r)\times q}$ folgt die Behauptung. ■

Diese Darstellung des Modells führt nun auf ein Modell (3.1.38). Hierdurch wird es möglich, unter Spezifikationen (N), (V_ν) die in den Abschnitten 3.2.3 bis 3.2.5 erhaltenen Ergebnisse über Maximum-Likelihood-Schätzungen (MLE) in Modellen dieses Typs heranzuziehen. Aus der MLE des Parameters M_2 erhält man dann die MLE der Parameter $L^{*\perp}$, $\tilde{L}$ und hieraus mit der Beziehung von $\overline{\mathfrak{M}}^1_{\mathscr{L}}$ und $\mathfrak{M}^2_{L^{*\perp}, \tilde{L}, U, M_1}$ nach [A 1.7] die MLE des Parameters $\mathscr{L}$ (vgl. Abschnitt 3.2.2).

Im folgenden Lemma geben wir noch einen Zusammenhang der unter (viii), (ix) und (x) erklärten Stichprobenfunktionen an. Wir beziehen uns dabei auf das Modell (LIFU$^+$), (R), wobei zusätzlich $\mathscr{W} \in \mathfrak{L}_{m,n}$ mit $n \geqq p - q$ gegeben sei.

Lemma 3.3.2. *Im Modell* (LIFU$^+$), (R) *gilt*

$$Q_{Z\cdot\mathscr{W}} = F_{\hat{E}}(J^\perp S_{M_1} J^{\perp\prime} + J Q_{Z_2\cdot\mathscr{W}\cdot M_1} J')\,F'_{\hat{E}}\,,$$
$$Q_0 = F_{\hat{E}}(J^\perp S_{M_1} J^{\perp\prime} + J Q_0^* J')\,F'_{\hat{E}}\,.$$

Beweis. Er ergibt sich durch Anwendung von [A 1.5] für $A = Q_{Z\cdot\mathscr{W}}$, $A_{11} = S_{M_1}$, $A_{21} = Z_2 M_1'$, $A_{22} = Q_{Z_2\cdot\mathscr{W}}$. Hierbei ist $\mathscr{R}(A) + \mathscr{J} = \mathbb{R}^p$ wegen $\mathrm{r}[A_{11}] = \mathrm{r}[J^{\perp\prime}M] = p - r$ ([A 1.3]) erfüllt. Die Zerlegung für Q_0 folgt aus

$$\mathscr{R}(Q_0 - m^{-1}Q_{Z\cdot\mathscr{W}}) \subseteq \mathscr{J}$$

und $F_{\hat{E}}J = J$. ■

Satz 3.3.1. *In einem Modell* (LIFU$^+$), (R), (A), (N), (V_ν) *sei die Voraussetzung* (B_ν) *erfüllt. Dann gilt*

a) *Eine* MLE $\hat{\underline{\mathscr{L}}}$ *von* $\mathscr{L}$, *basierend auf der stetigen Dichte für* $\mathbf{Z}_2$, *existiert fast sicher und ist fast sicher eindeutig bestimmt. Sie ist gegeben durch*

$$\hat{\underline{\mathscr{L}}} = F_{\hat{\mathbf{E}}}(\mathscr{J} + J\hat{\underline{\mathscr{L}}}^*)\,, \qquad \hat{\mathbf{E}} = \mathbf{Z}_2 M_1^+\,, \tag{93}$$

und die fast sicher geltende Beziehung

$$\hat{\underline{\mathscr{L}}}^* = \mathbf{S}^{*1/2}\eta_{r,r-q}(\mathbf{S}^{*-1/2}\mathbf{Q}_0^*\mathbf{S}^{*-1/2})\,. \tag{94}$$

Hierbei gelten fast sicher $\mathbf{S}^* \in \mathfrak{M}_r$ *und* $\mathbf{S}^{*-1/2}\mathbf{Q}_0^*\mathbf{S}^{*-1/2} \in \mathfrak{M}_r^{[r-q]}$.

b) *Es gilt*

$$\hat{\underline{\mathscr{L}}} = \mathbf{Q}_0\hat{\mathbf{E}}_0'\hat{\mathbf{E}}_0\hat{\underline{\mathscr{L}}} \tag{95}$$

für

$$\hat{\mathbf{E}}_0 = (P_{\mathscr{J}^\perp} + [\mathbf{S}^+]^{1/2})\,F_{\hat{\mathbf{E}}}^{-1}\,.$$

c) *Die Beziehungen* (93), (94) *und* (95) *bleiben gültig, wenn dort* $\mathbf{Q}_0^*$ *(entsprechend* $\mathbf{Q}_0$ *nach Lemma* 3.3.2) *durch* $\mathbf{Q}_0^* + \lambda\mathbf{S}^*$ *ersetzt wird, wobei* λ *eine beliebige reelle Zufallsvariable ist.*

d) *Unter* (V_ν), $\nu = 1, 2$, *existieren fast sicher* MLE $\hat{\sigma}^2$ *bzw.* $\hat{\boldsymbol{\Sigma}}$ *von* σ_ζ^2 *bzw.* Σ_ζ, *basierend auf der stetigen Dichte für* $\mathbf{Z}_2$; *diese sind fast sicher eindeutig bestimmt. Sie sind gegeben durch*

$$\hat{\sigma}^2 = (mr)^{-1} \operatorname{sp} [S^+ S_{\mathbf{Z} \cdot \mathbf{w}} + \hat{\pi}(\underline{\hat{\mathcal{L}}})\, Q_{\mathbf{Z} \cdot \mathbf{w}}] , \tag{96}$$

$$\hat{\boldsymbol{\Sigma}} = m^{-1}(m - n)\, \mathbf{S} + \mathbf{S} \hat{\boldsymbol{\pi}}(\underline{\hat{\mathcal{L}}})\, (\mathbf{Q}_0 \hat{\boldsymbol{\pi}}(\underline{\hat{\mathcal{L}}})' \, \mathbf{S} + nm^{-1}\mathbf{S}) , \tag{97}$$

$$(\hat{\boldsymbol{\pi}}(\underline{\hat{\mathcal{L}}}) \text{ aus (xii)}) .$$

Beweis. a) Wir betrachten die Darstellung des Modells (LIFU+), (R), (A) nach Lemma **3.3.1** zusammen mit der durch (N), (V_ν) bewirkten Verteilungsannahme. Dies stellt gerade ein Modell der Form (**3.1.38**) dar, für welches das Problem der Maximum-Likelihood-Schätzung in den Abschnitten **3.2.3** bis **3.2.5** behandelt wurde. Dort wurden andere Bezeichnungen verwendet; zwischen den Bezeichnungen des Modells nach Lemma **3.3.1** und denen nach (v), (vi) und (x) einerseits und den in (**3.1.38**) und den Abschnitten **3.2.3** bis **3.2.5** verwendeten andererseits besteht folgender Zusammenhang:

(3.1.38), Abschnitt 3.2	p	n_2	Z	M_1	M_2	Σ	$L^\perp$	$m(m-n)^{-1}\tilde{S}$	$Q - n \times (m-n)^{-1}\tilde{S}$
Abschnitt 3.3.4	r	$p - r$	Z_2	$\tilde{M}_1$	$\tilde{M}_2$	Σ_ζ^*	$L^{*\perp}$	$S^{*(3)}$	$Q_0^{*(3)}$

Die übrigen im folgenden verwendeten Bezeichnungen stimmen überein. Aus den Abschnitten **3.2.4**, **3.2.5** erkennt man, daß die Bedingungen (B_ν) jeweils die Beschränktheit der Likelihoodfunktion und die Existenz der MLE der Parametern sichern. Die sich ergebenden MLE der Parameter $L^{*\perp}$, $\tilde{M}_2$ seien mit $\hat{\mathbf{L}}^{*\perp}$, $\hat{\tilde{\boldsymbol{M}}}_2$ bezeichnet.

Unter (V_3) erhält man aus (3.2.67), (3.2.68) und (3.2.70)

$$\mathcal{R}(\hat{\mathbf{L}}^{*\perp}) = \mathbf{S}^{*1/2} \eta_{r, r-q}(\mathbf{S}^{*-1/2} m^{-1} Q_{\mathbf{Z}_2 \cdot U} \mathbf{S}^{*-1/2}) .$$

Aus den Abschnitten 3.2.3, 3.2.4 entnimmt man, daß diese Formel auch unter (V_ν), $\nu = 1, 2$ (mit der Festlegung von $\mathbf{S}^*$ nach (x)) gilt. Hierbei ist fast sicher

$$\mathbf{S}^{*-1/2} m^{-1} Q_{\mathbf{Z}_2 \cdot U} \mathbf{S}^{*-1/2} \in \mathfrak{M}_r^{[r-q]} ,$$

da, wie in den Abschnitten **3.2.3** bis **3.2.5** gezeigt, fast sicher $\mathrm{r}[m^{-1} Q_{\mathbf{Z}_2 \cdot U}] \geqq r - q$ und $\mathbf{S}^* \in \mathfrak{M}_r^>$, und da die $r - q + 1$ größten Lösungen von (3.2.68) fast sicher verschieden sind.

Nun gilt

$$\eta_{r, r-q}(\mathbf{S}^{*-1/2} m^{-1} Q_{\mathbf{Z}_2 \cdot U} \mathbf{S}^{*-1/2}) = \eta_{r, q}(\mathbf{S}^{*-1/2} \mathbf{Q}_0^* \mathbf{S}^{*-1/2}) ,$$

und für $\hat{\tilde{\boldsymbol{M}}}_2$ erhält man aus (3.2.76)

$$\hat{\tilde{\boldsymbol{M}}} = \mathbf{Z}_2 V^+ . \tag{98}$$

Mit Lemma 3.3.1 und [A 1.7] ergibt sich nun die Behauptung.

b) Aus Lemma 3.3.2 folgt unter Beachtung von $\mathrm{r}[M_1] = \mathrm{r}[J^{\perp\prime} M] = p - r$ und [A 1.3]

$$\begin{aligned} Q_0 \hat{\boldsymbol{E}}_0' \hat{\boldsymbol{E}}_0 \underline{\hat{\mathcal{L}}} &= \boldsymbol{F}_{\hat{\mathbf{E}}}(J^\perp m^{-1} S_{M_1} J^{\perp\prime} + J \boldsymbol{Q}_0^* \mathbf{S}^{*-1} J')\, \boldsymbol{F}_{\hat{\mathbf{E}}}^{-1} \underline{\hat{\mathcal{L}}} \\ &= \boldsymbol{F}_{\hat{\mathbf{E}}}(J^\perp m^{-1} S_{M_1} J^{\perp\prime} + J \boldsymbol{Q}_0^* \mathbf{S}^{*-1} J')\, (\mathcal{J}^\perp + J \underline{\hat{\mathcal{L}}}^*) \\ &= \boldsymbol{F}_{\hat{\mathbf{E}}}(\mathcal{J}^\perp + J \underline{\hat{\mathcal{L}}}^*) = \underline{\hat{\mathcal{L}}} . \end{aligned}$$

c) Die Behauptung in bezug auf (94) und damit (93) folgt aus

$$\eta_{r,r-q}(S^{*-1/2}Q_0^*S^{*-1/2}) = \eta_{r,r-q}(S^{*-1/2}Q_0^*S^{*-1/2} + \lambda I_r)$$
$$= \eta_{r,r-q}(S^{*-1/2}(Q_0^* + \lambda S^*)S^{*-1/2}) .$$

Hieraus erhält man wie oben die Behauptung in bezug auf (95).

d) Es seien die MLE der Parameter $\tilde{M}_1$, σ_ζ^2, Σ_ζ^* im Modell nach Lemma 3.3.1 mit der durch (N), (V_ν), $\nu = 2, 3$ bewirkten Verteilungsannahme durch $\hat{\tilde{M}}_1$, $\hat{\sigma}^2$, $\hat{\Sigma}^*$ bezeichnet. Wir betrachten die Spezifikation (V_3) und verwenden zunächst die Bezeichnungen von Abschnitt 3.2.5. Aus (3.2.68) und (3.2.71) folgt

$$\tilde{S}^{1/2}\hat{L}^\perp(I_q + D_*)\, D_*\hat{L}^{\perp\prime}\tilde{S}^{1/2} = \tilde{S}^{1/2}\hat{L}^\perp(I_q + D_*)\, \hat{L}^{\perp\prime}Q\hat{L}^\perp(I_q + D_*)\, \hat{L}^{\perp\prime}\tilde{S}^{1/2}$$
$$= P_{\tilde{S}^{1/2}\hat{L}^\perp}\tilde{S}^{-1/2}Q\tilde{S}^{-1/2}P_{\tilde{S}^{1/2}\hat{L}^\perp} .$$

Hieraus und aus (3.2.73) erhält man

$$\hat{\Sigma} = \tilde{S} + \tilde{S}^{1/2}P_{\tilde{S}^{1/2}\hat{L}^\perp}\tilde{S}^{-1/2}Q\tilde{S}^{-1/2}P_{\tilde{S}^{1/2}\hat{L}^\perp}\tilde{S}^{1/2} ,$$

in den Bezeichnungen von (x) also

$$\hat{\Sigma}^* = (m-n)\, m^{-1}S^* + S^{*1/2}P_{S^{*1/2}\hat{L}^{*\perp}}S^{*-1/2}Q_0^*S^{*-1/2}P_{S^{*1/2}\hat{L}^{*\perp}}S^{*1/2}$$
$$+ nm^{-1}\, S^{*1/2}P_{S^{*1/2}\hat{L}^{*\perp}}S^{*1/2} . \tag{99}$$

Nach Teil a) von [A 1.6] und a) gilt für $\hat{L}^\perp := F_{\hat{E}}^{-1\prime}J\hat{L}^{*\perp}$ die Beziehung $\mathcal{R}(\hat{L}^\perp) = \hat{\underline{\mathcal{L}}}^\perp$. Nach Lemma 3.3.2 erhält man

$$\hat{L}^{\perp\prime}Q_0\hat{L}^\perp = \hat{L}^{\perp\prime}F_{\hat{E}}(J^\perp m^{-1}S_{M_1}J^{\perp\prime} + JQ_0^*J')\, F_{\hat{E}}'\hat{L}^\perp = \hat{L}^{*\perp\prime}Q_0^*\hat{L}^{*\perp} , \tag{100}$$

$$S^\perp\hat{L} = JS^*J'\hat{L}^\perp = JS^*J'F_{\hat{E}}^{-1}J\hat{L}^{*\perp} = JS^*\hat{L}^{*\perp} , \tag{101}$$

$$\hat{L}^{\perp\prime}S\hat{L}^\perp = \hat{L}^{*\perp\prime}S^*\hat{L}^{*\perp} . \tag{102}$$

Wie bei a) erhält man nun die MLE $\hat{\Sigma}$ von Σ_ζ im Modell (LIFU$^+$), (R), (A), (N), (V_3). Nun gilt $\Sigma_\zeta = J\Sigma_\zeta^*J'$ nach (vi); aus (99) bis (102) erhält man die Behauptung für $\hat{\Sigma} = J\hat{\Sigma}^*J'$.

Wir betrachten nun die Spezifikation (V_2). Aus Abschnitt 3.2.4 erhält man

$$\hat{\sigma}^2 = (mr)^{-1}\, \mathrm{sp}\, [S^{*-1}(Z_2 - \hat{\tilde{M}}_1U - \hat{\tilde{M}}_2V)\, (Z_2 - \hat{\tilde{M}}_1U - \hat{\tilde{M}}_2V)'] ,$$

woraus sich unter Beachtung von (98)

$$\hat{\sigma}^2 = (mr)^{-1}\, \mathrm{sp}\, \left[S^{*-1}(S_{Z_2\cdot\mathscr{W}} + (Z_2 - \hat{\tilde{M}}_1U)\, P_{U'}(Z_2 - \hat{\tilde{M}}_1U))'\right] \tag{103}$$

ergibt. Unter (V_3) erhält man nun (in den Bezeichnungen von Abschnitt 3.2.5) aus (3.2.73)

$$\hat{L}^{\perp\prime}\hat{\Sigma}\hat{L}^\perp = I_q ,$$

also ergibt sich aus (3.2.74), (3.2.75)

$$\hat{M}_1 = (I_p - \hat{\Sigma}\hat{L}^\perp(\hat{L}^{\perp\prime}\hat{\Sigma}\hat{L}^\perp)^{-1}\, L^{\perp\prime})\, ZU^+ .$$

Es kann gezeigt werden (vgl. Beweis von Satz 3.2.9), daß diese unter (V_3) erhaltene Formel auch unter (V_1) gültig ist (Σ nichtzufällig). Aus Abschnitt 3.2.4 folgt ihre Gültigkeit auch für (V_2) (für $\hat{\Sigma} = S^{*2}$). Man erhält also

$$\hat{\tilde{M}}_1 = (I_r - S^*\hat{L}^{*\perp}(\hat{L}^{*\perp\prime}S^*\hat{L}^{*\perp})^{-1}\, L^{*\perp})\, Z_2U^+$$

und

$$(\boldsymbol{Z}_2 - \hat{\tilde{\boldsymbol{M}}}_1 U)\, P_{U'} = S^{*1/2} P_{S^{*1/2}\hat{\boldsymbol{L}}^{*\perp}} S^{*-1/2} Q_{\boldsymbol{Z}_2 \cdot U} S^{*-1/2} P_{S^{*1/2}\hat{\boldsymbol{L}}^{\perp}} S^{*1/2} .$$

Hiermit ergibt sich aus (103)

$$\hat{\sigma}^2 = (mr)^{-1} \operatorname{sp} [S^{*-1} S_{\boldsymbol{Z}_2 \cdot \mathscr{W}} + P_{S^{*1/2}\hat{\boldsymbol{L}}^{\perp}} S^{*-1/2} Q_{\boldsymbol{Z}_2 \cdot \mathscr{W} \cdot M_1} S^{*-1/2}]$$

$$= (mr)^{-1} \operatorname{sp} [S^{*-1} S_{\boldsymbol{Z}_2 \cdot \mathscr{W}} + (\hat{\boldsymbol{L}}^{*\perp\prime} S^* \hat{\boldsymbol{L}}^{*\perp})^{-1} \hat{\boldsymbol{L}}^{*\perp\prime} Q_{\boldsymbol{Z}_2 \cdot \mathscr{W} \cdot M_1} \hat{\boldsymbol{L}}^{*\perp}] .$$

Analog zu (100) erhält man aus Lemma 3.3.2 für $\hat{\boldsymbol{L}}^{\perp} = F_{\hat{\boldsymbol{E}}}^{-1\prime} J \hat{\boldsymbol{L}}^{*\perp}$

$$\hat{\boldsymbol{L}}^{\perp\prime} Q_{\boldsymbol{Z} \cdot \mathscr{W}} \hat{\boldsymbol{L}}^{\perp} = \hat{\boldsymbol{L}}^{*\perp\prime} Q_{\boldsymbol{Z}_2 \cdot \mathscr{W} \cdot M_1} \hat{\boldsymbol{L}}^{*\perp} ,$$

woraus sich zusammen mit (102) die Behauptung für $\hat{\sigma}^2$ ergibt. ■

Es sei die unter der Spezifikation (V_ν) erhaltene MLE von $\mathscr{L}$ mit $\underline{\hat{\mathscr{L}}}^{(\nu)}$ gekennzeichnet.

Bemerkung 3.3.7. Unter (V_2) ist $\boldsymbol{Q}_0$ Funktion des unbekannten Parameters σ_ζ^2; dann liefert die Aussage c) für $\lambda = 1 - \sigma_\zeta^2$ die Form der MLE als Funktion der Beobachtungen. Es sei $\boldsymbol{Z}_2 \sim \mathrm{P}_0^{\boldsymbol{Z}_2} \in$ (LIFU$^+$), (R), (A), (N), (V_2), (B_2), $\sigma_{\zeta_0}^2$ der zugehörige Parameterwert, $\underline{\hat{\mathscr{L}}}^{(2)}$ wie oben definiert und $\underline{\hat{\mathscr{L}}}^{(1)}$ die MLE von $\mathscr{L}$ unter (V_1) für $\mathscr{V}_1 = \{\sigma_{\zeta_0}^2 \Sigma\}$. Dann folgt aus c) $\underline{\hat{\mathscr{L}}}^{(1)} = \underline{\hat{\mathscr{L}}}^{(2)}$.

Bemerkung 3.3.8. Gemäß Bemerkung 3.3.6 erhält man leicht die Gestalt der MLE im Fall $r = p$: Es ist fast sicher

$$\underline{\hat{\mathscr{L}}} = \boldsymbol{S}^{1/2} \eta_{p, p-q} (\boldsymbol{S}^{-1/2} \boldsymbol{Q}_0 \boldsymbol{S}^{-1/2}) .$$

Im Fall $r = p$ ist $\boldsymbol{S}^{-1/2} \underline{\hat{\mathscr{L}}}$ also Eigenraum zu den $p - q$ größten Eigenwerten von $\boldsymbol{S}^{-1/2} \boldsymbol{Q}_0 \boldsymbol{S}^{-1/2}$. Im Fall $q < r < p$ liefert Satz 3.3.1 b) eine entsprechende Aussage: $\hat{\boldsymbol{E}}_0 \underline{\hat{\mathscr{L}}}$ ist Eigenraum von $\hat{\boldsymbol{E}}_0$, $\boldsymbol{Q}_0 \hat{\boldsymbol{E}}_0$, der jedoch nicht notwendig zu den $p - q$ größten Eigenwerten gehört. Für gewisse Realisierungen von $\boldsymbol{Z}$ ist dies jedoch der Fall.

Folgerung 3.3.1. *Es sei* $(\boldsymbol{\lambda}_i)^{i=1,\dots,p}$, $\boldsymbol{\lambda}_1 \leqq \dots \leqq \boldsymbol{\lambda}_p$ *das geordnete* p*-Tupel der Eigenwerte von* $\hat{\boldsymbol{E}}_0 \boldsymbol{Q}_0 \hat{\boldsymbol{E}}_0'$. *Falls*

$$\lambda_{p-q+1} < \lambda_{\min}[m^{-1} S_{M_1}] ,$$

dann gilt

$$\hat{\mathscr{L}} = \hat{E}_0^{-1} \eta_{p, p-q} (\hat{E}_0 Q_0 \hat{E}_0') .$$

Beweis. Da fast sicher $\boldsymbol{S}^* \in \mathfrak{M}_p^>$ ist, gilt fast sicher $\mathrm{r}[\hat{E}_0] = p$. Aus Satz 3.3.1 a), Teil a von [A 1.6] und Lemma 3.3.2 folgt

$$\hat{\boldsymbol{E}}_0 \underline{\hat{\mathscr{L}}} = \mathscr{J}^{\perp} + J \eta_{r, q} (\boldsymbol{S}^{*-1/2} \boldsymbol{Q}_0 \boldsymbol{S}^{*-1/2})$$

$$= \mathscr{R}(J^{\perp} m^{-1} S_{M_1} J^{\perp\prime}) + \eta_{p, r-q} (P_{\mathscr{J}} \hat{\boldsymbol{E}}_0 \boldsymbol{Q}_0 \hat{\boldsymbol{E}}_0' P_{\mathscr{J}}) .$$

Aus

$$\hat{\boldsymbol{E}}_0 \boldsymbol{Q}_0 \hat{\boldsymbol{E}}_0' = J^{\perp} m^{-1} S_{M_1} J^{\perp\prime} + P_{\mathscr{J}} \hat{\boldsymbol{E}}_0 \boldsymbol{Q}_0 \hat{\boldsymbol{E}}_0' P_{\mathscr{J}}$$

folgt die Behauptung. ■

Bemerkung 3.3.9. Im Modell (LIFU$^+$), (R), (A), (V_ν), d. h. im Modell ohne Normalverteilungsannahme, bleibt aufgrund der Voraussetzung $\mathrm{P}^{\boldsymbol{Z}_2} \ll \mu_r$ und der unter (N) gültigen Beziehung $\mu_r \ll P^{Z_2}$ die Schätzung $\hat{\mathcal{L}}^{(v)}$ fast sicher definiert. In Übereinstimmung mit den Ausführungen von Abschnitt 3.2.2 bezeichnen wir $\hat{\mathcal{L}}^{(v)}$ in diesem Fall als gewichtete Kleinste-Quadrat-Schätzung (WLSE).

Bemerkung 3.3.10. Die Aussagen von Satz 3.3.1 und die folgenden übertragen sich auf den expliziten Fall, d. h. den Fall, daß (R) durch (Ex) ersetzt wird. (Ex) bedeutet ja die Einführung der zusätzlichen Restriktion $\mathcal{L} \in \zeta(\mathfrak{M}_{q\times(p-q)})$ in das Modell. Nach Bemerkung 3.2.4 gilt aber unter den Voraussetzungen von Satz 3.3.1 bereits fast sicher $\hat{\mathcal{L}}^* \in \zeta(\mathfrak{M}_{q\times(r-q)})$. Nach [A 1.6] erhält man damit folgende Aussagen: $\hat{\mathcal{L}}$ ist in „expliziter Form" gegeben, d. h., es ist fast sicher $\hat{\mathcal{L}} \in \varrho(\mathfrak{M}_{q\times(p-q)})$; für die Schätzungen $\hat{B}_i$, der Parameter B_i, $i = 1, 2$, (vgl. (ii)) gilt fast sicher

$$\hat{B}_2 = \varrho^{-1}(S^{*1/2}\eta_{r,r-q}(S^{*-1/2}Q_0^* S^{*-1/2}))$$

und

$$\hat{B}_1 = L_{\hat{B}_2}^{\perp\prime}\hat{E};$$

für die Schätzung $\hat{B}$ von B gilt fast sicher

$$\hat{B} = \varrho^{-1}(F_{\hat{E}}(\mathcal{J}^\perp + J\hat{\mathcal{L}}^*)) .$$

3.3.4.4. Instrumentvariablenschätzung bei linearen funktionellen Beziehungen mit zufälligen nichtbeobachtbaren Variablen

Für die Fundierung des Verfahrens der Instrumentvariablenschätzung im Modell (LIFU$^+$) ist dessen Zusammenhang zu einem Modell mit zufälligen unbeobachtbaren Variablen, d. h. LIFU$^-$ (vgl. Abschnitt 3.1.5) von Bedeutung.

Es seien $p, q, r, m \in \mathbb{N}$, $q \leqq r \leqq p$; $m \geqq p - q > 0$ und ein linearer Raum $\mathcal{J}$, $\mathcal{J} \in \mathfrak{L}_{p,r}$ gegeben. Es sei weiterhin $\mathcal{P}^\zeta$ eine Menge von Wahrscheinlichkeitsverteilungen P über $[\mathbb{R}^p, \mathfrak{B}^p]$ mit

$$\int x \,\mathrm{dP} = 0_p , \qquad \mathcal{R}(\int xx' \,\mathrm{dP}) = \mathcal{J} ,$$

und es sei

$$\overline{\mathfrak{M}}^{\geqq} := \{\Sigma \in \mathfrak{M}_p^{\geqq} \mid \mathcal{R}(\Sigma) \in \mathfrak{L}_{p,p-q}\} .$$

Wir betrachten ein Verteilungsmodell (LIFU$^-$) für eine Folge $\{z_i\}_{i=1,\ldots,m}$ von unabhängigen zufälligen p-Vektoren z_i, $i = 1, \ldots, m$, welches durch folgende Relationen beschrieben wird:

$$z = \mu + \zeta ,$$

$$\mu \circledcirc \mathcal{P}^\mu := \{N_p(0_p, \Sigma_\mu) \mid \Sigma_\mu \in \overline{\mathfrak{M}}^{\geqq}\} , \qquad \zeta \circledcirc \mathcal{P}^\zeta$$

(für unabhängige μ, ζ). *Wir betrachten das Problem der Schätzung des abgeleiteten Parameters*

$$\mathcal{L} := \mathcal{R}(\Sigma_\mu) .$$

Die Annahme $\mathcal{R}(\Sigma_\mu) \in \mathfrak{L}_{p,p-q}$ läßt sich als Annahme einer linearen funktionellen Beziehung zwischen den Komponenten des (teilweise) unbeobachtbaren Zufallsvektors μ deuten. Das Modell (LIFU$^-$) entspricht offenbar dem Modell (LIFU$^+$), wenn man $(z_i)_{i=1,\ldots,m}$, $(\mu_i)_{i=1,\ldots,m}$ zu Z, M in Beziehung setzt (vgl. Anmerkung nach Definition 3.1.9). Dies gilt für jede Wahl von $\mathcal{P}^\mu$, falls $\int xx' \mathrm{dP}^\mu \in \overline{\mathfrak{M}}^{\geqq}$, $\mathrm{P}^\mu \in \mathcal{P}^\mu$ erfüllt ist; eine normale Verteilungsfamilie ist hierbei jedoch auf natürliche Weise ausgezeichnet.

Ebenso wie im Modell (LIFU$^+$) werden wir hier Zusatzannahmen (R), (N), (V_3) treffen und auch explizite Modelle (LIFU$^-$) betrachten (solche, die (Ex) erfüllen); wie oben wird die spezielle Form von $\mathcal{J}$ und $\mathcal{J}_0$ angenommen. Bemerkung **3.3.2** bleibt in Modellen (LIFU$^-$), (R), (N) bzw. (LIFU$^-$), (Ex), (N) gültig, insbesondere wegen der Normalität von P^μ.

Analog zum Fall von (LIFU$^+$) bewirkt die Annahme $\mathcal{R}(\mathsf{D}\zeta) = \mathcal{J}$ nun im Fall $r < p$, daß gewisse Komponenten des Zufallsvektors $\boldsymbol{\mu}$ beobachtbar sind; im Fall $r = q$ ergibt sich weiterhin eine Reduktion auf ein Regressionsmodell (mit stochastischen Regressoren, vgl. hierzu Beispiel **3.4.5** unten).

Die im Unterschied zu (LIFU$^+$) hier angenommene Zufälligkeit von $\boldsymbol{\mu}_i$, $i = 1, \ldots, m$, bewirkt nun, daß der Parameter $\mathcal{L}$ nicht identifizierbar im Modell zu sein braucht (im Sinne von (90)).

Satz 3.3.2. *Es existieren $p, q, r \in \mathbb{N}$, $q \leqq r \leqq p$, $q < p$, so daß für jedes $m \geqq p - q$ der Parameter $\mathcal{L}$ nicht identifizierbar im Modell* (LIFU$^+$), (R), (N), (V_3) (*vgl. Bemerkung* 3.3.5) *ist.*

Beweis. Dem Beweis von Satz **3.1.1** (Abschnitt 3.1.4) entnimmt man, daß dessen Aussage gültig bleibt, wenn sie auf ein Modell (3.1.5), (3.1.6) mit $\alpha = 0$, $\mathsf{E}\xi = 0$ bezogen wird (homogener Fall). Dieses Modell ist jedoch ein Spezialfall von (LIFU$^-$), (Ex), nämlich für $r = p = 2$, $q = 1$. Die abgewandelte Aussage von Satz **3.1.1** besagt dann, daß der Parameter $B = \varrho^{-1}(\mathcal{L})$ (nach (ii)) und damit $\mathcal{L}$ nicht identifizierbar im Modell ist. Dies gilt daher um so mehr im Modell mit (R) anstelle von (Ex). ■

Die Identifizierbarkeit von $\mathcal{L}$ in einem Modell (LIFU$^-$), (R), (N), (V_3) *muß also im allgemeinen durch Zusatzinformation oder modifizierende Modellannahmen gewährleistet werden.* Die in der Literatur hauptsächlich betrachteten Fälle sind:

A) Es wird gegenüber (N), (V_3) eine Zusatzinformation in bezug auf $\mathsf{D}\zeta$ angenommen, d. h. (N), (V_1) bzw. (V_2) oder eine andere eingeschränkte Klasse von Normalverteilungen. Hierzu verweisen wir auf Abschnitt **3.2.1**.

B) Unter (N), (V_3) wird $\mathcal{P}^\mu$ als *Klasse von nichtnormalen Verteilungen* festgelegt (vgl. Satz 3.1.1, Abschnitt 3.1.4). Dann liefert die Minimum-Distanz-Methode konsistente Schätzungen (Wolfowitz (1952), (1953), (1957)). Andere Verfahren wurden von Neyman (1951), Rubin (1956), Spiegelman (1979) angegeben.

C) Methode der Instrumentvariablen. Hierbei wird anstelle der bei A) genannten Zusatzinformation eine Erweiterung des Modells betrachtet.

Es seien also wie im Abschnitt **3.3.1** unabhängige Beobachtungen $\boldsymbol{u}_i$, $i = 1, \ldots, m$, einer Instrumentvariablen (IV) $\boldsymbol{u}$, hier als zufällig angenommen, gegeben. Für $n_1 \in \mathbb{N}$ habe $\boldsymbol{u}$ Werte in $\mathbb{R}^{n_1}$. Es wird zunächst die Unkorreliertheit von $\boldsymbol{u}$ und ζ gefordert.

Im folgenden verfahren wir gemäß Bemerkung **3.3.6**; es kann gezeigt werden, daß die Aussage von Satz **3.3.2** auch unter $q < r < p$ gültig bleibt.

Wir führen folgende Bezeichnungen ein:

(xv) $\boldsymbol{\mu}_0 := [\boldsymbol{u}, \boldsymbol{\mu}]$, $\boldsymbol{z}_0 := [\boldsymbol{u}, \boldsymbol{z}]$, $n := n_1 + p - r$,

$$\boldsymbol{w} := [\boldsymbol{u}, J^{\perp\prime}\boldsymbol{\mu}] = [\boldsymbol{u}, J^{\perp\prime}\boldsymbol{z}] .$$

(Es gilt wegen $\mathcal{R}(\mathsf{D}\zeta) = \mathcal{J}$ fast sicher $J^{\perp\prime}\boldsymbol{\mu} = J^{\perp\prime}\boldsymbol{z}$.)

(xvi) Für Zufallsvektoren $\boldsymbol{v}_i$, $i = 1, 2$, sei

$$\Sigma_{v_1} := \mathbf{D}\boldsymbol{v}_1\,, \qquad \Sigma_{v_1 v_2} := \mathbf{E}\boldsymbol{v}_1\boldsymbol{v}_2'\,,$$

$$\Sigma_{v_1\cdot v_2} := \Sigma_{v_1} - \Sigma_{v_1 v_2}\Sigma_{v_2}^{+}\Sigma_{v_2 v_1}\,.$$

Wir betrachten ein Verteilungsmodell für die Folge $\{\boldsymbol{z}_{0i}\}_{i=1,\dots,m}$ von unabhängigen zufälligen $(n_1 + p)$-Vektoren $\boldsymbol{z}_{0i}$, $i = 1, \dots, m$, welches durch folgende Relationen beschrieben wird:

$$\boldsymbol{z}_0 = \boldsymbol{\mu}_0 + [0_{n_1}, \zeta]$$

$$\mu_0 \circledS \mathcal{P}^{\mu_0} := \{\mathrm{N}_{n_1+p}(0_{n_1+p}, ((\Sigma_{ij}))_{j=1,2,3}^{i=1,2,3}) \mid ((\Sigma_{ij}))_{j=1,2}^{i=1,2} \in \mathfrak{M}_n^{>}, ((\Sigma_{ij}))_{j=2,3}^{i=2,3} \in \overline{\mathfrak{M}}^{\geqq}\}$$

$$\zeta \circledS \mathcal{P}^{\zeta}$$

(für unabhängige $\boldsymbol{\mu}_0, \zeta$). *Wir betrachten das Problem der Schätzung des abgeleiteten Parameters*

$$\mathcal{L} := \mathcal{R}(((\Sigma_{ij}))_{j=2,3}^{i=2,3})\,.$$

($\mathcal{P}^{\mu_0}$ ist nichtleer: gilt etwa $\mathcal{L} = \mathcal{R}(((\Sigma_{ij}))_{j=2,3}^{i=2,3}) \in \mathfrak{R}$, dann folgt $\Sigma_{22} \in \mathfrak{M}_{p-r}^{>}$ nach [A 1.5], und eine Ergänzung zu $((\Sigma_{ij}))_{j=1,2}^{i=1,2} \in \mathfrak{M}_n^{>}$ wird möglich).

Man erkennt, daß mit den Bezeichnungen von (xv) dann $\{\boldsymbol{z}_i\}_{i=1,\dots,m}$ einem Modell (LIFU$^-$) genügt, wobei wegen $\Sigma_{22} \in \mathfrak{M}_{p-r}^{>}$ und [A 1.5] noch die Bedingung (R) erfüllt ist. Wir bezeichnen demgemäß das obige Modell mit (LIFU$^-$), (IV), (R); es stellt die Erweiterung des Modells (LIFU$^-$), (R) dar, das durch Betrachtung der gemeinsamen Verteilung von $\boldsymbol{z}$ und der Instrumentvariablen $\boldsymbol{u}$ entsteht.

Im Modell gilt nach (xv), (xvi)

$$\Sigma_w = ((\Sigma_{ij}))_{j=1,2}^{i=1,2}\,, \qquad \Sigma_\mu = ((\Sigma_{ij}))_{j=2,3}^{i=2,3};$$

ebenso sind dann Parameter $\Sigma_{\mu w}$, $\Sigma_{\mu\cdot w}$ und weitere definiert. Die Annahme $\Sigma_w \in \mathfrak{M}_n^{>}$ wird hier der Einfachheit halber getroffen.

Wir untersuchen nun die Identifizierbarkeit von $\mathcal{L}$ im Modell (LIFU$^-$), (IV), (R), (N), (V_3). Hierzu stellen wir fest, daß die Verteilung von $\boldsymbol{z}_0$ durch Σ_{z_0} festgelegt wird, und daß wegen $\Sigma_{zw} = \Sigma_{\mu w}$ die Beziehung $\mathcal{R}(\Sigma_{zw}) \subseteq \mathcal{L}$ gilt. Da Σ_{zw} Funktion von Σ_{z_0} ist, folgt, *daß $\mathcal{L}$ identifizierbar im Modell* (LIFU$^-$), (IV), (R), (N), (V_3) *mit der Zusatzbedingung*

$$\text{(Id)} \quad \mathrm{r}[\Sigma_{\mu w}] = p - q$$

ist. (Aus der Darstellung (104) unten und [A 3.17] folgt, daß das Modell (LIFU$^-$), (IV), (R), (N), (V_3), (Id) nichtleer ist.) Im folgenden zeigen wir auch die Notwendigkeit dieser Bedingung, in dem Sinne, daß in jedem Teilmodell von (LIFU$^-$), (IV), (R), (N), (V_3) $\mathcal{L}$ nur dann identifizierbar ist, wenn dort (Id) erfüllt ist.

(xvii) Für $\mathcal{L} \in \mathfrak{R}$ seien

$$\overline{\mathfrak{M}}_{\mathcal{L}}^{3} := \{\Sigma \in \mathfrak{M}_{n_1+p}^{\geqq} \mid \Sigma = ((\Sigma_{ij}))_{j=1,2,3}^{i=1,2,3}\,, ((\Sigma_{ij}))_{j=1,2}^{i=1,2} \in \mathfrak{M}_n^{>}\,,$$

$$\exists \Sigma^1, \Sigma^2 \in \mathfrak{M}_p^{\geqq} : ((\Sigma_{ij}))_{j=2,3}^{i=2,3} = \Sigma^1 + \Sigma^2, \mathcal{R}(\Sigma^1) = \mathcal{L}, \mathcal{R}(\Sigma^2) = \mathcal{J}\}\,,$$

$$\overline{\mathfrak{M}}_{\mathcal{L}}^{4} := \{M \in \mathfrak{M}_{p\times n} \mid \mathcal{R}(M) \subseteq \mathcal{L}, J^{\perp\prime} M = (0_{(p-r)\times n_1} \,\vdots\, I_{p-r})\}\,.$$

Das Modell (LIFU⁻), (IV), (R), (N), (V_3) für die Folge $\{z_{0i}\}_{i=1,\ldots,m}$ unabhängiger Beobachtungen kann nun offenbar geschrieben werden als

$$z_0 \circledS \left\{N_{n_1+p}(0_{n_1+p}, \Sigma_{z_0}) \middle| \Sigma_{z_0} \in \bigcup_{\mathcal{L} \in \mathfrak{R}} \overline{\mathfrak{M}}^3_{\mathcal{L}}\right\}.$$

Hiermit können wir die Aussage über die Bedeutung der Bedingung (Id) für die Identifizierbarkeit von $\mathcal{L}$ im Modell (LIFU⁻), (IV), (R), (N), (V_3) präzisieren. (Id) ist offenbar gleichbedeutend mit $\mathrm{r}[\Sigma_{zw}] = p - q$.

Satz 3.3.3. *Es sei $\mathfrak{L}$ eine nichtleere Teilmenge von $\bigcup_{\mathcal{L} \in \mathfrak{R}} \overline{\mathfrak{M}}^3_{\mathcal{L}}$. In einem Modell*

$$z_0 \circledS \{P_{\Sigma,\mathcal{L}} \mid \Sigma \in \overline{\mathfrak{M}}^3_{\mathcal{L}} \cap \mathfrak{L}, \mathcal{L} \in \mathfrak{R}\}$$

für

$$P_{\Sigma,\mathcal{L}} := N_{n_1+p}(0_{n_1+p}, \Sigma)$$

ist der Parameter $\mathcal{L}$ genau dann identifizierbar, wenn gilt: Aus $z_0 \sim N_{n_1+p}(0_{n_1+p}, \Sigma)$, $\Sigma \in \mathfrak{L}$, $w = (I_n \,\vdots\, 0_{n\times q})\, z_0$, $z = (0_{p\times n_1} \,\vdots\, I_p)\, z_0$ folgt $\mathrm{r}[\Sigma_{zw}] = p - q$.

Beweis. Daß die Bedingung für die Identifizierbarkeit hinreichend ist, wurde bereits gezeigt. Zum Beweis der Notwendigkeit nehmen wir die Existenz von Σ_{z_0}, $\mathcal{L}$ mit $\Sigma_{z_0} \in \overline{\mathfrak{M}}^3_{\mathcal{L}} \cap \mathfrak{L}$, $\mathcal{L} \in \mathfrak{R}$, an, so daß $\mathrm{r}[\Sigma_{zw}] < p - q$ gilt (mit obiger Bedeutung von Σ_{zw}). Zu zeigen ist die Existenz von $\mathcal{L}' \in \mathfrak{R}$, $\mathcal{L}' \neq \mathcal{L}$, so daß $\mathfrak{L} \cap \overline{\mathfrak{M}}^3_{\mathcal{L}} \cap \overline{\mathfrak{M}}^3_{\mathcal{L}'}$ nichtleer ist. Es sei eine Abbildung

$$f\colon \bigcup_{\mathcal{L} \in \mathfrak{R}} \overline{\mathfrak{M}}^3_{\mathcal{L}} \to \mathfrak{M}^{\geqq}_n \times \mathfrak{M}_{p\times n} \times \mathfrak{M}^{\geqq}_p$$

definiert durch: gilt $z_0 \sim N_{n_1+p}(0_{n_1+p}, \Sigma_{z_0})$, $\Sigma_{z_0} \in \overline{\mathfrak{M}}^3_{\mathcal{L}}$, dann sei $f(\Sigma_{z_0}) = (\Sigma_w, \Sigma_{zw}\Sigma_w^{-1}, \Sigma_{z\cdot w})$ (mit obigen Bedeutungen von w, z). Nach [A 3.17] genügt es, $f(\overline{\mathfrak{M}}^3_{\mathcal{L}}) \cap f(\overline{\mathfrak{M}}^3_{\mathcal{L}'}) \cap f(\mathfrak{L}) \neq \emptyset$ nachzuweisen. Nun gilt für $f(\Sigma_{z_0}) = (\Sigma_w, M, \Sigma_{z\cdot w})$ annahmegemäß $\mathrm{r}[M] < p - q$ und nach [A 3.17] $M \in \overline{\mathfrak{M}}^4_{\mathcal{L}}$. Wegen der Offenheit von $\mathfrak{R}$ und Teil g) von [A 3.16] existiert stets ein $\mathcal{L}' \in \mathfrak{R}$, $\mathcal{L}' \neq \mathcal{L}$ mit $M \in \overline{\mathfrak{M}}^4_{\mathcal{L}'}$; nach [A 3.17] folgt $(\Sigma_w, M, \Sigma_{z\cdot w}) \in f(\overline{\mathfrak{M}}^3_{\mathcal{L}'})$ und damit die Behauptung. ■

Bemerkung 3.3.11. Bedingung (Id) ist also die (im Sinne von Satz 3.3.3) minimale Identifizierbarkeitsbedingung für $\mathcal{L}$ im Modell (LIFU⁻), (IV), (R), (N), (V_3). Sie stellt eine Verallgemeinerung einer Bedingung über nichtverschwindende Korrelation von unbeobachtbarer und Instrumentvariablen (vgl. (3.3.10)) dar; man erkennt, daß w unter Einschluß von $J^{\perp\prime}\mu$ als Instrumentvariable fungiert. Bedingung (Id) wird nun im folgenden vorausgesetzt.

Wir kommen nun zur Darstellung der Maximum-Likelihood-Schätzung von $\mathcal{L}$ im Modell (LIFU⁻), (IV), (R), (N), (V_3), (Id). Zunächst geben wir eine weitere äquivalente Darstellung des Modells an, wobei wir mit „$z \mid w = w \circledS$" die Angabe einer Familie von bedingten Verteilungen für z unter der Bedingung „$w = w$" kennzeichnen.

Lemma 3.3.3. *Das Modell* (LIFU⁻), (IV), (R), (N), (V_3), (Id) *für die Folge $\{z_{0i}\}_{i=1,\ldots,m}$ von unabhängigen zufälligen p-Vektoren z_{0i}, $i = 1, \ldots, m$, kann in folgender Weise beschrieben werden:*

$$z_0 = [w, J'z], \qquad w \circledS \{N_n(0_n, \Sigma_w) \mid \Sigma_w \in \mathfrak{M}^{>}_n\},$$

$$z \mid w = w \circledS \left\{N_p(Mw, \Sigma_{z\cdot w}) \mid M \in \bigcup_{\mathcal{L} \in \mathfrak{R}} \overline{\mathfrak{M}}^4_{\mathcal{L}} \cap \mathfrak{M}^{p-q}_{p\times n}, \Sigma_{z\cdot w} \in \mathcal{V}_3\right\}, \qquad w \in \mathbb{R}^n.$$

Beweis. Die durch

$$P^{z_0} \to (P^w, \{P^{z|w=w} \mid w \in \mathbb{R}^n\})$$

für

$$w = (I_n \mid 0_{n\times q})\, z_0,\ z = (0_{n_1\times p} \mid I_p)\, z_0\ ,$$

$$P^{z|w=w} := N_p(\Sigma_{zw}\Sigma_w^{-1}w, \Sigma_{z\cdot w})\ , \qquad w \in \mathbb{R}^n$$

gegebene Abbildung ist injektiv. Mit Hilfe von [A 3.17] schließt man auf die angegebene Parametrisierung, wobei (Id) mit $M \in \mathfrak{M}_{p\times n}^{p-q}$ gleichbedeutend ist. ■

Es zeigt sich, daß für Realisierungen w_i, $i = 1, \dots, m$, durch die Familie von Verteilungen $P^{z_i|w_i=w_i}$, $i = 1, \dots, m$, gerade ein Modell (LIFU⁺) mit den früher betrachteten Annahmen erzeugt wird. Damit kann man die dort erhaltenen Ergebnisse zur Maximum-Likelihood-Schätzung für das vorliegende Modell nutzbar machen.

Satz 3.3.4. *In einem Modell* (LIFU⁻), (IV), (R), (N), (V_3) *sei die Voraussetzung* (B_3) *erfüllt. Dann gilt: Eine* MLE $\hat{\mathcal{L}}$ *von* $\mathcal{L}$, *basierend auf der stetigen Dichte für* $(z_{0i})_{i=1,\dots,m}$, *existiert fast sicher und ist fast sicher eindeutig bestimmt. Für eine Realisierung* $\{z_{0i}\}_{i=1,\dots,m}$ *ist* $\hat{\mathcal{L}}$ *gegeben durch die* MLE *in einem Modell* (LIFU⁺), (R), (A), (N), (V_3) *gemäß Satz* 5.3.1, *wenn dort*

$$Z = (z_i)_{i=1,\dots,m}\ , \qquad \mathcal{W} = \mathcal{R}\big(((w_i)_{i=1,\dots,m})'\big)$$

$(w_i = (I_n \mid 0_{n\times r})\, z_{0i}, z_i = (0_{p\times n_1} \mid I_p)\, z_{0i}\ , i = 1, \dots, m)$ *gesetzt wird.*

Beweis. Es sei $P^{z|w=w}$ für $w \in \mathbb{R}^n$ gemäß Lemma 3.3.3 bestimmt; dann gilt $P^{J'z|w=w} \ll \mu_r$, $w \in \mathbb{R}^n$. Es sei $p_{M,\Sigma_{z\cdot w}}^{J'z|w=w}$ die stetige Dichte; dann gilt für die stetigen Dichten von z_0 und w (mit $\Sigma = \Sigma_{z_0}$)

$$p_\Sigma^{z_0}(w, t) = p_\Sigma^{[w,J'z]}(w, t) = p_{\Sigma_w}^{w}(w)\, p_{M,\Sigma_{z\cdot w}}^{J'z|w=w}(t), \qquad (w, t) \in \mathbb{R}^n \times \mathbb{R}^q\ .$$

Aus obiger Formel ist zu erkennen, in welcher Weise die Randdichte von w und die bedingte Dichte von $J'z$ vom Parameter Σ der gemeinsamen Dichte abhängen.

Nach Lemma 3.3.3 variieren Σ_w und $(M \mid \Sigma_{z\cdot w})$ im Modell unabhängig; $\mathcal{L}$ ist Funktion von M. Man erkennt weiterhin, daß für Realisierungen $\{w_i\}_{i=1,\dots,m}$ mit $\mathrm{r}[w_i]_{i=1,\dots,m}] = n$ der Ausdruck $\prod_{i=1}^{m} p_{M,\Sigma_{z\cdot w}}^{J'z|w=w_i}(t_i)$ die stetige Dichte von Z_2 in einem Modell (LIFU⁺), (R), (A), (N), (V_3) mit $\mathcal{W} = \mathcal{R}\big(((w_i)_{i-1,\dots,m})'\big)$ darstellt; für solche w_i, $i = 1, \dots, m$, existiert weiterhin $\max_{\Sigma_w \in \mathfrak{M}_n^>} \prod_{i=1}^{m} p^z(w_i)$. Da nun fast sicher $\mathrm{r}[(w_i)_{i=1,\dots,m}]$ $= n$ gilt, folgt mit Satz 3.3.1 die Behauptung. ■

Die Darstellung der MLE in Modellen (LIFU⁻), (IV), (R), (N) soll hier in erster Linie zur heuristischen Fundierung der Schätzung mit Hilfe von Instrumentvariablen in Modellen (LIFU⁺) dienen. ROBINSON (1974) erhielt für eine Verallgemeinerung des hier betrachteten Modells die MLE aus einem heuristisch begründeten Minimierungsprinzip und gab eine asymptotische Behandlung, wobei Ergebnisse von ZELLNER (1970) und GOLDBERGER (1972) als Spezialfälle erscheinen. Eine verwandte Problematik behandelte IZENMAN (1975). Wir begnügen uns hier mit der Feststellung, daß mit (LIFU⁻), (IV), (R) ein Modell unabhängiger identisch verteilter Beobachtungen vorliegt, für welches im Hinblick auf Konsistenz, asymptotische Normalität und asymptotische Effizienz der MLE allgemeine Voraussetzungen angegeben werden können (s. [A 2.9]).

3.3.4.5. Instrumentvariablenschätzung bei linearen funktionellen Beziehungen mit nichtzufälligen nichtbeobachtbaren Variablen

Bei der Festlegung der Instrumentvariablenschätzung in Modellen (LIFU$^+$) ist nun der allgemeine Zusammenhang zu Modellen LIFU$^-$ ausschlaggebend (vgl. Abschnitt 3.1.5).

Wir betrachten ein Modell (LIFU$^+$), (R), (N), (V_3). Hier ist nach Abschnitt 3.2.5 die Likelihoodfunktion unbeschränkt (vgl. Lemma 3.3.1, Satz 3.2.8ff.); dies findet eine Entsprechung in der Nichtidentifizierbarkeit von $\mathcal{L}$ im Modell (LIFU$^-$), (R), (N), (V_3) (Satz 3.3.2). Wir betrachten eine Lösung des Schätzproblems mit Hilfe von Instrumentvariablen, in Analogie zum Fall von LIFU$^-$.

An die Stelle der zufälligen IV $\boldsymbol{u}$ tritt nun eine zusätzliche im Modell (LIFU$^+$) gegebene nichtzufällige Matrix $U \in \mathfrak{M}_{n_1 \times m}$, im folgenden als IV-Matrix bezeichnet, mit entsprechenden Eigenschaften. Es sei

$$W := [U \,\vdots\, M_1] \in \mathfrak{M}_{n \times m}\,, \qquad n := n_1 + p - r\,.$$

Analog zum Fall von LIFU$^-$ wird die gesamte bekannte nichtzufällige Matrix W im folgenden als IV-Matrix fungieren (vgl. Bemerkung 3.3.11). Der im Fall von LIFU$^-$ zunächst geforderten Unkorreliertheit von $\boldsymbol{\zeta}$ und $\boldsymbol{u}$ entspricht hier die angenommene Nichtzufälligkeit von U (bei zufälligem $\bar{\boldsymbol{\zeta}}$).

Im Anschluß an Satz **3.3.4** *wollen wir die* IV-*Schätzung als* MLE *nach Satz* **3.3.1** *in einem formalen Modellansatz* (LIFU$^+$), (R), ($A_{\mathscr{W}}$), (N), (V_3) für $\mathscr{W} = \mathscr{R}(W')$ *definieren.*

Für $\boldsymbol{Z}$ mit dem adäquaten Verteilungsmodell (LIFU$^+$), (R), (N), (V_3) (vgl. Humak I (1977), Definition 1.3.3) wird also die Schätzung von $\mathcal{L}$ mit Hilfe eines (möglicherweise) inadäquaten Modellansatzes (LIFU$^+$), (R), ($A_{\mathscr{W}}$), (N), (V_3) gewonnen, der durch Einführung einer (im adäquaten Modell nicht vorhandenen) Restriktion ($A_{\mathscr{W}}$) entsteht.

Für die Existenz der so definierten IV-Schätzung ist nach Bemerkung 3.3.3 zunächst eine Bedingung an $n = \dim \mathscr{W}$ zu stellen. Aus Bemerkung 3.3.12 folgt die fast sichere Existenz dieser Schätzung, sobald im Modell (LIFU$^+$), (R), ($A_{\mathscr{W}}$), (N), (V_3) die MLE nach Satz 3.3.1 fast sicher existiert. *Die Bedingung* (Id) *findet ihre Entsprechung dann in gewissen asymptotischen Forderungen, die die Konsistenz sichern.* Diese können als Bedingungen einer „asymptotisch nichtverschwindenden Korrelation" zwischen unbeobachtbaren Variablen und beobachtbaren Variablen, durch M bzw. W repräsentiert, interpretiert werden, und sind damit zur Bedingung (Id) in LIFU$^-$ analog (vgl. Bemerkung 3.3.11).

Bemerkung 3.3.12. Ein formales Analogon von (Id) ist

$$\mathrm{r}[MW'] = p - q\,. \tag{104}$$

Das dargestellte Verfahren findet also eine heuristische Rechtfertigung darin, daß die IV-Schätzung in LIFU$^+$ unter (V_3) der sich aus Satz 3.3.4 ergebenden MLE für ein Modell (LIFU$^-$), (IV), (R), (N), (V_3), (Id) nachgebildet wird. Wir wollen diese Konstruktion auf die Spezifikationen (V_ν), $\nu = 1, 2$ übertragen. Eine Rechtfertigung hierfür ergibt sich in Abschnitt 3.4, wo unter (V_ν), $\nu = 1, 2, 3$ die asymptotische Effizienz der erhaltenen Schätzung in einem gewissen Sinne gezeigt wird.

Bemerkung 3.3.13. Für $P_1^{\boldsymbol{z}_1} \in$ (LIFU$^+$), (R), (N), (V_ν), $P_2^{\boldsymbol{z}_1} \in$ (LIFU$^+$), (R), ($A_{\mathscr{W}}$), (N), (V_ν) gilt offenbar $P_1^{\boldsymbol{z}_1} \ll P_2^{\boldsymbol{z}_1}$.

Analog zu Bemerkung 3.3.9 lösen wir uns von der Annahme (N) im adäquaten Modell und geben zusammenfassend die folgende Definition.

Definition 3.3.1. Es sei für $\mathscr{W}_0 \in \mathfrak{L}_{m,n_0}$, $n_0 \geqq p - q$ mit $\mathscr{R}(M_1') \subset \mathscr{W}_0$ das Modell (LIFU⁺), (R), $(A_{\mathscr{W}_0})$, (V_ν) adäquat für $\boldsymbol{Z}_2$. Es sei ein linearer Raum $\mathscr{W} \in \mathfrak{L}_{m,n}$, $p - q \leqq n \leqq n_0$ mit $\mathscr{R}(M_1') \subseteq \mathscr{W} \subseteq \mathscr{W}_0$ gegeben, so daß Bedingung (B_ν) erfüllt ist. Es sei $\underline{\hat{\mathscr{L}}}$ die gemäß Satz 3.3.1 fast sicher definierte Maximum-Likelihood-Schätzung für $\mathscr{L}$ in einem Modell (LIFU⁺), (R), $(A_{\mathscr{W}})$, (N), (V_ν). Die durch

$$\underline{\hat{\mathscr{L}}}_C := \hat{\mathscr{L}}(\boldsymbol{Z}_2)$$

fast sicher definierte Schätzung bezeichnen wir als kanonische Instrumentvariablenschätzung (CIVE) von $\mathscr{L}$ zum linearen Raum $\mathscr{W}$. Unter (V_ν), $\nu = 2, 3$, seien Schätzungen $\hat{\sigma}_C$ bzw. $\hat{\boldsymbol{\Sigma}}_C$ von σ_ζ^2 bzw. Σ_ζ analog definiert.

Die gewichtete Kleinste-Quadrat-Schätzung (WLSE) nach Bemerkung 3.3.9 und die MLE nach Satz 3.3.1 sind Spezialfälle für $\mathscr{W} = \mathscr{W}_0$ bzw. (N). Gilt im adäquaten Modell (Ex), dann erhält man gemäß Bemerkung 3.3.10 die CIVE $\hat{\boldsymbol{B}}_C$ von B durch $\hat{\boldsymbol{B}}_C := \varrho^{-1}(\underline{\mathscr{L}}_C)$.

Wir bezeichnen den linearen Raum $\mathscr{W}$ als IV-Raum.

In den Beispielen von Abschnitt 3.4.3 wird nachgewiesen, daß sich die einfache IV-Schätzung (3.3.9) und weitere (BLUE im linearen Modell, 2SLS-Schätzung) als Spezialfälle für gewisse Dimensionen p, q, r, n ergeben.

Neben der CIVE kann man nun alternative Instrumentvariablenschätzungen betrachten, die sich auf natürliche Weise aus Alternativen zur MLE im Modell unter $(A_{\mathscr{W}})$, (N) ergeben (vgl. Abschnitt 3.3.1). Der asymptotische Vergleich bildet dann den Hauptgegenstand des folgenden Abschnittes 3.4, wo auch die alternativen Schätzungen eingehender diskutiert werden (Abschnitt 3.4.5, Beispiele 3.4.10 bis 3.4.12).

3.4. Asymptotische Theorie für lineare funktionelle Beziehungen mit nichtzufälligen nichtbeobachtbaren Variablen und mit unabhängigen Fehlern

3.4.1. Einleitung

Das Ziel dieses Abschnittes ist die Darstellung einiger asymptotischer Eigenschaften von Schätzungen in Modellen LIFU⁺ im Falle unabhängiger, identisch verteilter Fehlergrößen. Dies geschieht im Rahmen des in Abschnitt 3.3.4 dargelegten Zugangs zur Schätzung mit Hilfe von Instrumentvariablen, wobei auch die wichtigsten der in Abschnitt 3.1.3 behandelten Modelle LIFU⁺ eingeschlossen sind.

Die entscheidende Besonderheit bei der asymptotischen Behandlung von Modellen LIFU⁺ besteht nun darin, daß im allgemeinen Fall das Problem der *unbegrenzt wachsenden Anzahl unbekannter Nebenparameter* auftaucht. Dies unterscheidet das vorliegende Modell von den häufiger betrachteten parametrischen Modellen der mathematischen Statistik, insbesondere vom Modell unabhängiger identisch verteilter Beobachtungen oder auch vom linearen Modell, wo die Nebenparameter (die Regressoren) bekannt sind. Die in diesem Zusammenhang entstehende Frage nach der konsistenten Schätzbarkeit des Strukturparameters wurde in Abschnitt 3.1.5 behandelt. Dabei ergab sich (Satz 3.1.6), daß für die konsistente Schätzbarkeit in Modellen der hier betrachteten Form gewisse Einschränkungen in bezug auf die unbekannten Parameter erforderlich sind.

Dies soll nun hier zunächst genauer ausgeführt werden; es werden hinreichende Bedingungen, die entweder das Verteilungsmodell für die Fehler oder die Information über die Nebenparameter (durch Instrumentvariablen bzw. deren hier zu betrachtende Verallgemeinerung gelieferte Zusatzinformation) betreffen, für die Konsistenz der in Abschnitt 3.3.4 erklärten kanonischen Instrumentvariablenschätzung (CIVE) angegeben.

Der Hauptteil dieses Abschnittes nimmt jedoch die sich anschließende Untersuchung der Effizienzproblematik für Schätzungen ein. Ausgangspunkt ist hierbei die Frage, ob die CIVE asymptotisch effizient gegenüber den in Abschnitt 3.3.1 dargestellten alternativen Schätzungen, insbesondere gegenüber der 2SLS-Schätzung (genauer gegenüber deren Analogen, s. Beispiel 3.4.10) ist.

Bei der Beantwortung dieser Frage ist ebenfalls die Spezifik des vorliegenden Modells, die möglicherweise unbegrenzt wachsende Anzahl unbekannter Nebenparameter, zu beachten. In einem Modell unabhängiger identisch verteilter Beobachtungen ist (unter gewissen Regularitätsvoraussetzungen) die Frage nach asymptotisch effizienten Schätzungen durch die Theorie der MLE beantwortet (vgl. [A 2.9]). Eine solche Aussage wäre auch hier von Bedeutung, da die MLE unter Normalverteilung ein Spezialfall der CIVE ist.

Das hier behandelte Modell läßt sich nun in das allgemeine Schema unabhängiger nicht notwendig identisch verteilter Beobachtungen mit einem zu schätzenden Strukturparameter (vgl. Bemerkung 3.4.1 unten) einordnen. Für ein solches Modell kann unter allgemeinen Voraussetzungen lokale asymptotische Normalität (vgl. [A 2.7]) bei fixierter Folge von Nebenparametern nachgewiesen und damit eine untere Schranke für die Grenzkovarianzmatrix asymptotisch normalverteilter Schätzungen angegeben werden (Andersen (1970a), Philippou und Roussas (1973), Ibragimow und Chasminski (1979)). Diese wird jedoch von der MLE bei unbekannten Nebenparametern nur unter einschränkenden Modellvoraussetzungen angenommen (Hoadley (1971)); im allgemeinen ist dies bei bekannten Nebenparametern der Fall. Letzteres bildet die Grundlage für die Theorie der asymptotischen Effizienz in Simultangleichungsmodellen der Ökonometrie (vgl. Theil (1971), Schönfeld (1971)) und auch im linearen Modell (Philippou und Roussas (1973), Nussbaum (1977)). Die bei diesem Vorgehen resultierende untere Schranke wird jedoch im vorliegenden Fall von der MLE im allgemeinen nicht angenommen, womit die Frage nach der Effizienz hier offen bleibt.

Bei dem hier gewählten Zugang wird nun eine spezielle Klasse von konsistenten asymptotisch normalverteilten Schätzungen (asymptotische Q_m-Schätzungen) betrachtet, und innerhalb derselben die Optimalität (im Sinne der Kovarianzmatrix der Grenzverteilung) untersucht. Dieses Vorgehen ähnelt demjenigen im linearen Modell, wo in gewissen modellspezifischen Klassen von Schätzungen Optimalitätsaussagen auch in asymptotischer Hinsicht mit Hilfe des Gauß-Markow-Theorems gewonnen werden (Humak I (1977), Kap. 2). Eine Beziehung besteht ebenfalls zur Klasse der asymptotischen Minimum-Kontrast-Schätzungen im Fall unabhängiger identisch verteilter Beobachtungen, innerhalb derer die MLE leicht als optimal erhalten werden kann (Michel und Pfanzagl (1971)). Wir wollen hier einführend das zugrundeliegende Prinzip anhand des einfachsten Modells skizzieren.

Wir betrachten das zweidimensionale Modell einer homogenen linearen funktionellen Beziehung

$$\begin{aligned} x_i &= \xi_i + \zeta_{1i}\,, \\ y_i &= \beta\xi_i + \zeta_{2i}\,, \qquad i = 1, \dots, m\,, \end{aligned} \tag{1}$$

mit unbekanntem Strukturparameter β, ebenfalls unbekannten Nebenparametern ξ_i, $i = 1, \dots, m$, und unabhängigen identisch verteilten normalen Fehlergrößen $\zeta_i := (\zeta_{1i}, \zeta_{2i})'$, $i = 1, \dots, m$. Nach Abschnitt 3.1.5 ist zur konsistenten Schätzung von β Zusatzinformation über die Nebenparameter oder die Fehlerverteilung erforderlich. Eine in der Praxis bedeutsame Annahme dieser Art besteht im Ansatz eines „*Modells mit wiederholten Beobachtungen*" (s. (3.1.1); Beispiel 3.4.8 unten)

$$\begin{aligned} x_{ij} &= \xi_i + \zeta_{1ij}\,, \\ y_{ij} &= \beta\xi_i + \zeta_{2ij}\,, \qquad j = 1, \dots, k(i)\,; \qquad i = 1, \dots, m\,, \end{aligned}$$

in welchem eine konsistente Schätzung von $\mathsf{D}\zeta$ gewonnen werden kann. Zur einfacheren Darstellung wollen wir hier annehmen, daß im Modell (1) eine konsistente Schätzung $\hat{\Sigma}_m$ von $\mathsf{D}\zeta$ (vom ANOVA-Typ) gegeben sei. Dann gilt für die Statistik

$$Q_m := m^{-1} \begin{pmatrix} \sum_{i=1}^m x_i^2 & \sum_{i=1}^m x_i y_i \\ \sum_{i=1}^m x_i y_i & \sum_{i=1}^m y_i^2 \end{pmatrix} - \hat{\Sigma}_m$$

unter der Voraussetzung $m^{-1} \sum_{i=1}^m \xi_i^2 \xrightarrow[m\to\infty]{} h > 0$ die Beziehung

$$Q_m \xrightarrow[m\to\infty]{\mathsf{P}} \begin{pmatrix} 1 \\ \beta \end{pmatrix} h(1, \beta)\,. \tag{2}$$

Auf Basis dieser Beziehung lassen sich nun verschiedene konsistente Schätzungen konstruieren. *Es ist jedoch nicht klar, welche dieser Schätzungen vorzuziehen* ist; aus den erwähnten Gründen kann auch die Theorie der MLE hierauf keine Antwort geben.

Wir bezeichnen für eine symmetrische (2×2)-Matrix $A = ((a_{ij}))_{j=1,2}^{i=1,2}$ mit $\mathring{A}$ den Vektor (a_{11}, a_{12}, a_{22}). (2) läßt sich schreiben als

$$\mathring{Q}_m \xrightarrow[m\to\infty]{\mathsf{P}} (h, h\beta, h\beta^2)\,.$$

Die Menge $\mathcal{A} := \{(h, h\beta, h\beta^2) \mid h > 0, \beta \in \mathbb{R}^1\}$ bildet eine Hyperfläche im $\mathbb{R}^3$. Wir betrachten reellwertige Funktionen f, die auf einer $\mathcal{A}$ enthaltenden offenen Teilmenge $\mathcal{A}^*$ von $\mathbb{R}^3$ definiert sind, mit der Eigenschaft

$$f(h, h\beta, h\beta^2) = \beta\,, \qquad \forall h > 0\,, \qquad \beta \in \mathbb{R}^1\,. \tag{3}$$

Ist f auf $\mathcal{A}^*$ stetig, dann ist durch f auch eine konsistente Schätzung $\hat{\beta}_m$ von β gegeben:

$$\hat{\beta}_m := f(\mathring{Q}_m)\,.$$

Eine Funktion dieser Art ist z.B.

$$f(x) = x_2/x_1\,, \qquad \mathcal{A}^* = \{x = (x_i)_{i=1,2,3} \mid x_1 \neq 0\}\,.$$

Nun ist $\mathring{Q}_m$ als einfache Stichprobenfunktion asymptotisch normal

$$\mathcal{L}\{m^{1/2}(\mathring{Q}_m - (h, h\beta, h\beta^2))\} \xrightarrow[m\to\infty]{} \mathrm{N}_3(0_3, \Delta)\,.$$

Ist f auf $\mathcal{A}^*$ stetig differenzierbar mit der Ableitung $\mathrm{d}f \in \mathbb{R}^3$, dann folgt hieraus für $\hat{\beta}_m$

$$\hat{\beta}_m - \beta = \mathrm{d}f((h, h\beta, h\beta^2)) \,\mathring{Q}_m + o_{\mathrm{P}}(m^{-1/2}) \,. \tag{4}$$

Für $\mathrm{d}f$ ergeben sich nun durch Differentiation von (3) nach h und β gewisse lineare Restriktionen

$$\mathrm{d}f((h, h\beta, h\beta^2)) \,A = J_0 \tag{5}$$

für gewisse parameterabhängige Matrizen A, J_0. Wir betrachten allgemeine Schätzungen $\hat{\beta}_m$, welche (4) und (5) für ein beliebiges nichtzufälliges, parameterabhängiges C anstelle von $\mathrm{d}f((h, h\beta, h\beta^2))$ erfüllen (*asymptotische Q_m-Schätzungen*); hierdurch wird insbesondere die MLE erfaßt. Für Schätzungen dieser Art gilt nun offenbar

$$\mathcal{L}\{m^{1/2}(\hat{\beta}_m - \beta)\} \xrightarrow[m\to\infty]{} \mathrm{N}(0, C\Delta C') \,.$$

Eine Minimierung von $C\Delta C'$ unter $CA = J_0$ wie im Satz von Gauß-Markow liefert nun eine untere Schranke für die Grenzkovarianzmatrix. Es erweist sich, daß die MLE diese Schranke annimmt; es ergibt sich also die asymptotische Effizienz innerhalb der Klasse der asymptotischen Q_m-Schätzungen, insbesondere gegenüber einer Reihe von in der Literatur betrachteten Alternativen (modifizierte 2SLS-Schätzungen, auf Q_m basierende Minimum-Kontrast-Schätzungen).

Die folgenden Untersuchungen beziehen sich nun auf ein allgemeines Modell (LIFU$^+$) mit Instrumentvariablen gemäß Abschnitt 3.3.4, das eine Vielzahl von Varianten umfaßt. Das Kernstück bildet hierbei die allgemeine Version des dargestellten Verfahrens (Abschnitt 3.4.5). Demgemäß legen wir ein Verteilungsmodell $\{\mathrm{P}_\vartheta \mid \vartheta \in \Theta\}$ für die unendliche Folge der Beobachtungen $\{z_i\}_{i\in\mathbb{N}}$ fest, so daß $\mathbf{Z}_m = (z_i)_{i=1,\dots,m}$ für $m \geqq m_0$ einem Modell (LIFU$^+$) genügt.

Es sei für gegebene $p, q, r \in \mathbb{N}, p \geqq r \geqq q, p > q$, im Falle $r < p$

$$J := [0_{(p-r)\times r} \,\vdots\, I_r] \,, \qquad J^\perp := [I_{p-r} \,\vdots\, 0_{r\times(p-r)}]$$

und im Falle $r = p$

$$J := I_r \,, \qquad J^\perp := 0 \,,$$

und es sei $\mathcal{J} = \mathcal{R}(J)$. Es sei $\mathcal{P}_0$ eine Menge von Wahrscheinlichkeitsverteilungen P über $[\mathbb{R}^p, \mathfrak{B}^p]$ mit

$$J'\mathrm{P} \ll \mu_r \,, \qquad \int x \,\mathrm{dP} = 0_p \,, \qquad \int xx' \,\mathrm{dP} = P_{\mathcal{J}} \,,$$

wobei $J'\mathrm{P}$ das Bild von P unter der linearen Abbildung $J'\colon \mathbb{R}^p \to \mathbb{R}^r$ sei.

Es seien gegeben:

– ein $m_0 \in \mathbb{N}$, eine Folge $\{n(m)\}_{m\geqq m_0}$ von natürlichen Zahlen und ein $\alpha \in [0, 1]$ mit

$$n(m)\, m^{-1} \xrightarrow[m\to\infty]{} \alpha \,, \qquad n(m) \geqq p - q \quad \text{für} \quad m \geqq m_0;$$

– eine Folge $\{\mathcal{W}_m\}_{m\geqq m_0}$ von linearen Räumen mit

$$\mathcal{W}_m \in \mathfrak{L}_{m,\,n(m)} \,, \qquad m \geqq m_0;$$

– eine Menge $\mathfrak{V} \subset \{\Sigma \in \mathfrak{M}_p^{\geqq} \mid \mathcal{R}(\Sigma) = \mathcal{J}\}$.

Es sei

$$\mathcal{P}^{\mathfrak{c}} = \{\Sigma^{1/2}\mathrm{P} \mid \Sigma \in \mathfrak{V}, \mathrm{P} \in \mathcal{P}_0\} \,,$$

und es bezeichne P^N das abzählbar-unendliche Produkt eines Elementes P von $\mathcal{P}^\zeta$ mit sich selbst. Es sei

$$\overline{\mathfrak{M}}^\infty := \{\{\mu_i\}_{i\in N} \mid \mu_i \in \mathbb{R}^p,\, i \in \mathbb{N},\, \exists \mathcal{L} \in \mathfrak{L}_{p,p-q},\, \widetilde{H} \in \mathfrak{M}_p^{\geqq}:$$
$$\mathcal{L} + \mathcal{J} = \mathbb{R}^p,\, \mathcal{R}\big((\mu_i)_{i=1,\ldots,m}\big) = \mathcal{L},\, \mathcal{R}\big(((\mu_i)_{i=1,\ldots,m})' J^\perp\big) \subseteq \mathcal{W}_m\,,$$
$$m \geqq m_0,\, m^{-1}(\mu_i)_{i=1,\ldots,m}\, \mathrm{P}_{\mathcal{W}_m}\big((\mu_i)_{i=1,\ldots,m}\big)' \xrightarrow[m\to\infty]{} \widetilde{H}\}$$

und

$$\vartheta := (\mathrm{P}^\zeta, \{\mu_i\}_{i\in N}), \qquad \mathrm{P}^\zeta \in \mathcal{P}^\zeta,\, \{\mu_i\}_{i\in N} \in \overline{\mathfrak{M}}^\infty\,.$$

Es sei $\{\mathrm{P}_\vartheta \mid \vartheta \in \Theta\}$ gegeben durch

$$\{z_i\}_{i\in N} = \{\mu_i\}_{i\in N} + \{\zeta_i\}_{i\in N} \sim \mathrm{P}_\vartheta\,,$$
$$\{\zeta_i\}_{i\in N} \sim (\mathrm{P}^\zeta)^N\,, \qquad \Theta = \mathcal{P}^\zeta \times \overline{\mathfrak{M}}^\infty\,.$$

Wir betrachten das Problem der Schätzung des Parameters $\mathcal{L}$ auf Basis von Beobachtungen $\{z_i\}_{i=1,\ldots,m}$ für $m \to \infty$.

Durch dieses Modell ist also insbesondere für jede der zufälligen Matrizen $\boldsymbol{Z}_m$, $m \geqq m_0$, ein Verteilungsmodell (LIFU⁺), (R) nach Abschnitt **3.3.4** festgelegt; das angegebene Modell ist die Entsprechung von (LIFU⁺), (R) für wachsende Beobachtungsanzahl m. Die Zulassung einer wachsenden Dimension von $\mathcal{W}_m$ ergibt sich aus dem Bestreben, eine einheitliche asymptotische Behandlung des Modells unter Einschluß des Falles $\mathcal{W}_m = \mathbb{R}^m$, also eines Modells ohne Instrumentvariable zu ermöglichen. Darüber hinaus werden durch diese Annahme weitere interessante Spezialfälle, wie etwa der Fall einer wachsenden Anzahl von Gruppen im „Modell mit wiederholten Beobachtungen" (vgl. **3.2.1**, Beispiel **3.4.7**) erfaßt. Die gewählte Allgemeinheit des Modells wird anhand von Beispielen im Abschnitt **3.4.3** eingehender motiviert.

Das Modell kann als ein *Modell mit verallgemeinerten nichtzufälligen Instrumentvariablen* bezeichnet werden; die Verallgemeinerung gegenüber einem strikten Analogon zum Fall zufälliger IV mit festen Dimensionen (s. Abschnitt **3.3.4**) besteht in der Zulassung von $\dim \mathcal{W}_m \xrightarrow[m\to\infty]{} \infty$.

Wir betrachten eine Reihe weiterer Voraussetzungen an P^ζ und $\{\mu_i\}_{i\in N}$. Es sei $M_m := (\mu_i)_{i=1,\ldots,m}$.

(N) $\quad \mathcal{P}_0 = \{\mathrm{N}_p(0_p, P_{\mathcal{J}})\}$,

(V$_\nu$) $\quad \mathcal{V} = \mathcal{V}_\nu$ mit $\mathcal{V}_\nu$ aus Abschnitt **3.3.4**, (iv), $\nu = 1, 2, 3$, S. 235,

(Ex) $\quad \mathcal{L} + \mathcal{J}_0 = \mathbb{R}^p$ $\big(\mathcal{J}_0 = \mathcal{R}([0_{(p-q)\times q} \vdots I_q])$, vgl. Abschnitt **3.3.4**$\big)$,

(A) $\quad \mathcal{R}(M_m') \subseteq \mathcal{W}_m\,, \qquad m \geqq m_0\,.$

Wird (Ex) bzw. (A) angenommen, so sprechen wir vom expliziten bzw. adäquaten Fall.

(C 1) $\quad \mathrm{r}[\widetilde{H}] = p - q\,,$

(C 2) $\quad m^{-1} M_m M_m' \xrightarrow[m\to\infty]{} \widetilde{H}_0\,,$

(C 3) a) $\quad m - n(m) \xrightarrow[m\to\infty]{} \infty\,,$

b) $\quad \big(m - n(m)^{-1}\big)\, M_m P_{\mathcal{W}_m^\perp} M_m' \xrightarrow[m\to\infty]{} \widetilde{H}_A\,,$

c) $\quad \mathrm{r}[\widetilde{H} - \alpha \widetilde{H}_A] = p - q\,,$

(C 4) $\quad m^{-1} M_m \mathbf{1}_m \xrightarrow[m\to\infty]{} \tilde{g}$,

(C 5) $\quad \max\limits_{1\leq i\leq m} m^{-1} \|M_m P_{\mathscr{W}_m} e_i^{(m)}\|^2 \xrightarrow[m\to\infty]{} 0$.

Hierbei bezeichnet $e_i^{(m)}$ den i-ten Einheitsvektor in $\mathbb{R}^m$ und $\mathbf{1}_m := (1, \ldots, 1)' \in \mathbb{R}^m$.

Alle Aussagen des Abschnittes **3.4** *beziehen sich auf das festgelegte Modell, mit einem durch die Angabe der jeweiligen Voraussetzungen gegenüber* $\mathscr{P}^{\zeta} \times \overline{\mathfrak{M}}^{\infty}$ *eingeschränkten bzw. spezifizierten Parameterraum.* Dieses bezeichnen wir mit $\{\mathrm{P}_\vartheta \mid \vartheta \in \Theta\}$, wobei Θ die Bezeichnung für den jeweiligen Parameterraum darstellt. Wie im Abschnitt **3.3.4** (vgl. Bemerkung **3.3.4**) unterscheiden wir nicht zwischen $\{\mathrm{P}_\vartheta \mid \vartheta \in \Theta\}$ und dem hier durch bestimmten Modell für $\{J'\boldsymbol{z}_i\}_{i\in\mathbb{N}}$ für gegebenes $\{J^{\perp\prime}\boldsymbol{z}_i\}_{i\in\mathbb{N}}$.

Weiterhin verfahren wir im folgenden gemäß Bemerkung **3.3.6.**

Wir legen nun Bezeichnungen fest, die im gesamten Abschnitt **3.4** erscheinen.

(i) Wir verwenden die Bezeichnungen von Abschnitt **3.3.4**, teilweise versehen mit dem Index m; speziell also

$$\bar{\boldsymbol{\zeta}}_m, \bar{\boldsymbol{\zeta}}_m^*, \hat{\underline{\mathscr{L}}}_{Cm}^{(\nu)}, \hat{\boldsymbol{B}}_{Cm}^{(\nu)}, \boldsymbol{Q}_{0m}^{(\nu)}, \boldsymbol{Q}_{0m}^{*(\nu)}, \hat{\boldsymbol{E}}_m, \hat{\boldsymbol{E}}_{0m}^{(\nu)}, \boldsymbol{M}_{1m}, \boldsymbol{M}_{2m},$$

$$\boldsymbol{Z}_{2m}, \hat{\boldsymbol{\sigma}}_{Cm}, \hat{\boldsymbol{\Sigma}}_{Cm}, \mathbf{S}_m^{(\nu)}, \mathbf{S}_m^{*(\nu)} \quad (\nu = 1, 2, 3)$$

und Parameter B, B_1, B_2, Σ_ζ, σ_ζ^2.

(ii) Es sei $\hat{\boldsymbol{\Pi}}_m^{(\nu)} := \hat{\boldsymbol{\Pi}}_m^{(\nu)}(\underline{\mathscr{L}}_{Cm}^{(\nu)})$ für $\hat{\pi}_m^{(\nu)}(\underline{\mathscr{L}}_{Cm}^{(\nu)})$ gemäß Abschnitt **3.3.4**, (xii), $\nu = 1, 2, 3$.

(iii) Es sei

$$\boldsymbol{Q}_m^{(\nu)} := \boldsymbol{Q}_{0m}^{(\nu)} + n(m)\, m^{-1} (\hat{\hat{\boldsymbol{\sigma}}}_{Cm}^2 - \sigma^2)\, \Sigma I_{\{2\}}(\nu)\,, \qquad \nu = 1, 2, 3\,,$$

mit Σ aus Abschnitt **3.3.4**, (iv); $\hat{\hat{\boldsymbol{\sigma}}}_{Cm}^2$ ist im Satz **3.4.3** unten erklärt. Es sei

$$\boldsymbol{Q}_m^{*(\nu)} := \boldsymbol{Q}_{0m}^{*(\nu)} + n(m)\, m^{-1}(\hat{\hat{\boldsymbol{\sigma}}}_{Cm} - \sigma^2)\, J'\Sigma J I_{\{2\}}(\nu)\,, \qquad \nu = 1, 2, 3\,.$$

Man bestätigt leicht, analog zu Lemma **3.3.2**

$$\boldsymbol{Q}_m^{(\nu)} = F_{\hat{\mathbf{E}}_m}(J^{\perp} m^{-1} S_{M_{1m}} J^{\perp\prime} + J\boldsymbol{Q}_m^{*(\nu)} J')\, F'_{\hat{\mathbf{E}}_m}\,.$$

(iv) Unter (Ex) sei N_m durch $M_m = L_B N_m$ festgelegt. Dies bestimmt N_m eindeutig. Es sei $N_{1m} := (I_{p-r} \,\vdots\, 0_{(p-r)\times(r-q)})\, N_m$. Dann gilt $N_{1m} = M_{1m}$.

(v) Es seien

$$\tilde{H}_m := m^{-1} M_m P_{\mathscr{W}_m} M'_m\,, \qquad \tilde{H}_{0m} := m^{-1} M_m M'_m\,, \qquad \tilde{H}_{Am} := m^{-1} M_m P_{\mathscr{W}_m^{\perp}} M'_m\,.$$

(vi) Es seien

$$\tilde{G}^{(\nu)} := \tilde{H} - \alpha \tilde{H}_A I_{\{3\}}(\nu)\,, \qquad \tilde{G}_m^{(\nu)} := \tilde{H}_m - \alpha \tilde{H}_{Am} I_{\{3\}}(\nu)\,, \qquad \nu = 1, 2, 3\,.$$

(vii) Es seien

$$\tilde{G}_0^{(\nu)} := \tilde{H}\,, \qquad \nu = 1, 2\,, \qquad \tilde{G}_0^{(3)} := (1 - \alpha)\, \tilde{H} + \alpha^2 \tilde{H}_A\,.$$

(viii) Sei A eine der unter (v) bis (vii) definierten Matrizen. Dann gilt stets $\mathscr{R}(A) \subseteq \mathscr{L}$. Analoges gilt für die entsprechenden Grenzwerte für $m \to \infty$. Unter (Ex) existiert daher ein $A \in \mathfrak{M}_{p-q}$ mit $\tilde{A} = L_B A L'_B$, und A ist eindeutig bestimmt. Es seien entsprechend H, H_m, H_0, H_{0m}, H_A, H_{Am}, $G^{(\nu)}$, $G_m^{(\nu)}$, $G_0^{(\nu)}$, $\nu = 1, 2, 3$ festgelegt durch $\tilde{H} = L_B H L'_B$, $\tilde{H}_m = L_B H_m L'_B$ usw. und g durch $\tilde{g} = L_B g$.

(ix) Falls gilt $\mathscr{R}(\tilde{G}^{(\nu)}) = \mathscr{L}$, dann existiert nach [A 1.5] eine Darstellung

$$\tilde{G}^{(\nu)} = F_{E^{(\nu)}}(P_{\mathscr{J}^{\perp}} \tilde{G}^{(\nu)} P_{\mathscr{J}^{\perp}} + J G^{*(\nu)} J')\, F'_{E^{(\nu)}}$$

mit eindeutig bestimmten $E^{(\nu)} \in \mathfrak{M}_{r\times(p-r)}$, $G^{*(\nu)} \in \mathfrak{M}_r$. Da $J^{\perp\prime}\tilde{G}^{(\nu)}J^{\perp} = \lim_{m\to\infty} m^{-1}S_{M_{1m}}$, $\nu = 1, 2, 3$, und $\mathcal{R}(H_A) \subseteq \mathcal{J}$ wegen $\mathcal{R}(M_{1m}') \subseteq \mathcal{W}_m$ ist, schließt man wie bei Lemma 3.3.2, daß $E^{(\nu)}$ unabhängig von ν ist. Es sei $E := E^{(\nu)}$, $\nu = 1, 2, 3$.

(x) Es sei $S_0^{(\nu)} := \Sigma$, $\nu = 1, 2$, $S_0^{(3)} := \Sigma_\zeta + \tilde{H}_A$ mit Σ aus Abschnitt 3.3.4, (iv). Es sei

$$E_0^{(\nu)} := (P_{\mathcal{J}^\perp} + [S_0^{(\nu)}]^{1/2})\, F_E^{-1}\,, \qquad \nu = 1, 2, 3\,.$$

(xi) Es sei $\Pi := L^\perp(L^{\perp\prime}\Sigma_\zeta L^\perp)^{-1}L^{\perp\prime}$ für $L^\perp \in \mathfrak{M}_{p\times q}$, $\mathcal{R}(L^\perp) = \mathcal{L}^\perp$.

(xii) Es sei $\tilde{m}^{(\nu)}(m) := m - n(m)\, I_{\{3\}}(\nu)$, $\nu = 1, 2, 3$.

(xiii) Es sei Γ_s der Projektionsoperator in $\mathbb{R}^{s^2}$ zum linearen Unterraum $\{\vec{A} \mid A \in \mathfrak{M}_s\}$. Es gilt

$$\Gamma_s = 1/2(I_{s^2} + I_{(s)})\,, \qquad \mathrm{r}[\Gamma_s] = s(s+1)/2\,.$$

(Zu Definition und Eigenschaften der Matrizen $I_{(s,l)}$ und $I_{(s)}$ vergleiche [A 1.10]!) Es sei $\tilde{\Gamma}_s \in \mathfrak{M}_{s^2\times s(s+1)/2}$ derart, daß $\tilde{\Gamma}_s\tilde{\Gamma}_s' = \Gamma_s$, $\tilde{\Gamma}_s'\tilde{\Gamma}_s = I_{s(s+1)/2}$.

(xiv) In einigen Beispielen verwenden wir zusätzlich folgende Bezeichnungen:

$$\boldsymbol{X}_{2m} := (0_{(r-q)\times(p-r)} \,\vdots\, I_{r-q} \,\vdots\, 0_{(r-q)\times q})\, \boldsymbol{Z}_m\,,$$

$$\boldsymbol{Y}_m := (0_{q\times(p-q)} \,\vdots\, I_q)\, \boldsymbol{Z}\,, \qquad \boldsymbol{X}_m := [M_{1m} \,\vdots\, \boldsymbol{X}_{2m}]\,.$$

Dann gilt also

$$\boldsymbol{Z}_m = [M_{1m} \,\vdots\, \boldsymbol{X}_{2m} \,\vdots\, \boldsymbol{Y}_m]\,, \qquad \boldsymbol{Z}_{2m} = [\boldsymbol{X}_{2m} \,\vdots\, \boldsymbol{Y}_m]\,.$$

Für $A = 0_{q\times(r-q)}$ seien $L_{20} := L_A$, $L_{20}^\perp := L_A^\perp$.

(xv) Es seien $\Phi_\zeta := \mathsf{E}\zeta \otimes \zeta\zeta'$, $\psi_\zeta := \mathsf{E}\zeta\zeta' \otimes \zeta\zeta'$.

Einige weitere auftretende vom Parameter ϑ abhängige Ausdrücke werden der Deutlichkeit halber mit ϑ indiziert. Wie im Abschnitt 3.3.4 werden wir vielfach den Index ν weglassen.

Bemerkung 3.4.1. In einem Verteilungsmodell für eine Folge unabhängiger Beobachtungen $\{z_i\}_{i\in\mathbb{N}}$, dargestellt durch $\{\{\mathrm{P}^{z_i}_{\gamma,\tilde{\gamma}_i}\}_{i\in\mathbb{N}} \mid (\gamma, \{\tilde{\gamma}_i\}_{i\in\mathbb{N}}) \in \Gamma \times \tilde{\Gamma}\}$, wobei $\tilde{\gamma}_i$, $i \in \mathbb{N}$, identifizierbar im Verteilungsmodell für z_i ist, heißt der Parameter γ *Strukturparameter*, die Parameter $\tilde{\gamma}_i$, $i \in \mathbb{N}$, *Nebenparameter*. Im vorliegenden Modell ist demnach P^ζ Strukturparameter, μ_i, $i \in \mathbb{N}$, sind Nebenparameter. Da $p - r$ Komponenten von μ_i bekannt sind, hat μ_i $r - q$ funktionell unabhängige Komponenten; wir sprechen daher vom Fall *unendlich vieler unbekannter Nebenparameter* im Modell $\{\mathrm{P}_\vartheta \mid \vartheta \in \Theta\}$. Hierin besteht, wie eingangs erwähnt, die Spezifik des Modells im Hinblick auf die asymptotische Theorie. Sie bleibt unter der Restriktion (A) allgemein erhalten: Dann ist die Anzahl der unbekannten funktionell unabhängigen Komponenten von $(\mu_i)_{i=1,\ldots,m}$ gleich $(r - q)\, n(m)$ und somit als unendlich wachsend zugelassen; die Konvergenzvoraussetzungen schränken $(\mu_i)_{i=1,\ldots,m}$ nicht ein. Nur im Fall von konstantem $n(m)$, unter (A) ergibt sich ein Modell mit endlichdimensionalem Parameterraum (vgl. Beispiel 3.4.3). Allgemeine Modelle mit unendlich vielen unbekannten Nebenparametern wurden von WALD (1948), NEYMAN und SCOTT (1948), ANDERSEN (1970a, b), PFANZAGL (1970) behandelt.

In einer geeigneten Parametrisierung erhält man $(P^\zeta, \mathcal{L})$ als Strukturparameter; unter (V_ν), $\nu = 2, 3$, betrachten wir im folgenden das Problem der Schätzung des Strukturparameters $(\sigma_\zeta^2, \mathcal{L})$ bzw. $(\Sigma_\zeta, \mathcal{L})$.

Eine Folge von Schätzungen $\{\hat{\boldsymbol{\pi}}_m\}_{m \geqq m_0} = \{\hat{\pi}_m(\boldsymbol{Z}_m)\}_{m \geqq m_0}$ bezeichnen wir im folgenden kurz als Schätzung.

Wir stellen fest, daß unter der Spezifikation (V_1) die kanonische Instrumentvariablenschätzung (CIVE) $\hat{\underline{\mathcal{L}}}_{Cm}$ von $\mathcal{L}$ nach Definition 3.3.1 für $m \geqq m_0$ erklärt ist. Für hinreichend großes m ist auch (B_2) (Abschnitt 3.3.4, (xiii)) erfüllt, so daß dann auch unter (V_2) die Schätzung $(\hat{\sigma}^2_{Cm}, \hat{\underline{\mathcal{L}}}_{Cm})$ von $(\sigma_\zeta^2, \mathcal{L})$ erklärt ist; es sei dies für $m \geqq m_0$ der Fall.

Unter (V_3) wird Bedingung (B_3) benötigt. Gilt nun (C 3) a), so ist (B_3) für hinreichend großes m erfüllt. Wir wählen m_0 entsprechend und stellen dann fest, daß unter (V_3), (C3) a) die Schätzung $(\hat{\boldsymbol{\Sigma}}_{Cm}, \hat{\underline{\mathcal{L}}}_{Cm})$ von $(\Sigma_\zeta, \mathcal{L})$ erklärt ist.

3.4.2. Konsistenz

In diesem Abschnitt soll die Konsistenz der CIVE des Strukturparameters $\mathcal{L}$ im eingangs festgelegten Modell nachgewiesen werden. Dies geschieht im Falle der allgemeinen Spezifikation (V_ν), $\nu = 1, 2, 3$, d. h. für den Fall eines nicht notwendig normalen Verteilungsmodells $\mathcal{P}^\zeta$ für die Fehlergröße $\boldsymbol{\zeta}$. Die Frage der Konsistenz der Schätzungen $\hat{\sigma}^2_{Cm}$ bzw. $\hat{\Sigma}_{Cm}$ wird ebenfalls untersucht, hierbei ergibt sich im allgemeinen Modell die Inkonsistenz. Im adäquaten Fall können die Schätzungen zur Konsistenz modifiziert werden, oder es lassen sich konsistente Schätzungen angeben.

Anschließend wird die Bedeutung der jeweils zum Nachweis der Konsistenz der CIVE getroffenen Voraussetzungen erläutert. Diese stellen Einschränkungen an die Parameterfolge $\{\mu_i\}_{i \in N}$ dar, welche in Abhängigkeit vom jeweiligen Verteilungsmodell für die Fehler zur konsistenten Schätzung erforderlich sind (vgl. Abschnitt 3.1.5). Diese Voraussetzungen können als Entsprechungen der Korrelationsbedingung (Id) im Fall zufälliger IV im Modell (LIFU^-) für das vorliegende Modell, d. h. für den Fall nichtzufälliger IV mit möglicherweise wachsender Dimension, gedeutet werden.

Zunächst zeigen wir die Konsistenz der CIVE $\hat{\underline{\mathcal{L}}}_{Cm}$ unter (V_ν), $\nu = 1, 2, 3$. Hierzu benötigen wir das folgende Lemma.

Lemma 3.4.1. *Es sei* $\{P_m\}_{m \geqq m_0}$ *eine Folge von Projektoren,* $P_m \in \mathfrak{M}_m^{\geqq}$, $m \geqq m_0$. *Dann gilt*

$$m^{-1}\boldsymbol{Z}_m P_m \boldsymbol{Z}_m' - \mathsf{E}_\vartheta m^{-1}\boldsymbol{Z}_m P_m \boldsymbol{Z}_m' = m^{-1}(\bar{\boldsymbol{\zeta}}_m P_m M_m' + M_m P_m \bar{\boldsymbol{\zeta}}_m') + O_P(m^{-1} \operatorname{sp}[P_m]^{1/2}) .$$

Beweis. Es gilt

$$m^{-1}\boldsymbol{Z}_m P_m \boldsymbol{Z}_m' - \mathsf{E}_\vartheta m^{-1}\boldsymbol{Z}_m P_m \boldsymbol{Z}_m' = m^{-1}(\bar{\boldsymbol{\zeta}}_m P_m M_m' + M_m P_m \bar{\boldsymbol{\zeta}}_m') + m^{-1}\bar{\boldsymbol{\zeta}}_m P_m \bar{\boldsymbol{\zeta}}_m' - \mathsf{E}_\vartheta m^{-1}\boldsymbol{\zeta}_m P_m \boldsymbol{\zeta}_m' .$$

Es genügt daher zu zeigen, daß

$$\mathsf{D} m^{-1}\bar{\boldsymbol{\zeta}}_m P_m \bar{\boldsymbol{\zeta}}_m' = O(m^{-2} \operatorname{sp}[P_m]) ,$$

oder daß

$$\mathsf{D} a' m^{-1}\boldsymbol{\zeta}_m P_m \bar{\boldsymbol{\zeta}}_m' a = O(m^{-2} \operatorname{sp}[P_m])$$

gleichmäßig für $a \in \{x \in \mathbb{R}^p \mid ||x|| = 1\}$. Nun ist $a'\bar{\zeta}_m$ ein Vektor aus unabhängigen identisch verteilten Zufallsgrößen $a'\zeta_i$, $i = 1, \dots, m$. Es gilt

$$\mathsf{E}a'\zeta = 0\,, \qquad \mathsf{D}a'\zeta = a'\Sigma_\zeta a\,,$$

$$\Psi_{a'\zeta} = \mathsf{E}a'\zeta\zeta'a \otimes a'\zeta\zeta'a = (a' \otimes a')\,\Psi_\zeta(a \otimes a)\,.$$

Daher gilt nach [A 3.18]

$$\mathsf{D}a'm^{-1}\bar{\zeta}_m P_m \bar{\zeta}_m' a = m^{-2} \sum_{i=1}^{m} p_{ii}^2\big((a' \otimes a')\,\Psi_\zeta(a \otimes a) - 3(a'\Sigma_\zeta a)^2\big) + 2m^{-2}\,\mathrm{sp}\,[P_m]\,(a'\Sigma_\zeta a)^2$$

für $P_m = ((p_{ij}))_{j=1,\dots,m}^{i=1,\dots,m}$. Mit

$$m^{-2} \sum_{i=1}^{m} p_{ii}^2 \leqq m^{-2} \sum_{i=1}^{m} p_{ii} = m^{-2}\,\mathrm{sp}\,[P_m]$$

folgt die Behauptung. ■

Hieraus erhält man nun Konvergenzaussagen für die Matrizen $\mathcal{Q}_{0m}$ unter den jeweiligen Modellannahmen.

Lemma 3.4.2. *Unter* (V_ν), $\nu = 1, 2$, *gilt*

$$\mathcal{Q}_{0m}^{(\nu)} \xrightarrow[m\to\infty]{\mathrm{P}} \tilde{G}^{(\nu)}\,.$$

Beweis. Es gilt $\mathsf{E}_\vartheta \mathcal{Q}_{0m} = \tilde{H}_m$. Nach Lemma 3.4.1 genügt es, zu zeigen, daß

$$m^{-1}(\bar{\zeta}_m P_{\mathscr{W}_m} M_m' + M_m P_{\mathscr{W}_m} \bar{\zeta}') = o_{\mathrm{P}}(1)\,.$$

Dies folgt aber unmittelbar aus

$$\mathsf{E}_\vartheta m^{-1}\bar{\zeta}_m P_{\mathscr{W}_m} M_m' = 0_{p\times p}\,, \qquad \mathsf{D}_\vartheta \bar{\zeta}_m = I_m \otimes \Sigma_\zeta\,,$$

$$\mathsf{D}_\vartheta m^{-1}\bar{\zeta}_m P_{\mathscr{W}_m} M_m' = m^{-1}\tilde{H}_m \otimes \Sigma_\zeta = o(1)$$

und der Modellvoraussetzung $m^{-1}M_m P_{\mathscr{W}_m} M_m' \xrightarrow[m\to\infty]{} \tilde{H}$. ■

Im Fall der Modellannahme (V_3) werden die Voraussetzungen (C 3) benötigt. Hierfür zeigen wir

Lemma 3.4.3. *Unter* (V_3), (C 3) a), b) *gilt*

$$\mathbf{S}_m^{(3)} \xrightarrow[m\to\infty]{\mathrm{P}} \tilde{H}_A + \Sigma_\zeta\,.$$

Beweis. Er verläuft wie bei Lemma 3.4.2 unter Ersetzung von $\mathscr{W}_m$, m, $m^{-1}M_m P_{\mathscr{W}_m} M_m' \xrightarrow[m\to\infty]{} \tilde{H}$ und $m \to \infty$ durch $\mathscr{W}_m^\perp$, $m - n(m)$, (C 3) b), (C 3) a). ■

Hieraus folgt unmittelbar

Lemma 3.4.4. *Unter* (V_3), (C 3) a), b) *gilt*

$$\mathcal{Q}_{0m}^{(3)} \xrightarrow[m\to\infty]{\mathrm{P}} \tilde{G}\,.$$

Das folgende Lemma bereitet den Beweis der Konsistenz von $\hat{\underline{\mathscr{L}}}_{Cm}$ unmittelbar vor.

Lemma 3.4.5. *Unter* (V_ν), (C 1), $\nu = 1, 2$, *bzw. unter* (V_3), (C 3) *gilt*

a) $\quad \boldsymbol{Q}_{0m} \xrightarrow[m\to\infty]{\mathrm{P}} \tilde{G}\,, \qquad \mathscr{R}(\tilde{G}) = \mathscr{L}\,,$

b) $\quad \hat{\boldsymbol{E}}_m \xrightarrow[m\to\infty]{\mathrm{P}} E\,,$

c) $\quad \tilde{\boldsymbol{E}}_{0m} \xrightarrow[m\to\infty]{\mathrm{P}} E_0\,, \qquad E_0 \in \mathfrak{M}^p_{p\times p}\,.$

Beweis. a) Die Konvergenz gilt nach Lemmata 3.4.2 und 3.4.4. Da $\tilde{G} = \lim_{m\to\infty} \tilde{G}_m$, $L^{\perp\prime}\tilde{G}_m = 0_{q\times m}$, $m \geqq m_0$ für $L^\perp \in \mathfrak{M}_{p\times q}$, $\mathscr{R}(L^\perp) = \mathscr{L}^\perp$ gilt, folgt $L^{\perp\prime}\tilde{G} = 0_{q\times m}$ und somit $\mathscr{R}(\tilde{G}) \subseteq \mathscr{L}$. Die Voraussetzungen (C 1) bzw. (C 3) bewirken $\mathrm{r}[\tilde{G}] = p - q$; hieraus folgt die Behauptung.

b) Aus a) folgt $J^{\perp\prime}\boldsymbol{Q}_{0m}J^\perp \xrightarrow[m\to\infty]{\mathrm{P}} J^{\perp\prime}\tilde{G}J^\perp \in \mathfrak{M}^>_{p-r}$; da nach [A 1.5], Lemma 3.3.2 und (ix) aus Abschnitt 3.4.1 gilt

$$\hat{\boldsymbol{E}}_m = J'\boldsymbol{Q}_{0m}J^\perp(J^{\perp\prime}\boldsymbol{Q}_{0m}J^\perp)^{-1}\,, \qquad E = J'\tilde{G}J^\perp(J^{\perp\prime}\tilde{G}J^\perp)^{-1}\,,$$

folgt die Behauptung.

c) Nach Lemma 3.4.3 gilt $\boldsymbol{S}_m \xrightarrow[m\to\infty]{\mathrm{P}} S_0$; wegen $\mathscr{R}(\tilde{H}_A) \subseteq \mathscr{J}$ aufgrund von $\mathscr{R}(M'_m J^\perp) \subseteq \mathscr{W}_m$ gilt $\mathscr{R}(S_0) = \mathscr{J}$. Es folgt $[\boldsymbol{S}^+_m]^{1/2} \to [S^+_0]^{1/2}$, $\mathscr{R}([S^+_0]^{1/2}) = \mathscr{J}$ und aus der Festlegung von $\boldsymbol{E}_{0m}$ (Satz 3.3.1 c) und b)) die Behauptung. ■

Hiermit können wir nun die Konsistenz der CIVE $\hat{\underline{\mathscr{L}}}_{Cm}$ unter den Spezifikationen (V_ν), $\nu = 1, 2, 3$, nachweisen. Wir bemerken, daß der Begriff der Wahrscheinlichkeitskonvergenz auf der Menge $\mathfrak{L}_{p,p-q}$, einer differenzierbaren Mannigfaltigkeit, wohldefiniert ist (vgl. [A 3.16]).

Satz 3.4.1. *Unter* (V_ν), (C 1), $\nu = 1, 2$, *bzw. unter* (V_3), (C 3) *gilt für die* CIVE $\{\hat{\underline{\mathscr{L}}}_{Cm}\}_{m\geqq m_0}$ *des Strukturparameters* $\mathscr{L}$

$$\hat{\underline{\mathscr{L}}}_{Cm} \xrightarrow[m\to\infty]{\mathrm{P}} \mathscr{L}\,.$$

Beweis. Aus Lemma 3.4.5 erhält man

$$\hat{\boldsymbol{E}}_{0m}\boldsymbol{Q}_{0m}\hat{\boldsymbol{E}}'_{0m} \xrightarrow[m\to\infty]{\mathrm{P}} E_0\tilde{G}E'_0 \in \mathfrak{M}^{p-q}_{p\times p}\,.$$

Es sei $(\boldsymbol{\lambda}_{i,m})_{i=1,\dots,p}$, $\lambda_{1,m} \leqq \dots \leqq \lambda_{p,m}$ das geordnete p-Tupel der Eigenwerte von $\hat{\boldsymbol{E}}_{0m}\boldsymbol{Q}_{0m}\hat{\boldsymbol{E}}'_{0m}$. Es sei

$$\mathscr{A}_m := \{Z_m \in \mathfrak{M}_{p\times m} \mid \lambda_{p-q+1,m} > \lambda_{\min}[m^{-1}S_{M_{1m}}]\}\,,$$

wobei $(\lambda_{i,m})_{i=1,\dots,p}$, M_{1m} als Funktionen von $\boldsymbol{Z}_m$ aufgefaßt werden. Als Folge von Lemma 3.4.5 gilt $m^{-1}\boldsymbol{S}_{M_{1m}} \xrightarrow[m\to\infty]{} J^{\perp\prime}\tilde{G}J^\perp \in \mathfrak{M}^>_{p-r}$ und nach [A 1.1] $\boldsymbol{\lambda}_{p-q+1,m} \xrightarrow[m\to\infty]{\mathrm{P}} 0$. Es folgt $\mathrm{P}_\vartheta(\mathscr{A}_m) \xrightarrow[m\to\infty]{} 0$, also nach Korollar 3.3.1

$$\mathrm{P}_\vartheta(\{\hat{\boldsymbol{E}}_{0m}\hat{\underline{\mathscr{L}}}_{Cm} \neq \eta_{p,p-q}(\hat{\boldsymbol{E}}_{0m}\boldsymbol{Q}_{0m}\hat{\boldsymbol{E}}'_{0m})\}) \xrightarrow[m\to\infty]{} 0\,.$$

Aus obigem folgt $E_0\tilde{G}E'_0 \in \mathfrak{M}^{p-q}_p$ (s. [A 1.2]); aus der Offenheit von $\mathfrak{M}^{p-q}_p$ in $\mathfrak{M}_p$ und der Stetigkeit von $\eta_{p,p-q}$ auf $\mathfrak{M}^{p-q}_p$ ([A 1.4]) folgt $\eta_{p,p-q}(\hat{\boldsymbol{E}}_{0m}\boldsymbol{Q}_{0m}\hat{\boldsymbol{E}}'_{0m}) \xrightarrow[m\to\infty]{\mathrm{P}} E_0\mathscr{L}$. Aus der Stetigkeit der Abbildung

$$A \times \mathscr{L} \to A\mathscr{L}\,, \qquad A \in \mathfrak{M}^p_{p\times p}, \qquad \mathscr{L} \in \mathfrak{L}_{p,p-q}$$

(s. Teil a) von [A 3.16]) folgt

$$\hat{E}_{0m}^{-1}\eta_{p,p-q}(\hat{E}_{0m}\mathcal{Q}_{0m}\hat{E}'_{0m}) \xrightarrow[m\to\infty]{P} \mathcal{L}\,.$$

Hieraus folgt die Behauptung. ■

Für das Grenzverhalten der Matrix $\hat{\Pi}_m$ läßt sich nun folgende Aussage zeigen.

Lemma 3.4.6. a) *Unter* (V_2), (C 1) *gilt*

$$\hat{\Pi}_m \xrightarrow[m\to\infty]{P} \sigma_\zeta^2 \Pi\,.$$

b) *Unter* (V_3), (C 3) *gilt*

$$\hat{\Pi}_m \xrightarrow[m\to\infty]{P} \Pi\,.$$

Beweis. a) Da die Abbildung $\mathcal{L} \to \mathcal{L}^\perp$ auf $\mathfrak{L}_{p,p-q}$ stetig und $\{\mathcal{L} \in \mathfrak{L}_{p,p-q} \mid \mathcal{L} + \mathcal{J} = \mathbb{R}^p\}$ offen in $\mathfrak{L}_{p,p-q}$ ist (Teile c) und a) von [A 3.16]), folgt aus Satz 3.4.1 $\hat{\underline{\mathcal{L}}}_{Cm}^\perp \xrightarrow[m\to\infty]{P} \mathcal{L}^\perp$. Nach Teil b) von [A 3.16] existieren $\{L_m^\perp\}_{m\geqq m_0}$, $L^\perp$ derart, daß $L_m^\perp, L^\perp \in \mathfrak{M}_{p\times q}$, $\mathcal{R}(L_m^\perp) = \hat{\underline{\mathcal{L}}}_{Cm}^\perp$, $\mathcal{R}(L^\perp) = \mathcal{L}^\perp$ mit $L_m^\perp \xrightarrow[m\to\infty]{P} L^\perp$. Es sei in Übereinstimmung mit Abschnitt 3.4.1, (ii) und Abschnitt 3.3.4, (xii)

$$\hat{\Pi}_m = L_m^\perp(L_m^{\perp\prime}\Sigma L_m^\perp)^{-1}\, L_m^{\perp\prime} = \sigma_\zeta^2 L_m^\perp(L_m^{\perp\prime}\Sigma_\zeta L_m^\perp)^{-1}\, L_m^{\perp\prime}\,.$$

Dann gilt

$$\hat{\Pi}_m \xrightarrow[m\to\infty]{P} \sigma_\zeta^2 L^\perp(L^{\perp\prime}\Sigma_\zeta L^\perp)^{-1}\, L^{\perp\prime} = \sigma_\zeta^2\Pi\,.$$

b) Der Beweis verläuft analog, unter Ausnutzung von $S_m \xrightarrow[m\to\infty]{P} S_0$ nach Lemma 3.4.3 und $\mathcal{R}(H_A) \subseteq \mathcal{L}$. ■

Wir betrachten nun die Schätzung des Strukturparameters σ_ζ^2 unter der Spezifikation (V_2).

Satz 3.4.2. *Unter* (V_2), (C 1), (C 2) *gilt für die Schätzung* $\{\sigma_{Cm}^2\}_{m\geqq m_0}$ *des Strukturparameters* σ_ζ^2

$$\hat{\sigma}_{Cm}^2 \xrightarrow[m\to\infty]{P} r^{-1}(1 - \alpha + q\alpha)\,\sigma_\zeta^2 + r^{-1}\,\mathrm{sp}\,[\Sigma^+(\tilde{H}_0 - H)]\,.$$

Beweis. Analog zu Lemma 3.4.2 zeigt man unter Ausnutzung von (C 2)

$$m^{-1}S_{Z_m\cdot \mathcal{W}_m} \xrightarrow[m\to\infty]{P} (1-\alpha)\,\Sigma_\zeta + \tilde{H}_0 - H\,.$$

Aus Lemmata 3.4.2 und 3.4.6 ergibt sich

$$\hat{\Pi}_m Q_{Z_m\cdot \mathcal{W}_m} \xrightarrow[m\to\infty]{P} \Pi(\tilde{H} + \alpha\Sigma_\zeta)\,.$$

Nun gilt $\Pi\tilde{H} = 0_{p\times p}$; aus der Gestalt von $\hat{\sigma}_{Cm}^2$ nach Satz 3.3.1 d) und $\mathrm{sp}\,[\Pi\Sigma_\zeta] = \dim \Sigma_\zeta^{1/2}\mathcal{L}^\perp = \dim J'\mathcal{L}^\perp = q$ nach [A 1.6], Teil a) folgt

$$\mathrm{sp}\,[\hat{\Pi}_m Q_{Z_m\cdot \mathcal{W}_m}] \xrightarrow[m\to\infty]{P} \alpha\sigma_\zeta^2 q \qquad (6)$$

und die Behauptung. ■

Die Schätzung $\hat{\sigma}_{Cm}^2$ für σ_ζ^2 ist also im allgemeinen inkonsistent. Dies gilt auch im adäquaten Fall; aus (A) und den Definitionen von $\tilde{H}_m$ und $\tilde{H}_{0m}$ folgt dann nämlich nur $\tilde{H}_m = \tilde{H}_{0m}$, $\tilde{H} = \tilde{H}_0$. Im adäquaten Fall kann man jedoch durch Modifikation von $\hat{\sigma}_{Cm}^2$

Konsistenz erzielen: die Schätzung

$$\hat{\sigma}^2_{1m} = r(1 - \alpha + q\alpha)^{-1}\,\hat{\sigma}^2_{Cm}$$

ist unter (V_2), (A), (C 1) konsistent für σ^2_ζ. Weiterhin kann man im allgemeinen (nicht notwendig adäquaten) Fall bei $\alpha \neq 0$, ausgehend von (6), eine konsistente Schätzung sofort angeben: die Schätzung

$$\hat{\sigma}_{2m} = (\alpha m q)^{-1}\,\mathrm{sp}\,[\hat{\boldsymbol{\Pi}}_m Q_{\mathbf{Z}_m \cdot \mathfrak{W}_m}] \tag{7}$$

ist unter (V_2), (C 1), $\alpha \neq 0$ konsistent für σ^2_ζ. Diese Schätzung ist für $\alpha = 0$ nicht definiert. Man kann jedoch, wenn man in (7) $Q_{\mathbf{Z}_m \cdot \mathfrak{W}_m}$ und α durch $Q_{\mathbf{Z}_m}$ und 1 ersetzt, stets eine konsistente Schätzung erhalten, falls die $m^{-1}\boldsymbol{M}_m P_{\mathfrak{W}_m} \boldsymbol{M}'_m \xrightarrow[m\to\infty]{} \tilde{H}$ entsprechende Voraussetzung, d. h. (C 2) erfüllt ist.

Satz 3.4.3. *Unter* (V_2), (C 1), (C 2) *gilt für die Schätzung* $\{\hat{\hat{\sigma}}^2_{Cm}\}_{m \geq m_0}$ *mit*

$$\hat{\hat{\sigma}}^2_{Cm} := (mq)^{-1}\,\mathrm{sp}\,[\hat{\boldsymbol{\Pi}}_m Q_{\mathbf{Z}_m}]$$

des Strukturparameters σ^2_ζ

$$\hat{\hat{\sigma}}^2_{Cm} \xrightarrow[m\to\infty]{P} \sigma^2_\zeta\,.$$

Beweis. Analog zu Lemma 3.4.2 zeigt man unter Ausnutzung von (C 2)

$$m^{-1}Q_{\mathbf{Z}_m} \xrightarrow[m\to\infty]{P} \tilde{H}_0 + \Sigma_\zeta\,.$$

Aus der Definition von $\tilde{H}_0$ folgt $\mathcal{R}(\tilde{H}_0) \subseteq \mathcal{L}$ und somit $\Pi\tilde{H}_0 = 0_{p\times p}$. Hieraus folgt mit Lemma 3.4.6 a) die Behauptung. ■

Die Frage der Güte der Schätzungen für σ^2_ζ und Σ_ζ (unter (V_3)) werden wir hier nicht behandeln; die gewonnene konsistente Schätzung $\hat{\hat{\sigma}}^2_{Cm}$ wird im folgenden zur Konstruktion der Klasse der mit $\hat{\underline{\mathcal{L}}}_{Cm}$ zu vergleichenden Schätzungen benötigt.

Die Entsprechung von Lemma 3.4.5 a) für $\mathcal{Q}_m$ ist nun

Lemma 3.4.7. *Unter* (V_1), (C 1) *bzw. unter* (V_2), (C 1), (C 2) *bzw. unter* (V_3), (C 3) *gilt*

$$\mathcal{Q}_m \xrightarrow[m\to\infty]{P} \tilde{G}\,, \qquad \mathcal{R}(\tilde{G}) = \mathcal{L}\,.$$

Beweis. Er folgt unmittelbar aus Lemma 3.4.5, Satz 3.4.3 und der Definition von $\mathcal{Q}_m$. ■

Wir betrachten nun die Schätzung des Strukturparameters Σ_ζ unter (V_3).

Satz 3.4.4. *Unter* (V_3), (C 3) *gilt für die Schätzung* $\{\hat{\boldsymbol{\Sigma}}_{Cm}\}_{m\geq m_0}$ *des Strukturparameters* Σ_ζ

$$\hat{\boldsymbol{\Sigma}}_{Cm} \xrightarrow[m\to\infty]{P} (1-\alpha)\,(\tilde{H}_A + \Sigma_\zeta) + \alpha\Sigma_\zeta^{1/2} P_{\Sigma_\zeta^{1/2}\mathcal{L}^\perp} \Sigma_\zeta^{1/2}\,.$$

Beweis. Aus den Lemmata 3.4.4 und 3.4.6 b) folgt

$$\hat{\boldsymbol{\Pi}}_m \mathcal{Q}_{0m} \hat{\boldsymbol{\Pi}}'_m \xrightarrow[m\to\infty]{P} \Pi\tilde{G}\Pi' = 0_{p\times p}\,,$$

und mit Lemma 3.4.3

$$\hat{\boldsymbol{\Pi}}_m n(m)\, m^{-1}\mathbf{S}_m \xrightarrow[m\to\infty]{P} \alpha\Pi\Sigma_\zeta = \alpha\Sigma_\zeta^{1/2} P_{\Sigma_\zeta^{1/2}\mathcal{L}^\perp} \Sigma_\zeta^{1/2}\,.$$

Hieraus und aus der Gestalt von $\hat{\boldsymbol{\Sigma}}_{Cm}$ nach Satz 3.3.1 d) folgt die Behauptung. ■

Die Schätzung $\hat{\Sigma}_{Cm}$ ist also im allgemeinen nicht konsistent; im adäquaten Fall erhält man für $\alpha = 0$ die Konsistenz. Allgemein ist im adäquaten Fall nach Lemma 3.4.3 die Schätzung $\mathbf{S}_m^{(3)}$ konsistent für Σ_ζ.

Bemerkung 3.4.2. Wir betrachten den expliziten Fall, d. h. den Fall eines durch die Annahme (Ex) eingeschränkten Modells. Dann gilt unter den Voraussetzungen von Satz 3.4.1 für die CIVE $\hat{\boldsymbol{B}}_{Cm}$ des Strukturparameters B

$$\hat{\boldsymbol{B}}_{Cm} \xrightarrow[m\to\infty]{\mathrm{P}} B$$

aufgrund der Gestalt von $\hat{\boldsymbol{B}}_{Cm}$ nach Bemerkung 3.3.10 und der Stetigkeit von $\bar{\varrho}^1$ (s. Teil a) von [A 3.16]).

Wir wollen nun die erhaltenen Ergebnisse zur Konsistenz und die dabei getroffenen Voraussetzungen interpretieren. Speziell wollen wir uns der Deutung der Voraussetzungen als Entsprechungen der Bedingungen über Fehlerverteilung bzw. über Instrumentvariable im Modell (LIFU^-) aus Abschnitt 3.3.4 und deren Wechselverhältnis zuwenden. Hierbei ist zu beachten, daß im vorliegenden Modell i. allg. die Dimension des IV-Raumes $\mathcal{W}_m$ wächst; die Analogie zum Modell (LIFU^-) mit gegebener Dimension der IV ist also entsprechend weiter zu fassen.

Bedingung (C 1) stellt eine asymptotische Entsprechung von (3.3.104) dar ((3.3.104) wurde in Abschnitt 3.3.4 nicht vorausgesetzt). Wenn $m - \dim \mathcal{W}_m \xrightarrow[m\to\infty]{} \infty$ erfüllt ist, d. h. unter (C 3) a), kann (C 1) als eine im gewissen Sinne wesentliche Restriktion der möglichen Werte des Parameters $\{\mu_i\}_{i\in\mathbb{N}}$ bzw. der unbekannten Nebenparameter gedeutet werden, d. h. (C 1) drückt das Vorhandensein von Zusatzinformation im Modell in Gestalt der Folge der IV-Räume $\{\mathcal{W}_m\}_{m\geq m_0}$ aus.

Allgemein ist der Fall $\mathcal{W}_m = \mathbb{R}^m$, $m \geqq m_0$ eingeschlossen, in welchem die Folge der IV-Räume $\{\mathcal{W}_m\}_{m\geq m_0}$ keine Zusatzinformation liefert. In diesem Fall kann (C 1) als eine Regularitätsforderung im Folgenmodell interpretiert werden, die eine asymptotische Entsprechung von $\mathcal{R}(M_m) = \mathcal{L}$ darstellt.

Bedingung (C 1) könnte somit als eine Bedingung „asymptotisch nichtverschwindender Korrelation“ zwischen teilweise unbeobachtbaren Variablen M_m und Instrumentvariablen W_m (mit $\mathcal{W}_m = \mathcal{R}(W_m'))$ aufgefaßt werden; falls $n(m) \equiv m$, $m \geqq m_0$, entspricht dies der Bedingung (Id) in (LIFU^-), (IV) aus Abschnitt 3.3.4. Da jedoch $\dim \mathcal{W}_m \xrightarrow[m\to\infty]{} \infty$ zugelassen ist, kann (C 1) nicht als direkte Entsprechung von (Id) aufgefaßt werden; (C 1) *ist schwächer als eine solche.*

Unter (V_1), (V_2) genügt dann (C 1) für die Konsistenz der CIVE von $\mathcal{L}$, da bereits hinreichende Information über P^ζ vorliegt (vgl. Abschnitt 3.3.4 A)—C)). In der Tat ist unter (V_1), (V_2) eine Instrumentvariable zur konsistenten Schätzung nicht erforderlich, falls (C 1) für $\mathcal{W}_m = \mathbb{R}^m$, $m \geqq m_0$ erfüllt ist (s. o.). Unter (V_3) jedoch ist (C1) im allgemeinen nicht mehr ausreichend.

Die Bedingungen (C 3), die unter (V_3) die Konsistenz der CIVE für $\mathcal{L}$ sichern, sind für das vorliegende Modell spezifisch; sie stellen die Entsprechungen für (V_3) der Bedingung (Id) in (LIFU^-), (IV) für den vorliegenden Fall verallgemeinerter nichtzufälliger Instrumentvariablen ($\{\mathcal{W}_m\}_{m\geq m_0}$, $m^{-1} \dim \mathcal{W}_m \xrightarrow[m\to\infty]{} \alpha \in [0, 1]$) dar.

Bedingung (C 3) a) schließt $\mathcal{W}_m = \mathbb{R}^m$, $m \geqq m_0$ aus; sie kann als zur Gewinnung der nötigen Information über Σ_ζ notwendig betrachtet werden. (C 3) b) ist eine Regularitätsforderung, welche die „asymptotische Abweichung“ vom adäquaten Modell (mit (A)) eingrenzt. Im adäquaten Fall besagen diese Bedingungen gerade konsistente

Schätzbarkeit von Σ_ζ (vgl. Lemma 3.4.3). Im allgemeinen jedoch ist konsistente Schätzbarkeit von Σ_ζ für die Konsistenz von $\underline{\hat{\mathscr{L}}}_{Cm}$ nicht erforderlich.

Bedingung (C 3) c) kann als die gegenüber (C 1) eigentliche Entsprechung der Korrelationsbedingung (Id) für den Fall wachsender Dimension von $\mathscr{W}_m$ angesehen werden. Hierzu stellt man fest, daß (C 3) c) im Gegensatz zu (C 1) erfüllt bleibt, wenn man von $\{\mu_i\}_{i\in N}$ zu $\{\mu_i + \boldsymbol{\delta}_i\}_{i\in N}$ für eine Folge unabhängiger identisch verteilter $\mathbb{R}^p$-wertiger Zufallsgrößen $\{\boldsymbol{\delta}_i\}_{i\in N}$ übergeht. Eine solche Eigenschaft könnte jedoch von einer Bedingung in bezug auf $\{\mu_i\}_{i\in N}$ und $\{\mathscr{W}_m\}_{m\geqq m_0}$, die (Id) entspricht, gefordert werden.[1])

Im Fall $\alpha = 0$, d. h. bei „essentiell endlicher" Dimension von $\mathscr{W}_m$ für $m \to \infty$, wird (C 3) c) zu (C 1) und kann dann wie oben interpretiert werden.

Auch im adäquaten Fall wird (C 3) c) zu (C 1), denn dann gilt $H_{Am} = 0_{p\times p}$. Bedingung (A) stellt die Entsprechung zu einer Bedingung „voller Korrelation" im Mode (LIFU⁻), (IV) dar:

$$\Sigma_{\mu\cdot w} = 0_{p\times p}\,. \tag{8}$$

Unter (A) ist (C 1) wie oben im Fall $\mathscr{W}_m = \mathbb{R}^m$ eine Regularitätsbedingung im Modell.

3.4.3. Beispiele

In diesem Abschnitt werden eine Reihe von Spezialfällen des im Abschnitt 3.4.1 festgelegten Modells und die Bedeutung der jeweils erhaltenen Resultate diskutiert. Gleichzeitig wird hierbei die Motivation für die bereits im Abschnitt 3.3.4 gewählte Allgemeinheit des Modells verdeutlicht, indem verschiedene Typen von Modellen einer linearen funktionellen Beziehung, die teilweise in vorangegangenen Abschnitten (3.1.3, 3.3.1) eingeführt wurden, sich aus dem allgemeinen Modell ergeben.

Beispiel 3.4.1 (expliziter Fall). Da die weiteren Resultate im Modell (Grenzverteilung, asymptotische Effizienz) den expliziten Fall betreffen, wollen wir die äquivalente Formulierung der Festlegung des Modells und der Voraussetzungen in der unter (Ex) möglichen einfachen Parametrisierung darstellen. Ausgehend von (iv) stellt man fest, daß $\mathscr{R}(M_m'J^\perp) \subseteq \mathscr{W}_m$ äquivalent zu $\mathscr{R}(N_{1m}') \subseteq \mathscr{W}_m$ ist. Die Konvergenzvoraussetzung in der Festlegung von $\overline{\mathfrak{N}}^\infty$ ist gleichbedeutend mit $m^{-1}N_mP_{\mathscr{W}_m}N_m' \xrightarrow[m\to\infty]{} H$. Die übrigen Modellannahmen können unter Beachtung von (viii) ebenfalls in N_m ausgedrückt werden.

Die formale Festlegung des Modells, das unter (Ex) mit dem im Abschnitt 3.4.1 eingeführten zusammenfällt, lautet folgendermaßen. Es sei

$$\begin{aligned}\overline{\mathfrak{N}}^\infty = \{\{\xi_i\}_{i\in N} \mid \xi_i = [\xi_{1i}, \xi_{2i}],\ \xi_{1i} \in \mathbb{R}^{p-r},\ \xi_{2i} \in \mathbb{R}^{r-q},\ i \in N,\\ \exists H \in \mathfrak{M}_{p-q}^{\geqq}: \mathscr{R}\big(((\xi_{1i})_{i=1,\dots,m})'\big) \subseteq \mathscr{W}_m,\ m \geqq m_0,\\ m^{-1}(\xi_i)_{i=1,\dots,m}\, P_{\mathscr{W}_m}\big((\xi_i)_{i=1,\dots,m}\big)' \xrightarrow[m\to\infty]{} H\}\end{aligned}$$

und

$$\vartheta := (\mathrm{P}^\zeta, B, \{\xi_i\}_{i\in N}),\ \mathrm{P}^\zeta \in \mathscr{P}^\zeta,\ B \in \mathfrak{M}_{q\times(p-q)},\ \{\xi_i\}_{i\in N} \in \overline{\mathfrak{N}}^\infty\,.$$

---

[1]) Diese Erwägung trägt heuristischen Charakter; auf eine mathematische Präzisierung soll hier verzichtet werden.

Es sei $\{P_\vartheta \mid \vartheta \in \Theta\}$ gegeben durch

$$\{z_i\}_{i\in N} = \{L_B\xi_i\}_{i\in N} + \{\zeta_i\}_{i\in N} \sim P_\vartheta ,$$
$$\{\zeta_i\}_{i\in N} \sim (P^\zeta)^N , \qquad \Theta = \mathcal{P}^\zeta \times \mathfrak{M}_{q\times(p-q)} \times \overline{\mathfrak{N}}^\infty .$$

Hierbei ist $\{\xi_{2i}\}_{i\in N}$ *eine Folge unbekannter Nebenparameter, die nur einer Konvergenzvoraussetzung genügt* (vgl. Bemerkung 3.4.1). Die äquivalenten Formulierungen der weiteren Modellannahmen lauten (mit $N_m = (\xi_i)_{i=1,\ldots,m}$):

(A) $\mathcal{R}(N_m') \subseteq \mathcal{W}_m ,$

(C 1) $\mathrm{r}[H] = p - q ,$

(C 2) $m^{-1}N_m N_m' \xrightarrow[m\to\infty]{} H_0 ,$

(C 3) a) $m - n(m) \xrightarrow[m\to\infty]{} \infty ,$

b) $(m - n(m))^{-1} N_m P_{\mathcal{W}_m^\perp} N_m' \xrightarrow[m\to\infty]{} H_A ,$

c) $\mathrm{r}[H - \alpha H_A] = p - q ,$

(C 4) $m^{-1}N_m \mathbf{1}_m \xrightarrow[m\to\infty]{} g ,$

(C 5) $\max\limits_{1\leq i\leq m} m^{-1} \|N_m P_{\mathcal{W}_m} e_i^{(m)}\|^2 \xrightarrow[m\to\infty]{} 0 .$

Beispiel 3.4.2. Wir betrachten den Fall des trivialen IV-Raumes $\mathcal{W}_m = R^m$, also $n(m) = m$, $m \geqq m_0$. Dann ist (A) erfüllt, und unter (V_ν), (N), $\nu = 1, 2$, ist die CIVE die MLE. Bedingung (C 3) a) ist nicht erfüllt; unter (V_3) ist die CIVE nicht definiert.

Beispiel 3.4.3. Wir betrachten den Fall eines IV-Raumes $\mathcal{W}_m$ mit fester Dimension: $n(m) = n$, $m \geqq m_0$. Die Bedingungen (B_ν) sind für hinreichend großes m erfüllt; es existiert also $\hat{B}_{Cm}$. Es sei $W_m \in \mathfrak{M}_{n\times m}$, $\mathcal{R}(W_m') = \mathcal{W}_m$, $m \geqq m_0$, und unter (Ex) seien folgende Voraussetzungen erfüllt:

(C 6) a) $m^{-1}W_m W_m' \xrightarrow[m\to\infty]{} \Xi \in \mathfrak{M}_n^> ,$

b) $m^{-1}N_m W_m \xrightarrow[m\to\infty]{} T \in \mathfrak{M}_{p\times n}^{p-q} .$

(C 7) $\max\limits_{1\leq i\leq m} m^{-1} \|W_m e_i^{(m)}\|^2 \xrightarrow[m\to\infty]{} 0 .$

Gilt noch (C 2), dann sind, wie man leicht bestätigt, die Bedingungen (C 1), (C 3), (C 5) erfüllt. Hierbei gilt $T\Xi^{-1}T'$. Die Bedingung (C 6) b) stellt die asymptotische Entsprechung von (Id) im Modell (LIFU⁻), (IV) aus Abschnitt 3.3.4 dar. Es ist also stets $\hat{B}_{Cm}$ konsistent. Unter (V_2) ist auch $\hat{\hat{\sigma}}{}^2_{Cm}$ konsistent; im adäquaten Fall gilt dies auch auch $\hat{\sigma}^2_{1m}$. Unter (V_3) sind im adäquaten Fall $\hat{\Sigma}_{Cm}$ und $S_m^{(3)}$ konsistent für Σ_ζ.

Beispiel 3.4.4. Es sei im Beispiel 3.4.3 $n = p - q$. Dann gilt $\mathrm{r}[Q_{Z_m\cdot\mathcal{W}_m}] \leqq p - q$, und nach Satz 3.3.1 b), c) erhält man

$$\hat{\underline{\mathcal{L}}}_{Cm} = \mathcal{R}(Q_{Z_m\cdot\mathcal{W}_m}) = \mathcal{R}(Z_m W_m');$$

aus Bemerkung 3.3.10 ergibt sich unter Beachtung von $\mathrm{r}[Q_{Z_{2m}\cdot\mathcal{W}_m\cdot N_{1m}}] \leqq r - q$ (Lemma 3.3.2)

$$\begin{aligned}\hat{B}_{2Cm} &= \varrho^{-1}\big(\mathcal{R}(Q_{Z_{1m}\cdot\mathcal{W}_m\cdot N_{1m}})\big)\\ &= Y_m(P_{\mathcal{W}_m} - P_{N_{1m}'})\, X_{2m}'\big(X_{2m}(P_{\mathcal{W}_m} - P_{N_{1m}'})\, X_{2m}'\big)^{-1} ,\\ \hat{B}_{1Cm} &= Y_m N_{1m}^+ - \hat{B}_{2Cm} X_{2m} N_{1m}^+\end{aligned}$$

(in den Bezeichnungen von (xiv)). Hieraus geht hervor, daß die CIVE und die (im Abschnitt 3.3.1.5 für den adäquaten Fall erklärte) 2SLS-Schätzung zusammenfallen (vgl. (3.3.20)).

Beispiel 3.4.5 (lineares Regressionsmodell). Es sei $r = q$. Man erhält ((Ex) ist stets erfüllt, vgl. Abschnitt 3.3.4)

$$Y_m = BN_m + \bar{\zeta}_m^*$$

mit bekanntem N_m. Unter Beachtung von Bemerkung 3.3.6 erhält man aus Satz 3.3.1. a), daß die CIVE für B für jede mögliche Wahl des IV-Raumes $\mathscr{W}_m$, falls sie existiert, mit der BLUE für B zusammenfällt (vgl. Humak I (1977), Kap. 2.1):

$$\hat{B}_{Cm} = \hat{E}_m = Z_{2m} M_{1m}^+ = Y_m N_m^+ ,$$

denn es gilt $B = B_1$ (vgl. Abschnitt 3.3.4, (ii)). Für die Wahl $\mathscr{W}_m = \mathscr{R}(N_m')$ reduzieren sich die Bedingungen auf

$$m^{-1} N_m N_m' \xrightarrow[m\to\infty]{} H > 0 .$$

Das lineare Modell ist also ein Spezialfall im Sinne von Bemerkung 3.3.6. Da jedoch die folgenden Resultate hierfür ohne Interesse sind, werden wir auf diesen Fall nicht weiter eingehen.

Beispiel 3.4.6. Es sei im Beispiel 3.4.4 $p = 3$, $r = 2$, $q = 1$. Für $N_{1m} = \mathbf{1}_m'$, $m \geqq m_0$ ergibt sich also ein zweidimensionales inhomogenes explizites Modell (LIFU$^+$)

$$x_i = B_2 \xi_{2i} + \zeta_{2i}^* , \qquad y_i = \xi_{2i} + \zeta_{1i}^* , \qquad i = 1, \ldots, m$$

(für $(y_i)_{i=1,\ldots,m} = Y_m$, $(x_i)_{i=1,\ldots,m} = x_{2m}$, $([\zeta_{1i}, \zeta_{2i}])_{i=1,\ldots,m} = \bar{\zeta}_m^*$ in (i), (xiv)). Es sei eine IV-Matrix $U_m = (u_i)_{i=1,\ldots,m} \in \mathfrak{M}_{1\times m}$ mit der Eigenschaft $\mathscr{R}(U_m') \neq \mathscr{R}(\mathbf{1}_m)$ gegeben. Dann gilt mit $\mathscr{W}_m = \mathscr{R}((\mathbf{1}_m \,\vdots\, U_m'))$, $U_m^* = (u_{im}^*)_{i=1,\ldots,m} := U_m(I_m - P_{\mathbf{1}_m})$ für die CIVE nach Beispiel 3.4.4

$$\hat{B}_{2Cm} = Y_m P_{U_m^*} X_{2m}' (X_{2m} P_{U_m^*} X_{2m}')^{-1} = \sum_{i=1}^m y_i u_{im}^* \Big/ \sum_{i=1}^m x_i u_{im}^* ,$$

$$\hat{B}_{1Cm} = L_{\hat{B}_{2Cm}'}^{\perp\prime} Z_{2m} \mathbf{1}_m m^{-1} = \bar{x}_{\cdot m} - \hat{B}_{2Cm} \bar{y}_{\cdot m} ,$$

$$\left(\bar{x}_{\cdot m} := m^{-1} \sum_{i=1}^m x_i,\ \bar{y}_{\cdot m} := m^{-1} \sum_{i=1}^m y_i\right).$$

Die CIVE wird also zur einfachen Instrumentvariablenschätzung, die bereits im Abschnitt 3.3.1.3 eingeführt wurde (vgl. (3.3.9)).

Beispiel 3.4.7. Wir betrachten ein Modell mit (Ex), $r = p - 1$, $N_{1m} = \mathbf{1}_m'$, $m \geqq m_0$ (inhomogenes Modell, vgl. Beispiel 3.3.1). Es sei eine IV-Matrix $W_m \in \mathfrak{M}_{n(m)\times m}$ durch

$$W_m = \operatorname{Diag}\,[\mathbf{1}_{k(1,m)}', \ldots, \mathbf{1}_{k(n(m),n)}']$$

gegeben. W_m gibt somit eine Gruppierung der Beobachtungen z_i, $i = 1, \ldots, m$, in $n(m)$ Gruppen zu je $k(i, m)$ Elementen von $\left(\sum_{i=1}^{n(m)} k(i, m) = m\right)$. Im adäquaten Fall ergibt sich ein „Modell mit wiederholten Beobachtungen“ (vgl. (3.2.1)). Allgemeiner wird die Gruppierung aus Zusatzinformation über $(\xi_{2i})_{i=1,\ldots,m}$ hergeleitet, im Fall $q = 1$ etwa aus bekannter Rangstatistik zu $(\xi_{2i})_{i=1,\ldots,m}$ (Ware (1972)). Die Bedingung $n(m) \geqq p - q$ (vgl. Bemerkung 3.3.3), d. h. $n \geqq r - q + 1$, besagt, daß die

Anzahl der Gruppen mindestens der zur Festlegung einer $r - q$-dimensionalen affinen Mannigfaltigkeit benötigen Anzahl von Punkten entspricht.

Anhand dieses Beispiels läßt sich die gewählte Allgemeinheit des Modells nach Abschnitt 3.4.1, speziell die Annahme $\alpha \in [0, 1]$ noch genauer begründen. Hiermit ist neben dem Fall konstanter Gruppenanzahl n auch der Fall wachsender Gruppenanzahl $n(m) \xrightarrow[m \to \infty]{} \infty$, und mit $\alpha > 0$ hierbei noch der Fall fester Besetzungszahl $(k(i, m) = k, i = 1, \ldots, n(m), m \geqq m_0)$ zugelassen. Heuristisch gesehen stellt dieser letztere Fall offenbar ein „ungünstigeres“, weniger reguläres Modell im Hinblick auf die asymptotische Theorie dar als der Fall von festem n, bedingt durch das Auftreten unendlich vieler unbekannter Nebenparameter. In der realen Anwendungssituation bedeutet die Wahl eines Modells mit $\alpha > 0$ die Zulassung einer „Störung“ eines Modells mit endlicher Parameteranzahl, also einen Abbau von Idealisierung.

Beispiel 3.4.8. Es sei im Beispiel 3.4.7 $n(m) = p - q$, d. h., die Anzahl der Gruppen entspricht der minimalen. Nach Beispiel 3.4.4 erhält man

$$\varrho(\hat{\boldsymbol{B}}_{2Cm}) = \mathcal{R}\big(\boldsymbol{Z}_{2m}(P_{\mathcal{W}_m} - P_{\boldsymbol{1}_m})\big) = \mathcal{R}\big((\bar{\boldsymbol{z}}_{i\cdot m} - \bar{\boldsymbol{z}}_{\cdot\cdot m})_{i=1,\ldots,r-q}\big) ,$$

$$\hat{\boldsymbol{B}}_{1Cm} = \bar{\boldsymbol{y}}_{\cdot\cdot m} - \hat{\boldsymbol{B}}_{2Cm}\bar{\boldsymbol{x}}_{\cdot\cdot m}$$

$\Big(\bar{\boldsymbol{z}}_{i\cdot m} := (k(i, m))^{-1} \sum_{j \in I(i,m)} \boldsymbol{z}_j, \quad I(i, m) := \Big\{j \in \mathbb{N} \,\Big|\, \sum_{l=1}^{i-1} k(l, m) < j \leqq \sum_{l=1}^{i} k(l, m)\Big\}$, $\bar{\boldsymbol{z}}_{\cdot\cdot m} := m^{-1} \sum_{i=1}^{m} \boldsymbol{z}_i$, $\bar{\boldsymbol{y}}_{\cdot\cdot m}$, $\bar{\boldsymbol{x}}_{\cdot\cdot m}$ analog$\Big)$. Geometrisch bedeutet dies, daß die durch $(\varrho(\hat{\boldsymbol{B}}_{2Cm}), \bar{\boldsymbol{z}}_{\cdot\cdot m})$ beschriebene affine Mannigfaltigkeit (vgl. Beispiel 3.3.1) gerade durch die $p - q$ Gruppenmittel gelegt wird. Für $p = 3$, $q = 1$ erhält man die Gruppierungsschätzung nach (3.3.7).

Beispiel 3.4.9. Es sei im Modell nach Abschnitt 3.4.1 zusätzlich ein $\mathcal{W}_{Pm} \in \mathfrak{L}_{m, p-q}$, $\mathcal{R}(M'_{1m}) \subseteq \mathcal{W}_{Pm} \subseteq \mathcal{W}_m$ gegeben. Dann kann man die zu $\mathcal{W}_{Pm}$ nach Definition 3.3.1 gehörige CIVE $\hat{\underline{\mathcal{L}}}_{Pm}$ betrachten; für hinreichend großes m existiert diese stets. Es seien $W_m \in \mathfrak{M}^{n(m)}_{n(m) \times m}$, $W_{Pm} \in \mathfrak{M}^{p-q}_{(p-q) \times n(m)}$ derart, daß $\mathcal{W}_m = \mathcal{R}(W'_m)$, $\mathcal{W}_{Pm} = \mathcal{R}(W'_m W'_{Pm})$. Dann erhält man nach Beispiel 3.4.4

$$\hat{\underline{\mathcal{L}}}_{Pm} = \mathcal{R}(\boldsymbol{Z}_m W'_m W'_{Pm}) .$$

Dies liefert eine Klasse von Alternativen zur CIVE $\hat{\underline{\mathcal{L}}}_{Cm}$ zu $\mathcal{W}_m$; für konstantes $n(m)$ erhält man durch Zulassung gewisser zufälliger $\boldsymbol{W}_{P_m}$ die Klasse der „ordinary estimators“ nach VILLEGAS (1966) (vgl. Abschnitt 3.4.6). Die Anwendung dieses Verfahrens im Fall von Beispiel 3.4.7 liefert

$$\hat{\boldsymbol{B}}_{2Pm} = \sum_{i=1}^{n(m)} \bar{\boldsymbol{y}}_{i\cdot m} u^*_{im} \Big/ \sum_{i=1}^{n(m)} \bar{\boldsymbol{x}}_{i\cdot m} u^*_{im}$$

für

$$U^*_m = (u^*_{im})_{i=1,\ldots,n(m)} \in \mathfrak{M}_{1 \times n(m)} , \qquad \mathcal{R}(U^{*\prime}_m) = \mathcal{R}\big(W'^{+}_m (P_{\mathcal{W}_{Pm}} - P_{\boldsymbol{1}_m})\big) .$$

Dies bedeutet die Anwendung des Verfahrens der einfachen IV-Schätzung nach Beispiel 3.4.6 nach vorhergehender Reduktion der Daten durch Mittelung (vgl. auch Abschnitt 3.5.1).

3.4.4. Asymptotische Normalität unter Normalverteilung

Wir wollen nun die Grenzverteilung der kanonischen Instrumentvariablenschätzung für $\mathcal{L}$ untersuchen. Hierbei beschränken wir uns auf den expliziten Fall, in dem für die (geeignet normierte) Schätzung des $\mathbb{R}^{q(p-q)}$-wertigen Parameters B die asymptotische

Normalverteilung nachgewiesen werden kann. Die CIVE $\hat{\boldsymbol{B}}_{Cm}$ hängt von den Beobachtungen über $\boldsymbol{S}_m$ und $\boldsymbol{Q}_m$ ab; die allgemeine Form von $\boldsymbol{Q}_m$, speziell die allgemeine Form des IV-Raumes $\mathscr{W}_m$ bedingt hier eine Einschränkung auf Normalität der Fehler. Die sich im folgenden Abschnitt anschließenden Untersuchungen zur asymptotischen Effizienz beziehen sich daher ebenfalls auf die Modellannahme (N).

Als ersten Schritt zeigen wir die asymptotische Normalität der (geeignet normierten) Matrix $\boldsymbol{Q}_m$. Dieses Resultat bildet die Grundlage für den Nachweis der asymptotischen Normalität nicht nur der CIVE, sondern auch der im folgenden Abschnitt zu betrachtenden alternativen Schätzungen.

Lemma 3.4.8. *Unter* (V_1), (N) *gilt*

$$\mathscr{L}\{m^{1/2}(\boldsymbol{Q}_m - \tilde{G}_m)\} \xrightarrow[m\to\infty]{} \mathrm{N}_{p\times p}(0_{p\times p}, \Delta_\vartheta^{(1)}) ,$$

$$\Delta_\vartheta^{(1)} = 2\alpha(\Sigma_\zeta \otimes \Sigma_\zeta)\, \Gamma_p + 4\Gamma_p(\tilde{G}_0^{(1)} \otimes \Sigma_\zeta)\, \Gamma_p .$$

Beweis. Es gilt $\boldsymbol{Q}_m^{(1)} = \boldsymbol{Q}_{0m}^{(1)}$. Es sei $\mathrm{P}_{\mathscr{W}_m} = \sum_{i=1}^{n(m)} c_{im}c_{im}'$ eine Spektralzerlegung von $\mathrm{P}_{\mathscr{W}_m}$. Da gilt $\mathsf{E}_\vartheta \boldsymbol{Q}_{0m}^{(1)} = \tilde{H}_m = \tilde{G}_m^{(1)}$, folgt

$$\begin{aligned} m^{1/2}(\boldsymbol{Q}_{0m} - \tilde{G}_m) &= m^{1/2}(\boldsymbol{Q}_{0m} - \mathsf{E}_\vartheta \boldsymbol{Q}_{0m}) \\ &= m^{-1/2} \sum_{i=1}^{n(m)} (\boldsymbol{Z}_m c_{im} c_{im}' \boldsymbol{Z}_m' - \mathsf{E}_\vartheta \boldsymbol{Z}_m c_{im} c_{im}' \boldsymbol{Z}_m') . \end{aligned} \tag{9}$$

Es sei $\Delta_{m\vartheta}^{(1)}$ die Kovarianzmatrix von (9). Da die Summanden in (9) unabhängige Zufallsgrößen sind, kann man anhand von [A 3.19] $\Delta_{m\vartheta}^{(1)}$ berechnen; man erhält $\Delta_{m\vartheta}^{(1)} \xrightarrow[m\to\infty]{} \Delta_\vartheta^{(1)}$. Es genügt nun, zu zeigen, daß für alle $K \in \mathfrak{M}_{p\times p}$ der Ausdruck $m^{1/2}\,\mathrm{sp}\,[K(\boldsymbol{Q}_{0m} - \tilde{G}_m)]$ entweder fast sicher identisch verschwindet, oder asymptotisch $\mathrm{N}(0, \vec{K}'\Delta_\vartheta^{(1)}\vec{K}')$-verteilt ist. Hierbei kann man sich auf $K \in \mathfrak{M}_p$ beschränken. Es sei $D := (P_{\mathscr{J}^\perp} + \Sigma)^{-1/2}$, und es sei $DKD = \sum_{i=1}^{p} \lambda_i d_i d_i'$, $\lambda_i \in \mathbb{R}^1$, $i = 1, \dots, p$, eine Spektralzerlegung von DKD. Dann genügt es, zu zeigen, daß

$$m^{-1/2} \sum_{i=1}^{n(m)} \left((d_j' D^{-1} \boldsymbol{Z}_m c_{im})^2 - \mathsf{E}_\vartheta (d_j' D^{-1} \boldsymbol{Z}_m c_{im})^2\right) \tag{10}$$

entweder fast sicher identisch verschwindet oder für $j = 1, \dots, p$ asymptotisch $\mathrm{N}\big(0, (d_j' \otimes d_j')\, D^{-1}\, \Delta_\vartheta^{(1)} D^{-1}(d_j' \otimes d_j')\big)$-verteilt ist (wegen der Unabhängigkeit von $d_k d_k' D^{-1} \boldsymbol{Z}_m$ und $d_j d_j' D^{-1} \boldsymbol{Z}_m$, $k \neq j$). Falls nun $D^{-1} d_j \in \mathscr{J}^\perp$ ist, verschwindet (10) fast sicher. Gilt $D^{-1} d_j \notin \mathscr{J}^\perp$, so ist $\sum_{i=1}^{n(m)} (d_j D^{-1} \boldsymbol{Z}_m c_{im})^2\ \chi^2_{n(m),\,\delta_m}$-verteilt mit dem Nichtzentralitätsparameter

$$\delta_m = \sum_{i=1}^{n(m)} (d_j D^{-1} M_m c_{im})^2 = d_j' D^{-1} M_m P_{\mathscr{W}_m} M_m' D^{-1} d_j .$$

Daher läßt sich (10) darstellen als

$$m^{-1/2} \sum_{i=2}^{n(m)} (\gamma_i^2 - \mathsf{E}\gamma_i^2) + m^{-1/2}[(\gamma_1 + \delta_m^{1/2})^2 - \mathsf{E}(\gamma_1 + \delta_m^{1/2})^2];$$

wobei $\{\gamma_i\}_{i\in\mathbb{N}}$ eine Folge unabhängiger N(0, 1)-verteilter Zufallsvariablen ist. Hier ist nun, falls $\alpha > 0$, der erste Summand asymptotisch normal; im Fall $\alpha = 0$ ist er quadratmittelkonvergent gegen 0. Der zweite Summand ist gleich

$$m^{-1/2}(\gamma_1^2 - \mathsf{E}\gamma_1)^2 + 2(\delta_m m^{-1})^{1/2}\, \gamma_1$$

und somit wegen $m^{-1}\delta_m \xrightarrow[m\to\infty]{} d_j' D^{-1}\tilde{H} D^{-1} d_j =: \delta$ verteilungskonvergent gegen $N(0, 4\delta)$. Somit ist (10) asymptotisch normal, wobei der Grenzwert der Varianz gleich der Varianz der Grenzverteilung ist. Da dies sich auf (9) überträgt, folgt die Behauptung. ■

Für die Modellannahme (V_3) erhält man

Lemma 3.4.9. *Unter* (V_3), (N), (C 3) *gilt*

$$\mathcal{L}\{(m - n(m))^{1/2}(S_m^{(3)} - \Sigma_\zeta - \tilde{H}_{Am})\} \xrightarrow[m\to\infty]{} N_{p\times p}(0_{p\times p}, \Delta_{A\vartheta}^{(3)})$$

mit

$$\Delta_{A\vartheta}^{(3)} = 2(\Sigma_\zeta \otimes \Sigma_\zeta)\, \Gamma_p + 4\Gamma_p(H_A \otimes \Sigma_\zeta)\, \Gamma_p\,.$$

Beweis. Er ist analog zum Beweis von Lemma 3.4.8, wobei man mit $(m - n(m))^{1/2} = (\dim \mathcal{W}_m^\perp)^{1/2}$ normiert und beachtet, daß fast sicher $\mathcal{R}(S_m) = \mathcal{J}$ gilt. ■

Im folgenden Lemma geben wir eine Darstellung der CIVE $\hat{B}_{Cm}$, die für den Nachweis der asymptotischen Normalität und auch der asymptotischen Effizienz von Bedeutung ist.

Lemma 3.4.10. *Unter* (V_ν), (Ex), (C 1), $\nu = 1, 2$, *bzw. unter* (V_3), (Ex), (C 3) *gilt*

$$\hat{B}_{Cm} = \varrho^{-1}(\mathcal{R}(Q_m \tilde{C}_m))\;\; m \geqq m_0 \tag{11}$$

für

$$\tilde{C}_m := F_{\hat{E}_m}^{-1\prime}(P_{\mathcal{J}^\perp} + S_m^+)\, F_{\hat{E}_m}^{-1} L_{\hat{B}_{Cm}}\,, \tag{12}$$

wobei

$$\tilde{C}_m \xrightarrow[m\to\infty]{P} \tilde{C}_{0\vartheta} := F_E^{-1\prime}(P_{\mathcal{J}^\perp} + S_0^+)\, F_E^{-1} L_B\,, \tag{13}$$

$$\mathcal{R}(\tilde{C}_{0\vartheta})^\perp = \Sigma_\zeta \varrho(B)^\perp\,. \tag{14}$$

Beweis. Die Darstellung (11), (12) folgt unmittelbar aus Satz 3.3.1 b), wenn man $\tilde{C}_m = \hat{E}_{0m}' \hat{E}_{0m}$ und $\hat{\mathcal{F}}_{Cm} = \mathcal{R}(L_{\hat{B}_{Cm}}) = \varrho(\hat{B}_{Cm})$ setzt. Nach Satz 3.3.1 c) kann nämlich in b) Q_{0m} durch Q_m ersetzt werden (für $\lambda = n(m)\, m^{-1}(\hat{\hat{\sigma}}_{Cm}^2 - \sigma^2)\, \Sigma$ unter (V_2)). Die Konvergenz (13) folgt aus Lemma 3.4.5 b), Lemma 3.4.3 und Satz 3.4.1 bzw. Bemerkung 3.4.2. Unter Beachtung von $E_0 \in \mathfrak{M}_{p\times p}^p$ nach Lemma 3.4.5 c) gilt

$$\begin{aligned}\mathcal{R}(\tilde{C}_{0\vartheta}) &= (F_E^{-1\prime}(P_{\mathcal{J}}\ + S_0^+)\, F_E^{-1})^{-1}\, \varrho(B)^\perp\\ &= F_E(P_{\mathcal{J}^\perp} + S_0)\, F_E' \varrho(B)^\perp = \mathcal{R}(F_E P_{\mathcal{J}^\perp} F_E' L_B^\perp + S_0 L_B^\perp)\\ &= \mathcal{R}(F_E P_{\mathcal{J}^\perp} J L_{B_2}^\perp + \Sigma_\zeta L_B^\perp) = \Sigma_\zeta \varrho(B)^\perp\end{aligned}$$

nach Teil a) von [A 1.6]. ■

Es wird nun eine Konvergenzaussage über $\hat{B}_{Cm}$ benötigt.

Lemma 3.4.11. *Unter* (V_1), (N), (Ex), (C 1) *gilt*

$$\hat{B}_{Cm} - B = O_P(m^{-1/2})\,.$$

Beweis. Wir betrachten die Darstellung von $\hat{B}_{Cm}$ nach Lemma 3.4.10. Diese läßt sich schreiben als

$$\mathcal{R}(L_{\hat{B}_{Cm}}) = \mathcal{R}(Q_m \tilde{C}_m)\,,$$

oder, da nach [A 1.3] und Teil b) von [A 1.6] $\mathcal{R}(\boldsymbol{Q}_m\tilde{\boldsymbol{C}}_m) \in \varrho(\mathfrak{M}_{q\times(p-q)})$ gleichbedeutend mit $\mathrm{r}[L_0'\boldsymbol{Q}_m\tilde{\boldsymbol{C}}_m] = p - q$ ist,

$$L_{\hat{\boldsymbol{B}}_{Cm}} = \boldsymbol{Q}_m\tilde{\boldsymbol{C}}_m(L_0'\boldsymbol{Q}_m\tilde{\boldsymbol{C}}_m)^{-1} .$$

Hieraus folgt

$$m^{1/2}L_B^{\perp\prime}L_{\hat{\boldsymbol{B}}_{Cm}} = m^{1/2}(\boldsymbol{B}_{Cm} - B) = m^{1/2}L_B^{\perp\prime}\boldsymbol{Q}_m\tilde{\boldsymbol{C}}_m(L_0'\boldsymbol{Q}_m\tilde{\boldsymbol{C}}_m)^{-1}$$
$$= m^{1/2}L_B'(\boldsymbol{Q}_m - L_BG_mL_B')\,\tilde{\boldsymbol{C}}_m(L_0'\boldsymbol{Q}_m\tilde{\boldsymbol{C}}_m)^{-1} .$$

Die Behauptung folgt nun aus Lemma 3.4.8 und aus

$$\tilde{\boldsymbol{C}}_m(L_0'\boldsymbol{Q}_m\tilde{\boldsymbol{C}}_m)^{-1} \xrightarrow[m\to\infty]{\mathrm{P}} \tilde{C}_{0\vartheta}(L_B'\tilde{C}_{0\vartheta})^{-1}\,G^{-1}$$

nach Lemma 3.4.7 und Lemma 3.4.10, wobei $\mathrm{r}[L_B'\tilde{C}_{0\vartheta}] = p - q$ eine Folge von (14) ist. ■

Hiermit läßt sich nun die asymptotische Normalität von $m^{1/2}(\boldsymbol{Q}_m^{(2)} - L_BG_m^{(2)}L_B')$ zeigen.

Es sei

$$\boldsymbol{R}_m := m^{-1}S_{\boldsymbol{Z}_m\cdot\mathscr{W}_m} - \big(m - n(m)\big)\,m^{-1}(\Sigma_\zeta + \tilde{H}_{Am}) . \tag{15}$$

Lemma 3.4.12. *Unter* (V_ν), (N), (C 2), $\nu = 1, 2, 3$ *gilt*

$$\mathcal{L}\{m^{1/2}\boldsymbol{R}_m\} \xrightarrow[m\to\infty]{} \mathrm{N}_{p\times p}(0_{p\times p}, \Delta_{A\vartheta}^0)$$

mit

$$\Delta_{A\vartheta}^0 = 2(1-\alpha)\,(\Sigma_\zeta \otimes \Sigma_\zeta)\,\Gamma_p + 4\Gamma_p\big((\tilde{H}_0 - H)\otimes\Sigma_\zeta\big)\,\Gamma_p .$$

Beweis. Es gilt für $m \neq n(m)$

$$J'S_{\boldsymbol{Z}_m\cdot\mathscr{W}_m}J \sim \mathrm{W}_p(m - n(m), J\Sigma_\zeta J, P_{\mathscr{W}_m^\perp}M_{2m}')$$

und

$$m^{-1}M_{2m}P_{\mathscr{W}_m^\perp}M_{2m}' = \big(m - n(m)\big)\,m^{-1}\tilde{H}_{Am} = \tilde{H}_{0m} - \tilde{\boldsymbol{H}}_m \xrightarrow[m\to\infty]{} \tilde{H}_0 - H$$

nach (C 2). Für $m(n) < n$ verschwindet $\boldsymbol{R}_m$. Mit [A 2.11] folgt die Behauptung, wobei $\mathrm{N}_{p\times p}(0_{p\times p}, 0_{p^2\times p^2})$ als Einpunktverteilung aufgefaßt wird. ■

Lemma 3.4.13. *Unter* (V_2), (N), (Ex), (C 1), (C 2) *gilt*

$$\mathcal{L}\{m^{1/2}(\boldsymbol{Q}_m - L_BG_mL_B')\} \xrightarrow[m\to\infty]{} \mathrm{N}_{p\times p}(0_{p\times p}, \Delta_\vartheta^{(2)})$$

mit

$$\Delta_\vartheta^{(2)} = 2\alpha(\Sigma_\zeta\otimes\Sigma_\zeta)\,\Gamma_p - 2\alpha^2q^{-1}\big((\Sigma_\zeta\otimes\Sigma_\zeta)\,\vec{\Pi}\vec{\Sigma}_\zeta' + \vec{\Sigma}_\zeta\vec{\Pi}'(\Sigma_\zeta\otimes\Sigma_\zeta)\big)$$
$$+ 2\alpha^2q^{-1}\vec{\Sigma}_\zeta\vec{\Sigma}_\zeta' + 4\Gamma_p(L_BG_0^{(2)}L_B'\otimes\Sigma_\zeta)\,\Gamma_p .$$

Beweis. Zunächst gilt nach Bemerkung 3.3.7 $\hat{\boldsymbol{B}}_{Cm}^{(1)} = \hat{\boldsymbol{B}}_{Cm}^{(2)}$ für hinreichend großes m, wenn $\hat{\boldsymbol{B}}_{Cm}^{(1)}$ die CIVE für $\mathcal{V}_1 = \{\sigma_\varrho^2\Sigma\}$ und σ_ζ^2 der wahre Parameter ist. Es gilt

$$\boldsymbol{Q}^{(2)} - L_BG_m^{(2)}L_B' = \boldsymbol{Q}^{(1)} - L_BG_m^{(1)}L_B' - n(m)\,m^{-1}(\hat{\hat{\boldsymbol{\sigma}}}_{Cm}^2 - \sigma^2)\,\Sigma ,$$

da $G_m^{(1)} = G_m^{(2)} = H_m$, und aufgrund der Gestalt von $\hat{\hat{\boldsymbol{\sigma}}}_{Cm}^2$ nach Satz 3.4.3 für $\hat{\underline{\mathcal{L}}}_{Cm} = \varrho(\hat{\boldsymbol{B}}_{Cm}^{(2)}) = \varrho(\hat{\boldsymbol{B}}_{Cm}^{(1)})$ in $\hat{\boldsymbol{\Pi}}_m$

$$\hat{\hat{\boldsymbol{\sigma}}}_{Cm}^2 - \sigma^2 = q^{-1}\,\mathrm{sp}\,[\hat{\boldsymbol{\Pi}}_m(\boldsymbol{Q}_{\boldsymbol{Z}_m} - \Sigma_\zeta)]$$
$$= q^{-1}\,\mathrm{sp}\,[\hat{\boldsymbol{\Pi}}_m\boldsymbol{Q}_m^{(1)}] + q^{-1}\,\mathrm{sp}\big[\hat{\boldsymbol{\Pi}}_m\big(m^{-1}S_{\boldsymbol{Z}_m\cdot\mathscr{W}_m} - (m - n(m))\,m^{-1}\,\Sigma_\zeta\big)\big] .$$

Nun gilt

$$m^{1/2}\,\mathrm{sp}\,[\hat{\boldsymbol{\Pi}}_m L_B H_m L_B'] = \mathrm{sp}\,[m^{1/2}(\hat{\boldsymbol{B}}_{Cm}^{(1)\prime} - B')\,(\boldsymbol{L}^{\perp\prime}\boldsymbol{\Sigma}\boldsymbol{L}^{\perp})^{-1}\,(\hat{\boldsymbol{B}}_{Cm}^{(1)} - B)\,H_m]$$

für $\boldsymbol{L}^{\perp} = L^{\perp}_{\hat{\boldsymbol{B}}^{(1)}_{Cm}}$. Nach Lemma 3.4.11 und Satz 3.4.1 ist obiger Ausdruck $o_P(1)$. Ebenso folgt wegen

$$(m - n(m))\; m^{-1} H_{Am} = H_{0m} - H_m$$

(vgl. (v), (viii), Abschnitt 3.4.1) und da (C 2) vorausgesetzt wird,

$$\mathrm{sp}\,[\boldsymbol{\Pi}_m(m - n(m))\; m^{-1} L_B H_{Am} L_B'] = o_P(m^{-1/2})\,.$$

Daher gilt mit $\boldsymbol{R}_m$ aus (15)

$$\begin{aligned}
&\overrightarrow{\boldsymbol{Q}_m^{(2)} - L_B G_m^{(2)} L_B'}\\
&= (I_{p^2} - n(m)\,(mq)^{-1}\,\vec{\Sigma}\vec{\hat{\boldsymbol{\Pi}}}{}_m')\,\overrightarrow{(\boldsymbol{Q}_m^{(1)} - L_B G_m^{(1)} L_B')}\\
&\quad + n(m)\,(mq)^{-1}\,\vec{\Sigma}\vec{\hat{\boldsymbol{\Pi}}}{}_m'\vec{\boldsymbol{R}}_m + o_P(m^{-1/2})\\
&= (I_{p^2} - n(m)\,(mq)^{-1}\,\vec{\Sigma}_\zeta\vec{\Pi}')\,\overrightarrow{(\boldsymbol{Q}_m^{(1)} - L_B G_m^{(1)} L_B')}\\
&\quad + n(m)\,(mq)^{-1}\,\vec{\Sigma}_\zeta\vec{\Pi}'\vec{\boldsymbol{R}}_m + o_P(m^{-1/2})
\end{aligned} \tag{16}$$

unter Beachtung der Lemmata 3.4.6 a), 3.4.8 und 3.4.12. Aus der Unabhängigkeit von $\boldsymbol{Q}_m^{(1)}$ und $\boldsymbol{R}_m$ erhält man nun die Grenzverteilung für obigen Ausdruck; man berechnet

$$\begin{aligned}
\alpha q^{-1}\vec{\Sigma}_\zeta\vec{\Pi}'\Delta_\vartheta^{(1)} &= 2\alpha^2 q^{-1}\vec{\Sigma}_\zeta\vec{\Pi}'(\Sigma_\zeta \otimes \Sigma_\zeta) + 4\alpha q^{-1}\vec{\Sigma}_\zeta\overrightarrow{\Sigma_\zeta \Pi L_B G_0^{(1)} L_B'}\\
&= 2\alpha^2 q^{-1}\vec{\Sigma}_\zeta\vec{\pi}'(\Sigma_\zeta \otimes \Sigma_\zeta)\,,\\
\alpha^2 q^{-2}\vec{\Sigma}_\zeta\vec{\Pi}'\Delta_\vartheta^{(1)}\vec{\Pi}\vec{\Sigma}_\zeta' &= 2\alpha^3 q^{-2}\vec{\Sigma}_\zeta\vec{\Sigma}_\zeta'\,\mathrm{sp}\,[\Pi\Sigma_\zeta\Pi\Sigma_\zeta] = 2\alpha^3 q^{-1}\vec{\Sigma}_\zeta\vec{\Sigma}_\zeta'\,,\\
\alpha^2 q^{-2}\vec{\Sigma}_\zeta\vec{\Pi}'\Delta_{A\vartheta}^{0}\vec{\Pi}\vec{\Sigma}_\zeta' &= 2(1-\alpha)\,\alpha^2 q^{-1}\vec{\Sigma}_\zeta\vec{\Sigma}_\zeta'
\end{aligned}$$

und erhält damit $\Delta_\vartheta^{(2)}$. ■

Aus den Lemmata 3.4.8 und 3.4.9 folgt unmittelbar das Ergebnis für $\boldsymbol{Q}_m^{(3)}$.

Lemma 3.4.14. *Unter* (V_3), (N), (C 3) *gilt*

$$\mathcal{L}\{(m - n(m))^{1/2}\,(\boldsymbol{Q}_m^{(3)} - \tilde{G}_m^{(3)})\} \xrightarrow[m\to\infty]{} \mathrm{N}_{p\times p}(0_{p\times p}, \Delta_\vartheta^{(3)})$$

mit

$$\Delta_\vartheta^{(3)} = (1-\alpha)\,\Delta_\vartheta^{(1)} + \alpha^2\Delta_A^{(3)} = 2\alpha(\Sigma_\zeta \otimes \Sigma_\zeta)\,\Gamma_p + 4\Gamma_p(\tilde{G}_0^{(3)} \otimes \Sigma_\zeta)\,\Gamma_p\,.$$

Mit diesen Ergebnissen können wir nun die asymptotische Normalität der CIVE $\hat{\boldsymbol{B}}_{Cm}$ zeigen.

Satz 3.4.5. *Unter* (V_ν), (N), (Ex), (C 1), $\nu = 1, 2$, *bzw.* (V_3), (N), (Ex), (C 3) *gilt*

$$\mathcal{L}\{(\tilde{m}(m))^{1/2}\,(\hat{\boldsymbol{B}}_{Cm} - B)\} \xrightarrow[m\to\infty]{} \mathrm{N}_{q\times(p-q)}(0_{q\times(p-q)}, D_{0\vartheta})$$

mit

$$\begin{aligned}
D_{0\vartheta} &= \alpha G^{-1}[L_B'(\Sigma_\zeta + L_B'L_B)^{-1}\,L_B]^{-1}\,G^{-1} \otimes L_{B'}^{\perp}\Sigma_\zeta L_B^{\perp}\\
&\quad + G^{-1}(G_0 - \alpha I_p)\,G^{-1} \otimes L_{B'}^{\perp}\Sigma_\zeta L_B^{\perp}\,.
\end{aligned}$$

B e w e i s. Es sei $C^* := \tilde{C}_{0\vartheta}(L_B'\tilde{C}_{0\vartheta})^{-1}$ für $C_{0\vartheta}$ aus Lemma 3.4.10. Wie bei Lemma 3.4.11 erhält man aus Lemma 3.4.10 die Darstellung

$$(\tilde{m}(m))^{1/2}\,(\hat{\boldsymbol{B}}_{Cm} - B) = L_{B'}^{\perp}(\tilde{m}(m))^{1/2}\,(\boldsymbol{Q}_m - L_B G_m L_B')\,\tilde{\boldsymbol{C}}_m(L_0'\boldsymbol{Q}_m\tilde{\boldsymbol{C}}_m)^{-1}\,. \tag{17}$$

Aus $\tilde{C}_m(L_0'Q_m\tilde{C}_m)^{-1} \xrightarrow[m\to\infty]{P} C^*G^{-1}$ und aus den Lemmata 3.4.8, 3.4.14 und Bemerkung 3.3.7 ergibt sich die Behauptung des Satzes für

$$D_{0\vartheta} = (G^{-1}C^{*\prime} \otimes L_B^{\perp\prime})\, \Delta_\vartheta(C^*G^{-1} \otimes L_B^\perp)\,.$$

Es gilt nun

$$2(G^{-1}C^{*\prime} \otimes L_B^{\perp\prime})\, (\Sigma_\zeta \otimes \Sigma_\zeta)\, \Gamma_p = G^{-1}C^{*\prime}\Sigma_\zeta C^*G^{-1} \otimes L_B^{\perp\prime}\Sigma_\zeta L_B^\perp$$
$$+ (G^{-1}C^{*\prime}\Sigma_\zeta L_B^\perp \otimes L_B^{\perp\prime}\Sigma_\zeta C^*G^{-1})\, I_{(p-q,q)}\,,$$

wobei der zweite Summand wegen $\mathcal{R}(C^*)^\perp = \Sigma_\zeta\varrho(B)^\perp = \Sigma_\zeta\mathcal{R}(L_B^\perp)$ verschwindet. Weiterhin gilt

$$(G^{-1}C^{*\prime} \otimes L_B^{\perp\prime})\, \vec{\Sigma}_\zeta = \overrightarrow{L_B^{\perp\prime}\Sigma_\zeta C^*G^{-1}} = 0_{q(p-q)}\,,$$
$$(L_BG_0L_B' \otimes \Sigma_\zeta)\, I_{(p)}(C^*G^{-1} \otimes L_B^\perp) = 0_{p^2\times q(p-q)}\,.$$

Mit $C^{*\prime}L_B = I_{p-q}$ erhält man daher

$$4(G^{-1}C^{*\prime} \otimes L_B^{\perp\prime})\, \Gamma_p(L_BG_0L_B' \otimes \Sigma_\zeta)\, \Gamma_p(C^*G^{-1} \otimes L_B^\perp) = G^{-1}G_0G^{-1} \otimes L_B^{\perp\prime}\Sigma_\zeta L_B\,.$$

Hieraus ergibt sich nun

$$\begin{aligned} D_{0\vartheta} &= \alpha G^{-1}C^{*\prime}\Sigma_\zeta C^*G^{-1} \otimes L_B^{\perp\prime}\Sigma_\zeta L_B^\perp + G^{-1}G_0G^{-1} \otimes L_B^{\perp\prime}\Sigma_\zeta L_B^\perp \\ &= \alpha G^{-1}C^{*\prime}(\Sigma_\zeta + L_BL_B')\, C^*G^{-1} \otimes L_B^{\perp\prime}\Sigma_\zeta L_B^\perp \\ &\quad + G^{-1}(G_0 - \alpha I_p)\, G^{-1} \otimes L_B^{\perp\prime}\Sigma_\zeta L_B^\perp\,. \end{aligned}$$

Es sei

$$\tilde{\Sigma} = \Sigma_\zeta + L_BL_B'\,.$$

Es gilt $\tilde{\Sigma} \in \mathfrak{M}_p^>$ aufgrund von $\mathcal{L} + \mathcal{J} = R^p$. Weiterhin erhält man mit $C_* = \tilde{\Sigma}^{1/2}C^*$, $\mathcal{L}_*^\perp = \tilde{\Sigma}^{1/2}\mathcal{L}^\perp$, $\mathcal{L}_* = \tilde{\Sigma}^{-1/2}\mathcal{L}$

$$C^{*\prime}\tilde{\Sigma}C^* = C_*'P_{\mathcal{L}_*}C_* + C_*'P_{\mathcal{L}_*^\perp}C_*\,.$$

Hier verschwindet aufgrund von

$$\mathcal{R}(C^*) = \mathcal{R}(\Sigma_\zeta L_B^\perp)^\perp = \mathcal{R}(\tilde{\Sigma}L_B^\perp)^\perp = (\tilde{\Sigma}^{1/2}\mathcal{L}_*^\perp)^\perp$$

der zweite Summand; der erste wird zu

$$C_*'P_{\mathcal{L}_*}C_* = C^{*\prime}L_B(L_B'\tilde{\Sigma}^{-1}L_B)^{-1}\, L_BC^* = (L_B'\tilde{\Sigma}^{-1}L_B)^{-1}\,.$$

Hieraus folgt die Behauptung. ■

Bemerkung 3.4.3. Dem Beweis von Satz 2.4.5 entnimmt man folgende Darstellungen von $D_{0\vartheta}$ für verschiedene Modellannahmen:

a) $\alpha = 0$: $D_{0\vartheta} = G^{-1}G_0G^{-1} \otimes L_B^{\perp\prime}\Sigma_\zeta L_B^\perp = H^{-1} \otimes L_B^{\perp\prime}\Sigma_\zeta L_B^\perp$;

b) (V_ν), $\nu = 1, 2$, $\alpha > 0$:

$$D_{0\vartheta} = G^{-1}[L_B'(\alpha\Sigma_\zeta + L_BGL_B')^{-1}\, L]^{-1}\, G^{-1} \otimes L_B^{\perp\prime}\Sigma_\zeta L_B^\perp;$$

c) (A), $0 < \alpha < 1$:

$$D_{0\vartheta} = G^{-1}[L_B'(\alpha\Sigma_\zeta + L_BG_0L_B')^{-1}\, L_B]^{-1} \otimes L_B^{\perp\prime}\Sigma_\zeta L_B^\perp\,.$$

Bemerkung 3.4.4. Die für (V_ν), $\nu = 1, 2$, und (V_3) unterschiedliche Normierung von $\hat{B}_{Cm} - B$ mit dem Faktor $\tilde{m}(m)$ zum Erhalt der Grenzverteilung hat folgende Bedeutung: Unter (V_3) ist $m - n(m) \xrightarrow[m\to\infty]{} \infty$ gefordert; jedoch ist hierbei $n(m)\, m^{-1} \xrightarrow[m\to\infty]{} 1$,

d. h. $\alpha = 1$ zugelassen. In diesem Fall hat der Ausdruck $m^{1/2}(\boldsymbol{S}_m^{(3)} - \Sigma_\zeta - L_B H_{Am} L'_B)$ keine Grenzverteilung, da nach Lemma 3.4.9 $(m - n(m)^{1/2})\,(\boldsymbol{S}_m^{(3)} - \Sigma_\zeta - L_B H_{Am} L'_B)$ eine Grenzverteilung hat. Somit ist $(m - n(m))^{1/2}$ unter (V_3) der geeignete Normierungsfaktor für $(\boldsymbol{Q}_m - \mathsf{E}_\vartheta \boldsymbol{Q}_m)$ und somit auch für $\hat{\boldsymbol{B}}_{Cm} - B$. Im Fall $\alpha < 1$ ist unter (V_3) auch eine Normierung mit $m^{1/2}$ möglich; $D_{0\vartheta}$ multipliziert sich dann mit $(1 - \alpha)^{-1}$. Wir betrachten den adäquaten Fall; wie aus Satz 3.4.5 bzw. Bemerkung 3.4.3 ersichtlich, erhält man dann

$$D_\vartheta^\infty(\{\hat{\boldsymbol{B}}_{Cm}^{(3)}\}_{m \geqq m_0}) = D_\vartheta^\infty(\{\hat{\boldsymbol{B}}_{Cm}^{(1)}\}_{m \geqq m_0}) + \alpha^2(1 - \alpha)^{-1} \times$$
$$\times \left(G^{-1}[L'_B(\Sigma_\zeta + L_B G L'_B)^{-1} L_B]^{-1} G^{-1} - G^{-1}\right) \otimes L_{B'}^{\perp}\Sigma_\zeta L_B^{\perp},$$

wobei $\hat{\boldsymbol{B}}_{Cm}^{(1)}$ die CIVE für $\mathcal{V}_1 = \{\Sigma_\zeta\}$, Σ_ζ den wahren Parameter und $D_\vartheta^\infty(\cdot)$ die Kovarianzmatrix der Grenzverteilung

$$\mathcal{L}\{m^{1/2}(\hat{\boldsymbol{B}}_{Cm}^{(\nu)} - B)\} \xrightarrow[m \to \infty]{} \mathrm{N}_{q \times (p-q)}\left(0_{q \times (p-q)}, D_\vartheta^\infty(\{\hat{\boldsymbol{B}}_{Cm}^{(\nu)}\}_{m \geqq m_0})\right), \qquad \nu = 1, 3,$$

bezeichnen.

3.4.5. Asymptotische Effizienz

Die im Abschnitt 3.4.1 dargestellte Spezifik des Modells bringt es mit sich, daß die für Standardmodelle mögliche Behandlung der asymptotischen Effizienz von Schätzungen etwa in bezug auf alle konsistenten asymptotisch normalverteilten Schätzungen auf Schwierigkeiten stößt. Wir wollen daher hier eine demgegenüber eingeschränkte Klasse von Schätzungen für B zum Vergleich mit der CIVE heranziehen, die sich nach einer geeigneten Reduktion der Beobachtungen und durch gewisse Regularitätsforderungen ergibt.

Wir stellen zunächst einige Überlegungen dar, die eine heuristische Basis für die Festlegung der zu betrachtenden Klasse von Schätzungen liefern. Hieran schließt sich die Definition der Klasse der asymptotischen Q_m-Schätzungen und der Nachweis der asymptotischen Normalität an. Das Kernstück dieses Abschnittes ist der folgende Nachweis der asymptotischen Effizienz der CIVE in dieser Klasse; es werden dann die Konsequenzen dieses Resultats durch Diskussion der wichtigsten Alternativen zur CIVE, die hierdurch erfaßt werden, erläutert. Es ergibt sich weiterhin die Möglichkeit, asymptotisch effiziente Schätzungen durch ein einfaches Verbesserungsverfahren, angewandt auf eine konsistente Anfangsschätzung, zu erhalten.

Ausgangspunkt ist die Aussage von Lemma 3.4.7. Danach hat die Matrix $\boldsymbol{Q}_m$ einen singulären Wahrscheinlichkeitsgrenzwert:

$$\boldsymbol{Q}_m \xrightarrow[m \to \infty]{\mathrm{P}} L_B G L'_B \in \mathfrak{M}_p, \qquad \mathrm{r}[G] = p - q, \tag{18}$$

welcher gemäß $B = \varrho(\mathcal{R}(L_B G L'_B))$ den unbekannten Parameter B identifiziert. Es kann nun gezeigt werden, daß $\mathrm{r}[\boldsymbol{Q}_m] = p$ für $m \geqq m_0$ gilt.

Wir betrachten die Aufgabe der konsistenten Schätzung von B auf der Basis von (18). Es sei $f\colon \mathbb{R}^{p(p+1)/2} \to \mathbb{R}^{q(p-q)}$ eine Funktion mit der Eigenschaft

$$f(\tilde{\Gamma}'_p \overrightarrow{L_B G L'_B}) = \vec{B} \ \forall (B, G) \in \mathfrak{M}_{q \times (p-q)} \times \mathfrak{M}_{p-q}, \qquad \mathrm{r}[G] = p - q. \tag{19}$$

Die Funktion f liefert also, angewandt auf die $p(p + 1)/2$ verschiedene Elemente einer symmetrischen Matrix Q (d. h. auf $\tilde{\Gamma}'_p \vec{Q}$, vgl. [A 1.10]) stets $\vec{B}$, falls $\mathcal{R}(Q) = \varrho(B)$ gilt.

Ist f in einer offenen Umgebung $\mathcal{A}^*$ von

$$\mathcal{A} := \{\tilde{\Gamma}'_p\overrightarrow{L_BGL'_B} \mid B \in \mathfrak{M}_{q\times(p-q)},\ G \in \mathfrak{M}_{p-q},\ \mathrm{r}[G] = p - q\}$$

stetig, dann ergibt sich auf natürliche Weise eine Schätzung $\hat{\boldsymbol{B}}_m$ von B:

$$\vec{\hat{\boldsymbol{B}}}_m = f(\tilde{\Gamma}'_p\vec{\boldsymbol{Q}}_m)\,. \tag{20}$$

Aufgrund der Stetigkeit von f in einer offenen Umgebung von $\tilde{\Gamma}'_p\overrightarrow{L_BGL'_B}$ und (18) ist dann $\hat{\boldsymbol{B}}_m$ konsistent. Wird f noch als auf $\mathcal{A}^*$ stetig differenzierbar angenommen, dann ergibt sich aus der asymptotischen Normalität von $(\tilde{m}(m))^{1/2}\,(\boldsymbol{Q}_m - L_BG_mL'_B)$ und [A 2.10] die Beziehung

$$\vec{\hat{\boldsymbol{B}}}_m - \vec{B} = \mathrm{d}f(\tilde{\Gamma}'_p\overrightarrow{L_BGL'_B})\,\tilde{\Gamma}'_p\overrightarrow{\boldsymbol{Q}_m - L_BG_mL'_B} + o_{\mathrm{P}}\big((\tilde{m}(m))^{-1/2}\big)\,, \tag{21}$$

wobei df die totale Ableitung von f bezeichnet. Differentiation von (19) nach $\vec{B}$ liefert nun

$$\mathrm{d}f(\tilde{\Gamma}'_p\overrightarrow{L_BGL'_B})\,\partial_{\vec{B}}\tilde{\Gamma}'_p\overrightarrow{L_BGL'_B} = I_{q^2(q-q)^2}\,, \tag{22}$$

und Differentiation nach g, falls $\vec{G} = \tilde{\Gamma}_{p-q}g$, $g \in \mathbb{R}^{(p-q)(p-q+1)/2}$ gesetzt wird,

$$\mathrm{d}f(\tilde{\Gamma}'_p\overrightarrow{L_BGL'_B})\,\partial_g\tilde{\Gamma}'_p\overrightarrow{L_BGL'_B} = 0_{q(p-q)\times(p-q)(p-q+1)/2}\,. \tag{23}$$

Durch Störungsentwicklung berechnet man leicht $\partial_{\vec{B}}\tilde{\Gamma}'_p\overrightarrow{L_BGL'_B}$ und $\partial_g\tilde{\Gamma}'_p\overrightarrow{L_BGL'_B}$. Hierzu setzt man $B_* = B + \lambda B_1$, $g_* = g + \lambda g_1$ bzw. $G_* = G + \lambda G_1$ $(\tilde{\Gamma}'_{p-q}\vec{G} = g$, $\tilde{\Gamma}'_{p-q}\vec{G}_* = g_*)$ und erhält unter Beachtung von (3.3.89)

$$L_{B_*}G_*L'_{B_*} = L_BGL'_B + \lambda(L_BGB'_1L_0^{\perp\prime} + L_0^{\perp}B_1GL'_B + L_BG_1L'_B) + O(\lambda^2)$$

und hieraus

$$\begin{aligned}\partial_{\vec{B}}\tilde{\Gamma}'_p\overrightarrow{L_BGL'_B} &= \tilde{\Gamma}'_p[(L_BG \otimes L_0^{\perp}) + (L_0^{\perp} \otimes L_BG)\,I_{(p-q,q)}]\\ &= 2\tilde{\Gamma}'_p(L_BG \otimes L_0^{\perp})\end{aligned}$$

$$\partial_g\tilde{\Gamma}'_p\overrightarrow{L_BGL'_B} = \tilde{\Gamma}_p(L_B \otimes L_B)\,\tilde{\Gamma}_{p-q}\,.$$

$\mathrm{d}f(\Gamma'_p\overrightarrow{L_BGL'_B})$ unterliegt den sich hiermit aus (22) und (23) ergebenden linearen Restriktionen.

Wir nehmen nun die Beziehung (21) zusammen mit (22) und (23) zum Ausgangspunkt der Festlegung einer Klasse von Schätzungen, die solche der Form (20) mit den beschriebenen Eigenschaften von f als Spezialfall enthält. Wir gehen bei der Definition wiederum vom allgemeinen Modell nach Abschnitt 3.4.1 aus.

Definition 3.4.1. Es sei das Modell $\{\mathrm{P}_\vartheta \mid \vartheta \in \Theta\}$ beschrieben durch (V_ν), $\nu = 1, 2, 3$, (Ex) und weitere Annahmen, welche (18) zur Folge haben. Eine Schätzung $\{\hat{\boldsymbol{B}}_m\}_{m\geq m_0}$ des Strukturparameters B heißt eine *asymptotische Q_m-Schätzung*, wenn eine Abbildung $\varphi\colon \Theta \to \mathfrak{M}_{q(p-q)\times p(p+1)/2}$, $\varphi(\vartheta) = C_\vartheta$ existiert, so daß

a) $\vec{\hat{\boldsymbol{B}}}_m - \vec{B} = C_\vartheta\tilde{\Gamma}'_p\overrightarrow{\boldsymbol{Q}_m - L_BG_mL'_B} + o_{\mathrm{P}}\big((\tilde{m}(m^{-1/2}))\big)$, $\vartheta \in \Theta$;

b) $C_\vartheta A_\vartheta = J_0$, $\vartheta \in \Theta$ für

$$J_0 := (I_{q(p-q)} \,\vdots\, 0_{q(p-q)\times(p-q)(p-q+1)/2})\,,$$

$$A_\vartheta := (2\tilde{\Gamma}'_p(L_BG \otimes L_0^{\perp}) \,\vdots\, \tilde{\Gamma}'_p(L_B \otimes L_B)\,\tilde{\Gamma}_{p-q})\,.$$

Zunächst zeigen wir, daß die Matrix A_ϑ der linearen Restriktionen an C_ϑ vollen Rang hat.

Lemma 3.4.15 *Unter* (V_ν), (C 1), $\nu = 1, 2$, *bzw.* (V_3), (C 3) *gilt*

$$A_\vartheta \in \mathfrak{M}^{(p-q)(p-q+1)/2+q(p-q)}_{p(p+1)/2\times[(p-q)(p-q+1)/2+q(p-q)]}\,.$$

Beweis. Aus obiger Berechnung von A_ϑ anhand einer Störungsentwicklung entnimmt man, daß $r[A_\vartheta] < (p-q)(p-q+1)/2 + q(p-q)$ bedeutet, daß $B^* \in \mathfrak{M}_{q\times(p-q)}$, $G^* \in \mathfrak{M}_{p-q}$, $[\vec{B}^*, \vec{G}^*] \neq 0_{(p-q)^2+q(p-q)}$ existieren, so daß

$$L_B G B^{*\prime} L_0^{\perp\prime} + L_0^\perp B^* G L_B' + L_B G^* L_B' = 0_{p\times p}$$

gilt. Durch Prämultiplikation mit $L_B^{\perp\prime}$ erhält man hieraus

$$B^* G L_B' = 0_{q\times p}\,,$$

woraus $B^* = 0_{q\times(p-q)}$, $G^* = 0_{(p-q)\times(p-q)}$ folgt. Dies ergibt einen Widerspruch. ■

Es ergibt sich nun, daß die CIVE $\{\hat{B}_{Cm}\}_{m\geqq m_0}$ ein Element der festgelegten Klasse von Schätzungen ist.

Satz 3.4.6. *Wenn* (V_1), (N), (Ex), (C 1) *oder* (V_2), (N), (Ex), (C 1), (C 2) *oder* (V_3), (N), (Ex), (C 3) *erfüllt sind, ist die* CIVE $\{\hat{B}_{Cm}\}_{m\geqq m_0}$ *eine asymptotische* Q_m*-Schätzung. Hierbei ist* $C_\vartheta = C_{0\vartheta}$ *zu setzen, wobei* $C_{0\vartheta}$ *definiert ist durch*

$$C_{0\vartheta} := \left(G^{-1}(\tilde{C}_{0\vartheta}' L_B)^{-1}\, \tilde{C}_{0\vartheta}' \otimes L_B^\perp\right) \tilde{\Gamma}_p$$

mit $\tilde{C}_{0\vartheta}$ *aus Lemma* 3.4.10.

Beweis. Wie beim Beweis von Satz 3.4.5 erhält man die Darstellung (3.4.12) und daraus

$$\vec{\hat{B}}_{Cm} - \vec{B} = \left((\tilde{C}_m' Q_m L_0)^{-1}\, \tilde{C}_m' \otimes L_B^{\perp\prime}\right) \Gamma_p \overrightarrow{Q_m - L_B G_m L_B'}\,.$$

Eigenschaft a) aus Definition 3.4.1 folgt nun aus

$$\left((\tilde{C}_m' Q_m L_0)^{-1}\, \tilde{C}_m' \otimes L_B^{\perp\prime}\right) \tilde{\Gamma}_p - C_{0\vartheta} = o_P(1)$$

und aus den Lemmata 3.4.8, 3.4.13 und 3.4.14. Zum Nachweis der Eigenschaft b) berechnet man

$$\begin{aligned}
2C_{0\vartheta}\tilde{\Gamma}_p'(L_B G \otimes L_0^\perp) &= \left(G^{-1}(\tilde{C}_{0\vartheta}' L_B)^{-1}\, \tilde{C}_{0\vartheta}' \otimes L_B^\perp\right)(L_B G \otimes L_0^\perp)\\
&\quad + \left(G^{-1}(\tilde{C}_{0\vartheta}' L_B)^{-1}\, \tilde{C}_{0\vartheta}' \otimes L_B^\perp\right)(L_0^\perp \otimes L_B G)\, I_{(p-q,q)}\\
&= I_{q(p-q)}\,,\\
C_{0\vartheta}\tilde{\Gamma}_p'(L_B \otimes L_B)\, \tilde{\Gamma}_{p-q} &= \left(G^{-1}(\tilde{C}_{0\vartheta}' L_B)^{-1} \otimes L_B^\perp\right)(L_B \otimes L_B)\, \tilde{\Gamma}_{p-q}\\
&= 0_{q(p-q)\times(p-q)(p-q+1)/2}\,. \quad ■
\end{aligned}$$

Bemerkung 3.4.5. Satz 3.4.6 illustriert, daß die Klasse der asymptotischen Q_m-Schätzungen nicht auf Schätzungen beschränkt ist, die auf dem eingangs dargestellten Konstruktionsprinzip basieren. Aus Satz 3.3.1 geht nämlich hervor, daß $\hat{B}_{Cm}$ nicht allein Funktion von Q_m ist (vgl. auch Bemerkung 3.3.8). Weitere Beispiele für asymptotische Q_m-Schätzungen werden am Ende dieses Abschnittes diskutiert.

Die Grenzverteilungsaussage für asymptotische Q_m-Schäztungen ist nun eine einfache Folge der Definition und der im Abschnitt 3.4.4 gezeigten asymptotischen Normalität von $(\tilde{m}(m))^{1/2}\,(Q_m - L_B G_m L_B')$.

Satz 3.4.7. *Unter* (V_1), (N), (Ex), (C 1) *bzw.* (V_2), (N), (Ex), (C 1), (C 2) *bzw.* (V_3), (N), (Ex), (C 3) *gilt für eine asymptotische* Q_m*-Schätzung* $\{\hat{B}_m\}_{m\geqq m_0}$, *welche Definition* 3.4.1

für C_ϑ genügt,

$$\mathscr{L}\{(\tilde{m}(m))^{1/2}(\hat{\boldsymbol{B}}_m - B)\} \xrightarrow[m\to\infty]{} \mathrm{N}_{q\times(p-q)}\left(0_{q\times(p-q)}, D_\vartheta^\infty(\{\hat{\boldsymbol{B}}_m\}_{m\geqq m_0})\right), \tag{24}$$

$$D_\vartheta^\infty(\{\hat{\boldsymbol{B}}_m\}_{m\geqq m_0}) = C_\vartheta \tilde{\Gamma}_p' \Delta_\vartheta \tilde{\Gamma}_p C_\vartheta'$$

mit Δ_ϑ aus den Lemmata **3.4.8, 3.4.13** *und* **3.4.14.**

Die Bezeichnung $D_\vartheta^\infty(\{\hat{\boldsymbol{B}}_m\}_{m\geqq m_0})$ soll im folgenden stets für die Kovarianzmatrix der Grenzverteilung von $(\tilde{m}(m))^{1/2}(\hat{\boldsymbol{B}}_m - B)$ verwendet werden.

Bei den folgenden Ausführungen zur asymptotischen Effizienz wird die Optimalität in bezug auf $D_\vartheta^\infty(\{\hat{\boldsymbol{B}}_m\}_{m\geqq m_0})$ zugrunde gelegt.

Definition 3.4.2. Es sei das Modell $\{\mathrm{P}_\vartheta \mid \vartheta \in \Theta\}$ beschrieben durch (V_ν), $\nu = 1, 2, 3$, (Ex) und weitere Annahmen, welche (18) und (24) zur Folge haben. Dann heißt eine asymptotische Q_m-Schätzung $\{\hat{\boldsymbol{B}}_m\}_{m\geqq m_0}$ *asymptotisch effizient,* wenn für jede asymptotische Q_m-Schätzung $\{\hat{\boldsymbol{B}}_m^*\}_{m\geqq m_0}$ gilt

$$D_\vartheta^\infty(\{\hat{\boldsymbol{B}}_m\}_{m\geqq m_0}) \leqq D_\vartheta^\infty(\{\hat{\boldsymbol{B}}_m^*\}_{m\geqq m_0}), \qquad \vartheta \in \Theta .$$

Bei der Untersuchung der asymptotischen Effizienz unterscheiden wir nun zwischen den Fällen $\alpha = 0$ und $\alpha > 0$.

Satz 3.4.8. *Unter* (V_1), (N), (Ex), (C 1) *bzw.* (V_2), (N), (Ex), (C 1), (C 2) *bzw.* (V_3), (N), (Ex), (C 3) *gilt im Fall* $\alpha = 0$ *für beliebige asymptotische Q_m-Schätzungen* $\{\hat{\boldsymbol{B}}_m\}_{m\geqq m_0}$, $\{\hat{\boldsymbol{B}}_m^*\}_{m\geqq m_0}$

$$\hat{\boldsymbol{B}}_m - \hat{\boldsymbol{B}}_m^* = o_{\mathrm{P}}\left((\tilde{m}(m))^{-1/2}\right).$$

B e w e i s. Es seien $\{\hat{\boldsymbol{B}}_m\}_{m\geqq m_0}$ und $\{\hat{\boldsymbol{B}}_m^*\}_{m\geqq m_0}$ Schätzungen, die Definition 3.4.1 für C_ϑ bzw. C_ϑ^* genügen. Dann gilt

$$\vec{\hat{\boldsymbol{B}}}_m - \vec{\hat{\boldsymbol{B}}}_m^* = (C_\vartheta - C_\vartheta^*)\,\tilde{\Gamma}_p'\,\overrightarrow{(\boldsymbol{Q}_m - L_B G_m L_B')} + o_{\mathrm{P}}\left((\tilde{m}(m))^{-1/2}\right).$$

Es genügt daher, zu zeigen, daß

$$(C_\vartheta - C_\vartheta^*)\,\tilde{\Gamma}_p' \Delta_\vartheta \tilde{\Gamma}_p = 0_{q(p-q)\times p(p+1)/2};$$

um dies zu zeigen, genügt es,

$$\mathscr{R}(\tilde{\Gamma}'' \Delta_\vartheta \tilde{\Gamma}_p) \subseteq \mathscr{R}(A_\vartheta) \tag{25}$$

nachzuweisen. Nun gilt

$$\Delta_\vartheta = 4\Gamma_p(L_B G_0 L_B' \otimes \Sigma_\zeta)\,\Gamma_p$$

nach den Lemmata 3.4.8, 3.4.13 und 3.4.14 und

$$\begin{aligned}
\tilde{\Gamma}_p' \Delta_\vartheta \tilde{\Gamma}_p &= \tilde{\Gamma}_p'(L_B \otimes I_p)\,(G_0 L_B' \otimes \Sigma_\zeta)\,\tilde{\Gamma}_p ,\\
\mathscr{R}(A_\vartheta) &= \mathscr{R}\left(\tilde{\Gamma}_p'(L_B \otimes L_0^\perp)\right) + \mathscr{R}\left(\tilde{\Gamma}_p'(L_B \otimes L_B)\,\tilde{\Gamma}_{p-q}\right)\\
&= \mathscr{R}\left(\tilde{\Gamma}_p'(L_B \otimes L_0^\perp)\right) + \mathscr{R}\left(\tilde{\Gamma}_p'(L_B \otimes L_B)\right)\\
&= \tilde{\Gamma}_p'(L_B \otimes I_p)\left(\mathscr{R}(I_{p-q} \otimes L_0^\perp) + \mathscr{R}(I_{p-q} \otimes L_B)\right).
\end{aligned}$$

Zum Nachweis von (25) genügt es daher,

$$\mathscr{R}\left((I_{p-q} \otimes \Sigma_\zeta)\,\tilde{\Gamma}_p\right) \subseteq \mathscr{R}(I_{p-q} \otimes L_0^\perp) + \mathscr{R}(I_{p-q} \otimes L_B)$$

zu zeigen. Dies ist jedoch wegen

$$\mathcal{R}(I_{p-q} \otimes L_0^\perp) + \mathcal{R}(I_{p-q} \otimes L_B) = \mathcal{R}(I_{p-q} \otimes (L_0^\perp, L_B)) = \mathbb{R}^{p(p-q)}$$

erfüllt. ■

Mit den Sätzen 3.4.5, 3.4.6 und 3.4.8 und Bemerkung 3.4.3 a) erhält man

Folgerung 3.4.1. *Unter den Voraussetzungen von Satz 3.4.7 gilt für jede asymptotische Q_m-Schätzung $\{\hat{B}_m\}_{m \geq m_0}$*

$$D_\vartheta^\infty(\{\hat{B}_m\}_{m \geq m_0}) = G^{-1}G_0G^{-1} \otimes L_B'\Sigma_\zeta L_B^\perp .$$

Wir betrachten nun den Fall $\alpha > 0$. Hier sind die asymptotischen Q_m-Schätzungen i. allg. nicht asymptotisch äquivalent (im Sinne von Satz 3.4.8); dann ermöglicht die Struktur der Grenzkovarianzmatrix nach Satz 3.4.7 zusammen mit der Restriktion b) aus Definition 3.4.1 eine Optimalitätsaussage.

Satz 3.4.9. *Es sei das Modell $\{P_\vartheta \mid \vartheta \in \Theta\}$ beschrieben durch* (V_1), (N), (Ex), (C 1) *bzw.* (V_2), (N), (Ex), (C 1), (C 2) *bzw.* (V_3), (N), (Ex), (C 3), *und es sei $\alpha > 0$. Es sei $\{\hat{B}_m\}_{m \geq m_0}$ eine asymptotische Q_m-Schätzung, welche Definition* 3.4.1 *für C_ϑ genügt.*

Dann gilt:

a) *Falls $C_\vartheta = C_{0\vartheta}$, $\vartheta \in \Theta$ ($C_{0\vartheta}$ aus Satz* 3.4.6), *dann ist $\{\hat{B}_m\}_{m \geq m_0}$ asymptotisch effizient.*

b) *$C_\vartheta = C_{0\vartheta}$, $\vartheta \in \Theta$ ist notwendig für die asymptotische Effizient von $\{\hat{B}_m\}_{m \geq m_0}$ unter* (V_1), (V_3) *und unter* (V_2), $\alpha < 1$.

c) *Ist $\{\hat{B}_m\}_{m \geq m_0}$ asymptotisch effizient, dann gilt*

$$D_\vartheta^\infty(\{\hat{B}_m\}_{m \leqq m_0}) = D_{0\vartheta} \qquad (D_{0\vartheta} \textit{ aus Satz } 3.4.5) .$$

Beweis. Wir betrachten für festes $\vartheta \in \Theta$ die Aufgabe der Minimierung von $C\tilde{\Gamma}_p'\Delta_\vartheta\tilde{\Gamma}_pC'$, $C \in \mathfrak{M}_{q(p-q) \times p(p+1)/2}$ unter der Restriktion $CA_\vartheta = J_0$. Die Behauptung a) ist bewiesen, wenn $C_{0\vartheta}$ Lösung dieses Problems ist für alle $\vartheta \in \Theta$ (Satz 3.4.7, Definition 3.4.2). Dann folgt c) aus den Sätzen 3.4.7, 3.4.6 und 3.4.5. Behauptung b) ist bewiesen, wenn unter den angegebenen Voraussetzungen die Lösung eindeutig bestimmt ist.

Aus $CA_\vartheta = J_0$ folgt

$$C\tilde{\Gamma}_p'(L_B \otimes L_B)\,\tilde{\Gamma}_{p-q} = 0_{q(p-q) \times (p-q)(p-q+1)/2} \tag{26}$$

und hieraus

$$0_{q(p-q) \times p^2} = C\tilde{\Gamma}_p'(L_B \otimes L_B)\,\Gamma_{p-q}(AL_B' \otimes AL_B')$$

für jedes $A \in \mathfrak{M}_{p-q}$. Es sei $\tilde{\Sigma} = \Sigma_\zeta + L_BL_B'$. Dann gilt $\tilde{\Sigma} > 0$ und

$$\begin{aligned} C\tilde{\Gamma}_p'\Delta_\vartheta\tilde{\Gamma}_pC' &= C\tilde{\Gamma}_p'(\Delta_\vartheta + 2\alpha L_BL_B' \otimes L_BL_B')\,\tilde{\Gamma}_pC' \\ &= C\tilde{\Gamma}_p'[\Delta_\vartheta + 2\alpha L_BL_B' \otimes L_BL_B' + 4L_B(\alpha I_p - G_0)\,L_B' \otimes \Sigma_\zeta]\,\tilde{\Gamma}_pC' \\ &\quad + 4C\tilde{\Gamma}_p'[L_B(G_0 - \alpha I_p)\,L_B' \otimes \Sigma_\zeta]\,\tilde{\Gamma}_pC' . \end{aligned} \tag{27}$$

Es sei $\tilde{\alpha}^{(\nu)} := 2\alpha^2q^{-1}I_{\{2\}}(\nu)$, für $\nu = 1, 2, 3$; analog zu G, G_0 verwenden wir $\tilde{\alpha}$. Nun zeigt man mit Hilfe der Lemmata 3.4.8, 3.4.13 und 3.4.14

$$\begin{aligned} &\tilde{\Gamma}_p'[\Delta_\vartheta + 2\alpha L_BL_B' \otimes L_BL_B' + 4L_B(\alpha I_p - G_0)\,L_B' \otimes \Sigma_\zeta]\,\tilde{\Gamma}_p \\ &= 2\alpha\tilde{\Gamma}_p'(\vec{\Sigma} \otimes \vec{\Sigma})\,\tilde{\Gamma}_p - \tilde{\alpha}\tilde{\Gamma}_p'(\vec{\Sigma}_\zeta\vec{\Pi}'(\Sigma_\zeta \otimes \Sigma_\zeta) + (\Sigma_\zeta \otimes \Sigma_\zeta)\,\vec{\Pi}\vec{\Sigma}_\zeta')\,\tilde{\Gamma}_p \\ &\quad + \tilde{\alpha}\tilde{\Gamma}_p'\vec{\Sigma}_\zeta\vec{\Sigma}_\zeta'\tilde{\Gamma}_p , \end{aligned} \tag{28}$$

wobei man die Beziehungen $\tilde{\Gamma}'_p = \tilde{\Gamma}'_p \Gamma_p$, $2\Gamma_p = I_{p^2} + I_{(p)}$ und die Eigenschaften von $I_{(p)}$ ([A 1.10]) ausnutzt. Analog zum Beweis von Satz 3.4.8 und Folgerung 3.4.1 zeigt man

$$4C\tilde{\Gamma}'_p(L_B(G_0 - \alpha I_p) L'_B \otimes \Sigma_\zeta) \tilde{\Gamma}_p C' = G^{-1}(G_0 - \alpha I_p) G^{-1} \otimes L_B^{\perp\prime}\Sigma_\zeta L_B^\perp . \tag{29}$$

Aus (27), (28) und (29) erhält man

$$\begin{aligned} &C\tilde{\Gamma}'_p \Delta_\vartheta \tilde{\Gamma}_p C' \\ &= C\tilde{\Gamma}'_p[2\alpha\tilde{\Sigma} \otimes \tilde{\Sigma} - \tilde{\alpha}(\vec{\Sigma}_\zeta \vec{\Pi}'(\Sigma_\zeta \otimes \Sigma_\zeta) + (\Sigma_\zeta \otimes \Sigma_\zeta) \vec{\Pi}\vec{\Sigma}'_\zeta) + \alpha\vec{\Sigma}_\zeta\vec{\Sigma}'_\zeta] \tilde{\Gamma}_p C' \\ &\quad + G^{-1}(G_0 - \alpha I_p) G^{-1} \otimes L_B^{\perp\prime}\Sigma_\zeta L'_B . \end{aligned} \tag{30}$$

Aus (26) folgt weiterhin

$$C\tilde{\Gamma}'_p \overrightarrow{L_B L'_B} = 0_{q(p-q)\times 1}$$

somit

$$C\tilde{\Gamma}'_p \vec{\Sigma}_\zeta = C\tilde{\Gamma}'_p \vec{\tilde{\Sigma}} \tag{31}$$

und

$$\begin{aligned} C\tilde{\Gamma}'_p(\tilde{\Sigma} \otimes \tilde{\Sigma}) \vec{\Pi} &= C\tilde{\Gamma}'_p(\tilde{\Sigma}^{1/2} \otimes \tilde{\Sigma}^{1/2}) \vec{P}_{\tilde{\Sigma}^{1/2}\mathfrak{X}^\perp} \\ &= C\tilde{\Gamma}'_p(\tilde{\Sigma}^{1/2} \otimes \tilde{\Sigma}^{1/2}) (\vec{I}_p - \vec{P}_{\tilde{\Sigma}^{-1/2}\mathfrak{X}}) \\ &= C\tilde{\Gamma}'_p \vec{\tilde{\Sigma}} - C\tilde{\Gamma}'_p(L_B \otimes L_B) \overrightarrow{(L'_B\tilde{\Sigma}^{-1}L_B)^{-1}} \\ &= C\tilde{\Gamma}'_p \vec{\tilde{\Sigma}} . \end{aligned} \tag{32}$$

Unter Beachtung von $(\Sigma_\zeta \otimes \Sigma_\zeta) \vec{\Pi} = (\tilde{\Sigma} \otimes \tilde{\Sigma}) \vec{\Pi}$ erhält man somit aus (30), (31) und (32)

$$\begin{aligned} &C\tilde{\Gamma}'_p \Delta_\vartheta \tilde{\Gamma}_p C' - G^{-1}(G^0 - \alpha I_p) G^{-1} \otimes L_B^{\perp\prime}\Sigma_\zeta L_B^\perp \\ &= C\tilde{\Gamma}'_p[2\alpha\tilde{\Sigma} \otimes \tilde{\Sigma} - \tilde{\alpha}(\vec{\tilde{\Sigma}}\vec{\Pi}'(\tilde{\Sigma} \otimes \tilde{\Sigma}) + (\tilde{\Sigma} \otimes \tilde{\Sigma}) \vec{\Pi}\vec{\tilde{\Sigma}}') + \tilde{\alpha}\vec{\tilde{\Sigma}}\vec{\tilde{\Sigma}}'] \tilde{\Gamma}_p C' \\ &= C\tilde{\Delta}C' \end{aligned}$$

für

$$\tilde{\Delta} := 2\alpha\tilde{\Gamma}'_p[\tilde{\Sigma}^{1/2} \otimes \tilde{\Sigma}^{1/2} - \tilde{\alpha}(2\alpha)^{-1} (\tilde{\Sigma} \otimes \tilde{\Sigma}) \vec{\Pi}\vec{\Pi}'(\tilde{\Sigma} \otimes \tilde{\Sigma})] \tilde{\Gamma}_p .$$

Es gilt

$$\begin{aligned} \tilde{\Delta} &= 2\alpha\tilde{\Gamma}'_p(\tilde{\Sigma}^{1/2} \otimes \tilde{\Sigma}^{1/2}) [I_{p^2} - \tilde{\alpha}(2\alpha)^{-1} (\tilde{\Sigma}^{1/2} \otimes \tilde{\Sigma}^{1/2}) \times \\ &\qquad \times \vec{\Pi}\vec{\Pi}'(\tilde{\Sigma}^{1/2} \otimes \tilde{\Sigma}^{1/2})] (\tilde{\Sigma}^{/12} \otimes \tilde{\Sigma}^{1/2}) \tilde{\Gamma}_p \\ &= 2\alpha\tilde{\Gamma}'_p(\Sigma^{1/2} \otimes \Sigma^{1/2}) [I_{p^2} - q\tilde{\alpha}(2\alpha)^{-1} \tilde{\Pi}] (\tilde{\Sigma}^{1/2} \otimes \tilde{\Sigma}^{1/2}) \tilde{\Gamma}_p , \end{aligned}$$

wobei

$$\tilde{\Pi} := q^{-1}(\tilde{\Sigma}^{1/2} \otimes \tilde{\Sigma}^{1/2}) \vec{\Pi}\vec{\Pi}'(\tilde{\Sigma}^{1/2} \otimes \tilde{\Sigma}^{1/2})$$

eine Projektionsmatrix ist, wie man leicht bestätigt. Unter (V_ν), $\nu = 1, 3$, oder unter $\alpha < 1$ gilt daher $\tilde{\Delta} > 0$. Für

$$C_* = C\tilde{\Delta}^{1/2} , \qquad A_* = \tilde{\Delta}^{-1/2}A_\vartheta$$

ist dann $C_*C'_*$ unter der Restriktion $C_*A_* = J_0$ zu minimieren. Eine hinreichende Minimalitätsbedingung lautet dann

$$\mathcal{R}(C'_*) \subseteq \mathcal{R}(A_*) , \qquad C_*A_* = J_0$$

oder

$$\mathcal{R}(\tilde{\Delta}C') \subseteq \mathcal{R}(A_\vartheta)\,, \qquad CA_\vartheta = J_0\,. \tag{33}$$

Aufgrund von Lemma 3.4.15 und $\tilde{\Delta} > 0$ ist die Lösung in C eindeutig bestimmt.

Unter (V_2), $\alpha = 1$ gilt $q\tilde{\alpha}(2\alpha)^{-1} = 1$. Es sei dann $\Pi^* \in \mathfrak{M}_{p^2\times(p^2-1)}$ derart, daß $\Pi^*\Pi^{*\prime} = I_{p^2} - \tilde{\Pi}$. Es gilt

$$\begin{aligned}&\tilde{\Pi}(\tilde{\Sigma}^{-1/2}\otimes\tilde{\Sigma}^{-1/2})\,\tilde{\Gamma}_pA_\vartheta\\ &= \tilde{\Pi}(\tilde{\Sigma}^{-1/2}\otimes\tilde{\Sigma}^{-1/2})\,\Gamma_p(L_B\otimes I_p)\,\big(2G\otimes L_0^\perp \,\vdots\, (I_{p-q}\otimes L_B)\,\tilde{\Gamma}_{p-q}\big)\\ &= 0_{p^2\times[(p-q)(p-q+1)/2+q(p-q)]}\,. \end{aligned}\tag{34}$$

Die Restriktion $CA_\vartheta = J_0$ läßt sich daher schreiben als

$$C\tilde{\Gamma}_p'(\tilde{\Sigma}^{1/2}\otimes\tilde{\Sigma}^{1/2})\,(I_{p^2}-\tilde{\Pi})\,(\tilde{\Sigma}^{-1/2}\otimes\tilde{\Sigma}^{-1/2})\,\tilde{\Gamma}_pA_\vartheta = J_0\,.$$

Mit

$$C_{**} := C\tilde{\Gamma}_p'(\tilde{\Sigma}^{1/2}\otimes\tilde{\Sigma}^{1/2})\,\Pi^*\,, \qquad A_{**} := \Pi^{*\prime}(\tilde{\Sigma}^{-1/2}\otimes\tilde{\Sigma}^{-1/2})\,\tilde{\Gamma}_pA_\vartheta$$

ist dann also $C_{**}C_{**}'$ unter der Restriktion $C_{**}A_{**} = J_0$ zu minimieren. Eine hinreichende Minimalitätsbedingung lautet dann

$$\mathcal{R}(C_{**}') \subseteq \mathcal{R}(A_{**})\,, \qquad C_{**}A_{**} = J_0$$

oder äquivalent

$$\mathcal{R}(\Pi^*C_{**}') \subseteq \mathcal{R}(\Pi^*A_{**})\,, \qquad C_{**}A_{**} = J_0\,.$$

Hierfür ist (33) wegen $\Gamma_p\tilde{\Pi} = \tilde{\Pi}\Gamma_p$ und (34) hinreichend.

Zum Beweis des Satzes genügt es nun, zu zeigen, daß $C_{0\vartheta}$ (33) erfüllt. Es gilt für $\tilde{C}_{0\vartheta}$ aus Lemma 3.4.10

$$\begin{aligned}\mathcal{R}(\tilde{\Delta}C_{0\vartheta}') &= \mathcal{R}\big(\tilde{\Delta}\tilde{\Gamma}_p'(\tilde{C}_{0\vartheta}\otimes L_B^\perp)\big)\\ &= \mathcal{R}\big(\tilde{\Gamma}_p'(\tilde{\Sigma}^{1/2}\otimes\tilde{\Sigma}^{1/2})\,\big(I_{p^2}-q\tilde{\alpha}(2\alpha)^{-1}\tilde{\Pi}\big)\,(\tilde{\Sigma}^{1/2}\tilde{C}_{0\vartheta}\otimes\tilde{\Sigma}^{1/2}L_B^\perp)\big)\,.\end{aligned}$$

Nun gilt

$$\tilde{\Pi}(\tilde{\Sigma}^{1/2}\tilde{C}_{0\vartheta}\otimes\tilde{\Sigma}^{1/2}L_B^\perp) = q^{-1}(\tilde{\Sigma}^{1/2}\otimes\tilde{\Sigma}^{1/2})\,\overrightarrow{\Pi L_B^{\perp\prime}\tilde{\Sigma}\Pi\tilde{\Sigma}\tilde{C}_{0\vartheta}} = 0_{p^2\times q(p-q)}\,,$$

wegen $\Omega(\tilde{C}_{0\vartheta}^\perp) = \mathcal{R}(\Sigma_\zeta L_B^\perp) = \mathcal{R}(\tilde{\Sigma}L_B^\perp)$ nach Lemma 3.4.10. Es folgt

$$\mathcal{R}(\tilde{\Delta}C_{0\vartheta}') = \mathcal{R}\big(\tilde{\Gamma}_p'(\tilde{\Sigma}\tilde{C}_{0\vartheta}\otimes\tilde{\Sigma}L_B^\perp)\big) = \mathcal{R}\big(\tilde{\Gamma}_p'(L_B\otimes\tilde{\Sigma}L_B^\perp)\big)\,.$$

Der Beweis von (33) verläuft nun wie bei Satz 3.4.8. Nach Satz 3.4.6 gilt auch $C_{0\vartheta}A_\vartheta = J_0$. ■

Mit Satz 3.4.6 folgt nun unmittelbar

Folgerung 3.4.2. *Unter den Voraussetzungen von Satz* 3.4.9 *ist die* CIVE $\{\hat{\boldsymbol{B}}_{Cm}\}_{m\geq m_0}$ *asymptotisch effizient.*

Dieses Optimalitätsresultat erhält seine Bedeutung nun dadurch, daß die wichtigsten bekannten Alternativen zur CIVE *ebenfalls asymptotische* Q_m*-Schätzungen sind.*

Beispiel 3.4.10 (modifizierte Zwei-Stufen-LSE (2SLS-Schätzung) und verwandte Schätzungen). Im Abschnitt 3.3.1.4 wurden in einem speziellen Modell bereits die im Hinblick auf die CIVE alternativen Schätzungen (3.3.18) und (3.3.19) erwähnt. Wir wollen hier die Verallgemeinerungen dieser Schätzungen für das vorliegende Modell betrachten; es erweist sich, daß diese als Analoga der 2SLS-Schätzung in Simultangleichungsmodellen gedeutet werden können, während die CIVE der LIML entspricht (vgl. Abschnitte 3.1.3, 3.3.1.5).

Wir betrachten zunächst den Fall $r = p$. Für die Funktion f in der eingangs dargestellten Konstruktion setzen wir

$$f(\tilde{\Gamma}'_p A) = \begin{cases} \gamma^{-1}(\mathcal{R}(AL_0)), & \text{falls } \mathcal{R}(AL_0) \in \varrho(\mathfrak{M}_{q \times (p-q)}), \\ \text{beliebig} & \text{sonst}. \end{cases} \tag{35}$$

Da gilt $\mathcal{R}(L_B G L'_B L_0) = \mathcal{R}(L_B G) = \varrho(B)$, falls $\mathrm{r}[G] = p - q$ ist, erfüllt diese Funktion (19). Überdies ist f stetig differenzierbar auf einer offenen Umgebung $\mathcal{A}^*$ von $\mathcal{A}$; f läßt sich nämlich darstellen als

$$f(\tilde{\Gamma}'_p \vec{A}) = \begin{cases} \overrightarrow{L_0^{\perp} A L_0 (L'_0 A L_0)^{-1}}, & \text{falls } \mathrm{r}[L'_0 A L_0] = p - q, \\ \text{beliebig} & \text{sonst}. \end{cases}$$

Da nun

$$\mathcal{A}^* = \{\tilde{\Gamma}'_p \vec{A}, A \in \mathfrak{M}_p \mid \mathrm{r}[L'_0 A L_0] = p - q\}$$

offen, f dort stetig differenzierbar ist und $\mathcal{A} \subset \mathcal{A}^*$ gilt, folgt die Behauptung. Setzt man also

$$\vec{\hat{B}}_{(1)m} := f(\tilde{\Gamma}'_p \vec{Q}_m),$$

dann ist die Schätzung $\hat{B}_{(1)m}$ *unter den Voraussetzungen von* Satz 3.4.6 *eine asymptotische* Q_m-*Schätzung.*

Hierbei kann nun L_0 durch eine beliebige Matrix $C \in \mathfrak{M}^{p-q}_{p \times (p-q)}$ ersetzt werden, wenn nur Parameterwerte betrachtet werden, für die $\mathrm{r}[L'_B C] = p - q$ gilt. Es seien speziell $C_\varkappa \in \mathfrak{M}_{p \times (p-q)}$ die $\binom{p}{p-q}$ Matrizen, die aus je $p - q$ Spalten von I_p (in ihrer gegebenen Reihenfolge) bestehen. Hierbei sei $C_1 = L_0$. Wird nun der Parameter B auf die Menge

$$\mathcal{A}_\varkappa := \{B \in \mathfrak{M}_{q \times (p-q)} \mid \mathrm{r}[L'_B C_\varkappa] = p - q\}$$

eingeschränkt, so sind die Schätzungen $\hat{B}_{(\varkappa)m}$, $\varkappa = 1, \dots, \binom{p}{p-q}$, die durch Ersetzung von L_0 durch $C_\varkappa$ in (35) entstehen, ebenfalls asymptotische Q_m-Schätzungen. Da $\mathcal{A}_\varkappa$ nämlich offen ist, übertragen sich obige Ausführungen; es kann überdies gezeigt werden, daß $\mu_{q(p-q)}(\mathcal{A}) = 1$ gilt.

Wir wollen vereinbaren, falls $\mathcal{R}(AC_\varkappa) \notin \varrho(\mathfrak{M}_{q \times (p-q)})$, d. h. falls $(L'_0 A C_\varkappa)^{-1}$ nicht existiert, hierfür eine g-Inverse $(L'_0 A C_\varkappa)^-$ einzusetzen. Hiermit folgt aus (39)

$$\hat{B}_{(\varkappa)m} = L'_0 Q_m C_\varkappa (L'_0 Q_m C_\varkappa)^- .$$

Man erkennt, daß $\hat{B}_{(1)m}$ unter V_3 im Fall $q = p - 1$ gerade eine Schätzung der Gestalt (3.3.20) darstellt (vgl. Lemma 3.3.1). Hierbei ist $\lambda = n(m)\,(m - n(m))^{-1}$, d. h., $\hat{B}_{(1)m}$ ist die zur Konsistenz im allgemeinen Fall $\lim\limits_{m \to \infty} n(m)\,(m - n(m))^{-1} \neq 0$ modifizierte 2SLS-Schätzung. Unter (V_ν), $\nu = 1, 2$, ist $\hat{B}_{(1)m}$ hierzu das Analogon; im allgemeinen Fall $q \leqq p$ ist $\hat{B}_{(1)m}$ die natürliche Verallgemeinerung (die klassischen 2SLS-Schätzung und LIML in Simultangleichungsmodellen entsprechen Schätzungen von B in LIFU$^+$ im Fall $p - q = 1$, s. Abschnitt 3.3.1.5). Im Fall $p = 2$, $q = 1$ gilt $\binom{p}{p-q} = 2$, *und man erhält im Modell von Beispiel* 3.4.7 *(für* $r = p$*) gerade die Schätzungen* (3.3.18), (3.3.19).

In der Literatur bildete der Gütevergleich von $\hat{\boldsymbol{B}}_{Cm}$ und $\hat{\boldsymbol{B}}_{(1)m}$ den Gegenstand der Mehrzahl der Untersuchungen zur Effizienz von Schätzungen in linearen funktionellen Beziehungen (LIFU+) (s. hierzu Abschnitt 3.4.7).

Die gebräuchliche Übertragung dieses Schätzverfahrens auf den Fall $q < r < p$ besteht darin, in (35) $\mathcal{R}(\boldsymbol{Q}_m C_\varkappa)$ durch

$$\boldsymbol{Q}_m F_{\hat{\boldsymbol{E}}_m}^{-1'} (\mathcal{J}^\perp + J\mathcal{R}(C_\varkappa^*))$$

zu ersetzen, wobei $C_\varkappa^* \in \mathfrak{M}_{r \times (r-q)}$ aus $r - q$ Spalten von I_r besteht. Hier ist $F_{\hat{\boldsymbol{E}}_m}$ gemäß Abschnitt 3.4.1 (iii) und Lemma 3.3.2 sowie [A 1.5] eine Funktion von $\boldsymbol{Q}_m$; die entstehende Schätzung

$$\hat{B}_{(\varkappa)m} = \begin{cases} \varrho^{-1}(Q_m F_{\hat{E}_m}^{-1'}(\mathcal{J}^\perp + J\mathcal{R}(C_\varkappa^*))) \,, & \text{falls} \quad Q_m F_{\hat{E}_m}^{-1'}(\mathcal{J}^\perp + J\mathcal{R}(C_\varkappa^*)) \in \varrho(\mathfrak{M}_{q \times (p-q)}) \,, \\ \hat{f}(Q_m) & \text{sonst} \end{cases}$$

ist somit eine Funktion von $\boldsymbol{Q}_m$. Mit Hilfe von (iii) und [A 1.5] zeigt man leicht, daß $\boldsymbol{B}_{(\varkappa)m}$ auch eine asymptotische Q_m-Schätzung ist, falls der Parameter B_2 gemäß Abschnitt 3.3.4, (ii) auf die Menge

$$\mathcal{A}_\varkappa^* = \{B_2 \in \mathfrak{M}_{q \times (r-q)} \mid \mathrm{r}[L'_{B_2} C_\varkappa^*] = r - q\}$$

eingeschränkt wird. Analog zu Bemerkung 3.3.10 zeigt man, daß

$$\hat{\boldsymbol{B}}_{(\varkappa)m} = (\hat{\boldsymbol{B}}_{1(\varkappa)m}, \hat{\boldsymbol{B}}_{2(\varkappa)m}), \qquad \hat{\boldsymbol{B}}_{1(\varkappa)m} \in \mathfrak{M}_{q \times (p-r)}, \qquad \hat{\boldsymbol{B}}_{2(\varkappa)m} \in \mathfrak{M}_{q \times (r-q)},$$

$$\hat{\boldsymbol{B}}_{2(\varkappa)m} = L_{20}^{\perp\prime} \boldsymbol{Q}_m C_\varkappa (L'_{20} \boldsymbol{Q}_m C_\varkappa)^- ,$$

und

$$\hat{\boldsymbol{B}}_{1(\varkappa)m} = L_{\hat{\boldsymbol{B}}_{2(\varkappa)m}}^{\perp\prime} \boldsymbol{Z}_{2m} M_{1m}^+ = L_{\hat{\boldsymbol{B}}_{2(\varkappa)m}}^{\perp\prime} \hat{\boldsymbol{E}}_m$$

$\big(L_{20}, L_{20}^\perp$ gemäß (xiv)$\big)$ gilt.

Beispiel 3.4.11. Wir betrachten den Fall $r = p = 2$, $q = 1$. Es sei $f\colon \mathbb{R}^3 \to \mathbb{R}^1$

$$f(x) = \begin{cases} (x_3^2/x_1^2)^{1/2} \operatorname{sign} x_2 \,, & \text{falls} \quad x = (x_i)_{i=1,2,3} \,, \quad x_1 \neq 0 \,, \\ 0 & \text{sonst} \,. \end{cases}$$

Dann gilt

$$f(\overrightarrow{\tilde{\Gamma}'_2 L_B G L'_B}) = B \,, \qquad \forall (B, G) \in \mathbb{R}^2 \,, \qquad G \neq 0 \,,$$

d. h., f erfüllt (14). Weiterhin existiert zu jedem Punkt aus $\mathcal{A} \setminus \{x \mid x = (x_i)_{i=1,2,3}, x_2 \neq 0\}$ eine offene Umgebung, auf welcher f stetig differenzierbar ist. Falls nun der Parameterwert $B = 0$ ausgeschlossen wird, erhält man ähnlich wie oben, daß die Schätzung

$$\hat{\boldsymbol{B}}_{Rm} := (q_{m22}/q_{m11})^{1/2} \operatorname{sign} q_{m12}$$

für $\boldsymbol{Q}_m = ((q_{mij}))_{j=1,2}^{i=1,2}$ eine asymptotische Q_m-Schätzung ist. Die Schätzung $\hat{\boldsymbol{B}}_{Rm}$ wurde von Tukey (1951) eingeführt und von Madansky (1959), Dorff und Gurland (1961 a, b) diskutiert.

Beispiel 3.4.12 (Minimum-Kontrast-Schätzungen). Wir betrachten eine Modifikation des Prinzips der Minimum-Kontrast-Schätzung (s. Pfanzagl (1969)) zur Schätzung von B auf Basis der Konvergenz (18). Es sei zunächst der allgemeine implizite Fall angenommen. Es sei

$$F\colon \mathbb{R}^{p(p+1)/2} \times \mathfrak{L}_{p,p-q} \to \mathbb{R}^1$$

eine stetige Funktion mit der Eigenschaft

$$\begin{aligned}&\forall Q \in \mathfrak{M}_p\colon \mathcal{R}(Q) = \mathcal{L} \in \mathfrak{L}_{p,p-q} \Rightarrow F(\tilde{\Gamma}'_p\vec{Q}, \mathcal{L}) < F(\tilde{\Gamma}'_p\vec{Q}, \mathcal{L}')\\ &\mathcal{L}' \neq \mathcal{L}, \qquad \mathcal{L}' \in \mathfrak{L}_{p,p-q}.\end{aligned} \tag{36}$$

F heißt *Kontrastfunktion*. Eine Minimum-Kontrast-Schätzung (MCE) $\underline{\hat{\mathcal{L}}}_m$ von $\mathcal{L}$ ist eine Schätzung, welche

$$F(\tilde{\Gamma}'_p\vec{\boldsymbol{Q}}_m, \underline{\hat{\mathcal{L}}}_m) = \inf_{\mathcal{L} \in \mathfrak{L}_{p,p-q}} F(\tilde{\Gamma}'_p\vec{\boldsymbol{Q}}_m, \mathcal{L})$$

genügt. Aus der Kompaktheit von $\mathfrak{L}_{p,p-q}$ (s. [A 3.16]) folgt die Existenz einer MCE mit (nicht restringierten) Werten in $\mathfrak{L}_{p,p-q}$; ebenso läßt sich, falls $\boldsymbol{Q}_m \xrightarrow[m\to\infty]{\text{fs}} \tilde{G} \in \mathfrak{M}^{p-q}_{p\times p}$, die (starke) Konsistenz zeigen (analog zu Pfanzagl (1969); s. a. Abschnitt **3.5.4.1**, Satz **3.5.2**).

Im expliziten Fall setzen wir

$$\tilde{F}(\cdot, B) := F(\cdot, \varrho(B))\,.$$

Es sei $\tilde{F}$ als zweimal stetig differenzierbar (auf einer offenen Umgebung von $\mathcal{A} \times \mathfrak{M}_{q\times(p-q)}$) vorausgesetzt. Es seien

$$\begin{aligned}&\tilde{F}'(x, B) := \partial_{\vec{B}} F(x, B)\\ &\partial_1 \tilde{F}'(x, B) := \partial_x \tilde{F}'(x, B), \qquad \partial_2 \tilde{F}'(x, B) := \partial_{\vec{B}} \tilde{F}'(x, B)\,,\end{aligned}$$

und es gelte

$$\begin{aligned}&\mathrm{r}[\partial_2\tilde{F}'(\tilde{\Gamma}'_p\overrightarrow{L_BGL'_B}, B)] = q(p-q)\,,\\ &\forall (B, G) \in \mathfrak{M}_{q\times(p-q)} \times \mathfrak{M}_{p-q}\,, \qquad \mathrm{r}[G] = p-q\,.\end{aligned} \tag{37}$$

Dann gilt für $\hat{\boldsymbol{B}}_m := \varrho^{-1}(\hat{\mathcal{L}}_m)$, falls $\mathcal{L}_m \in \varrho(\mathfrak{M}_{q\times(p-q)})$,

$$\tilde{F}'(\tilde{\Gamma}'_p\vec{\boldsymbol{Q}}_m, \hat{\boldsymbol{B}}_m)' = 0_{q(p-q)} \tag{38}$$

und aufgrund von (31)

$$\tilde{F}'(\tilde{\Gamma}'_p\overrightarrow{L_BGL'_B}, B)' = 0_{q(p-q)}\,. \tag{39}$$

Aus (37), (38) und (39), der Konsistenz von $\hat{\boldsymbol{B}}_m$ und der asymptotischen Normalität von $\big((\tilde{m}(m))^{1/2}\big)\,(\boldsymbol{Q}_m - L_BG_mL'_B)$ leitet man

$$\begin{aligned}\hat{\boldsymbol{B}}_m - B &= \big(\partial_2\tilde{F}'(\tilde{\Gamma}'_p\overrightarrow{L_BGL'_B}, B)\big)^{-1}\,\partial_1\tilde{F}'(\tilde{\Gamma}'_p\overrightarrow{L_BGL'_B}, B)\,(\overrightarrow{\boldsymbol{Q}_m - L_BG_mL'_B})\\ &\quad + o_{\mathrm{P}}\big((\tilde{m}(m))^{-1/2}\\ &= C_\vartheta\tilde{\Gamma}'_p(\overrightarrow{\boldsymbol{Q}_m - L_BG_mL'_B}) + o_{\mathrm{P}}\big((\tilde{m}(m))^{-1/2}\big)\end{aligned} \tag{40}$$

ab. Durch Differentiation von (39) nach B und G erhält man wie bei (22) und (23), daß C_ϑ b) aus Definition 3.4.1 genügt. ***Konsistente** MCE der beschriebenen Art sind also asymptotische Q_m-Schätzungen.* Man zeigt leicht, daß bereits schwache Konsistenz hinreichend ist.

Nach diesem Verfahren wurde von Robinson (1977 a) für ein Modell mit abhängigen Fehlern eine MCE konstruiert (s. Abschnitt **3.5.4.1**). Das dort untersuchte Modell spezialisiert sich zu dem hier betrachteten Fall (V_1), $r = p$, $\mathcal{W}_m = \mathbb{R}^m$, $m \geqq m_0$. Für die angegebene spezielle MCE wird eine Beziehung (40) gezeigt; aus obigem folgt, daß damit tatsächlich eine asymptotische Q_m-Schätzung vorliegt.

Gemäß Bemerkung 3.4.4 kann man auch zufällige, von $\boldsymbol{Z}_m$ abhängige Kontrastfunktionen zulassen, falls an die Konvergenz der Funktion und der auftretenden Ableitungen geeignete Bedingungen gestellt werden.

Bemerkung 3.4.6. Es zeigt sich, daß die Theorie der asymptotischen Q_m-Schätzungen der Gauß-Markow-Theorie im linearen Modell analog ist. Anhand von Beispiel 3.4.12 und von [A 2.12] erkennt man weiterhin den Zusammenhang zur Theorie der Minimum-Kontrast-Schätzungen im Fall unabhängiger identisch verteilter Beobachtungen. Dort ist nämlich die MLE asymptotisch optimal innerhalb der Klasse der MCE (Michel und Pfanzagl (1971)); das entsprechende algebraische Problem gleicht dem hier auftretenden.

Bemerkung 3.4.7. Unter der Spezifikation (V_2) sind die Alternativen zu $\hat{\boldsymbol{B}}_{Cm}$ nach den Beispielen 3.4.10—3.4.12 Funktionen von $\hat{\hat{\boldsymbol{\sigma}}}^2_{Cm}$ und damit von $\hat{\boldsymbol{B}}_{Cm}$ (da $\boldsymbol{Q}_m$ Funktion von $\hat{\hat{\boldsymbol{\sigma}}}^2_{Cm}$ ist). Die vorangegangenen Ergebnisse beinhalten somit in diesem Fall, daß ein derartiges zweistufiges Verfahren keine Verbesserung der CIVE liefert. Ein analoges Ergebnis kann bei Verwendung der alternativen konsistenten Schätzungen von σ^2_ζ nach Abschnitt 3.4.2 erhalten werden.

Die erhaltenen Resultate erlauben es nun, zusätzlich zur CIVE $\hat{\boldsymbol{B}}_{Cm}$ weitere asymptotisch effizienten Schätzungen anzugeben. Es sei $\hat{\boldsymbol{B}}_{0m}$ eine konsistente Schätzung von B und

$$\tilde{\tilde{\boldsymbol{C}}}_m := \boldsymbol{F}^{-1'}_{\hat{\boldsymbol{E}}_m}(P_{\mathcal{J}^\perp} + S^+_m)\, \boldsymbol{F}^{-1}_{\hat{\boldsymbol{E}}_m} L_{\hat{\boldsymbol{B}}_{0m}} .$$

Wie bei Lemma 3.4.10 zeigt man dann

$$\tilde{\tilde{\boldsymbol{C}}}_m \xrightarrow[m\to\infty]{\mathrm{P}} \tilde{C}_{0m} \tag{41}$$

unter entsprechenden Voraussetzungen. Es sei die Schätzung $\hat{\boldsymbol{B}}_m$ definiert durch

$$\hat{B}_m = \begin{cases} \varrho^{-1}(\mathcal{R}(Q_m\tilde{\tilde{C}}_m))\,, & \text{falls} \quad \mathcal{R}(Q_m\tilde{\tilde{C}}_m) \in \varrho(\mathfrak{M}_{q\times(p-q)}) \\ \text{beliebig} & \text{sonst}\,. \end{cases}$$

Unter Beachtung von

$$\mathrm{P}_\vartheta(\mathcal{R}(\boldsymbol{Q}_m\tilde{\tilde{C}}_m) \in \varrho(\mathfrak{M}_{q\times(p-q)})) \xrightarrow[m\to\infty]{} 1\,,$$

$$\hat{B}_m - B = L^{\perp'}_B(Q_m - L_B G_m L'_B)\,\tilde{\tilde{C}}_m(L'_0 Q_m \tilde{\tilde{C}}_m)^{-1}\,, \quad \text{falls} \quad \mathrm{r}[L'_0 Q_m \tilde{\tilde{C}}_m] = p - q$$

zeigt man wie bei Satz 3.4.6, daß $\hat{\boldsymbol{B}}_m$ eine asymptotische Q_m-Schätzung ist. *Aus Satz* 3.4.9 (*vgl. auch Satz* 3.4.8) *und* (41) *folgt dann, daß* $\hat{\boldsymbol{B}}_m$ *asymptotisch effizient ist.*

Als einfachste konsistente Anfangsschätzung kann man $\hat{\boldsymbol{B}}^*_m = \hat{\boldsymbol{B}}_{(1)m}$ aus Beispiel 3.4.10 verwenden; d. h. die modifizierte 2SLS-Schätzung. Man erhält dann

$$\begin{aligned} \mathcal{R}(\tilde{\tilde{\boldsymbol{C}}}_m) &= \boldsymbol{F}^{-1'}_{\hat{\boldsymbol{E}}_m}(P_{\mathcal{J}^\perp} + \boldsymbol{S}^+_m)\, \boldsymbol{F}^{-1}_{\hat{\boldsymbol{E}}_m}\boldsymbol{Q}_m \boldsymbol{F}^{-1'}_{\hat{\boldsymbol{E}}_m}(\mathcal{J}^\perp + J\mathcal{R}(L_{20})) \\ &= \boldsymbol{F}^{-1'}_{\hat{\boldsymbol{E}}_m}(\mathcal{J}^\perp + J\mathcal{R}(\boldsymbol{S}^{*-1}_m \boldsymbol{Q}^*_m L_{20}))\,; \end{aligned}$$

für die resultierende Schätzung, die mit $\hat{\boldsymbol{B}}_{Em}$ bezeichnet werden soll, gilt dann

$$\hat{B}_{Em} = \varrho^{-1}(\boldsymbol{F}_{\hat{\boldsymbol{E}}_m}(\mathcal{J}^\perp + \mathcal{R}(J\boldsymbol{Q}^*_m \boldsymbol{S}^{*-1}_m \boldsymbol{Q}^*_m L_{20})))\,,$$

falls die rechte Seite definiert ist. Aus [A 1.6], (Teile b) und c)) erhält man analog zu Bemerkung 3.3.10

$$\hat{\boldsymbol{B}}_{Em} = (\hat{\boldsymbol{B}}_{1Em}, \hat{\boldsymbol{B}}_{2Em}), \hat{\boldsymbol{B}}_{1Em} \in \mathfrak{M}_{q\times(p-r)}, \qquad \hat{\boldsymbol{B}}_{2Em} \in \mathfrak{M}_{q\times(p-q)},$$

$$\hat{\boldsymbol{B}}_{2Em} = L_{20}^{\perp\prime} \boldsymbol{Q}_m^* \boldsymbol{S}_m^{*-1} \boldsymbol{Q}_m^* L_{20} (L_{20}' \boldsymbol{Q}_m^* \boldsymbol{S}_m^{*-1} \boldsymbol{Q}_m^* L_{20})^- , \tag{42}$$

$$\hat{\boldsymbol{B}}_{1Em} = L_{\hat{\boldsymbol{B}}_{2Em}}^{\perp\prime} \boldsymbol{Z}_{2m} N_{1m}^+ , \tag{43}$$

wobei L_{20}, $L_{20}^{\perp}$ gemäß (xiv) definiert sind. Wir erhalten also

Folgerung 3.4.3. *Unter den Voraussetzungen von Satz* 3.4.9 *ist die Schätzung* $\hat{\boldsymbol{B}}_{Em}$, *die durch* (42), (43) *definiert ist, asymptotisch effizient.*

Unter (V_ν), $\nu = 1, 3$ kann gezeigt werden, daß in (42) „$-$" fast sicher durch „-1" ersetzt werden kann, da die entsprechende Matrix vollen Rang hat. Dann ist $\hat{\boldsymbol{B}}_{Em}$ im Gegensatz zu $\hat{\boldsymbol{B}}_{Cm}$ eine elementare Funktion der Beobachtungen, für deren Berechnung nicht die Lösung eines Eigenvektorproblems benötigt wird.

3.4.6. Der allgemeine nichtnormale Fall

Die in den Abschnitten 3.4.4, 3.4.5 erhaltenen asymptotischen Verteilungs- und Optimalitätsaussagen beruhten wesentlich auf der Annahme (N) der Normalverteilung der Beobachtungen. Es soll nun untersucht werden, welche Ergebnisse sich im Fall der allgemeinen Verteilungsannahme (Abschnitt 3.4.1) erhalten lassen.

Grundlegend für die erwähnten Aussagen war in Abschnitten 3.4.4, 3.4.5 die asymptotische Normalität von $(\tilde{m}(m))^{1/2} (\boldsymbol{Q}_m - L_B G_m L_B')$; speziell war hierbei die asymptotische Normalität von

$$(\tilde{m}(m))^{1/2} (Q_{\boldsymbol{Z}_m \cdot \mathcal{W}_m} - \mathsf{E}_\vartheta Q_{\boldsymbol{Z}_m \cdot \mathcal{W}_m}) \quad \text{unter} \quad m^{-1} \dim \mathcal{W}_m \xrightarrow[m\to\infty]{} \alpha \in [0, 1]$$

zu zeigen. Im allgemeinen nichtnormalen Fall zwingt ein Mangel an geeigneten Grenzverteilungssätzen hierbei zur Beschränkung auf Spezialfälle. Dies sind zum einen die Fälle (V_ν), $\nu = 1, 2$, $\alpha = 1$, und zum zweiten der Fall $\alpha = 0$.

Der Fall $\alpha = 1$

Hier ist zunächst eine Beschränkung auf (V_ν), $\nu = 1, 2$, erforderlich, da unter (V_3) das Problem der Grenzverteilung von $(m - n(m))^{1/2} (\boldsymbol{S}^{(3)} - \mathsf{E}_\vartheta \boldsymbol{S}^{(3)})$ entsteht. Unter den Annahmen (C 4) und (C 5) kann dann die asymptotische Normalität von $m^{1/2}(\boldsymbol{Q}_m - L_B G_m L_B')$ und folglich auch der asymptotischen Q_m-Schätzungen $\{\hat{\boldsymbol{B}}_m\}_{m \geq m_0}$ gezeigt werden. Es erweist sich jedoch, daß $D_\vartheta^\infty(\{\hat{\boldsymbol{B}}_m\}_{m\geq m_0})$ von den dritten und vierten Momenten der zugrundeliegenden Fehlerverteilung P^ζ abhängt. Die Klasse der asymptotischen Q_m-Schätzungen verliert damit an Interesse, denn ein asymptotisches effizientes (im Sinne von Definition 3.4.2) Element existiert dann im allgemeinen nicht. Wir beschränken uns daher hier darauf, die Grenzverteilungen von $m^{1/2}(\boldsymbol{Q}_m - L_B G_m L_B')$ und $m^{1/2}(\hat{\boldsymbol{B}}_{Cm} - B)$ für (V_1) anzugeben. Die Beweise ergeben sich leicht mit Hilfe des zentralen Grenzwertsatzes (Humak I (1977), Satz 2.4.7) und der Form der Kovarianzmatrix matrixwertiger quadratischer Formen [A 3.19].

Lemma 3.4.16. *Unter* (V_1), (C 4), (C 5), $\alpha = 1$ *gilt*

$$\mathcal{L}\{m^{1/2}(Q_m - \tilde{G}_m)\} \xrightarrow[m\to\infty]{} N_{p\times p}(0_{p\times p}, \Delta_\vartheta),$$

$$\Delta_\vartheta = \psi_\zeta - \vec{\Sigma}_\zeta \vec{\Sigma}_\zeta' + 2(\tilde{g}' \otimes \Phi_\zeta')\,\Gamma_p + 2\Gamma_p(\tilde{g} \otimes \Phi_\zeta) + 4\Gamma_p(G \otimes \Sigma_\zeta)\,\Gamma_p\,.$$

Satz 3.4.10. *Unter* (V_ν), (Ex), (C 1), (C 4), (C 5), $\alpha = 1$, $\nu = 1, 2$, *gilt für die* CIVE $\{\hat{B}_{Cm}\}_{m\geq m_0}$

$$\mathcal{L}\{m^{1/2}(\hat{B}_{Cm} - B)\} \xrightarrow[m\to\infty]{} N_{q\times(p-q)}\big(0_{q\times(p-q)}, D_\vartheta^\infty(\{\hat{B}_{Cm}\}_{m\geq m_0})\big),$$

$$D_\vartheta^\infty(\{\hat{B}_{Cm}\}_{m\geq m_0}) = C_{0\vartheta}\Gamma_p'\Psi_\zeta\tilde{\Gamma}_p C_{0\vartheta}' + gG^{-1} \otimes C_{0\vartheta}\tilde{\Gamma}_p'\Phi_\zeta' L_B^\perp$$
$$+ G^{-1}g \otimes L_B^{\perp\prime}\Phi_\zeta\tilde{\Gamma}_p C_{0\vartheta}' + G^{-1} \otimes L_B^{\perp\prime}\Sigma_\zeta L_B^\perp$$

mit $C_{0\vartheta}$ *aus Lemma* 3.4.10.

Aufbauend auf Lemma 3.4.16 kann ebenfalls die asymptotische Normalität aller asymptotischen Q_m-Schätzungen unter (V_1) gezeigt werden; dies läßt sich auch für (V_2) durchführen.

Der Fall $\alpha = 0$

Im Fall $\alpha = 0$ ist $Q_m - L_B G_m L_B'$ nach Lemma 3.4.1 bis auf $o_P(m^{-1/2})$ eine lineare Funktion der Beobachtungen; damit ergibt sich leicht die asymptotische Normalität von $m^{1/2}(Q_m - \tilde{G}_m)$. Das Ergebnis in bezug auf die Klasse der asymptotischen Q_m-Schätzungen entspricht dann dem bereits unter Normalverteilung in Abschnitt 3.4.4 erhaltenen: die Differenz zweier Elemente ist $o_P(m^{-1/2})$; d. h., die Elemente sind asymptotisch äquivalent. Die Bedeutung dieses Ergebnisses wird in Abschnitt 3.4.7 näher erläutert.

Lemma 3.4.17. *Es sei* $\alpha = 0$. *Ist* (V_1), (Ex), (C 5) *oder* (V_2), (Ex), (C 1), (C 2), (C 5) *oder* (V_3), (Ex), (C 3), (C 5) *erfüllt, dann gilt*

$$\mathcal{L}\{m^{1/2}(Q_m - L_B G_m L_B')\} \xrightarrow[m\to\infty]{} N_{p\times p}(0_{p\times p}, \Delta_\vartheta),$$

$$\Delta_\vartheta = 4\Gamma_p(L_B G L_B' \otimes \Sigma_\zeta)\,\Gamma_p\,.$$

Beweis. Wir betrachten zunächst die Spezifikation (V_1). Nach Lemma 3.4.1, wegen $\mathsf{E}_\vartheta Q_m = L_B G_m L_B'$ und wegen $O_P(m^{-1}\,\mathrm{sp}\,[P_{\mathscr{W}_m}]^{1/2}) = o_P(m^{-1/2})$ gilt

$$m^{1/2}(Q_m - L_B G_m L_B') = m^{-1/2}(\bar{\zeta}_m P_{\mathscr{W}_m} M_m' + M_m P_{\mathscr{W}_m}\bar{\zeta}_m') + o_P(1)\,. \tag{44}$$

Daher gilt für jedes $K \in \mathfrak{M}_p$ fast sicher

$$m^{1/2}\,\mathrm{sp}\,[K(Q_m - L_B G_m L_B')] = 2m^{-1/2}\sum_{i=1}^{m} e_i^{(m)\prime} P_{\mathscr{W}_m} M_m' K P_{\mathcal{J}}\zeta_i + o_P(1)\,, \tag{45}$$

da fast sicher $\zeta_i \in \mathcal{J}$, $i \geq 1$ ist.

Nach Humak I (1977), Satz 2.4.7, ist (45) asymptotisch normal, wenn

$$\left(m^{-1}\sum_{i=1}^{m} \|J'KM_m P_{\mathscr{W}_m} e_i^{(m)}\|^2\right)^{-1} \max_{1\leq i\leq m} \|J'KM_m P_{\mathscr{W}_m} e_i^{(m)}\|^2 \xrightarrow[m\to\infty]{} 0$$

erfüllt ist. Mit

$$m^{-1}\sum_{i=1}^{m} \|J'KM_m P_{\mathscr{W}_m} e_i^{(m)}\|^2 = \mathrm{sp}\,[KP_{\mathcal{J}}KL_B G_m L_B'] \xrightarrow[m\to\infty]{} \mathrm{sp}\,[KP_{\mathcal{J}}KL_B G L_B']$$

und (C 5) erhält man die asymptotische Normalität von (45) für sp $[KP_{\mathcal{J}}KL_BGL_B'] > 0$ bzw. $o_P(1)$ für (45) im Fall sp $[KP_{\mathcal{J}}KL_BGL_B'] = 0$. Da Δ_ϑ nur vom zweiten Moment von P^ξ abhängt, ergibt sich Δ_ϑ aus Lemma 3.4.8 für $\alpha = 0$.

Wir betrachten nun die Spezifikation (V_2). Zunächst erhält man aus der Aussage des Satzes für (V_1) und aus Lemma 3.4.10 wie bei Lemma 3.4.11 $\hat{\boldsymbol{B}}_{Cm}^{(1)} - B = O_P(m^{-1/2})$ und hieraus (3.4.11). Für $\boldsymbol{R}_m$ gemäß (3.4.10) erhält man aus Lemma 3.4.1

$$\boldsymbol{R}_m = \boldsymbol{R}_m^* + O_P(m^{-1/2}) ,$$

$$\boldsymbol{R}_m^* := m^{-1}(\bar{\zeta}_m P_{\mathscr{W}_m^\perp} M_m' + M_m P_{\mathscr{W}_m^\perp} \bar{\zeta}_m') .$$

Aus (C 2) folgt $\mathsf{D}_\vartheta \boldsymbol{R}_m^* = O(m^{-1})$ und somit $\boldsymbol{R}_m^* = O_P(m^{-1/2})$, $R_m = O_P(m^{-1/2})$. Hieraus, aus (3.4.11) und Lemma 3.4.6 a) folgt

$$\mathcal{Q}_m^{(\nu)} = \mathcal{Q}_m^{(1)} + o_P(m^{-1/2}) \tag{46}$$

für $\nu = 2$ und damit die Behauptung. Weiter gilt

$$\mathcal{Q}_m^{(3)} = \mathcal{Q}_m^{(1)} + n(m)\, m^{-1}(\mathbf{S}^{(3)} - \Sigma_\zeta - L_B H_{Am} L_B')$$
$$= \mathcal{Q}_m^{(1)} + n(m)\, \big(m - n(m)\big)^{-1} \boldsymbol{R}_m .$$

Wie oben folgert man aus (C 3) b) zunächst $\boldsymbol{R}_m = O_P(m^{-1/2})$ und hieraus (46) für $\nu = 3$, woraus man die Behauptung erhält. ■

Es folgt nun unmittelbar

Satz 3.4.11. *Es sei* $\alpha = 0$. *Ist* (V_1), (Ex), (C 1), (C 5) *oder* (V_2), (Ex), (C 1), (C 2), (C 5) *oder* (V_3), (Ex), (C 3), (C 5) *erfüllt, dann gilt für beliebige asymptotische* Q_m-*Schätzungen* $\{\hat{\boldsymbol{B}}_m\}_{m \geqq m_0}$ *und* $\{\hat{\boldsymbol{B}}_m^*\}_{m \geqq m_0}$

$$\hat{\boldsymbol{B}}_m - \hat{\boldsymbol{B}}_m^* = o_P(m^{-1/2}) ,$$

$$\mathcal{L}\{m^{1/2}(\hat{\boldsymbol{B}}_m - B)\} \xrightarrow[m \to \infty]{} \mathrm{N}_{q \times (p-q)}(0_{q \times (p-q)}, D_{0\vartheta}) ,$$

$$D_{0\vartheta} = G^{-1} \otimes L_B^{\perp\prime} \Sigma_\zeta L_B^\perp .$$

Abschließend behandeln wir noch den Spezialfall $n(m) \equiv n$, $m \geqq m_0$, d. h. den Fall einer Instrumentvariablen von fester Dimension (Beispiel 3.4.3). Trifft man hier die Voraussetzungen (C 6), so erhält man unmittelbar

$$m^{-1}\boldsymbol{Z}_m W_m' \xrightarrow[m \to \infty]{\mathrm{P}} L_B T \in \mathfrak{M}_{p \times p}^{p-q} . \tag{47}$$

Villegas (1966) definierte für diesen Fall anhand von (47) eine Klasse von Schätzungen von B, die sogenannten „ordinary estimators“. Diese Klasse ergibt sich aus den Schätzungen $\boldsymbol{B}_{Pm} := \varrho^{-1}(\hat{\underline{\mathscr{L}}}_{Pm})$ in Beispiel 3.4.9, wenn dort W_{Pm}' als beobachtungsabhängig mit $\boldsymbol{W}_{Pm} \xrightarrow[m \to \infty]{\mathrm{P}} \overline{W} \in \mathfrak{M}_{(p-q) \times n}^{p-q}$ zugelassen wird. Die Schreibweise von (47)

$$m^{-1}\boldsymbol{Y}_m W_m' = B m^{-1}\boldsymbol{X}_m W_m' + \boldsymbol{E}_m,\ \boldsymbol{E}_m \xrightarrow[m \to \infty]{\mathrm{P}} 0_{q \times n}$$

(vgl. (xiv)) kann zu einem linearen Regressionsmodell in Beziehung gesetzt werden; die Klasse der „ordinary estimators“ bildet dann eine Entsprechung zur Klasse der linearen erwartungstreuen Schätzungen. Es wurde die asymptotische Normalität der „ordinary estimators“ $\{\hat{\boldsymbol{B}}_m\}_{m \geqq m_0}$ unter der allgemeinen Verteilungsspezifikation nachgewiesen, wobei $D_\vartheta^\infty(\{\hat{\boldsymbol{B}}_m\}_{m \geqq m_0})$ nur vom zweiten Moment von P^ξ abhängt. Eine Optimierung in bezug auf $D_\vartheta^\infty(\{\hat{\boldsymbol{B}}_m\}_{m \geqq m_0})$ liefert analog zum Gauß-Markow-Theorem die asymptotische Effizienz der 2SLS-Schätzung (genauer von deren Systementsprechung, vgl. Beispiel 3.4.10).

Eine Variante dieses Verfahrens für allgemeine Simultangleichungsmodelle wurde von BRUNDY und JORGENSON (1971) angegeben.

Mit den Methoden von Abschnitt 3.4.5 läßt sich nun leicht eine Erweiterung dieses Resultates in folgender Weise erzielen. Anhand von (47) kann man eine Klasse von Schätzungen, etwa asymptotische P_m-Schätzungen (für $\mathrm{P}_m := m^{-1}\boldsymbol{Z}_m \boldsymbol{W}_m'$) festlegen, so wie die Konvergenz von $\boldsymbol{Q}_m$ (3.4.13) zur Definition der asymptotischen Q_m-Schätzungen führte. Die „ordinary estimators" sind hierbei eine Teilklasse; verfährt man im weiteren wie im Abschnitt 3.4.5, ergibt sich das Resultat von VILLEGAS (1966) als Folge der entsprechenden Theorie. Gemäß Bemerkung 3.4.5 entspricht das Optimalitätsresultat in bezug auf die Klasse der asymptotischen P_m-Schätzungen ebenfalls dem Satz von Gauß-Markow. Weiterhin kann gezeigt werden, daß die asymptotischen Q_m-Schätzungen in diesem Fall effiziente asymptotische P_m-Schätzungen sind. Der formale Nachweis bleibt hier dem Leser überlassen.

3.4.7. Schlußbemerkungen

Wir wollen nun auf die Frage der asymptotischen Effizienz in bezug auf die Klasse der konsistenten asymptotisch normalen Schätzungen (im Sinne von [A 2.8]) eingehen. Es sei d_v die Dimension des Parameterraumes für (P^ζ, B) unter (N), (Ex) gemäß Beispiel 3.4.1; dann gilt

$$d_1 = q(p-q)\,, \qquad d_2 = q(p-q) + 1\,, \qquad d_3 = q(p-q) + r(r+1)/2\,.$$

Der folgende Satz gibt die untere Schranke für die Kovarianzmatrix asymptotisch normaler Schätzungen von B für eine fixierte Folge von Parametern $\{\xi_i\}_{i\in N}$ an.

Satz 3.4.12. *Es sei ein Modell gemäß Beispiel* 3.4.1 *gegeben durch* $\{\mathrm{P}_\vartheta \mid \vartheta \in \Theta\}$; *hierbei sei* Θ *durch* $\Theta \subseteq \mathcal{P}^\zeta \times \mathfrak{M}_{q\times(p-q)} \times \{\{\xi_i\}_{i\in N}\}$ *für ein gegebenes* $\{\xi_i\}_{i\in N} \in \mathfrak{R}^\infty$, *für welches* (C 2) *erfüllt ist, und die Annahmen* (V_v), (N) *bestimmt. Dann gilt für jede Schätzung* $\{\hat{\boldsymbol{B}}_m\}_{m\geqq m_0}$:

$$\hat{\boldsymbol{B}}_m = \hat{B}_m(\boldsymbol{Z}_m, \{\xi_i\}_{i\in N})\,, \qquad m \geqq m_0$$

mit

$$\mathcal{L}\{m^{1/2}(\hat{\boldsymbol{B}}_m - B)\} \xrightarrow[m\to\infty]{} \mathrm{N}_{q\times(p-q)}\big(0_{q\times(p-q)}, D_\vartheta^\infty(\{\hat{\boldsymbol{B}}_m\}_{m\geqq m_0})\big)$$

die Beziehung

$$D_\vartheta^\infty(\{\hat{\boldsymbol{B}}_m\}_{m\geqq m_0}) \geqq D_{00\vartheta}[\mu_{d_v}]\,,$$

d. h. für fast alle (im Sinne von μ_{d_v}*) Parameterwerte* (Σ_ζ, B), *wobei*

$$D_{00\vartheta} = H_0^{-1} \otimes L_B^{\perp\prime}\Sigma_\zeta L_B^{\perp}\,.$$

Beweis. Es genügt, die lokale asymptotische Normalität des Modells für fixiertes $\{\xi_i\}_{i\in N}$ zu zeigen (s. [A 2.7], [A 2.8]); auf diesen Nachweis soll hier verzichtet werden. Ein Beweis für ein allgemeines Modell unabhängiger nicht notwendig identisch verteilter Beobachtungen findet sich bei IBRAGIMOW und CHASMINSKI (1979), Kap. II; vgl. auch PHILIPPOU und ROUSSAS (1973), ROUSSAS (1972), ANDERSEN (1970a, b). ■

$D_{00\vartheta}^\infty$ ist also eine untere Schranke für bekannte Nebenparameter $\{\xi_i\}_{i\in N}$ und damit auch eine Schranke im Fall von (teilweise) unbekannten $\{\xi_i\}_{i\in N}$, d. h. im vorliegenden

Modell. Diese Schranke wird jedoch von den asymptotischen Q_m-Schätzungen, insbesondere von der CIVE nur in Spezialfällen angenommen. Dies ist nach Bemerkung 3.4.3 der Fall, wenn $\alpha = 0$ und

$$H = H_0 \tag{48}$$

gilt. (48) ist insbesondere im adäquaten Fall erfüllt; (48) kann als Bedingung einer „asymptotischen Adäquatheit" eines Modells mit (A), falls (A) nicht notwendig erfüllt ist, angesehen werden. Im Falle $n(m) \equiv n$, $m \geqq m_0$ ergibt sich außerdem eine Deutung als Analogon zu einer Bedingung im Modell (LIFU⁻) nach Abschnitt 3.3.4

$$\Sigma_{\mu \cdot w} = 0_{p \times p} ,$$

d. h. zu einer Bedingung „voller Korrelation" zwischen der (teilweise) unbeobachtbaren Zufallsgröße $\boldsymbol{\mu}$ und der Instrumentvariablen $\boldsymbol{w}$.

Im Fall $\alpha > 0$ wird diese untere Schranke (unter (N)) von den asymptotischen Q_m-Schätzungen, insbesondere also von $\hat{\boldsymbol{B}}_{Cm}$ nicht angenommen (vgl. Sätze 3.4.9, 3.4.5). Für den adäquaten Fall ergibt sich also, daß die asymptotische Effizienz der MLE in bezug auf $D^{\infty}_{00\vartheta}$ verletzt ist. Dies rührt von der Präsenz der unbekannten Nebenparameter N_{2m} im Modell her, deren Anzahl (reeller Komponenten) unbegrenzt wächst.

Der allgemeine Fall eines Modells mit einer unbegrenzt wachsenden Anzahl unbekannter Nebenparameter mit einem zu schätzenden Strukturparameter (vgl. Bemerkung 3.4.1) wurde unter dem Gesichtspunkt der asymptotischen Effizienz von Schätzungen von Neyman und Scott (1948) untersucht. Dort wurde die Möglichkeit der verletzten Effizienz der MLE im dargestellten Sinne diskutiert. Das mögliche Eintreten dieser Situation im Modell nach Abschnitt 3.4.1 bildet den Anlaß für die Betrachtung der Klasse der asymptotischen Q_m-Schätzungen in den vorangegangenen Abschnitten, mit deren Hilfe die asymptotische Effizienz der MLE (bzw. allgemeiner der CIVE) gegenüber einer Reihe von Alternativen nachgewiesen werden kann.

Für den Fall einer endlichen Parameteranzahl (Beispiel 3.4.3 unter (A)) sind diese Alternativen zur MLE asymptotisch äquivalent; dies entspricht den Verhältnissen bei Simultangleichungsmodellen (s. Theil (1971), Schönfeld (1971)). Für diesen Fall gelten überdies die Standardaussagen über asymptotische Effizienz der MLE (vgl. [A 2.9]). Der Fall $\alpha = 0$ kann als ein Fall „essentiell endlicher" Parameteranzahl betrachtet werden; die Effizienz der MLE ist dann im wesentlichen, d. h. asymptotisch, unverletzt (Neyman und Scott (1948)).

Das Ergebnis über die Optimalität der CIVE auch im Fall $\alpha > 0$ läßt auch eine Interpretation im Sinne von Robustheit oder „asymptotischer Effizienz höherer Ordnung" zu. Nach den Ausführungen von Beispiel 3.4.7 kann die asymptotische Effizienz im Fall $\alpha > 0$ heuristisch nämlich als der Optimalität für eine endliche Stichprobe (mit etwa kleiner Besetzungszahl pro Gruppe in Beispiel 3.4.7) näher angesehen werden als die asymptotische Effizienz im Fall $\alpha = 0$.

In bezug auf den Vergleich der konkurrierenden Schätzungen, d. h. der CIVE $\hat{\boldsymbol{B}}_{Cm}$ und der modifizierten 2SLS-Schätzung $\hat{\boldsymbol{B}}_{(1)m}$, teilweise unter Einschluß von $\hat{\boldsymbol{B}}_{(2)m}$ (für $r = 2$, Beispiel 3.4.10) und $\hat{\boldsymbol{B}}_{Rm}$ (Beispiel 3.4.11) wurden in der Literatur ähnliche Ergebnisse erhalten. Anderson (1976) benutzte zum Vergleich von $\hat{\boldsymbol{B}}_{Cm}$ und $\hat{\boldsymbol{B}}_{(1)m}$ asymptotische Entwicklungen für festes m und gewisse divergierende Parameterwerte (s. Abschnitt 3.5.2). Tukey (1951), Madansky (1959), Dorff und Gurland (1961a, b), Robertson (1974) berechneten formal asymptotische Varianzen. Ebenso entspricht das Ergebnis von FULLER (1977) über den asymptotischen MSE von modifizierter MLE und 2SLS-Schätzung (Abschnitt 3.5.3, (3.5.60)) dem hier erhaltenen, d. h. der Effizienz der MLE.

ANDERSON (1951 b) berechnete unter (V_3), (N), (A), $n(m) = n$ (d. h. im Modell von Beispiel 3.4.3) die Grenzverteilung einer Parametrisierung von $\hat{\underline{\mathscr{L}}}_{Cm}$ als Matrix von Eigenvektoren. MALINVAUD (1966) erhielt ein ähnliches Ergebnis für (V_1), (N), $\alpha = 1$ und berechnete hieraus $D_{0\vartheta}^{\infty}$ für $p = r = 2, q = 1$. SCHNEEWEISS (1976) berechnete die normale Grenzverteilung von $\hat{\boldsymbol{B}}_{(1)m}$ unter allgemeiner Fehlerverteilung im Fall der Spezifikation (V_1). PATEFIELD (1977 a, 1978) ermittelte $D_{0\vartheta}$ für (V_ν), $\alpha = 1$, $p = 3$, $r = 2$, $q = 1$, $\nu = 1, 2$. VAN HOUWELINGEN und SCHIPPER (1981) erhielten für (V_1), $\alpha = 1$, $t = p$, $q = 1$ ein Resultat für die Genauigkeit der normalen Approximation für die Verteilung einer Parametrisierung von $\hat{\underline{\mathscr{L}}}_{Cm}$. Die Berechnung von $D_{00\vartheta}$ findet sich bei mehreren Autoren (s. Abschnitt 3.5.1).

Aus den Abschnitten 3.3.4 und 3.4.6 erkennt man, daß für IV mit fester Dimension die Unterscheidung zufälliger und nichtzufälliger $\mu_i, w_i, i = 1, \dots, m$, für die asymptotische Theorie nicht wesentlich ist. Nach dieser Maßgabe sind die Resultate zur asymptotischen Theorie in Modellen (LIFU⁻) nach Abschnitt 3.3.4 auf den Fall nichtzufälliger μ_i, $i \in \mathbb{N}$, übertragbar.

Die im Abschnitt 3.4.4 angegebene asymptotisch effiziente Schätzung $\hat{\boldsymbol{B}}_{Em}$ kann als aus einer dem vorliegenden Modell angepaßten Variante des Verfahrens der Konstruktion asymptotisch effizienter Schätzungen durch sukzessive Verbesserung resultierend aufgefaßt werden. Das originale Verfahren für Modelle unabhängiger identisch verteilter Beobachtungen, dessen heuristischer Hintergrund die Approximation von Lösungen der Likelihoodgleichung ist (LE CAM (1956)) ist hier aufgrund des Vorhandenseins nicht konsistent schätzbarer Nebenparameter nicht anwendbar. Eine Reihe von Autoren diskutieren die Inferenz auf Basis einer modifizierten Likelihoodfunktion, die durch geeignete Elimination von Nebenparametern gewonnen wird (KALBFLEISCH und SPROTT (1970), SPRENT (1976), KLEBANOW und MELAMED (1978), PATEFIELD (1977 b)). Die Schätzung $\hat{\boldsymbol{B}}_{Em}$ läßt sich deuten als aus einem Verbesserungsverfahren stammend, das auf Basis einer modifizierten Likelihoodgleichung konstruiert wird.

Die hier dargestellten Effizienzvergleiche bezogen sich stets auf Schätzungen, die mit Hilfe derselben Instrumentvariablen erklärt werden. Vergleiche von verschiedenen Instrumentvariablen sowie spezielle Verfahren der Verbesserung und Kombination (WARE (1972), FELDSTEIN (1974), SCHNEEWEISS (1975)) bleiben außerhalb des Rahmens dieser Darstellung.

3.5. Spezielle Asymptotik

In diesem Abschnitt werden einige wichtige Resultate beschrieben, die in die relativ abgeschlossene Theorie für LIFU⁺ mit unabhängigen Fehlern in Abschnitt 3.4 nicht direkt Eingang finden konnten. Dazu zählen insbesondere die Informationsmatrizen für MLE bei nichtlinearen Modellen im Wiederholungsfall. Weiterhin werden speziell die in Abschnitt 3.3 bereits eingeführten Schätzungen behandelt und mosaikartig weitere Resultate referiert, die das Verhalten von Schätzungen bei endlichen Stichprobenumfängen betreffen.

Angesichts der Vielzahl vorhandener Resultate ist es in diesem Abschnitt nur möglich, vielfach ohne Beweisdetails, einen Überblick über die vorhandenen asymptotischen Aussagen zu vermitteln. Ziel dabei ist es, die Resultate so zur Verfügung zu stellen, daß bei einer praktischen Anwendung der beschriebenen Schätzverfahren die Güte der erhaltenen Schätzwerte gegebenenfalls durch die entsprechenden asymptotischen Aussagen näher charakterisiert und eingegrenzt werden kann. Weiterhin erlauben einige der im folgenden dargestellten Approximationen mitunter Güteaussagen schon für endliche Stichprobenumfänge auch im praktischen Gebrauch, sowie die Konstruktion von Konfidenzintervallen und Tests.

Zur speziellen Asymptotik wurden im vorliegenden Abschnitt insbesondere für die Eigenwertschätzungen bei LIFU$^+$ folgende Problemkreise gezählt:

1. Die Verteilungstheorie bei endlichen Stichproben durch Anwendung unendlicher Reihenentwicklungen,
2. die Approximation dieser Verteilungen und deren Parameter bei wachsendem Stichprobenumfang oder entsprechenden Folgenmodellen mit Veränderungen anderer Modellparameter,
3. Güteaussagen durch Vergleich verschiedener Konzentrationsmaße und deren Approximationen.

Wegen der Schwierigkeiten bei multivariaten Modellen konnten bisher fast ausschließlich nur Resultate für den Fall $d_\eta = 1$ erzielt werden. Die Güte der Approximation kann durch Vergleich mit den exakten Verteilungen bestimmt werden. Statt diesen Verteilungen können auch genügend genaue simulativ erhaltene Approximationen verwendet werden. Die diesbezüglichen Ergebnisse werden nur referiert, die Verteilungstheorie wird im Hinblick auf das Anliegen dieses Abschnittes nicht behandelt werden.

3.5.1. Asymptotik bei festem Versuchsplan

3.5.1.1. Modell

In bestimmten Fällen ist die Gestaltung einer Meßreihe derart möglich, daß wiederholte Beobachtungen über einem festen Versuchsplan vorliegen. Dann liefert die MLE (vgl. 3.2.6–3.2.7) konsistente und, wie wir sehen werden, asymptotisch optimale Schätzungen von Strukturparameter und Versuchsplan. Die zugehörige Informationsmatrix und deren Schätzung aus der Stichprobe erlauben eine Aussage über die Güte der Schätzung.

Wir betrachten explizite Modelle mit wiederholten Messungen nach (3.1.49), jedoch ohne Einschränkungen der Form $0 = p(\pi)$, wie sie in Definition 3.1.3 enthalten sind. Der Einfachheit halber nehmen wir gleiche Wiederholungszahl über den einzelnen Versuchspunkten an. Wir gehen dabei von normalverteilten Fehlern aus.

Es sei also

$$z_{ij} = \mu_i + \zeta_{ij}\,, \qquad i = 1, \dots, n\,, \qquad j = 1, \dots, k\,, \tag{1}$$
$$\eta_i = r_i(\xi_i, \pi) = r_i(w_i, \xi_i, \pi)\,.$$

Die grundlegenden Formeln werden für eine allgemeine Kovarianzmatrix $\Omega \in \mathfrak{M}_{pm}^{>}$ hergeleitet. Spezialisierungen erfolgen für

$$\Omega = \operatorname{Diag}\,(I_{m_i} \otimes \Sigma_i) \tag{2}$$

und $\Omega = I_m \otimes \Sigma$. Der Fall $\Omega = \Lambda \otimes \Sigma$ ist insbesondere für LIFU⁺ ebenso einfach behandelbar, wie sich dies aus den diesbezüglichen Bemerkungen in 3.2.5 ergibt. Auch bei nichtlinearen Modellen ist die Behandlung dieses Falles ähnlich leicht möglich. Da der Fall bekannter Matrix Λ praktisch aber keine Bedeutung hat, wird dies hier übergangen. Formeln dazu findet man für merkmalsklassifizierte Daten $\tilde{Z} = [Z_{(m)}^{(1)}, \ldots, Z_{(m)}^{(p)}]$, und daher in etwas anderer Form, bei DOLBY und FREEMAN (1975) für $d_\mu = 3$.

3.5.1.2. Asymptotik für Maximum-Likelihood-Schätzungen

Unter genügend allgemeinen Voraussetzungen ergibt sich die Aussage über die Konsistenz der MLE schon aus einer Arbeit von WALD (1949). Die vielfältigen möglichen Verallgemeinerungen werden im folgenden nicht näher behandelt. Hierzu zählen die Verallgemeinerungen auf Minimum-Kontrast-Schätzungen (vgl. STRASSER (1973)) und auf ungleiche Wiederholungsanzahlen über den einzelnen Versuchspunkten.

Im Waldschen Konsistenzbeweis werden einige Voraussetzungen benötigt. Neben einigen an die Fehlerverteilung, die bei vielen Anwendungen erfüllt sein dürften, wird nur eine einzige Voraussetzung über die innere Struktur des Modelles verwendet (WALD (1949), S. 596, Voraussetzung 4): Bei unterschiedlichem Parameter sollen die zugehörigen Verteilungsfunktionen der Beobachtungen nicht identisch sein.

Das ist aber für alle die Modelle erfüllt, die den Voraussetzungen des in 3.1.4 genannten Identifizierbarkeitssatzes genügen. Gegebenenfalls muß der Parameterbereich etwas eingeschränkt werden, wie im Anschluß an den Identifizierbarkeitssatz in 3.1.4 erläutert wurde.

Satz 3.5.1 (Konsistenzsatz für MLE *in Modellen mit festem Versuchsplan). In solchen Modellen ist die* MLE *bei gleicher Anzahl von Beobachtungen über den einzelnen Versuchspunkten konsistent, wenn die Voraussetzungen des Identifizierbarkeitssatzes 3.1.4 erfüllt sind und die Verteilung der Beobachtungen gewissen schwachen Voraussetzungen genügt.*

Satz 3.5.2 (Optimalitätssatz). *Wenn die $z_{(n)j}$, $j = 1, 2, \ldots$, stochastisch unabhängige Zufallsgrößen mit derselben Dichte $p_{\psi_0}(z)$ sind, und diese Dichte für den wahren Parameter ψ_0 gewisse einfache Regularitätsvoraussetzungen erfüllt, dann ist jede konsistente* MLE *unter den asymptotisch normalen Schätzungen auch im Sinne der Minimierung der asymptotischen Kovarianz optimal. Es gilt mit den Bezeichnungen*

$$z_{(m)} := (z_{(n)j})_{j=1,\ldots,m_0}, \qquad m = m_0 n ,$$

die Konvergenz

$$\mathcal{L}\{\sqrt{m_0}\,(\hat{\psi}(z_{(m)}) - \psi_0)\} \to \mathrm{N}(0, \mathrm{Inf}\,(\psi_0)^{-1}) \tag{3}$$

für fast alle $\psi_0 \in \Psi$, wenn Inf (ψ_0) *die Informationsmatrix ist.*

Einen Beweis des Satzes mit genauer Angabe der benötigten Regularitätsvoraussetzungen findet sich z. B. bei WITTING und NÖLLE (1970), Satz 2.32.

3.5.1.3. Die Informationsmatrix unter Normalverteilung

Sei $\mathrm{P}_\gamma^{\zeta(n)} = \mathrm{N}(0, \mathsf{D}_\gamma(\zeta))$. Die Likelihoodfunktion für diesen Fall war in 3.2.2 angegeben worden. Mit der natürlichen Unterteilung der gesamten Informationsmatrix Inf in die Blöcke Inf_ξ, $\mathrm{Inf}_{\xi\pi}$, ... , Inf_γ erhält man

$$\begin{aligned}\mathrm{Inf}_\pi &= \mathsf{E}_\psi(\partial_\pi' l\; \partial_\pi f) = \partial_\pi' \mu \Omega^{-1} \mathsf{E}_\psi(\zeta\zeta')\; \Omega^{-1}\; \partial_\pi \mu \\ &= (0_{d\pi\times d\xi}, \partial_\pi' r_i)^{i=1,\dots,n}\; \mathsf{D}_\gamma(\zeta_{(n)})^{-1}\; ([0_{d\xi\times d\pi} \,\vdots\, \partial_\pi r_i])_{i=1,\dots,n}\,. \end{aligned}\tag{4}$$

$$\mathrm{Inf}_{\pi\xi} = (0, \partial_\pi' r_i)^{i=1,\dots,n}\; \mathsf{D}_\gamma(\zeta)^{-1}\; \mathrm{Diag}_i\,([I_{p-q} \,\vdots\, \partial_\xi r_i])\,, \tag{5}$$

$$\mathrm{Inf}_\xi = \mathrm{Diag}_i\,((I_i \,\vdots\, \partial_\xi' r_i))\; \mathsf{D}_\gamma(\zeta)^{-1}\; \mathrm{Diag}_i\,([I_{p-q} \,\vdots\, \partial_\xi r_i])\,. \tag{6}$$

In den Blöcken, die zu γ gehören, gilt immer $\mathrm{Inf}_\varrho\, \gamma = 0$, $(\varrho = [\xi, \pi])$. Dies folgt unter den üblichen Regularitätsvoraussetzungen an l_z aus

$$\mathsf{E}(\partial_\psi' l\; \partial_\psi l) = -\mathsf{E}(\partial_\psi(\partial_\psi' l)) \tag{7}$$

(vgl. Zacks (1971), Lemma 4.3.1) und der im vorliegenden Modell gültigen Gleichung

$$\partial_{\gamma(\alpha)}(\partial_\varrho' l) = \partial_\varrho' \mu_{(n)}\; \partial_\gamma(\alpha)\; \mathsf{D}(\zeta)\, \zeta\,, \qquad \varrho = [\xi, \pi] \tag{8}$$

und wegen $\mathsf{E}(\zeta) = 0$.

Den Block Inf_γ wollen wir jedoch nur für den Fall $\mathsf{D}(\zeta) = I \otimes \Sigma$, $\gamma = \vec{\Sigma}$ angeben. Dies ist aber ein Standardproblem der multivariaten Analyse bei der Schätzung von Parametern der multivariaten Normalverteilung (vgl. Anderson (1958)):

$$\mathrm{Inf}_\Sigma = \begin{cases} \sigma^{ru}\sigma^{st} + \sigma^{rt}\sigma^{su}; & r \neq s\,, \quad t \neq u; \\ \sigma^{rt}\sigma^{su}; & r \neq s, \quad t = u; \\ (\sigma^{rt})^2/2; & r = s\,, \quad t = u\,, \end{cases} \tag{9}$$

wenn $\Sigma^{-1} = (\sigma^{rs})$ ist.

3.5.1.4. Asymptotik für gewichtete Kleinste-Quadrat-Schätzungen

Zugrunde liege das Modell mit der blockdiagonalen Kovarianzstruktur (2). Deshalb betrachten wir im folgenden nicht die Klasse aller WLSE, sondern eine etwas eingeschränkte Klasse mit ebenso blockdiagonalen Wichtungsmatrizen. Im Falle allgemeinerer Annahmen über die Fehlerverteilung wird man auch entsprechend allgemeinere Wichtungen zulassen müssen. Nach Abschnitt 3.2.2 erhält man dann bei bekannter Kovarianz auch MLE. Die jetzt betrachteten Wichtungsmatrizen sollen die folgende Gestalt haben:

$$W = \mathrm{Diag}\,((I_{m_i} \otimes W_i))\,, \qquad W_i \in \mathfrak{M}_{d_z}^{>}\,. \tag{10}$$

Die Parameter des Modelles sind $\psi = [\xi_{(n)}, \pi, \vec{\Sigma}_1, \dots, \vec{\Sigma}_n]$. Zur Berechnung der WLSE benötigt man jedoch nur den Teil

$$\vartheta := [\xi_{(n)}, \pi]\,. \tag{11}$$

Damit erhält man als Kriterium für die Schätzung von ϑ das Schätzfunktional

$$l_z(\vartheta) = m^{-1} \sum_{i,j} \|z_{ij} - \mu_i\|_{W_i}^2\,, \qquad m = \sum_i m_i\,. \tag{12}$$

Elementare Umformungen führen zum äquivalenten Schätzfunktional

$$l_z(\vartheta) = m^{-1} \sum_i m_i\, \|\bar{z}_{i\cdot} - \mu_i\|_{W_i}^2\,. \tag{13}$$

Die *Hauptvereinfachung* bei diesem Modell mit festem Versuchsplan ist, daß wir faktisch ein *Regressionsmodell* erhalten haben. Dies erkennt man aus der funktionellen Abhängigkeit der Parameter μ_i von ϑ:

$$\begin{aligned} \mu_i &= \mu_i(\vartheta)\,, \qquad \vartheta = [\xi_{(n)}, \pi]\,, \\ z_i &= \mu_i(\vartheta) + \zeta_i\,. \end{aligned} \tag{14}$$

Damit entsprechen die Funktionen μ_i völlig den Regressionsfunktionen bei den üblichen Regressionsmodellen, und die über Regressionsmodelle bekannten Resultate sind übertragbar.

Es zeigt sich mit Hilfe der Identifizierbarkeitssätze, daß bei den durch die Berührungsvoraussetzung erfaßten Modellen (vgl. Satz **3.1.4** in **3.1.4**) Identifizierbarkeit des Strukturparameters vorliegt. Aus dieser folgt unter gewissen Regularitätsvoraussetzungen die Konsistenz und asymptotische Normalität der WLSE. Auf das spezielle Regressionsmodell wenden wir nun die Resultate aus Kapitel 1 an, von denen wir zwar nicht die etwas komplizierten Erweiterungen für unendliche Versuchspläne, jedoch Erweiterungen für mehrdimensionale Regressanden benötigen. Die entsprechende Modifizierung der Ergebnisse aus Kapitel 1 ist jedoch eine rein formale Angelegenheit.

Zur Absicherung der Übertragungsmöglichkeit der genannten Resultate hat man zunächst die Regularitätsvoraussetzungen über die Differenzierbarkeit und Glattheit der Funktionen

$$\mu_i = \mu_i(\vartheta) = [\xi_i, r_i(w_i, \xi_i, \pi)] \tag{16}$$

zu überprüfen. Diese sind aber in der Praxis zumeist als erfüllt anzusehen.

Für den in Kapitel 1 gegebenen Konsistenzbeweis wird die Kompaktheit der für ϑ zugelassenen Parametermenge Θ benötigt. Diese ergibt sich in Anwendungen aber meist aus physikalischen oder anderen natürlichen Schranken für den Variationsbereich der Zustandsvariablen und Strukturparameter.

Deshalb hat man letztlich nur die Identifizierbarkeitsvoraussetzung, die ja für allgemeine Modelle formuliert war, im vorliegenden speziellen Fall zu überprüfen. Wir setzen dazu voraus, daß die Grenzwerte der relativen Häufigkeiten der Beobachtungsanzahlen über den einzelnen Versuchspunkten positiv sind:

$$h_i = \lim_{m \to \infty} m_i/m > 0\,. \tag{17}$$

Das ist jedoch eine sinnvolle Beschreibung von nicht-vernachlässigbaren Beobachtungshäufigkeiten über jedem Versuchspunkt.

Die Jennrichsche Identifizierbarkeitsvoraussetzung (vgl. Kapitel 1) fordert nun, daß aus

$$\sum_{i=1}^{n} h_i \, ||\mu_i - \mu_{i0}||^2_{W_i} = 0, \tag{18}$$

$$\vartheta = \vartheta_0\,. \tag{19}$$

folgt. Für $h_i > 0$ folgt aber aus (18)

$$\mu_i = \mu_{i0}\,, \qquad i = 1, \ldots, n\,. \tag{20}$$

Wegen der in expliziten Modellen speziellen Form der μ_i erhält man hieraus weiterhin

$$\xi_i = \xi_{i0}\,, \qquad i = 1, \ldots, n\,. \tag{21}$$

Dies führt zu folgenden Gleichungen:

$$r_i(\xi_{i0}, \pi) = r_i(\xi_{i0}, \pi_0)\,, \qquad i = 1, \ldots, n\,. \tag{22}$$

Nun können wir den Identifizierbarkeitssatz aus 3.1.4 anwenden. Demnach folgt $\pi = \pi_0$ für $n > \dim \Pi$ unter den praktisch meist erfüllten Voraussetzungen an die Strukturschar, gegebenenfalls nach einer unwesentlichen Einschränkung des Parameterbereiches Ψ, wie in 3.1.4 nach dem Identifizierbarkeitssatz erläutert wurde.

Wir formulieren die Resultate aus Kapitel 1 sogleich in der jetzt benötigten multivariaten Form.

Satz 3.5.3. (Satz über die asymptotische Normalität von WLSE in Modellen mit konstantem Versuchsplan). *Für* WLSE *mit der Wichtungsmatrix* $W = \mathrm{Diag}\,((I_{m_i} \otimes W_i))$ *gilt*

$$\mathcal{L}\{\sqrt{m}\,(\hat{\vartheta} - \vartheta_0)\} \to \mathrm{N}(0, \Sigma(\vartheta_0, W))\,, \tag{23}$$

wobei $\vartheta_0 = [\xi_{(n)\,0}, \pi_0]$ *der wahre Parameter sei und die Kovarianz der Grenzverteilung erhalten wird aus den folgenden Beziehungen:*

$$\begin{aligned} {}^{\infty}\mathsf{D}(\hat{\vartheta}) &= \Sigma(\vartheta_0, W) \\ &= \mathrm{C}(\mathrm{Diag}\,((h_i W_i)))^{-1}\, \mathrm{C}(\mathrm{Diag}\,((h_i W_i \Sigma_{i0} W_i)))\, \mathrm{C}(\mathrm{Diag}\,((h_i W_i)))^{-1} \end{aligned} \tag{24}$$

mit

$$\mathrm{C}(W) := \partial'_{\vartheta}\mu_{(n)\,0}\, W\, \partial_{\vartheta}\mu_{(n)\,0}\,, \tag{25}$$

wobei $\partial_{\vartheta}\mu_{(n)}$ *eine dem Modell entsprechend spezielle Form hat:*

$$\partial_{\vartheta}\mu_{(n)\,0} = (\partial_{\xi_{(n)}}\mu_0 \,\vdots\, \partial_{\pi}\mu_0) \tag{26}$$

$$= \begin{pmatrix} \partial_{\xi}\mu_1(\xi_{10}, \pi_0) & \cdots & 0 & \partial_{\pi}\mu_1(\xi_{10}, \pi_0) \\ & \ddots & & \\ 0 & \cdots & \partial_{\xi}\mu_n(\xi_{n0}, \pi_0) & \partial_{\pi}\mu_n(\xi_{n0}, \pi_0) \end{pmatrix}, \tag{27}$$

$$\partial_{\xi}\mu_i = [I_{d_\xi} \,\vdots\, \partial_{\xi} r_i]\,, \qquad \partial_{\pi}\mu_i = [0_{d_\xi \times d_\pi} \,\vdots\, \partial_{\pi} r_i]\,. \tag{28}$$

3.5.1.5. Aussagen über asymptotische Optimalität von gewichteten Kleinsten-Quadrat-Schätzungen

Praktisch wohl am bedeutsamsten ist die Aussage

„GLSE sind die besten WLSE"

im Sinne der Minimierung der Grenzkovarianzmatrix. Dieser für GLSE angenommene Minimalwert der Grenzkovarianzmatrix ist

$${}^{\infty}\mathsf{D}(\hat{\vartheta}_{\mathrm{GLSE}}) = \Sigma(\vartheta_0, \mathrm{Diag}\,((\Sigma_{i0}/h_i))^{-1})^{-1}\,. \tag{29}$$

Diese Optimalität folgt wie in Kapitel 1 aus einer einfachen Abschätzung in der Zerlegung

$$\Sigma(\vartheta, W) = \Sigma(\vartheta, W + \Sigma - \Sigma)\,. \tag{30}$$

Nun sind die Kovarianzen Σ_{i0} in Anwendungen meist unbekannt. Sie können jedoch bei wiederholten Beobachtungen beliebig genau geschätzt werden. Die Optimalitätsaussage bleibt aber für jede konsistente Schätzung von Σ_{i0} bestehen. Insbesondere sind WLSE mit der folgenden Wichtung asymptotisch optimal:

$$W_i^{-1} = \sum_{j=1}^{m_i} (z_{ij} - \bar{z}_{i\cdot})\,(z_{ij} - \bar{z}_{i\cdot})'/m_i\,. \tag{31}$$

WLSE mit einer derartigen Wichtung werden deshalb zweistufig genannt.

Für stationäre Fehlerprozesse ist eine analoge Aussage bekannt (HANNAN (1971), ROBINSON (1972a)). Für normalverteilte Fehler ist die GLSE auch beste asymptotisch normalverteilte Schätzung unter verschiedenen anderen Kriterien; Einzelheiten dazu findet man in Kapitel 1. Die Optimalität der GLSE unter Normalverteilung bei bekannter Kovarianz ersieht man auch aus den im vorliegenden Abschnitt gemachten Aussagen für die MLE.

Wenn die Zahl der Wiederholungen in jedem Versuchspunkt gleich m_0 ist, dann folgt ebenso für $m_0 \to \infty$

$$\mathcal{L}\{\sqrt{m_0}\,(\hat{\vartheta} - \vartheta_0)\} \to \mathrm{N}(0, {}^{\infty}\mathsf{D}(\hat{\vartheta}))\,, \tag{32}$$

wobei ${}^{\infty}\mathsf{D}(\hat{\vartheta})$ hierbei im wesentlichen dieselbe Form wie im allgemeinen Fall hat, nur daß jetzt die Wichtungen h_i weggelassen werden müssen.

3.5.1.6. Asymptotische Kovarianz der Schätzung des Strukturparameters

In den meisten praktischen Anwendungen ist es nützlich, die asymptotische Kovarianz der Schätzung $\hat{\pi}$ des Strukturparameters gesondert zu haben. An der Güte der geschätzten Versuchspunkte $\hat{\mu}_i$ ist man nicht so sehr interessiert, da die μ_i oft nur die Rolle von Versuchspunkten in einem „Eich-Experiment" zur Bestimmung des eigentlich interessierenden Strukturparameters spielen.

Wir betrachten nur GLSE. Die Formeln für die praktisch wichtigeren zweistufigen GLSE sind dieselben. Die asymptotische Kovarianz von $\hat{\pi}$ erhält man nach (24) mit Hilfe der bekannten Inversionsformel für Blockmatrizen:

$$\Sigma_\pi = {}^{\infty}\mathsf{D}(\hat{\pi}) = (D_\pi - D_{\pi\xi} D_\xi^{-1} D_{\xi\pi})^{-1}\,, \tag{33}$$

wobei die $D_\xi, D_\pi, D_{\xi\pi}$ aus der „natürlichen" Aufteilung von ${}^{\infty}\mathsf{D}(\hat{\vartheta})$ entstehen, wenn die zu GLSE führenden Wichtungsmatrizen eingesetzt werden.

Mit elementaren Umformungen erhält man unter Ausnutzung von (27), (28)

$$\Sigma_\pi^{-1} = \sum_i h_i \partial_\pi' \mu_{i0} \Sigma_{i0}^{-1/2} (I - P_{\mathcal{L}_i})\, \Sigma_{i0}^{-1/2} \partial_\pi \mu_{i0}\,. \tag{34}$$

Hierbei ist $P_{\mathcal{L}_i}$ die orthogonale Projektion auf den linearen Unterraum

$$\mathcal{L}_i = \mathcal{R}(\Sigma_{i0}^{-1/2}\, \partial_\xi \mu_{i0})\,. \tag{35}$$

Nun ist aber auch

$$I - P_{\mathcal{L}_i} = P_{\mathcal{L}_i^\perp}\,, \qquad \mathcal{L}_i^\perp = \mathcal{R}(\Sigma_{i0}^{1/2}[-\partial_\xi \mu_{i0} \,\vdots\, I_{d_\xi}])\,. \tag{36}$$

Daraus folgt schließlich

$$\Sigma_\pi^{-1} = \sum_{i=1}^{n} h_i\, \partial_\pi' r_{i0} ((-\partial_\pi' r_{i0} \,\vdots\, I)\, \Sigma_{i0} [-\partial_\xi' r_{i0} \,\vdots\, I])^{-1}\, \partial_\pi r_{i0}\,. \tag{37}$$

Dies ist die natürliche Verallgemeinerung einiger bekannter Formeln, die für funktionelle Beziehungen, also im Falle $r_i = r_0$, hergeleitet wurden. Den Fall $d_z = 2$ findet man bei DOLBY und LIPTON (1972), und den Fall $m_i = m_0$, $\Sigma_{i0} = \Sigma_0$ bei DOLBY und FREEMAN (1975) für $d_z = 3$. Die dort hergeleiteten Resultate ergaben sich jedoch nur aus der formalen Untersuchung von MLE und der Informationsmatrix ohne asymptotische Verteilungs- und Optimalitätsaussagen. Abschließend wenden wir die Resultate auf die einfachen bivariaten linearen Modelle an.

Man kann aus (37) eine Schätzung der Kovarianz von $\hat{b} = [\hat{\alpha}, \hat{\beta}]$ erhalten, indem man die asymptotische Kovarianz schätzt. Die Inverse der Informationsmatrix konvergiert bei Wiederholungen über einem festen Versuchsplan gegen die asymptotische Kovarianz von $\sqrt{n}\,(\hat{\pi} - \pi_0)$. (Dies wird natürlich auch – ähnlich wie in 3.5.4 – für alle Versuchsplanfolgen gelten, die „langsam" gegenüber den Wiederholungszahlen wachsen.)

Es ist wegen $\partial_{(\alpha,\beta)}(\alpha + \beta\xi_i) = (1, \xi_i)$ der zu (α, β) gehörende Block der Inversen der Informationsmatrix

$$\mathrm{Inf}^{-1}_{(\alpha,\beta)} = \sum_{i=1}^{n} m_i s_i \begin{pmatrix} 1 & \xi_i \\ \xi_i & \xi_i^2 \end{pmatrix}.$$

Eine konsistente Schätzung erhält man durch Ersetzung von ξ_i und $s_i(\beta)$ durch $\hat{\xi}_i$ bzw. $s_i(\hat{\beta})$. Die Kovarianzschätzung selbst erhält man durch Invertierung und Division durch n (s. a. BARNETT (1970) für $\sigma_\varepsilon = c\sigma_\delta$, c bekannt):

$$\hat{D}(\alpha, \beta) = \frac{1}{n}\,\frac{\sum_{i=1}^{n}\left(m_i\hat{s}_i\begin{pmatrix} \hat{\xi}_i^2 & -\hat{\xi}_i \\ -\hat{\xi}_i & 1 \end{pmatrix}\right)}{\left(\sum_{i=1}^{n} m_i\hat{s}_i\right)\left(\sum_{i=1}^{n} m_i\hat{s}_i\hat{\xi}_i^2\right) - \left(\sum_{i=1}^{n} m_i\hat{s}_i\hat{\xi}_i\right)^2}. \tag{38}$$

Man beachte jedoch, daß diese Formel zwar formal auch für den Fall nichtwiederholter Beobachtungen gilt (BARNETT (1970)), jedoch dann nicht die wirkliche asymptotische Kovarianz liefert. Diese gab PATEFIELD (1977a) unter den Voraussetzungen

$$\lim_{n\to\infty} \bar{\xi}. < \infty\,, \qquad \sigma_\xi = \lim_{n\to\infty} D_{\bar{\xi}}/n < \infty$$

(s. a. Abschnitt 3.4) und $\sigma_\varepsilon = c\sigma_\delta$ (c bekannt) an:

$$^{\infty}\mathsf{D}(\hat{\alpha}, \hat{\beta}) = \frac{(c + \beta^2)\,\sigma_\delta \begin{pmatrix} \sum_{i=1}^{n}\xi_i^2 + \sum_{i=1}^{n}\xi_i\tau & -\sum_{i=1}^{n}\xi_i(1+\tau) \\ -\sum_{i=1}^{n}\xi_i(1+\tau) & n(1+\tau) \end{pmatrix}}{n\sum_{i=1}^{n}(\xi_i - \bar{\xi}.)^2} \tag{39}$$

mit $\tau = c\sigma_\delta/(c + \beta^2)\,\sigma_\xi$. Eine konsistente Schätzung $\hat{D}$ von $n^{\infty}\mathsf{D}$ ergibt sich zu

$$\frac{(c + \beta^2)\,\sigma\hat{\beta}}{d_{xy}}\begin{pmatrix} \bar{x}.^2(1 + \hat{\tau}) + d_{xy}/(n\hat{\beta}) & -\bar{x}.(1 + \hat{\tau}) \\ -\bar{x}.(1 + \hat{\tau}) & 1 + \hat{\tau} \end{pmatrix} \tag{40}$$

mit $\hat{\tau} = nc\sigma_\delta\hat{\beta}/(c + \hat{\beta}^2)\,d_{xy}$.

Wenn σ_δ unbekannt ist, kann man die konsistente Schätzung $2n\hat{\sigma}_\delta(n-2)$ verwenden, wobei $\hat{\sigma}_\delta$ die MLE aus diesem Modell ist (KENDALL und STUART (1961), (29.56)):

$$\hat{\sigma}_\delta = (d_y - 2\hat{\beta}d_{xy} + \hat{\beta}^2 d_x)/2(c + \hat{\beta}^2)\,.$$

3.5.2. Gütevergleich von Maximum-Likelihood-Schätzung und Zwei-Stufen-Kleinste-Quadrat-Schätzung bei linearen funktionellen Beziehungen mit nichtzufälligen nichtbeobachtbaren Variablen

Wir behandeln das in (3.1.38) als LIFU$^+$ mit linearem Regressionsanteil bezeichnete Modell, welches sich in (3.1.41) als reduzierte Form eines linearen Simultangleichungsmodelles erwies. Dabei nehmen wir normalverteilte Fehler mit der Kovarianz $I_m \otimes \Sigma$ im Verteilungsmodell an, wobei Σ unbekannt sei. Die zugehörigen Verteilungsapproximationen wurden von ANDERSON und SAWA (1973) für die 2SLS-Schätzung und von ANDERSON (1974) für die MLE berechnet. Die von ANDERSON (1974) auf dieser Basis berechneten Wahrscheinlichkeiten, in bestimmte Intervalle zu fallen, erlauben einen asymptotischen Gütevergleich. Die Asymptotik beruht dabei auf einem sich „auseinanderziehenden" Versuchsplan. Die Resultate für bekannte Σ findet man bei ANDERSON (1976) zusammengestellt.

Die folgenden Gütevergleiche für $p = 2$ haben für allgemeine multivariate LIFU$^+$ grundlegenden Charakter, weil sie ohne Zweifel mit ihren qualitativen Aussagen für endliche Stichproben auch auf den multivariaten Fall übertragen werden können. Dies ist insbesondere deshalb von Bedeutung, weil entsprechende Verteilungsapproximationen für $p > 2$ einen unverhältnismäßig größeren technischen Aufwand erfordern, was wir am Ende dieses Abschnittes noch illustrieren werden.

Beim Gütevergleich ergeben sich jedoch einige Probleme, die kurz erläutert werden sollen (ANDERSON (1976), S. 8). Wenn man das Kriterium des MSE zugrundelegt, muß die 2SLS-Schätzung der MLE vorgezogen werden. Denn die geradzahligen Momente bis zur Ordnung $m - 2$ der 2SLS-Schätzung sind endlich, und alle höheren Momente unendlich (MARIANO (1972)). Demgegenüber sind alle Momente der MLE unendlich (MARIANO und SAWA (1972)). Damit hat für $m \geqq 2$ die 2SLS-Schätzung endliche Varianz, die MLE dagegen nicht. Jedoch kann die Wahrscheinlichkeit, daß die MLE in ein Intervall um den wahren Parameter fällt, größer als diejenige für die 2SLS-Schätzung sein, und zwar für die meisten praktisch interessanten Intervalle.

Zur Beschreibung der Approximation dieser Wahrscheinlichkeiten benötigen wir die Parameter

$$\pi := \bar{\xi} S_{U \cdot V} \bar{\xi}\,, \qquad \sigma := (-\beta, 1)\, \Sigma[-\beta, 1]\,, \tag{41}$$

$$\tau := \Sigma^{1/2}[-\beta, 1]\, \pi(-\beta, 1)\, \Sigma^{1/2}/\det[\Sigma] = \pi \tilde{\sigma}_\varepsilon/\det[\Sigma]\,, \tag{42}$$

$$\varkappa := (\beta\sigma_\delta - \sigma_{\varepsilon\delta})^2/\det[\Sigma]\,. \tag{43}$$

Der Parameter τ ist ein Maß für die Streuung des Versuchsplanes im Verhältnis zur Fehlerstreuung. Die Approximationen erfolgen bis zur Ordnung $O(\tau^{-2})$.

Dabei sollen folgende Voraussetzungen gelten:

a) $W = [U \mathrel{\vdots} V] \in \mathfrak{M}^n_{n \times m}$, $n = n_1 + n_2$;

b) $\mathrm{r}[M_1] = 1$ und $\xi_{(n)} \neq 0$;

c) $\pi/(m - n)\, \sigma_\delta$ ist eine beschränkte Folge (ANDERSON (1977), S. 512).

Dann gilt (ANDERSON (1974), 4.27))

$$\begin{aligned} \mathrm{P_M} := P(|\hat{\beta}_{\mathrm{M}} - \beta| \leqq x\tilde{\sigma}_\delta/\sqrt{\pi}) = \Phi(x) - \Phi(-x) \\ + \tau^{-1}\big(-(n_1 - 1)\, x + (2\varkappa - 1)\, x^3 - \varkappa x^5\big)\, \Phi(x) + O(\tau^{-2})\,. \end{aligned} \tag{44}$$

Man sieht, daß für $x = 0$ auch $P_M = 0 + O(\tau^{-2})$ ist. Damit ist β der Median von $\hat{\beta}_M$ bis zur Ordnung $O(\tau^{-2})$. Für die 2SLS-Schätzung ergeben sich diese Wahrscheinlichkeiten (ANDERSON (1974), (5.4.)) zu

$$P_{2S} := P(|\hat{\beta}_{2S} - \beta| \leqq x\tilde{\sigma}_\varepsilon/\sqrt{\pi}) = \Phi(x) - \Phi(-x) \tag{45}$$
$$+ \tau^{-1}\{((n_1 - 1) - (n_1 - 1)^2 \varkappa) x + (2n_0\varkappa - 1) x^3 - \varkappa x^5\} \Phi(x) + O(\tau^{-2}) .$$

Damit ergibt sich als Differenz der beiden Wahrscheinlichkeiten

$$\Delta = P_M - P_{2S} = \Phi(x) (n_1 - 1) x(((n_1 - 1) \varkappa - 2 - 2\varkappa x^2)/\tau) + O(\tau^{-2}) . \tag{46}$$

Für

$$\varkappa \leqq 2(n_1 - 1) \tag{47}$$

ist $\Delta \leqq 0$ für alle x, und β_{2S} ist besser. Wenn aber $\varkappa \geqq 2/(n_1 - 1)$ ist, dann ist $\Delta \leqq 0$ nur für

$$x \leqq ((n_1 - 1)/2 - 1/\varkappa)^{1/2} \leqq ((n_1 - 1)/2)^{1/2} . \tag{48}$$

Damit ergibt sich

Satz 3.5.4. *Unter Normalverteilung ist die* 2SLS-*Schätzung bis auf Glieder der Ordnung* $O(\tau^{-2})$ *für* $\varkappa \ll 2/(n_1 - 1)$ *gleichmäßig besser als die* MLE *und ansonsten ist sie besser nur über Intervallen der Form* $(-x, x)$ *mit* $x \ll ((n_1 - 1)/2)^{1/2}$.

Eine entsprechende Aussage folgt aus dem Vergleich des MSE der die wahren Verteilungen approximierenden asymptotischen Entwicklungen (ANDERSON (1974), S. 572). Die Verteilung von $\hat{\beta}_M$ für bekanntes Σ wurde von MARIANO (1973) angegeben. Unter gewissen Voraussetzungen sind die asymptotischen Entwicklungen dieselben bis zur Ordnung $O(\tau^{-3/2})$. Bei unbekannten Σ wird die wishartverteilte Schätzung $S_{Z \cdot W}$ benutzt, die $m - n$ Freiheitsgrade hat. Daraus folgt nach ANDERSON (1974) unter Voraussetzung c) die behauptete Gleichheit der asymptotischen Entwicklungen.

Approximationen der Verteilung der Schätzung $\hat{\vartheta} = \tan^{-1} \hat{\beta}$ des Winkels $\vartheta = \tan^{-1}\beta$ wurden ebenso entwickelt, für $\Sigma = \sigma I$ hängt die Verteilung von $\hat{\vartheta}_M$ nicht von ϑ ab (ANDERSON (1976), S. 4). (Dasselbe gilt vermutlich auch in allgemeinen multivariaten LIFU⁺ für die Eulerschen Winkel des Unterraumes $\mathcal{L} = \mathcal{L}_\pi$.)

Für LIFU⁺ ohne Regressionsanteil wurde die Gültigkeit der (44) und (45) entsprechenden Approximationen für die resultierenden ϑ-Schätzungen von PATEFIELD (1976) in einer Simulationsstudie untersucht. Es zeigte sich, daß die Approximation angenähert im Bereich $n < (2/3) (\tau + 5/2)$ gültig ist, wobei τ unter diesem Verteilungsmodell die folgende Form hat:

$$\tau = (1 + \beta^2) S_{\bar{\xi}}/\sigma . \tag{49}$$

Die von ANDERSON (1976) betrachteten asymptotischen Entwicklungen beruhen auf festem m, β und $\tau \to \infty$ bei $n \to \infty$. Eine andere Asymptotik erhält man für $\tau \to \infty$, $m \to \infty$ bei festen τ/m und β. Dann ergibt sich (PATEFIELD (1976), S. 46)

$$\tau(\hat{\vartheta}_M - \vartheta) \sim N(0, 1 + (m - 1)/\tau) . \tag{50}$$

Anscheinend ist diese Approximation in einem etwas größeren Bereich von τ und m gültig (PATEFIELD (1976), S. 56).

Verteilungsapproximationen für $p > 2$ sind bedeutend schwieriger zu erhalten. SUGIURA (1976) gab zunächst für den Fall $q = 1$ eine derartige Verteilung für den kleinsten Eigenvektor an, wobei die dort in Theorem 7.5 benutzte Normierung der von Satz 3.2.9 entspricht. Es müssen jedoch einige formale Anpassungen vorgenommen werden, um die Resultate auf die MLE übertragen zu können, oder gar, um allgemeine Eigenwertschätzungen behandeln zu können. Für $q > 1$ muß die gemeinsame Verteilung von mehreren Eigenvektoren approximiert werden.

Aussagen über die Beziehungen zwischen der hier wiedergegebenen Asymptotik und dem Zugang über kleine Störungen, also $\sigma \to 0$, der von KADANE (1970, 1971) untersucht wurde, findet man bei ANDERSON (1977).

3.5.3. Gütevergleich von modifizierten Maximum-Likelihood-Schätzungen und Zwei-Stufen-Kleinste-Quadrat-Schätzungen bei linearen funktionellen Beziehungen mit nichtzufälligen nichtbeobachtbaren Variablen

Im folgenden werden dieselben Modelle wie in 3.5.2 betrachtet, also LIFU$^+$ mit linearem Regressionsanteil. Diesmal sind jedoch auch Modelle mit $p > 2$ eingeschlossen, während die Voraussetzung $q = 1$ bleibt. Es werden die Ergebnisse über den approximativen Gütevergleich von FULLER (1977) für die dort entwickelten modifizierten MLE und 2SLS-Schätzung dargestellt. Die modifizierten MLE und 2SLS-Schätzung wurden in (3.3.25) bzw. (3.3.29) eingeführt. Wir nehmen nun an, daß das Folgenmodell definiert ist durch eine Folge von Matrizen $W_{(m)}$, $m = 1, 2, \ldots$, wobei n_2 fest ist, n_1 jedoch wachsen kann:

$$\mathrm{r}[W_{(m)}] = n = n_1(m) + n_2 , \qquad m = 1, 2, \ldots . \tag{51}$$

Für die Folge der Parameter $M_1 = M_1(n_1) = [\bar{\xi}, \bar{\eta}]$, $\xi \in \mathfrak{M}_{(p-q)\times n_1}$ gilt

$$\lim_{n\to\infty} S_{\bar{\xi}}/n_1 = D_{\xi} \in \mathfrak{M}^{>}_{p-q} . \tag{52}$$

Um die Herleitungen zu vereinfachen, nimmt man wie üblich (vgl. (3.2.21))

$$UV' = 0 , \quad \text{oder} \quad P_{W'} = P_{U'} + P_{V'} \tag{53}$$

sowie

$$UU'/m = I_{n_1} \tag{54}$$

an, was durch die Transformation anschließend an (3.2.21)

$$\tilde{\tilde{U}} := \left((\tilde{U}\tilde{U}')^{-1/2}\sqrt{m}\right)\tilde{U} , \qquad \tilde{M}_1 := M_1(\tilde{U}\tilde{U}')^{1/2}/\sqrt{m} \tag{55}$$

erreicht wird.

Damit konnte FULLER (1977) zeigen, daß die k-ten Momente ($k = 1, 2, \ldots$) der modifizierten Schätzungen für alle $m > m(k)$ beschränkt sind und daß für die Schätzungen des Parameters $b \in \mathbb{R}^{p-1}$ gilt mit dem in 3.3.1.6 definierten Modifikationsparameter $\alpha \in \mathbb{R}^1$

$$\mathsf{E}(\boldsymbol{b}_{M2S} - b) = \frac{(\alpha - 1)}{m} S_{\bar{\xi}}^{-1}(\Sigma_{\delta\varepsilon} \vdots \Sigma_{\delta}) [1, -b] + O(m^{-2}) , \tag{56}$$

$$\mathsf{E}(\boldsymbol{b}_{MM} - b) = \frac{(\alpha - 1)}{m} S_{\bar{\xi}}^{-1}(\Sigma_{\delta\varepsilon} \vdots \Sigma_{\delta}) [1, -b] + O(m^{-2}) . \tag{57}$$

Hierbei ist $S_{\bar{\xi}}^{-1} = O_{\mathrm{P}}(n_1^{-1})$. Mit

$$\Sigma_{\tilde{\varepsilon}} := (-b', 1)\, \Sigma[-b, 1] , \qquad \Sigma_{\tilde{\varepsilon}\delta} := (-b', 1)\, [\Sigma_{\delta} \vdots \Sigma_{\varepsilon\delta}]$$

wird

$$\begin{aligned}\mathsf{E}(\boldsymbol{b}_{MM} - b) = {} & m^{-1} S_{\bar{\xi}}^{-1} \Sigma_{\tilde{\varepsilon}} + m^{-2} S_{\bar{\xi}}^{-1} \Sigma_{\tilde{\varepsilon}} \operatorname{sp} (S_{\bar{\xi}}^{-1} \Sigma_{\delta}) \\ & - m^{-2}\, 2(\alpha - 1)\, S_{\bar{\xi}}^{-1} \Sigma_{\tilde{\varepsilon}\delta} S_{\bar{\xi}}^{-1} \Sigma_{\delta\tilde{\varepsilon}} \\ & + m^{-2} \big(n_1 - (p-1) - 2(\alpha - 1)\big)\, S_{\bar{\xi}}^{-1} \Sigma_{\delta} S_{\bar{\xi}}^{-1} \Sigma_{\tilde{\varepsilon}} \\ & + m^{-2} \big((2-\alpha)^2 - n_1 - p + 1\big)\, S_{\bar{\xi}}^{-1} \Sigma_{\delta\tilde{\varepsilon}} \Sigma_{\tilde{\varepsilon}\delta} S_{\bar{\xi}}^{-1} + O(m^{-3})\,. \qquad (58)\end{aligned}$$

Wenn man die zu (53)—(55) führenden Transformationen berücksichtigt, muß man mit den Parametern des ursprünglichen Modelles

$$S_{\bar{\xi}} \leftarrow m^{-1} \bar{\xi} S_{\tilde{U}} \bar{\xi}' = m^{-1} \bar{\xi} S_{U.V} \bar{\xi}' = \big((m - n_2)\, \ddot{\xi} (m - n_2)^{-1}\, U P_{V'\perp} U'\big)\, \bar{\xi}'/m\,. \qquad (59)$$

schreiben, wobei n_2 fest war und $\mathrm{r}[P_{V'\perp}] = m - n_2$ ist. Außerdem gilt

$$\mathsf{E}(\boldsymbol{b}_{M2S} - b) - \mathsf{E}(\boldsymbol{b}_{MM} - b) = 2m^{-2}(n_1 - p + 1)\, S_{\bar{\xi}}^{-1} \Sigma_{\delta\tilde{\varepsilon}} \Sigma_{\tilde{\varepsilon}\delta} S_{\bar{\xi}}^{-1} + O(m^{-3})\,. \qquad (60)$$

Darüberhinaus erhält man für $\alpha = 4$ Schätzungen, deren MSE gleichmäßig kleiner bis zur Ordnung $O(m^{-2})$ ist, als bei jedem kleineren α, denn der MSE hängt von α über den folgenden Term ab:

$$\begin{aligned}& -m^{-2} 2\alpha S_{\bar{\xi}}^{-1} (\Sigma_{\delta\tilde{\varepsilon}} S_{\bar{\xi}}^{-1} \Sigma_{\tilde{\varepsilon}\delta} I_{d\delta} + \Sigma_{\tilde{\varepsilon}} \Sigma_{\delta} S_{\bar{\xi}}^{-1}) \\ & + m^{-2}(\alpha^2 - 4\alpha)\, S_{\bar{\xi}}^{-1} \Sigma_{\delta\tilde{\varepsilon}} \Sigma_{\tilde{\varepsilon}\delta} S_{\bar{\xi}}^{-1} + O(m^{-3})\,.\end{aligned}$$

Dann erhält man die Aussage, weil

$$S_{\bar{\xi}}^{-1} \Sigma_{\delta} S_{\bar{\xi}}^{-1} \Sigma_{\tilde{\varepsilon}} - S_{\bar{\xi}}^{-1} \Sigma_{\delta\tilde{\varepsilon}} \Sigma_{\tilde{\varepsilon}\delta} S^{-1}$$

und

$$S_{\bar{\xi}}^{-1} \Sigma_{\tilde{\varepsilon}\delta} S_{\bar{\xi}}^{-1} \Sigma_{\delta\tilde{\varepsilon}} - S_{\bar{\xi}}^{-1} \Sigma_{\delta\tilde{\varepsilon}} \Sigma_{\tilde{\varepsilon}\delta} S_{\bar{\xi}}^{-1}$$

positiv semidefinit sind.

Diese Resultate geben eine Erklärung für die etwas schlechtere Güte der MLE gegenüber der 2SLS-Schätzung in vielen Monte-Carlo-Studien. Wenn, man die Modifikationen zur Erzeugung endlicher Momente einmal vernachlässigt, so ist die 2SLS-Schätzung eine k-Klassen-Schätzung mit $\alpha = n_1 - p + q$, während die MLE für $\alpha = 0$ entsteht. Damit kann man bei LIFU$^+$ mit linearem Regressionsanteil im allgemeinen eine größere Güte der 2SLS-Schätzung erwarten. Mit vergleichbarem α jedoch wird man wegen (60) die modifizierte MLE vorziehen müssen.

3.5.4. Asymptotik bei abhängigen Fehlern in linearen funktionellen Beziehungen

3.5.4.1. Minimum-Kontrast-Schätzung

In diesem Abschnitt soll die von Robinson (1977 a) entwickelte *Minimum-Kontrast-Schätzung* behandelt werden (vgl. 3.3.2). Eingehender wird nur die Konsistenz der Schätzung nachgewiesen, während auf die asymptotische Normalität und weitere Aspekte nicht näher eingegangen wird. Als unmittelbare Folgerung des zunächst bewiesenen Gesetzes der großen Zahlen ergibt sich *unter* diesen verhältnismäßig *allgemeinen Voraussetzungen* aber auch die *Inkonsistenz der* OLSE, falls kein Regressionsmodell vorliegt.

Wenn die Voraussetzungen V 1, V 2 aus **3.3.2** erfüllt sind, gilt fast sicher

$$\lim S_Z/n = \begin{pmatrix} \Sigma_x & \Sigma_{xy} \\ \Sigma_{yx} & \Sigma_y \end{pmatrix} = \begin{pmatrix} T_0 + \Sigma_{\delta 0} & TB' \\ BT_0 & BT_0B' + \Sigma_{\varepsilon 0} \end{pmatrix} = \Sigma(\psi) . \tag{61}$$

Wir betrachten als typisches Beispiel

$$n(S_X - \Sigma_x) = \left(S_{\bar\xi} - \sum_{i=1}^{n} T_i\right) + S_{\bar\xi\bar\delta} + S_{\bar\delta\bar\xi} + (S_{\bar\delta} - \Sigma_{\delta 0}) + \sum_{i=1}^{n} (T_i - T_0) . \tag{62}$$

Der letzte Term konvergiert nach (3.3.47) gegen Null.

Aus V 1 folgt weiter, daß die anderen Terme Folgen von sogenannten Martingaldifferenzen sind, die wegen V 2 gleichmäßig beschränkte $(c/2)$-Momente haben. Zum Beispiel ist

$$\mathsf{E}(\xi_i\delta_i' \mid \mathfrak{B}_i) = \mathsf{E}\big(\xi_i \mathsf{E}(\delta_i \mid \mathfrak{B}_{\delta_i}) \mid \mathfrak{B}_i\big) = 0 \tag{63}$$

und

$$\mathsf{E}\,||\delta_i\xi_i'||^{c/2} \leqq (\mathsf{E}\,||\delta_i||^c\;\mathsf{E}\,||\xi_i||^c)^{1/2} , \qquad c > 2 . \tag{64}$$

Damit sind die anderen Terme in (62) von der Ordnung

$$O_{\mathrm{P}}\big(n^{(2/c)-1}(\ln n)^{1+2/c}\,(\ln\ln n)^{2/c}\big)$$

(Robinson (1978), Theorem 1). Es ergibt sich unter den Voraussetzungen V 3 und $\Sigma_{\delta_0} \neq 0$ für die OLSE

$$S_{XY}S_X^{-1} \xrightarrow[n]{} BT_0(T_0 + \Sigma_\delta)^{-1} \neq B . \tag{65}$$

Die OLSE *ist (sowohl bei festem als auch bei zufälligem Versuchsplan) unter sehr allgemeinen Voraussetzungen genau dann konsistent, wenn die ξ_i Regressoren in einem multivariaten linearen Regressionsmodell sind.*

Nun kann man unter der folgenden Voraussetzung V 5, die zu V 1 bis V 4 aus **3.3.2** hinzugefügt wird, die Konsistenz zeigen:

Voraussetzung V 5. Sei $A_0 = A(\psi_0)$, $\Omega_0 = \Omega(\psi_0)$, $h(\psi_0) = h_0$. Dann besitzen die Gleichungen

$$A(\psi) = A_0 , \qquad \Omega(\psi) = \Omega_0 , \qquad h(\psi) = h_0 \tag{66}$$

über $\psi \in \Psi$ nur die Lösung $\psi = \psi_0$.

Satz 3.5.5. *Unter* V 1 *bis* V 5 *ist* $\hat\psi = \hat\psi(z_{(n)})$ *konsistent.*

Beweis. Wegen (1) gilt gleichmäßig für alle ψ fast sicher

$$l_z(\psi) \to l(\psi) := -\ln\det[\Omega] - \mathrm{sp}\,[\Omega\Sigma(\psi)] \tag{67}$$

(vgl. (3.3.21)–(3.3.27)). Damit ist

$$l_z(\psi) - l(\psi) = l_1(\psi) + l_2(\psi) , \tag{68}$$

$$l_1(\psi) = -\ln\det[\Omega_0\Omega(\psi)^{-1}] + \mathrm{sp}\,[\Omega_0\Omega(\psi)^{-1}] - (p - q) , \tag{69}$$

$$l_2(\psi) = \mathrm{sp}\,[(A_0 - A(\psi))\,\Sigma_x(A_0 - A(\psi))'\,\Omega(\psi)^{-1}] . \tag{70}$$

Aus der Darstellung der Terme in den Eigenwerten und der Ungleichung $\ln x \leqq x - 1$ folgt $l_1(\psi) \geqq 0$. Die Gleichheit ist äquivalent zu $\Omega(\psi) = \Omega_0$. Ebenso gilt $l_2(\psi) \geqq 0$ mit der Gleichheit genau dann, wenn $A(\psi) = A_0$ ist, weil $\Sigma_x > 0$ und $\Omega(\psi)^{-1} > 0$ sind.

Nun folgt der übliche Schluß bei Minimum-Kontrast-Schätzungen. Es muß nämlich nach V 5 $l(\psi_0) > l(\psi)$ sein, wenn $\psi \neq \psi_0$ ist. Gäbe es nun eine Teilfolge $\{\hat{\psi}_{(m)}\} \subseteq \{\psi_{(n)}\}$ die gegen $\tilde{\psi} \neq \psi_0$ konvergierte, so müßte gelten

$$0 \leq l_z(\hat{\psi}_{(m)}) - l(\psi_0) \xrightarrow[m]{} l(\tilde{\psi}) - l(\psi_0) < 0 ,$$

was einen Widerspruch ergäbe. ■

3.5.4.2. Identifizierbarkeit

Die Gleichungen (66) können bei vorgegebenen Werten A_0, Ω_0, h_0 beliebig viele Lösungen besitzen. Man kann aber immer eine so kleine Umgebung von ψ_0 finden, daß die Lösung von (66) nach dem Satz über implizite Funktionen eindeutig ist, vorausgesetzt natürlich, die dazu notwendige Bedingung über den konstanten Rang der Funktional-Matrix ist erfüllt. Dieses Vorgehen kann jedoch nur eine lokale Identifizierbarkeit liefern, ganz im Sinne des lokalen Charakters des Satzes über implizite Funktionen. Bei der praktischen Anwendung des beschriebenen Schätzverfahrens wird man sich letztlich darauf verlassen müssen, daß man von vornherein schon auf eine „vernünftig kleine" Umgebung des Parameters zurückgreifen kann, in der auch die Identifizierbarkeit gewährleistet ist. Abschließend werden wir die Identifizierbarkeitsbedingung für einen in Anwendungen oft auftretenden Fall angeben. Dazu sei die Matrix T_0 regulär, was ansonsten nicht gefordert wurde. Weiterhin sei vorausgesetzt, daß in h keine Kopplungen zwischen den Elementen von B, Σ_δ, Σ_ε auftreten. Dann ist für die lokale Identifizierbarkeit notwendig und hinreichend, daß die Nullräume $\partial_B h(B_0) I_q \otimes T_0^{-1}$, $\partial_{\Sigma_\delta} h(\Sigma_{\delta 0})$ und $\partial_{\Sigma_\varepsilon} h(\Sigma_{\varepsilon 0}) B_0 \otimes B_0$ einen nichttrivialen Durchschnitt haben. Damit hat man zumindest ein Kriterium, welches — wenn schon nicht die globale — so doch zumindest eine lokale Identifizierbarkeit liefert.

3.5.5. Nichtlineare Modelle mit wachsendem Versuchsplan

Für die in 3.3 angegebene Gauß-Newton-Iteration, die die WLSE approximiert, kann unter schwächeren Verteilungsannahmen die asymptotische Normalität gezeigt werden. Es werden folgende Voraussetzungen benutzt:

V 1. Die Funktionen r_i haben stetige und gleichmäßig beschränkte erste und zweite Ableitungen.

V 2. Für die Anfangsschätzung π_1 gilt

$$\pi_1 - \pi_0 = O_P(m^{-1/2}) , \qquad m = n_m l_m .$$

V 3. Die ζ_{i0} sind untereinander unabhängig, und es ist

$$\mathsf{E}\zeta_{i0} = 0 , \qquad \mathsf{D}\zeta_{i0} = \Sigma = \Sigma_m .$$

V 4. Σ_m ist bekannt und regulär.

V 5. $\lim\limits_{m\to\infty} l_m \Sigma_m = \bar{\Sigma} \in \mathfrak{M}_p$, d. h. $\Sigma_m = O(l_m^{-1})$.

V 6. Es ist $\Sigma_{\pi 0}/m$ regulär für $m > p$ und

$$\lim_{m\to\infty} \Sigma_{\pi 0}/m =: \Sigma_\pi \in \mathfrak{M}_p^> .$$

V 7. Für ein $\varkappa > 0$ gilt für alle i, m

$$\mathsf{E}\,||l_m^{1/2}\zeta|_{im0}|^{2+\varkappa} \leqq K < \infty .$$

V 8. Es ist $n = o(l)$, d. h. $l^{-1} = o(m^{-1/2})$.

Die letzte Bedingung kann als im Vergleich zur Wiederholungsanzahl „schwach wachsender Versuchsplanumfang" charakterisiert werden. Die Gewinnung der Anfangsiteration $\boldsymbol{\pi}_1$, die Behandlung unbekannter Kovarianzen der ζ_i und die Bedeutung der Voraussetzung 7 werden am Ende dieses Abschnittes behandelt.

Der Beweis der asymptotischen Normalität erfolgt in mehreren Schritten, in denen gezeigt wird, daß die Iterationen für die Parameter, wie ξ_{i1}, $\Sigma_{\pi 1}$ usw., mit einer gewissen Ordnung gegen die wahren Parameter ξ_{i0}, $\Sigma_{\pi 0}$ usw. konvergieren, und daß dies damit auch für $\boldsymbol{\pi}_2$ gilt. Danach kann der Ljapunowsche Grenzwertsatz angewendet werden. Der Beweis ergibt sich aus dieser von Fuller und Wolter (1982) für $q = 1$ durchgeführten Idee durch verschiedene Modifikationen auch für allgemeinere Modelle, insbesondere für $q > 1$.

Satz 3.5.6. *Es gilt* $\xi_{i1} - \xi_{i0} = O_P(l^{-1/2})$.

Beweis. Es ist

$$0 \leqq ||\xi_{i1} - \xi_{i0}||_I \leqq ||[\xi_{i1} - \xi_{i0}, a]||_I , \tag{71}$$

wir setzen $a = \eta_{i1} - \eta_{i0}$ und erhalten

$$||[\xi_{i1} - \xi_{i0}, a]||_I \leqq ||\zeta_{i0}||_I + ||\zeta_{i1}||_I . \tag{72}$$

Nun ist wegen $\mathsf{E}\zeta_{i0} = 0$ und

$$\mathsf{E}\,||\zeta_{i0}||_I^2 \leqq \mathrm{sp}\,[\Sigma] = O_P(l^{-1}) \tag{73}$$

zunächst der erste Summand von der Ordnung $O_P(l^{-1/2})$. Weiter ist wegen (73)

$$0 \leqq ||\zeta_{i1}||_{\Sigma^{-1}} \leqq ||\boldsymbol{z}_i - [\zeta_{i0}, r_i(\xi_{i0}, \pi_1)]||_{\Sigma^{-1}} \tag{74}$$

$$\leqq ||\zeta_{i0}||_{\Sigma^{-1}} + ||[0, r_i(\xi_{i0}, \pi_1) - r_{i0}]||_{\Sigma^{-1}} \tag{75}$$

$$= ||\zeta_{i0}||_{\Sigma^{-1}} + ||r_i(\xi_{i0}, \pi_1) - r_{i0}||_{\Sigma^{-1}} , \tag{76}$$

und mit der Taylor-Entwicklung von r_i folgt wegen der Beschränktheit von $\lambda_{\min}[\Sigma]$, $\lambda_{\max}[\Sigma]$ für den Ausdruck (76) die Abschätzung

$$\leqq O_P(l^{-1/2}) + ||\pi_0 - \boldsymbol{\pi}_1||\,||\partial_\pi r_{i0}|| + O_P(\max\{||\boldsymbol{\pi}_1 - \pi_0||^2, ||\xi_{i1} - \xi_{i0}||^2\}) . \tag{77}$$

Aus V 1 folgt für den zweiten Summanden in (77) die Ordnung $O_P(||\pi_0 - \boldsymbol{\pi}_1||)$, also wegen V 2 und V 8

$$= O_P(\max\{l^{-1/2}, m^{-1/2}\}) .$$

Nun ist $l^{-1} < l^{-1/2} < 1$, und wegen $n > 1$ ist auch $m^{-1} < l^{-1}$. Also ist $\max\{l^{-1/2}, m^{-1/2}\} = l^{-1/2}$. ∎

Satz 3.5.7. *Es ist in Verschärfung von Satz* 3.5.6

$$\xi_{i1} - \xi_{i0} = \tilde{\boldsymbol{\delta}}_i + O_P(m^{-1/2}) \tag{78}$$

mit

$$\tilde{\boldsymbol{\delta}}_i = ((I \,\vdots\, \partial_\xi' r_{i0})\,\Sigma^{-1}[I \,\vdots\, \partial_\xi r_{i0}])^{-1}\,(I \,\vdots\, \partial_\xi' r_{i0})\,\Sigma^{-1}\zeta_{i0} . \tag{79}$$

Beweis. Wegen $\boldsymbol{\pi}_1 - \pi_0 = O_P(m^{-1/2})$ ist

$$\boldsymbol{y}_i - \boldsymbol{r}_{i1} = \boldsymbol{\varepsilon}_{i0} - \partial_\xi r_{i0}(\xi_{i1} - \xi_{i0}) + O_P(m^{-1/2}) . \tag{80}$$

Wegen der Beschränktheit auch der zweiten Ableitungen ist nach Satz 3.5.6

$$\partial_\xi r_{i1} - \partial_\xi r_{i0} = O_P(l^{-1/2}) . \tag{81}$$

Also folgt

$$\boldsymbol{y}_i - \boldsymbol{r}_{i1} = \boldsymbol{\varepsilon}_{i0} - \partial_\xi r_{i0}(\xi_{i1} - \xi_{i0}) - O_P(l^{-1/2})(\xi_{i1} - \xi_{i0}) + O_P(m^{-1/2}) . \tag{82}$$

Nach Satz 3.5.6 ist der dritte Summand $O_P(l^{-1})$. Damit folgt aus (3.3.68) und $O_P(\max\{l^{-1}, m^{-1/2}\}) = O_P(m^{-1/2})$ wegen V 8

$$\begin{aligned}&\partial_\xi' r_{i0}\Sigma^\varepsilon(\boldsymbol{\varepsilon}_{i0} - \partial_\xi r_{i0}(\xi_{i1} - \xi_{i0})) + \Sigma^{\delta\varepsilon}(\boldsymbol{\varepsilon}_{i0} - \partial_\xi r_{i0}(\xi_{i1} - \xi_{i0}))\\ &+ \partial_\xi' r_{i0}\Sigma^{\varepsilon\delta}(\boldsymbol{x}_i - \xi_{i1}) + \Sigma^\delta(\boldsymbol{x}_i - \xi_{i1}) = lO_P(m^{-1/2}) .\end{aligned} \tag{83}$$

Nun ist

$$\boldsymbol{x}_i - \xi_i = \boldsymbol{x}_i - \xi_{i0} - (\xi_{i1} - \xi_{i0}) = \boldsymbol{\delta}_{i0} - \Delta_1\xi_i . \tag{84}$$

Damit erhält man

$$\begin{aligned}&(\partial_\xi' r_{i0}\Sigma^\varepsilon\,\partial_\xi r_{i0} + \Sigma^\delta\,\partial_\xi r_{i0} + \partial_\xi' r_{i0}\Sigma^{\varepsilon\delta} + \Sigma^\delta)\,\Delta_1\xi_i + lO_P(m^{-1/2})\\ &= \partial_\xi' r_{i0}\Sigma^\varepsilon\boldsymbol{\varepsilon}_{i0} + \Sigma^{\delta\varepsilon}\boldsymbol{\varepsilon}_{i0} + \partial_\xi' r_{i0}\Sigma^{\varepsilon\delta}\boldsymbol{\delta}_{i0} + \Sigma^\delta\boldsymbol{\delta}_{i0}\end{aligned} \tag{85}$$

oder, äquivalent dazu,

$$(I \,\vdots\, \partial_\xi' r_{i0})\,\Sigma^{-1}[I \,\vdots\, \partial_\xi r_{i0}]\,\Delta_1\xi_i + lO_P(m^{-1/2}) = (I \,\vdots\, \partial_\xi' r_{i0})\,\Sigma^{-1}\zeta_{i0} . \tag{86}$$

Wegen $\Sigma^{-1}l^{-1} = O_P(1)$ und $\partial_\xi r_{i0} = O_P(1)$ folgt die Behauptung. ■

Satz 3.5.8. *Mit* $\tilde{\varepsilon}_{i0} = (-\partial_\xi r_{i0} \,\vdots\, I_{p-q})\,\zeta_{i0}$ *ist* $\mathsf{E}\tilde{\boldsymbol{\delta}}_i\boldsymbol{\varepsilon}_{i0}' = 0$.

Beweis. Die Behauptung folgt unmittelbar aus

$$(I \,\vdots\, \partial_\xi r_{i0})\,[-\partial_\xi' r_{i0} \,\vdots\, I] = 0 . \;■$$

Satz 3.5.9. *Es ist*

$$\tilde{\Sigma}_{i1}^{-1} = \tilde{\Sigma}_{i0}^{-1} + lO_P(l^{-1/2}) . \tag{87}$$

Beweis.

$$\begin{aligned}\tilde{\Sigma}_{i1} &= (-\partial_\xi' \boldsymbol{r}_{i1} \,\vdots\, I)\,\Sigma[\partial_\xi \boldsymbol{r}_{i1} \,\vdots\, I]\\ &= (-\partial_\xi' r_{i0} + \partial_\xi'(r_{i0} - \boldsymbol{r}_{i1}) \,\vdots\, I)\,\Sigma[-\partial_\xi r_{i0} + \partial_\xi(r_{i0} - \boldsymbol{r}_{i1}) \,\vdots\, I]\\ &= \Sigma_{i0} + (\partial_\xi'(r_{i0} - \boldsymbol{r}_{i1}) \,\vdots\, 0)\,\Sigma[-\partial_\xi r_{i0} \,\vdots\, I]\\ &\quad + (-\partial_\xi' r_{i0} \,\vdots\, I)\,\Sigma\partial_\xi[(r_{i0} - \boldsymbol{r}_{i1}) \,\vdots\, 0]\\ &\quad + (\partial_\xi'(\boldsymbol{r}_{i1} - r_{i0}) \,\vdots\, 0)\,\Sigma[\partial_\xi(\boldsymbol{r}_{i1} - r_{i0}) \,\vdots\, 0] . \;■\end{aligned} \tag{88}$$

In Satz 3.5.7 wurde schon $\partial_\xi r_{i1} - \partial_\xi r_{i0} = O_P(l^{-1/2})$ benutzt, und es folgt wegen $\Sigma l = O_P(1)$

$$\tilde{\Sigma}_{i1}l = \tilde{\Sigma}_{0i}l + O_P(l^{-1/2}) . \tag{89}$$

Nun ist für reguläre Matrizen A, B

$$\|A^{-1} - B^{-1}\| \leqq \|A^{-1}\|\,\|A - B\|\,\|B^{-1}\| . \tag{90}$$

Wegen $(\tilde{\Sigma}_{i1}l)^{-1} = O_P(1)$ folgt die Behauptung. ■

Satz 3.5.10. *Es ist*

$$\tilde{\Sigma}_{\pi i1} l^{-1} = \tilde{\Sigma}_{\pi i0} l^{-1} + O_P(l^{-1/2}) \tag{91}$$

und

$$\Sigma_{\pi 1}/m = \Sigma_{\pi 0}/m + O_P(l^{-1/2}) \,. \tag{92}$$

Beweis. Man erhält für die einzelnen Zeilen $\partial_\pi r_i^{(k)}$, $k = 1, \ldots, q$, von $\partial_\pi r_i$

$$\begin{aligned} \partial_\pi \boldsymbol{r}_{i1}^{(k)} &= \partial_\pi r_{i0}^{(k)} + (\boldsymbol{\xi}_{i1} - \xi_{i0})' \, \partial_{\xi\pi} r_{i0}^{(k)} + (\boldsymbol{\pi}_1 - \pi_0)' \, \partial_{\pi\pi} r \\ &\quad + O_P(\|\pi_1 - \pi_0, \xi_{i1} - \xi_{i0}\|^2) \,. \end{aligned} \tag{93}$$

Nach Satz 3.5.6 folgt

$$= \partial_\pi r_{i0} + O_P(\max\{l^{-1/2}, l^{-1}, m^{-1/2}\}) = \partial_\pi r_{i0}' + O_P(l^{-1/2}) \,. \tag{94}$$

Mit der Definition von $\tilde{\Sigma}_{\pi 1k}$ und $\Sigma_{\pi k}$ in (3.3.78) erhält man die Behauptung. ■

Satz 3.5.11. *Es ist*

$$\tilde{\varepsilon}_{i1} = \tilde{\boldsymbol{\varepsilon}}_{i0} + \partial_\pi r_{i1}(\pi_0 - \pi_1) + O_P(m^{-1/2}) \,. \tag{95}$$

Beweis. Wir benutzen

$$\boldsymbol{\varepsilon}_{i1} - \boldsymbol{r}_{i1} \boldsymbol{\delta}_i = \boldsymbol{\varepsilon}_i + r_{i0} - \boldsymbol{r}_{i1} - \partial_\xi \boldsymbol{r}_{i1} \boldsymbol{\delta}_i \,. \tag{96}$$

Mit der Taylor-Entwicklung

$$r_{i0} = \boldsymbol{r}_{i1} + \partial_\pi r_{i1}(\pi_0 - \pi_1) + \partial_\xi \boldsymbol{r}_{i1}(\xi_{i0} - \boldsymbol{\xi}_{i1}) + O_P(\|\pi_0 - \pi_1, \xi_{i0} - \boldsymbol{\xi}_{i1}\|^2) \tag{97}$$

und $\xi_{i0} - \boldsymbol{\xi}_{i1} = \boldsymbol{\delta}_{i1} - \boldsymbol{\delta}_{i0}$ erhält man

$$\tilde{\varepsilon}_{i1} = \boldsymbol{\varepsilon}_{i0} + \partial_\pi r_{i1}(\pi_0 - \pi_1) - \partial_\xi r_{i1} \boldsymbol{\delta}_{i0} + O_P(l^{-1}) \,. \tag{98}$$

Mit der Taylor-Entwicklung von $\partial_\xi r_{i1}$ um $\partial_\xi r_{i0}$ und aus V 8 erhält man die Behauptung. ■

Bemerkung 3.5.1. Werden V 5 und V 8 etwas abgeschwächt mit $l_m^{-1} = o(m^{-1/3})$, so liefern die Taylor-Entwicklungen mit Einschluß der zweiten Ableitungen weiterhin die zum Nachweis der asymptotischen Normalität erforderlichen Korrekturglieder. Dann muß zusätzlich auch die Beschränktheit der 3. Ableitungen gefordert werden. Für $q = 1$ zeigten dies Fuller und Wolter (1982). Jedoch gilt dann nicht mehr $O_P(\max\{l^{-1}, m^{-1/2}\}) = O_P(m^{-1/2})$.

Satz 3.5.12. *Es ist*

$$\pi_2 - \pi_0 = \Sigma_{\pi 0}^{-1} \sum_{i=1}^{n} (\partial_\pi' r_{i0} \tilde{\Sigma}_{i0}^{-1} \tilde{\varepsilon}_{i0}) + o_P(m^{-1/2}) \,. \tag{99}$$

Dabei ist

$$\pi_2 - \pi_0 = O_P(m^{-1/2}) \,.$$

Beweis. Multiplikation von (3.3.77) mit $1 = (ln)^{-1} (ln)$ führt zu

$$\pi_2 - \pi_1 = (\Sigma_{\pi 1}/m)^{-1} \frac{1}{n} \sum_{i=1}^{n} \partial_\pi \boldsymbol{r}_{i1} (l \Sigma_{i1})^{-1} \tilde{\varepsilon}_{i1} \,, \tag{100}$$

wobei die nun erhaltenen Matrixterme stochastisch beschränkt sind. Nach Satz 3.5.11 ergibt sich als Fortsetzung von (100)

$$= (\Sigma_{\pi 1}/m)^{-1} \frac{1}{n} \sum_{i=1}^{n} \partial_\pi' \boldsymbol{r}_{i1} (l \tilde{\Sigma}_{i1})^{-1} \tilde{\boldsymbol{\varepsilon}}_{i0} + (\pi_0 - \pi_1) + \frac{1}{n} n o_P(m^{-1/2}) \,. \tag{101}$$

Die für π_1, ξ_{i1} berechneten Terme können nach Satz 3.5.9 und 3.5.10 durch die über π_0, ξ_{i0} berechneten ersetzt werden. Für $\partial_\pi r_{i1} = (\partial_\pi r_{i1}^{(k)})_{k=1,\dots,q}$ gilt für $k = 1, \dots, q$

$$\partial_\pi r_{i1}^{(k)} = \partial_\pi r_{i0}^{(k)} + (\xi_{i1} - \xi_{i0})' \partial_{\xi\pi} r_{i0}^{(k)} + O_P(\max\{l^{-1}, m^{-1/2}\}), \tag{102}$$

und nach Satz 3.5.7 gilt

$$= \partial_\pi r_{i0}^{(k)} + \tilde{\delta}' \partial_{\xi\pi} r_{i0}^{(k)} + O_P(\max\{l^{-1}, m^{-1/2}\}). \tag{103}$$

Also erhält man

$$\begin{aligned}\pi_2 - \pi_0 = {} & \Sigma_{\pi 0}^{-1} \sum_{i=1}^{n} \partial_\pi' r_{i0} \tilde{\Sigma}_{i0}^{-1} \tilde{\varepsilon}_{i0} \\ & + (\Sigma_{\pi 0}^{-1}/m)^{-1} \frac{1}{n} \sum_{i=1}^{n} (\partial_{\pi\xi} r_{i0}^{(k)} \tilde{\delta}_i)^{k=1,\dots,q} (l\tilde{\Sigma}_{i0})^{-1} \tilde{\varepsilon}_{i0} + o_P(m^{-1/2}) \\ & + O_P(l^{-1/2}) \sum_{i=1}^{n} O_P(\tilde{\varepsilon}_{i0})/n + \sum_{i=1}^{n} (O_P(\max\{l^{-1}, m^{-1/2}\})) O_P(\tilde{\varepsilon}_{i0})/n \\ & + \sum_{i=1}^{n} O_P(l^{-1/2}) O_P(\tilde{\varepsilon}_{i0})/n .\end{aligned} \tag{104}$$

Nun ist $\tilde{\varepsilon}_{i0} = O_P(1)\, \zeta_{i0} = O_P(l^{-1/2}) = o_P(m^{-1/4})$. Damit sind die Restglieder $o_P(m^{-1/2})$, beispielsweise ist der vorletzte Summand

$$o_P(\max\{l^{-1} m^{-1/4}, m^{-3/4}\}) = o_P(m^{-1/2}).$$

Im zweiten Summanden treten bis auf stochastisch beschränkte Terme nur Linearkombinationen von Produkten der Komponenten von $\tilde{\delta}_i$ und $\tilde{\varepsilon}_{i0}$ auf. Diese sind aber selbst wieder beschränkte Funktionen von ζ_{i0}, die nach Satz 3.5.8 den Erwartungswert Null haben. Damit ist dieser Term von der Ordnung

$$O_P(\|\zeta_{i0}\|^2) = O_P(l^{-1}) = o_P(m^{-1/2}).$$

Für den ersten Summanden erhält man $O_P(m^{-1/2})$. ■

Satz 3.5.13. *Es gilt*

$$\mathcal{L}\{\sqrt{m}\,(\pi_2 - \pi_0)\} \to \mathrm{N}(0, \Sigma_\pi^{-1}). \tag{105}$$

Beweis. Wegen der Beschränktheit der Ableitungen von r und $\Sigma l = O_P(1)$ folgt für

$$l^{-1/2} \varepsilon_i^* := \partial_\pi r_{i0} (\tilde{\Sigma}_{i1} l)^{-1} \tilde{\varepsilon}_{i0} l^{1/2} \tag{106}$$

nach V 8

$$\mathsf{E}\,\|l^{-1/2} \varepsilon_i^*\|^{2+\varkappa} \leqq O_P(1)\, \mathsf{E}\,\|l^{1/2} \zeta_{i0}\|^{2+\varkappa} \leqq K O_P(1) \leqq \tilde{K}. \tag{107}$$

Weiter ist

$$\mathsf{D}(l^{-1/2} \varepsilon_i^*) = \Sigma_{\pi i 0} l^{-1}, \tag{108}$$

also nach V 6

$$\lim_{m\to\infty} \mathsf{D}\left(\sum_{i=1}^{n_m} l^{-1/2} \varepsilon_i^*\right) = \lim_{m\to\infty} \Sigma_{\pi 0} l^{-1} = \lim_{m\to\infty} n_m \Sigma_\pi = \infty. \tag{109}$$

Dabei folgt aus dem Grenzwertsatz von Ljapunow (vgl. Loève (1977), S. 289 und Bemerkung 3.5.2)

$$\mathcal{L}\left\{\Sigma_{\pi 0}^{-1/2} \sum_{i=1}^{n_m} \varepsilon_i^*\right\} \to \mathrm{N}(0, \mathrm{I}). \tag{110}$$

Nach V 6 und aus dem Momentenkonvergenzsatz (vgl. LOÈVE (1977), S. 186) folgt

$$\mathscr{L}\left\{\sqrt{m}\,\Sigma_{\pi 0}^{-1}\sum_{i=1}^{nm}\varepsilon_i^*\right\} \to \mathrm{N}(0, \Sigma_\pi^{-1})\,. \tag{111}$$

Die linke Seite ist nach Satz 3.5.9 aber $\sqrt{m}\,(\pi_2 - \pi_0) + o_P(1)$. Also erhält man aus (111) auch die Grenzverteilung von $\sqrt{m}\,(\pi_2 - \pi_0)$. ■

Bemerkung 3.5.2. Die Beziehung (107) liefert im Grunde nur eine praktisch einfacher überprüfbare Bedingung für den allgemeinen Ljapunowschen Grenzwertsatz. Diese Konvergenz gilt für (univariate) Zufallsgrößen $x_i = l^{-1/2}\varepsilon_i^*$, $i = 1, 2, \ldots$, bekanntlich schon, falls für ein $\tilde{\varkappa} > 0$ und ein $\tilde{c} > 0$ sowie $\mathsf{D}\left(\sum_{i=1}^{nm} x_i\right) \underset{m}{\longrightarrow} \infty$ die Beziehung

$$\mathsf{E}\,|x_i|^{2+\tilde{\varkappa}} \leqq \tilde{c}^{\tilde{\varkappa}}\mathsf{D}\,|x_i|\,, \qquad i = 1, 2, \ldots, \tag{112}$$

gilt (LOÈVE (1977), S. 289). Wir zeigen kurz, daß die Bedingung (107) bzw. V 7 diese allgemeinen Voraussetzungen ergeben. Denn aus diesen folgt für $\tau \leqq \varkappa/2$

$$\mathsf{E}\,|x_i|^{2+\tilde{\varkappa}} \leqq (\mathsf{E}\,|x_i|^2)^{1/2}\,(\mathsf{E}\,|x_i|^{(1+\tau)2})^{1/2}\,. \tag{113}$$

Wir wählen eine Konstante $c > 0$, so daß $\mathsf{E}\,|x_i c|^2 > 1$ ist. Dann folgt aus (113) und

$$1 \leqq (\mathsf{E}\,|\,c x_i|^2)^{1/2} \leqq (\mathsf{E}\,|c x_i|^{2+2\tau})^{1/(2+2\tau)} \leqq (\mathsf{E}\,|c x_i|^{2+2\tau})^{1/2} \tag{114}$$

auch

$$c^{2+\tau}\mathsf{E}\,|x_i|^{2+\tau} \leqq c^2\mathsf{E}\,|x_i|^2\,c^{2+2\tau}\mathsf{E}\,|x_i|^{2+2\tau}\,. \tag{115}$$

Damit ergibt sich (112) für

$$\tau = \tilde{\varkappa} = \varkappa/2\,, \qquad \tilde{c}^{\tilde{\varkappa}} = c^{2+\tau}\tilde{K}\,, \tag{116}$$

wobei wir noch $\mathsf{E}x_i = 0$ berücksichtigen. Derselbe Grenzwertsatz gilt dann auch für multivariate x_i, wobei in (112) die Norm $||x_i||$ anstelle von $|x_i|$ erscheint. Die Beziehung (112) ist für Zufallsgrößen x_i mit gleichmäßig beschränktem Träger, also in praktischen Fällen fast immer, erfüllt (LOÈVE (1977), S. 289).

Die Anfangsiteration π. Es kann gezeigt werden, daß unter weiteren Annahmen durch die OLSE V 2 erfüllt wird. Die OLSE π_1 minimiert

$$\tilde{k}(\pi, y, x) = \frac{1}{n}\sum_{i=1}^{n} ||y_i - r_i(x_i, \pi)||^2\,. \tag{117}$$

Details findet man bei FULLER und WOLTER (1982).

Unbekannte und verschiedene Kovarianzen. Bei verschiedenen Kovarianzen über den einzelnen Versuchspunkten bleibt der Beweisablauf im wesentlichen erhalten. Anstelle des Ljapunowschen Grenzwertsatzes muß dann jedoch ein Grenzwertsatz für Linearformen angewendet werden. Einzelheiten findet man bei HÖSCHEL (1979) für den Fall gleicher Wiederholungsanzahlen über den einzelnen Versuchspunkten.

Bei unbekannten Kovarianzen wird man mit den in (3.3.85) angegebenen Schätzungen und gewissen Zusatzvoraussetzungen über die Wiederholungsanzahlen im Vergleich zum Umfang des Versuchsplanes ebenso die asymptotische Normalität erhalten. Dazu können die asymptotischen Untersuchungen ebenso für zufällige Wichtungsmatrizen durchgeführt werden, wie es in Kapitel 1 für Regressionsmodelle geschah. Auf eine genauere Herleitung sei hier verzichtet.

3.6. Prüfung von Hypothesen in linearen funktionellen Beziehungen

Die Modellbildung bei LIFU begegnet folgenden Fragen:

- Wie groß ist die Dimension des Unterraumes $\mathscr{L}$ auf dem die Versuchspunkte μ_i liegen?
- Müssen bestimmte Unterräume aus dem Modell von vornherein ausgeklammert werden?

Die Statistiken zur Überprüfung entsprechender Hypothesen erweisen sich als eng verwandt mit denen zur Prüfung linearer Hypothesen im multivariaten linearen Regressionsmodell. Der vorliegende Abschnitt basiert auf ANDERSON (1951a), Abschnitt 3 und 4.

Wir gehen aus von der LIFU⁺ mit linearem Regressionsanteil nach (3.1.28), wobei eine Normierung wie in (3.2.64) für die Matrix der linearen Restriktionen L angesetzt wird:

$$Z = M_1U + M_2V + \bar{\zeta}\,, \qquad \mathsf{D}\zeta = I_m \otimes \Sigma\,,$$
$$L^{\perp\prime}M_1 = 0\,, \qquad L^{\perp} \in \mathfrak{M}^r_{p\times r}\,, \qquad r \geqq q\,, \qquad L^{\perp\prime}\Sigma L^{\perp} = I_q\,,$$
$$M_i \in \mathfrak{M}_{p\times n_i}\,, \qquad W := [U \,\vdots\, V] \in \mathfrak{M}^n_{n\times m}\,, \qquad M := (M_1 \,\vdots\, M_2)\,.$$

Hierbei sind die Beobachtungen Z und die Matrix W (von Instrumentvariablen) bekannt. Im Unterschied zum linearen Regressionsmodell, bei dem W der Regressorenmatrix entspräche, soll in diesem Modell nicht geprüft werden, ob $\mathsf{E}Z$ in einem von den Regressoren abhängigen Unterraum liegt, sondern welche Konsequenzen sich aus der Wahl von $L^{\perp}$ ergeben.

Zuerst untersuchen wir die Fragestellung, ob die Zahl der Restriktionen eventuell verringert werden kann.

Wir betrachten also die Testprobleme mit den Hypothesen und Alternativen

(T 1) $\quad \mathrm{H}_1\colon \mathrm{r}[L^{\perp}] = q_1; \qquad \mathrm{K}_1\colon \mathrm{r}[L^{\perp}] = q_2; \qquad q_2 < q_1$

bzw.

(T 2) $\quad \mathrm{H}_2\colon \mathrm{r}[L^{\perp}] = q_1; \qquad \mathrm{K}_2\colon \mathrm{r}[L^{\perp}] < q_1\,.$

Dann wird untersucht, ob bestimmte vorgegebene Restriktionen im Modell auftreten, also für festes $L_0 \in \mathfrak{M}^q_{p\times q}$ prüfen wir

(T 3) $\quad \mathrm{H}_3\colon L^{\perp} = L_0; \qquad \mathrm{K}_3\colon L^{\perp} \neq L_0\,.$

Abschließend wird das Problem

(T 4) $\quad \mathrm{H}_4\colon \mathrm{r}[L^{\perp}] = 0; \qquad \mathrm{K}_4\colon \mathrm{r}[L^{\perp}] > 0$

betrachtet, womit überprüft wird, ob überhaupt lineare Restriktionen im Modell vorhanden sind. Obwohl diese Frage eigentlich zu Beginn einer jeden weiteren Betrachtung der LIFU⁺ beantwortet werden müßte, wird dieses Problem nach (T 1) bis (T 3) behandelt, weil die zugehörige Teststatistik aus den zu (T 1)–(T 3) gehörenden Ergebnissen hergeleitet werden kann.

3.6.1. Tests zur Dimension des Unterraumes

Wir testen die Hypothese, daß der Rang von $L^{\perp}$ genau q_1 ist, gegen die Alternative, daß er q_2 ist, wobei q_2 eine feste Zahl unterhalb von q_1 sei und $q_1 < p$ ist. Das Likelihood-Quotienten-Kriterium (vgl. HUMAK I (1977), 1 und 2) ist nach Satz 3.2.9 für normalverteilte Beobachtungen

$$\lambda = \prod_{l=1}^{q_1} (1 + \lambda_l)^{-n/2} / \prod_{l=1}^{q_2} (1 + \lambda_l)^{-n/2} = \prod_{l=q_2+1}^{q_1} (1 + \lambda_l)^{-n/2} ,$$
$$\lambda_l = \lambda_l(S_{Z \cdot W}^{-1} Q_{Z \cdot U \cdot V}) , \qquad \lambda_1 \leqq \ldots \leqq \lambda_p . \tag{1}$$

Daraus erhält man als Likelihood-Quotienten-Testkriterium für q_1 gegen alle Alternativen $q_2 < q_1$:

$$-2 \ln \lambda = n \sum_{l=1}^{q_1} \ln (1 + \lambda_l) . \tag{2}$$

Dies ergibt für großes n angenähert den Wert $n \sum_{l=1}^{q_1} \lambda_l$, ein Kriterium, welches von FISHER (1938) und HSU (1941 a, b) vorgeschlagen wurde. ANDERSON (1951 a) zeigte die Konvergenz

$$\mathcal{L}\{-2 \ln \boldsymbol{\lambda}_{(n)}\} \to \chi_a^2 , \qquad a = q_1(n_1 - p + q_1) , \tag{3}$$

falls $S_{U \cdot V}/m$ eine reguläre Grenzmatrix besitzt und $L^\perp$ den Rang q_1 hat.

Für (T 2) ergibt sich als Teststatistik

$$\lambda = \prod_{l=1}^{q_1} (1 + \lambda_l)^{-n/2} . \tag{4}$$

Einen weiteren Test, der auf neueren Methoden basiert, schlugen FUJIKOSHI und VEITCH (1979), S. 351, vor.

3.6.2. Tests bei vorgegebenem Unterraum

Für festes $L^\perp \in \mathfrak{M}_{p \times q}^q$ ist nach (3.2.107) die Matrix

$$Q(L^\perp) = L^{\perp\prime} Q_{Z \cdot U \cdot V} L^\perp \tag{5}$$
$$= L^{\perp\prime}(Q_{Z \cdot W} - Q_{Z \cdot V})\, L^\perp = L^{\perp\prime} Z(P_{W'} - P_{V'})\, Z' L^\perp . \tag{6}$$

Wie man aus der Darstellung von $\mathbf{E}\boldsymbol{Z}$ erkennt, ist damit (vgl. HUMAK I (1977), [A 2.13])

$$\boldsymbol{Q}(L^\perp) \sim \mathrm{W}_q(n_1, L^{\perp\prime} \Sigma L^\perp, L^{\perp\prime} M_1 U(P_{W'} - P_{V'})) . \tag{7}$$

Unter der Hypothese in (T 3) folgt

$$\boldsymbol{Q} = \boldsymbol{Q}(L_0^\perp) \sim \mathrm{W}_q(n_1, L_0^{\perp\prime} \Sigma L_0^\perp) . \tag{8}$$

Außerdem ist

$$\boldsymbol{S} = L_0^{\perp\prime} \boldsymbol{S}_{Z \cdot W} L_0^\perp \sim \mathrm{W}_q(m - n, L_0^{\perp\prime} \Sigma L_0^\perp) \tag{9}$$

wegen $(P_{W'} - P_{V'})\, P_{W'} = 0$ unabhängig von $\boldsymbol{Q}$ verteilt. Damit können die Testkriterien, die zur Prüfung linearer Hypothesen entwickelt wurden (vgl. HUMAK I (1977), 5.1.3, 5.1.5), auch bei diesem Problem angewendet werden.

Wir führen hier nur den Likelihood-Quotienten-Test an. Nach (3.2.107) ist

$$Q_{Z \cdot U \cdot V} + S_{Z \cdot W} = S_{Z \cdot V} . \tag{10}$$

Damit ist unter der Hypothese

$$\Lambda = \det [\boldsymbol{S}] \det [\boldsymbol{S} + \boldsymbol{Q}]^{-1} = \det [L_0^{\perp\prime} \boldsymbol{S}_{Z \cdot W} L_0^\perp] \det [L_0^{\perp\prime} \boldsymbol{S}_{Z \cdot V} L_0^\perp]^{-1}$$
$$\sim \mathrm{U}(q, m - n, n_1) . \tag{11}$$

(Zur Definition von U(., ., .) vgl. HUMAK I (1977), [A2.24].)

Also ergibt sich als Likelihood-Quotienten-Test

$$\varphi(z) = \begin{cases} 1\,, & \text{für} \quad \Lambda < \mathrm{U}_{1-\alpha}(q, m-n, n_1)\,, \\ 0\,, & \text{sonst}\,. \end{cases} \tag{12}$$

Für $q = 1$ und $q = 2$ erhält man hierfür F-Statistiken (vgl. Humak I (1977), 5.1.5 B, Tab. 5.1, wo auch weitere Näherungen für die Teststatistiken (11)–(15) angegeben werden).

Teststatistik	Verteilung	
$q = 1\colon \quad \boldsymbol{T}_1 = \dfrac{(m-n)(1-\Lambda)}{n_1\Lambda}\,,$	$\mathrm{F}_{n_1, m-n}$;	(13)
$q = 2\colon \quad \boldsymbol{T}_2 = \dfrac{(m-n-1)(1-\sqrt{\Lambda})}{n_1\sqrt{\Lambda}}\,,$	$\mathrm{F}_{2n_1, 2(m-n-1)}$;	(14)
$m \gg n\colon \quad -(m-n_1)\ln\Lambda\,,$	$\approx \chi^2_{qn_1}$.	(15)

Die letzte Näherung ist anwendbar, falls $S_{U\cdot V}/m$ einen regulären Limes hat. Der Test ist konsistent und unverfälscht wie bei linearen Regressionsmodellen.

Bekannte Fehlerkovarianz. In diesem Fall ist unter der Hypothese $L^\perp = L_0^\perp$

$$\tilde{Q} = \tilde{Q}(L_0^\perp) = L_0^{\perp\prime}\Sigma^{-1/2}Q_{Z\cdot U\cdot V}\Sigma^{-1/2}L_0^\perp \sim \mathrm{W}_q(n_1, L_0^{\perp\prime}L_0)\,.$$

Damit kann man aus Q χ^2-Statistiken gewinnen, indem man quadratische Formen der Art $a'Qa$ bildet. Die Tests ergeben sich durch Festlegung der kritischen Bereiche über α-Quantile der χ^2-Verteilung.

3.6.3. Test auf Vorliegen einer linearen funktionellen Beziehung

Wir behandeln das Problem (T 4). In diesem Fall gibt es unter der Hypothese keinen Vektor $l^\perp \in \mathbb{R}^p$, für den

$$l^{\perp\prime}M_1 = 0 \tag{16}$$

ist. Das legt folgenden Test nahe: Man lehnt die Hypothese ab, wenn der entsprechende Test (13) für alle $l^\perp \in \mathbb{R}^p$ ablehnt. Dies geschieht, wenn das Minimum von $T_1(l^\perp)$ über $l^\perp$ größer ist als $\mathrm{F}_{\alpha;\, n_1, m-n}$. Das Minimum ist aber der kleinste Eigenwert λ_1 von $(m-n)/n_1\, S_{Z\cdot W}^{-1}Q_{Z\cdot U\cdot V}$. Damit erhält man einen α-Test

$$\varphi(z) = \begin{cases} 1\,, & \text{falls} \quad \lambda_1 > \mathrm{F}_{\alpha;\, m-n, n}\,, \\ 0\,, & \text{sonst}\,. \end{cases} \tag{17}$$

Diese Technik kann auch auf den Test von $\mathrm{r}[L^\perp] = q$ gegen $\mathrm{r}[L^\perp] < q$ übertragen werden. Man erhält (Anderson (1951 a), 4.13) als kritischen Bereich

$$\prod_{l=1}^{q} (1+\lambda_l)^{-1} \leqq \mathrm{U}_\alpha(q, m-n, n_1)\,, \tag{18}$$

wobei $\lambda_1(S_{Z\cdot W}^{-1}Q_{Z\cdot U\cdot V}) \leqq \ldots \leqq \lambda_q(S_{Z\cdot W}^{-1}Q_{Z\cdot U\cdot V})$ ist.

3.7. Bereichsschätzungen bei linearen funktionellen Beziehungen

Ebenso wie in 3.6 betrachten wir LIFU+ mit linearem Regressionsanteil. Bisher sind die hierzu vorhandenen Resultate nicht so umfassend wie die entsprechenden bei linearen Regressionsmodellen (vgl. HUMAK I (1977), 6).

Die Konstruktion der Bereichsschätzfunktionen erfolgt auf Grundlage der in 3.6 angegebenen Tests nach ANDERSON (1951a) für unbekannte Fehlerkovarianz. Die entsprechenden Resultate für bekannte Fehlerkovarianz ergeben sich nach 3.6.2, wobei Details für bivariate LIFU+ auch bei KENDALL und STUART (1961), 29.22 zu finden sind.

Es wird jedoch nur der Fall $q = 1$ behandelt. Für $q > 1$ ergeben sich Identifizierbarkeitsprobleme bei der Festlegung von $L^\perp$; nähere Ausführungen dazu sind bei ANDERSON (1951a), 5.2 zu finden.

3.7.1. Der Fall von Unterräumen der Kodimension Eins

In diesem Fall ist $L^\perp = l_0 \in \mathbb{R}^p$ mit einer Normalisierung $l_0' \Lambda l_0 = 1$ für ein beliebiges $\Lambda \in \mathfrak{M}_p$ mit $\mathrm{r}[(M_1 \vdots \Lambda)] > \mathrm{r}[M_1]$. Eine Bereichsschätzfunktion für $L^\perp$ besteht also aus denjenigen Vektoren $l \in \mathbb{R}^p$, für die der in (3.6.13) angegebene Test nicht ablehnt.

Bei bekannter Kovarianz Σ kann man durch die Benutzung von $\Lambda = \Sigma$ eine Vereinfachung erreichen. Dann sind nämlich $l' Q_{Z \cdot U \cdot V} l$ und $l' S_{Z \cdot W} l$ unabhängig χ^2-verteilt. Im ersten Fall ergibt sich als $(1 - \alpha)$-Bereichsschätzfunktion

$$K_{1-\alpha} = \{l \mid l' \Lambda L = 1,\ T_1(l) \leqq \mathrm{F}_{\alpha; n_1, m-n}\}\,. \tag{1}$$

Für $\Lambda = \Sigma$ ergibt sich zum Niveau $\alpha = (1 - \alpha_1)(1 - \alpha_2)$ eine α-Bereichsschätzfunktion als die Menge derjenigen $l \in \mathbb{R}^p$, für die gilt

$$l' Q_{Z \cdot U \cdot V} l \leqq \chi^2_{\alpha_1; n_1}\,, \tag{2}$$

$$\chi^2_{\alpha_2; m-n} \leqq l' S_{Z \cdot W} l \leqq \chi^2_{\alpha_2; m-n}\,, \tag{3}$$

wobei diese α_1 und α_2 so gewählt werden, daß für $l = l_0$ die angegebenen Irrtumswahrscheinlichkeiten gerade ausgeschöpft werden.

3.7.2. Konsistenz von Bereichsschätzungen

Unter den möglichen Bereichsschätzfunktionen möchte man möglichst konsistente auswählen. Damit ist gemeint, daß für $m \to \infty$ die Bereichsschätzfunktion für l_0 beliebig klein wird für beliebig hoch vorgegebenes festes Konfidenzniveau $1 - \alpha$.

Wir demonstrieren dies an einem Spezialfall. Aus der Ungleichung (2) folgt

$$l'(Q/m)\, l \leqq \chi^2_{\alpha; n_1}/m\,. \tag{4}$$

Für große m wird die rechte Seite beliebig klein. Es ist

$$Q/m = \frac{1}{m} Z\tilde{U}'(\tilde{U}\tilde{U}')^{-1}\, \tilde{U}\tilde{U}'(\tilde{U}\tilde{U}')^{-1}\, \tilde{U}Z'$$

mit

$$\tilde{U} = U(I - P_{V'})\,, \qquad \lim \frac{1}{m} \tilde{U}\tilde{U}' \left(= \lim \frac{1}{m} S_{U \cdot V}\right) \in \mathfrak{M}_p^>\,. \tag{5}$$

Des weiteren ist $Z\tilde{U}'(\tilde{U}\tilde{U}')^{-1}$ beliebig nahe an M_1, mit einer Wahrscheinlichkeit beliebig nahe an eins. Falls $l_0'M_1 \neq 0$ ist, dann kann m so groß gewählt werden, daß $l_0'M_1$ mit beliebig kleiner Wahrscheinlichkeit (4) erfüllt.

3.7.3. Bivariate lineare Modelle

Aus den Ergebnissen des Abschnittes 3.5.1 lassen sich auf Basis der asymptotischen Verteilungen leicht die zugehörigen angenäherten Konfidenzintervalle konstruieren. Wir demonstrieren dies für den Fall nichtwiederholter Beobachtungen. Dazu bezeichnen wir die in (3.5.40) hergeleitete Schätzung der asymptotischen Kovarianz mit ${}^{\infty}\hat{\mathsf{D}}(\hat{\alpha}, \hat{\beta})$. Dann gilt angenähert

$$[\hat{\alpha}, \hat{\beta}] \sim \mathrm{N}([\alpha, \beta], {}^{\infty}\hat{\mathsf{D}}).$$

Also ist ein γ-Konfidenzbereich für $[\alpha, \beta]$ gegeben durch

$$C_\gamma := \{[\alpha, \beta] \mid \|[\alpha, \beta] - [\hat{\alpha}, \hat{\beta}]\|^2_{{}^{\infty}\hat{\mathsf{D}}^{-1}} \leqq \chi^2_{\gamma;2}\},$$

wobei $\chi^2_{\gamma;2}$ das γ-Fraktil einer zentralen χ^2-Verteilung mit zwei Freiheitsgraden ist. Hierbei kann man ${}^{\infty}\hat{\mathsf{D}}^{-1}$ als Inverse einer (2×2)-Matrix sogar explizit angeben, worauf wir aber verzichten wollen.

3.8. Numerik

In diesem Abschnitt werden einige Algorithmen zur Berechnung von WLSE beschrieben, bei denen schon einige Ergebnisse aus der praktischen Erprobung vorliegen oder die einfach mit Standardprogrammen realisiert werden können, insbesondere für

- bivariate und multivariate LIFU,
- Polynomial-Beziehungen,
- explizite Modelle,
- implizite Modelle.

Prinzipiell kann natürlich jedes allgemeine Verfahren zur Minimierung von quadratischen Funktionalen mit Restriktionen an die Parameter zur Berechnung der WLSE verwendet werden, insbesondere allgemeine Verfahren zur Lösung der nichtlinearen Normalgleichung. Bei den zugehörigen Minimierungsproblemen treten jedoch np Variable im Versuchsplan und mindestens nq Restriktionen auf. Schon für Versuchsplanumfänge in der Größenordnung von etwa 50, die bei praktischen Anwendungen nicht selten sind, versagen jedoch die meisten vorhandenen allgemeinen Programme zur Lösung der entstehenden Normalgleichungen oder der entsprechenden Minimierungsaufgaben.

Jedoch ergeben sich aus der speziellen Struktur der Normalgleichungen Ansatzpunkte für praktikable Umsetzungen der bekannten Iterationsmethoden, wie etwa der Verfahren von Gauß-Newton, Newton-Raphson und anderer. Das Ziel dieses Abschnittes besteht darin, dem Statistiker einen Einblick in die Probleme der Numerik bei Modellen mit Fehlern in den Variablen zu geben und auch dem Numeriker einige Ansatzpunkte für die Lösung der speziell bei Modellen mit Fehlern in den Variablen entstehenden hochdimensionalen Normalgleichungen aufzuzeigen.

Die Umsetzung in konkrete Maschinenprogramme hängt dann letztendlich von den Möglichkeiten der im einzelnen Anwendungsfall zur Verfügung stehenden Rechenanlage ab. Weiterhin werden im vorliegenden Abschnitt keine genaueren Konvergenzabschätzungen für die beschriebenen Verfahren gegeben, da die damit zusammenhängenden speziellen numerischen Untersuchungen über den Rahmen des Buches hinausgehen würden. Die grundlegenden Konvergenzaussagen für die entsprechenden Algorithmen findet man zusammengefaßt in den Standardwerken der Numerik. Dabei möchten wir insbesondere auf die Monographie von SCHWETLICK (1979) verweisen.

3.8.1. Lineare funktionelle Beziehungen

3.8.1.1. Bivariate lineare funktionelle Beziehungen mit nichtzufälligen nichtbeobachtbaren Variablen

Für die einfache bivariate LIFU+

$$\eta_i = \alpha + \beta\xi_i\,, \qquad z_i = \mu_i + \zeta_{ij}\,, \qquad j = 1, \dots, m_i\,, \tag{1}$$

mit der Kovarianz

$$\mathsf{D}\zeta_{ij} = \operatorname{Diag}\begin{pmatrix}\sigma_{\delta i} & 0\\ 0 & \sigma_{\varepsilon i}\end{pmatrix} \tag{2}$$

soll die WLSE berechnet werden. Das Likelihood-Kriterium ist

$$k_z(\mu) = \sum_{i=1}^{n} \left((\sigma_{\delta i}^{-1}(x_i - \xi_i)^2) + \sigma_{\varepsilon i}^{-1}(y_i - \alpha - \beta\xi_i)^2\right)\,. \tag{3}$$

Die Normalgleichungen ergeben sich aus den Ableitungen von k_z (WILLIAMSON (1968), vgl. auch Abschnitt 3.2.6):

$$\begin{aligned}&\hat\alpha + \hat\beta\tilde{x} = \tilde{y}\,,\\ &\tilde{x} = \sum_{i=1}^{n} s_i x_i \Big/ \sum_{i=1}^{n} s_i\,, \qquad s_i = (\sigma_{\varepsilon i} + \beta^2\sigma_{\delta i})^{-1} = s_i(\beta)\,.\end{aligned} \tag{4}$$

Sei $\tilde{x}_i = x_i - \tilde{x}$. Dann ist $k_z(\mu) = \sum_{i=1}^{n} s_i(\beta\tilde{x}_i - \tilde{y}_i)^2$. Damit folgt

$$0 = \partial_\beta k = \sum_{i=1}^{n} \left(s_i\tilde{x}_i(\hat\beta x_i - \tilde{y}_i) - s_i^2\hat\beta\sigma_\varepsilon(\hat\beta\tilde{x}_i - \tilde{y}_i)^2\right)\,. \tag{5}$$

Durch Auflösung nach β erhält man folgendes Iterationsverfahren (WILLIAMSON (1968)):

$$\beta_{\varkappa+1} \sum_{i=1}^{n} s_i t_i \tilde{x}_i = \sum_{i=1}^{n} s_i t_i \tilde{y}_i\,, \qquad \varkappa = 0, 1, 2, \dots, \tag{6}$$

$$\begin{aligned}&s_i = s_i(\beta_\varkappa)\,, \qquad t_i = t_i(\beta_\varkappa) = s_i(\beta_\varkappa)\,(\sigma_\delta\tilde{x}_i + \beta_\beta\sigma_\varepsilon\tilde{y}_i)\,,\\ &\tilde{x}_i = \tilde{x}_i(\beta_\varkappa)\,, \qquad \tilde{y}_i = \tilde{y}_i(\beta_\varkappa)\,.\end{aligned} \tag{7}$$

Die Schätzungen für ξ_i ergeben sich zu

$$\hat\xi_i = s_i(\hat\beta)\,(\sigma_{\varepsilon i}x_i + \hat\beta\sigma_{\delta i}(y_i - \hat\alpha))\,. \tag{8}$$

Bei wiederholten Beobachtungen

$$z_{ij} = \mu_i + \zeta_{ij} \tag{9}$$

erhält man eine WLSE, die im Normalfall MLE ist, mit den Ersetzungen

$$z_i \to \bar{z}_{i\cdot}\,, \qquad \sigma_{ai} \to \sigma_{ai}/m_i\,, \qquad a := \varepsilon, \delta\,. \tag{10}$$

Bei unbekannten Fehlervarianzen $\sigma_{\delta i}, \sigma_{\varepsilon i}$ kann das Verfahren sinngemäß übertragen werden. An die Stelle der x_i, y_i treten wiederum die $\bar{x}_{i\cdot}$, $\bar{y}_{i\cdot}$, und $\sigma_{\delta i}, \sigma_{\varepsilon i}$ sind durch die Schätzungen $w_{X_i}/(m_i - 1)$ und $w_{Y_i}/(m_i - 1)$ zu ersetzen. Diese Schätzung ergibt nach Satz 3.2.9 im Normalfall sogar die MLE.

3.8.1.2. Bivariate lineare funktionelle Beziehungen mit zufälligen nichtbeobachtbaren Variablen

Das in Abschnitt 3.2.1 beschriebene Verfahren zur Bestimmung der MLE im Normalfall (vgl. Tabelle 3.2.1) kann für die bivariate LIFU⁻ leicht mit Standardprogrammen bearbeitet werden.

3.8.1.3. Multivariate lineare funktionelle Beziehungen mit nichtzufälligen nichtbeobachtbaren Variablen

Hierbei sind vor allem die Modelle mit unabhängigen Beobachtungen über den Versuchspunkten praktisch interessant. Die WLSE bei bekannter Kovarianz ergibt sich nach 3.2.3 (Satz 3.2.3). Die MLE für unbekannte Kovarianz ergibt sich nach 3.2.5 (Satz 3.2.9) als WLSE mit der Wichtungsmatrix $S_{Z\cdot W}$. Beide Schätzungen sind mit den Standardprogrammen für Eigenwertaufgaben zu erhalten.

3.8.2. Bivariate Polynomialbeziehungen

3.8.2.1. Polynomialbeziehungen

Polynomialbeziehungen sind bei vielen praktischen Anwendungen die geeigneten Modelle für die Datenanpassung:

$$\eta = \sum_{k=0}^{r} \tilde{\pi}^{(k)}\xi^k = \tilde{r}(\xi, \tilde{\pi})\,, \qquad \xi \in \mathbb{R}^1\,, \qquad \tilde{\pi} = [\tilde{\pi}^{(1)}, \ldots, \tilde{\pi}^{(r)}]\,. \tag{11}$$

Für die Beobachtungen $z_i = [x_i, y_i]$ von $[\xi_i, \eta_i]$ sei die Kovarianzmatrix Diag $(\sigma_{\delta i}, \sigma_{\varepsilon i})$. Die WLSE für diese Modelle kann prinzipiell auch mit den Verfahren für allgemeine Modelle erhalten werden. Jedoch ergeben sich durch die Ausnutzung der speziellen Gestalt gewisse Vereinfachungen.

Wir stellen das von O'Neill, Sinclair, Smith (1969) vorgeschlagene Verfahren, einen modifizierten Newton-Raphson-Algorithmus, vor, welches natürlich auch auf allgemeine Modelle übertragen werden kann (vgl. 3.8.3). Sei

$$\eta = r(\xi, \pi) = \sum_{k=0}^{r} \pi^{(k)} p_k(\xi)\,, \qquad \pi = [\pi^{(1)}, \ldots, \pi^{(r)}] \tag{12}$$

eine Entwicklung von $r(\xi)$ in Polynome p_k vom Grade k. Durch geeignete Wahl der p_k können später Vereinfachungen im Algorithmus erhalten werden.

Die zu minimierende Abstandsfunktion ist

$$k_z(\xi_{(n)}) = \sum_{i=1}^{n} \left(\sigma_{\delta i}^{-1}(x_i - \xi_i)^2 + \sigma_{\varepsilon i}^{-1}(y_i - r(\xi_i, \pi))^2\right). \tag{13}$$

Es sei π_1, $\xi_{(n)1}$ eine Anfangsnäherung für die wahren Parameter π_0, $\xi_{(n)0}$.

3.8.2.2. Newton-Raphson-Verfahren

Für die stationären Punkte von k ist $\partial_\psi k = 0$, $\psi = [\pi, \xi_{(n)}]$. Für die zweite Iteration $\psi_2 = \psi_1 + \Delta_2\psi$ erhält man aus der Taylor-Entwicklung

$$\partial_\psi k_2 \approx \partial_\psi k_1 + \partial_{\psi,\psi} k_1 \Delta_2 \psi = 0 \tag{14}$$

die folgenden $r + n$ nichtlinearen Gleichungen:

$$\partial_{\psi,\psi} k_1 \Delta_2 \psi = -\partial_\psi k_1 . \tag{15}$$

Nun ist

$$\partial_\pi k_1 = -2 \sum_{i=1}^{n} \sigma_{\varepsilon i}^{-1}(y_i - r_{i1})\, \partial_\pi r_{i1} , \tag{16}$$

$$\partial_\xi k_1 = -2\left(\sigma_{\delta i}^{-1}(x_i - \xi_i) + \sigma_{\varepsilon i}^{-1}(y_i - r_{i1})\, \partial_\xi r_{i1}\right)^{i=1,\dots,n} , \tag{17}$$

$$\partial_{\pi,\pi} k_1 = -2 \sum_{i=1}^{n} \sigma_{\varepsilon i}^{-1}\left(-\partial_\pi' r_{i1} \partial_\pi r_{i1} + (y_i - r_{i1})\, \partial_{\pi,\pi} r_{i1}\right). \tag{18}$$

Wie man sieht, ist hierbei $\partial_{\pi,\pi} r_{i1} = 0$. Damit ergibt sich $\partial_{\pi,\pi} k_1$ in diesem speziellen Modell als entsprechender Block der Informationsmatrix (vgl. (3.5.4)). Im allgemeinen Fall ist $\partial_{\psi,\psi} k_1$ komplizierter (vgl. 3.8.3). Wenn man nun die Polynome p_l, $l = 0, \dots, r$, orthogonal bezüglich der $\sigma_{\varepsilon i}^{-1}$ wählt, erhält man aus (18) $\partial_{\pi,\pi} k_1$ als Diagonalmatrix. Ebenso hat $\partial_{\xi,\xi} k$ Diagonalgestalt. Darüberhinaus erhält man die Elemente von $\partial_{\pi,\xi_{(n)}} k_1$ gemäß

$$\partial_{\pi^{(l)},\xi_i} k_1 = -2\sigma_{\varepsilon i}^{-1} \partial_\xi\left((y_i - r_{i1})\, p_l(\xi_{i1})\right). \tag{19}$$

Von dieser Darstellung ausgehend, schlagen O'NEILL, SINCLAIR, SMITH (1969) folgende approximierte Lösung von (15) vor: Man berücksichtigt zunächst, daß die Elemente von $\partial_{\pi,\xi} k_1$ weniger Terme als die von $\partial_{\pi,\pi} k_1$ und $\partial_{\xi,\xi} k_1$ enthalten, die bei gutartigen Problemen auch von kleinerer Größenordnung sind. Als erste Approximation von $(\partial_{\psi,\psi} k_1)^{-1}$ kann deshalb die Matrix Diag $\left((\partial_{\pi,\pi} k_1)^{-1} \mid (\partial_{\xi,\xi} k_1)^{-1}\right)$ dienen. Damit erhält man als Näherung des π-Teils von (15)

$$\pi_2 = \pi_1 - (\partial_{\pi,\pi} k_1)^{-1}\, \partial_\pi k_1 \tag{20}$$

in der Form

$$\pi_2^{(l)} = \sum_{i=1}^{n} \sigma_{\varepsilon i}^{-1} y_i p_l(\xi_{i1}) \Big/ \sum_{i=1}^{n} \sigma_{\varepsilon i}^{-1} p_l(\xi_{i1}) . \tag{21}$$

Ähnlich erhält man

$$\xi_{i2} = \xi_{i1} + \frac{\sigma_{\varepsilon i}^{-1}(y_i - r_{i1})\, \partial_\xi r_{i1} + \sigma_{\delta i}^{-1}(x_i - \xi_{i1})}{\sigma_{\varepsilon i}^{-1}(\partial_\xi r_{i1})^2 - \sigma_{\varepsilon i}^{-1}(y_i - r_{i1})\, \partial_{\xi,\xi} r_{i1} + \sigma_{\delta i}^{-1}} . \tag{22}$$

In (22) erhält man bessere Werte von ξ_{i2}, wenn zur Berechnung der r_i, $\partial_\xi r_i$, $\partial_{\xi,\xi} r_i$ die neuen Werte von π_2 aus (21) benutzt werden.

3.8.2.3. Der Algorithmus

Als Anfangsnäherung wählt man $\xi_{(n)1} = x_{(n)}$. Die orthogonalen Polynome p_l erhält man aus den Beziehungen (FORSYTHE (1957))

$$\begin{aligned} p_0(\xi) &= 1\,, \qquad p_1(\xi) = \xi - s_1\,, \\ p_l(\xi) &= (\xi - s_l)\,p_{l-1}(\xi) - t_l p_{l-2}(\xi)\,, \end{aligned} \tag{23}$$

wobei

$$s_l = \sum_{i=1}^{n} \sigma_{\varepsilon i}^{-1} p_{l-1}(\xi_{i1})^2\, \xi_{i1} \Big/ \sum_{i=1}^{n} \sigma_{\varepsilon i}^{-1} p_{l-1}(\xi_{i1})^2\,, \tag{24}$$

$$t_l = \sum_{i=1}^{n} \sigma_{\varepsilon i}^{-1} p_{l-1,1} p_{l-2,1} \xi_{i1} \Big/ \sum_{i=1}^{n} \sigma_{\varepsilon i}^{-1} p_{l-2,1}^2 \tag{25}$$

gilt. Damit erhält man nach (20) ein Polynom, welches für $\xi_{(n)1} = x_{(n)}$ eine Datenanpassung im Regressionsfall liefert.

Oft benötigt man die ursprüngliche Form (11) des geschätzten Polynoms. Diese erhält man aus den folgenden Beziehungen

$$u_{hi} = \begin{cases} 0 & \text{für} \quad h > i \quad \text{oder} \quad h, i < 1\,, \\ 1 & \text{für} \quad h = i\,, \end{cases} \tag{26}$$

$$u_{h+1,i+1} = u_{hi} - s_i u_{h+1,i} - t_i u_{h+1,i-1} \quad \text{für} \quad h < i\,, \tag{27}$$

$$\tilde{\pi}^{(l)} = \sum_{j=l}^{r} \pi^{(j)} u_{l+1,j+1} \quad \text{für} \quad 0 \leqq l \leqq r\,. \tag{28}$$

Wie bei allen derartigen Algorithmen hängt die Konvergenz von der Anfangsnäherung ab. Anders als bei den sonst üblichen numerischen Fragestellungen, bei denen keine Anfangsnäherung von vornherein ausgezeichnet ist, hat man hier eine solche ausgezeichnete Anfangsnäherung für $\xi_{(n)}$, nämlich $x_{(n)}$. Bei dieser ist Gewißheit, daß $x_{(n)}$ mit hoher Wahrscheinlichkeit in ausreichender Nähe von $\xi_{(n)0}$ liegt, um die Konvergenz des Verfahrens gegen die WLSE $\hat{\xi}$ zu gewährleisten.

Leider kann aber die Folge der Iterationen gegen einen beliebigen stationären Punkt von $k_z(\pi, \xi_{(n)})$ konvergieren, obwohl diese Wahrscheinlichkeit durch die Wahl der Anfangsnäherung $x_{(n)}$ oft gering sein wird. Deshalb wird man bei Anwendungen, bei denen die WLSE mit einer hohen Sicherheit angegeben werden muß, spezielle Verfahren zur Berechnung aller stationären Punkte von k_z anwenden und unter diesen dann die WLSE heraussuchen müssen (vgl. EGERTON und LAYCOCK (1979)).

3.8.3. Allgemeine Modelle mit Fehlern in den Variablen

3.8.3.1. Voraussetzungen zur Anwendung der Verfahren

In diesem Abschnitt werden die bekannten Ansätze zur iterativen Lösung der Normalgleichungen beschrieben, wobei auf Details verzichtet werden muß.

Wir verwenden die kompakte Schreibweise nach (3.1.26)

$$\begin{aligned} z_{(n)} &= \mu_{(n)0} + \zeta_{(n)}\,, \qquad \mu_{(n)0} \in \mathbb{R}^{nd_\mu}\,, \\ 0 &= s(\mu_{(n)0}, \pi_0)\,, \qquad \pi_0 \in \mathbb{R}^{d_\pi}\,, \qquad s = s_{(n)}\colon \mathbb{R}^{nd_\mu d_\pi} \to \mathbb{R}^{cn} \end{aligned} \tag{29}$$

mit $c < d_\pi$, und für explizite Modelle setzen wir

$$z = ([x_i, y_i])_{i=1,\dots,n}, \qquad x = x_{(n)} \quad \text{usw.}, \tag{31}$$

$$\mu_{(n)} = \mu_{(n)}(\xi_{(n)}, \pi) = \big([\xi_i, r_i(\xi_i, \pi)]\big)_{i=1,\dots,n}. \tag{32}$$

Die Wichtungsmatrix Ω^{-1} zur Berechnung der WLSE sei bekannt. Außerdem seien die üblichen Regularitätsvoraussetzungen für s erfüllt, wie etwa Regularität der Funktionalmatrix usw.

Falls die Kovarianz von z unbekannt ist, hat man bei wiederholten Beobachtungen die Möglichkeit, als Wichtungsmatrix Ω^{-1} eine Schätzung von $D\zeta$ zu verwenden (vgl. 3.2.1). Als Lagrangefunktion für das implizite Modell ergibt sich

$$k_z = k_z(\pi, \mu, \lambda) = \tfrac{1}{2}\,||z - \mu||^2_{\Omega^{-1}} + \lambda' s(\mu, \pi), \tag{33}$$

ausgehend von der Likelihoodfunktion im Normalfall. Für das explizite Modell erhält man als Minimierungskriterium

$$k_z = k_z(\pi, \xi) = \tfrac{1}{2}\,||z - \mu(\xi, \pi)||^2_{\Omega^{-1}}. \tag{34}$$

Wir bezeichnen die Anfangsnäherung mit π_1, $\mu_{(n)1}$ und die WLSE mit $\hat{\pi}$, $\hat{\mu}$.

3.8.3.2. Gauß-Newton-Verfahren

Dieses Verfahren basiert auf der Linearisierung von s in jedem Iterationsschritt, wobei wir $s_{(n)k} =: s_k$ und $\mu_{(n)1} =: \mu_1$ abkürzen:

$$s(\mu_{(n)2}, \pi) = s_2 \approx s_1 + \partial_\pi s_1(\pi_2 - \pi_1) + \partial_\mu s_1(\mu_2 - \mu_1) \approx s(\hat{\mu}, \hat{\pi}). \tag{35}$$

Dann erhält man die Normalgleichungen für π_2, $\mu_{(n)2}$ bei der approximierten Funktion

$$\begin{aligned} -\Omega^{-1}(z - \mu_2) + \partial_\mu' s_1 \lambda_2 &= 0, \\ \partial_\pi' s_1 \lambda_2 &= 0, \\ s_1 + \partial_\pi s_1 \Delta_2 \pi + \partial_\mu s_1 \Delta_2 \mu &= 0. \end{aligned} \tag{36}$$

Hieraus ergeben sich die Korrekturen der Anfangsiteration nach einfacher Umformung (vgl. Britt und Luecke (1973)):

$$\mu_2 = z - \Omega\, \partial_\mu' s_1 (\partial_\mu s_1 \Omega\, \partial_\mu' s_1)^{-1} \big(s_1 + \partial_\pi s_1(\pi_2 - \pi_1) + \partial_\mu s_1(z - \mu_1)\big), \tag{37}$$

$$\pi_2 - \pi_1 = -\big(\partial_\pi' s_1 (\partial_\mu s_1 \Omega\, \partial_\mu' s_1)^{-1}\big)\, \partial_\pi' s_1 (\partial_\mu s_1 \Omega\, \partial_\mu' s_1)^{-1} \big(s_1 + \partial_\mu s_1 (z - \mu_1)\big). \tag{38}$$

Man beachte, daß μ_2 nicht auf der Fläche S_{w, π_2} zu liegen braucht. Für explizite Modelle ergibt sich die Iteration π_2 ebenso aus (38). Jedoch haben $\partial_\mu s_1$ und $\partial_\pi s_1$ eine einfachere Form als im allgemeinen Fall:

$$\partial_\pi s_1 = \partial_\pi\big(-\eta_i + r_i(\xi_{i1}, \pi_1)\big)_{i=1,\dots,n} = \big(\partial_\pi r_i(\xi_{i1}, \pi_1)\big)_{i=1,\dots,n}, \tag{39}$$

$$\partial_\mu s_1 = \operatorname{Diag}\big((\partial_\xi r_i(\xi_{i1}, \pi_1) \,\vdots\, -I_q)\big)_{i=1,\dots,n}. \tag{40}$$

Dolby (1976b) zeigte für $q = 1$, $p = 2$, daß die in (37) erscheinende Iteration der unabhängigen Variablen $\xi_{(n)}$ für explizite Modelle einfacher mit Hilfe der Informationsmatrix erhalten werden kann:

$$\begin{pmatrix} \pi_2 - \pi_1 \\ \xi_{(n)2} - \xi_{(n)1} \end{pmatrix} = \operatorname{Inf}^{-1}\big(\partial'_{\pi, \xi_{(n)}} \mu_{(n)1} \Omega^{-1}(z - \mu_{(n)1})\big). \tag{41}$$

Hierbei ist Inf die in (3.5.4) bis (3.5.9) angegebene Informationsmatrix an der Stelle $(\pi_1, \xi_{(n)1})$, und es gilt

$$\partial'_\pi \mu_{(n)1} = \left([0 \,\vdots\, \partial'_\pi r_i(\xi_{i1}, \pi_1)]\right)^{i=1,\dots,n}, \tag{42}$$

$$\partial'_{\xi_{(n)}} \mu_{(n)1} = \operatorname{Diag}\left([I_{p-q} \,\vdots\, \partial'_\xi r_i(\xi_{i1}, \pi_1)]\right)_{i=1,\dots,n}. \tag{43}$$

Durch die in (41)—(43) verwendete Schreibweise erkennt man unmittelbar, daß der Beweis von Dolby (1976b) auch für allgemeine explizite Modelle mit $p > 2$ gültig bleibt. Höschel und Penev (1980) zeigten die globale Konvergenz eines regularisierten Gauß-Newton-Verfahrens. Tiller (1983) konnte bei Verbesserung der numerischen Stabilität den Rechenaufwand weiter vermindern.

3.8.3.3. Vereinfachtes Gauß-Newton-Verfahren

Deming (1943) schlug vor, die Linearisierung nicht in jedem Schritt der Iteration neu um $(\pi_1, \mu_{(n)1})$ durchzuführen, sondern s um den Punkt $(\pi_1, z_{(n)})$ zu linearisieren. Damit erhält man zwar auch dann nicht die WLSE $\hat{\mu}$, $\hat{\pi}$, wenn die Anfangsnäherung π_1, $\mu_{(n)1}$ in einer so kleinen Umgebung von $\hat{\pi}$, $\hat{\mu}$ liegt, in der das vollständige Gauß-Newton-Verfahren konvergieren würde. Jedoch zeigen praktische Studien (O'Neill, Sinclair, Smith (1969)), daß diese Vereinfachung gute Schätzungen liefert, die gegebenenfalls als Anfangsnäherungen für das vollständige Gauß-Newton-Verfahren verwendet werden können. Die Zielfunktion zur Bestimmung von π_2, $\mu_{(n)2}$ ist jetzt

$$\tfrac{1}{2}\,\|z - \mu_{(n)2}\|^2_{\Omega^{-1}} + \lambda'\left(s(z, \pi_1) + \partial_\pi s_1(\pi_2 - \pi_1) + \partial_\mu s_1(\mu_{(n)2} - z)\right). \tag{44}$$

Man erhält

$$\pi_2 - \pi_1 = -\left(\partial'_\pi s_1(\partial_\mu s_1 \Omega\, \partial'_\mu s_1)^{-1}\, \partial_\pi s_1\right)^{-1} \partial'_\mu s_1(\partial_\mu s \Omega\, \partial'_\mu s_1)^{-1}\, s(z, \pi_1), \tag{45}$$

$$\mu = z - \Omega\, \partial'_\mu s_1(\partial_\mu s_1 \Omega\, \partial'_\mu s_1)^{-1}\left(s(z, \pi_1) + \partial_\pi s_1 - (\pi_2 - \pi_1)\right). \tag{46}$$

3.8.3.4. Modifiziertes Gauß-Newton-Verfahren

Beim Gauß-Newton-Verfahren liegt die Iteration $\mu_{(n)2}$ nicht auf der Fläche S_{w,π_2}. Nahe liegt es, $\mu_{(n)2}$ als WLSE bei vorgegebenem π_2 zu bestimmen. Man erhält also folgenden Iterationsprozeß:

$$\pi_1 \xrightarrow{\text{WLSE}} \mu_{(n)1} \in S_{w,\pi_1} \xrightarrow{\text{GN}} \pi_2 \xrightarrow{\text{WLSE}} \mu_{(n)2} \in S_{w,\pi_2} \xrightarrow{\text{GN}} \dots \tag{47}$$

Sei π_1 die Anfangsnäherung von $\hat{\pi}$. Dann sind die Normalgleichungen für $\mu_{(n)1}$ als WLSE bezüglich der Beobachtungen $z_{(p)}$ auf der Fläche S_{w,π_1}:

$$\Omega^{-1}(z - \mu_{(n)1}) + \partial'_\pi s(\mu_{(n)1}, \pi_1)\,\lambda_1 = 0\,, \qquad s(\mu_{(n)1}, \pi_1) = 0\,. \tag{48}$$

Für explizite Modelle entfällt der Langrange-Multiplikator, und die Normalgleichung vereinfacht sich zu

$$(z - \mu_{(n)1})'\, \Omega^{-1}\, \partial_{\xi_{(n)}} \mu_{(n)1} = 0\,. \tag{49}$$

Die Form von $\partial_{\xi_{(n)}} \mu_{(n)1}$ ergibt sich aus (43). Damit erhält man das von Fuller und Wolter (1982) vorgeschlagene Verfahren für explizite Modelle (vgl. 3.3.3 und 3.5.4). Die Bestimmung von π_2 erfolgt durch dieselbe Linearisierung wie beim Gauß-Newton-

Verfahren, also ergibt sich π_2 aus der Gleichung (38), die bei wiederholten Beobachtungen die für explizite Modelle unabhängig davon hergeleitete Gleichung (3.3.17) als Spezialfall enthält. Jedoch bietet dieses Verfahren gegenüber dem Gauß-Newton-Verfahren eine zusätzliche Schwierigkeit. Auch die Gleichungen (48) bzw. (49) erfordern die Lösung hochdimensionaler nichtlinearer Gleichungen.

Hierbei ist (49) im Falle blockdiagonaler Wichtungsmatrix Ω^{-1} praktisch lösbar. Dann zerfällt nämlich die Gleichung (49) in n Teilgleichungen, in denen jeweils der $(p - q)$-Vektor ξ_{i2} zu bestimmen ist (vgl. (3.3.68)). Sollte dies zu aufwendig sein, muß das ursprüngliche Gauß-Newton-Verfahren gewählt werden. Die asymptotischen Eigenschaften bleiben aber unter den Voraussetzungen von 3.5.4 erhalten, weil trotz der dann vorgenommenen Linearisierung die grundlegende Konvergenz $\xi_{i1} - \xi_{i0} = O_P(m^{-1/2})$ erhalten bleibt.

3.8.3.5. Newton-Raphson-Verfahren

Im Gegensatz zum Gauß-Newton-Verfahren wird hierbei nicht die Restriktionsfunktion s linearisiert, sondern für die Zielfunktion eine Taylor-Entwicklung zweiter Ordnung verwendet. Damit wäre das Verfahren auch für die Berechnung von Alternativschätzungen zur WLSE verwendbar, zum Beispiel für MLE bei nichtnormalverteilten Fehlern.

Bei Polynomialbeziehungen wurde dieses Verfahren in 3.8.2 erläutert. Für explizite Modelle gaben MacDonald und Powell (1972) den zugehörigen Algorithmus an, dem ein spezielles Verfahren zur Berechnung höherer Ableitungen zugrundeliegt. Wir setzen $\psi = [\pi, \mu, \lambda]$ für implizite Modelle mit der Zielfunktion (33) und $\psi = [\pi, \xi]$ für explizite Modelle nach (34).

Wir erhalten als approximierte Zielfunktion im zweiten Iterationsschritt:

$$k_2 = k_1 + \partial_\psi k_1 \Delta_2 \psi + \tfrac{1}{2} \Delta_2 \psi' \, \partial_{\psi,\psi} k_1 \Delta_2 \psi \,. \tag{50}$$

Die stationären Punkte von k_2 ergeben sich aus

$$0 = \partial_\psi k_2 = \partial_\psi k_1 + \partial_{\psi,\psi} k_1 \Delta_2 \psi \,, \tag{51}$$

also ist

$$\psi_2 = \psi_1 - (\partial_{\psi,\psi} k_1)^{-1} \, \partial_\psi k_1 \,. \tag{52}$$

Für explizite Modelle mit Fehlern in den Variablen erhält man

$$\partial_\psi k = \zeta' \Omega^{-1} \, \partial_\psi \zeta \,, \qquad \zeta = z - \mu(\xi, \pi) \,, \tag{53}$$

$$\partial_{\psi,\psi} k = (\partial_\psi \zeta)' \, \Omega^{-1} \, \partial_\psi \zeta + \left((\partial_\psi (\partial_{\psi(l)} \zeta))' \, \dot{\Omega}^{-1} \zeta \right)^{l=1,\ldots,r} . \tag{54}$$

Wie man sieht, ist der erste Term in (54) gerade die Informationsmatrix Inf an der Stelle ψ_1 (vgl. (3.5.4)—(3.5.6)), und es ist $\partial_\psi \zeta = -\partial_\psi \mu(\xi, \pi)$.

Damit erkennt man, daß die Newton-Raphson-Methode ein zusätzliches Korrekturglied zu der in (41) angegebenen Gauß-Newton-Methode enthält. Ausführlich werden neuere Verfahren in der Arbeit von Tiller (1983) analysiert. Falls $\mu(\psi)$ in π und ξ linear ist, verschwindet das Korrekturglied in (54). Damit stimmen für LIFU die Gauß-Newton- und die Newton-Raphson-Methode überein.

3.9. Literatur

Das folgende Literaturverzeichnis besteht aus zwei Teilen. Teil 1 stellt eine ausführliche Bibliographie zum Problem der Fehler-in-den-Variablen-Modelle (einschließlich linearer Simultangleichungen) dar. Teil 2 umfaßt alle im Kapitel 3 zitierten Publikationen zu anderen Problemstellungen.

3.9.1. Bibliographie zu Fehler-in-den-Variablen-Modellen

ACTON, F. S. (1959). Analysis of Straight-line Data. J. Wiley, New York.

ADCOCK, R. J. (1877). Note on the method of least squares. The Analyst **4**, 183—184.

ADCOCK, R. J. (1878). A problem in least squares. The Analyst **5**, 53—54.

AIGNER, D. J. (1966). Errors of measurement and least squares estimation in a simple recursive model of dynamic equilibrium. Econometrica **34**, 424—432.

AITKEN, A. C. (1933). On fitting polynomials to data with weighted and correlated errors. Proc. Roy. Soc. Edinburgh **54**, 12—16.

ALLEN, R. G. D. (1939). The assumptions of linear regression. Economica **6**, 199—204.

ANDERSON, T. W. (1951a). Estimating linear restrictions of regression coefficients for multivariate normal distributions. Ann. Math. Statist. **22**, 327—351.

ANDERSON, T. W. (1951b). The asymptotic distribution of certain characteristic vectors. Proc. Second Berkeley Symp. Math. Statist. Prob., Univ. of California Press, Berkeley.

ANDERSON, T. W. (1974). An asymptotic expansion of the distribution of the limited information maximum likelihood estimate of a coefficient in a simultaneous equation system. J. Amer. Statist. Assoc. **69**, 565—573.

ANDERSON, T. W. (1976). Estimation of linear functional relationships: approximate distributions and connections with simultaneous equations in econometrics. (with discussion). J. Roy. Statist. Soc., Ser. B, **38**, 1—36.

ANDERSON, T. W. (1977). Asymptotic expansions of the distributions of estimates in simultaneous equations for alternative parameter sequences. Econometrica **45**, 509—518.

ANDERSON, T. W., RUBIN, H. (1949). Estimation of the parameters of a single equation in a complete system of stochastic equations. Ann. Math. Statist. **20**, 46—63.

ANDERSON, T. W., RUBIN, H. (1950). The asymptotic properties of estimates of the parameters of a single equation in a complete system of stochastic equations. Ann. Math. Statist. **21**, 570—582.

ANDERSON, T. W., RUBIN, H. (1956). Statistical inference in factor analysis. Prod. 3rd Berkeley Symp. Math. Statist. Prob. **5**, 111—150. Univ. of California Press, Berkeley.

ANDERSON, T. W., SAWA, T. (1973). Distributions of estimates of coefficients of a single equation in a simultaneous system and their asymptotic expansions. Econometrica **41**, 683—714.

ATTFIELD, C. L. F. (1980). Testing the assumptions of the permanent — income model. J. Amer. Statist. Assoc. **75**, no. 369, 32—38.

AUSTEN, A. E. W., PELZER, H. (1946). Linear curves of best fit. Nature **157**, 693—694.

BAMBERG, G., EMRICH, O. (1970). Lineare Regression mit kumulativem Fehler in der unabhängigen Variablen. Operations Research Verfahren **8**, 1—14.

BANERJEE, K. S., NAIR, K. R. (1943). A note on fitting of straight lines if both variables are subject to error. Sankhyā **6**, 331.

BARD, Y. (1974). Nonlinear Parameter Estimation. Academic Press, New York etc.

BARNETT, V. D. (1967). A note on linear structural relationships when both residual variances are known. Biometrika **54**, 670—672.

BARNETT, V. D. (1969). Simultaneous pairwise linear structural relationships. Biometrics **25**, 129—142.

BARNETT, V. D. (1970). Fitting straight lines — the linear functional relationship with replicated observations. Appl. Statistics **19**, 135—144.

BARTLETT, M. S. (1949). Fitting a straight line when both variables are subject to error. Biometrics **5**, 207—212.

BARTLETT, M. S. (1957). A note on tests of significance for linear functional relationships. Biometrika **44**, 268–269.

BARTON, D. E., DAVID, F. N. (1960). Models of functional relationships illustrated on astronomical data. Bull. Intern, Statist. Inst. **37**, 9–33.

BASMAN, R. L. (1960). On finite sample distributions of generalized classical linear identifiability test statistics. J. Amer. Statist. Assoc. **55**, 650–659.

BASMAN, R. L. (1961). A note on the exact finite sample frequency functions of generalized classical linear estimators in two leading overidentified cases. J. Amer. Statist. Assoc. **56**, 619–636.

BASMAN, R. L. (1963). A note on the exact finite sample frequency functions of generalized classical linear estimators in a leading three equation case. J. Amer. Statist. Assoc. **58**, 161–171.

BASU, A. P. (1969). On some tests for several linear relations. J. Roy. Statist. Soc. **31**, 65–71.

BERKSON, J. (1950). Are there two regressions ? J. Amer. Statist. Assoc. **45**, 164–180.

BHARGAVA, A. K. (1977). Maximum likelihood estimation in a multivariate "errors in variables" regression model with unknown error covariance matrix. Commun. Statist.-Theor. Meth. **A 6**, 587–601.

BIRCH, M. W. (1964). A note on the maximum likelihood estimation of a linear structural relationship. J. Amer. Statist. Assoc. **59**, 1175–1178.

BLALOCK, H. M., Jr. (1969). Estimating measurement error using multiple indicators and several points in time. Amer. Sociological Review **35**, 101–111.

BLALOCK, H. M., Jr., CARTER, L. F., WELLS, C. S. (1970). Statistical estimation with random measurement error. In: Sociological Methodology (Eds.: E. F. BORGATTA and G. W. BOHRNSTEDT). Jossey-Bass. Inc., San Franzisco, S. 75–103.

BOOTH, G. D. (1973). The errors-in-variables model when the covariance matrix is not constant. Ph. D. Thesis, Iowa State University.

BOWER, D. R., SWINDEL, B. F. (1972). Rounding errors in the independent variables in a general linear model. Technometrics **14**, 215–218.

BRENNAN, J. F., HOUSNER, G. W. (1948). Estimation of linear trends. Ann. Math. Statist. **19**, 380–388.

BRIGGS, F. E. A. (1962). The influence of errors on the correlation of ratios. Econometrics **30**, 162–177.

BRITT, H. I., LUECKE, R. H. (1973). The estimation of parameters in nonlinear, implicit models. Technometrics **15**, 233–247.

BROOKS, C., COMPSTON, W., MCINTYRE, G. A., TUREK, A. (1966). The statistical assessment of Rb-Sr Isochrons. J. Geophysical Research **71**, 5459–5468.

BROWN, G. H. (1978a). Generalized least squares applied to the linear ultrastructural model. Biometrika **65**, 441–444.

BROWN, G. H. (1978b). Calibration with an ultra-structural model. Appl. Statistics **27**, no. 1, 47–51.

BROWN, G. H., KADANE, J. B., RAMAGE, J. G. (1974). The asymptotic bias and the mean-squared error of double k-class estimators when the disturbances are small. Intern. Econ. Rev. **15**, 667–679.

BROWN, R. L. (1957). Bivariate structural relation. Biometrika **44**, 84–96.

BROWN, R. L., FEREDAY, F. (1958). Multivariate linear structural relations. Biometrika **45**, 146–153.

BRUNDY, I. M., JORGENSON, D. W. (1971). Efficient estimation of simultaneous equations by instrumental variables. Review of Economics and Statistics **53**, 207–226.

CARLSON, F. D., SOBEL, E., WATSON, G. S. (1966). Linear relationships between variables affected by error. Biometrics **22**, 252–267.

CARTER, L. F., s. BLALOCK, H. M.

CARTER, R. L., FULLER, W. A. (1980). Instrumental variable estimation of the simple errors-in-variables model. J. Amer. Statist. Assoc. **75**, No. 371, 687–692.

CASSON, M. C. (1973). Linear regression with error in the defleating variable. Econometrica **41**, 751–759.

CASSON, M. C. (1974). Generalized errors in variables regression. Review of Economic Studies **41**, 347–352.

Čelmins, A. (1973). Least squares adjustment with finite residuals for nonlinear constraints and partially correlated data. Trans. 19th Conf. Army Mathematicians, Orland, Florida. Part 2, 809—858 (US Army Research Offic, Report No 73-3).

Chan, L. K., Mak, T. K. (1979a). On the maximum likelihood estimation of a linear structural relationship when the intercept is known. J. Multivariate Analysis **9**, 304—313.

Chan, L. K., Mak, T. K. (1979b). Maximum likelihood estimation of a linear structural relationship with replication. J. Roy. Statist. Soc., Ser. B, **41**, 263—268.

Chan, N. N. (1965). On circular functional relationship. J. Roy Statist. Soc., Ser. B, **27**, 45—56.

Chan, N. N. (1977). On an unbiased predictor in factor analysis. Biometrika **64**, 642—644.

Clutton-Brock, M. (1967). Likelihood distributions for estimating functions when both variables are subject to error. Technometrics **9**, 261—269.

Cochran, W. G. (1937). Problems arising in the analysis of a series of similar experiments. J. Roy. Statist. Soc., Suppl. **4**, 102—118.

Cohen, J. E., D'Eustachio, P. (1978). An affine linear model for the relation between two sets of frequency counts. With response by W. A. Fuller. Biometrics **34**, 514—521.

Compston, W., s. Brooks, C.

Cook, W. R. (1931). On curve fitting by means of least squares. Philosophical Magazine, Ser. 7, **12**, 1025—1059.

Copas, J. B. (1972). The likelihood surface in the linear functional relationship problem. J. Roy. Statist. Soc., Ser. B, **34**, 274—278.

Cox, N. R. (1976). The linear structural relation for several groups of data. Biometrika **63**, 231—237.

Cox, N. R., Dolby, G. R. (1977). Corrections and Amendments (zu Cox (1976) and Dolby (1976a)). Biometrika **64**, 427.

Creasy, M. A. (1956). Confidence limits for the gradient in the linear functional relationship. J. Roy. Statist. Soc., Ser. B, **18**, 65—69.

David, F. N. s. Barton, D. E.

Davies, R. B., Hutton, B. (1975). The effect of errors in the independent variables in linear regression. Biometrika **62**, 383—391.

De Gracie, J. S. (1960). Analysis of covariance when the concominant variable is measured with error. Unpublished Ph. D. Thesis, Iowa State University, Ames, Iowa.

De Gracie, J. S., Fuller, W. A. (1972). Estimation of the slope and analysis of covariance when the concominant variable is measured with error. J. Amer. Statist. Ass. **67**, 930—937.

D'Eustachio, P. s. Cohen, J. E.

Deming, W. E. (1931). The application of least squares. Philosophical Magazine, Ser. 7, **11**, 146—158.

Deming, W. E. (1943). Statistical Adjustment of Data. J. Wiley, New York.

Dent, B. M. (1935). On observation of points connected by a linear relation. Proc. Physical Soc. London **47**, 92—108.

Dolby, G. R. (1972). Generalized least squares and maximum likelihood estimation of nonlinear functional relationships. J. Roy. Statist. Soc., Ser. B, **34**, 393—400.

Dolby, G. R. (1976a). The ultrastructural relation a synthesis of the functional and structural relations. Biometrika **63**, 39—50.

Dolby, G. R. (1976b). The connection between methods of estimation in implicit and explicit nonlinear models. Appl. Statistics **25**, 157—162.

Dolby, G. R. (1976c). Estimation of ultrastructural relations: a synthesis of the functional and structural models and factor analysis. Bull. Australian Math. Soc. **14**, 473—476.

Dolby, G. R. (1976d). A note on the linear structural relation when both residual variances are known. J. Amer. Statist. Assoc. **17**, 352—353.

Dolby, G. R., s. auch Cox, N. R.

Dolby, G. R., Freeman, T. G. (1975). Functional relationships having many independent variables and errors with multivariate normal distribution. J. Multivariate Analysis **5**, 466—479.

Dolby, G. R., Lipton, S. (1972). Maximum likelihood estimation of the general nonlinear functional relationship with replicated observations and correlated errors. Biometrika **59**, 121—129.

Dolby, G. R., Ratkowsky, D. A. (1975). Taylor series linearization and scoring for parameters in nonlinear regression. Appl. Statist. **24**, 109—111.

DORFF, M. R. (1960). Large and small sample properties of estimators for a linear functional relation. Unpublished Ph. D. Thesis, Iowa State University, Ames, Iowa.

DORFF, M. R., GURLAND, J. (1961a). Small sample behavior of slope estimators in a linear functional relation. Biometrics **17**, 283—298.

DORFF, M. R., GURLAND, J. (1961b). Estimation of the parameters of a linear functional relation. J. Roy. Statist. Soc., Ser. B, **23**, 160—170.

DRION, E. F. (1951). Estimation of the parameters of a straight line and of the variances of the variables if they are both subject to error. Indagationes Mathematicae **13**, 256—260.

DURBIN, J. (1954). Errors in variables. Revue de l'Institute International de Statistique **22**, 23—32.

EFRON, B. (1962). The fitting of straight lines when both variables are subject to errors and the ranks of the means are known. Techn. report, Rand Corporation, Mimeograph.

EGERTON, M. F., LAYCOCK, P. J. (1979). Maximum likelihood estimation of multivariate nonlinear functional relationships. Math. Operationsforsch. Statist., Ser. Statist., **10**, 273—280.

EL-SAYYAD, G. M., LINDLEY, D. V. (1968). The Bayesian estimation of a linear functional relationship. J. Roy. Statist. Soc., Ser. B, **30**, 190—202.

EMRICH, O., s. BAMBERG, G.

FAREBROTHER, R. W. (1976). Diskussion zu ANDERSON, T. W. (1976).

FEDOROW, W. W. (1974). Regression problems with controllable variables subject to error. Biometrika **61**, 49—56.

FELDSTEIN, M. (1973). Multicollinearity and the mean square error of alternative estimators. Econometrica **41**, 337—345.

FELDSTEIN, M. (1974). Errors in variables: a consistent estimator with smaller MSE in finite samples. J. Amer. Statist. Assoc. **69**, 990—996.

FEREDAY, F., s. BROWN, R. L.

FISHER, R. A. (1938). The statistical utilization of multiple measurements. Ann. Eugen. **8**, 376—386.

FLORENS, J.-P., MOUCHART, M., RICHARD, J. F. (1974). Bayesian inference in error-in-variables models. J. Multivariate Analysis **4**, 419—452.

FLORENS, J.-P., MOUCHART, M., RICHARD, J. F. (1979). Specification and inference in linear models. CORE discussion paper 7943, Centre for Operations Research and Econometrics, Universite Catholique de Louvain, Louvain.

FORSYTHE, G. E. (1957). Generation and use of orthogonal polynomials for data fitting with a digital computer. J. Soc. Indust. Appl. Math. **5**, 74—88.

FREEMAN, T. G., s. DOLBY, G. R.

FRISCH, R. (1934). Statistical Confluence Analysis by Means of Complete Regression Systems. University Institute of Economics, Oslo.

FUJIKOSHI, Y., VEITCH, L. G. (1979). Estimation of dimensionality in canonical correlation analysis. Biometrika **66**, 345—351.

FULLER, W. A. (1971). Properties of estimators in the errors-in-variables model. Beitrag zur Jahrestagung 1971 der Econometric Society.

FULLER, W. A. (1977). Some properties of a modification of the limited information estimator. Econometrica **45**, 939—954.

FULLER, W. A. (1978). Properties of some estimators for the errors-in-variables model. Manuskript, Statist. Lab., Iowa State University, 6—78.

FULLER, W. A., HIDIROGLOU, M. A. (1978). Regression estimation after correction for attenuation. J. Amer. Statist. Assoc. **73**.

FULLER, W. A., WARREN, R. D., WHITE, J. K. (1974). An error-in-variables analysis of managerial role performance. J. Amer. Statist. Assoc. **69**, 886—893.

FULLER, W. A., WOLTER, K. M. (1982). Estimation of nonlinear errors-in-variables models. Ann. Statist. **10**, 539—548.

FULLER, W. A., WOLTER, K. M. (1977). Estimation of the quadratic errors-in-variables model. Manuskript, Statistical Laboratory, Iowa State University, 4—77.

FULLER, W. A., s. auch CARTER, R. L.

FULLER, W. A., s. auch DE GRACIE, J. S.

GEARY, R. C. (1942). Inherent relations between random variables. Proc. Roy. Irish Academy, Sec. A, **47**, 63—76.

GEARY, R. C. (1943). Relations between statistics the general and the sampling problem when the samples are large. Proc. Roy. Irish Academy, Ser. A, **49**, 177–196.

GEARY, R. C. (1948). Studies in relations between economic time series. J. Roy. Economic Society **10**, 1–19.

GEARY, R. C. (1949). Determination of linear relations between systematic parts of variables with errors of observation the variances of which are unknown. Econometrica **17**, 30–58.

GEARY, R. C. (1953). Nonlinear functional relationship between two variables when one variables is controlled. J. Amer. Statist. Assoc. **48**, 94–103.

GERACI, V. J. (1976). Identification of simultaneous equation models with measurement error. J. Econometrics **4**, 262–283.

GERACI, V. J. (1977). Estimation of simultaneous equation models with measurement error. Econometrica **45**, 1243–1257.

GIBSON, W. M., JOWETT, G. H. (1957). Three-group regression analysis. Part I. Simple regression analysis. Appl. Statist. **6**, 114–122.

GINI, C. (1921). Sull'interpolazione di una retta quando i valori della variabile indipendente sono affetti da errori accidentali. Metron **1**, 65–82.

GLESER, L. J., WATSON, G. S. (1973). Estimation of a linear transformation. Biometrika **60**, 525–534.

GOLDBERGER, A. S. (1972). Maximum-likelihood estimation of regressions containing unobservable independent variables. Int. Economic Review **13**, No. 1, 1–15.

GRETHER, D. M., MADDALA, G. S. (1973). Errors in variables and serially correlated disturbances in distributed lag models. Econometrica **41**, 255–262.

GRILICHES, Z. (1974). Errors in variables and other unobservables. Econometrica **42**, 971–998.

GRILICHES, Z., RINGSTAD, V. (1970). Errors-in-the-variables bias in nonlinear contexts. Econometrica **38**, 368–370.

GRUBBS, F. E. (1948). On estimating precision of measuring instruments and product variability. J. Amer. Statist. Assoc. **43**, 243–264.

GUARIAN, J., HALPERIN, M. (1971). A note on estimation in straight line regression when both variables are subject to error. J. Amer. Statist. Ass. **66**, 587–589.

GURLAND, J., s. DORFF, M. R.

HALDANE, J. B. S., s. KERMACK, K. A.

HALLIDAY, A. N., TITTERINGTON, D. M. (1979). On the fitting of parallel isochrons and the method of maximum likelihood. Manuskript, Isotope Geology Unit, Scottish Universities Research and Reactor Centre and Dept. of Statistics, Univ. of Glasgow.

HALPERIN, M. (1961). Fitting of straight lines and prediction when both variables are subject to error. J. Amer. Statist. Assoc. **56**, 657–669.

HALPERIN, M. (1964). Interval estimation in linear regression when both variables are subject to error. J. Amer. Statist. Assoc. **59**, 1112–1120.

HALPERIN, M., s. auch GUARIAN, J.

HANNAN, E. J. (1967). Canonical correlation and multiple equation systems in economics. Econometrica **35**, 123–128.

HEALY, J. D. (1980). Maximum-Likelihood estimation of a multivariate linear functional relationship. J. Multivariate Anal. **10**, 243–251.

HEMELRIJK, J. (1949a). Construction of a confidence region for a line. Nederland Akademie Wetenschapten, Proceedings **52**, 374–384.

HEMELRIJK, J. (1949b). Construction of a confidence region for a line. Indagationes Mathematicae **11**, 374–384.

HENDRY, D. F. (1976). The structure of simultaneous equations estimators. J. Econometrics **4**, 51–88.

HENDRY, D. F., SRBA, F. (1977). The properties of autoregressive intrumental variables estimators in dynamic systems. Econometrica **45**, 969–989.

HEY, E. N., HEY, M. H. (1960). The statistical estimation of a rectangular hyperbola. Biometrics **16**, 606–617.

HIDIROGLOU, M. A., s. FULLER, W. A.

HODGES, S. D., MOORE, P. G. (1972). Data uncertainties and least squares regression. Appl. Statistics **21**, 185–195.

HOOPER, J. W., THEIL, H. (1958). The extension of Wald's method of fitting straight lines to multiple regression. Rev. Intern. Statist. Institute **26**.

Höschel, H.-P. (1978a). Generalized least squares estimators of linear functional relations with known error-covariance. Math. Operationsforsch. Statist., Ser. Statistics, **9**, 9–26.

Höschel, H.-P. (1978b). Least squares and maximum likelihood estimation of functional relations. 305–317, in: Transact. of the 8. Prague Conference on Information Theory, Statistical Decision Functions and Random Processes, Vol. A. Academia, Prague.

Höschel, H.-P. (1979). A special counterpart to Sards theorem and consequences for the uniqueness and stochastic convergence of least squares procedures in nonlinear data-fitting problems. Paper presented on the 4th International Summer School on Model Choice, May 1979, Mühlhausen, GDR. Preprint 34/1979, Humboldt-Universität Berlin, Sektion Mathematik.

Höschel, H.-P., Penev, S. (1980). Least-squares curve-fitting for nonlinear models with errors in variables and globally convergent Gauß-Newton-procedures. Universite catholique de Louvian. Center for op. Res. and Econometrics. Discussion paper 8025.

Hotelling, H., Working, H. (1929). Application of the theory of error to the interpretation of trends. J. Amer. Statist. Assoc. Suppl. 73–79.

Housner, G. W., s. Brennan, J. F.

Houwelingen, van, J. C. (1978). Linear function relationships with unequal covariance matrices. Preprint 85, Dept. Math., Univ. of Utrecht.

Houwelingen, van, J. C., Schipper, R. M. (1981). The efficiency of a test based on the asymptotic distribution of the MLE for a linear functional relationship. Math. Operationsforsch. Statist., Ser. Statist., **12**, 21–30.

Hutton, B., s. Davies, R. B.

Izenman, A. J. (1975). Reduced-rank regression for the multivariate linear model. J. Multivariate Anal. **5**, 248–264.

Jeeves, T. A. (1954). Identification and estimation of linear manifolds in n-dimensions. Ann. Math. Statist. **25**, 714–723.

Jessop, W. N. (1952). One line or two? Appl. Statistics **2**, 131–137.

Johnston, J. (1963). Econometric Methods. McGraw-Hill, New York.

Jorgenson, D. W., s. Brundy, I. M.

Jowett, G. H., s. Gibson, W. M.

Joyner, M. C., s. Seares, F. H.

Kabe, D. G. (1970). On the exact distributions of the GCL (generalized classical linear) estimators in a leading three equation case. J. Amer. Statist. Assoc. **65**, 182–185.

Kadane, J. B. (1970). Testing overidentifying restrictions when the disturbances are small. J. Amer. Statist. Assoc. **65**, 182–185.

Kadane, J. B. (1971). Comparison of k-class estimators when the disturbances are small. Econometrica **39**, 723–737.

Kadane, J. B., s. auch Brown, G. H.

Kagan, A. M. (Каган, A. M.), Linnik, J. W. (Линник, Ю. В), Rao, C. R. (1973). Characterization Problems in Mathematical Statistics. J. Wiley, New York. ch. 10.

Karni, E., Weissman, I. (1974). A consistent estimator of the slope in a regression model with errors in the variables. J. Amer. Statist. Assoc. **69**, 211–213.

Keeping, E. S. (1956). Note on Wald's method of fitting a straight line when both variables are subject to error. Biometrics **12**, 445–448.

Kendall, M. G. (1951). Regression, structure and functional relationship, part I. Biometrika **38**, 11–25.

Kendall, M. G. (1952). Regression, structure and functional relationship, part II. Biometrika **39**, 96–108.

Kendall, M. G., Stuart, A. (1961). The Advanced Theory of Statistics. Vol. 2, Griffin, London, ch. 29.

Kermack, K. A., Haldane, J. B. S. (1950). Organic correlation and allometry. Biometrika **37**, 30–41.

Kiefer, J. (1964). Review of Kendall and Stuarts "Advanced theory of statistics II". Ann. Math. Statist. **35**, 1371–1380.

Kiefer, J., Wolfowitz, J. (1956). Consistency of the maximum likelihood estimator in the presence of infinitly many incidental parameters. Ann. Math. Statist. **27**, 887–906.

Koopmans, T. C. (1932). Linear Regression Analysis of Economic Time Series. De Erven, F. Bohn N. V., Haarlem, 2nd ed. 1937.

Koopmans, T. C., Reiersøl, O. (1950). The identification of structural characteristics. Ann. Math. Statist. **21**, 165–181.

Kruskal, W. H. (1953). On the uniqueness of the line of organic correlation. Biometrics **9**, 47–58.

Kummel, C. H. (1879). Reduction of observation equations which contain more than one observed quantity. The Analyst (Des Moines) **6**, 97–105.

Kunitomo, N. (1980). Asymptotic Expansions of the distribution of estimators in a linear functional relationsship and Simultaneous equations. J. Amer. Statist. Assoc. **75**, No. 371, 393–700.

Kunitomo, N., Morimune, K. (1980). Improving the maximum likelihood estimate in linear functional relationships for alternative parameter sequences. J. Amer. Statist. Assoc. **75**, No. 369, 230–237.

Laha, R. G. (1957). On some characterization problems connected with linear structural relations. Ann. Math. Statist. **28**, 405–414.

Laycock, P. J., s. Egerton, M. F.

Leamer, E. E. (1978). Least-squares versus instrumental variables estimation in a simple errors in variables model. Econometrica **46**, 961–968.

Levi, M. D. (1973). Errors in the variables bias in the presence of correctly measured variables. Econometrics **41**, 985–986.

Lindley, D. V. (1947). Regression lines and the linear functional relationship. J. Roy. Statist. Soc. Supplement **9**, 218–244.

Lindley, D. V. (1953). Estimation of a functional relationship. Biometrika **40**, 47–49.

Lindley, D. V., s. auch El-Sayyad, G. M.

Linnik, J. W., s. Kagan, A. M.

Linssen, H. N. (1980). Functional relationsships and minimum sum estimation. Dissertation, University of Technology Eindhoven.

Lipton, S., s. Dolby, G. R.

Liviatan, N. (1961). Errors in variables and Engel curve analysis. Econometrica **29**, 336–362.

Lord, F. M. (1960). Large-sample covariance analysis when the control variable is fallible. J. Amer. Statist. Assoc. **5**, 397–421.

Luecke, R. H., s. Britt, H. I.

Lyttkens, E. (1977). Schätzung mit Hilfe von Instrumentvariablen. Math. Operationsforsch. Statist., Ser. Statist., 8, 173–198.

Maasoumi, E. (1978). A modified Stein-like estimator for the reduced form coefficient of simultaneous equations. Econometrica **46**, 695–704.

Mac Donald, J. R., Powell, D. R. (1972). A rapidly convergent iterative method for the solution of the generalized nonlinear least-square problem. Comput. J. **15**, 148–155.

Madansky, A. (1959). The fitting of straight lines when both variables are subject to error. J. Amer. Statist. Assoc. **54**, 173–205.

Maddala, G. S., s. Grether, D. M.

Mak, T. K., s. Chan, L. K.

Malinvaud, E. (1966). Statistical Methods of Econometrics. North Holland Publishing Company, Amsterdam, ch. 10.

Mallison, J. R., Theobald, C. M. (1978). Comparative calibration, linear structural relationships and congeneric measurements. Biometrics **34**, 39–45.

Mariano, R. S. (1972). The existence of moments of the ordinary least squares estimators. Econometrica **40**, 643–652.

Mariano, R. S. (1973). Approximations of the distributions functions of the ordinary least-squares and two-stage least-squares estimators in the case of two included endogenous variables. Econometrica **41**, 67–77.

Mariano, R. S. (1975). Some large-concentration-parameter asymptotics for the k-class estimators. J. of Econometrics **3**, 171–177.

Mariano, R. S., Sawa, T. (1972). The exact finite-sample distributions of the limited-information maximum likelihood estimator in the case of two included endogenous variables. J. Amer. Statist. Assoc. **67**, 159–163.

McCallum, B.T. (1972). Relative asymptotic bias from errors of emission and measurement. Econometrica **40**, No. 4, 757–758.

McIntyre, G. A., s. Brooks, C.
Mehra, R. K. (1976). Identification and estimation of the errors-in-variables model (EVM) in structural form. Math. Programming Study **5**, 191–210.
Mikhail, W. M., Sargan, J. D. (1971). A general approximation to the distribution of instrumental variables estimates. Econometrica **39**, 131–169.
Moberg, L., Sundberg, R. (1978). Maximum likelihood estimation of a linear functional relationship when one of the departure variance is known. Scandinavian J. Statist. **5**, 61–64.
Moore, P. G. s. Hodges, S. D.
Moran, P. A. P. (1956). A test of significance for an unidentifiable relation. J. Roy. Statist. Soc., Ser. B, **18**, 61–64.
Moran, P. A. P. (1971). Estimating structural and functional relationships. J. Multivariate Anal. **1**, 232–255.
Morimune, K., s. Kunitomo, N.
Mouchart, M., s. Florens, J.-P.
Murray, W., s. Gill, P. E.
Nagar, A. L. (1959). The bias and moment matrix of the general k-class estimators of the parameters in simultaneous equations. Econometrica **27**, 575–595.
Nair, K. R., Shrivastava, M. P. (1942). On a simple method curve fitting. Sankhyā **6**, 121–132.
Nair, K. R., s. auch Banerjee, K. S.
Neyman, J. (1937). Remarks on a paper by E. C. Rhodes. J. Roy. Statist. Soc. **100**, 50–57.
Neyman, J. (1949). Existence of consistent estimates of linear structural relation of two variables. Mimeography, Stat. Lab., Univ. of California, Berkeley, August 23, 1949.
Neyman, J. (1951). Existence of consistent estimates of the directional parameter in a linear structural relation between two variables. Ann. Math. Statist. **22**, 497–512.
Neyman, J., Scott, E. L. (1948). Consistent estimates based on partially consistent observations. Econometrica **16**, 1–32.
Neyman, J., Scott, E. L. (1951). On certain methods of estimating the linear structural relation. Ann. Math. Statist. **22**, 352–361, Correction: Ann. Math. Statist. **23**, (1952), 115.
Nowak, E. (1975a). Konsistente Schätzung von Parametern in autoregressiven Systemen mit Fehlern in den Variablen bei gegebener Kovarianzmatrix der Fehler. Forschungsberichte aus dem Institut für Statistik und Wissenschaftstheorie der Universität München. Serie Oe, Nr. 1.
Nowak, E. (1975b). Eine einheitliche Methode zur konsistenten Schätzung von Parametern in ökonometrischen Systemen mit Fehlern in den Variablen. Forschungsberichte aus dem Institut für Statistik und Wissenschaftstheorie der Universität München. Serie Oe, Nr. 2.
Nowak, E. (1975c). Konsistente Schätzung sämtlicher Parameter einer Zeitreihen-Regression bei Fehlern in den Variablen, wenn neben den Daten der Zeitreihe keine zusätzlichen Kenntnisse verfügbar sind. Forschungsberichte aus dem Institut für Statistik und Wissenschaftstheorie der Universität München. Serie Oe, Nr. 3.
Nowak, E. (1976). Identification of error models with time series data and no additional knowledge given. Forschungsberichte aus dem Institut für Statistik und Wissenschaftstheorie der Universität München. Serie Oe, Nr. 6a.
Nowak, E. (1977). Identifikation von stochastischen Modellen der Zeitreihenanalyse bei Fehlern in den Variablen. Forschungsberichte aus dem Institut für Statistik und Wissenschaftstheorie der Universität München. Serie Oe, Nr. 8.
Nussbaum, M. (1976). Maximum likelihood and least squares estimation of linear functional relationships. Math. Operationsforsch. Statist. **7**, 23–49.
Nussbaum, M. (1977). Asymptotic optimality of estimators of a linear functional relation if the ratio of the error variances is known. Math. Operationsforsch. Statist., Ser. Statistics, **8**, 173–198.
Nussbaum, M. (1978a). Schätzung linearer funktioneller Beziehungen. Dissertation, Akademie der Wissenschaften der DDR, Zentralinstitut für Mathematik und Mechanik. Berlin.
Nussbaum, M. (1978b). Asymptotic efficiency of estimators of a multivariate linear functional relation. Wissenschaftliche Sitzungen zur Stochastik, Akademie der Wissenschaften der DDR, Zentralinstitut für Mathematik und Mechanik, WSS 03/78.

O'Neill, M., Sinclair, L. G., Smith, F. J. (1969). Polynomial curve fitting when abscissas and ordinates are both subject to error. Computer J. **12**, 52–56.

Ord, J. K. (1969). A new approach to the estimation of parameters in linear functional relationships. Bull. Internat. Statist. Inst. **43**, Book 2, 169–171.

Patefield, W. M. (1976). On the validity of approximate distributions arising in fitting a linear functional relationships. J. Statist. Comput. Simul. **5**, 43–60.

Patefield, W. M. (1977a). On the information matrix in the linear functional relationship problem. Applied Statistics **26**, 69–70.

Patefield, W. M. (1977b). Determining the precision of estimators in problems of constrained likelihood inference. Sankhyā, Ber. B, **39**, 316–328.

Patefield, W. M. (1978). The unreplicated ultrastructural relation, large sample properties. Biometrika **65**, 535–540.

Pearson, K. (1901). On lines and planes of closest fit to systems of points in space. Philosophical Magazine **2**, 559–572.

Pelzer, H., s. Austen, A. E. W.

Penev, S., S. Höschel, H. P.

Philips, P. C. B. (1977). A general theorem in the theory of asymptotic expansions as approximations to the finite sample distribution of econometric estimators. Econometrica **45**, 1517–1535.

Powell, D. R., s. Mac Donald, J. R.

Prato, A. A. (1970). Measurement of citrus demands when all variables are subject to error. J. Amer. Statist. Assoc. **65**, 1146–1158.

Ramage, J. G. s. Brown, G. H.

Rao, C. R. (1966). Characterization of the distribution of random variables in linear structural relations. Sankhyā, Ser. A, **28**, 251–260.

Rao, C. R., s. auch Kagan, A. M.

Ratkowsky, D. A. s. Dolby, G. R.

Reed, A. H., Wu, G. T. (1977). Estimation of bias in classical linear regression slope when the proper models is functional linear regression. Comm. Statist.-Theor. Meth. **A 6**, 405–416.

Reiersøl, O. (1945). Confluence analysis by means of instrumental sets of variables. Arkiv för Matematik, Astronomi och Fysik **32**, 1–119.

Reiersøl, O. (1950a). Identifiability of a linear relation between variables which are subject to error. Econometrica **18**, 575–589.

Reiersøl, O. (1950b). On the identifiability of parameters in Thurstone's multiple factor analysis. Psychometrica **15**, 121–149.

Reiersøl, O. s. auch Koopmans, T. C.

Rennie, R., Villegas, C. (1976). Linear relations in time series models, II. J. Multivariate Analysis **6**, 46–64.

Rhodes, E. C. (1927). On lines and planes of closest fit. Philosophical Magazine **7**, 357–364.

Richard, J. F., s. Florens, J.-P.

Richardson, D. H. (1968). The exact distribution of a structural coefficient estimator. J. Amer. Statist. Assoc. **63**, 1214–1226.

Richardson, D. H., Wu, D. M. (1970). Least squares and grouping method estimators in the errors in variables model. J. Amer. Statist. Assoc. **65**, 724–748.

Richardson, D. H., Wu, D. M. (1971). A note on the comparison of ordinary and two stage least squares estimators. Econometrica **39**, 973–981.

Ricker, W. E. (1973). Linear regressions in fishery research. J. Fishery Research Board, Canada **30**, 409–434.

Ringstad, V., s. Griliches, Z.

Robertson, C. A. (1974). Large-sample theory for the linear structural relation. Biometrika **61**, 353–359.

Robinson, P. M. (1973). Generalized canonical analysis for time series. J. Multivariate Analysis **3**, 141–160.

Robinson, P. M. (1974). Identification, estimation and large sample theory for regressions containing unobservable variables. Int. Econ. Review **15**, 680–692.

Robinson, P. M. (1977a). The estimation of a multivariate linear relation. J. Multivariate Analysis **7**, 409–425.

ROBINSON, P. M. (1977b). Identification, estimation and largesample theory for regressions containing unobservable variables (reprinted from Robinson (1974)). In: Latent Variables in Socio-Econometric Models (Eds.- AIGNER, D., GOLDBERGER, A. S.), North Holland, 103–117.
ROBINSON, S. M. (1961). Fitting spheres by the method of least squares. Communications of the Assoc. Computing Machinery **4**, 491.
RUBIN, H., s. ANDERSON, T. W.
SARGAN, J. D. (1958). The estimation of economic relationships using instrumental variables. Econometrica **26**, 393.
SARGAN, J. D. (1959). The estimation of relationships with autocorrelated residuals by the use of instrumental variables. J. Roy. Statist. Soc., Ser. B, **21**, 91–105.
SARGAN, J. D. (1974). The validity of Nagar's expansion for the moments of econometric estimators. Econometrica **42**, 169–176.
SAWA, T. (1969). The exact sampling distribution of ordinary least squares and two-stage least squares estimators. J. Amer. Statist. Assoc. **64**, 923–937.
SAWA, T. (1972). Finite sample properties of the k-class estimators. Econometrica **40**, 653–680.
SAWA, T., s. auch ANDERSON, T. W.
SAWA, T., s. auch MARIANO, R. S.
SCHIPPER, R. M., s. HOUWELINGEN, VAN, J. C.
SCHNEEWEISS, H. (1971). Ökonometrie. Physika-Verlag, Würzburg, Kap. 7
SCHNEEWEISS, H. (1975). Error models with known error variance and with given instrumental variable. Paper presented at the Third World Congress of the Econometric Society, Toronto.
SCHNEEWEISS, H. (1976). Consistent estimation of a regression with errors in the variables. Metrika **23**, 101–115.
SCHÖNFELD, P. (1971). Methoden der Ökonometrie II, Kap. 11, Vahlen, Berlin.
SCOTT, E. L. (1950). Note on consistent estimates of the linear structural relation between two variables. Ann. Math. Statist. **21**, 284–288.
SCOTT, E. L., s. auch NEYMAN, J.
SEARES, F. H. (1944). Regression lines and the functional relation. Astrophysical J. **99/100**, 255–263.
SEARES, F. H. (1945). Regression lines and the functional relation II. Astrophysical J. **102**, 366–376.
SEARES, F. H., JOYNER, M. C. (1945). Relation between color index and effective wave length from the observations of Hertzsprung and Vanderlinden. Astrophysical J. **102**, 366–376.
SHRIVASTAVA, M. P., s. NAIR, K. R.
SINCLAIR, L. G., s. O'NEILL, M.
SMITH, F. J., s. auch O'NEILL, M.
SOBEL, E. s. CARLSON, F. D.
SOLARI, M. E. (1969). The 'maximum likelihood solution' of the problem of estimating a linear functional relationship. J. Roy. Statist. Soc., Ser. B, **31**, 372–375.
SOUTHWELL, W. H. (1976). Fitting data to non linear functions, with uncertainties in all measurement variables. Comput. J. **19**, 69–73.
SPÄTHE, H. (1967). Algorithmen für multivariable Ausgleichsmodelle. Oldenburg-Verl., Wien.
SPIEGELMAN, C. (1979). On estimating the slope of a straight line when both variables are subject to error. Ann. Statist. **7**, 201–206.
SPRENT, P. (1966). A generalized least squares approach to linear functional relationships. J. Roy. Statist. Soc., Ser. B, **28**, 278–288.
SPRENT, P. (1969). Models in Regression and Related Topics. Methuen, London, ch. 3.6.
SPRENT, P. (1970). The saddle point of the likelihood surface for a linear functional relationship. J. Roy. Statist. Soc., Ser. B, **32**, 432–434.
SPRENT, P. (1976). Modified likelihood estimation of a linear relationship. Studies in Probability and Statistics (Papers in honour of Edwin Pitman) 109–119. North-Holland, Amsterdam.
SRBA, F., s. HENDRY, D. F.
STEIN, CH. (1956). Efficient nonparametric testing and estimation. Proc. Third Berkeley Symposium Math. Statist. Prob., 187–195, Univ. of California Press, Berkeley.

STEPANEK, V. (1969). A special procedure in estimating parameters in linear structural relationships. Bull. Intern. Statist. Inst. **43**, Book 2, 179–181.

STROUD, T. W. F. (1972). Comparing conditional means and variances in a regression model with measurement errors of known variances. J. Amer. Statist. Assoc. **67**, 407–414.

STUART, A. S., s. KENDALL, M. G.

SUNDBERG, R., s. MOBERG, L.

SWINDEL, B. F., s. BOWER, D. R.

TAYLOR, J. (1973). A method of fitting several linear functional relations and of testing for differences between them. Applied Statistics **22**, 239–248.

TEICHER, H. (1956). Identification of a certain stochastic structure. Econometrica **24**, 172–177.

TEISSIER, G. (1948). La relation d'allometrie: sa signification statistique et biologique (with discussion). Biometrics **4**, 14–53.

THEIL, H. (1950a). A rank invariant method of linear and polynomial regression analysis. Nederland Akademie Wetenschappen Proceedings, Ser. A, **53**, 383–392, 521–525, 1397–1412.

THEIL, H. (1950b). A rank invariant method of linear and polynomial regression analysis. Indagationes Mathematicae **12**, 85–91, 173–177, 467–482.

THEIL, H. (1958). Economic Forecast and Policy. North-Holland, Amsterdam, London.

THEIL, H. (1971). Principles of Econometrics. North-Holland, Amsterdam, London.

THEIL, H., s. auch HOOPER, J. W.

THEIL, H., VAN YZEREN, J. (1940). The fitting of straight lines if both variables are subject to error. Ann. Math. Statist. **11**, 284–300.

THEIL, H., VAN YZEREN, J. (1956). On the efficiency of Wald's method of fitting straight lines. Rev. Int. Statist. Inst. **24**, 17–26.

THEOBALD, C. M., s. MALLISON, J. R.

THOMSON, G. R. (1916). A hierarchy without a general factor. British J. Psychology 8, 271–281.

THOMSON, G. R. (1919). The proof or disproof of the existence of general ability. British J. Psychology **9**, 323–336.

TILLER, V. (1983). Numerische Methoden zur Parameterschätzung in expliziten und impliziten nichtlinearen Modellen mit Fehlern in den Variablen. Dissertation A. Sektion Mathematik, Martin-Luther-Universität Halle-Wittenberg.

TINTNER, G. (1944). An application of the variate difference, method to multiple regression. Econometrica **12**, 97–113.

TINTNER, G. (1950). A test for linear relations between weighted regression coefficients. J. Roy. Statist. Soc., Ser. B, **12**, 273–277.

TINTNER, G. (1952). Econometrics. J. Wiley, New York.

TITTERINGTON, D. M., s. HALLIDAY, A. N.

TUKEY, J. W. (1951). Components in regression. Biometrics 7, 33–69.

TUREK, A., s. BROOKS, C.

UVEN, VAN, M. J. (1930). Adjustment of N points (in n-dimensional space) to the best linear $(n-1)$-dimensional space. Proc. of the Section of Sciences **33**, 143–157, 307–326.

VEITCH, L. G., s. FUJIKOSHI, Y.

VILLEGAS, C. (1961). Maximum likelihood estimation of a linear functional relationship. Ann. Math. Statist. **32**, 1048–1062.

VILLEGAS, C. (1963). On the least squares estimation of a linear relation. Fac. Ingen. Agrismens Montevideo Publ. Didact. Inst. Mat. Estadist. **3**, 189–203.

VILLEGAS, C. (1964). Confidence region for a linear relation. Ann. Math. Statist. **35**, 780–788.

VILLEGAS, C. (1966). On the asymptotic efficiency of least squares estimators. Ann. Math. Statist. **37**, 1676–1683.

VILLEGAS, C. (1969). On the least squares estimation of nonlinear relations. Ann. Math. Statist. **40**, 462–466.

VILLEGAS, C. (1972). Bayesian inference in linear relations. Ann. Math. Statist. **43**, 1767–1791.

VILLEGAS, C. (1976). Linear relations in time series models, I. J. Multivariate Analysis **6**, 31–45.

VILLEGAS, C., s. RENNIE, R.
WALD, A. (1940). The fitting of straight lines if both variables are subject to error. Ann. Math. Statist. **11**, 284–300.
WALD, A. (1948). Estimation of a parameter when the number of unknown parameters increases indefinitely with the numbers of observations. Ann. Math. Statist. **19**, 220–227.
WARE, J. H. (1972). The fitting of straight lines when both variables are subject to error and the ranks of the means are known. J. Amer. Statist. Assoc. **67**, 891–897.
WARREN, R. D., s. FULLER, W. A.
WATSON, G. S., s. CARLSON, F. D.
WATSON, G. S., s. GLESER, L. J.
WEISSMAN, I., s. KARNI, E.
WELLS, C. S., s. BLALOCK, H. M.
WHITE, J. K., s. FULLER, W.
WILEY, D. E. (1973). The identification problem for structural equations models with unmeasured variables. In: Structural Equation Models in the Social Sciences (Eds.: GOLDBERG, A. S., DUNCAN, O. D.), Seminar Press, New York.
WILLASSEN, Y. (1977). On identifiability of stochastic difference equations with errors in variables in relation to identifiability of the classical errors — in variables model. Scand. J. Statist. **4**, 119–124.
WILLASSEN, Y. (1979). Two clarifications on the likelihood surface in functional models. J. Multivariate Analysis **9**, 138–149.
WILLIAMS, E. J. (1955). Significance tests for discriminant functions and linear functional relationships. Biometrika **42**, 360–381.
WILLIAMSON, J. H. (1968). Least-squares fitting of a straight line. Canadian J. Phys. **46**, 1845–1847.
WINSOR, C. P. (1946), Which regression? Biometrics Bulletin **2**, 101–109.
WOLFOWITZ, J. (1952). Consistent estimators of the parameters of a linear structural relation. Skandinavisk Aktuaristidskrift, 132–151.
WOLFOWITZ, J. (1953). Estimation by the minimum distance method. Ann. Inst. Statist. Math. **5**, 9–23.
WOLFOWITZ, J. (1954a). Estimation of the components of stochastic structures. Proceeding National Acad. Science of USA **40**, 602–606.
WOLFOWITZ, J. (1954b). Estimation of structural parameters when the number of incidental parameters is unbounded (abstract). Ann. Math. Statist. **25**, 811.
WOLFOWITZ, J. (1957). The minimum distance method. Ann. Math. Statist. **28**, 89–110.
WOLFOWITZ, J., s. auch KIEFER, J.
WOLTER, K. M., s. FULLER, W. A.
WORKING, H., s. HOTELLING, H.
WU, D. M. (1973). Alternative tests of independence between stochastic regressors and disturbances. Econometrica **41**, 733–750.
WU, D. M., s. auch RICHARDSON, D. H.
WU, G. T., s. REED, A. H.
YORK, D. (1966). Least squares fitting of a straight line. Canadian J. Phys. **44**, 1079–1086.
YORK, D. (1967). The best isochron. Earth and Planet Science Letters **2**, 479–482.
YZEREN, VAN, J., s. THEIL, H.
ZELLNER, A. (1970). Estimation of regression relationships containing unobservable variables. Int. Econ. Review **11**, 441–454.
ZELLNER, A. (1971). An Introduction to Bayesian Inference in Econometrics. J. Wiley, New York, ch. V.
ZUCKER, L. M. (1947). Evaluation of slope and intercept of straight lines. Human Biology **19**, 231–259.

3.9.2. Weitere Literatur

AMEMIYA, T. (1977). The maximum likelihood and the non linear three-stage least squares estimator in the general non linear simultaneous equation model. Econometrica **45**, 955–968.

ANDERSEN, E. B. (1970a). On Fisher's lower bound to asymptotic variances in case of infinitely many incidental parameters. Skandinavisk Aktuaristidskrtift, 78—85.

ANDERSEN, E. B. (1970b). Asymptotic properties of conditional maximum likelihood estimators. J. Roy. Statist. Soc., Ser. B, **32**, 283—301.

ANDERSON, T. W. (1958). An Introduction to Multivariate Statistical Analysis. J. Wiley, New York.

BAHADUR, R. R. (1967). Rates of convergence of estimates and test statistics. Ann. Math. Statist. **39**, 303—324.

COCHRAN, W. G. (1968). Errors of measurement in statistics. Technometrics **10**, 637—666.

COCHRAN, W. G. (1970). Some effects of errors of measurement on multiple correlation. J. Amer. Statist. Assoc. **65**, 22—34.

DIEUDONNÉ, J. (1976). Grundzüge der modernen Analysis. VEB Deutscher Verlag der Wissenschaften, Berlin (Übersetzung aus dem Französischen, 2. Aufl.).

EICKER, F. (1966). A multivariate central limit theorem for random linear vector forms. Ann. Math. Statist. **37**, 1825—1828.

FISHER, F. M. (1966). The Identification Problem in Econometrics. McGraw-Hill, New York.

GIRKO, W. L. (Гирко, В. Л.). Случайные матрицы. Наука, Kiew 1975.

HOADLEY, B. (1971). Asymptotic properties of maximum likelihood estimators for the independent not identically distributed case. Ann. Math. Statist. **42**, 1977—1991.

HÖSCHEL, H.-P. (1974). A general approach to correlation and linear dependence between random vectors with regular or singular covariance matrix. Math. Operationsforsch. Statist. **5**, 487—507.

HÖSCHEL, H.-P. (1976). Über die Pseudoinverse eines zerlegten positiven linearen Operators. Mathematische Nachrichten **74**, 167—172.

HSU, P. L. (1941a). On the limiting distribution of roots of a determinantal equation. J. London Mathematical Soc. **16**, 183—194.

HSU, P. L. (1941b). On the problem of rank and the limiting distribution of Fishers test function. Ann. Eugenics **11**, 39—41.

HUMAK, K. M. S. (1977). Statistische Methoden der Modellbildung, Band I: Statistische Inferenz für lineare Parameter. Akademie-Verlag, Berlin.

IBRAGIMOW, I. A., CHASMINSKI, R. S. (1979). (Ибрагимов, И. А., Хасьминский, Р. З.). Асимптотическая Теория Оценивания. Mir, Moskau.

JAMES, A. T. (1954). Normal multivariate analysis and the orthogonal group. Ann. Math. Statist. **25**, 40—75.

JENNRICH, R. I. (1969). Asymptotic properties of non linear least squares estimators. Ann. Math. Statist. **40**, 633—643.

JOHNSON, N. L., KOTZ, S. (1977). Distributions in Statistics, Continuous Multivariate Distributions. J. Wiley, New York.

KALBFLEISCH, J. D., SPROTT, D. A. (1970). Application of likelihood methods to models involving large numbers of parameters. J. Toy. Statist. Soc., Ser. B, **32**, 175—208.

KATO, T. (1966). Perturbation Theory for Linear Operators. Springer-Verlag, Berlin.

KLEBANOW, L. B., MELAMED, I. A. (1978). Several notes on Fisher information in presence of nuisance parameters. Math. Operationsforsch. Statist., Ser. Statist., **9**, 89—90.

KLEFFE, J., PINCUS, R. (1974). Bayes and best quadratic unbiased estimators for variance components and heteroscedastic variances in linear models. Math. Operationsforsch. Statist. **5**, 147—159.

LAHA, R. G. (1965). On some problems in canonical correlations. Sankhyā **14**, 61—66.

LAWLEY, D. N., MAXWELL, A. E. (1971). Factor Analysis as a Statistical Method. Butterworths, London.

LE CAM, L. (1956). On the asymptotic theory of estimation and testing hypotheses. Proc. Third Berkeley Symp. Math. Statist. Prob. **1**, 129—156. Univ. of California Press, Berkeley.

LOÉVE, M. (1977). Probability Theory I (4th ed.). Springer-Verlag, New York.

LOÉVE, M. (1978). Probability Theory II (4th ed.). Springer-Verlag, New York.

LUKACS, E., LAHA, R. G. (1964). Applications of Characteristic Functions. Griffin & Co. Ltd., London.

MACRAE, E. C. (1974). Matrix derivatives with an application to an adaptive linear decision problem. Ann. Statist. **2**, 337—346.

MAGNUS, I. R., NEUDECKER, H. (1979). The commutation matrix: some properties and applications. Ann. Statist. **7**, 381—394.

MICHEL, R., PFANZAGL, J. (1971). The accuracy of the normal approximation for minimum contrast estimates. Z. Wahrscheinlichkeitstheorie verw. Gebiete **18**, 73—84.

NÖLLE, G., WITTING, H. (1970). Angewandte Mathematische Statistik. Teubner, Leipzig.

NUSSBAUM, M. (1977). Asymptotic efficiency of estimators in the multivariate linear model. Math. Operationsforsch. Statist. **8**, 173—198.

OKAMOTO, M. (1973). Distinctness of the eigenvalues of a quadratic form in a multivariate sample. Ann. Statist. **2**, 763—765.

PFANZAGL, J. (1969). On the measurability and consistency of minimum contrast estimates. Metrika **14**, 249—272.

PFANZAGL, J. (1970). Consistent estimation in the presence of incidental parameters. Metrika **15**, 141—148.

PFANZAGL, J. (1973). The accuracy of the normal approximation for estimates of vector parameters. Z. Wahrscheinlichkeitstheorie verw. Gebiete **25**, 171—198.

PHILIPPOU, A. N., ROUSSAS, G. G. (1973). Asymptotic distribution of the likelihood function in the independent not identically distributed case. Ann. Statist. **1**, 454—471.

RAO, C. R. (1973). Linear Statistical Inference and its Applications. J. WILEY (2nd ed.), New York.

ROUSSAS, G. G. (1972). Contiguity of Probability Measures. Univ. Press, Cambridge.

RUBIN, H. (1956). Uniform convergence of random functions with applications in statistics. Ann. Math. Statist. **27**, 200—203.

SCHWETLICK, H. (1979). Numerische Lösung nichtlinearer Gleichungen. VEB Deutscher Verlag der Wissenschaften, Berlin.

STRASSER, H. (1973). On Bayes estimates. J. Multivariate Analysis **3**, 293—310.

SUGIURA, N. (1976). Asymptotic expansions of the distributions of the latent roots and the latent rector of the Wishart and multivariate F matrices. J. Multivariate Analysis **6**, 500—525.

WALD, A. (1949). Note on the consistency of the maximum likelihood estimate. Ann. Math. Statist. **20**, 595—603 (with a note by J. Wolfowitz).

WEISS, L., WOLFOWITZ, J. (1974). Maximum probability estimators and related topics. Springer, Lecture Notes in Mathematics Vol. 424, Berlin u. a. O.

ZACKS, S. (1971). Theory of Statistical Inference. J. Wiley, New York.

ZEHNA, P. W. (1966). Invariance of maximum-likelihood estimation. Ann. Math. Statist. **37**, 755.

A. Anhänge

A 1. Lineare Algebra

A 1.1. Es sei die Abbildung $\Lambda = \mathfrak{M}_k \to \mathbb{R}^k$ gegeben durch $\Lambda[A] := (\lambda_1[A], \dots, \lambda_k[A])$, wobei $\lambda_i[A]$ ($i = 1, \dots, k$; $\lambda_1[A] \geqq \dots \geqq \lambda_k[A]$) die k geordneten Eigenwerte von $A \in \mathfrak{M}_k$ sind. Wird $\mathfrak{M}_k$ als linearer Teilraum von $\mathbb{R}^{k^2}$ aufgefaßt, dann ist Λ stetig (KATO (1966)).

A 1.2. Es sei für $l < k$

$$\mathfrak{M}_k^{[l]} := \{A \in \mathfrak{M}_k \mid \lambda_l[A] > \lambda_{l+1}[A]\} .$$

Als Folge von [A 1.1] ist $\mathfrak{M}_k^{[l]}$ offen in $\mathfrak{M}_k$.

A 1.3. Es sei $\mathfrak{L}_{k,l}$ die Menge der l-dimensionalen linearen Unterräume von $\mathbb{R}^k$. Es sei für $l < k$ und $\mathcal{J} \in \mathfrak{L}_{k,l}$, $J^\perp \in \mathfrak{M}_{k\times(k-l)}$, $\mathcal{R}(J^\perp) = \mathcal{J}^\perp$. Dann gilt für $A \in \mathfrak{M}_{k\times m}$, $m \in \mathbb{N}$ genau dann $\mathcal{R}(A) + \mathcal{J} = \mathbb{R}^k$, wenn $\mathrm{r}[(J^\perp)' A] = k - l$.

A 1.4. Es sei für $l \leqq k$ die Abbildung $\eta_{k,l}\colon \mathfrak{M}_k^{[k-l]} \to \mathfrak{L}_{k,l}$ gegeben durch

$$\eta_{k,l}(A) := \{\text{Eigenraum zu } \lambda_1[A], \dots, \lambda_l[A] \text{ von } A\}$$

$\eta_{k,l}$ ist stetig auf $\mathfrak{M}_k^{[k-l]}$. (Zur Topologie in $\mathfrak{L}_{k,l}$ siehe [A 3.16]!)

A 1.5. Es seien für $A_0 \in \mathfrak{M}_{k\times l}$

$$L_{A_0} := [I_l \,\vdots\, A_0] , \qquad L_{A_0}^\perp := [-A_0' \,\vdots\, I_k] .$$

Es seien für $1 < r < p$, $A \in \mathfrak{M}_{r\times(p-r)}$

$$J^\perp := [I_{p-r} \,\vdots\, 0_{r\times(p-r)}] , \qquad J := [0_{(p-r)\times r} \,\vdots\, I_r] , \qquad \mathcal{J} := \mathcal{R}(J) ,$$

$$F_A := (L_A \,\vdots\, J) .$$

Dann gilt für $C = ((C_{ij}))_{j=1,2}^{i=1,2} \in \mathfrak{M}_p^{\geqq}$, $C_{11} \in \mathfrak{M}_{p-r}^{\geqq}$, $\mathcal{R}(C) + \mathcal{J} = \mathbb{R}^p$ genau dann, wenn $\mathrm{r}[C_{11}] = p - r$, $C = F_E(J^\perp C_{11}(J^\perp)' + J C_{22} J') F_E'$ ($E := C_{21}C_{11}^{-1}$, $\tilde{C}_{22} := C_{22} - C_{21}C_{11}^{-1}C_{12}$). Hierbei gilt $\mathrm{r}[\tilde{C}_{22}] = \mathrm{r}[C] - (p - r)$.

A 1.6. Es seien, zusätzlich zu den Festlegungen von [A 1.5], $q < r$, $\mathcal{L} \in \mathfrak{L}_{p,p-q}$ und

$$L_0 := [I_{p-q} \,\vdots\, 0_{q\times(p-q)}], \qquad \mathcal{J}_0 = \mathcal{R}(L_0) .$$

Für $k, l \in \mathbb{N}$, $A \in \mathfrak{M}_{k\times l}$ sei $\gamma(A) := E(L_A)$. Dann gilt

a) $\mathcal{L} + \mathcal{J}_0 = \mathbb{R}^p$ genau dann, wenn es ein $(\mathcal{L}^* \,\vdots\, E) \in \mathfrak{L}_{r,r-q} \times \mathfrak{M}_{r\times(p-r)}$ gibt mit

$$\mathcal{L} = F_E(\mathcal{J}^\perp + J\mathcal{L}^*) .$$

(Dies gilt genau dann, wenn $\mathcal{L}^\perp = L_E^\perp(\mathcal{L}^*)^\perp$!) Hierbei sind $\mathcal{L}^*$ und $P_{\mathcal{L}^*}E$ eindeutig bestimmt.

b) $\mathcal{L} + \mathcal{J}_0 = \mathbb{R}^p$ gilt genau dann, wenn es ein $B \in \mathfrak{M}_{q\times(p-q)}$ mit $\mathcal{L} = \varrho(B)$ gibt. Hierbei ist B eindeutig bestimmt.

c) $\mathcal{L} + \mathcal{J}_0 = \mathbb{R}^p$ gilt genau dann, wenn es ein $B_1 \in \mathfrak{M}_{q\times(p-r)}$ und ein $B_2 \in \mathfrak{M}_{r\times(r-q)}$ gibt mit $\mathcal{L} = F_E(\mathcal{J}^\perp + J_\varrho(B_2))$ $\bigl(= \varrho(B_1, B_2), B_1 = L_{B_2}^{\perp'}E$; E ist hierbei gemäß a) erklärt$\bigr)$. Aus $\mathcal{L} + \mathcal{J}_0 = \mathbb{R}^p$ folgt $\mathcal{L} + \mathcal{J} = \mathbb{R}^p$.

A 1.7. Es seien zusätzlich zu den Festlegungen von [A 1.6] und [A 1.5]

$$p - q \leqq n \leqq m\,, \qquad \mathcal{W} \in \mathfrak{L}_{m,n}\,, \qquad M_1 \in \mathfrak{M}_{(p-r)\times m}^{p-r}\,, \qquad \mathcal{R}(M_1') \subset \mathcal{W}\,.$$

Für $\mathcal{L} \in \mathfrak{L}_{p,p-q}$, $\mathcal{L} + \mathcal{J} = \mathbb{R}^p$ sei

$$\overline{\mathfrak{M}}_{\mathcal{L}}^1 := \{M_2 \in \mathfrak{M}_{r\times m} \mid \mathcal{R}([M_1 \mid M_2]) = \mathcal{L}\,,\ \mathcal{R}([M_1 \mid M_2]') \subset \mathcal{W}\}\,,$$

und für $L^{*\perp} \in \mathfrak{M}_{r\times q}^q$, $\tilde{L} \in \mathfrak{M}_{(p-r)\times q}$, $U \in \mathfrak{M}_{n_1\times m}^{n_1}$, $n_1 := n - (p - r)$, $V \in \mathfrak{M}_{(p-r)\times m}^{p-r}$ sei

$$\overline{\mathfrak{M}}_{L^{*\perp},\tilde{L},U,V}^2 := \{M_2 \in \mathfrak{M}_{r\times m} \mid \exists \tilde{M}_1 \in \mathfrak{M}_{r\times n_1}^{r-q}, \tilde{M}_2 \in \mathfrak{M}_{r\times(p-r)}:$$
$$M_2 = \tilde{M}_1 U + \tilde{M}_2 V,\ L^{*\perp\prime}\tilde{M}_1 = 0_{q\times n_1},\ L^{*\perp\prime}\tilde{M}_2 = \tilde{L}'\}\,.$$

Es sei $\mathcal{L} = F_E(\mathcal{J}^\perp + J\mathcal{L}^*)$ eine Darstellung von $\mathcal{L}$ gemäß [A 1.6a)]. Dann gilt $\overline{\mathfrak{M}}_{\mathcal{L}}^1 = \overline{\mathfrak{M}}_{L^{*\perp},\tilde{L},U,V}^2$, falls

$$\mathcal{R}(L^{*\perp}) = \mathcal{L}^{*\perp}\,, \qquad L = -E'L^{*\perp}\,, \qquad V = M_1\,, \qquad \mathcal{R}(U') = \mathcal{W} \setminus \mathcal{R}(M_1')$$

erfüllt sind (hierbei bezeichnet „\" die orthogonale Differenz).

A 1.8. Für $X \in \mathfrak{M}_{n\times k}$, $A \in \mathfrak{M}_{l\times k}$, $W \in \mathfrak{M}_n^>$ sei $C_1 \in \mathfrak{M}_k^{\geqq}$ definiert durch

$$\begin{pmatrix} X'WX & A' \\ A & 0 \end{pmatrix}^- = \begin{pmatrix} C_1 & C_2 \\ C_3 & C_4 \end{pmatrix}.$$

Dann ist die Matrix $X'C_1XW$ Projektionsmatrix in den Raum $X\mathcal{N}(A)$ bezüglich der Norm $||z||_W = (z'Wz)^{1/2}$, und $\hat{\beta} = C_1X'Wy$ ist Lösung von

$$||y - X\hat{\beta}||_W^2 = \min_{\beta\in\mathcal{N}(A)} ||y - X\beta||_W^2\,.$$

(Beweis: Folgt nach Rao (1972), S. 190).

A 1.9. Sei $X \in \mathfrak{M}_{n\times k}$, $A \in \mathfrak{M}_{l\times k}$, $W \in \mathfrak{M}_n^>$, und es gelte $\mathrm{r}\left[\begin{pmatrix} X \\ A \end{pmatrix}\right] = k$. Dann ist $X[X'WX + A'A]^{-1}X'W$ Projektionsmatrix in den Raum $X\mathcal{N}(A)$ bezüglich der Norm $||\cdot||_W$, und es gilt

$$A[X'WX + A'A]^{-1}X' = 0\,, \quad X'WX[X'WX + A'A]^{-1}X'WX = X'WX\,.$$

$\hat{\beta} = [X'WX + A'A]^{-1}X'Wy$ ist außerdem Lösung von

$$||y - X\hat{\beta}||_W^2 = \min_{\beta\in\mathcal{N}(A)} ||y - X\beta||_W^2\,.$$

(Beweis: Folgerung aus [A 1.29] aus Humak I (1977).)

A 1.10. $I_{(k,l)} \in \mathfrak{M}_{kl\times kl}$ ist definiert durch

$$\vec{A} = I_{(k,l)}\vec{A'}\,, \qquad A \in \mathfrak{M}_{k\times l}\,.$$

Es sei $I_{(k)} := I_{(k,k)}$. Für $A \in \mathfrak{M}_{k+l}$, $B \in \mathfrak{M}_{m\times n}$ gilt $(A \otimes B)\,I_{(n,l)} = I_{(m,k)}(B \otimes A)$, $I_{(1,k)} = I_{(k,1)} = I_k$, $I_{(k,l)}I_{(l,k)} = I_{kl}$ (MacRae (1974); Magnus, Neudecker (1979)). Es sei $\Gamma_p := \frac{1}{2}(I_{p^2} + I_{(p)})$. Γ_p ist Projektionsmatrix auf dem linearen Raum $\{\vec{A} \mid A \in \mathfrak{M}_p\}$ in $\mathbb{R}^{p^2}$; $\mathrm{r}[\Gamma_p] = p(p+1)/2$. Es sei

$$\tilde{\Gamma}_p \in \mathfrak{M}_{p^2\times p(p+1)/2}\,, \qquad \tilde{\Gamma}_p\tilde{\Gamma}_p' = \Gamma_p,\ \tilde{\Gamma}_p'\tilde{\Gamma}_p = I_{p(p+1)/2}\,.$$

Für $A = ((a_{ij}))_{j=1,\dots,k}^{i=1,\dots,k}$ sei $\mathring{A} := (a_{11}, \dots, a_{1k}, a_{22}, \dots, a_{2k}, \dots, a_{kk})$. Dann existiert ein $C \in \mathfrak{M}_{(k(k+1)/2)\times(k+1)/2)}^{k(k+1)/2}$, so daß

$$\tilde{\Gamma}_p'\vec{A} = C\mathring{A}\,, \qquad A \in \mathfrak{M}_k\,.$$

Literatur

HUMAK, K. M. S. (1977). Statistische Methoden der Modellbildung; Bd. I. Akademie-Verlag Berlin.
KATO, T. (1966). Perturbation theory for linear operators. Springer-Verlag, Berlin.
MACRAE, E. C. (1974). Matrix derivatives with an application to an adaptive linear decision problem. Ann. Statist. **2**, 337–346.
MAGNUS, I. R., NEUDECKER, H. (1979). The commutation matrix: Some properties and applications. Ann. Statist. **7**, 381–394.
RAO, C. R. (1972). Linear Statistical Inference and its Applications (2nd ed.). J. Wiley, New York.

A 2. Asymptotik

A 2.1. Gegeben seien für $n = 0, 1, 2, \ldots$ zufällige Vektoren $\boldsymbol{Z}_n$ mit Werten im $\mathbb{R}^k$. Gilt für die Folge der Verteilungsfunktionen $F_n(z) = \mathrm{P}\{\boldsymbol{Z}_n < z\}$ von $\boldsymbol{Z}_n$

$$F_n(z) \xrightarrow[n\to\infty]{} F_0(z)$$

für alle Stetigkeitspunkte der Grenzverteilungsfunktion F_0, so heißt die Folge der Verteilungen von $\boldsymbol{Z}_n$ schwach konvergent gegen die Verteilung von $\boldsymbol{Z}_0$ (Schreibweise: $\mathcal{L}\{\boldsymbol{Z}_n\} \xrightarrow[n\to\infty]{} \mathcal{L}\{\boldsymbol{Z}_0\}$).

A 2.2. Wir betrachten zwei Folgen $\{\mathrm{Q}_n\}$ und $\{\mathrm{P}_n\}$ von Wahrscheinlichkeitsverteilungen Q_n und P_n über meßbaren Räumen $(\mathcal{X}_n, \mathfrak{B}_n)$. Die Folge $\{\mathrm{Q}_n\}$ heißt benachbart zur Folge $\{\mathrm{P}_n\}$, falls aus $\mathrm{P}_n(\mathcal{B}_n) \xrightarrow[n\to\infty]{} 0$ mit $\mathcal{B}_n \in \mathfrak{B}_n$ auch $\mathrm{Q}_n(\mathcal{B}_n) \xrightarrow[n\to\infty]{} 0$ folgt. Besitzen Q_n und P_n die Dichten $q_n(x)$ und $p_n(x)$ bezüglich eines σ-endlichen Maßes μ_n über $(\mathcal{X}_n, \mathfrak{B}_n)$, so verwenden wir diese Sprechweise auch für die Folgen der zugehörigen Dichten (HÁJEK und ŠIDÁK (1967)).

A 2.3. **(1. Lemma von Le Cam).** Besitzen Q_n und P_n die Dichten $q_n(x)$ und $p_n(x)$ bezüglich eines σ-endlichen Maßes μ_n über $(\mathcal{X}_n, \mathfrak{B}_n)$, und gilt mit

$$\Lambda_n(x) = \begin{cases} \ln \dfrac{q_n(x)}{p_n(x)}, & \text{falls} \quad p_n(x) > 0\,, \\ 0\,, & \text{falls} \quad p_n(x) = q_n(x) = 0\,, \\ \infty\,, & \text{falls} \quad p_n(x) = 0 < q_n(x) \end{cases}$$

und $\boldsymbol{X}_n \sim \mathrm{P}_n$ für eine positive Konstante b^2

$$\mathcal{L}\{\Lambda_n(\boldsymbol{X}_n)\} \xrightarrow[n\to\infty]{} \mathrm{N}(-\tfrac{1}{2} b^2, b^2)\,,$$

dann ist die Folge $\{\mathrm{Q}_n\}$ benachbart zur Folge $\{\mathrm{P}_n\}$ (HÁJEK und ŠIDÁK (1967)).

A 2.4. **(3. Lemma von Le Cam).** Es sei $\{\mathrm{Q}_n\}$ benachbart zu $\{\mathrm{P}_n\}$, und in der Bezeichnungsweise von [A 2.3] besitze für eine Folge von Statistiken $\boldsymbol{S}_r$ der zufällige Vektor $(\boldsymbol{S}_n, \Lambda_n)'$ unter P_n asymptotisch die Verteilung

$$\mathrm{N}_2\left(\begin{pmatrix}\mu_1\\ \mu_2\end{pmatrix}, \begin{pmatrix}\sigma_1^2 & \sigma_{12}\\ \sigma_{12} & -2\mu_2\end{pmatrix}\right).$$

Dann ist $\boldsymbol{S}_n$ unter Q_n asymptotisch $\mathrm{N}(\mu_1 + \sigma_{12}, \sigma_1^2)$ verteilt (HÁJEK und ŠIDÁK (1967)).

A 2.5. Wir betrachten für eine Dichte f mit endlicher Fisher-Information $I(f)$ die Dichten

$$q_d^{(n)}(x) = \prod_{i=1}^{n} f(x_i - d_{ni}) \quad \text{und} \quad p_d^{(n)}(x) = \prod_{i=1}^{n} f(x_i - \bar{d}_n)$$

$$(\text{für } x = (x_1, \ldots, x_n))$$

mit

$$\bar{d}_n = \frac{1}{n} \sum_{i=1}^{n} d_{ni}$$

und

$$\max_{1 \leq i \leq n} (d_{ni} - \bar{d}_n)^2 \xrightarrow[n\to\infty]{} 0$$

sowie

$$I(f) \sum_{i=1}^{n} (d_{ni} - \bar{d}_n)^2 \xrightarrow[n\to\infty]{} b^2, \qquad 0 < b^2 < \infty .$$

Weiter bezeichnen

$$L_d^{(n)}(x) = \begin{cases} \dfrac{q_d^{(n)}(x)}{p_d^{(n)}(x)}, & \text{falls} \quad p_d^{(n)}(x) > 0, \\ 1, & \text{falls} \quad p_d^{(n)}(x) = q_d^{(n)}(x) = 0, \\ \infty, & \text{falls} \quad p_d^{(n)}(x) = 0 < q_d^{(n)}(x) \end{cases}$$

für $x \in \mathbb{R}^n$ den Likelihood-Quotienten und $\boldsymbol{T}_d^{(n)}$ die Statistik

$$\boldsymbol{T}_d^{(n)} = - \sum_{i=1}^{n} (d_{ni} - \bar{d}_n) \frac{\mathrm{d}}{\mathrm{d}x} \ln f(x)|_{x=x_i-\bar{d}} .$$

Dann gilt

$$\ln \boldsymbol{L}_d^{(n)} - \boldsymbol{T}_d^{(n)} + \tfrac{1}{2} b^2 \xrightarrow{\mathrm{P}_d^{(n)}} 0$$

und

$$\mathcal{L}\{\ln \boldsymbol{L}_d^{(n)}\} \xrightarrow[n\to\infty]{} \mathrm{N}(-\tfrac{1}{2} b^2, b^2) ,$$

und daher ist nach A 2.3 $\{q_d^{(n)}\}$ benachbart zu $\{p_d^{(n)}\}$ (Hájek und Šidák (1967)).

A 2.6. $\{\mathrm{P}_n\}$ und $\{\mathrm{Q}_n\}$ seien zwei Folgen von Wahrscheinlichkeitsverteilungen P_n, Q_n über den meßbaren Räumen $(\mathcal{X}_n, \mathfrak{B}_n)$ mit den Dichten p_n und q_n bezüglich eines σ-endlichen Maßes μ_n über $(\mathcal{X}_n, \mathfrak{B}_n)$. Die Folge $\{q_n\}$ sei benachbart zur Folge $\{p_n\}$. Dann gibt es zu jedem $\varepsilon > 0$ ein $\delta > 0$ derart, daß für jede Folge $\{\mathcal{B}_n\}$ mit $\mathcal{B}_n \in \mathfrak{B}_n$ für fast alle n gilt $\mathrm{Q}_n(\mathcal{B}_n) < \varepsilon$, falls nur $\mathrm{P}_n(\mathcal{B}_n) < \delta$ für fast alle n erfüllt ist (Jurečková (1969)).

A 2.7. Gegeben seien für $n = 1, 2, \ldots$ Maßräume $(\mathcal{X}_n, \mathfrak{B}_n, \mu_n)$ mit σ-endlichen Maßen μ_n. Für eine offene Teilmenge Θ des $\mathbb{R}^k$ sei $\mathcal{P}_n = \{\mathrm{P}_{n\vartheta} \mid \vartheta \in \Theta\}$ eine Familie von Wahrscheinlichkeitsverteilungen über $(\mathcal{X}_n, \mathfrak{B}_n)$, und μ_n dominiere $\mathcal{P}_n$. Mit $p_{n\vartheta} = (\mathrm{dP}_{n\vartheta})/(\mathrm{d}\mu_n)$ bezeichnen wir eine Festlegung der Radon-Nikodym-Dichte bezüglich μ_n. Für eine Folge von Matrizen $S_n \in \mathfrak{M}_{k\times k}^k$ mit $\|S_n\| \xrightarrow[n\to\infty]{} 0$, einem Vektor $h \in \mathbb{R}^k$ und $\vartheta_n = \vartheta + S_n h$ sowie $\boldsymbol{X}_n \sim \mathrm{P}_{n\vartheta}$ ist der Likelihood-Quotient

$$L_n(h, \vartheta, X_n) = \begin{cases} \dfrac{p_{n\vartheta_n}(X_n)}{p_{n\vartheta}(X_n)}, & \text{falls} \quad p_{n\vartheta}(X_n) > 0, \\ \infty, & \text{falls} \quad p_{n\vartheta}(X_n) = 0 \end{cases}$$

für fast alle n eindeutig definiert.

Existiert für alle $h \in \mathbb{R}^k$ und $\vartheta \in \Theta$ eine Folge von positiv definiten Matrizen $I_n(\vartheta)$, und gilt für Folgen von Funktionen $\Delta_n(\vartheta)$ und $\psi_n(h, \vartheta)$ mit

$$\Delta_n(\vartheta): (\mathcal{X}_n, \mathfrak{B}_n) \to (\mathbb{R}^k, \mathfrak{L}^k) ,$$

$$\psi_n(h, \vartheta): (\mathcal{X}_n, \mathfrak{B}_n) \to (\mathbb{R}^1, \mathfrak{L}^1) ,$$

$$L_n(h, \vartheta, X_n) = \exp\{h' I_n^{1/2}(\vartheta)\, \Delta_n(\vartheta)\, (X_n) - \tfrac{1}{2} h' I_n(\vartheta)\, h + \psi_n(h, \vartheta)\, (X_n)\}$$

mit

$$\mathcal{L}\{\Delta_n(\vartheta) \mid \vartheta\} \xrightarrow[n\to\infty]{} \mathrm{N}(0_k, I_k)$$

und

$$\psi_n(h, \vartheta) \xrightarrow{\mathrm{P}_{n\vartheta}} 0 \quad \text{für alle} \quad \vartheta \in \Theta ,$$

so heißt die Folge $\{\mathscr{P}_n\}$ lokal asymptotisch normal (IBRAGIMOW und CHASMINSKI (1979)).

A 2.8. Mit den Bezeichnungen von A 2.7 sei $\{\mathscr{P}_n\}$ lokal asymptotisch normal, und die Dichten $p_{n\vartheta}$ seien stetig in ϑ. Weiter existiere die Grenzmatrix $I(\vartheta) := \lim_{n\to\infty} I_n(\vartheta)$, und diese sei positiv definit. Dann gibt es eine Lebesquesche Nullmenge $\mathscr{N} \subseteq \Theta$ derart, daß für jede Folge von Schätzungen $\hat{\vartheta}_n = \hat{\vartheta}_n(X_n)$ mit $\mathscr{L}\{S_n'^{-1}(\hat{\vartheta} - \vartheta_n)\} \xrightarrow[n\to\infty]{} \mathrm{N}_k(0_k, V(\vartheta))$ die Ungleichung

$$V(\vartheta) \geqq I^{-1}(\vartheta) \quad \text{für} \quad \vartheta \in \Theta \setminus \mathscr{N}$$

erfüllt ist (BAHADUR (1967), ROUSSAS (1972), IBRAGIMOW und CHASMINSKI (1979)).

A 2.9. Es sei $(\mathscr{X}, \mathfrak{B}, \mu)$ ein Maßraum und $\{\mathrm{P}_\vartheta \mid \vartheta \in \Theta\}$, $\Theta = \mathbb{R}^k$ eine parametrische Verteilungsfamilie auf $(\mathscr{X}, \mathfrak{B})$, die durch μ dominiert wird. $(\mathscr{X}_n, \mathfrak{B}_n, \mathrm{P}_{n\vartheta})$ bezeichne das n-fache Produkt von $(\mathscr{X}, \mathfrak{B}_\vartheta, \mathrm{P})$ mit sich selbst, und $\{\mathscr{P}_n\}$ die entsprechende Folge der Verteilungsfamilien. Es sei Θ eine offene Teilmenge des $\mathbb{R}^k$, $f(\cdot, \vartheta) = (\mathrm{dP}_\vartheta)/(\mathrm{d}\mu)\,(\cdot)$ und $\overline{\Theta}$ die Abschließung von Θ in der Einpunktkompaktifizierung des $\mathbb{R}^k$. $f(x, \vartheta)$ sei für $\vartheta \in \overline{\Theta}$ definiert und dort stetig in ϑ (für μ- fast alle $x \in \mathscr{X}$). $\hat{\vartheta}_n$ bezeichne eine Maximum-Likelihood-Schätzung von ϑ, basierend auf den Beobachtungen $x_1, \dots, x_n$, d. h., $\hat{\vartheta}_n$ ist eine meßbare Lösung von

$$\prod_{i=1}^{n} f(x_i, \hat{\vartheta}_n(x_1, \dots, x_n)) = \sup_{\vartheta\in\overline{\Theta}} \prod_{i=1}^{n} f(x_i, \vartheta)\,.$$

a) Unter den Bedingungen:

1. für jedes $\gamma > 0$ und $\vartheta \in \Theta$ gilt

$$\inf_{\bar{\vartheta}\in\Theta:\|\bar{\vartheta}-\vartheta\|>\gamma} \int_{\mathscr{X}} \left(f^{1/2}(x, \vartheta) - f^{1/2}(x, \bar{\vartheta})\right)^2 \mathrm{d}\mu > 0\,,$$

2. $$\int_{\mathscr{X}} \sup_{h+\vartheta\in\overline{\Theta},\,\|h\|<\delta} \left(f^{1/2}(x, \vartheta) - f^{1/2}(x, \vartheta + h)\right)^2 \mathrm{d}\mu \xrightarrow[\delta\to 0]{} 0\,,$$

3. ist Θ unbeschränkt, dann gilt für alle $\vartheta \in \Theta$

$$\lim_{\delta\to\infty} \int_{\mathscr{X}} \sup_{\vartheta+h\in\overline{\Theta},\,\|h\|>\delta} \left(f^{1/2}(x, \vartheta) - f^{1/2}(x, \vartheta + h)\right) \mathrm{d}\mu < 1\,,$$

ist $\hat{\vartheta}_n$ eine konsistente Schätzung für ϑ (IBRAGIMOW und CHASMINSKI (1979)).

b) Die Bedingungen:

4. $f(x, \vartheta)$ ist zweimal stetig differenzierbar in ϑ (für μ- fast alle $x \in \mathscr{X}$)

5. $$\int_{\mathscr{X}} \frac{\partial \ln f(x, \vartheta)}{\partial \vartheta}\, \mathrm{d}\mu = 0_k\,, \qquad \int_{\mathscr{X}} \frac{\partial^2 \ln f(x, \vartheta)}{\partial \vartheta^2}\, \mathrm{d}\mu = 0_{k\times k}\,, \qquad \vartheta \in \Theta\,,$$

6. $I(\vartheta) := \mathsf{E}_\vartheta \left(\frac{\partial}{\partial\vartheta} \ln f(X, \vartheta)\right)\left(\frac{\partial}{\partial\vartheta} \ln f(X, \vartheta)\right)'$ existiert und ist positiv definit für $\vartheta \in \Theta$,

7. Für alle $\tilde{\vartheta} \in \Theta$ existiert eine Funktion $h(x)$ und ein $\delta > 0$ mit

$$\sup_{\bar{\vartheta}\in\Theta:\|\tilde{\vartheta}-\bar{\vartheta}\|<\delta} \left\|\left(\left(\frac{\partial^2 \ln f(x, \vartheta)}{\partial\vartheta_i\,\partial\vartheta_j}\bigg|_{\vartheta=\bar{\vartheta}}\right)\right)\right\| \leqq h(x) \quad \text{mit} \quad \mathsf{E}_\vartheta h(X) < \infty\,,$$

sichern mit $I_n(\vartheta) := I(\vartheta)$ die lokale asymptotische Normalität der Folge $\{\mathscr{P}_n\}$ (BAHADUR (1967); IBRAGIMOW und CHASMINSKI (1979)).

c) Es gilt $\mathscr{L}\{\sqrt{n}\,(\hat{\vartheta}_n - \vartheta)\} \xrightarrow[n\to\infty]{} \mathrm{N}(0, I(\vartheta)^{-1})$ (d. h. $\hat{\vartheta}_n$ ist asymptotisch effizient im Sinne von [A 2.8]), falls die Bedingungen 1 bis 7 erfüllt sind (WITTING und NÖLLE (1970)).

A 2.10. Es sei $f: \mathbb{R}^r \times \mathbb{R}^s \to \mathbb{R}^p$ eine auf $\mathbb{R}^r \times \mathbb{R}^s$ stetig differenzierbare Funktion, $\{\boldsymbol{X}_n\}$ eine Folge von r-dimensionalen Zufallsvektoren und $\{\boldsymbol{Z}_{0n}\}$ mit $\boldsymbol{Z}_{0n} = (\boldsymbol{X}_{0n}, \boldsymbol{Y}_{0n})'$ eine Folge von Zufallsvektoren mit Werten in $\mathbb{R}^{r+s}$ mit den Eigenschaften

$$\mathcal{L}\{\sqrt{n}\,(\boldsymbol{X}_n - \boldsymbol{X}_{0n})\} \xrightarrow[n\to\infty]{} \mathrm{N}(0, A)$$

und

$$\boldsymbol{Z}_{0n} \xrightarrow{\mathrm{P}} \boldsymbol{Z}_0 = (\boldsymbol{X}_0, \boldsymbol{Y}_0)' .$$

Dann gilt mit $H = (\partial f/\partial x)$ und $B = HAH'$

$$\mathcal{L}\{\sqrt{n}\,(f(\boldsymbol{X}_n, \boldsymbol{Y}_{0n}) - f(\boldsymbol{X}_{0n}, \boldsymbol{Y}_{0n}))\} \xrightarrow[n\to\infty]{} \mathrm{N}(0, B) .$$

A 2.11. Gegeben seien für $m = m_0, m_0 + 1, \ldots$ Folgen natürlicher Zahlen $\{\tilde{m}(m)\}$, $\{n(m)\}$, eine Folge zufälliger Matrizen $\{\boldsymbol{Q}_m\}$ mit Werten in $\mathfrak{M}_p^{\geqq}$ und eine Folge nichtzufälliger Matrizen $A_m \in \mathfrak{M}_{n(m)\times p}$. Weiter gelte $(n(m))/m \xrightarrow[m\to\infty]{} \alpha$ mit $0 \leqq \alpha \leqq 1$,

$$\frac{1}{\tilde{m}(m)} A_m' A_m \xrightarrow[m\to\infty]{} A \in \mathfrak{M}_p^{\geqq} ,$$

und $\tilde{m}(m)\,\boldsymbol{Q}_m$ sei $W_p(n(m), \Sigma, A_m)$ verteilt (zur Definition der nichtzentralen Wishart-Verteilung vgl. Humak I, (1977), [A 2.13]). Dann folgt

$$\mathcal{L}\left\{\sqrt{\tilde{m}(m)}\left(\boldsymbol{Q}_m - \frac{n(m)}{\tilde{m}(m)}\,\Sigma - \frac{1}{\tilde{m}(m)} A_m' A_m\right)\right\}$$

$$\xrightarrow[n\to\infty]{} \mathrm{N}_{p\times p}(0, 2\alpha(\Sigma \otimes \Sigma)\,\Gamma_p + 4\Gamma_p(A \otimes \Sigma)\,\Gamma_p) .$$

Hierbei ist Γ_p wie in [A 1.10] definiert.

A 2.12. Es seien $(\mathcal{X}, \mathfrak{B})$ ein meßbarer Raum und $\mathcal{P} = \{\mathrm{P}_\vartheta \mid \vartheta \in \Theta\}$, $\Theta \subset \mathbb{R}^k$ eine parametrische Verteilungsfamilie auf $(\mathcal{X}, \mathfrak{B})$. Es sei Θ eine offene Teilmenge des $\mathbb{R}^k$, und $\overline{\Theta}$ bezeichne die Abschließung von Θ in der Einpunktkompaktifizierung des $\mathbb{R}^k$. Es bezeichne $\overline{\mathbb{R}}^1$ die erweiterte reelle Zahlengerade, und $\overline{\mathfrak{B}}^1$ die zugehörige σ-Algebra der Borel-Mengen. Eine Familie von Funktionen

$$g(\cdot, \tau): (\mathcal{X}, \mathfrak{B}) \to (\overline{\mathbb{R}}^1, \overline{\mathfrak{B}}^1)$$

für $\tau \in \overline{\Theta}$ heißt eine Familie von *Kontrastfunktionen* für $\mathcal{P}$, wenn $\mathsf{E}_\vartheta g(\boldsymbol{X}, \tau)$ für alle $\vartheta \in \Theta$, $\tau \in \overline{\Theta}$ existiert ($\boldsymbol{X} \sim \mathrm{P}_\vartheta$) und wenn gilt

$$\mathsf{E}_\vartheta g(\boldsymbol{X}, \vartheta) < \mathsf{E}_\vartheta g(\boldsymbol{X}, \tau)\ \forall \vartheta \in \Theta , \quad \tau \in \overline{\Theta} , \quad \vartheta \neq \tau .$$

Es seien $\boldsymbol{X}_i$, $i = 1, \ldots, n$, unabhängig und identisch gemäß P_ϑ, $\vartheta \in \Theta$, verteilte Zufallsgrößen, und es bezeichne $(\mathcal{X}_n, \mathfrak{B}_n)$ das n-fache Produkt von $(\mathcal{X}, \mathfrak{B})$ mit sich selbst. Eine *Minimum-Kontrast-Schätzung* $\hat{\vartheta}_n^g$ für ϑ, basierend auf den Beobachtungen $X_1, \ldots, X_n$, ist eine $(\mathcal{X}_n, \mathfrak{B}_n)$-meßbare Lösung von

$$\sum_{i=1}^n g(X_i, \hat{\vartheta}_n^g) = \inf_{\vartheta\in\Theta} \sum_{i=1}^{n}{}' g(X_i, \vartheta) .$$

Es bezeichne $\mathcal{F}$ eine Menge von Familien von Kontrastfunktionen. Unter gewissen Regularitätsbedingungen über $\mathcal{F}$ und $\mathcal{P}$ (s. Pfanzagl (1969), Michel und Pfanzagl (1971), Pfanzagl (1973)) gilt

a) für $g \in \mathcal{F}$ existiert fast sicher eine Minimum-Kontrast-Schätzung $\hat{\boldsymbol{\vartheta}}_n^g$ für fast alle n, und

$$\mathcal{L}\{n^{1/2}(\hat{\boldsymbol{\vartheta}}_n^g - \vartheta)\} \xrightarrow[n\to\infty]{} \mathrm{N}_k(0_k, V^g(\vartheta)) ,$$

$$V^g(\vartheta) = (V_2^g(\vartheta))^{-1}\, V_1^g(\vartheta)\, (V_2^g(\vartheta))^{-1} ,$$

$$V_1^g(\vartheta) := \mathsf{E}_\vartheta(\partial_\vartheta g(\boldsymbol{X}, \vartheta))'\, \partial_\vartheta g(\boldsymbol{X}, \vartheta) ,$$

$$V_2^g(\vartheta) := -\mathsf{E}_\vartheta\left(\left(\frac{\partial^2}{\partial\vartheta_i\partial\vartheta_j}\, g(\boldsymbol{X}, \vartheta)\right)\right)_{j=1,\ldots,k}^{i=1,\ldots,k} .$$

b) Es sei $\mathscr{P}$ durch ein σ-endliches Maß μ dominiert. Es existiert eine Familie von Kontrastfunktionen $f_0(\cdot, \tau)$, $\tau \in \overline{\Theta}$, und eine Version der μ-Dichte $f(\cdot, \vartheta) = \mathrm{dP}_\vartheta/\mathrm{d}\mu$, $\vartheta \in \Theta$, so daß $f_0(\cdot, \vartheta) = -\ln f(\cdot, \vartheta)$, $\vartheta \in \Theta$. Existiert $\hat{\vartheta}_n^{f_0}$, so ist diese Schätzung eine Maximum-Likelihood-Schätzung.

c) Gilt $f_0(\cdot, \cdot) \in \mathscr{F}$, dann folgt

$$V^g(\vartheta) \geqq V^{f_0}(\vartheta) = (V_1^{f_0}(\vartheta))^{-1}, \qquad \vartheta \in \Theta, \qquad g \in \mathscr{F}.$$

A 2.13. Wir betrachten die lineare Rang-Statistik $\boldsymbol{S}_n = \sum_{i=1}^{n} (c_{ni} - \bar{c}_n)\, a_n(\boldsymbol{R}_{ni})$, wobei $\boldsymbol{R}_{n1}, \dots, \boldsymbol{R}_{nn}$ die Rangzahlen der unabhängigen Zufallsgrößen $\boldsymbol{X}_{n1}, \dots, \boldsymbol{X}_{nn}$ bezeichnen. Die Zahlen $a_n(i)$ mögen für eine über dem Intervall [0, 1] quadratische integrierbare Funktion φ die Relation

$$\int_0^1 (a_n(1 + [tn]) - \varphi(t))^2 \,\mathrm{d}t \xrightarrow[n\to\infty]{} 0$$

erfüllen, und die Konstanten $c_{n1}, \dots, c_{nn}$ erfüllen die Bedingung

$$\max_{1 \leqq i \leqq n} \frac{(c_{ni} - \bar{c}_n)^2}{\sum_{j=1}^{n} (c_{nj} - \bar{c}_n)^2} \xrightarrow[n\to\infty]{} 0 .$$

Der zufällige Vektor $(\boldsymbol{X}_1, \dots, \boldsymbol{X}_n)'$ besitze für eine Dichte f_0 mit endlicher Fisher-Information $I(f_0)$ die Dichte

$$q_{nd} = \prod_{i=1}^{n} f_0(x_i - d_{ni}), \qquad n = 1, 2, \dots,$$

und es gelte

$$\max_{1 \leqq i \leqq n} (d_{ni} - \bar{d}_n) \xrightarrow[n\to\infty]{} 0$$

sowie

$$I(f_0) \sum_{i=1}^{n} (d_{ni} - \bar{d}_n)^2 \xrightarrow[n\to\infty]{} b^2, \qquad 0 < b^2 < \infty .$$

Dann ist $\boldsymbol{S}_n$ asymptotisch gemäß $\mathrm{N}(\mu_{dc}, \sigma_c^2)$ verteilt mit

$$\mu_{dc} = \sum_{i=1}^{n} (c_{ni} - \bar{c}_n)(d_{ni} - \bar{d}_n) \int_0^1 \varphi(t)\, \varphi(t, f_0)\, \mathrm{d}t ,$$

$$\sigma_c^2 = \sum_{i=1}^{n} (c_{ni} - \bar{c}_n)^2 \int_0^1 (\varphi(t) - \bar{\varphi})^2 \,\mathrm{d}t ,$$

$$\varphi(t, f) = -\frac{\mathrm{d}}{\mathrm{d}z} \ln f(z)\big|_{z = F^{-1}(t)}, \qquad 0 < t < 1 ,$$

und

$$\bar{\varphi} = \int_0^1 \varphi(t)\, \mathrm{d}t$$

(Hájek und Šidák (1967)).

A 2.14. $\boldsymbol{X}_{n1}, \dots, \boldsymbol{X}_{nn}$ seien unabhängig und identisch verteilte Zufallsgrößen mit der absolutstetigen Verteilungsfunktion F. In [A 2.13] sei speziell $a_n(i) = \mathsf{E}\varphi(\boldsymbol{U}^{(i)})$, wobei $\boldsymbol{U}^{(i)}$ die i-te Ordnungsstatistik einer Stichprobe vom Umfang n zur Rechteckverteilung R[0, 1] (vgl. Humak I (1977), [A 2.35]) bezeichnet. Für die quadratisch integrierbare Funktion φ aus [A 2.13] gelte

$$\int_0^1 (\varphi(t) - \bar{\varphi})^2 \,\mathrm{d}t > 0 .$$

Dann impliziert die Bedingung

$$\max_{1 \leq i \leq n} \frac{(c_{ni} - \bar{c}_n)^2}{\sum_{j=1}^{n} (c_{nj} - \bar{c}_n)^2} \xrightarrow[n\to\infty]{} 0$$

mit $T_n := \sum_{i=1}^{n} (c_{ni} - \bar{c}_n)\, \varphi(F(X_{ni}))$ die Eigenschaft

$$\frac{\mathsf{E}(S_n - T_n)^2}{\sum_{i=1}^{n} (c_{ni} - \bar{c}_n)^2} \xrightarrow[n\to\infty]{} 0$$

(Hájek und Šidák (1967)).

A 2.15. Es sei $X_{N1}, \ldots, X_{NN}$ eine Stichprobe zur Dichte f_0 mit der endlichen Fisher-Information $I(f_0)$, und $X_N^{(1)} \leqq X_N^{(2)} \leqq \ldots \leqq X_N^{(N)}$ bezeichne die geordnete Stichprobe. Für eine Folge $\{\varepsilon_N\}$ positiver Zahlen ε_N mit $\varepsilon_N \xrightarrow[N\to\infty]{} 0$ und $N^{1/4}\varepsilon_N^3 \xrightarrow[N\to\infty]{} \infty$ setzen wir $m_N = [N^{3/4}\varepsilon_N^{-2}]$ und $n_N = [N^{1/4}\varepsilon_N^3]$ sowie $h_{Nj} = \left[\frac{jN}{n_N + 1}\right]$ für $1 \leqq j \leqq n$ und

$$\tilde{\varphi}_N(t) = \begin{cases} 2\,\dfrac{m_N n_N}{N+1} \{[X_N^{(h_{Nj}+m_N)} - X_N^{(h_{Nj}-m_N)}]^{-1} \\ \qquad - [X_N^{(h_{Nj+1}+m_N)} - X_N^{(h_{Nj+1}-m_N)}]^{-1}\}\,, \\ \qquad \text{falls } \dfrac{h_{Nj}}{N} \leqq t < \dfrac{h_{Nj+1}}{N}\,, \qquad j = 1, \ldots, n_N\,, \\ 0 \qquad \text{sonst}\,. \end{cases}$$

(Hierbei bezeichnet $[q]$ für jedes $q \in \mathbb{R}^1$ die größte ganze Zahl, die nicht größer als q ist!) $\tilde{\varphi}_N(t)$ ist eine konsistente Schätzung für $\varphi(t, f_0) = -\partial/\partial z \ln f_0(z)|_{z=F^{-1}(t)}$ $(0 < t < 1)$ in dem Sinne, daß das Integral

$$\int_0^1 [\tilde{\varphi}_N(t) - \varphi(t, f_0)]^2\, dt$$

in Wahrscheinlichkeit bei Vorliegen der Dichte $p_0(x) = \prod_{i=1}^{n} f_0(x_i)$ gegen Null konvergiert (Hájek und Šidák (1967)).

A 2.16. Wir betrachten für $n = 1, 2, \ldots$ eine Folge von Tests φ_n für das Testproblem

$$\mathrm{H}\colon \vartheta \in \Theta_{\mathrm{H}} \quad \text{mit} \quad \Theta_{\mathrm{H}} \subset \Theta\,.$$

φ_n heißt asymptotischer α-Test, falls die Bedingung $\limsup_{n\to\infty} \mathsf{E}_\vartheta \varphi_n \leqq \alpha$ für alle $\vartheta \in \Theta_{\mathrm{H}}$ erfüllt ist.

A 2.17. **(Lemma von Fatou)** Ist $\{f_n\}$ eine Folge nichtnegativer μ-integrierbarer Funktionen mit $\liminf_{n\to\infty} \int f_n\, d\mu < \infty$, dann ist die Funktion $f(x) = \liminf_{n\to\infty} f_n(x)$ μ-integrierbar, und es gilt

$$\int f\, d\mu \leqq \liminf_{n\to\infty} \int f_n\, d\mu$$

(Halmos (1950)).

A 2.18. **(Satz von Lebesgue)** Es sei $\{f_n\}$ eine Folge μ-integrierbarer Funktionen f_n mit $f_n \xrightarrow{\mu} f$, und g sei eine μ-integrierbare Funktion mit der Eigenschaft:

$$|f_n(x)| \leqq g(x) \ \mu\text{-fast überall}\,, \qquad n = 1, 2, \ldots\,.$$

Dann ist auch f μ-integrierbar, und es gilt

$$\int f_n\, d\mu \xrightarrow[n\to\infty]{} \int f\, d\mu$$

(Halmos (1950)).

A 2.19. $\mathscr{X}$ sei ein Euklidischer Raum, und Θ sei eine kompakte Teilmenge eines Euklidischen Raumes. Ist g eine beschränkte und stetige Funktion auf $\mathscr{X} \times \Theta$ und gilt $F_n(x) \xrightarrow[n\to\infty]{} F(x)$ für alle $x \in \mathscr{X}$ für Verteilungsfunktionen $F_1, F_2, \ldots$ und F über $\mathscr{X}$, dann konvergiert das Integral $\int_{\mathscr{X}} g(x, \vartheta)\, \mathrm{d}F_n(x)$ gleichmäßig in $\vartheta \in \Theta$ gegen den Grenzwert $\int_{\mathscr{X}} g(x, \vartheta)\, \mathrm{d}F(x)$ (Jennrich (1969)).

A 2.20. (Verallgemeinertes Lemma von Chow) Es sei $\{X_i\}$ eine Folge unabhängig und identisch verteilter Zufallsvektoren mit Werten im $\mathbb{R}^k$ und $\mathsf{E}X_i = 0$, $\mathsf{E}\, ||X_i||^2 < \infty$. Dann gilt für eine beliebige Doppelfolge nichtzufälliger Matrizen G_{ni} ($i = 1, \ldots, k_n$, $n = 1, 2, \ldots$)

$$\sum_{i=1}^{k_n} G_{ni} X_i \Bigg/ \sqrt{n \sum_{i=1}^{k_n} ||G_{ni}||^2} \xrightarrow{\text{fs}} 0$$

(Chow (1966)).

Literatur

Bahadur, R. R. (1967). Rates of convergence of estimates and test statistics. Ann. Math. Statist. **39**, 303–324.

Chow, Y. S. (1966). Some convergence theorems for independent random variables. Ann. Math. Statist. **37**, 428–493.

Hájek, J. (1969). A Course in Nonparametric Statistics. Holden Day, San Francisco.

Hájek, J., Šidák, Z. (1967). Theory of Rank Tests. Akademia, Prag.

Halmos, P. R. (1950). Measure Theory. Van Nostrand, Princeton.

Ibragimow, I. A., Chasminski, R. S. (Ибрагимов, И. А., Хазминский, Р. С.) (1979). Асимптотическая Теория Оценивания. Nauka, Moskau.

Jennrich, R. I. (1969). Asymptotic properties of nonlinear least squares estimators. Ann. Math. Statist. **40**, 633–643.

Jurečková, J. (1969). Asymptotic linearity of a rank statistic in regression parameter. Ann. Math. Statist. **40**, 889–900.

Michel, R., Pfanzagl, J. (1971). The accuracy of the normal approximation for minimum contrast estimates. Z. Wahrscheinlichkeitstheorie verw. Gebiete **18**, 73–84.

Pfanzagl, J. (1969). On the existence of product measurable densities. Sankhyā, Ser. A, **31**, 13–18.

Pfanzagl, J. (1973). The accuracy of the normal approximation for estimates of vector parameters. Z. Wahrscheinlichkeitstheorie verw. Gebiete **25**, 171–198.

Roussas, G. G. (1972). Contiguity of Probability Distributions. Cambridge University Press, Cambridge.

Witting, G., Nölle, G. (1970). Angewandte Mathematische Statistik. Teubner, Leipzig.

A 3. Ergänzungen

A 3.1. Es sei g eine reellwertige Funktion auf $\mathscr{X} \times \Theta$, wobei Θ eine kompakte Teilmenge eines Euklidischen Raumes und $\mathscr{X}$ ein meßbarer Raum ist. Für jedes ϑ aus Θ sei $g(x, \vartheta)$ eine meßbare Funktion in x und für jedes feste $x \in \mathscr{X}$ stetig in $\vartheta \in \Theta$. Dann gibt es eine meßbare Abbildung $\hat{\vartheta}\colon \mathscr{X} \to \Theta$ mit

$$g(x, \hat{\vartheta}) = \sup_{\vartheta \in \Theta} g(x, \vartheta)$$

(Jennrich (1969)).

A 3.2. Eine Folge $\{Y_n\}$ zufälliger Größen heißt *Martingal* bezüglich einer Folge $\{\mathfrak{B}_n\}$ von σ-Algebren $\mathfrak{B}_n$ mit $\mathfrak{B}_n \subseteq \mathfrak{B}_{n+1}$, wenn

$$\mathsf{E}(Y_{n+1} \mid \mathfrak{B}_n) = Y_n\,, \qquad n = 1, 2, \ldots,$$

gilt.

A 3.3. Es sei $\{X_n\}$ eine Folge zufälliger Variabler, und $\{\mathfrak{B}_n\}$ sei eine Folge nichtfallender σ-Algebren mit $\mathsf{E}(X_n \mid \mathfrak{B}_{n-1}) = 0$, $n = 1, 2, \ldots$ $(\mathfrak{B}_0 = \{\Phi, \Omega\})$. Dann ist $\left\{Y_n = \sum_{i=1}^{n} X_i\right\}$ ein Martingal bezüglich $\{\mathfrak{B}_n\}$, und es gilt für $n = 1, 2, \ldots$ die *erweiterte Kolmogorow-Ungleichung*

$$\mathrm{P}\left\{\max_{1 \leqq k \leqq n} |Y_k| \geqq \varepsilon\right\} \leqq \frac{1}{\varepsilon^2} \sum_{i=1}^{n} \mathsf{D}\{X_k\}$$

für jedes $\varepsilon > 0$ (Loève (1955)).

A 3.4. Es seien $\mathscr{P}_0$ und $\mathscr{P}_1$ zwei bezüglich eines σ-endlichen Maßes μ absolutstetige, disjunkte Familien von Wahrscheinlichkeitsverteilungen. Wenn es ein Paar $(\mathrm{Q}_0, \mathrm{Q}_1) \in \mathscr{P}_0 \times \mathscr{P}_1$ derart gibt, daß für den gleichmäßig besten α-Test φ^* zum Testen von Q_0 gegen Q_1

$$\mathsf{E}_{\mathrm{Q}_0}\varphi^* = \sup_{\mathrm{Q} \in \mathscr{P}_0} \mathsf{E}_{\mathrm{Q}}\varphi^*$$

und

$$\mathsf{E}_{\mathrm{Q}_1}\varphi^* = \inf_{\mathrm{Q} \in \mathscr{P}_1} \mathsf{E}_{\mathrm{Q}}(\varphi^*)$$

gilt, dann maximiert φ^* den Ausdruck $\inf_{\mathrm{Q} \in \mathscr{P}_1} \mathsf{E}_{\mathrm{Q}}\varphi$ in der Klasse aller α-Tests φ für

$$\mathrm{H}_0 : \mathscr{P}_0 \quad \text{gegen} \quad \mathrm{H}_1 : \mathscr{P}_1 ,$$

und φ^* ist der einzige Test mit dieser Eigenschaft, falls der gleichmäßig beste α-Test für Q_0 gegen Q_1 eindeutig ist (Lehmann (1959)).

A 3.5. Gegeben sei eine Familie $\mathscr{P}$ von Wahrscheinlichkeitsverteilungen P mit den Verteilungsfunktionen F. $X_1, \ldots, X_n$ sei eine Stichprobe zur Verteilungsfunktion $F(x - \vartheta)$ mit $\vartheta \in R^1$. Eine Menge $\mathscr{D}^*$ von Schätzungen für ϑ heißt *im wesentlichen vollständig im verallgemeinerten Minimax-Sinne*, wenn es für jede Schätzung $\hat{\vartheta}$ eine Schätzung $\hat{\vartheta}^* \in \mathscr{D}^*$ mit

$$\sup_{\mathrm{P} \in \mathscr{P},\, \vartheta \in R^1} R(\vartheta, \hat{\vartheta}^*) \leqq \sup_{\mathrm{P} \in \mathscr{P},\, \vartheta \in R^1} R(\vartheta, \hat{\vartheta})$$

gibt. Hierbei bezeichnet $R(\vartheta, \hat{\vartheta})$ die Risikofunktion (Zacks (1971)).

A 3.6. **(Verallgemeinertes Theorem von Hunt und Stein).** Mit den Bezeichnungen von [A 3.5] sei die Menge $\mathscr{D}$ aller Schätzungen $\hat{\vartheta}$ für ϑ ein separabler metrischer Raum bezüglich einer geeignet gewählten Topologie. Die Verlustfunktion $L(\vartheta, d)$ sei nichtnegativ, und derart, daß die Menge $\{d \mid L(\vartheta, d) \leqq \tau\}$ für jedes $\tau \in R^1$ kompakt ist. Dann ist die Menge $\mathscr{D}^*$ der äquivarianten Schätzung für ϑ im wesentlichen vollständig (Zacks (1971)).

A 3.7. Es seien $\{i\} = (i_1, \ldots, i_n)$ und $\{j\} = (j_1, \ldots, j_n)$ Permutationen von $(1, \ldots, n)$. Wir sagen, daß $\{i\}$ *besser geordnet* als $\{j\}$ ist, wenn für alle a, b mit $a < b$ und $j_a < j_b$ auch $i_a < i_b$ folgt.

A 3.8. Ist $\{i\}$ besser geordnet als $\{j\}$, dann gilt für jedes $m \leqq n$ für die geordneten m-Tupel $(i'_{1m}, \ldots, i'_{mm})$ und $(j'_{1m}, \ldots, j'_{mm})$ von $(i_1, \ldots, i_m)$ bzw. $(j_1, \ldots, j_m)$

$$i'_{km} \leqq j'_{km} \quad \text{für alle} \quad 1 \leqq k \leqq m \quad \text{und alle} \quad 1 \leqq m \leqq n .$$

Ist $\{i\}$ besser geordnet als $\{j\}$ und bezeichnet $a_1 < \ldots < a_n$ geordnete reelle Zahlen sowie h eine nichtfallende Funktion, so ergibt sich

$$\sum_{k=1}^{n} a_k h(i_k) \geqq \sum_{k=1}^{n} a_k h(j_k)$$

(Lehmann (1966)).

A 3.9. Es sei F eine Verteilungsfunktion, und $\tilde{\mathscr{C}}$ sei die Menge der stetig differenzierbaren Funktionen ψ auf einer kompakten Menge $\mathscr{C}$ mit $\int_{\mathscr{C}} \psi^2(x)\, \mathrm{d}F(x) > 0$. Dann ist das

Funktional

$$J^*(F) := \sup_{\psi \in \tilde{\mathscr{E}}} \frac{\left[\int \left(\frac{\mathrm{d}\psi(x)}{\mathrm{d}(x)}\right) \mathrm{d}F\right]^2}{\int \psi^2(x)\, \mathrm{d}F}$$

eine konvexe Funktion in F (HUBER (1969)).

A 3.10. Der zufällige Vektor $\boldsymbol{X} = (\boldsymbol{X}_1, \ldots, \boldsymbol{X}_n)'$ besitze die Dichte $p(x_1, \ldots, x_n) = \prod_{i=1}^{n} f(x_i)$. Dann haben der Vektor der Rangzahlen $\boldsymbol{R} = (\boldsymbol{R}_1, \ldots, \boldsymbol{R}_n)$ von $\boldsymbol{X}$ und der Vektor $\boldsymbol{X}^{(\cdot)} = (\boldsymbol{X}^{(1)}, \ldots, \boldsymbol{X}^{(n)})'$ der Ordnungsstatistiken die folgenden Verteilungen:

$$\mathrm{P}\{\boldsymbol{R} = r\} = \frac{1}{n!} \quad \text{für} \quad r \in \tilde{\mathfrak{R}},$$

wobei $\tilde{\mathfrak{R}}$ die Menge aller Permutationen der Zahlen $(1, \ldots, n)$ bezeichnet, und $\boldsymbol{X}^{(\cdot)}$ hat die Dichte

$$q(x) = \begin{cases} n! \prod_{i=1}^{n} f(x_i) & \text{für} \quad x_1 \leqq \ldots \leqq x_n, \\ 0 & \text{sonst} \end{cases}$$

(HÁJEK und ŠIDÁK (1967)).

A 3.11. Wie in [A 3.10] besitze $\boldsymbol{X}$ die Dichte $p(x) = \prod_{i=1}^{n} f(x_i)$. Die Randdichte f sei symmetrisch um Null. Dann sind der Vektor der Vorzeichenstatistiken sign $\boldsymbol{X}$, $\boldsymbol{R}^+$ und $|\boldsymbol{X}|^{(\cdot)}$ stochastisch unabhängig, und es gilt

1. $\mathrm{P}(\text{sign}\, \boldsymbol{X} = v) = (\tfrac{1}{2})^n$ für $v \in \mathcal{V}$,
   ($\mathcal{V}$ ist die Menge aller n-dimensionalen Vektoren, deren Komponenten entweder $+1$ oder -1 sind),
2. $\mathrm{P}\{\boldsymbol{R}^+ = r\} = 1/n!$ für $r \in \tilde{\mathfrak{R}}$ (vgl. [A 3.10])
   und
3. $|\boldsymbol{X}|^{(\cdot)}$ besitzt die Dichte

$$q(x) = \begin{cases} 2^n n! \prod_{i=1}^{n} f(x_i), & \text{falls} \quad 0 \leqq x_1 \leqq \ldots \leqq x_n, \\ 0 & \text{sonst} \end{cases}$$

(HÁJEK und ŠIDÁK (1967)).

A 3.12. Wir betrachten mit Zahlen $c_1, \ldots, c_n$ und $a(1), \ldots, a(n)$ die Statistik $\boldsymbol{S} = \sum_{i=1}^{n} c_i a(\boldsymbol{R}_i)$. Hierbei ist $\boldsymbol{R} = (\boldsymbol{R}_1, \ldots, \boldsymbol{R}_n)'$ ein zufälliger Vektor mit der Gleichverteilung über dem Raum $\tilde{\mathfrak{R}}$ aller Permutationen von $(1, \ldots, n)$. Dann gilt

$$\mathsf{E}\boldsymbol{S} = \frac{1}{n} \sum_{i=1}^{n} c_i \sum_{j=1}^{n} a(j)$$

und

$$\mathsf{D}\{\boldsymbol{S}\} = \frac{1}{n-1} \sum_{i=1}^{n} (c_i - \bar{c})^2 \sum_{j=1}^{n} (a(j) - \bar{a})^2$$

mit

$$\bar{c} = \frac{1}{n} \sum_{i=1}^{n} c_i \quad \text{und} \quad \bar{a} = \frac{1}{n} \sum_{i=1}^{n} a(i)$$

(HÁJEK (1969)).

A 3.13. Es sei $f(x)$ eine eindimensionale Dichte, und es sei $\{f(x - \vartheta) \mid \vartheta \in \mathbb{R}^1\}$ die zugehörige Familie der Dichten mit dem Lokationsparameter $\vartheta \in \mathbb{R}^1$. Wir betrachten die Klasse $\mathscr{F}$ aller Dichten f mit den Eigenschaften:

1. $f(x)$ ist stetig differenzierbar in x,

2. $\int x^2 f(x)\,dx < \infty$

und

3. $|x|\,f(x) \xrightarrow[|x|\to\infty]{} 0$.

Unter allen Dichten $f \in \mathcal{F}$ besitzt die Dichte

$$f^*(x) = \frac{1}{\sqrt{2\pi}} e^{-x^2/2}$$

die kleinste Fisher-Information

$$I_f(\vartheta) := \int \left(\frac{\partial}{\partial\vartheta} \ln f(x - \vartheta)\right)^2 f(x - \vartheta)\,dx$$

bei konstanter Varianz σ^2.

A 3.14. Sei $\boldsymbol{X} = (\boldsymbol{X}_1, \dots \boldsymbol{X}_n)$ eine zufällige Matrix mit Werten in $\mathfrak{M}_{p\times n}$, wobei die gemeinsame Verteilung der p-dimensionalen Zufallsvektoren $\boldsymbol{X}_1, \dots, \boldsymbol{X}_n$ absolutstetig bezüglich des np-dimensionalen Lebesgue-Maßes seien. Sei A eine reelle symmetrische $(n \times n)$-Matrix vom Rang r. Dann gilt für die zufällige Matrix

$$\boldsymbol{S} := \boldsymbol{X}A\boldsymbol{X}'$$

fast sicher die folgende Aussage: Es ist $\mathrm{r}[S] = \min(p, r)$, und die nichtverschwindenden Eigenwerte von S sind verschieden (Okamoto (1973)).

A 3.15. Sei $A \in \mathfrak{M}_d^>$, $a > 0$ und

$$l(\Sigma) := a \log \det[\Sigma] + \mathrm{sp}[A\Sigma^{-1}].$$

Dann ist

$$\hat{\Sigma} = A/a = \arg \min_{\Sigma\in\mathfrak{M}_d^>} l(\Sigma).$$

(vgl. Rao (1973), 8. a. 5.8–10).

A 3.16. $\mathfrak{L}_{k,l}$ (Zur Definition von $\mathfrak{L}_{k,l}$ s. [A 1.3]!) sei auf kanonische Weise mit der Struktur einer kompakten differenzierbaren Mannigfaltigkeit versehen (Grassmannsche Mannigfaltigkeit, s. Dieudonné (1976), Kap. 16). Dann gilt

a) Für $l < k$ ist die Abbildung $\varrho\colon \mathfrak{M}_{(k-l)\times l} \to \mathfrak{L}_{k,l}$, $\varrho(B) := \mathcal{R}([I_l \mid B])$ ein Homöomorphismus von $\mathfrak{M}_{(k-l)\times l}$ auf die offene Teilmenge $\varrho(\mathfrak{M}_{(k-l)\times l})$ von $\mathfrak{L}_{k,l}$.

b) Für eine Folge von Zufallsgrößen $\{\underline{\mathcal{L}}_m\}_{m\in\mathbb{N}}$ mit Werten in $\mathfrak{L}_{k,l}$, gilt $\underline{\mathcal{L}}_m \xrightarrow[m\to\infty]{\mathrm{P}} \mathcal{L}_0$, $\mathcal{L}_0 \in \mathfrak{L}_{k,l}$ genau dann, wenn eine Folge von Zufallsgrößen $\{\boldsymbol{L}_m\}_{m\in\mathbb{N}}$ mit Werten in $\mathfrak{M}_{k\times l}^l$ und $L_0 \in \mathfrak{M}_{k\times l}^l$ existieren, so daß $\mathcal{R}(\boldsymbol{L}_m) = \mathcal{L}_m$, $m \in \mathbb{N}$, $\mathcal{R}(L_0) = \mathcal{L}_0$ und $\boldsymbol{L}_m \xrightarrow[m\to\infty]{\mathrm{P}} L_0$ gelten.

c) Für $0 < l < k$ ist die Abbildung $o\colon \mathfrak{L}_{k,l} \to \mathfrak{L}_{k,k-l}$, $o(\mathcal{L}) := \mathcal{L}^\perp$ ein Homöomorphismus.

d) Die Abbildung $\mu\colon \mathfrak{M}_{k\times k}^k \times \mathfrak{L}_{k,l}$, $\mu(A, \mathcal{L}) := A\mathcal{L}$ (wobei $A\mathcal{L}$ das Bild von $\mathcal{L}$ unter der linearen Abbildung A bezeichnet) ist stetig.

e) Es existiert genau ein Maß α auf der σ-Algebra $\mathfrak{B}$ der Borel-Mengen von $\mathfrak{L}_{k,l}$, für welches $\alpha(\mathfrak{L}_{k,l}) = 1$, $\alpha(B) = \alpha(OB)$ für jedes $B \in \mathfrak{B}$ und jede orthogonale Matrix $O \in \mathfrak{M}_{k\times k}^k$ gilt (Haarsches Maß, s. Dieudonné (1975), Kap. 14).

f) Es sei $\mathcal{J}$ ein beliebiges Element von $\mathfrak{L}_{k,m}$. Dann ist die Menge $\{\mathcal{L} \in \mathfrak{L}_{k,l} \mid \mathcal{L} + \mathcal{J} = \mathbb{R}^k\}$ offen in $\mathfrak{L}_{k,l}$. (Hierbei bezeichnet $\mathcal{L} + \mathcal{J}$ die lineare Hülle der Menge $\mathcal{L} \cup \mathcal{J}$ in $\mathbb{R}^k$).

g) Für gegebenes $M \in \mathfrak{M}_{k\times l}^m$ ist $\{\mathcal{L} \in \mathfrak{L}_{k,l} \mid \mathcal{R}(M) \subseteq \mathcal{L}\}$ eine zusammenhängende Teilmenge von $\mathfrak{L}_{k,l}$.

A 3.17. Es seien zusätzlich zu den Festlegungen von [A 1.5]–[A 1.7]

$$\overline{\mathfrak{M}}_{\mathcal{L}}^3 := \{\Sigma \in \mathfrak{M}_{n_1+p} \mid \Sigma = ((\Sigma_{ij}))_{j=1,2,3}^{i=1,2,3}, \quad ((\Sigma_{ij}))_{j=1,2}^{i=1,2} \in \mathfrak{M}_n^{>},$$

$$\exists \Sigma^1, \Sigma^2 \in \mathfrak{M}_p^{\geqq} : ((\Sigma_{ij}))_{j=2,3}^{i=1,2} = \Sigma^1 + \Sigma^2, \mathcal{R}(\Sigma^1) = \mathcal{L}, \mathcal{R}(\Sigma^2) = \mathcal{J}\},$$

$$\overline{\mathfrak{M}}_{\mathcal{L}}^4 := \{M \in \mathfrak{M}_{p \times n} \mid \mathcal{R}(M) \subseteq \mathcal{L}, \mathcal{J}^{\perp\prime} M = (0_{(p-r) \times n_1} \,\vdots\, I_{p-r})\}.$$

Es sei eine Abbildung

$$f: \bigcup_{\mathcal{L}: \mathcal{L} \in \mathfrak{L}_{p,p-q}, \mathcal{L} + \mathcal{J} = R^p} \overline{\mathfrak{M}}_{\mathcal{L}}^3 \to \mathfrak{M}_n^{\geqq} \times \mathfrak{M}_{p \times n} \times \mathfrak{M}_p^{\geqq}$$

definiert durch: gilt für einen Zufallsvektor z_0 und $\Sigma \in \overline{\mathfrak{M}}_{\mathcal{L}}^3$ die Beziehung $z_0 \sim \mathrm{N}_{n_1+p}(0_{n_1+p}, \Sigma)$, dann sei

$$f(\Sigma) := (\Sigma_w, \Sigma_{zw}\Sigma_w^{-1}, \Sigma_{z \cdot w})$$

für

$$w := (I_n \,\vdots\, 0_{n \times r})\, z_0, \qquad z := (0_{p \times n_1} \,\vdots\, I_p)\, z_0,$$

$$\Sigma_w := \mathsf{D}w, \qquad \Sigma_{zw} := \mathsf{E}zw', \qquad \Sigma_{z \cdot w} := \mathsf{D}z - \Sigma_{zw}\Sigma_w^{-1}(\Sigma_{zw})'.$$

Die Abbildung f ist injektiv, und es gilt

$$f(\overline{\mathfrak{M}}_{\mathcal{L}}^3) = \mathfrak{M}_n^{>} \times \overline{\mathfrak{M}}_{\mathcal{L}}^4 \times \{\Sigma \in \mathfrak{M}_p^{\geqq} \mid \mathcal{R}(\Sigma) = \mathcal{J}\}.$$

A 3.18. Es sei $x = (x_1, \ldots, x_k)'$ ein k-dimensionaler Zufallsvektor mit unabhängigen Komponenten $x_i = \mu_i + \varepsilon_i$, $i = 1, \ldots, m$, $\mathsf{E}\,||x||^4 < \infty$.
Es seien

$$\mu := (\mu_1, \ldots, \mu_k)' = \mathsf{E}x,$$

$$\Sigma := \mathsf{D}x = \mathrm{Diag}\,[\sigma_1^2, \ldots, \sigma_k^2],$$

$$\Phi := (\mathsf{E}\varepsilon_i^3)_{i=1,\ldots,k}, \qquad \Psi_i := \mathsf{E}\varepsilon_i^4, \qquad i = 1, \ldots, k.$$

Dann gilt für $A = ((a_{ij}))_{j=1,\ldots,k}^{i=1,\ldots,k} \in \mathfrak{M}_k$

$$\mathsf{D}x'Ax = \sum_{i=1}^{k} a_{ii}^2(\psi_i - 3\sigma_i^4) + 4\Phi' \,\mathrm{diag}\,[A]\, A\mu + 2\,\mathrm{sp}\,[\Sigma A \Sigma A]$$

$$+ 4\mu' A \Sigma A \mu$$

$(\mathrm{diag}\,[A] = \mathrm{Diag}\,[a_{11}, \ldots, a_{kk}])$.

A 3.19. Es sei $x = \mu + \varepsilon$ ein k-dimensionaler Zufallsvektor mit $\mathsf{E}\,||x||^4 < \infty$, $\mathsf{E}x = \mu$. Es seien

$$\Psi := \mathsf{E}\varepsilon\varepsilon' \otimes \varepsilon\varepsilon', \qquad \Phi := \mathsf{E}\varepsilon' \otimes \varepsilon\varepsilon', \qquad \Sigma := \mathsf{D}\varepsilon.$$

Dann gilt

$$\mathsf{D}xx' = \psi - \vec{\Sigma}\vec{\Sigma}' + 2(\mu' \otimes \Phi')\,\Gamma_k + 2\Gamma_k(\mu \otimes \Phi) + \Gamma_k(\mu\mu' \otimes \Sigma)\,\Gamma_k$$

(Γ_k gemäß [A 1.10]). Ist x normalverteilt, dann gilt

$$\psi = 2(\Sigma \otimes \Sigma)\,\Gamma_k + \Sigma\Sigma', \qquad \Phi = 0_{k \times k^2}.$$

A 3.20. Eine Zufallsgröße X heißt *doppelt-exponential-verteilt* mit den Parametern α und β, falls sie die Dichte

$$f(x) = \frac{1}{2\beta} \exp\left[-\frac{|x - \alpha|}{\beta}\right]$$

mit $-\infty < \alpha < \infty$ und $0 < \beta < \infty$ besitzt. Eine Zufallsgröße X besitzt eine *logistische Verteilung* mit den Parametern α und β, falls ihre Verteilungsfunktion die Form

$$F_X(x) = (1 + \exp\,[-\beta x - \alpha])^{-1}$$

mit $-\infty < \alpha < \infty$ und $\beta > 0$ hat.

Literatur

DIEUDONNÉ, J. (1975, 1976). Grundzüge der modernen Analysis; 2., 3. Bd. VEB Deutscher Verlag der Wissenschaften, Berlin.
HÁJEK, J. (1969). A Course in Nonparametric Statistics. Holden-Day, San Francisco.
HÁJEK, J., ŠIDÁK, Z. (1967). Theory of Rank Tests. Academia, Prag.
HUBER, P. J. (1969). Théorie de l'inference statistique robuste. Les presses de l'université de Montréal, Montréal.
JENNRICH, R. I. (1969). Asymptotic properties of nonlinear least squares estimators. Annals Math. Statist. 40, 633—643.
LEHMANN, E. L. (1959). Testing Statistical Hypotheses. J. Wiley, New York.
LEHMANN, E. L. (1966). Some concepts of dependence. Ann. Math. Statist. 37, 1137 bis 1153.
LOÉVE, M. (1955). Probability Theory. Van Nostrand, Princeton.
OKAMOTO, M. (1973). Distinctness of the eigenvalues of a quadratic form in a multivariate sample. Ann. Statist. 1, 763—765.
RAO, C. R. (1973). Lineare Statistische Methoden und ihre Anwendung. Akademie-Verlag, Berlin.
ZACKS, S. (1971). The Theory of Statistical Inference. J. Wiley, New York.

A 4. Bezeichnungen

A 4.1. Abkürzungen

LSE	Kleinste-Quadrat-Schätzung
WLSE	gewichtete Kleinste-Quadrat-Schätzung
WILSE	gewichtete inadäquate Kleinste-Quadrat-Schätzung
GLSE	verallgemeinerte Kleinste-Quadrat-Schätzung
OLSE	gewöhnliche Kleinste-Quadrat-Schätzung
2SLS-Schätzung	zweistufige Kleinste-Quadrat-Schätzung
ORLSE	orthogonale Kleinste-Quadrat-Schätzung
BUE	beste erwartungstreue Schätzung
BLUE	beste lineare erwartungstreue Schätzung
BILUE	beste inhomogene lineare erwartungstreue Schätzung
WILSA	gewichtete inadäquate Kleinste-Quadrat-Approximation
MCE	Minimum-Kontrast-Schätzung
MLE	Maximum-Likelihood-Schätzung
LIML	MLE mit begrenzter Information
MLS	Lösung der Likelihood-Gleichung
IV	Instrumentvariable
IVE	Instrumentvariablenschätzung
CIVE	kanonische Instrumentvariablenschätzung
BAN-Schätzfolge	beste asymptotisch normalverteilte Schätzfolge
MSE	mittlerer quadratischer Fehler
LRT	Likelihood-Quotienten-Test
LIFU	lineare funktionelle Beziehung
$LIFU^+$	lineare funktionelle Beziehung mit nichtzufälligen unbeobachtbaren Variablen
$LIFU^-$	lineare funktionelle Beziehung mit zufälligen unbeobachtbaren Variablen

A 4.2. Vektoren, Matrizen, Räume

$((m_{ij}))$, $((m_{ij}))_{j=1,\dots,n}^{i=1,\dots,n}$	Matrix mit den Elementen m_{ij}
$(m_1, \dots, m_k)$	Matrix mit den Spaltenvektoren $m_1, \dots, m_k$
$((M_{ij}))$, $\begin{pmatrix} M_{11} & M_{12} & \dots \\ M_{21} & M_{22} & \dots \\ \dots & \dots & \dots \end{pmatrix}$	Matrix mit den Teilmatrizen M_{ij}
$A \otimes B$	$= ((a_{ij}B))$ für $A = ((a_{ij}))$
$(M_i)_{i=1,\dots,n}$, $[M_1 \vdots \dots \vdots M_n]$, $M_{(n)}$	$= (M_1' \vdots \dots \vdots M_n')'$ für Matrizen M_i $(i = 1, \dots, n)$ mit gleicher Spaltenzahl
$(M_i)^{i=1,\dots,n}$	$= (M_1 \vdots \dots \vdots M_n)$ für Matrizen M_i $(i = 1, \dots, n)$ mit gleicher Zeilenzahl
$\mathrm{r}[M]$	Rang der Matrix M
$\mathfrak{M}_{n\times k}$	Menge der $(n \times k)$-Matrizen mit reellen Elementen
$\mathfrak{M}_{n\times k}^r$	$= \{M \in \mathfrak{M}_{n\times k} \mid \mathrm{r}[M] = r\}$
$\mathfrak{M}_n$	Menge der symmetrischen Matrizen aus $\mathfrak{M}_{n\times n}$
$\mathfrak{M}_n^{\geqq}$	Menge der positiv-semidefiniten Matrizen aus $\mathfrak{M}_n$
$\mathfrak{M}_n^{>}$	Menge der positiv definiten Matrizen aus $\mathfrak{M}_n$
$\mathbb{R}^n$	n-dimensionaler Euklidischer Vektorraum
$\mathbb{R}^{>}$, $\mathbb{R}^{\geqq}$	Menge der positiven bzw. nichtnegativen reellen Zahlen
$\mathbb{N}$	Menge aller natürlichen Zahlen
$\mathfrak{M}_{\mathcal{L}}^p$	Menge aller $(n \times p)$-Matrizen, deren Spalten in einer Teilmenge $\mathcal{L}$ des $\mathbb{R}^n$ liegen
$\mathcal{R}(X)$	$= \{X\beta \mid \beta \in \mathbb{R}^k\}$ für $X \in \mathfrak{M}_{n\times k}$
$\mathfrak{M}^p(X)$	$= \mathfrak{M}_{\mathcal{R}(X)}^p$
$\mathcal{N}(X)$	$= \{\beta \in \mathbb{R}^k \mid X\beta = 0_n\}$ für $X \in \mathfrak{M}_{n\times k}$
$\mathcal{L}(x_1, \dots, x_k)$	der von den Spaltenvektoren $x_i \in \mathbb{R}^n$ $(i = 1, \dots, k)$ erzeugte lineare Unterraum des $\mathbb{R}^n$
M'	Transponierte der Matrix M
$\vec{M}$	$= (M_i)_{i=1,\dots,n}$, falls $M = (M_i)^{i=1,\dots,n}$ mit $M_i \in \mathfrak{M}_{k\times r}$ $(i = 1, \dots, n)$
$\overleftarrow{M}$	$= (M_i)^{i=1,\dots,n}$, falls $M = (M_i)_{i=1,\dots,n}$ mit $M_i \in \mathfrak{M}_{k\times r}$ $(i = 1, \dots, n)$
M^-	verallgemeinerte Inverse von M
M^+	Mooresche verallgemeinerte Inverse von M
$\mathrm{sp}\,[M]$	Spur von M
$\det\,[M]$	Determinante von M
$\lambda_i\,[M]$	i-ter Eigenwert von M

$\lambda_{\max}[M]$	größter Eigenwert von M $(= \lambda_p[M])$
$\lambda_{\min}[M]$	kleinster Eigenwert von M $(= \lambda_1[M])$
$\operatorname{Diag}(M_i)_{i=1,\dots,n}$, $\operatorname{Diag}[M_1, \dots, M_n]$	Blockdiagonalmatrix mit den Diagonalmatrizen M_i
$\|\|M\|\|_\Lambda^2$	$= \vec{M}'\Lambda\vec{M}$ für $M \in \mathfrak{M}_{n\times m}$ und $\Lambda \in \mathfrak{M}_{mn}$
$\|\|M\|\|^2$	$= \|\|M\|\|_\Lambda^2$ für $\Lambda = I$
$P_{\mathscr{L}}^\Lambda$	Projektionsmatrix (Projektor) zum linearen Unterraum $\mathscr{L} \subseteq R^n$ und der Norm $\|\|\cdot\|\|_\Lambda$, d. h. $\|\|x - P_{\mathscr{L}}^\Lambda x\|\|_\Lambda = \min_{y\in\mathscr{L}} \|\|x - y\|\|_\Lambda$ $(x \in R^n)$
I_n bzw. I	Einheitsmatrix der Ordnung $n \times n$
$P_{\mathscr{L}}$	$= P_{\mathscr{L}}^{I_n}$ (oder, wenn Verwechslungen ausgeschlossen, $= P_{\mathscr{L}}^\Lambda$)
P_M	$= P_{\mathscr{R}(M)}$
$\mathscr{L}_1 \setminus \mathscr{L}_2$	orthogonale Differenz zwischen $\mathscr{L}_1$ und $\mathscr{L}_2$
$\mathscr{L}^\perp$	orthogonales Komplement von $\mathscr{L}$
$L^\perp$	Matrix L mit Index „ortho", meist mit $\mathscr{R}(L^\perp) = (\mathscr{R}(L))^\perp$
$\mathbf{1}_n$	$= (1, \dots, 1)' \in R^n$
0_n bzw. 0	Nullvektor aus dem R^n
$0_{n\times k}$ bzw. 0	Nullmatrix aus $\mathfrak{M}_{n\times k}$
S_{XY}^Λ	$= X\Lambda Y'$ für $X \in \mathfrak{M}_{p\times m}$, $Y \in \mathfrak{M}_{q\times m}$, $\Lambda \in \mathfrak{M}_m$
S_{XY}	$= S_{XY}^I$ (oder, falls Verwechslungen ausgeschlossen sind, $= S_{XY}^\Lambda$)
S_X	$= S_{XX}^I$
$Q_{XY\cdot Z}$	$= S_{XZ}S_Z^{-1}S_{ZY} = XP_{Z'}Y'$
$Q_{X\cdot Z}$	$= Q_{XX\cdot Z}$
$S_{XY\cdot Z}$	$= S_{XY} - Q_{XY\cdot Z} = XP_{(Z')^\perp}Y'$
$S_{X\cdot Y}$	$= S_{XX\cdot Z}$
$Q_{XY\cdot U\cdot V}$	$= XP_{P_V,U}Y' = S_{XU\cdot V}S_{U\cdot V}^{-1}S_{UV\cdot V}$
J	$= [I_{p-q} \vdots 0_{q\times(p-q)}]$
$J^\perp$	$= [0_{(p-q)\times q} \vdots I_q]$
L_B	$= [I_{p-q} \vdots B]$
$L_B^\perp$	$= [-B' \vdots I_q]$
$\mathfrak{L}_{=r}$ bzw. $\mathfrak{L}_r$	Menge der r-dimensionalen Unterräume in $R^p (p \geqq r)$
$\mathfrak{L}_{\leqq r}$	Vereinigung aller $\mathfrak{L}_{=q}$ mit $q \leqq r$
$\mathfrak{L}_{k,l}$	Menge der l-dimensionalen Unterräume von R^k
ϱ	Abbildung von $\mathfrak{M}_{q\times(p-q)} \to \mathfrak{L}_{=p-q}$ mit $\varrho(B) = \mathscr{R}(L_B)$.

A 4.3. Mengen und Funktionen

$\tilde{\mathfrak{L}}_{p-q}$	$= \{L \in \mathfrak{L}_{p-q} \mid L \in \mathfrak{M}_{p\times(p-q)}$: falls $\mathcal{R}(L) = \mathcal{L}$, so $\mathrm{r}[J'L] = q\}$
$\mathcal{A} \subseteq \mathcal{B}$	$\mathcal{A}$ ist Teilmenge von $\mathcal{B}$
$\mathcal{A} \subset \mathcal{B}$	$\mathcal{A} \subseteq \mathcal{B}$, und es gibt ein $a \in \mathcal{B}$ mit $a \notin \mathcal{A}$
$\mathcal{A} - \mathcal{B}$	Mengendifferenz
$\mathcal{A} \times \mathcal{B}$	$= \{(a, b) \mid a \in \mathcal{A}, b \in \mathcal{B}\}$
$\mathcal{A}^n$	$= \mathcal{A} \times \mathcal{A} \times \ldots \times \mathcal{A}$ (n-faches Produkt von $\mathcal{A}$)
$\mathfrak{B}^n$	Klasse der Borel-Mengen im R^n
$\mathfrak{B}_{\mathcal{A}}$	Klasse der Borelschen Teilmengen der (Borel-) Menge $\mathcal{A}$
$\mathcal{A}^{\mathrm{int}}$	Menge aller inneren Punkte der Menge $\mathcal{A}$
$(\mathcal{X}, \mathfrak{A})$	meßbarer Raum
$f\colon \mathcal{X} \to \mathcal{Y}$	f ist Abbildung von $\mathcal{X}$ in $\mathcal{Y}$
$f^{(j)}, f_j$	j-te Komponente (Koordinatenfunktion) der vektorwertigen Funktion f, insbesondere j-te Komponente eines Vektors
$\left.\frac{\partial f}{\partial \vartheta_i}\right\|_{\vartheta=\vartheta_0}$	partielle Ableitung der Funktion f nach der i-ten Komponente von ϑ an der Stelle $\vartheta = \vartheta_0$
$\left(\left(\left.\frac{\partial^2 f}{\partial \vartheta_l\, \partial \vartheta_m}\right\|_{\vartheta=\vartheta_0}\right)\right)$	Matrix der zweiten partiellen Ableitungen der Funktion f nach den Komponenten von ϑ an der Stelle $\vartheta = \vartheta_0$
$\partial_{\mu_1} f$, $\partial_\mu f(\mu_1)$, $\left(\begin{pmatrix} \partial_{\mu^{(1)}} f_1(\mu_1) & \ldots & \partial_{\mu^{(p)}} f_1(\mu_1) \\ & \vdots & \\ \partial_{\mu^{(1)}} f_q(\mu_1) & \ldots & \partial_{\mu^{(p)}} f_y(\mu_1) \end{pmatrix}\right)$	Matrix der partiellen Ableitungen von f nach μ an der Stelle $\mu = \mu_1$ ($f\colon R^r \to R^q$, $\mu_1 \in R^p$, $p \leqq r$, $\mu = [\mu^{(1)}, \ldots, \mu^{(p)}]$)
$k_z(\mu)$	$= \frac{1}{2} \Vert z - \mu \Vert^2_{\Omega^{-1}}$ für gegebenes $\Omega \in \mathfrak{M}_n^{>}$
$\{x_i\}$, $\{x_i\}_{i\in N}$	Folge der x_i
$\Delta_i x$	$= x_i - x_{i-1}$, wobei x_i, x_{i-1} Elemente einer Folge $\{x_i\}_{j\in N}$ sind
Δ_{x_i}	$= x_i - x_0$, wobei x_i Element einer Folge $\{x_j\}_{j\in N}$ ist
$\min\limits_{z\in\mathcal{A}} f(z)$, $\min \{f(z) \mid z \in \mathcal{A}\}$	Minimum der Funktion f über $\mathcal{A}$
$\max\limits_{z\in\mathcal{A}} f(z)$, $\max \{f(z) \mid z \in \mathcal{A}\}$	Maximum der Funktion f über $\mathcal{A}$
$\inf\limits_{z\in\mathcal{A}} f(z)$, $\inf \{f(z) \mid z \in \mathcal{A}\}$	Infimum der Funktion f über $\mathcal{A}$
$\sup\limits_{z\in\mathcal{A}} f(z)$, $\sup \{f(z) \mid z \in \mathcal{A}\}$	Supremum der Funktion f über $\mathcal{A}$
$\arg\min\limits_{z\in\mathcal{A}} f(z)$	$= z^* \in \mathcal{A}$ mit $f(z^*) = \min\limits_{z\in\mathcal{A}} f(z)$

$f(z) \Rightarrow \min!$	Minimiere f!
$I_{\mathcal{A}}(x)$	$= \begin{cases} 1, & \text{falls } x \in \mathcal{A} \\ 0, & \text{sonst} \end{cases}$ (Indikatorfunktion der Menge $\mathcal{A}$)
${}^{w}\lvert y\rvert_n$	$= \left(n^{-1} \sum_{t=1}^{n} w_t y_t^2\right)^{1/2}$ für $w = (w_1, \dots, w_n)' \in \mathbb{R}^n$ und $y = (y_1, \dots, y_n)' \in \mathbb{R}^n$.
$\lvert\mathcal{A}\rvert$	Anzahl der Elemente von $\mathcal{A}$
$[q]$	größte ganze Zahl, die nicht größer als $q \in \mathbb{R}^1$ ist.

A 4.4. Zufallsgrößen und Modelle

$\mathrm{P}^{\boldsymbol{y}}$, $\mathcal{L}\{\boldsymbol{y}\}$	Verteilung von $\boldsymbol{y}$
$\mathcal{L}\{\boldsymbol{y} \mid \vartheta\}$	Verteilung von $\boldsymbol{y}$ bei Vorliegen des Parameters ϑ
$\mathrm{P}^{\boldsymbol{x}\mid\boldsymbol{y}=y}$, $\mathrm{P}^{\boldsymbol{x}\mid y}$	bedingte Verteilung von $\boldsymbol{x}$ unter $\boldsymbol{y} = y$
$\boldsymbol{y} \sim \mathrm{P}$	$\boldsymbol{y}$ hat die Verteilung P
$\boldsymbol{y} \circledsim \mathcal{P}$	$\boldsymbol{y} \sim \mathrm{P}$ für ein $\mathrm{P} \in \mathcal{P}$
$\mathsf{E}\boldsymbol{y}$	$= \int y \mathrm{P}^{\boldsymbol{y}}(\mathrm{d}y)$ (Erwartungswert von $\boldsymbol{y}$)
$\mathsf{E}_{\mathrm{P}}\boldsymbol{y}$	$= \int y \mathrm{P}(\mathrm{d}y)$ (Erwartungswert von $\boldsymbol{y}$, wenn $\boldsymbol{y} \sim \mathrm{P}$)
$\mathsf{E}_{\vartheta}\boldsymbol{y}$	$= \mathsf{E}_{\mathrm{P}_{\vartheta}}\boldsymbol{y}$
$\mathsf{E}_{\Phi}\boldsymbol{y}$	$= \int_{\mathbb{R}^1} y \sqrt{2\pi} \exp\{-y^2/2\}\,\mathrm{d}y$
$\mathsf{D}\boldsymbol{y}$	$= \mathsf{E}(\boldsymbol{y} - \mathsf{E}\boldsymbol{y})(\boldsymbol{y} - \mathsf{E}\boldsymbol{y})'$ (Kovarianzmatrix des zufälligen Vektors $\boldsymbol{y}$)
$\mathsf{D}_{\vartheta}\boldsymbol{y}$	$= \mathsf{E}_{\vartheta}(\boldsymbol{y} - \mathsf{E}_{\vartheta}\boldsymbol{y})(\boldsymbol{y} - \mathsf{E}_{\vartheta}\boldsymbol{y})'$ (Kovarianzmatrix des zufälligen Vektors, wenn $\boldsymbol{y} \sim \mathrm{P}_{\vartheta}$)
$\mathrm{Cov}(\boldsymbol{x}, \boldsymbol{y})$	$= \mathsf{E}(\boldsymbol{x} - \mathsf{E}\boldsymbol{x})(\boldsymbol{y} - \mathsf{E}\boldsymbol{y})'$ (Kovarianzmatrix zwischen $\boldsymbol{x}$ und $\boldsymbol{y}$)
$\mathsf{E}(\boldsymbol{T} \mid \mathfrak{B})$	bedingter Erwartungswert von $\boldsymbol{T}$ bezüglich $\mathfrak{B}$
$\mathsf{E}(\boldsymbol{T} \mid \boldsymbol{y})$	bedingter Erwartungswert von $\boldsymbol{T}$ unter $\boldsymbol{y}$
${}^{\boldsymbol{w}}(l, k)_n$	$= n^{-1} \sum_{t=1}^{n} \boldsymbol{w}_t^{(n)} l(x_t)\, k(x_t)$ für $l, k\colon \mathcal{X} \to \mathbb{R}^1$, $\boldsymbol{w} := \{\boldsymbol{w}_t^{(n)} \mid t = 1, \dots, n;\ n \in \mathbb{N}\}$ $= \left(({}^{\boldsymbol{w}}(l_i, k_j))\right)_{j=1,\dots,q}^{i=1,\dots,p}$ für $l = (l_1, \dots, l_p)' : \mathcal{X} \to \mathbb{R}^p$ und $k = (k_1, \dots, k_q)' : \mathcal{X} \to \mathbb{R}^q$.
${}^{\boldsymbol{w}}(l, k)$	$= \lim_{n\to\infty} {}^{\boldsymbol{w}}(l, k)_n$
${}^{\boldsymbol{w}}\lvert l\rvert_n^2$	$= {}^{\boldsymbol{w}}(l, l)_n$
${}^{\boldsymbol{w}}\lvert l\rvert^2$	$= {}^{\boldsymbol{w}}(l, l)$
${}^{\boldsymbol{w}}\lvert y - l\rvert_n^2$	$= n^{-1} \sum_{t=1}^{n} \boldsymbol{w}_t^{(n)} (y_t - l(x_t))^2$ für $y = (y_1, \dots, y_n)' \in \mathbb{R}^n$ und $l\colon \mathcal{X} \to \mathbb{R}^1$

φ_y	charakteristische Funktion des zufälligen Vektors y
$l_y(\vartheta)$	Likelihood- oder logarithmierte Likelihoodfunktion für die Beobachtung y
St_π	Struktur mit Parameter π
St_Π	Modell als Menge von Strukturen ($= \{\mathrm{St}_\pi \mid \pi \in \Pi\}$)

A 4.5. Verteilungen und Maße

$\mathrm{N}_p(\mu, \Sigma)$ bzw. $\mathrm{N}(\mu, \Sigma)$	p-dimensionale Normalverteilung mit dem Erwartungswert μ und der Kovarianzmatrix Σ
$\mathrm{N}_{n\times p}(M, \Sigma \otimes \Lambda)$	$= \mathrm{N}_{np}(\vec{M}, \Sigma \otimes \Lambda)$
Φ	Verteilungsfunktion von $\mathrm{N}(0, 1)$
$\mathrm{W}_l(p, \Sigma)$	l-dimensionale Wishart-Verteilung mit p Freiheitsgraden und Erwartungsmatix Σ
χ_p^2	zentrale χ^2-Verteilung mit p Freiheitsgraden
$\chi_{\alpha;p}^2$	$(1 - \alpha)$-Quantil (oberer α-Punkt) der Verteilung χ_p^2
F_{p_1, p_2}	zentrale F-Verteilung mit p_1 und p_2 Freiheitsgraden
$\mathrm{F}_{\alpha; p_1, p_2}$	$(1 - \alpha)$-Quantil (oberer α-Punkt) der Verteilung F_{p_1, p_2}
$\nu_1 \times \nu_2, \bigtimes_{i=1}^{n} \nu_i$	Produktmaß der Maße ν_1, ν_2 bzw. $\nu_1, \dots, \nu_n$
ν^n	$= \bigtimes_{i=1}^{n} \nu_i$ mit $\nu_i = \nu\ (i = 1, \dots, n)$
μ_l	Lebesgue-Maß auf $(\mathbb{R}^l, \mathfrak{B}^l)$
$\nu \ll \mu$	ν ist absolutstetig bezüglich μ
$\mu_{[0,1]}$	Einschränkung von μ_1 auf $\mathfrak{B}_{[0,1]}$
$\mathrm{R}[0, 1]$	Rechteckverteilung auf $[0, 1]$

A 4.6. Konvergenz

$a_n \xrightarrow[n\to\infty]{} \varrho$, $a_n \to \varrho$	Die Folge $\{a_n\}_{n\in\mathbb{N}}$ konvergiert gegen ϱ
$\xrightarrow{\mathrm{P}}$	Konvergenz in Wahrscheinlichkeit
$\xrightarrow{\mathrm{fs}}$	Konvergenz fast sicher
$\mathrm{P}_i \to \mathrm{P}$	Die Folge $\{\mathrm{P}_i\}_{i\in\mathbb{N}}$ von Wahrscheinlichkeitsmaßen konvergiert in Verteilung gegen das Wahrscheinlichkeitsmaß P
$o(\cdot)$	$a_n = o(b_n)$, falls $a_n/b_n \xrightarrow[n\to\infty]{} 0$
$O(\cdot)$	$a_n = O(b_n)$, falls a_n/b_n für alle n beschränkt ist
$o_{\mathrm{P}_n}(\cdot)$	$\boldsymbol{x}_n = o_{\mathrm{P}_n}(\boldsymbol{y}_n)$, falls $\boldsymbol{x}_n/\boldsymbol{y}_n \xrightarrow{\mathrm{P}_n} 0$

$O_{P_n}(\cdot)$	$x_n = O_{P_n}(y_n)$, falls für jedes $\eta > 0$ ein $q < \infty$ und ein $n_0 \in \mathbb{N}$ existieren mit $P_n\{\lvert x_n/y_n\rvert \leqq q\} \geqq 1 - \eta$ für alle $n \geqq n_0$
lim sup, lim inf	limes superior bzw. limes inferior

A 4.7. Stichprobenfunktionen

a) einfach klassifizierte Daten $(x_i \in \mathbb{R}^p, i = 1, \dots, n)$

$x_{(n)}$	$= (x_i)_{i=1,\dots,n}$
$x_.$	$= \sum_{i=1}^{n} x_i$
$\bar{x}_.$	$= x_./n$ (Stichprobenmittel $x_{(n)}$)
$\tilde{x}$	$= (x_1 - \bar{x}_., \dots, x_n - \bar{x}_.)$ (Stichprobenresiduen)
D_x	$= S_{\tilde{x}}$ (Stichprobenkovarianzmatrix)
$D_{xy\cdot z}$	$= S_{\tilde{x}\tilde{y}\cdot\tilde{z}}$

b) zweifach klassifizierte Daten $\left(x_{ij} \in \mathbb{R}^p, i = 1, \dots, n; j = 1, \dots, m_i;\ m := \sum_{i=1}^{n} m_i\right)$

$x_{i.}$	$= \sum_{j=1}^{m_i} x_{ij}$
$x_{.j}$	$= \sum_{i=1}^{n} x_{ij}$
$x_{..}$	$= \sum_{i=1}^{n} \sum_{j=1}^{m_i} x_{ij}$
$\bar{x}_{i.}$	$= x_{i.}/m_i$
$\bar{x}_{..}$	$= x_{..}/m$
$X_{i.}$	$= (1_{m_1} \otimes x_1, \dots, 1_{m_n} \otimes x_n)$
$\bar{X}_{i.}$	$= (1_{m_i} \otimes \bar{x}_{i.})^{i=1,\dots,n}$
$\bar{x}_{(n)}$	$= [\bar{x}_{1.}, \dots, \bar{x}_{n.}]$
D_{xy}	$= S_{\tilde{x}\tilde{y}}$ für $\tilde{x} = x - \bar{x}_{..}$ (Stichprobenkovarianz)
W_X	$= S_{\tilde{x}}$ für $\tilde{x}_i = \bar{x}_{i.}$
W_x	$= S_{\tilde{x}}$ für $\tilde{x}_i = x_i - \bar{x}_{i.}$ (Quadratsumme in den Klassen)
B_x	$= S_{\tilde{x}}$ für $\tilde{x}_i = \bar{x}_{i.} - \bar{x}_{..}$ (Quadratsumme zwischen den Klassen)
d_x	$= D_x$, falls $x_{ij} \in \mathbb{R}^1$
w_x	$= W_x$, falls $x_{ij} \in \mathbb{R}^1$
b_x	$= B_x$, falls $x_{ij} \in \mathbb{R}^1$

Namenverzeichnis

Sachverzeichnis

FSC
www.fsc.org
MIX
Papier | Fördert
gute Waldnutzung
FSC® C083411

Kolibri 360 GmbH
Ferdinand-Jühlke-Straße 7
99095 Erfurt, Deutschland
produktsicherheit@kolibri360.de